“十二五”普通高等教育本科国家级规划教材

工业和信息化部“十四五”规划教材

新一代通信技术
新兴领域“十四五”
高等教育教材

模拟电子技术基础

（第3版）

哈尔滨工业大学电子学教研室 编

主 编 王淑娟 徐 乐 齐 明

副主编 于 泳 陶隽源
张 刚 李智超

Fundamentals of Analog Electronic Technology

中国教育出版传媒集团
高等教育出版社·北京

内容简介

本书是新一代通信技术新兴领域“十四五”高等教育教材、工业和信息化部“十四五”规划教材、国家一流本科课程配套的新形态教材。曾获评普通高等教育“十一五”国家级规划教材、“十二五”普通高等教育本科国家级规划教材、国家普通高等教育精品教材奖。

本次修订注重优化教材体系，按照先宏观后微观、先集成运放后分立元件的原则组织教材内容。在保证教材基础性和科学性的基础上，注重将学科前沿技术和科研成果固化为教材内容，促进信息技术与教材建设深度融合，建设大量数字化教学资源，包括重点难点视频、习题例题讲解视频、课程 PPT、课程思政案例、课程知识图谱等。

本书共 10 章，主要内容包括：绪论、放大电路基础知识、集成运算放大器线性应用电路、半导体二极管及其基本应用电路、晶体管及其基本应用电路、放大电路的频率响应、功率放大电路、信号发生电路、信号处理电路和直流电源。

本书可作为高等学校电气类、电子信息类、自动化类、仪器类等专业和部分非电类“模拟电子技术基础”课程的教材，也可作为工程技术人员的参考书。

图书在版编目（CIP）数据

模拟电子技术基础 / 哈尔滨工业大学电子学教研室编 ; 王淑娟, 徐乐, 齐明主编 ; 于泳等副主编. 3 版. -- 北京 : 高等教育出版社, 2024. 12. -- ISBN 978-7-04-063311-5

Ⅰ. TN710

中国国家版本馆 CIP 数据核字第 2024LH9610 号

Moni Dianzi Jishu Jichu

策划编辑 王耀锋　责任编辑 欧阳舟　封面设计 张　楠　李树龙　版式设计 杨　树
责任绘图 裴一丹　责任校对 窦丽娜　责任印制 刁　毅

出版发行	高等教育出版社	网　址	http://www.hep.edu.cn
社　址	北京市西城区德外大街 4 号		http://www.hep.com.cn
邮政编码	100120	网上订购	http://www.hepmall.com.cn
印　刷	北京市鑫霸印务有限公司		http://www.hepmall.com
开　本	787mm×1092mm　1/16		http://www.hepmall.cn
印　张	27.75	版　次	2009 年 5 月第 1 版
字　数	670 千字		2024 年 12 月第 3 版
购书热线	010-58581118	印　次	2024 年 12 月第 1 次印刷
咨询电话	400-810-0598	定　价	60.00 元

物 料 号　63311-00

新形态教材网使用说明

模拟电子技术基础
（第3版）

哈尔滨工业大学电子学教研室　编

主　编
王淑娟　徐乐　齐明

副主编
于泳　陶隽源
张刚　李智超

1　计算机访问https://abooks.hep.com.cn/63311或手机微信扫描下方二维码进入新形态教材网。

2　注册并登录后，计算机端进入“个人中心”，点击“绑定防伪码”，输入图书封底防伪码（20位密码，刮开涂层可见），完成课程绑定；或手机端点击“扫码”按钮，使用“扫码绑图书”功能，完成课程绑定。

3　在“个人中心”→“我的学习”或“我的图书”中选择本书，开始学习。

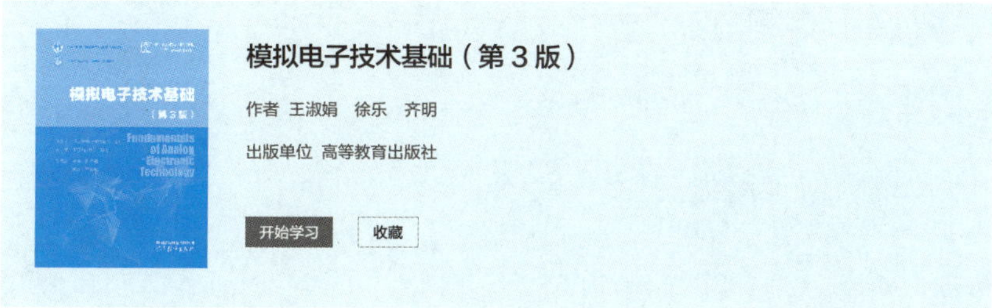

绑定成功后，课程使用有效期为一年。受硬件限制，部分内容可能无法在手机端显示，请按照提示通过计算机访问学习。

如有使用问题，请直接在页面点击答疑图标进行咨询。

https://abooks.hep.com.cn/63311

序

新一代信息通信技术以前所未有的速度蓬勃发展，深刻改变着社会的每一个角落，成为推动经济社会发展和国家竞争力提升的关键力量。本教材体系的构建，旨在落实立德树人根本任务，充分发挥教材在人才培养中的关键作用，牵引带动通信技术领域核心课程、重点实践项目、高水平教学团队的建设，着力提升该领域人才自主培养质量，为信息化数字化驱动引领中国式现代化提供强大的支撑。

本系列教材汇聚了国内通信领域知名的8所高校、科研机构及2家一流企业的最新教育改革成果以及前沿科学研究和产业技术。在中国科学院院士、国家级教学名师、国家级一流课程负责人、国家杰出青年科学基金获得者，以及来自光通信、5G等一线工程师和专家的带领下，团队精心打造了“知识体系全面完备、产学研用深度融合、数字技术广泛赋能”的新一代信息技术(新一代通信技术)领域教材。本系列教材编写团队已入选教育部“战略性新兴领域‘十四五’高等教育教材体系建设团队”。

总体而言，本系列教材有以下三个鲜明的特点：

一、从基础理论到技术应用的完备体系

系列教材聚焦新一代通信技术中亟须升级的学科专业基础、通信理论和通信技术，以及亟须弥补空白的通信应用，构建了“基础—理论—技术—应用”的系统化知识框架，实现了从基础理论到技术应用的全面覆盖。学科专业基础部分涵盖电磁场与波、电子电路、信号系统等；通信理论部分涵盖通信原理、信息论与编码等；通信技术部分涵盖移动通信、通信网络、通信电子线路等；通信应用部分涵盖卫星通信、光纤通信、物联网、区块链、虚拟现实、网络安全等。

二、产学研用的深度融合

系列教材紧跟技术发展趋势，依托各建设单位在信息与通信工程等学科的优势，将国际前沿的科研成果与我国自主可控技术有机融入教材内容，确保了教材的前沿性。同时，联合华为技术有限公司、中信科移动等我国通信领域的一流企业，通过引入真实产业案例与典型解决方案，让学生紧贴行业实践，了解技术应用的最新动态。并通过项目式教学、课程设计、实验实训等多种形式，让学生在动手操作中加深对知识的理解与应用，实现理论与实践的深度融合。

三、数字化资源的广泛赋能

系列教材依托教育部虚拟教研室平台，构建了结构严谨、逻辑清晰、内容丰富的新一代信息技术领域知识图谱架构，并配套了丰富的数字化资源，包括在线课程、教学视频、工程实践案例、虚拟仿真实验等，同时广泛采用数字化教学手段，实现了对复杂知识体系的直观展示与深入剖析。部分教材利用AI知识图谱驱动教学资源的优化迭代，创新性地引入生成式AI辅助教学新模式，充分展现了数字化资源在教育教学中的强大赋能作用。

我们希望本系列教材的推出，能全面引领和促进我国新一代信息通信技术领域核心课程与高水平教学团队的建设，为信息通信技术领域人才培养工作注入全新活力，并为推动我国信息通信技术的创新发展和产业升级提供坚实支撑与重要贡献。

电子科技大学副校长 孔令讲

2024 年 6 月

前言

《模拟电子技术基础》（第3版）是高等院校电子信息类、电气类、自动化类、仪器类等专业和部分非电类“模拟电子技术基础”课程的教材，入选了新一代通信技术新兴领域“十四五”高等教育系列教材。课程组总结凝练国家一流课程建设成果和教学实践经验，跟踪电子技术的最新发展，充分利用信息技术，修订出版新形态教材。

本教材以服务“新一代通信技术”为目标，保持了原教材“重基础，强应用”的特色优势，围绕信号的产生、放大、处理与变换，按照先宏观后微观、先集成运放后分立元件的原则组织教材内容。主要内容包括：绪论、放大电路基础知识、集成运算放大器线性应用电路、半导体二极管及其基本应用电路、晶体管及其基本应用电路、放大电路的频率响应、功率放大电路、信号发生电路、信号处理电路和直流电源。本书的特色优势如下：

1. 根据电路网络理论，首先构建电子系统结构，然后介绍电路组成、器件原理，遵循从整体到局部逐步深化的认知过程，按“自顶向下”的层次结构编写教材。

2. 先宏观后微观，先集成运放后分立元件，先介绍放大的基本概念、放大电路主要技术指标、集成运放的理想特性及负反馈及其应用，可以有效激发学生学习兴趣，有利于促进学生自主学习、个性化学习、深度学习。

3. 采用“基本概念—基本原理—基本分析方法—工程案例分析—重点难点探究”的递进式编写思路，对课程内容逐层展开。各章节内容按知识点划分，既注意保持知识点的相对独立性和完整性，又兼顾知识点之间的连贯性，有助于学习者自主构建知识体系，有利于培养学生自主学习能力。

4. 除了提供内容翔实的纸质版教材外，还建设了大量丰富的数字化课程教学资源，包括重点难点解析视频、例题习题讲解视频、习题精解、课程PPT、课程思政案例、课程知识图谱等，并配有慕课在线交流平台，适用于开展线下、线上、线上线下混合式教学模式实践。

5. 教材注重基础性、系统性、科学性和先进性，跟踪电子技术最新发展，教材引入科研工程实际案例，以学科前沿技术和科研成果更新课程内容，固化为教材内容。

6. 加强了数学、电路基础知识在模拟电路分析设计中的应用，增加数学推导解析过程及电路分析内容，使学生更好地掌握基本电路、基本原理、基本分析设计方法，提高模拟电路的综合分析和设计能力，强化培养学生的工程实践能力和创新能力。

7. 以习近平总书记致哈工大建校100周年贺信精神为引领，贯彻落实党的二十大精神，挖掘课程思政教学资源，编写课程思政案例，作为与新形态教材配套的数字化教学资源，培养学生科学家精神和工匠精神。

教材编写团队课程教学经验丰富，课程建设成果丰硕。王淑娟组织本书的编写修订工作，并负责全书统稿。徐乐、齐明、于泳、陶隽源、张刚、李智超、周学参加了教材编写工作。教材数字资源整理工作由齐明负责完成。

本书由胡晓光教授主审。胡晓光老师仔细阅读了书稿,指出了错误和不妥之处,并提出了详细的修改意见。在此对胡晓光教授的帮助和支持致以衷心的感谢!

由于我们的能力和水平有限,书中定有错误和不妥之处,恳请读者给予批评指正!

编者

于哈尔滨工业大学

2024 年 7 月

符 号 说 明

一、基本规定

1. 物理量的符号用英文或希腊文斜体，如 U、u、I、i、β 等。

2. 变化量用小写斜体，如 u、i 等；直流量、平均值、有效值用大写斜体。

3. 下标一般用正体，如 U_{CE}、U_{O}、I_{L}、R_{c} 等。

4. 用科学家名字命名的单位用大写正体，如 V、A、F、H、W、Ω、S、K 等；其他非科学家名字命名的单位用小写正体，如 s、m、g 等。

5. 单位前表示数量级的符号用正体，如 p（10^{-12}）、n（10^{-9}）、μ（10^{-6}）、m（10^{-3}）、k（10^{3}）、M（10^{6}）、G（10^{9}）等。

6. 专用名词、器件型号用大写正体，如 VT、VD、TTL、MOS、BJT、3DG100 等。

7. 三角函数如 sin、tan，对数 log、ln 等用正体；常量，如 π、e 等用正体。

8. 双极型晶体管的管脚用 e、b、c；场效应管用 s、g、d。

9. 集成电路的引脚名称，一般为正体。

二、直流、交流、交直流量的含义

1. U_{CE}、U_{BE}、U_{DS}、U_{GS} 表示器件相应电极之间的直流电压。

2. u_{ce}、u_{be}、u_{ds}、u_{gs} 表示器件相应电极之间的交流电压。

3. u_{CE}、u_{BE}、u_{DS}、u_{GS} 表示器件相应电极之间的交、直流总电压。

4. ΔU、ΔI 表示直流变化量；Δu、Δi 表示交流变化量。

5. U_{C}、U_{B}、U_{E}、U_{D}、U_{G}、U_{S} 表示器件相应电极对地的直流电位。

6. U_{CEQ}、U_{BEQ}、U_{DSQ}、U_{GSQ} 表示器件相应电极之间的静态工作点电压。

7. I_{CQ}、I_{BQ}、I_{DQ} 表示器件相应电极中的静态工作点电流。

三、基本符号

1. 电压和电流

U、u	电压通用符号
I、i	电流通用符号
$\dot{U}_{\mathrm{i}}$、u_{i}	输入电压复数量、交流输入电压
$\dot{U}_{\mathrm{s}}$、u_{s}	信号源电压复数量、信号源交流电压
$\dot{U}_{\mathrm{o}}$、u_{o}	输出电压复数量、交流输出电压
u_{I}、u_{O}	输入电压、输出电压（含交流和直流）
$\dot{U}_{\mathrm{f}}$、u_{f}	反馈电压复数量、交流反馈电压

$\dot{X}_i$、$\dot{X}_f$、$\dot{X}_i'$	反馈电路中的输入信号、反馈信号和净输入信号
$\dot{U}_i'$	反馈放大电路中的净输入电压
U_1、$\dot{U}_1$	变压器一次交流电压有效值、一次交流电压复数量
U_2、$\dot{U}_2$	变压器二次交流电压有效值、二次交流电压复数量
U_{TH}	电压比较器的阈值电压
U_{OH}	电压比较器的输出高电平
U_{OL}	电压比较器的输出低电平
U_Z	稳压二极管的稳定电压
u_{id}	差模输入电压
u_{ic}	共模输入电压
U_{IO}、I_{IO}	输入失调电压、输入失调电流
I_{IB}	输入偏置电流
$\Delta U_{IO}/\Delta T$、$\Delta I_{IO}/\Delta T$	输入失调电压温漂、输入失调电流温漂
U_{Idmax}、U_{Icmax}	最大差模输入电压、最大共模输入电压
U_{REF}	参考电压
2. 电源	
V_{CC}	双极型晶体管电路的集电极直流电源
V_{EE}	双极型晶体管电路的发射极直流电源
V_{BB}	双极型晶体管电路的基极直流电源
V_{DD}	场效应管电路的漏极直流电源
V_{SS}	场效应管电路的源极直流电源
V_{REF}	参考电压源
3. 功率	
P	功率通用符号
p	瞬时功率
P_o	交流输出功率
P_0	静态功耗
P_C	集电极功耗
P_D	漏极功耗
P_T	晶体管功耗
P_V	直流电源功耗
4. 频率	
f、F	频率通用符号
ω	角频率
f_L	下限截止频率

f_H 上限截止频率

BW 通频带

f_0 谐振频率、切割频率、中心频率

f_c 临界频率

f_p 极点频率

5. 电阻、电导、电容、电感

R 电阻

C 电容

G 电导

L 电感

R_i 输入电阻

R_L 负载电阻

R_o 输出电阻

R_s 信号源内阻

6. 放大倍数、增益

$\dot{A}$ 放大倍数通用符号

$\dot{A}_u$ 电压放大倍数、电压增益

$\dot{A}_i$ 电流放大倍数、电流增益

A_p 功率放大倍数、功率增益

$\dot{A}_f$ 反馈放大倍数、反馈增益

$\dot{A}_{ui}$、$\dot{A}_r$ 互阻放大倍数、互阻增益

$\dot{A}_{iu}$、$\dot{A}_g$ 互导放大倍数、互导增益

$\dot{F}_u$、$\dot{F}_{uu}$ 电压反馈系数

$\dot{F}_i$、$\dot{F}_{ii}$ 电流反馈系数

$\dot{F}_{ui}$、$\dot{F}_r$ 互阻反馈系数

$\dot{F}_{iu}$、$\dot{F}_g$ 互导反馈系数

四、器件参数符号

1. 二极管

C_b PN 结的势垒电容

C_d PN 结的扩散电容

C_j PN 结的结电容

D、VD 二极管

D_Z、VD_Z 稳压二极管

n_i 电子浓度

p_i 空穴浓度

I_F 二极管最大整流电流

I_R 二极管的反向电流

I_S 二极管的反向饱和电流

$I_{D(AV)}$ 二极管的整流平均电流

I_D 二极管正向电流

U_T 温度的电压当量

$U_{O(AV)}$ 输出电压平均值

U_D 二极管正向电压

U_{BR} 二极管反向击穿电压

U_{RM} 二极管最大反向工作电压

U_F 二极管在额定正向电流条件下的正向电压降

r_d 二极管动态电阻

α_{U_D} 二极管正向电压温度系数

2. 双极型晶体管

VT 晶体管

α、$\bar{\alpha}$ 共基极交流电流放大系数、直流电流放大系数

β、$\bar{\beta}$ 共射极交流电流放大系数、直流电流放大系数

β_s 饱和区电流放大系数

I_{CBO} 发射极开路时 b-c 间的反向电流

I_{CEO} 基极开路时 c-e 间的穿透电流

I_{CM} 集电极最大电流

P_{CM} 集电极最大功耗

$r_{bb'}$ 基区体电阻

U_{CES} 晶体管饱和压降

$U_{(BR)CBO}$ 发射极开路时的 C、B 间的击穿电压

$U_{(BR)CEO}$ 基极开路时的 C、E 间的击穿电压

$U_{(BR)CER}$ 基极与发射极间接电阻时的 C、E 间的击穿电压

$U_{(BR)CES}$ 基极与发射极间短路时的 C、E 间的击穿电压

$U_{(BR)BEO}$ 集电极开路时的 B、E 间的击穿电压

f_T 特征频率

f_β 共射截止频率

f_α 共基截止频率

C_π 晶体管发射结电容

C_μ	晶体管集电结电容

3. 场效应晶体管

T、VT	场效应晶体管
g_m	低频跨导
I_{DO}	增强型 MOS 管 $U_{GS}=2U_{GS(off)}$ 时的漏极电流
I_{DSS}	结型场效应管 $U_{GS}=0V$ 时的漏极电流
$U_P/U_{GS(off)}$	夹断电压
$U_T/U_{GS(th)}$	开启电压

4. 运算放大器、模拟乘法器

U_+、U_P、u_+、u_P	运算放大器同相输入端电压
U_-、U_N、u_-、u_N	运算放大器反相输入端电压
A_{ud}	开环差模电压放大倍数
r_{id}	差模输入电阻
K_{CMR}	共模抑制比
$BW_G(f_T)$	单位增益带宽
S_R	转换速率(压摆率)
K	模拟乘法器的比例系数

五、其他

℃	摄氏度
K	热力学温度单位,开氏度
D	非线性失真系数,占空比
Q	静态工作点、品质因数
S	脉动系数
T	周期、温度
η	效率
φ	相位角
τ	时间常数
θ	导通角

目　　录

第1章　绪　论

1.1　引　言

电子管(也称真空管)是最早的电子器件。电子管有密封的管壳,内部抽成真空;第二代电子器件是晶体管。晶体管具有体积小、重量轻、寿命长、功耗低等优点,在许多电子设备中基本取代了电子管。随着半导体技术的发展,出现了能将许多晶体管和电阻等元件制作在同一块硅晶片上的电路,称为集成电路(integrated circuit,IC)。集成电路的发展经历了小规模集成电路(SSI)、中规模集成电路(MSI)、大规模集成电路(LSI)、超大规模集成电路(VLSI)、特大规模集成电路(ULSI)和巨大规模集成电路(GSI)几个阶段。第一块集成电路上只有4只晶体管,而目前的集成电路已经可以在一片硅片上集成上百亿只晶体管,同时集成电路的性能也向着高速度和低功耗方向发展。电子器件与常用的电阻器、电感器、电容器、变压器和开关等元件连接起来所组成的电路称为电子电路。

电子技术是研究电子器件和电子电路工作原理及其应用的一门科学技术。集成电路的出现,使现代电子技术向着微型化、智能化、高精度、高灵敏度、高效率等方向发展。目前电子技术已深入国民经济的各个领域,电子技术与其他技术的交叉融合,也催生了一系列新兴学科。

电子技术基础课程是高等院校工科电类专业的一门专业技术基础课程,包括模拟电子技术基础和数字电子技术基础。该课程主要介绍电子器件、电子电路的基本概念、基本原理、基本分析方法及其基本应用。

本章主要讨论如下问题:

1. 什么是电信号?什么是模拟信号?什么是数字信号?
2. 什么是模拟电路?什么是数字电路?
3. 模拟电子技术基础课程的特点表现在哪些方面?如何学习模拟电子技术基础课程?
4. 电子电路仿真分析与设计软件 Multisim 有哪些优点?

1.2　电　信　号

信号是反映信息的物理量。信息需要借助某些物理量的变化来表示和传递。在自然环境中,存在着各种各样的信息,例如温度、压力、湿度、流量、声音等。这些信息可以通过相应的传感器转换为电信号输入电子系统中。电信号容易传送和控制,所以成为应用最为广泛的信号。电信号常常表示为随时间变化的电压 $u(t)$ 或电流 $i(t)$。电子电路中的信号均为电信号，以下简称为信号。

在电子电路中将信号分为模拟信号和数字信号。模拟信号在时间和数值上均具有连续性，即对应于任意时间值 t 均有确定的函数值 u 或 i，并且 u 或 i 的幅度是连续取值的；与模拟信号不同，数字信号在时间和数值上均具有离散性，通常采用的数字信号还具有双值性。例如，图1.2.1(a)所示的正弦波信号是典型的模拟信号，图1.2.1(b)是典型的数字信号。可以采用模数转换电路将模拟信号转换为数字信号，也可以采用数模转换电路将数字信号转换为模拟信号。

微视频 1-1
模拟信号与
数字信号

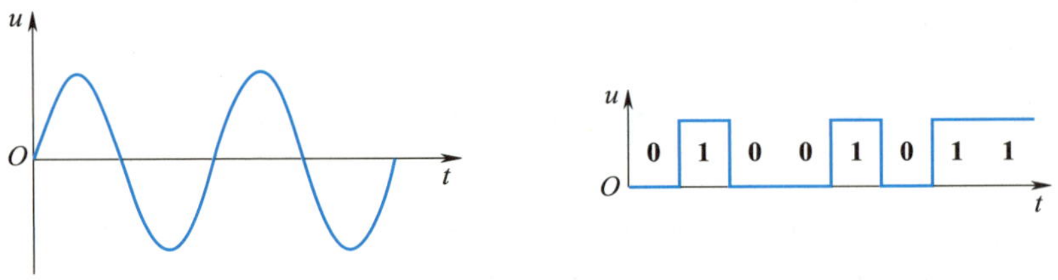

(a) 模拟信号　　(b) 数字信号

图1.2.1 电信号波形

1.3 模拟电路和数字电路

电信号分为模拟信号和数字信号。处理模拟信号的电子电路称为模拟电路，处理数字信号的电子电路称为数字电路或逻辑电路。

模拟电路主要包括放大电路、运算电路、信号发生电路、滤波电路、直流电源等。放大电路主要用于信号的电压、电流或功率放大。放大电路是模拟电路的基础；运算电路主要用于信号的加、减、乘、除、积分、微分、对数、指数等运算；信号发生电路主要用于产生正弦波、矩形波、三角波、锯齿波等；滤波电路用于保留信号中的有用频率成分，抑制其他频率成分；直流电源是将工频交流电转换成不同输出电压和电流的直流电。

数字电路（逻辑电路）主要研究数字信号的存储、变换、测量等内容，其主要包括门电路、组合逻辑电路、触发器、时序逻辑电路、半导体存储器、可编程逻辑器件、模数转换电路和数模转换电路等。

在模拟电路中晶体管均工作在放大区，在数字电路中晶体管均工作在饱和区或截止区，工作在开关状态。与模拟电路相比，数字电路体积小、易于集成。模拟电路抗干扰能力较弱，数字电路抗干扰能力较强。

1.4 模拟电子技术基础课程

1.4.1 模拟电子技术基础课程的特点

模拟电子技术基础课程是高等院校工科电类专业的一门重要的技术基础课，其教学目标是使学生初步掌握模拟电子电路的基本概念、基本电路、基本分析方法及其基本应用。该课程与数学、物理甚至电路课程有着明显的差别，具有工程性和实践性强的特点。

在分析模拟电路时常常需要从工程的角度分析问题和解决问题。在分析电子器件和电子电路时将根据信号的幅值和频率，选择模型及参数；在工程允许的范围内，忽略一些次要因素，对一些电子器件和电子电路进行一些合理的近似和估算。

在模拟电子技术基础课程的学习过程中，需要掌握常用电子器件的工作原理及性能参数；掌握常用模拟电路的分析和设计方法；掌握常用电子仪器的使用方法，并能够利用其完成模拟电路测试、故障判断及排除；能够采用电子电路仿真分析和设计软件 PSpice 或 Multisim 对模拟电路进行仿真分析，以提高分析和解决实际问题的能力。

1.4.2 如何学习模拟电子技术基础课程

由于模拟电子技术基础课程具有工程性和实践性强的特点，因此，在学习该课程时必须注重以下方面：

（1）重点掌握模拟电子技术基础课程中的基本概念、基本电路、基本分析方法及其基本应用。只有掌握基本概念，才能够不仅“知其然”，而且“知其所以然”；掌握一些基本电路的结构特点和功能特点；掌握模拟电路的一些基本分析方法，其中包括模拟电路的识别方法、性能参数的估算方法和描述方法等。

（2）能够采用电路的基本定理、基本定律分析模拟电路，例如基尔霍夫电压定律、基尔霍夫电流定律、戴维南定理、诺顿定理等。在模拟电路中，如果双极型晶体管工作在放大区，场效应晶体管工作在恒流区，可以用其等效电路模型取代这些半导体器件，来进行分析计算；如果理想集成运算放大器工作在线性区，则具有“虚短”“虚断”的特点。电路的基本定理、基本定律均可用于模拟电路的分析和设计中。

（3）由于模拟电子技术基础课程具有工程性强的特点，因此需要采用工程观点学习这门课程。模拟电路的分析与设计往往与工程背景有直接关系，难以进行精确的分析计算。常常要忽略一些次要因素，使复杂的工程问题既得到简化，又能满足实际工程的需要，这就是工程估算法。

（4）由于模拟电子技术基础课程具有实践性强的特点，因此应该特别注重实践教学环节，其中包括实验和课程设计。以实际操作实验为主，以仿真实验为辅，提高学生的实际动手能力和对电子电路的仿真能力。学生在实验中应该学会自学，特别是能够通过实验积极、主动地学习新知识。

1.5 电子电路仿真分析与设计软件 Multisim 简介

随着半导体技术、集成技术和计算机技术的发展，电子系统的设计方法和设计手段发生了很大的变化。特别是电子设计自动化（electronic design automation，EDA）技术的发展和普及给电子系统的设计插上了腾飞的翅膀。

目前，电子技术基础课程常用的 EDA 仿真软件有：PSPICE 和 Multisim。PSPICE 是基于 SPICE 的 PC 版软件。SPICE（Simulation Program with Integrated Circuit Emphasis）是由美国加州大学推出的电路仿真分析软件，是 20 世纪 80 年代世界上应用最广的电路设计软件，1988 年被定为美国国家标准。1984 年,美国 Microsim 公司推出了 PSPICE。PSPICE 是一种强大的模拟和数字电路仿真分析软件,基于 SPICE3.5 的器件模型,对中规模集成电路(MSI)和大规模集成电路(LSI)提供了多种分析功能,是较成熟的仿真分析软件。

Multisim 的最初版本称为 EWB,是 IIT(Interactive Image Technologies)公司在 20 世纪 90 年代初推出的电路仿真软件,主要用于模拟和数字电路的仿真。相对于 PSPICE 软件,它提供了万用表、示波器、信号发生器等虚拟仪器,软件操作界面较为直观,易学易用。

针对不同用户,Multisim 发行了多个版本,分为增强专业版(power professional)、专业版(professional)、个人版(personal)、教育版(education)、学生版(student)和演示版(demo)。各版本的功能和价格有着明显的差异,目前,我国高校主要使用教育版,本书仿真例题均采用教育版 Multisim10.1 完成。

Multisim 与其他电路仿真软件相比,具有如下优点:

1. 高度集成的操作界面

Multisim 将原理图的创建、电路测试分析结果的图表显示等全部集成到同一个电路窗口中。整个操作界面就像一个实验工作台,有存放仿真元件的元件箱,有存放测试仪表的仪器库,还有进行仿真分析的各种操作命令。Multisim 提供了双踪示波器、逻辑分析仪、波特图仪、数字万用表等十多种虚拟仪器仪表,虚拟的网络分析仪、逻辑分析仪更是一般实验室不可多得的高档仪器。Multisim 主元件库提供了一个庞大的元件模型数据库,并且用户通过新增元件编辑器可以建立自己的元件库。

2. 类型齐全的仿真功能

Multisim 提供了十几种电路的分析功能。这些分析功能基本能满足一般电子电路的分析设计要求。在电路窗口中,既可以分别对模拟电路和数字电路进行仿真,也可以将模拟电路和数字电路连接在一起进行仿真。尤为值得一提的是,Multisim 中的射频(RF)分析功能是 Multisim 特有的分析功能。它克服了 SPICE 模型在射频时不能准确分析的缺点,从而解决了 SPICE 模型对高频仿真不精确的问题。

Multisim 基本器件的数学模型基于 SPICE3.5 版本,但增加了大量的 VHDL(Very High Speed Integrated Circuit Hardware Description Language)器件模型,可以仿真更复杂的数字器件。Multisim 包含了 VHDL/Verilog HDL 的设计和仿真功能,使得大规模可编程逻辑器件的设计和仿真与模拟、数字电路的设计和仿真融为一体,突破了可编程逻辑器件无法与普通电路融为一体进行仿真的限制。

3. 提供多种输入/输出接口

Multisim 可以输入由 SPICE 等其他电路仿真软件所创建的 SPICE 网表文件,并自动形成相应的电路原理图,可以把 Multisim 环境下创建的电路原理图文件输出给 Protel 等常见的 PCB 软件进行印制电路板设计。为了拓宽 Multisim 软件的 PCB 功能,IIT 也推出了自己的 PCB 软件 Ultiboard,可使电路图文件更直接、更方便地转换成 PCB。

正因为如此,Multisim 一经推出即受到广大电路设计人员的喜爱,特别是在教育领域得到了广泛的应用,成为目前教学中使用最多的仿真软件之一。

第 2 章 放大电路基础知识

2.1 引 言

对模拟信号最基本的处理是放大，放大电路不仅具有独立完成信号放大的功能，而且也是构成各种功能模拟电路，例如滤波器、振荡器、稳压器等的基本电路。本章首先介绍放大的概念、放大电路的等效模型与主要技术指标。其次，介绍了放大电路的级联与耦合方式、运算放大电路的组成与理想特性。最后，重点介绍了负反馈对放大电路性能的影响及引入负反馈的原则。

本章主要讨论如下问题：

1. 放大电路放大的本质是什么？放大电路的组成原则是什么？
2. 放大电路的主要技术指标有哪些？
3. 多级放大电路的耦合方式有哪些？多级放大电路的放大倍数如何估算？
4. 运算放大电路的理想特性是什么？
5. 反馈的基本概念是什么？如何判断电路中引入反馈的组态？反馈的基本方程式是什么？
6. 在深度负反馈条件下，如何计算负反馈放大电路的闭环电压放大倍数？
7. 引入负反馈后放大电路的性能发生怎样的改变？如何引入合适的负反馈？

2.2 放大的概念

在工业过程控制、电子测量和通信等信号处理系统中存在着结构复杂、功能繁多的模拟信号处理和变换电路，如图 2.2.1 所示的教室扩音电路框图。声音信号通过传感器（话筒）转换为电信号（信号源），经过放大和滤波电路的处理，将微弱的电信号放大到具有足够大的功率驱动扬声器振荡发声，即经过扬声器（负载）将电能转变成声能。

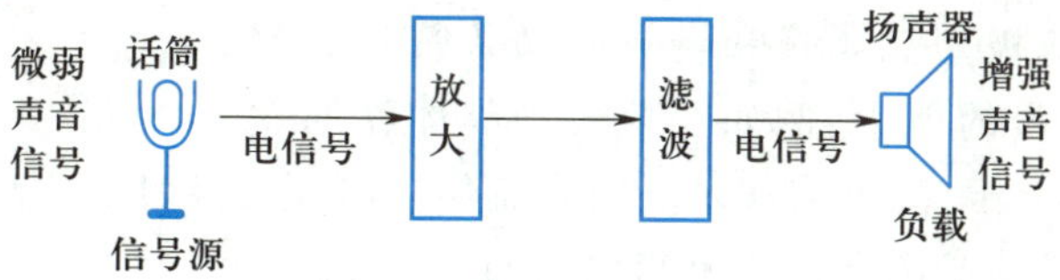

图 2.2.1 教室扩音电路原理框图

利用传感器将非电的物理量转换为电量所得到的模拟信号，通常是非常微弱的，例如话筒可以将声音信号转换为 mV 级的电信号，必须对这个小信号进行放大处理，使其放大到 V 级，具有足够大的功率才能作用于扬声器。也可以将放大的信号送入模拟-数字信号转换电路，转换为数字信号后，借助计算机技术，进行数字滤波处理，去除噪声信号，再由数字信号转换为模拟信号驱动扬声器，还原为清晰响亮的声音信号。

因此，对模拟信号最基本的处理是放大，放大电路不仅具有独立完成信号放大的功能，而且也是构成各种功能模拟电路，例如滤波器、振荡器、稳压器等的基本电路。

2.2.1　放大的实现

放大电路是电子系统中非常重要的功能模块，它的作用就是对输入的电信号（电压信号 u_i 或者电流信号 i_i）进行线性放大，即放大电路的输出信号 x_o 是与输入信号 x_i 波形的形状完全相同的大幅度信号，如图 2.2.2 所示。

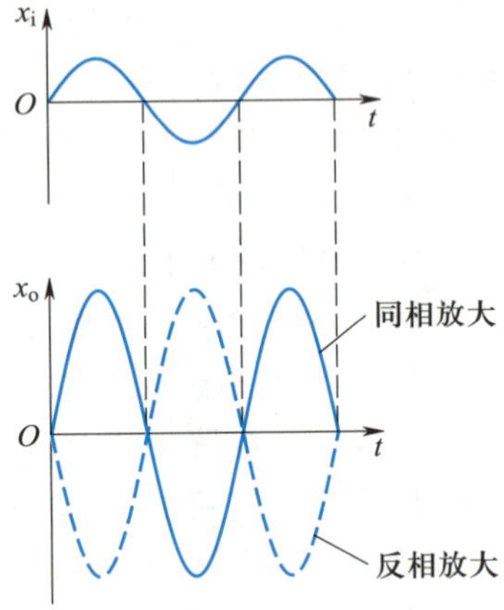

图 2.2.2　信号的线性放大

放大电路的输入信号由信号源提供，例如传感器的输出信号。传感器是将各种非电量，例如声音、温度、湿度、压力等，按一定规律转换成便于传输和处理的电信号或其他形式信息的测量装置。通常传感器由敏感元件和转换元件组成，其中敏感元件是指传感器中直接感受或响应被测量的部分，通常按其基本感知功能分为声敏元件、热敏元件、光敏元件、气敏元件、力敏元件、磁敏元件、湿敏元件、放射线敏感元件、色敏元件和味敏元件等；转换元件是指传感器中将敏感元件的输出转换为适于传输和测量的电信号部分。传感器测量的非电量是随时间变化的信号量，因而传感器输出的电信号是交流信号，也就是说放大电路的放大作用是对变化量而言，是对交流信号的线性放大。

在教室扩音电路中负载（扬声器）获得的功率远大于信号源（话筒）提供的功率，即放大电路输出信号的功率远大于信号源提供的功率。根据能量守恒定律可知，还存在为放大电路提供能量的其他形式电源，通常需要在放大电路中接入一个或多个直流电源为电路供电，如图 2.2.3 所示。

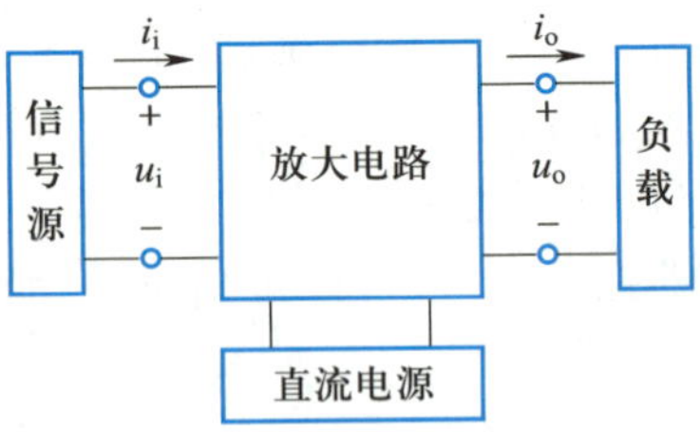

图 2.2.3　放大电路结构框图

放大电路中的核心器件（双极型晶体管、场效应晶体管）有 3 个电极，一个电极作为输入端，一个电极作为输出端，还有一个电极作为公共端，因而放大电路是一个二端口网络。在直流电源的激励下，双极型晶体管和场效应晶体管具有利用输入信号控制输出信号的能力，例如在双极型晶体管的发射结加入正向直流偏置电压，集电结加入反向直流偏置电压的条件下，晶体管的输入电流对输出电流具备线性控制作用（请参阅 5.2.3 节知识点的讲解）。

综上所述，放大的本质是能量的控制与转换作用。放大的作用主要体现在以下几个方面：

（1）放大电路利用双极型晶体管或场效应晶体管的线性控制作用，使输出信号在电压或电流的幅度上得到放大。需要注意的是,只有在不失真的前提下放大才有意义。

(2) 放大电路是一种能够从直流电源取出能量,并且将这个能量的一部分转化为输出信号能量的电子电路,即输出信号的能量主要由直流电源提供。利用双极型晶体管或场效应晶体管的控制作用,将直流电源的能量转换成输出信号的能量。

2.2.2 放大电路的直流激励

电子电路需要借助于电压、电流完成电能或信号的传输、信号测量与控制等功能,而放大电路中的电压和电流是在直流电源和信号源的共同作用下产生的,是交直流叠加的瞬时信号。因此,放大电路中有两种激励,一种是电能发生电路——直流电源,另一种是电信号发生电路——交流信号源。

放大电路常见的两种直流激励如图 2.2.4(a)、(b)所示。为使放大电路的结构清晰简洁,便于分析,通常在放大电路中采用直流电压源的简化画法,用带有极性的电源端子($+V_{CC}$、$-V_{EE}$)和接地端子(⊥,也称零电位参考点)替代直流电压源的电路符号,即在电路中隐去了电源端子和接地端子之间的直流电压源符号,如图 2.2.4(c)、(d)所示。请注意,初学者在分析和计算这种简化电路的信号时,容易忽略图中电源端子和零电位参考点之间隐藏的电压源的作用,从而导致计算错误。

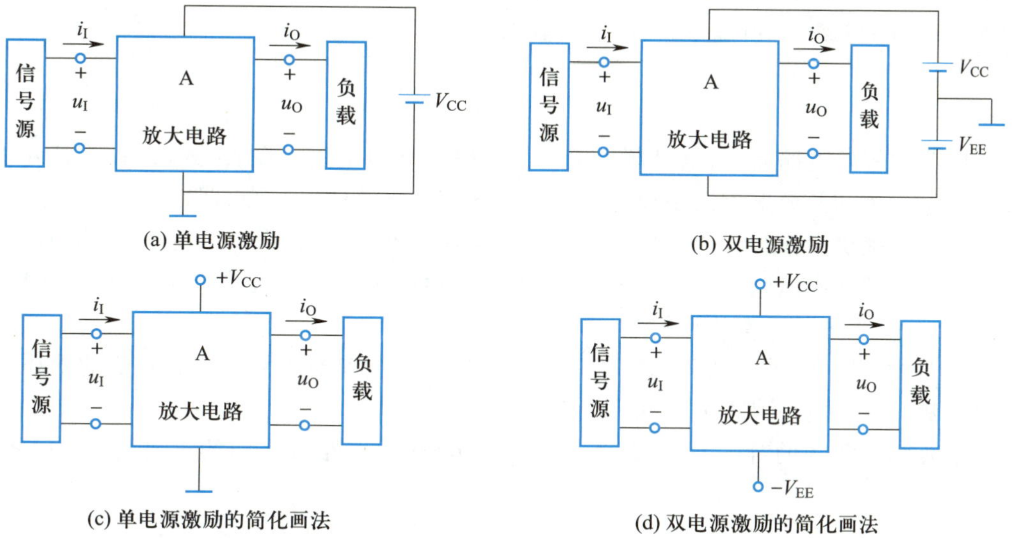

图 2.2.4 放大电路的两种直流激励

放大电路中直流电源的主要作用有两方面:一是为放大电路提供合适的直流工作点,令放大器件工作在线性区,才能保证在不失真的情况下对交流输入信号进行线性放大;二是为放大电路提供足够的能量,使其输出信号能够驱动负载做有用功(如驱动电机转动、扬声器振动发声等)。

2.2.3 放大电路的交流激励与负载

为放大电路提供输入信号的交流激励源也称信号源,信号源是独立源,可以等效为电压源电路(戴维南等效电路)或电流源电路(诺顿等效电路),如图 2.2.5(a)、(b)所示。图中 u_s 为理想电压源的源电压，i_s 为理想电流源的源电流，R_s 为信号源内阻。

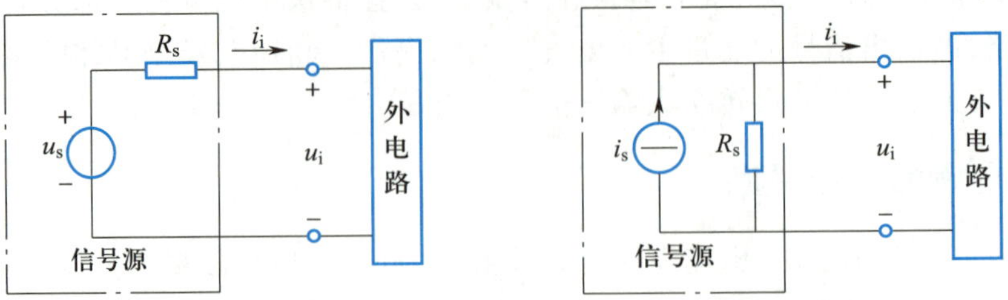

(a) 电压源等效电路　　(b) 电流源等效电路

图 2.2.5　信号源等效电路

设外电路为纯阻性网络，其端口电阻为 R，即 $u_i=i_iR$，则根据图 2.2.5(a)所示电压、电流的参考方向以及基尔霍夫定律，可以计算出

$$u_i=u_s-i_iR_s=\frac{R}{R_s+R}u_s \tag{2.2.1}$$

由此可知，对于电压源等效电路而言，信号源内阻与外电路的端口电阻串联，按式(2.2.1)所示的串联分压原理，当 $R\gg R_s$ 时，源电压几乎没有损失地加载到外电路的输入端，即 $u_i\approx u_s$。

同理分析图 2.2.5(b)所示电路，可以得到

$$i_i=i_s-\frac{u_i}{R_s}=\frac{R_s}{R_s+R}i_s \tag{2.2.2}$$

对于电流源等效电路而言，信号源内阻与外电路的端口电阻并联，按式(2.2.2)所示的并联分流原理，当 $R\ll R_s$ 时，源电流几乎没有损失地加载到外电路的输入端，即 $i_i\approx i_s$。

为放大电路提供交流激励的信号源通常来源于传感器，是非常微弱的电信号，即在交流小信号源与直流电源的共同激励下，由电压和电流的瞬时值决定的动态工作点仍然在放大器件的线性区内变化，即放大器件具有线性控制能力。

在信号源的激励下，外电路的端口电阻吸收的功率为端口电压和电流有效值的乘积，即 $P=U_iI_i$，具有负载作用，电路中常用 R_L 表示负载。

通过信号源与负载的对应关系，如图 2.2.6 所示，介绍电路分析中的重要概念——短路、开路和带载。

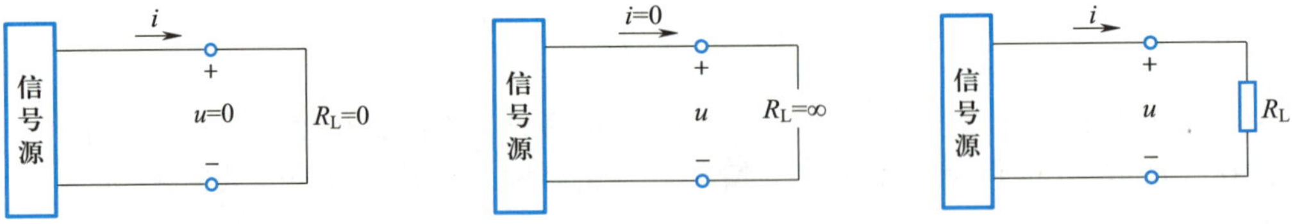

(a) 短路电路　　(b) 开路电路　　(c) 带载电路

图 2.2.6　电路的工作状态

1. 短路

在电路中若负载阻值为零则称为短路，如图 2.2.6(a)所示。由于电阻 $R_L=0$，根据欧姆定律

计算,可得电路端口电压 u 为

$$u=iR_L=0 \tag{2.2.3}$$

式(2.2.3)表明,在短路电路中,无论端口电流 i 取值如何,端口电压始终为零。

2. 开路(空载)

若负载阻值为无限大则称为**开路**,也称为电子电路的**空载工作状态**,如图 2.2.6(b)所示。由于电阻 $R_L=\infty$,计算可得电路端口电流 i 为

$$i=\lim_{R_L\to\infty}\frac{u}{R_L}=0 \tag{2.2.4}$$

式(2.2.4)表明,在开路电路中,无论端口电压 u 取值如何,端口电流始终为零。

3. 带载

设 $0<R_L<\infty$,则图 2.2.6(c)所示为电路的**带载工作状态**。此时由于信号源内阻的存在,如图 2.2.5 所示,在电压信号源的激励下,负载的端电压小于源电压,即 $u<u_s$;在电流信号源的激励下,负载的端电流小于源电流,即 $i<i_s$。

2.2.4 放大电路的分析方法

综上所述,放大电路中有两种激励——直流电源和交流信号源,在两者共同激励下,放大电路中的响应(电压和电流)是交直流叠加的瞬时信号。放大电路中的放大器件是非线性器件(请参阅 5.2.4 知识点的讲解),当其工作在线性区时,才具有线性控制作用。因此,当电路的动态工作点(瞬时值确定的工作点)能够保证放大器件始终在线性区内变化时,在该变化范围内可以将放大器件看作线性器件,此时放大电路可视为线性电路,可以运用线性电路分析方法(例如基尔霍夫定律、线性叠加定理、等效电源定理等)对放大电路的各项性能指标进行分析和计算。本节运用叠加定理,分析放大电路在直流电源和交流信号源的单独激励下,电路中的响应。

1. 直流工作状态(静态)

根据叠加定理,直流电源单独激励时,交流信号源置零,即交流电压源短路,交流电流源开路。此时放大电路中各处的电压、电流均为直流量,称此时放大电路处于直流工作状态,简称**静态**。研究放大电路的静态,目的在于判断电路中的放大器件是否具备放大能力,即晶体管的静态工作点 $Q(I_{BQ}$、I_{CQ}、$U_{CEQ})$ 是否在其输出特性的线性区、场效应晶体管的静态工作点 $Q(U_{GSQ}$、I_{DQ}、$U_{DSQ})$ 是否在其输出特性的恒流区,工作于线性区的晶体管和恒流区的场效应晶体管才具备线性控制作用(请参阅 5.2、5.3 节知识点的讲解),实现不失真的放大。

因此,静态工作点在放大器件输出特性的位置是实现放大的基本条件。放大电路的静态分析就是对放大电路静态工作点的解析。在直流电源的单独激励下,直流量在放大电路中传输的路径,称为放大电路的**直流通路**。通常在放大电路的直流通路中,利用电路基础理论求解放大电路的静态参数(Q 点参数)。

2. 交流工作状态(动态)

根据叠加定理,交流信号源单独激励时,直流电源置零,即电压源短路,电流源开路。直流电压源置零也称**交流短路**、直流电流源置零也称**交流开路**。此时放大电路中各处的电压、电流均为交流量,称放大电路处于交流工作状态,简称**动态**。对放大电路进行动态分析的目的是衡量放大

电路对交流输入信号的放大能力，主要的动态参数包括放大倍数、输入电阻和输出电阻等。

通常要求放大电路的交流输入为小信号激励，以确保交直流叠加的瞬时值所确定的电路动态工作点(晶体管的 i_B、i_C、u_{CE} 和场效应晶体管的 u_{GS}、i_D、u_{DS})仍然在放大器件的线性区内变化(即保证线性电路这一叠加定理分析方法成立的前提)，此时放大电路能够实现不失真的放大，研究放大电路的动态性能指标才有意义。

因此，放大电路的动态分析就是在不失真的条件下，对放大电路主要性能指标(放大倍数、输入电阻和输出电阻)的解析。在信号源的单独激励下，交流量在放大电路中传输的路径，称为放大电路的交流通路，如图 2.2.7 所示。

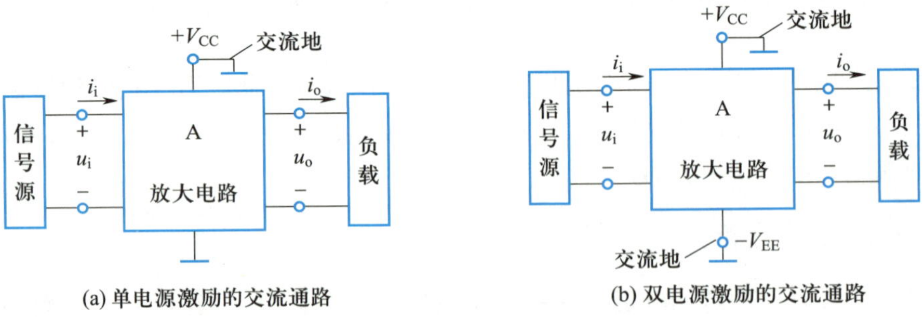

图 2.2.7 放大电路的交流工作状态

对放大电路进行动态分析时，具备放大能力的电子器件可以用线性电路模型替换(请参阅5.5.2 节知识点的讲解)，将放大电路的交流通路变换为线性电路，此时可以运用线性电路分析方法解析放大电路的动态参数。

综上所述，放大电路的分析方法应该遵循“先静后动”的原则，只有在确定放大电路具备放大能力的基础上且电路工作在线性区，才能实现对交流信号的不失真放大。

思考题

2-2-1 放大的基本概念是什么？

2-2-2 放大电路中有几种激励？放大电路中激励源的主要作用是什么？

2-2-3 什么是线性放大？如何实现不失真的放大？

2-2-4 放大电路的分析为什么要遵循“先静后动”的原则？放大电路进行静态分析和动态分析的目的是什么？

2.3 放大电路的等效电路模型与主要性能指标

2.3.1 放大电路的交流等效电路模型

放大电路对交流输入信号具有线性控制作用，因而可以将放大电路等效为一个含有受控源的线性二端口网络。交流信号形式多样，如三角波、方波、锯齿波等，输入放大电路分析输出信号时较为复杂,通常将其傅里叶分解成一系列不同谐波频率的正弦信号组合。因此,只要将正弦信号的放大过程分析清楚,则分析放大电路对其他形式信号的放大作用时,就可以将输入信号分解成一系列正弦信号,分别输入到放大电路得到各自的输出,再将该系列输出信号进行叠加。

在放大电路的交流通路中,设信号源向放大电路提供正弦信号激励,则电路中的响应可以用相量法分析,如图 2.3.1 所示。$\dot{U}_i$ 为放大电路的交流输入电压,$\dot{I}_i$ 为放大电路的交流输入电流,$\dot{U}_o$ 为放大电路的带载交流输出电压,$\dot{I}_o$ 为放大电路的带载交流输出电流,R_L 为负载电阻。

在不失真放大的条件下,从放大电路的输入端口往放大电路内部看进去,可以等效为线性不含独立源的一端口网络,根据电路的网络理论,可以将放大电路的输入端口等效为一个电阻,称为放大电路的输入电阻 R_i。对于信号源,R_i 相当于是信号源的负载。

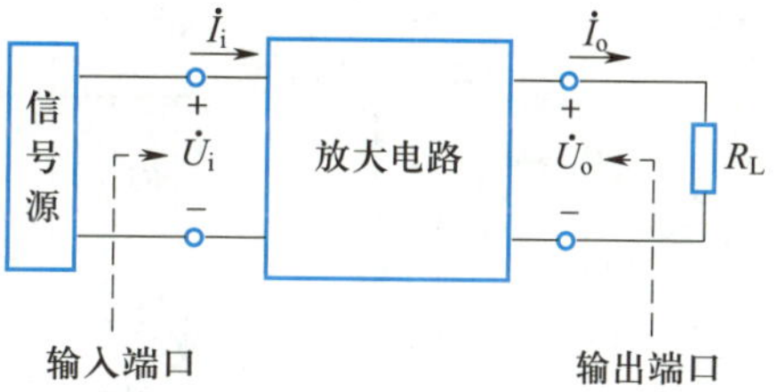

图 2.3.1 放大电路的交流等效电路结构框图

从放大电路的输出端口往放大电路内部看进去,可以等效为含有信号源激励的线性含源一端口网络,根据电路的网络理论,可以用等效电源定理等效为一个戴维南电路(放大电路的空载输出电压 $\dot{U}_{oc}$ 与输出端口电阻 R_o 的串联等效电路)或诺顿电路(放大电路的短路输出电流 $\dot{I}_{sc}$ 与输出端口电阻 R_o 的并联等效电路),即放大电路的输出信号为负载电阻 R_L 提供了激励,输出电阻 R_o 相当于是激励源的内阻。

综上所述,信号源与放大电路的输入端口之间、放大电路的输出端口与负载之间是互为信号源与负载的关系。将图 2.2.5 所示的两种信号源等效电路考虑在内,可以得到放大电路的四种等效电路模型,如图 2.3.2 所示。

放大电路是一个含有受控源的二端口网络,据信号源激励方式的不同,受控源的控制量也不同,如果是电压源作激励,那么输入端的控制信号就是输入电压;反之,用电流源作激励,则控制信号为输入电流。同理,根据负载对放大电路的要求不同,被控制量也随之改变,如果要求负载的端电压保持稳定,则线性放大的信号(被控制量)是电压信号;反之,若线性放大的信号为电流信号,则流过负载的电流得以保持稳定。

因此,在电压放大电路模型中,如图 2.3.2(a)所示,放大电路的空载输出电压 $\dot{U}_{oc}$ 是一个电压控制的受控电压源(voltage control voltage source,VCVS),控制系数定义为

$$\dot{A}'_u=\frac{\dot{U}_{oc}}{\dot{U}_i} \tag{2.3.1}$$

式(2.3.1)中,$\dot{A}'_u$ 也称为开路(空载)电压放大倍数,量纲为一。输出电阻 R_o 是电压源为零($\dot{U}_s=0$)时的戴维南等效电阻。

在互导放大电路模型中,如图 2.3.2(b)所示,放大电路的短路输出电流 $\dot{I}_{sc}$ 是一个电压控

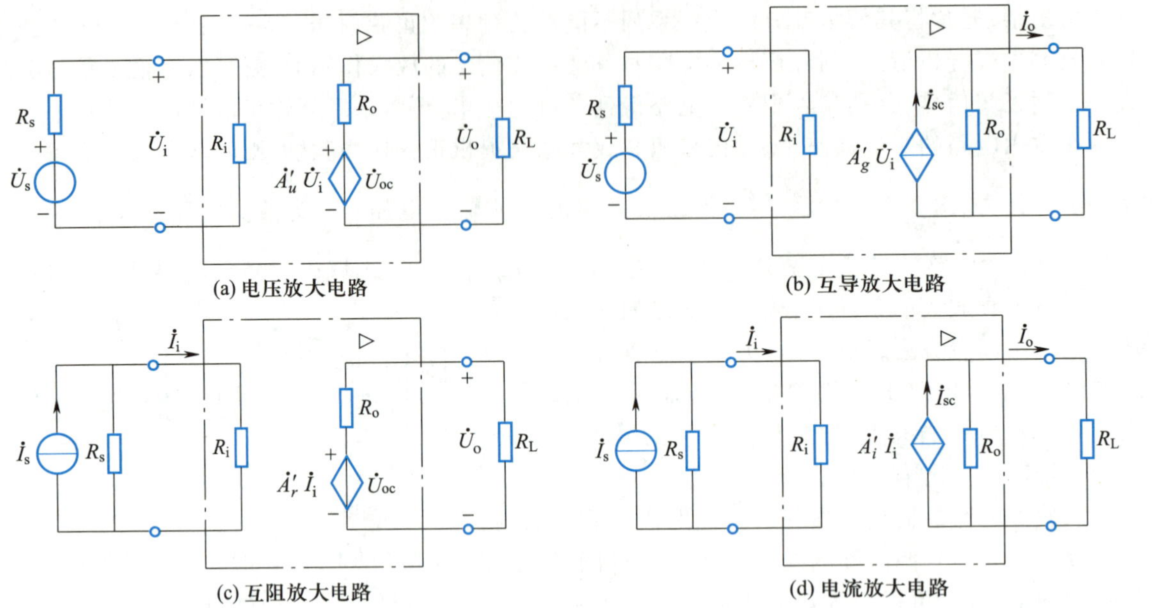

(a) 电压放大电路　(b) 互导放大电路　(c) 互阻放大电路　(d) 电流放大电路

图 2.3.2 放大电路的四种交流等效电路模型

制的受控电流源(voltage control current source, VCCS),控制系数定义为

$$\dot{A}'_g=\frac{\dot{I}_{sc}}{\dot{U}_i} \tag{2.3.2}$$

式(2.3.2)中,$\dot{A}'_g$ 也称为短路互导放大倍数,单位为西门子(S)。

输出电阻 R_o 是电压源为零($\dot{U}_s=0$)时的诺顿等效电阻。互导放大电路也称电压-电流转换电路。

在互阻放大电路模型中,如图 2.3.2(c)所示,放大电路的空载输出电压 $\dot{U}_{oc}$ 是一个电流控制的受控电压源(current control voltage source, CCVS),控制系数定义为

$$\dot{A}'_r=\frac{\dot{U}_{oc}}{\dot{I}_i} \tag{2.3.3}$$

式(2.3.3)中,$\dot{A}'_r$ 也称为开路(空载)互阻放大倍数,单位为欧(Ω)。输出电阻 R_o 是电流源为零($\dot{I}_s=0$)时的戴维南等效电阻。互阻放大电路也称电流-电压转换电路。

在电流放大电路模型中,如图 2.3.2(d)所示,放大电路的短路输出电流 $\dot{I}_{sc}$ 是一个电流控制的受控电流源(current control current source, CCCS),控制系数定义为

$$\dot{A}'_i=\frac{\dot{I}_{sc}}{\dot{I}_i} \tag{2.3.4}$$

式(2.3.4)中,$\dot{A}_i'$ 也称为短路电流放大倍数,量纲为一。

输出电阻 R_o 是电流源为零($\dot{I}_s=0$)时的诺顿等效电阻。

根据2.2.3节所述信号源和负载的关系,可知理想的电压放大电路,其输入电阻为无穷大 $R_i=\infty$,输出电阻为零 $R_o=0$。理想条件下,源电压几乎没有损失地加载到放大电路的输入端口,$\dot{U}_i\approx\dot{U}_s$;放大电路的开路输出电压以极小的损失加载到负载上,$\dot{U}_o\approx\dot{U}_{oc}$。

同理可知,理想的互导放大电路,其输入电阻为无穷大 $R_i=\infty$,输出电阻也为无穷大 $R_o=\infty$。理想条件下,放大电路的输入端口 $\dot{U}_i\approx\dot{U}_s$;放大电路的短路输出电流全部分流到负载所在支路,即 $\dot{I}_o\approx\dot{I}_{sc}$。

理想的互阻放大电路,其输入电阻为零 $R_i=0$,输出电阻也为零 $R_o=0$。理想条件下,源电流几乎没有损失地分流到放大电路的输入端口,$\dot{I}_i\approx\dot{I}_s$;负载的端电压 $\dot{U}_o\approx\dot{U}_{oc}$。

理想的电流放大电路,其输入电阻为零 $R_i=0$,输出电阻为无穷大 $R_o=\infty$。理想条件下,放大电路的输入端口 $\dot{I}_i\approx\dot{I}_s$;流过负载的支路电流 $\dot{I}_o\approx\dot{I}_{sc}$。

根据电路理论,这四种放大电路模型可以相互等效变换。在实际工程应用中,通常根据信号源提供的激励和负载的不同要求,从中选择合适的放大电路模型进行电路分析和参数计算。

2.3.2 放大电路的主要性能指标

衡量放大电路性能优劣的主要性能指标包括:放大倍数(增益)、输入电阻、输出电阻和通频带等。

1. 放大倍数(增益)

在不同的应用场合下,放大倍数的定义不同,以分贝(dB)为单位的放大倍数称为增益。放大电路的放大倍数通常按正弦量定义,因为正弦量便于测量,便于判断波形的失真,并且任何非正弦信号都可以通过傅里叶分析,分解为不同频率的正弦信号,便于研究放大电路的频率响应。

(1) 电压放大倍数

在图2.3.2(a)所示的电压放大电路中,带载电压放大倍数为

$$\dot{A}_u=\frac{\dot{U}_o}{\dot{U}_i} \tag{2.3.5}$$

式(2.3.5)中,$\dot{U}_o$ 为放大电路的带载输出电压,即负载电阻 R_L 的端电压。

将式(2.3.1)代入式(2.3.5),并根据式(2.2.1)所示的串联分压原理,分析可得

$$\dot{A}_u=\frac{R_L}{R_o+R_L}\frac{\dot{U}_{oc}}{\dot{U}_i}=\frac{R_L}{R_o+R_L}\dot{A}_u' \tag{2.3.6}$$

由此可知,输出电阻 R_o 的分压作用使得放大电路的带载电压放大倍数小于空载电压放大倍数。

同理分析可得,放大电路的源电压放大倍数为

$$\dot{A}_{us}=\frac{\dot{U}_o}{\dot{U}_s}=\frac{\dot{U}_i}{\dot{U}_s}\frac{\dot{U}_o}{\dot{U}_i}=\frac{R_i}{R_s+R_i}\dot{A}_u \tag{2.3.7}$$

该参数用来衡量电压放大电路对源电压的放大能力。

电压增益定义为

$$20\lg|\dot{A}_u|=20\lg\left|\frac{\dot{U}_o}{\dot{U}_i}\right| \tag{2.3.8}$$

(2) 互导放大倍数

在图 2.3.2(b)所示的互导放大电路中,带载时的互导放大倍数为

$$\dot{A}_g=\frac{\dot{I}_o}{\dot{U}_i} \tag{2.3.9}$$

式(2.3.9)中,$\dot{I}_o$ 为流过负载的支路电流,即电路带载时的输出电流。将式(2.3.2)代入,并根据式(2.2.2)所示的并联分流原理,分析可得

$$\dot{A}_g=\frac{R_o}{R_o+R_L}\frac{\dot{I}_{sc}}{\dot{U}_i}=\frac{R_o}{R_o+R_L}\dot{A}'_g \tag{2.3.10}$$

由于输出电阻 R_o 的分流作用,使得带载时的互导放大倍数小于空载时的放大倍数。

同理分析可得,互导放大电路的源放大倍数为

$$\dot{A}_{gs}=\frac{\dot{I}_o}{\dot{U}_s}=\frac{\dot{U}_i}{\dot{U}_s}\frac{\dot{I}_o}{\dot{U}_i}=\frac{R_i}{R_s+R_i}\dot{A}_g \tag{2.3.11}$$

该参数用来衡量互导放大电路对源电压的放大能力。

互导增益定义为

$$20\lg|\dot{A}_g|=20\lg\left|\frac{\dot{I}_o}{\dot{U}_i}\right| \tag{2.3.12}$$

(3) 互阻放大倍数

在图 2.3.2(c)所示的互阻放大电路中,带载时的互阻放大倍数为

$$\dot{A}_r=\frac{\dot{U}_o}{\dot{I}_i} \tag{2.3.13}$$

将式(2.3.3)代入,并根据串联分压原理分析可得

$$\dot{A}_r=\frac{R_L}{R_o+R_L}\frac{\dot{U}_{oc}}{\dot{I}_i}=\frac{R_L}{R_o+R_L}\dot{A}'_r \tag{2.3.14}$$

同样由于输出电阻 R_o 的分压作用，使得放大电路带载时的互阻放大倍数变小。

根据并联分流原理，计算可得互阻放大电路的源放大倍数为

$$\dot{A}_{rs}=\frac{\dot{U}_o}{\dot{I}_s}=\frac{\dot{I}_i}{\dot{I}_s}\frac{\dot{U}_o}{\dot{I}_i}=\frac{R_s}{R_s+R_i}\dot{A}_r \tag{2.3.15}$$

该参数用来衡量互阻放大电路对源电流的放大能力。

互阻增益定义为

$$20\lg|\dot{A}_r|=20\lg\left|\frac{\dot{U}_o}{\dot{I}_i}\right| \tag{2.3.16}$$

(4) 电流放大倍数

在图 2.3.2(d)所示的电流放大电路中，带载电流放大倍数为

$$\dot{A}_i=\frac{\dot{I}_o}{\dot{I}_i} \tag{2.3.17}$$

将式(2.3.4)代入，并根据并联分流原理计算可得

$$\dot{A}_i=\frac{R_o}{R_o+R_L}\frac{\dot{I}_{sc}}{\dot{I}_i}=\frac{R_o}{R_o+R_L}\dot{A}_i' \tag{2.3.18}$$

由于输出电阻 R_o 的分流作用，放大电路的带载电流放大倍数小于空载时的电流放大倍数。

同理分析可得，用来衡量电流放大电路对源电流放大能力的性能参数，源电流放大倍数为

$$\dot{A}_{is}=\frac{\dot{I}_o}{\dot{I}_s}=\frac{\dot{I}_i}{\dot{I}_s}\frac{\dot{I}_o}{\dot{I}_i}=\frac{R_s}{R_s+R_i}\dot{A}_i \tag{2.3.19}$$

电流增益定义为

$$20\lg|\dot{A}_i|=20\lg\left|\frac{\dot{I}_o}{\dot{I}_i}\right| \tag{2.3.20}$$

(5) 功率放大倍数

如前所述，放大电路的作用是实现能量的控制与转换，放大电路输出给负载的功率远大于信号源所提供的功率。功率放大倍数定义为

$$A_p=\frac{P_o}{P_i}=\frac{U_oI_o}{U_iI_i} \tag{2.3.21}$$

式(2.3.21)中，U_o 和 I_o 为放大电路输出带载时的输出电压和输出电流的有效值；同理，电路的输入功率也用输入端口的电压和电流有效值的乘积来表示。

功率增益定义为

$$10\lg A_p=10\lg\frac{P_o}{P_i} \tag{2.3.22}$$

微视频 2-1
输入电阻与
输出电阻

2. 输入电阻 R_i

在四种放大电路的等效模型中，输入电阻的定义是相同的，是放大电路的输入电压 $\dot{U}_i$ 与输入电流 $\dot{I}_i$ 之比。

$$R_i=\frac{\dot{U}_i}{\dot{I}_i} \tag{2.3.23}$$

输入电阻是描述放大电路从信号源吸取电流大小的参数，需要根据信号源激励方式的不同，选择合适的输入电阻阻值。例如，在低内阻的电压源激励下，输入电阻 R_i 越大，放大电路从信号源吸取的电流越小，则在电压源内阻 R_s 上的压降损失越小，放大电路分得的输入电压 $\dot{U}_i$ 越接近于源电压 $\dot{U}_s$。反之，若信号源是高内阻的电流源，则放大电路的输入电阻 R_i 越小，放大电路输入端分流得到的输入电流 $\dot{I}_i$ 越接近于源电流 $\dot{I}_s$，在电流源内阻 R_s 上的分流越小。因此，放大电路输入电阻阻值的大小要视具体工程需求来设计。

通常根据式(2.3.23)，运用线性电路分析法，例如，输入回路电压方程和输入端的节点电流方程等，计算求解放大电路的输入电阻。输入电阻的阻值也可以用测量法获得，例如在图 2.3.2(a)所示电压放大电路中，已知电压源的内阻 R_s 阻值和电压源的源电压，则只需测量放大电路的输入电压，计算可得

$$\dot{I}_i=\frac{\dot{U}_s-\dot{U}_i}{R_s} \tag{2.3.24}$$

将其代入式(2.3.23)，则放大电路输入电阻为

$$R_i=\frac{\dot{U}_i}{\dot{I}_i}=\frac{\dot{U}_i}{\dot{U}_s-\dot{U}_i}R_s$$

3. 输出电阻 R_o

输出电阻是描述放大电路带负载能力的参数，虽然在四种放大电路模型中输出电阻有两种定义，但是根据等效电源定理，戴维南等效电阻与诺顿等效电阻是相等的。

根据式(2.2.1)的分析可知，对于电压放大电路和互阻放大电路而言，输出电阻 R_o 越小，负载电阻 R_L 分压得到的输出电压 $\dot{U}_o$ 与电路的空载输出电压 $\dot{U}_{oc}$ 越接近，这表明放大电路带负载的能力越强，输出电压越稳定。

根据式(2.2.2)的分析可知，对于互导放大电路和电流放大电路而言，输出电阻 R_o 越大，负载电阻 R_L 分流得到的输出电流 $\dot{I}_o$ 与电路的短路输出电流 $\dot{I}_{sc}$ 越接近，这表明放大电路带负载的能力越强，输出电流越稳定。

综上所述，放大电路输出电阻阻值的大小也要视负载的需求来设计。以电压放大电路为例，R_o 的求解方法有两种：

① 为了计算放大电路的输出电阻，可以先测试电路的空载输出电压 $\dot{U}_{oc}$，再测试负载电阻为

R_L 时的输出电压 $\dot{U}_o$，则有

$$\dot{U}_o=\frac{R_L}{R_o+R_L}\dot{U}_{oc}$$

整理可得

$$R_o=\left(\frac{\dot{U}_{oc}}{\dot{U}_o}-1\right)R_L \tag{2.3.25}$$

② 电压放大电路的输出电阻是戴维南等效电阻，其估算公式为

$$R_o=\left.\frac{\dot{U}_o}{\dot{I}_o}\right|_{\substack{\dot{U}_s=0\\ R_L=\infty}} \tag{2.3.26}$$

令放大电路输入信号源为零，即 $\dot{U}_s=0$，将负载开路 $R_L=\infty$，假设在放大电路输出端加入测试电压源 $\dot{U}_o$，测试电流为 $\dot{I}_o$，电压和电流的参考方向如图 2.3.3 所示。

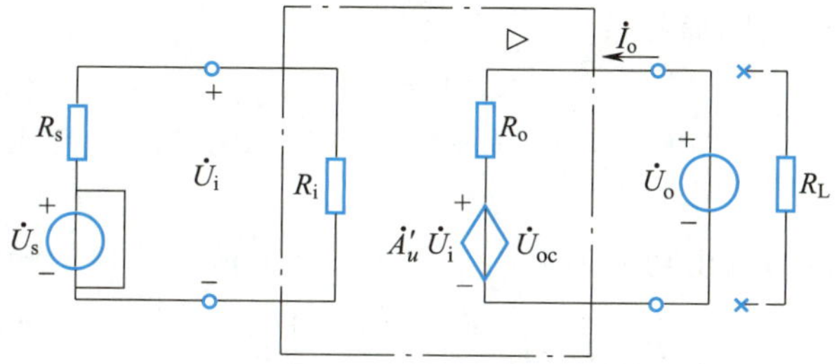

图 2.3.3 求解电压放大电路输出电阻的等效模型

在图 2.3.3 所示电路模型中，运用线性电路分析法，列输出回路的电压方程或输出端节点电流方程，根据式（2.3.26）可以计算求解出放大电路的输出电阻。

4. 非线性失真系数

放大电路中的晶体管、场效应管等器件具有非线性特性。由放大器件的非线性特性所引起的失真称为非线性失真。非线性失真系数用于衡量信号的非线性失真程度。

放大电路在正弦输入信号的激励下，通过测量其输出电压信号，并对输出电压信号进行谐波分析。定义输出电压信号的谐波成分总量与基波分量之比为非线性失真系数或总谐波畸变率（coefficient of total harmonic distortion，THD），其表达式为

$$THD=\frac{\sqrt{U_2^2+U_3^2+\cdots}}{U_1}\times 100\% \tag{2.3.27}$$

式中，U_1 为基波分量有效值，U_2、U_3……为各次谐波分量的有效值。

利用失真度测试仪或谐波分析仪可以测量放大电路的非线性失真系数。

5. 最大不失真输出幅度

放大电路的最大不失真输出幅度是指放大电路的输出信号非线性失真系数不超过额定值时的输出信号可达到的最大值，一般用 U_{ommax} 或 I_{ommax} 表示。

6. 通频带

由于放大电路中存在电抗性元件以及晶体管内部 PN 结的结电容效应，使得放大电路的增益成为频率的函数，即在不同频率的信号源激励下，放大电路的放大能力是不同的。电压放大电路的电压增益幅频特性如图 2.3.4 所示。

在中频段，放大倍数不受电抗性元件的影响，电压放大倍数与频率无关。在低频段和高频段，由于电抗性元件的分压或分流作用，电路的放大能力下降。随着输入信号频率的改变，当电压放大倍数下降到中频电压放大倍数 A_{um} 的 $\frac{1}{\sqrt{2}}$ 时，定义低频段的下限截止频率为 f_L，高频段的上限截止频率为 f_H，则放大电路的通频带（bandwidth，BW）为

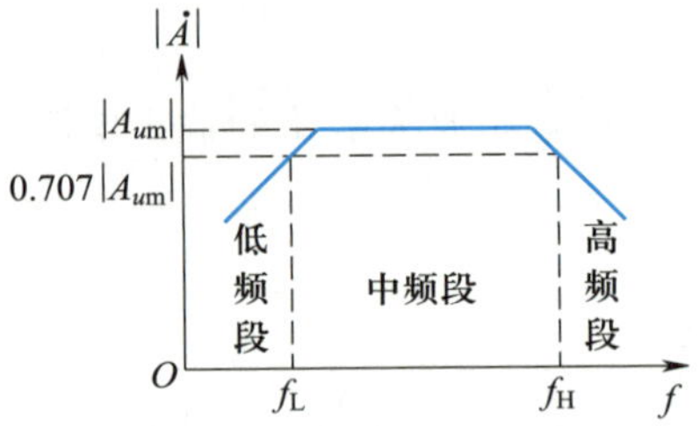

图 2.3.4 电压增益的幅频特性

$$BW=f_H-f_L \tag{2.3.28}$$

通常放大电路的 $f_H \gg f_L$，则通频带

$$BW \approx f_H$$

放大电路的通频带用于衡量放大电路对不同频率输入信号的放大能力。

7. 输出功率

放大电路向负载提供的输出功率为输出电压和输出电流有效值的乘积。

$$P_o=U_o \times I_o=\frac{U_{om}}{\sqrt{2}} \times \frac{I_{om}}{\sqrt{2}}=\frac{1}{2}U_{om}I_{om} \tag{2.3.29}$$

式中，U_{om} 和 I_{om} 为输出电压和输出电流的峰值。

思考题

2-3-1 放大电路有几种交流等效电路模型？如何根据信号源的特性和负载的要求，选择合适的放大电路模型？

2-3-2 放大电路的动态性能主要由哪些参数来描述？放大电路的参数为什么要用正弦量定义？

2-3-3 放大电路的输入电阻阻值的大小对放大电路性能有什么影响？

2-3-4 放大电路的输出电阻有什么物理意义？输出电阻阻值的大小对放大电路性能有什么影响？

2.4 放大电路的级联

基本放大电路一般是指由一个双极型晶体管（bipolar junction transistor，BJT）或场效应晶体管（field effect transistor，FET）所组成的放大电路。它是放大电路中最基本的结构形式，是构成复

杂放大电路的基本单元。

用二端口网络表示的基本单元电路称为“级”，将前一级电路的输出端口与后一级电路的输入端口相连的结构形式，称为“级联”，如图 2.4.1 所示。通常基本放大电路的放大倍数只能达到几十倍至一二百倍。当要求更高的放大倍数时，需要将多个基本放大电路级联构成多级放大电路。

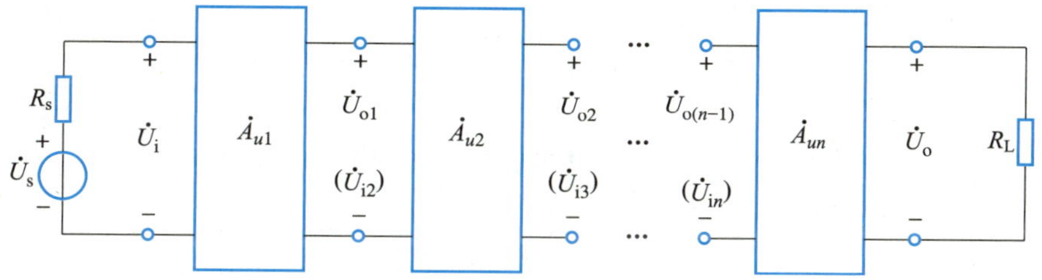

图 2.4.1　级联放大电路

2.4.1　多级放大电路的耦合方式

多级放大电路的级与级之间、信号源与放大电路之间、放大电路与负载之间的连接均称为耦合。多级放大电路中有四种常见的耦合方式：直接耦合、阻容耦合、变压器耦合和光电耦合。

1. 直接耦合

若将前一级放大电路的输出端口直接与后一级放大电路的输入端口相连，称为直接耦合，如图 2.4.2 所示。

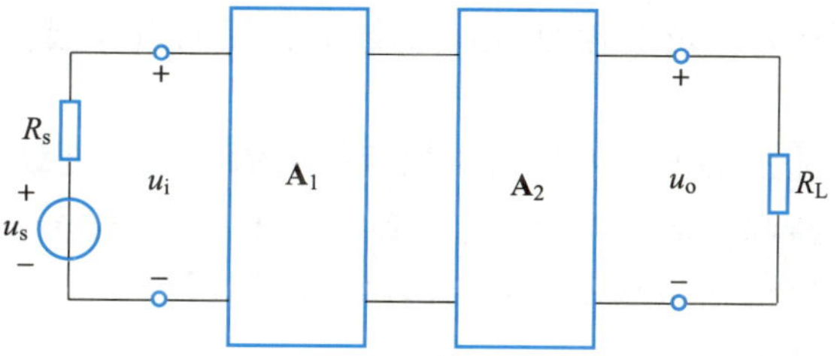

图 2.4.2　直接耦合的多级放大电路

直接耦合放大电路的优点：

① 放大电路中无耦合电容，因而低频特性好，能放大缓慢变化的低频信号和直流信号。

② 在集成电路中采用直接耦合方式，易于集成。

直接耦合放大电路的缺点：

① 直接耦合放大电路的前后级之间存在直流通路，使得各级电路的静态工作点相互影响，因而这类电路的分析、设计和调试比较烦琐。

② 直接耦合放大电路存在零点漂移现象，即放大电路输入为零时，输出不为零且随时间缓慢变化的现象。

2. 阻容耦合

将放大电路前一级的输出通过一个电容与后一级的输入连接起来的方式称为阻容耦合。由于连接前后两级的耦合电容具有“隔直通交”的作用，因而阻容耦合适用于放大交流信号的多级放大电路。如图 2.4.3 所示为两级阻容耦合放大电路，其中 C_1、C_2 和 C_3 分别是信号源与放大电路输入端之间、前后级之间以及输出端与负载之间的耦合电容。

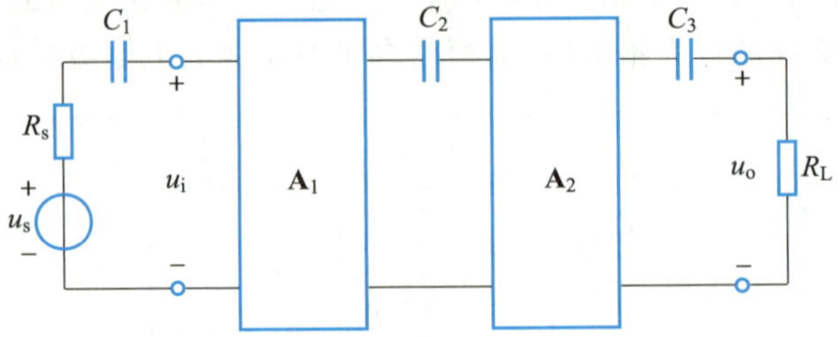

图 2.4.3 阻容耦合的多级放大电路

阻容耦合放大电路的优点：

① 由于各级之间用电容连接，因而各级电路的静态工作点相互独立。在求解静态工作点时可按单级处理，便于计算电路参数，进行电路设计和调试。

② 只要耦合电容的容值足够大，在一定的频率范围内，可做到前一级的交流输出信号几乎无损失地传到后一级放大电路的输入端，即在信号传输过程中交流信号损失小，放大倍数高。

③ 阻容耦合放大电路不存在零点漂移现象。

阻容耦合放大电路的缺点：

① 阻容耦合放大电路不能放大直流信号，低频特性也很差。在频率较低时电容的容抗较大，信号传输过程中有一部分损失在耦合电容上，导致放大倍数的降低。

② 由于在集成工艺中，大容量电容的制造比较困难，因而阻容耦合放大电路不易集成。

3. 变压器耦合

若将放大电路前级的输出端通过变压器接到后级的输入端或负载电阻上，称为**变压器耦合**。图 2.4.4 所示为两级变压器耦合放大电路，其中变压器 Tr_1 用于信号源与放大电路的输入级之间的连接，Tr_2 用于放大电路的输出端与负载电阻之间的连接。

变压器耦合放大电路的优点：

① 与阻容耦合放大电路一样，各级放大电路的静态工作点相互独立，不存在零点漂移现象，便于放大电路的分析、设计和调试。

② 与前两种耦合方式相比较，变压器耦合的最大优点是可以进行阻抗变换，在负载上得到最大的输出功率。忽略变压器的一次、二次侧的电阻，变压器 Tr_2 耦合的等效变换电路如图 2.4.5 所示。

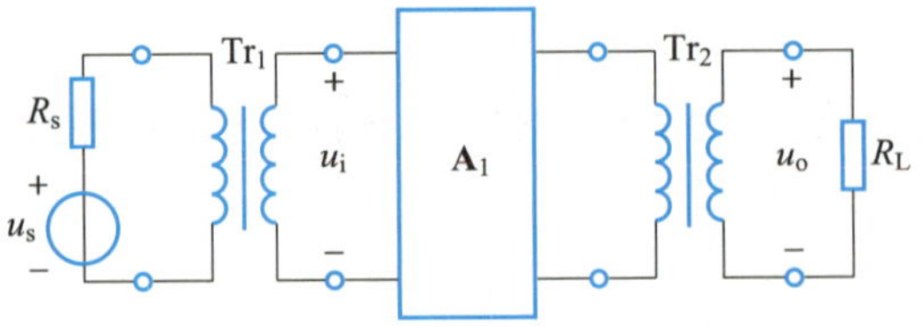

图 2.4.4 变压器耦合的多级放大电路

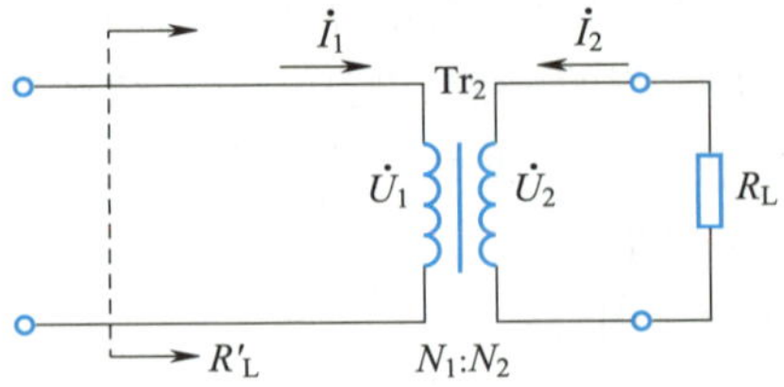

图 2.4.5 变压器耦合的等效电路

设变压器的一次侧和二次侧的匝比 $n=N_1:N_2$（N_1、N_2 分别为变压器一次侧和二次侧的线圈匝数）；R_L 为负载电阻；R_L'为负载折算到变压器 Tr_2 一次侧的等效电阻。根据功率守恒原理，可得 R_L'与 R_L 之间的关系为

$$R_L'=\left(\frac{I_2}{I_1}\right)^2 R_L \tag{2.4.1}$$

由于变压器二次绕组电流与一次绕组电流之比等于变压器的匝比，所以

$$R_L'=\left(\frac{N_1}{N_2}\right)^2 R_L=n^2 R_L \tag{2.4.2}$$

在负载电阻 R_L 较小时，通过适当地配置变压器的匝比 n，可以使负载获得足够大的功率。例如，在图 2.4.4 中负载 R_L 是阻值为 8 Ω 的扬声器，R_L 太小，电压放大电路的输出电阻无法与之匹配，很难驱动这个小阻值负载。经过变压器 Tr_2 的阻抗变换获得最佳匹配后，才可能获得最大的输出功率。因此，变压器耦合经常用于功率放大电路中。

变压器耦合放大电路的缺点：

① 采用变压器耦合的多级放大电路，其高频、低频性能都比较差。信号频率较低时损耗严重，无法传递直流信号和缓慢变化的低频信号；信号频率较高时，由于漏感和分布电容的影响，其高频特性变差。

② 变压器需要用绕组和铁心，因此体积大，不能集成。

4. 光电耦合

级间利用光电耦合器来传送信号的方式称为**光电耦合**。光电耦合器的内部结构如图 2.4.6(a)所示。该器件将发光元件（发光二极管）与光敏元件（光电晶体管）相互绝缘地组合在一起。在输入回路，发光二极管将电信号转换成光信号；在输出回路，光电晶体管将光信号转换成电信号。输入回路和输出回路由各自独立的电源系统供电，实现了电气隔离，可以抑制地线干扰。图 2.4.6(b)为光电耦合器的输出特性，与晶体管相似，其输出特性曲线也是一簇曲线。当管压降 u_{CE} 足够大时，i_C 仅取决于 i_D，它描述了当流过发光二极管的正向电流为一个常量 I_D 时，光电晶体管的集电极电流 i_C 与管压降 u_{CE} 之间的函数关系，即

$$i_C=f(u_{CE})\big|_{I_D=\text{const}} \tag{2.4.3}$$

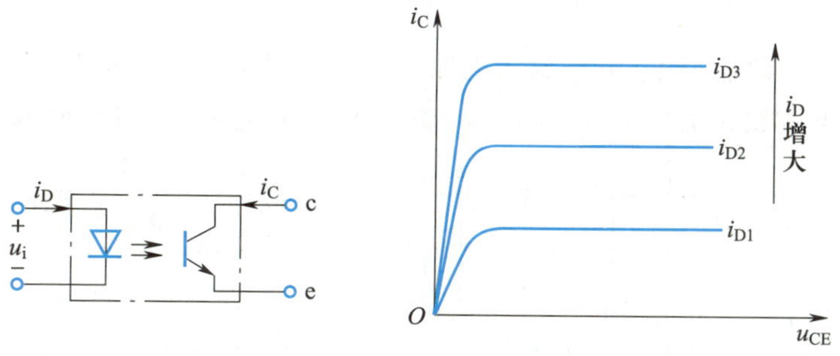

(a) 内部结构　(b) 输出特性

图 2.4.6　光电耦合器内部结构及其输出特性

光电耦合器的主要参数：

① 电流传输比(current transfer ratio, CTR)——光电晶体管的输出电流 i_C 和发光二极管正向电流 i_D 之比。

② 隔离电压 V_{IO}——光电耦合器输入端和输出端之间的绝缘耐压值。

③ 传输延迟时间 t_{PHL}、t_{PLH}——t_{PHL} 是输出电压从高电平变化到低电平相对于输入电压变化的延迟时间，t_{PLH} 是输出电压从低电平变化到高电平相对于输入电压变化的延迟时间。

光电耦合放大电路如图 2.4.7 所示。在工程应用中，通常现场信号的干扰较大，如果将测量信号与现场信号共地，则现场信号的地线上的大量干扰会对测量设备产生影响，因而需要对两个系统进行电气隔离，以避免或减弱现场信号对测试设备的影响。由于光电耦合器利用光信息进行信号的传输，其输入侧和输出侧不共地，因而可以有效地解决两个系统间的地线干扰问题。表 2.4.1 给出了几种常用光电耦合器参数对比。

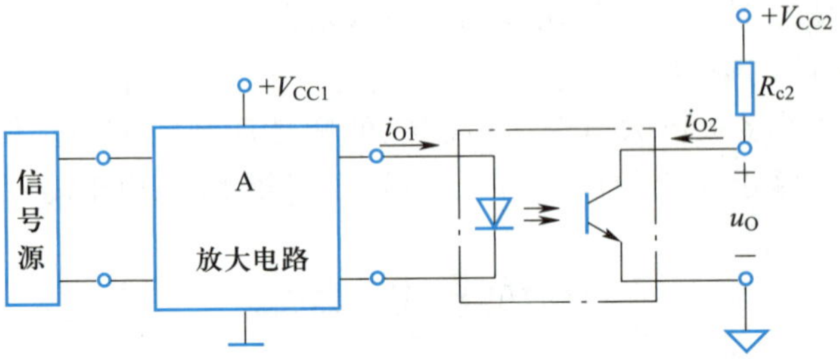

图 2.4.7 光电耦合放大电路

表 2.4.1 几种常用的光电耦合器参数对比

型号	隔离电压/V	传输比/%	t_{PLH}，t_{PHL}/μs	带宽
TLP521	2 500	100～600	2，3	—
PC817	5 000	50～600	3，3	80 kHz
6N136	5 000	19～35	—	2 MHz

2.4.2 多级电压放大电路放大倍数的计算

放大电路的四种等效模型中，电压放大电路模型应用最为广泛。本节以电压放大电路为例，介绍多级放大电路电压放大倍数的计算方法。图 2.4.8 所示为两级电压放大电路的级联。

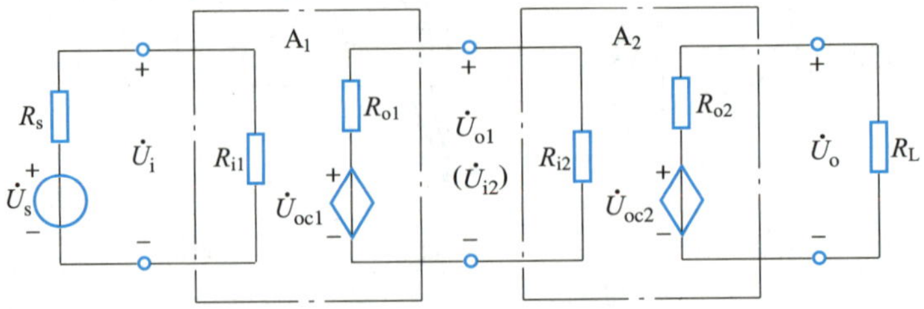

图 2.4.8 两级电压放大电路

根据 2.3.1 节的介绍，信号源与第一级放大电路的输入端口之间、放大电路的级与级之间、最后一级的输出端口与负载之间是互为信号源与负载的关系。设图 2.4.8 所示两级电压放大电路的总放大倍数为负载的端电压 $\dot{U}_o$ 与输入电压 $\dot{U}_i$ 之比，定义为 $\dot{A}_u$，则整理分析可得

$$\dot{A}_u=\frac{\dot{U}_o}{\dot{U}_i}=\frac{\dot{U}_{o1}}{\dot{U}_i}\cdot\frac{\dot{U}_o}{\dot{U}_{o1}}=\frac{\dot{U}_{o1}}{\dot{U}_i}\cdot\frac{\dot{U}_o}{\dot{U}_{i2}}=\dot{A}_{u1}\cdot\dot{A}_{u2}$$

式中，$\dot{A}_{u1}$、$\dot{A}_{u2}$ 为单级电压放大电路的带载放大倍数，也就是将后一级电路的输入电阻作为前一级的负载考虑，计算求得的本级放大电路的输出端口电压与输入端口电压的比值。

以此类推，分析可知图 2.4.1 所示的多级电压放大电路的总放大倍数为各级带载电压放大倍数的乘积，如式(2.4.4)所示。

$$\dot{A}_u=\dot{A}_{u1}\cdot\dot{A}_{u2}\cdot\dot{A}_{u3}\cdot\cdots\cdot\dot{A}_{un}=\prod_{i=1}^{n}\dot{A}_{ui} \tag{2.4.4}$$

思考题

2-4-1　多级放大电路有几种耦合方式？各自的优缺点是什么？

2-4-2　为什么说放大电路的级与级之间是互为信号源与负载的关系？

2-4-3　多级电压放大电路的总放大倍数与单级电压放大倍数有什么关系？

2.5　运算放大电路

运算放大电路是一种采用直接耦合高增益的多级电压放大电路，它能够放大直流和一定频率范围内的交流信号。早期的运算放大电路是用真空管实现的，应用于模拟计算机中，主要用来完成加、减、微分、积分等数学运算，故此得名。它的第一款集成产品诞生在 20 世纪 60 年代初，集成运算放大器（简称运放）发展至今，其应用范围已远远超出数学运算的范围，可用于对信号进行线性和非线性处理，同时运放也是其他一些模拟集成电路的重要组成部分。

集成电路是相对于分立元件电路而言的，是采用专门的制造工艺，将电子元器件（晶体管、场效应管、二极管、电阻、电容等）和它们之间的连线制作在同一片半导体芯片上构成的具有特定功能的电路。相比分立元件电路，集成电路密度高、连线短、外部接线大为减少，从而提高了电子产品的可靠性和灵活性，同时降低了成本，为电子技术的应用开辟了一个新时代。

2.5.1　运算放大电路的组成与等效模型

1. 运算放大电路的组成

集成运算放大器一般由三级电路组成。它的输入级是差分电压放大电路，中间级是高增益的多级电压放大电路，输出级是互补功率放大电路。除此以外还有一些辅助环节，例如偏置电流源电路、电位偏移电路等。集成运算放大器的结构框图如图 2.5.1 所示。

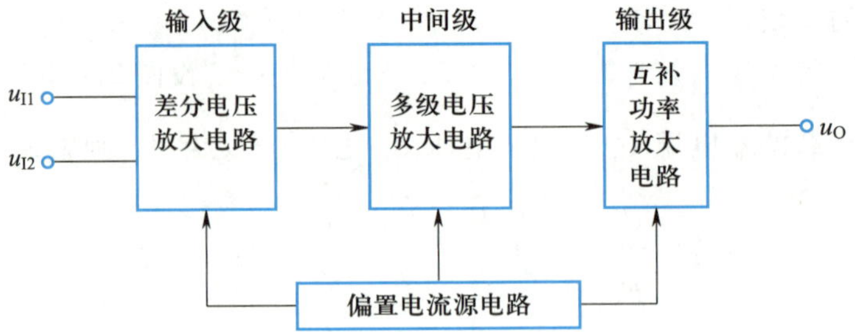

图 2.5.1 集成运算放大器的结构框图

① 输入级

集成运放的输入级是直接耦合的差分放大电路，它是决定集成运算放大器性能的关键部分。差分放大电路有两个输入端子，允许两个信号源提供激励，能够放大两个对地输入电压 u_{I1} 和 u_{I2} 的信号差值（简称差模输入电压 u_{Id}），抑制零点漂移的能力强。差分放大电路也被称为双端输入的电压放大电路。

② 中间级

中间级为多级电压放大电路，具有很高的电压增益。一般由带有源负载的共射或共源组态放大电路级联组成。

③ 输出级

输出级需要向负载提供一定的输出功率。由 2.3.2 节输出电阻的讲解可知，通常要求集成运放的输出电阻小，以提高电压放大电路的带负载能力。集成运放的输出级通常采用互补功率放大电路。

④ 偏置电流源

偏置电流源用于为各级电路提供稳定、合适的静态电流，为各级放大电路设置合适的静态工作点，通常由恒流源电路组成。

集成运放的三级放大电路和电流源的电路结构与工作原理请参阅 5.7~5.9 节知识点的讲解。

2. 运算放大电路的等效模型

在图 2.3.2 所示的放大电路交流等效模型中，其输入端只有一个信号源提供激励，输出端也只为负载提供了一个受控电源的激励，因而这四种等效电路也称为单端输入、单端输出的放大电路等效模型。集成运放作为一款特殊的具有两个输入端的多级电压放大电路，可以由两个信号源提供激励，两个输入端之间有一个等效输入电阻 R_{id}（简称差模输入电阻），输出端是一个含有受控电压源的戴维南等效电路，因而称为双端输入、单端输出的高电压增益多级放大电路，其交流等效电路模型如图 2.5.2 所示。

设电路的差模输入电压 $\dot{U}_{id}$ 为

$$\dot{U}_{id}=\dot{U}_{i1}-\dot{U}_{i2} \tag{2.5.1}$$

则运算放大电路的差模输入电阻 R_{id} 定义为

$$R_{id}=\frac{\dot{U}_{id}}{\dot{I}_i}=\frac{\dot{U}_{i1}-\dot{U}_{i2}}{\dot{I}_i}$$

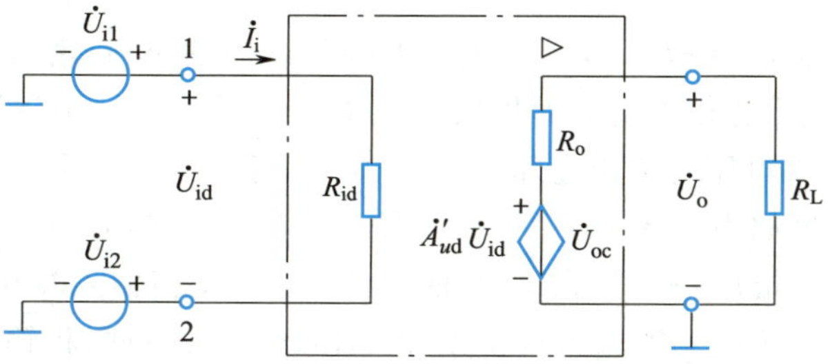

图 2.5.2　运算放大电路的交流等效电路模型

图 2.5.2 所示的等效电路中空载输出电压 $\dot{U}_{oc}$ 是一个受差模输入电压 $\dot{U}_{id}$ 控制的受控电压源，$\dot{A}'_{ud}$ 为开路差模电压放大倍数。集成运放的带载电压放大倍数用于衡量对差模输入电压 $\dot{U}_{id}$ 的放大能力，定义为

$$\dot{A}_{ud}=\frac{\dot{U}_o}{\dot{U}_{id}} \tag{2.5.2}$$

图中输出电阻 R_o 是电压源为零时的戴维南等效电阻，其估算公式参考式(2.3.26)。

差模输入电压 u_{Id} 对集成运放的输出电压有线性控制作用。根据叠加定理，在 $\dot{U}_{i1}$ 的单独激励下，如图 2.5.3(a)所示，此时 $\dot{U}_{id}=\dot{U}_{i1}$，则受控电压源为负载提供激励，输出电压 $\dot{U}_o$ 和输入电压 $\dot{U}_{i1}$ 的对地极性相同，因而定义 1 端子为集成运放的同相输入端；同理，在 $\dot{U}_{i2}$ 的单独激励下，

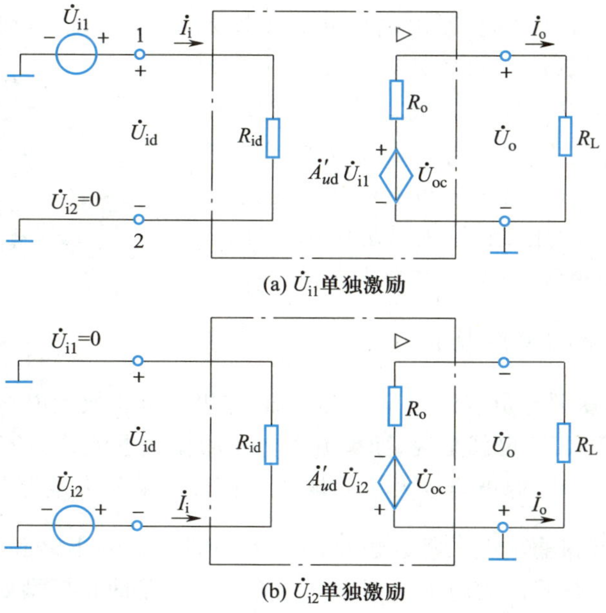

图 2.5.3　信号源单独激励的集成运放等效电路模型

如图2.5.3(b)所示,此时 $\dot{U}_{id}=-\dot{U}_{i2}$,则受控电压源为负载提供激励,输出电压 $\dot{U}_o$ 和输入电压 $\dot{U}_{i2}$ 的对地极性正好相反,因而定义2端子为集成运放的反相输入端。请注意,这里所说的"同相"和"反相"是指运放的输入电压与输出电压之间的相位关系。

集成运放的电路符号如图2.5.4所示,其中图2.5.4(a)是常用符号,图2.5.4(b)是国标符号。集成运放的同相输入端用"+"表示,其对地电位为 u_P;反相输入端用"-"表示,其对地电位为 u_N。在规定的正方向条件下,集成运放的对地输出电位 u_O 与同相输入端电位 u_P 的极性相同,u_O 与反相输入端电位 u_N 的极性相反。

(a) 常用符号　　(b) 国标符号

图2.5.4　集成运放的电路符号

另外,在集成运放的电路符号中没有画出直流电源端子,实际工程应用中必须为运放提供直流电源(双电源或单电源)激励,否则集成运放不能对差模输入电压实现放大作用。

2.5.2　运算放大电路的电压传输特性

集成运放的输出电压 u_O 与差模输入电压 u_{Id}(即同相输入端与反相输入端之间的差值电压)之间的关系曲线称为电压传输特性,如图2.5.5所示。集成运放的传输特性可分为放大区(线性区)和饱和区(非线性区)两部分。在线性区内,输出电压和差模输入电压呈线性关系,由于运算放大器的开环差模电压放大倍数很大(10^5 以上),所以实际上集成运放的线性区很窄,即能够被线性放大的差模输入电压非常微弱;在非线性区内,输出电压与差模输入电压之间不再是线性关系,受集成运放供电电源电压的限制,输出呈现饱和特性,图中 $\pm U_{om}$ 接近于运放的正电源值(V_{CC})和负电源值(V_{EE})。

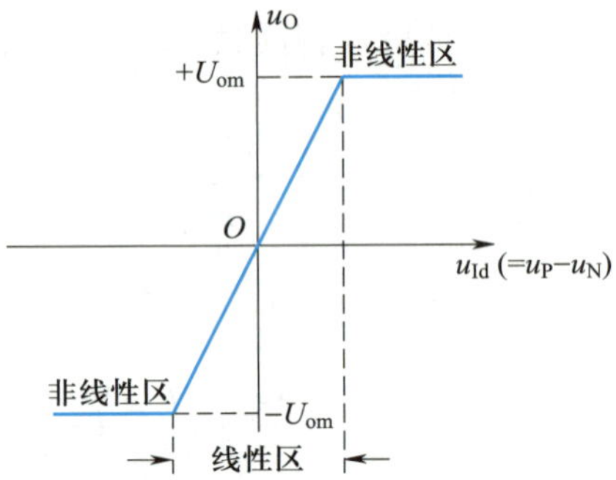

图2.5.5　集成运放的电压传输特性

2.5.3　运算放大电路的理想特性

由2.2.3节所述电压源与负载的关系分析可知,理想的电压放大电路,其输入电阻为无穷大 $R_i=\infty$,输出电阻为零 $R_o=0$。也就是说,如果放大电路的输入电流约为零,则在信号电压源内阻上的压降损失可以忽略不计,源电压放大倍数越高;同理,如果放大电路的输出电阻可以忽略不计,则电压放大电路的开路输出电压将以极小的损失加载到负载上,使得 $\dot{U}_o\approx\dot{U}_{oc}$,则负载的端电压越稳定,放大电路的带载能力越强。理想的运算放大电路简化模型如图2.5.6所示。

理想运放工作在线性区时具有两个重要特性,即"虚断"和"虚短"。

1. 虚断

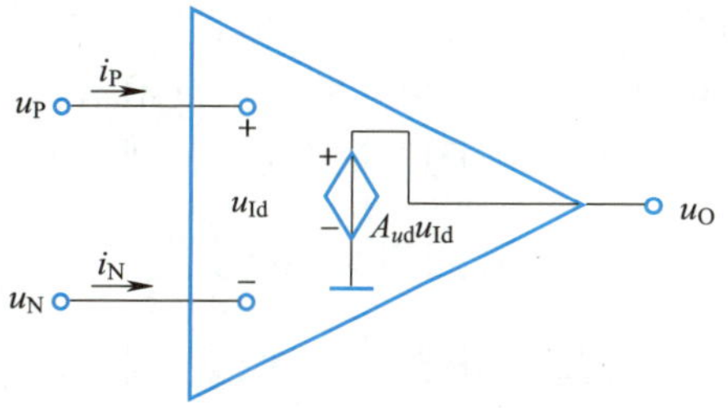

图 2.5.6　集成运放的理想模型

由于理想运放的差模输入电阻 $R_{id}=\infty$，因而流入运放同相和反相输入端的电流均可近似为零，即 $i_P \approx i_N \approx 0$。对运放的输入电流（$i_P$、$i_N$）而言，运放的输入端口就像开路一样。当然运放的输入端不可能真正开路，只是由于其高输入阻抗，使得流入运放输入端的净输入电流远小于外电路电流，输入电流可忽略不计，近似看作断路，这一特性称为“虚断”。

2. 虚短

运放工作在线性区时，差模输入电压与输出电压呈现线性关系，输出电压为

$$u_O = A_{ud} \cdot u_{Id} = A_{ud} \cdot (u_P - u_N) \tag{2.5.3}$$

运放的开环差模电压放大倍数也有理想化指标，即 $A_{ud}=\infty$，由于运放的 u_O 为有限值（$-U_{om} \leqslant u_O \leqslant +U_{om}$），根据式（2.5.3）可得，差模输入电压 $u_{Id} \approx 0$ V，即 $u_P \approx u_N$。

由此可见，在运放的线性应用电路中，运算放大器的同相输入端与反相输入端的对地电位近似相等。对运放的差模输入电压而言，运放的输入端口就像短路一样，电位差约为零。当然这不是真正的短路，而是一种近似，故称这种现象为“虚短”。

实际运放的 $A_{ud} \neq \infty$，但是集成运放是高电压增益的多级放大电路，电压放大倍数至少为 10^4，通常可高达 10^6 或更高。设运放的开环电压放大倍数 $A_{ud}=10^5$，输出电压最大值 $\pm U_{om}=\pm 13$ V，则运放工作在线性区时，差模输入电压 $u_{Id} \leqslant 0.13$ mV，u_{Id} 是极微小量。同相输入端和反相输入端的电位虽然不相等，但也十分接近，基本符合“虚短”的条件。

由于实际运放的技术指标不断改进，目前已与理想化指标比较接近，因而实际运放通常都可以当作理想运放来看待。运用“虚短”和“虚断”的特性，可以大大简化运放应用电路的分析。值得注意的是，运放在线性区工作才有“虚短”的特性，为保证运放工作在线性区，必须在电路中引入深度负反馈，这也是“虚短”的条件。集成运放的高增益和负反馈技术的应用，使得运放理想化后带来的运算误差很小，在一般工程应用的允许范围内。

思考题

2-5-1　运算放大电路由哪几部分组成？各组成模块的主要功能是什么？

2-5-2　运算放大电路的同相输入端和反相输入端是如何定义的？

2-5-3　运算放大电路的理想性能指标有哪些？

2-5-4　如何正确理解运算放大电路的理想特性？

2-5-5　为什么运放工作在线性区时才具有“虚短”这一特性？

2.6　放大电路中的反馈

1927 年布莱克首先用反馈的概念说明了电子放大器输出信号经变换后送回输入回路的原理。其后，伯德等人建立了反馈放大器理论。1948 年维纳在《控制论》一书中把反馈归结为信息

的传递和返回过程,并指出它广泛存在于有目的的行为之中。在电子电路中,反馈是为了改善放大电路的性能而引入的一项技术措施。如今,可以说几乎没有不采用反馈的电子电路,而且反馈理论已经从电子技术领域扩展到工业、经济的各个领域。

2.6.1 反馈的基本概念

所谓放大电路的反馈,就是将放大电路输出信号的一部分或全部通过一定的方式引回到输入回路,以影响输入信号的措施。

为了使问题的讨论更具普遍性,将反馈放大电路抽象为图 2.6.1 所示的框图。它包括基本放大电路和反馈网络。基本放大电路主要是放大净输入信号,净输入信号取决于输入信号和反馈信号叠加的结果;反馈网络主要是将放大电路输出信号的一部分或全部通过一定的方式引回到输入回路,作用到放大电路的输入端。图中箭头的方向为信号的传输方向,规定传输方向从输入端到输出端为正向传输;传输方向从输出端到输入端为反向传输。基本放大电路和反馈网络正好构成一个环路,因此称有反馈的电路处于**闭环状态**;称无反馈的电路处于**开环状态**。

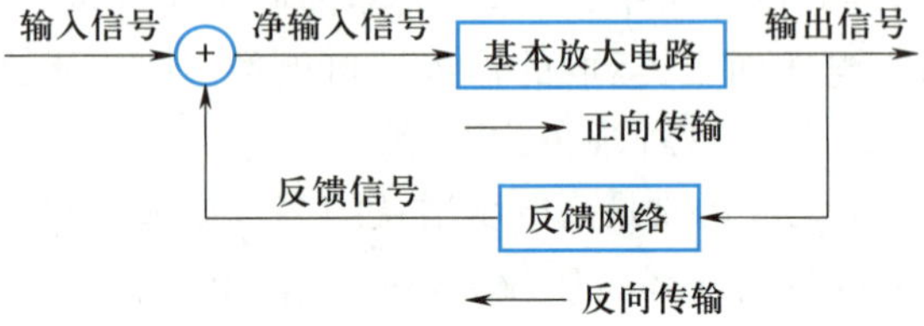

图 2.6.1 反馈放大电路的框图

2.6.2 正反馈和负反馈

由图 2.6.1 所示的框图可知,反馈信号与输入信号叠加后,对净输入信号的影响有两种效果:一种是使净输入信号增加,称电路引入了正反馈;另一种是使净输入信号减少,称电路引入了负反馈。在图 2.6.1 中,用 $\dot{X}_i$ 表示输入信号,用 $\dot{X}_f$ 表示反馈信号,用 $\dot{X}_i'$ 表示净输入信号,用 $\dot{X}_o$ 表示输出信号,则正反馈和负反馈放大电路的原理框图如图 2.6.2 所示。

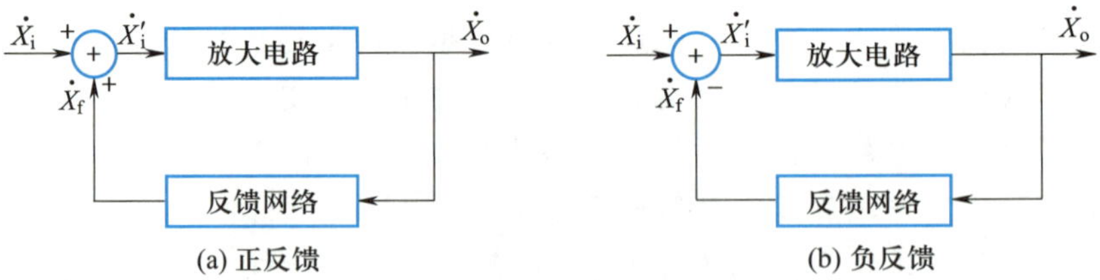

图 2.6.2 反馈放大电路的原理框图

输入端的比较环节⊕表示输入信号 $\dot{X}_i$ 与反馈信号 $\dot{X}_f$ 在此相叠加,则正反馈放大电路有

$$\dot{X}_i' = \dot{X}_i + \dot{X}_f \tag{2.6.1}$$

由式(2.6.1)可知,当外部输入信号 $\dot{X}_i$ 保持不变时,若电路中的干扰或噪声信号使得电路的输出不稳定,产生波动,例如输出信号 $\dot{X}_o$ 增加,则电路的正反馈调节过程为

$$\begin{array}{l} \dot{X}_o\uparrow \longrightarrow \dot{X}_f\uparrow \dfrac{\dot{X}_i\text{不变}}{\boxed{\dot{X}_i+\dot{X}_f}} \\ \dot{X}_o\uparrow\uparrow \longleftarrow \dot{X}_i'\uparrow \longleftarrow \end{array}$$

显然,电路引入正反馈时,净输入信号 $\dot{X}_i'$ 增加,使得放大电路的输出更不稳定。

负反馈放大电路在比较环节处有

$$\dot{X}_i' = \dot{X}_i - \dot{X}_f \qquad (2.6.2)$$

由式(2.6.2)可知,当外部输入信号 $\dot{X}_i$ 保持不变时,若干扰或噪声信号使得电路的输出 $\dot{X}_o$ 增加,电路的负反馈调节过程为

$$\begin{array}{l} \dot{X}_o\uparrow \longrightarrow \dot{X}_f\uparrow \dfrac{\dot{X}_i\text{不变}}{\boxed{\dot{X}_i-\dot{X}_f}} \\ \dot{X}_o\downarrow \longleftarrow \dot{X}_i'\downarrow \longleftarrow \end{array}$$

由此可知,电路引入负反馈,使得净输入信号 $\dot{X}_i'$ 减小,有稳定放大电路输出量的效果。

2.6.3 反馈的判断方法

正确判断反馈的极性和组态是研究反馈放大电路的基础。判断反馈的极性和组态包括五个方面:有无反馈,是直流反馈还是交流反馈,是串联反馈还是并联反馈,是电压反馈还是电流反馈,是正反馈还是负反馈。

1. 有无反馈的判断

若放大电路中存在将输出回路与输入回路相连接的通路,并因此影响放大电路的净输入信号,则表明电路中引入了反馈,否则电路中没有反馈。

在图 2.6.3(a)所示电路中,电阻 R_f 将运放的输出端和反相输入端连接起来,使得运放的净输入信号(u_{Id} 或者 i_P、i_N)不仅取决于输入信号,还取决于反馈信号,所以该电路引入了反馈。

在图 2.6.3(b)所示的电路中,运放的输出端与同相输入端、反相输入端均无连接,故电路中没有反馈。

在图 2.6.3(c)所示的电路中,电阻 R_5 将运放的后一级输出端和前一级同相输入端连接起来,因而运放的净输入信号不仅取决于输入信号,还取决于反馈信号,所以该电路引入了反馈。通常称每级各自存在的反馈为级内反馈(或局部反馈),称跨级的反馈为级间反馈(或全局反馈)。在图 2.6.3(c)中,电阻 R_3 引入了局部反馈,而电阻 R_5 引入了级间反馈。

2. 直流反馈与交流反馈的判断

反馈存在于放大电路的直流通路之中,反馈信号只有直流成分时称为**直流反馈**;反馈存在于放大电路的交流通路之中,反馈信号只有交流成分时称为**交流反馈**;若反馈既存在于直流通路之中,又存在于交流通路之中,则称为**交直流反馈**。

微视频 2-2
有无反馈与交直流反馈的判断

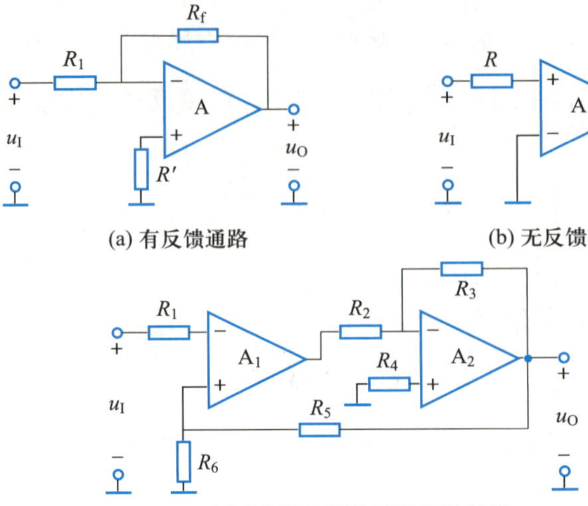

(a) 有反馈通路
(b) 无反馈通路
(c) 有级间反馈和级内反馈通路

图 2.6.3 有无反馈的判断

图 2.6.4(a)所示电路中，已知电容 C 对交流信号可视为短路，因而电路中只引入了直流反馈，而没有引入交流反馈。图 2.6.4(b)所示电路中，电容 C 对直流信号相当于开路，因而电路中只引入了交流反馈，而没有引入直流反馈。图 2.6.4(c)所示电路中，既引入了直流反馈，也引入交流反馈。

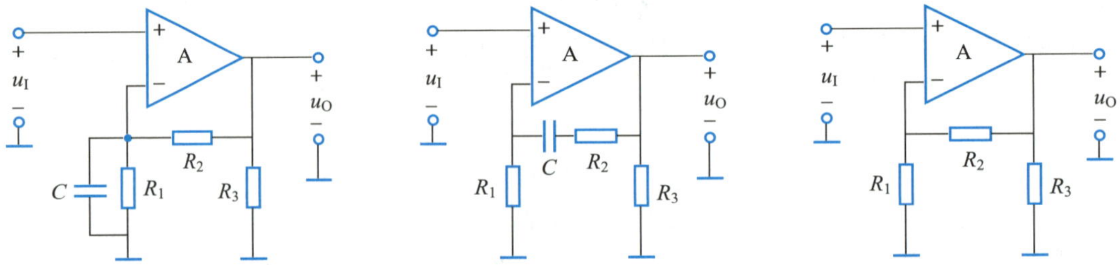

(a) 直流反馈
(b) 交流反馈
(c) 交直流反馈

图 2.6.4 直流反馈与交流反馈的判断

微视频 2-3
串联反馈与并联反馈的判断

3. 串联反馈与并联反馈的判断

串联反馈与并联反馈的判断由反馈信号与输入信号在输入端的叠加方式确定。若反馈信号与输入信号以电压形式相叠加，则称为**串联反馈**；若以电流形式相叠加，则称为**并联反馈**。

图 2.6.5(a)所示电路中，反馈信号与输入信号分别接在反相输入端和同相输入端，反馈信号与输入信号以电压形式相叠加，因此为串联反馈。图 2.6.5(b)所示电路中，反馈信号与输入信号均接于运算放大器的反相输入端，反馈信号与输入信号以电流形式相叠加，因此为并联反馈。

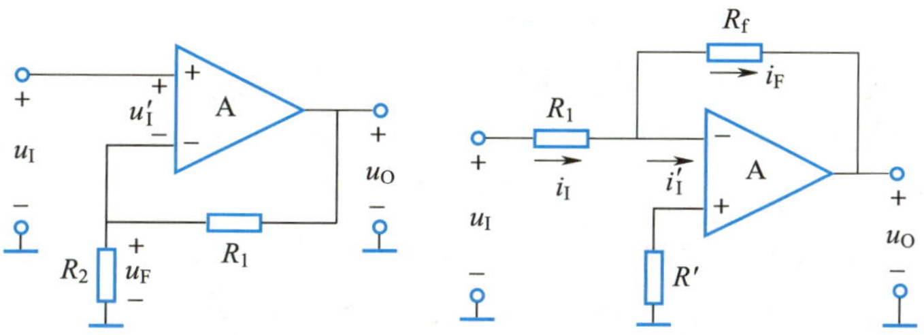

(a) 串联反馈　　(b) 并联反馈

图 2.6.5　串联反馈与并联反馈的判断

更加直观地判断电路引入的是串联反馈还是并联反馈的方法是：如果输入信号和反馈信号作用在电路输入端的同一个电极上，则电路引入并联反馈；如果输入信号和反馈信号作用在电路输入端的不同电极上，则电路引入串联反馈。此处的“电极”可以是运放的同相端、反相端，或者晶体管的基极、发射极等。

4. 电压反馈与电流反馈的判断

微视频 2-4
电压反馈与电流反馈的判断

电压反馈和电流反馈由反馈网络在放大电路输出端的取样对象决定。如果把输出电压的一部分或全部取出送回到放大电路的输入回路，则称为**电压反馈**，此时反馈信号与输出电压成比例；如果把输出电流的一部分或全部取出送回到放大电路的输入回路，则称为**电流反馈**，此时反馈信号与输出电流成比例。

根据定义可以得出电压反馈和电流反馈的判断方法：将输出电压短路或令负载电阻为零，看反馈信号是否存在，若反馈信号不存在，则为电压反馈；若反馈信号仍然存在，则为电流反馈。

图 2.6.6(a)所示电路中，电阻 R_5 和 R_6 构成级间反馈通路，由它们送回到输入回路的反馈信号是电压信号，将输出电压短路，则级间反馈通路消失，反馈信号随之消失，因而该反馈是电压反馈。图 2.6.6(b)所示电路中，送回到输入回路的反馈信号是电阻 R_1 上的电压信号，将输出电压短路，反馈通路仍然存在，$i_O \neq 0$，则输出电流 i_O 的分流将在 R_1 上产生电压，反馈信号仍然存在，说明是电流反馈。

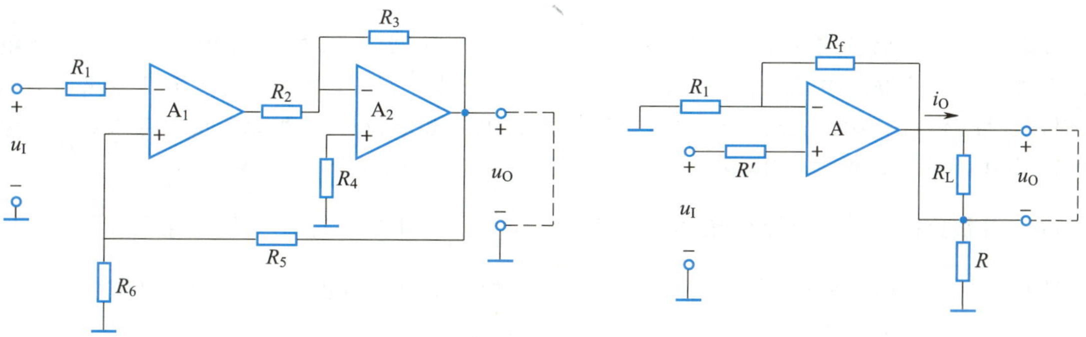

(a) 电压反馈　　(b) 电流反馈

图 2.6.6　电压反馈与电流反馈的判断

微视频 2-5 正反馈与负反馈的判断

5. 正反馈与负反馈的判断

由图 2.6.2 所示的框图可知，反馈信号与输入信号叠加后，对净输入信号的影响有两种效果：一种是使净输入信号增加，称电路引入了**正反馈**；另一种是使净输入信号减少，称电路引入了**负反馈**。

瞬时极性法是判断反馈极性的常用方法。先假设输入信号的瞬时极性，按信号正向传输方向，依次判断放大电路中各相关节点对地电位的瞬时极性，从而得到输出信号的瞬时极性；再根据输出信号的极性按信号的反向传输方向在反馈网络中判断反馈信号的瞬时极性（即反馈电压的极性或反馈电流的流向）。如果反馈信号的瞬时极性使净输入信号减小，则电路引入了负反馈，反之电路引入了正反馈。

图 2.6.7 所示的电路引入了电压并联反馈。在图 2.6.7(a)中，设输入信号 u_I 对地的瞬时极性为正，u_I 从运放的同相输入端引入，则运放输出信号 u_O 对地的瞬时极性为正。u_O 作用于反馈电阻 R_f 上，运放本质上是电压放大电路，所以输出端的电位高于同相输入端的电位，产生的反馈电流 i_F 的方向如图所示。该电路引入反馈后，使得净输入电流增加，因此该电路引入了正反馈。在图 2.6.7(b)中，设输入信号 u_I 对地的瞬时极性为正，u_I 从运放的反相输入端引入，则运放输出信号对地的瞬时极性为负。u_O 作用于反馈电阻 R_f 上产生的反馈电流 i_F 的方向如图所示。该电路引入反馈后，使得净输入电流 i'_I 减小，因此该电路引入了负反馈。

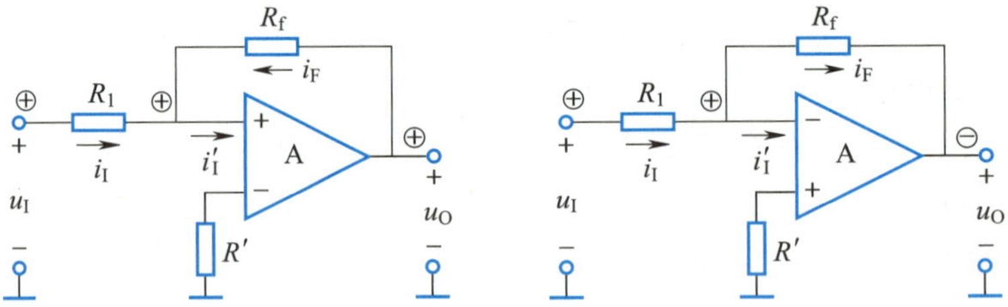

(a) 正反馈 (b) 负反馈

图 2.6.7 正反馈与负反馈的判断

2.6.4 负反馈放大电路的四种组态

反馈信号从输出端的取出方式分为电压反馈和电流反馈两种，反馈信号与输入信号在输入端的叠加方式有串联和并联两种，因此负反馈放大电路共有四种组态，即电压串联负反馈放大电路、电压并联负反馈放大电路、电流串联负反馈放大电路和电流并联负反馈放大电路。

1. 电压串联负反馈放大电路

电压串联负反馈放大电路的框图如图 2.6.8 所示。基本放大电路的输出电压 $\dot{U}_o$ 作为反馈网络的输入信号，反馈网络的输出为电压信号 $\dot{U}_f$。输入信号 $\dot{U}_i$ 和反馈信号 $\dot{U}_f$ 以电压形式相叠加，$\dot{U}'_i=\dot{U}_i-\dot{U}_f$，反馈量 $\dot{U}_f$ 令净输入电压 $\dot{U}'_i$ 减小，引入负反馈。

2. 电压并联负反馈放大电路

电压并联负反馈放大电路的框图如图 2.6.9 所示。基本放大电路的输出电压 $\dot{U}_o$ 作为反馈网络的输入信号，反馈网络的输出为电流信号 $\dot{I}_f$。输入信号 $\dot{I}_i$ 和反馈信号 $\dot{I}_f$ 以电流形式相叠加，$\dot{I}'_i=\dot{I}_i-\dot{I}_f$，反馈量 $\dot{I}_f$ 令净输入电流 $\dot{I}'_i$ 减小，引入负反馈。

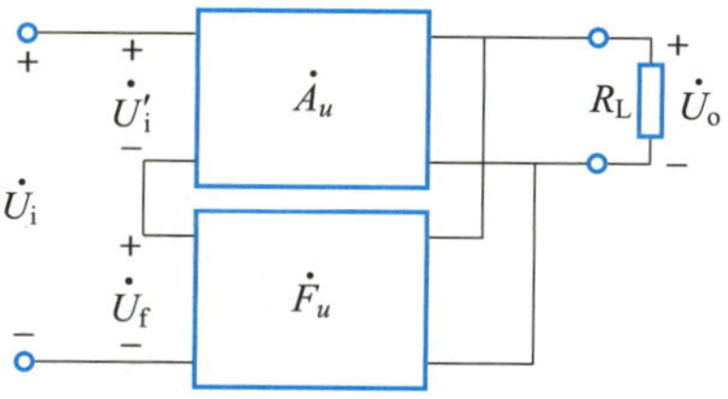

图 2.6.8　电压串联负反馈放大电路的框图

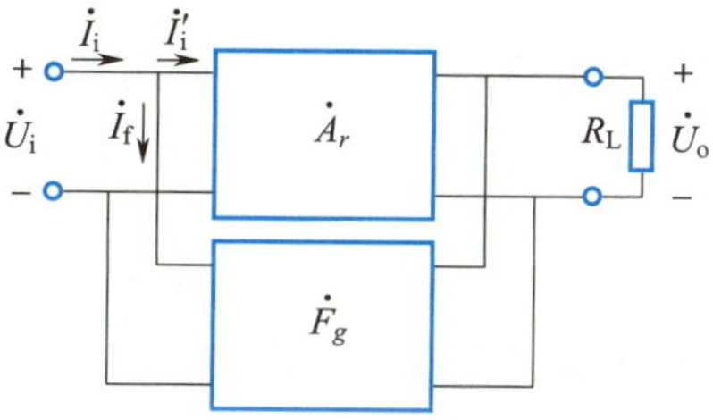

图 2.6.9　电压并联负反馈放大电路的框图

3. 电流串联负反馈放大电路

电流串联负反馈放大电路的框图如图 2.6.10 所示。基本放大电路的输出电流 $\dot{I}_o$ 作为反馈网络的输入信号，反馈网络的输出为电压信号 $\dot{U}_f$。输入信号 $\dot{U}_i$ 和反馈信号 $\dot{U}_f$ 以电压形式相叠加，$\dot{U}'_i=\dot{U}_i-\dot{U}_f$，引入负反馈。

4. 电流并联负反馈放大电路

电流并联负反馈放大电路的框图如图 2.6.11 所示。基本放大电路的输出电流 $\dot{I}_o$ 作为反馈网络的输入信号，反馈网络的输出为电流信号 $\dot{I}_f$。输入信号 $\dot{I}_i$ 和反馈信号 $\dot{I}_f$ 以电流形式相叠加，$\dot{I}'_i=\dot{I}_i-\dot{I}_f$，引入负反馈。

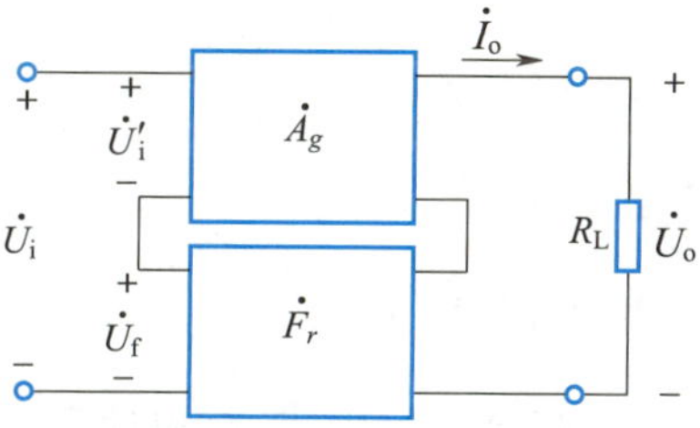

图 2.6.10　电流串联负反馈放大电路的框图

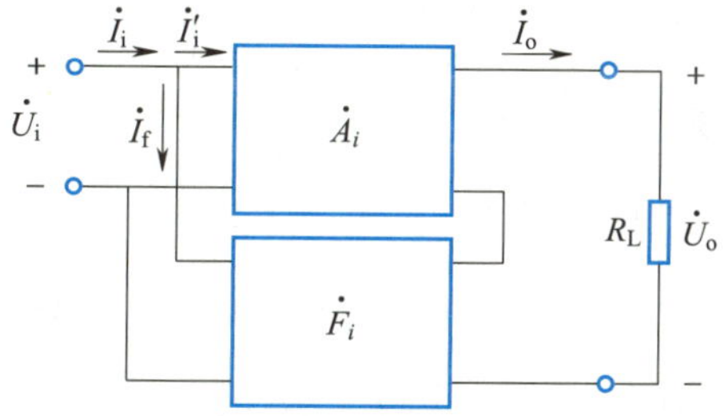

图 2.6.11　电流并联负反馈放大电路的框图

2.6.5　负反馈放大电路的基本方程式

任何负反馈放大电路都可以用图 2.6.2(b)表示。基本放大电路的放大倍数(即开环放大倍数)为

$$\dot{A}=\frac{\dot{X}_o}{\dot{X}'_i} \tag{2.6.3}$$

反馈网络的反馈系数为

$$\dot{F}=\frac{\dot{X}_f}{\dot{X}_o} \tag{2.6.4}$$

负反馈放大电路的放大倍数(即闭环放大倍数)为

$$\dot{A}_f=\frac{\dot{X}_o}{\dot{X}_i} \tag{2.6.5}$$

在引入负反馈的情况下,净输入信号

$$\dot{X}_i'=\dot{X}_i-\dot{X}_f$$

则负反馈放大电路的闭环放大倍数为

$$\dot{A}_f=\frac{\dot{X}_o}{\dot{X}_i}=\frac{\dot{A}\dot{X}_i'}{\dot{X}_i'+\dot{X}_f}=\frac{\dot{A}}{\frac{(\dot{X}_i'+\dot{X}_f)}{\dot{X}_i'}}=\frac{\dot{A}}{1+\frac{\dot{X}_o}{\dot{X}_i'}\cdot\frac{\dot{X}_f}{\dot{X}_o}}=\frac{\dot{A}}{1+\dot{A}\dot{F}} \tag{2.6.6}$$

式(2.6.6)称为负反馈放大电路的基本方程式。式中 $\dot{A}\dot{F}=\frac{\dot{X}_o}{\dot{X}_i'}\frac{\dot{X}_f}{\dot{X}_o}=\frac{\dot{X}_f}{\dot{X}_i'}$,$\dot{A}\dot{F}$ 称为**环路增益**,也就是环路中基本放大电路的开环放大倍数和反馈网络的反馈系数的乘积,表示净输入信号在由基本放大电路和反馈网络构成的回路中传递一周被放大的程度。

对于负反馈放大电路,$1+\dot{A}\dot{F}=\frac{\dot{A}}{\dot{A}_f}$称为**反馈深度**。它反映了负反馈对放大电路的影响程度。可分为下列三种情况讨论:

① 若 $|1+\dot{A}\dot{F}|>1$,则 $|\dot{A}_f|<|\dot{A}|$,电路中引入了负反馈,此时 $\dot{X}_i'<\dot{X}_i$;

② 若 $|1+\dot{A}\dot{F}|<1$,则 $|\dot{A}_f|>|\dot{A}|$,电路中引入了正反馈,此时 $\dot{X}_i'>\dot{X}_i$;

③ 若 $\dot{A}\dot{F}=-1$,$|1+\dot{A}\dot{F}|=0$,则 $|\dot{A}_f|=\infty$,电路在输入为零时仍有输出,称电路**自激振荡**。

2.6.6 深度负反馈条件下的近似计算

由式(2.6.6)分析可知,若负反馈放大电路环路增益 $|\dot{A}\dot{F}|\gg 1$,则称电路引入了**深度负反馈**,于是电路的闭环放大倍数可以工程近似为

$$\dot{A}_f=\frac{\dot{A}}{1+\dot{A}\dot{F}}\approx\frac{1}{\dot{F}} \tag{2.6.7}$$

进一步推导可知

$$\frac{\dot{X}_o}{\dot{X}_i}\approx\frac{1}{\dfrac{\dot{X}_f}{\dot{X}_o}}\Rightarrow\frac{\dot{X}_o}{\dot{X}_i}\approx\frac{\dot{X}_o}{\dot{X}_f}\Rightarrow\dot{X}_i\approx\dot{X}_f\Rightarrow\dot{X}'_i\approx 0$$

由式(2.6.7)可知，在深度负反馈条件下，电路的闭环放大倍数近似等于反馈系数的倒数，与晶体管、场效应管、集成运放等有源器件的参数无关。一般反馈网络是由电阻、电容等无源元件构成，其稳定性优于有源器件，因而**引入深度负反馈可以提高放大倍数的稳定性**。

由运放构成的线性应用电路都属于负反馈放大电路（请查阅第3章知识点的讲解）。集成运放的开环差模电压放大倍数很大，很容易满足深度负反馈的条件。因此，运放的净输入电压（$\dot{U}'_i=\dot{U}_{id}$）或净输入电流（$\dot{I}'_i=\dot{I}_P$ 或 $\dot{I}'_i=\dot{I}_N$）近似为零，则在线性应用电路中运放的输入端可以用"**虚短**""**虚断**"概念进行分析。

1. 电压串联负反馈放大电路

电压串联负反馈放大电路的框图如图2.6.8所示。放大电路的净输入电压为

$$\dot{U}'_i=\dot{U}_i-\dot{U}_f$$

电压放大电路的开环放大倍数为 $\dot{A}_u$，则放大电路的输出电压为

$$\dot{U}_o=\dot{A}_u\dot{U}'_i$$

反馈网络的输出为电压信号，反馈电压为

$$\dot{U}_f=\dot{F}_u\dot{U}_o$$

根据式(2.6.7)，求得闭环电压放大倍数为

$$\dot{A}_{uf}=\frac{\dot{U}_o}{\dot{U}_i}=\frac{\dot{A}_u}{1+\dot{A}_u\dot{F}_u} \tag{2.6.8}$$

在深度负反馈条件下，电压串联负反馈放大电路的闭环电压放大倍数为

$$\dot{A}_{uf}=\frac{\dot{A}_u}{1+\dot{A}_u\dot{F}_u}\approx\frac{1}{\dot{F}_u} \tag{2.6.9}$$

由此可知，在深度负反馈放大电路中，准确地寻找出反馈网络，求出其反馈系数，是求解负反馈放大电路闭环电压放大倍数的先决条件。

图2.6.12是电压串联负反馈放大电路。首先判断电路的反馈组态，再求深度负反馈条件下电路的闭环电压放大倍数。

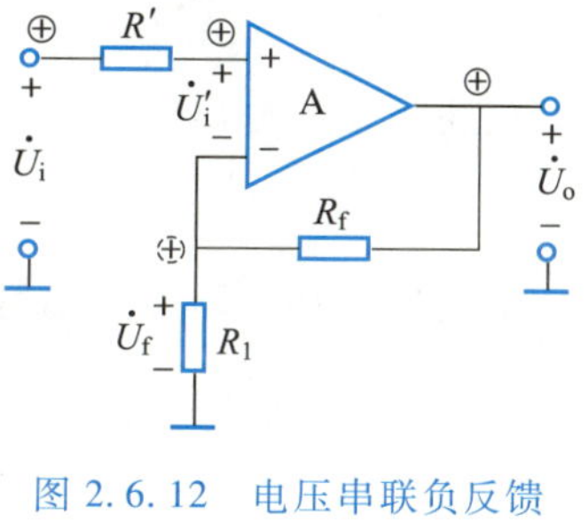

图2.6.12 电压串联负反馈放大电路

在图2.6.12中电阻 R_1 和 R_f 构成反馈网络，输出电压 $\dot{U}_o$ 经电阻 R_1 和 R_f 分压，电阻 R_1 分得的电压就是反馈电压 $\dot{U}_f$；由于

集成运放是直接耦合的电压放大电路，既可以放大直流信号，又可以放大交流信号，反馈网络既存在于直流通路之中，又存在于交流通路之中，因而该电路引入了交直流反馈。

反馈信号与输入信号分别加在运放的两个输入端，反馈信号与输入信号以电压的形式相叠加，因而该电路引入了串联反馈；将输出电压 $\dot{U}_o$ 两端短路（$\dot{U}_o=0$），则反馈信号消失（$\dot{U}_f=0$），因而该电路引入了电压反馈。

在放大电路的输入端加入瞬时极性为正的电压信号，则运放同相输入端的瞬时电压极性为正，放大电路的输出电压瞬时极性为正，电阻 R_1 上的反馈电压 $\dot{U}_f$ 瞬时极性为正，因而反馈的存在使得净输入电压 $\dot{U}_i'$ 减小，该电路引入了负反馈。

综上所述，该电路为电压串联负反馈放大电路。在深度负反馈条件下，集成运放具有理想特性，则根据“虚断”概念

$$\dot{I}_i'=0$$

可以得知电阻 R_1 和 R_f 等效为串联分压电路，图 2.6.12 所示电压串联负反馈放大电路的反馈系数为

$$\dot{F}_u=\frac{R_1}{R_f+R_1}$$

在深度负反馈条件下，电路的闭环电压放大倍数为

$$\dot{A}_{uf}\approx\frac{1}{\dot{F}_u}=1+\frac{R_f}{R_1}$$

不难发现，在深度负反馈条件下，求得的闭环电压放大倍数与集成运放线性应用电路采用“虚短”和“虚断”概念直接求出的结果完全相同（请参阅 3.2.2 节的讲解）。

2. 电压并联负反馈放大电路

电压并联负反馈放大电路的框图如图 2.6.9 所示。放大电路的净输入电流为

$$\dot{I}_i'=\dot{I}_i-\dot{I}_f$$

互阻放大电路的开环放大倍数为 $\dot{A}_r$，则放大电路的输出电压为

$$\dot{U}_o=\dot{A}_r\dot{I}_i'$$

反馈网络的输出为电流信号，反馈电流为

$$\dot{I}_f=\dot{F}_g\dot{U}_o$$

电路的闭环互阻放大倍数为

$$\dot{A}_{rf}=\frac{\dot{U}_o}{\dot{I}_i}=\frac{\dot{A}_r}{1+\dot{A}_r\dot{F}_g} \tag{2.6.10}$$

在深度负反馈条件下，电压并联负反馈放大电路的闭环互阻放大倍数为

$$\dot{A}_{rf}=\frac{\dot{U}_o}{\dot{I}_i}=\frac{\dot{A}_r}{1+\dot{A}_r\dot{F}_g}\approx\frac{1}{\dot{F}_g}\tag{2.6.11}$$

图 2.6.13 是电压并联负反馈放大电路。首先判断电路的反馈组态，再求深度负反馈条件下图 2.6.13 中电路的闭环电压放大倍数。

在图 2.6.13 中，电阻 R_f 引入了反馈；运放是直接耦合的电压放大电路，并且反馈网络既存在于直流通路之中，又存在于交流通路之中，因而该电路引入交直流反馈。

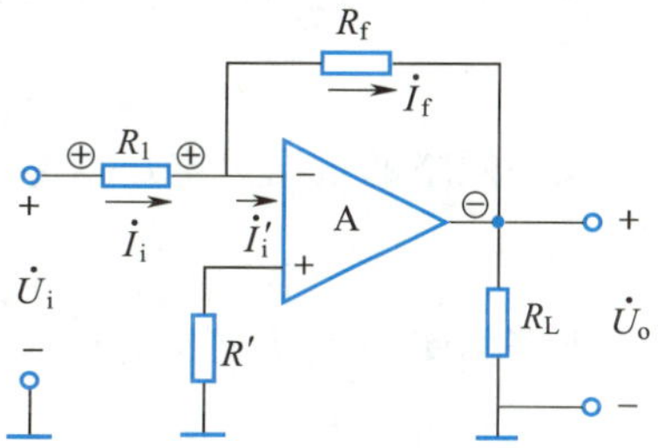

图 2.6.13　电压并联负反馈放大电路

反馈信号与输入信号加在运放的反相输入端，反馈信号与输入信号以电流的形式相叠加，因而该电路引入了并联反馈；将输出电压 $\dot{U}_o$ 两端短路（$\dot{U}_o=0$），反馈网络消失［请参考图 2.6.3(b)所示电路结构］，因而该电路引入了电压反馈。

在放大电路的输入端加入瞬时极性为正的电压信号，则运放反相输入端的对地电位的瞬时极性为正，放大电路的输出电压瞬时极性为负，因而电阻 R_f 上的反馈电流 $\dot{I}'_f$ 的方向如图 2.6.13 所示，反馈的存在使得净输入信号 $\dot{I}'_i$ 减小，该电路引入了负反馈。

综上所述，该电路为电压并联负反馈放大电路。在深度负反馈条件下，根据运放的“虚断”概念 $\dot{I}'_i=0$，可知

$$\dot{U}_P=\dot{I}'_i\cdot R'=0$$

根据运放的“虚短”概念可得

$$\dot{U}_P\approx\dot{U}_N\approx 0$$

由此可以得到如图 2.6.13 所示电压并联负反馈放大电路的反馈系数为

$$\dot{F}_g=\frac{\dot{I}_f}{\dot{U}_o}=\frac{(\dot{U}_N-\dot{U}_o)/R_f}{\dot{U}_o}=-\frac{1}{R_f}$$

则电路的闭环互阻放大倍数为

$$\dot{A}_{rf}=\frac{\dot{U}_o}{\dot{I}_i}=\frac{\dot{A}_r}{1+\dot{A}_r\dot{F}_g}\approx\frac{1}{\dot{F}_g}=-R_f$$

进一步推导可得图 2.6.13 所示电路的闭环电压放大倍数为

$$\dot{A}_{uf}=\frac{\dot{U}_o}{\dot{U}_i}=\frac{\dot{U}_o}{\dot{I}_iR_1}=\frac{\dot{A}_{rf}}{R_1}=-\frac{R_f}{R_1}$$

不难发现，在深度负反馈条件下，求得的闭环电压放大倍数与集成运放线性应用电路采用“虚短”和“虚断”概念直接求出的结果完全相同（请参阅 3.2.1 节的讲解）。

3. 电流串联负反馈放大电路

电流串联负反馈放大电路的框图如图 2.6.10 所示。放大电路的净输入电压为

$$\dot{U}_i' = \dot{U}_i - \dot{U}_f$$

互导放大电路的开环互导放大倍数为 $\dot{A}_g$,则放大电路的输出电流为

$$\dot{I}_o = \dot{A}_g \dot{U}_i'$$

反馈网络的输出为电压信号,反馈电压为

$$\dot{U}_f = \dot{F}_r \dot{I}_o$$

电路的闭环互导放大倍数为

$$\dot{A}_{gf} = \frac{\dot{I}_o}{\dot{U}_i} = \frac{\dot{A}_g}{1+\dot{A}_g \dot{F}_r} \tag{2.6.12}$$

在深度负反馈条件下,电路的闭环互导放大倍数为

$$\dot{A}_{gf} = \frac{\dot{A}_g}{1+\dot{A}_g \dot{F}_r} \approx \frac{1}{\dot{F}_r} \tag{2.6.13}$$

图 2.6.14 是电流串联负反馈放大电路。首先判断电路的反馈组态,再求深度负反馈条件下电路的闭环电压放大倍数。

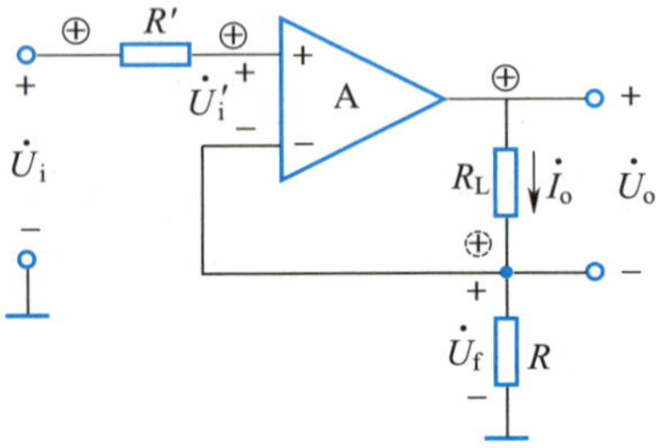

图 2.6.14 电流串联负反馈放大电路

在图 2.6.14 中电阻 R 上的电压就是反馈电压 $\dot{U}_f$,电阻 R 构成反馈网络;由于运放是直接耦合的电压放大电路,并且反馈网络既存在于直流通路之中,又存在于交流通路之中,因而该电路引入交直流反馈。

反馈信号与输入信号分别加在运放的两个输入端,反馈信号与输入信号以电压的形式相叠加,因而该电路引入了串联反馈;将输出电压 $\dot{U}_o$ 两端短路($\dot{U}_o=0$),输出电流仍然存在,这个电流要流过电阻 R,反馈电压信号仍然存在($\dot{U}_f \neq 0$),因而该电路引入了电流反馈。

在放大电路的输入端加入瞬时极性为正的电压信号,则运放同相输入端的瞬时电压极性为正,放大电路的输出端对地电位的瞬时极性为正,则输出电流 $\dot{I}_o$ 的瞬时流向如图 2.6.14 所示,输出电流经过电阻 R 产生的反馈电压 $\dot{U}_f$ 瞬时极性为正,反馈的存在使得净输入电压 $\dot{U}_i'$ 减小,该电路引入了负反馈。

综上所述,该电路为电流串联负反馈放大电路。在深度负反馈条件下,运用“虚断”概念分析图 2.6.14 所示电流串联负反馈放大电路的反馈系数为

$$\dot{F}_r = \frac{\dot{U}_f}{\dot{I}_o} = R$$

则电路的闭环互导放大倍数为

$$\dot{A}_{gf}=\frac{\dot{I}_o}{\dot{U}_i}\approx\frac{1}{\dot{F}_r}=\frac{1}{R}$$

进一步推导可得图 2.6.14 所示电路的闭环电压放大倍数为

$$\dot{A}_{uf}=\frac{\dot{U}_o}{\dot{U}_i}=\frac{\dot{I}_oR_L}{\dot{U}_i}=\dot{A}_{gf}R_L=\frac{R_L}{R}$$

4. 电流并联负反馈放大电路

电流并联负反馈放大电路的框图如图 2.6.11 所示。放大电路的净输入电流为

$$\dot{I}'_i=\dot{I}_i-\dot{I}_f$$

电流放大电路的开环放大倍数为 $\dot{A}_i$，放大电路的输出电流为

$$\dot{I}_o=\dot{A}_i\dot{I}'_i$$

反馈网络的输出为电流信号，反馈电流为

$$\dot{I}_f=\dot{F}_i\dot{I}_o$$

电路的闭环电流放大倍数为

$$\dot{A}_{if}=\frac{\dot{I}_o}{\dot{I}_i}=\frac{\dot{A}_i}{1+\dot{A}_i\dot{F}_i}\tag{2.6.14}$$

在深度负反馈条件下，电路的闭环电流放大倍数为

$$\dot{A}_{if}=\frac{\dot{I}_o}{\dot{I}_i}=\frac{\dot{A}_i}{1+\dot{A}_i\dot{F}_i}\approx\frac{1}{\dot{F}_i}\tag{2.6.15}$$

图 2.6.15 是电流并联负反馈放大电路。首先判断电路的反馈组态，再求深度负反馈条件下图 2.6.15 所示电路的闭环电压放大倍数。

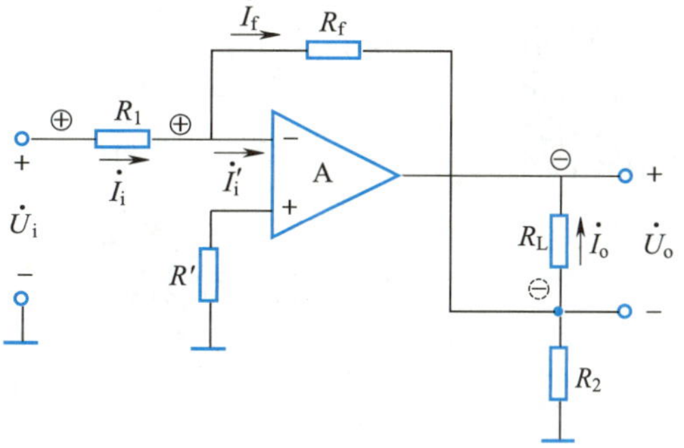

图 2.6.15　电流并联负反馈放大电路

在图 2.6.15 中电阻 R_f 构成反馈网络；由于运放是直接耦合电压放大电路，既可以放大直流信号，又可以放大交流信号，并且反馈网络既存在于直流通路之中，又存在于交流通路之中，因而该电路引入了交直流反馈。

反馈信号与输入信号加在运放的反相输入端，反馈信号与输入信号以电流的形式相叠加，因而该电路引入了并联反馈；将输出电压 $\dot{U}_o$ 两端短路（$\dot{U}_o=0$），反馈信号仍然存在（$\dot{I}_f\neq0$），因而该电路引入了电流反馈。

在放大电路的输入端加入瞬时极性为正的电压信号，则运放的反相输入端瞬时电压极性为正，放大电路的输出端对地电位的瞬时极性为负，则输出电流 $\dot{I}_o$ 的瞬时流向如图 2.6.15 所示，输出电流的分流在电阻 R_2 上产生的对地电位的瞬时极性为负，则电阻 R_f 上的反馈电流 $\dot{I}_f$ 的方向如图 2.6.15 所示，反馈的存在使得净输入信号 $\dot{I}'_i$ 减小，该电路引入了负反馈。

综上所述，该电路为电流并联负反馈放大电路。在深度负反馈条件下，根据运放的“虚断”和“虚短”概念，分析可得

$$\dot{U}_P \approx \dot{U}_N \approx 0$$

根据如图 2.6.15 所示的电路，列写回路电压方程为

$$\dot{U}_N = \dot{I}_f R_f + (\dot{I}_f - \dot{I}_o) R_2 = 0 \tag{2.6.16}$$

解方程，整理可得反馈网络的电流反馈系数为

$$\dot{F}_i = \frac{\dot{I}_f}{\dot{I}_o} = \frac{R_2}{R_2 + R_f}$$

电路的闭环电流放大倍数可以工程近似为

$$\dot{A}_{if} = \frac{\dot{I}_o}{\dot{I}_i} \approx \frac{1}{\dot{F}_i} = 1 + \frac{R_f}{R_2}$$

进一步推导可得图 2.6.15 所示电路的闭环电压放大倍数为

$$\dot{A}_{uf} = \frac{\dot{U}_o}{\dot{U}_i} = \frac{-\dot{I}_o R_L}{\dot{I}_i R_1} = -\dot{A}_{if}\frac{R_L}{R_1} = -\left(1 + \frac{R_f}{R_2}\right) \times \frac{R_L}{R_1}$$

【例 2.6.1】 判断图 2.6.16 所示放大电路级间反馈的组态和极性，并计算深度负反馈条件下电路的闭环电压放大倍数。

微视频 2-6
例 2.6.1 精讲

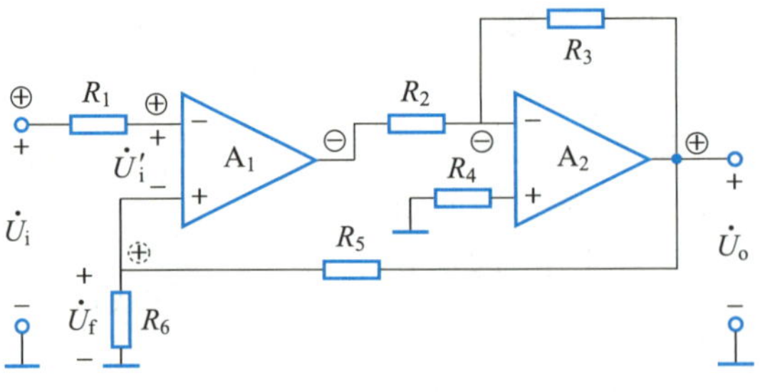

图 2.6.16 例 2.6.1 电路图

解 电阻 R_5、R_6 构成级间反馈网络；该反馈不仅存在于交流通路之中，而且存在于直流通路之中，因而该电路引入交直流反馈。

输入信号加在运放 A_1 的反相输入端，反馈信号加在 A_1 的同相输入端，输入信号和反馈信号

以电压的形式相叠加，该电路引入串联反馈。

将输出电压 $\dot{U}_o$ 两端短路（$\dot{U}_o=0$），级间反馈网络消失，$\dot{U}_f=0$，因而该电路引入电压反馈。

设输入电压信号的瞬时极性为正，则运放 A_1 的反相输入端瞬时电压极性为正，A_1 的输出端对地电位的瞬时极性为负；运放 A_2 的反相输入端瞬时电压极性为负，则其输出电压信号 $\dot{U}_o$ 的瞬时极性为正；反馈网络中的电阻 R_5、R_6 对 $\dot{U}_o$ 进行分压，使得电阻 R_6 分得的反馈电压 $\dot{U}_f$ 的瞬时极性为正，反馈的存在使得净输入电压 $\dot{U}_i'$ 减小，该电路引入了负反馈。

综上所述，该电路为电压串联负反馈放大电路。该电路的电压反馈系数为

$$\dot{F}_u=\frac{\dot{U}_f}{\dot{U}_o}=\frac{R_6}{R_5+R_6}$$

在深度负反馈条件下，电路的闭环电压放大倍数为

$$\dot{A}_{uf}\approx\frac{1}{\dot{F}_u}=1+\frac{R_5}{R_6}$$

思考题

2-6-1　反馈的基本概念是什么？开环和闭环的概念是什么？

2-6-2　正反馈和负反馈的概念是什么？正反馈和负反馈对放大电路有什么影响？

2-6-3　如何在放大电路中确定反馈回路和反馈信号？如何判断交流反馈与直流反馈？如何判断串联反馈与并联反馈？如何判断电压反馈与电流反馈？

2-6-4　如何采用瞬时极性法判断反馈的极性？

2-6-5　负反馈放大电路有哪几种组态？

2-6-6　如何推导负反馈的基本方程式？方程式中 $\dot{A}\dot{F}$、$1+\dot{A}\dot{F}$ 的名称是什么？说明其物理意义。

2-6-7　在什么条件下认为电路引入了深度负反馈？引入深度负反馈后，如何求解放大电路的闭环放大倍数 $\dot{A}_{uf}$、$\dot{A}_{rf}$、$\dot{A}_{gf}$、$\dot{A}_{if}$？

2.7　负反馈对放大电路性能的影响

负反馈是改善放大电路性能的重要措施。负反馈可以提高放大电路增益的稳定性，改变输入电阻和输出电阻，扩展通频带，抑制非线性失真和环内噪声等。

2.7.1　提高放大倍数的稳定性

在未引入负反馈的放大电路中，放大倍数可能由于环境温度的变化、元器件参数的变化、电源电压的波动等因素的影响而不稳定。引入适当的负反馈，可以提高闭环放大倍数的稳定性。

如图 2.3.4 所示，在中频段，开环放大倍数 $\dot{A}$ 、反馈系数 $\dot{F}$ 、闭环放大倍数 $\dot{A}_f$ 均为实数，则负反馈的基本方程式可以表示为

$$A_f=\frac{A}{1+AF} \tag{2.7.1}$$

放大倍数的稳定性常用有、无反馈时放大倍数的相对变化量来衡量。根据式(2.7.1)，开环、闭环放大倍数的相对变化量分别用$\frac{dA}{A}$和$\frac{dA_f}{A_f}$表示。

将式(2.7.1)对 A 求导，可以得到

$$\frac{dA_f}{dA}=\frac{(1+AF)-AF}{(1+AF)^2}=\frac{1}{(1+AF)^2} \tag{2.7.2}$$

将式(2.7.1)和式(2.7.2)联立，可得

$$\frac{dA_f}{A_f}=\frac{1}{(1+AF)}\cdot\frac{dA}{A} \tag{2.7.3}$$

由式(2.7.1)可知，闭环为开环放大倍数的 $1/(1+AF)$。由式(2.7.3)可知，闭环放大倍数的相对变化量$\frac{dA_f}{A_f}$为开环放大倍数的相对变化量$\frac{dA}{A}$的 $1/(1+AF)$，即引入负反馈后提高了放大倍数的稳定性，也可以理解为，负反馈对放大电路性能的改善是以牺牲放大倍数为代价的。

2.7.2 改变输入电阻

引入负反馈对输入电阻的影响与串联反馈还是并联反馈有关，而与电压反馈或电流反馈无关。

1. 引入串联负反馈使输入电阻增加

串联负反馈放大电路的结构框图如图 2.7.1 所示，包括电压串联和电流串联负反馈两种情况。由图 2.7.1 可知，基本放大电路的输入电阻为 $R_i=\frac{\dot{U}_i'}{\dot{I}_i}$，其输出信号可以是电压信号，也可以是电流信号，用 $\dot{X}_o$ 表示。串联反馈网络的输出端等效为戴维南电路，其输出电阻为 R_{oF}；反馈网络的输出为 $\dot{U}_f$，由式(2.6.3)和式(2.6.4)可知，$\dot{U}_f$ 为净输入电压 $\dot{U}_i'$ 控制的受控电压源，控制系数为环路增益 $\dot{A}\dot{F}$。

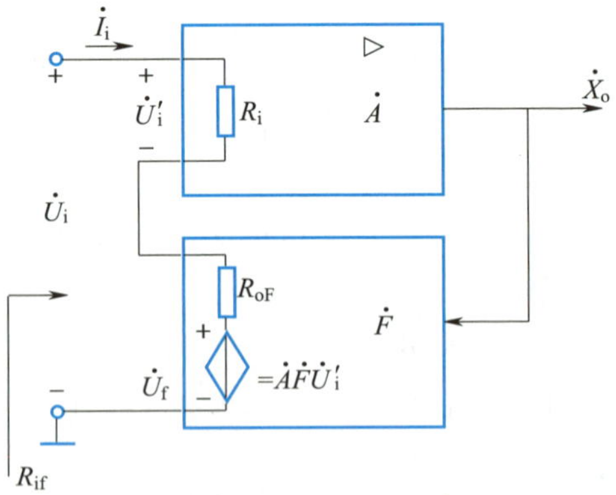

图 2.7.1 串联负反馈对输入电阻的影响

列输入端口的回路电压方程，求得串联负反馈放大电路的输入电阻为

$$R_{if}=\frac{\dot{U}_i}{\dot{I}_i}=R_i+R_{oF}+\frac{\dot{U}_f}{\dot{I}_i}=R_i+R_{oF}+\frac{\dot{U}_i'\dot{A}\dot{F}}{\dot{I}_i}$$
$$=(1+\dot{A}\dot{F})R_i+R_{oF}$$
$$\approx(1+\dot{A}\dot{F})R_i \tag{2.7.4}$$

式(2.7.4)表明，电路引入串联负反馈后使放大电路的输入电阻增加到原来的$(1+\dot{A}\dot{F})$倍。由信号源与负载的对应关系可知，输入电阻越大，放大电路向信号源索取的电流越小，则信号源内阻 R_s 上的压降损失越小，放大电路分得的输入电压 $\dot{U}_i$ 越接近于源电压 $\dot{U}_s$。

2. 引入并联负反馈使输入电阻减小

并联负反馈电路的结构框图如图 2.7.2 所示，包括电压并联负反馈和电流并联负反馈两种情况。由图可知，基本放大电路的输入电阻 $R_i=\frac{\dot{U}_i}{\dot{I}_i'}$，其输出信号用 $\dot{X}_o$ 表示。并联反馈网络的输出端等效为诺顿电路，其输出电流 $\dot{I}_f$ 为净输入电流 $\dot{I}_i'$ 控制的受控电流源，控制系数为环路增益 $\dot{A}\dot{F}$。

在输入端运用节点电压法列方程为

$$\dot{I}_i=\dot{I}_i'+\dot{I}_f+\frac{\dot{U}_i}{R_{oF}}=(1+\dot{A}\dot{F})\frac{\dot{U}_i}{R_i}+\frac{\dot{U}_i}{R_{oF}}$$

解方程，求得并联负反馈放大电路的输入电阻为

$$R_{if}=\frac{\dot{U}_i}{\dot{I}_i}=\left(\frac{R_i}{1+\dot{A}\dot{F}}\right)//R_{oF}\approx\frac{R_i}{1+\dot{A}\dot{F}} \tag{2.7.5}$$

式(2.7.5)表明，引入并联负反馈使放大电路的输入电阻降低为原来的$1/(1+\dot{A}\dot{F})$。由信号源与负载的对应关系可知，放大电路的输入电阻 R_i 越小，放大电路输入端分流得到的输入电流 $\dot{I}_i$ 越接近于源电流 $\dot{I}_s$，在电流源内阻 R_s 上的分流越小。

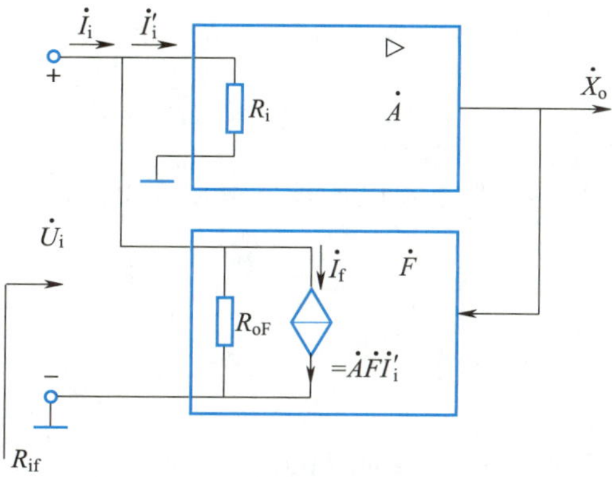

图 2.7.2 并联负反馈对输入电阻的影响

2.7.3 改变输出电阻

输出电阻是将放大电路的信号输入端置零时，从放大电路输出端看进去的等效电阻，因而负反馈对输出电阻的影响取决于基本放大电路与反馈网络在放大电路输出端的连接方式，即取决于电路引入电压反馈还是电流反馈。

1. 引入电压负反馈使输出电阻减小

电压负反馈的框图如图2.7.3所示，基本放大电路的增益为 $\dot{A}$，反馈系数为 $\dot{F}$，基本放大电路的输出电阻为 R_o。令输入 $\dot{X}_i=0$，将负载 R_L 开路，假设在放大电路输出端加入测试电压源 $\dot{U}_o$，测试电流为 $\dot{I}_o$，电压和电流的参考方向如图2.7.3所示。反馈网络的输出信号 $\dot{X}_f=\dot{F}\dot{U}_o$，当 $\dot{X}_i=0$ 时，放大电路的净输入信号 $\dot{X}_i'=\dot{X}_i-\dot{X}_f=-\dot{F}\dot{U}_o$，则其输出端的受控电压源 $\dot{U}_{oc}=-\dot{A}\dot{F}\dot{U}_o$。

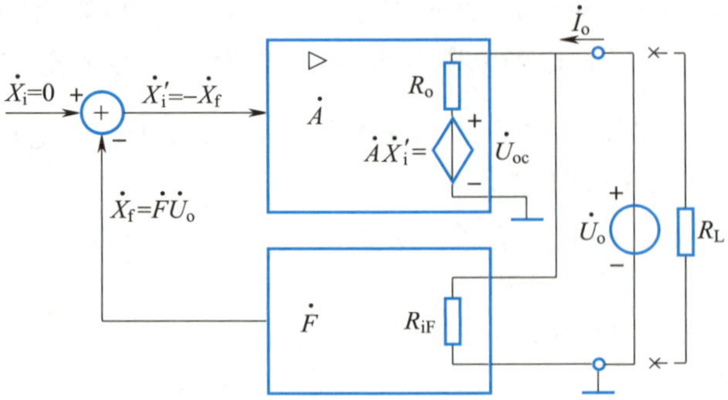

图2.7.3 电压负反馈对输出电阻的影响

根据式(2.3.26)求解电压负反馈放大电路的输出电阻，首先在输出端运用节点电压法列方程为

$$\dot{I}_o=\frac{\dot{U}_o-\dot{U}_{oc}}{R_o}+\frac{\dot{U}_o}{R_{iF}}=(1+\dot{A}\dot{F})\frac{\dot{U}_o}{R_o}+\frac{\dot{U}_o}{R_{iF}}$$

然后解方程，求得电压负反馈放大电路的输出电阻为

$$R_{of}=\left.\frac{\dot{U}_o}{\dot{I}_o}\right|_{\substack{\dot{X}_i=0\\R_L=\infty}}=\left(\frac{R_o}{1+\dot{A}\dot{F}}\right)//R_{iF}\approx\frac{R_o}{1+\dot{A}\dot{F}} \tag{2.7.6}$$

式(2.7.6)表明，电压负反馈使放大电路的输出电阻减小为原来的 $1/(1+\dot{A}\dot{F})$。由信号源与负载的对应关系可知，输出电阻越小，负载分得的输出电压 $\dot{U}_o$ 越接近于放大电路的开路输出电压 $\dot{U}_{oc}$，输出电压越稳定。

2. 电流负反馈使输出电阻增加

电流负反馈的框图如图2.7.4所示，令输入 $\dot{X}_i=0$，将负载 R_L 开路，假设在放大电路输出端加入测试电压源 $\dot{U}_o$，测试电流为 $\dot{I}_o$，电压和电流的参考方向如图2.7.4所示。反馈网络的输出信号 $\dot{X}_f=\dot{F}\dot{I}_o$，放大电路的净输入信号 $\dot{X}_i'=-\dot{F}\dot{I}_o$，则其输出端的受控电流源 $\dot{I}_{sc}=-\dot{A}\dot{F}\dot{I}_o$。

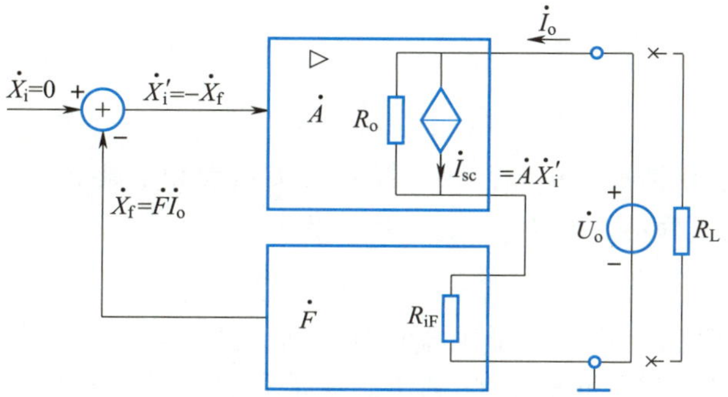

图 2.7.4 电流负反馈对输出电阻的影响

列输出回路的电压方程,可得

$$\dot{U}_o=(\dot{I}_o-\dot{I}_{sc})R_o+\dot{I}_oR_{iF}=(1+\dot{A}\dot{F})\dot{I}_oR_o+\dot{I}_oR_{iF}$$

根据式(2.3.26)解方程,求得电流负反馈放大电路的输出电阻为

$$R_{of}=\left.\frac{\dot{U}_o}{\dot{I}_o}\right|_{\substack{\dot{X}_i=0\\R_L=\infty}}=(1+\dot{A}\dot{F})R_o+R_{iF}\approx(1+\dot{A}\dot{F})R_o \tag{2.7.7}$$

式(2.7.7)表明,引入电流负反馈使放大电路的输出电阻增加为原来的$(1+\dot{A}\dot{F})$倍。由信号源与负载的对应关系可知,输出电阻越大,负载上的分流 $\dot{I}_o$ 越接近于放大电路的短路输出电流 $\dot{I}_{sc}$,输出电流越稳定。

2.7.4 展宽频带

假设基本放大电路在高频段放大倍数的频率特性表达式为

$$\dot{A}=\frac{A_m}{1+j\dfrac{f}{f_H}}$$

式中,A_m 和 f_H 分别是基本放大电路的中频开环放大倍数和上限截止频率(请参阅 6.3 节知识点的讲解)。

设反馈网络为纯阻性网络,即反馈系数 F 与频率无关,则高频段负反馈放大电路的闭环放大倍数频率特性表达式为

$$\dot{A}_f=\frac{\dot{A}}{1+\dot{A}\dot{F}}=\frac{\dfrac{A_m}{1+j\dfrac{f}{f_H}}}{1+\dfrac{A_m}{1+j\dfrac{f}{f_H}}F}=\frac{A_m}{1+A_mF+j\dfrac{f}{f_H}}=\frac{\dfrac{A_m}{1+A_mF}}{1+j\dfrac{f}{(1+A_mF)f_H}}$$

$$=\frac{A_{mf}}{1+j\frac{f}{(1+A_mF)f_H}}=\frac{A_{mf}}{1+j\frac{f}{f_{Hf}}}$$

式中，A_{mf} 和 f_{Hf} 分别是负反馈放大电路的中频闭环放大倍数和上限截止频率。

负反馈放大电路的上限截止频率 f_{Hf} 的表达式为

$$f_{Hf}=(1+A_mF)f_H \tag{2.7.8}$$

由此可见，引入负反馈后，放大电路的上限截止频率增大到原来的$(1+A_mF)$倍。同理可以得到引入负反馈后，放大电路的下限截止频率 f_{Lf} 减小到原来 f_L 的 $1/(1+A_mF)$。

通常 $f_H \gg f_L$，$f_{Hf} \gg f_{Lf}$，因而基本放大电路和负反馈放大电路的通频带分别为

$$BW=f_H-f_L\approx f_H$$

$$BW_f=f_{Hf}-f_{Lf}\approx f_{Hf}=(1+A_mF)f_H \tag{2.7.9}$$

综上所述，引入负反馈使放大电路的频带展宽到原来的$(1+A_mF)$倍。

2.7.5　抑制非线性失真和环内噪声

1. 抑制非线性失真

理想放大电路的输出信号与输入信号应该完全呈线性关系。但是，构成放大电路的非线性器件使得放大电路的输出信号会产生非线性失真。

引入负反馈能够抑制放大电路反馈环内的非线性失真，如图 2.7.5 所示。放大电路输入信号 $\dot{X}_i$ 为正弦波信号，由于放大器件存在非线性，使输出信号产生了正半周大、负半周小的非线性失真。输出信号经由反馈网络产生的反馈信号 $\dot{X}_f$ 也存在正半周大、负半周小的非线性失真。输入信号与反馈信号相减后，使净输入信号 $\dot{X}_i'$ 存在正半周小、负半周大的非线性失真。经过放大电路的非线性校正，使得输出信号 $\dot{X}_o$ 为正负半周基本对称的正弦波，从而抑制了非线性失真。

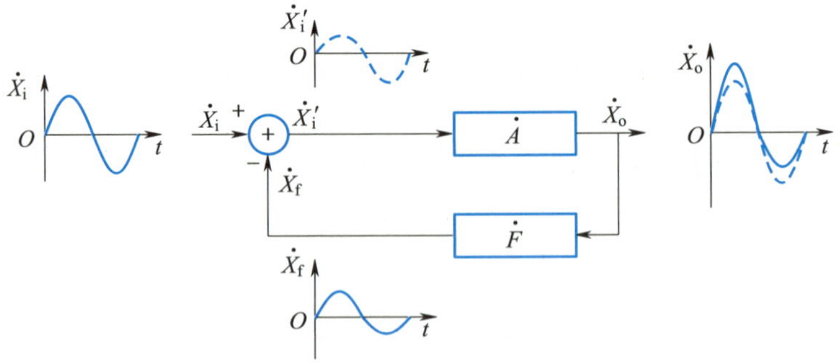

图 2.7.5　负反馈对非线性失真的影响

引入负反馈可以抑制放大电路的非线性失真，但是只能抑制反馈环内产生的非线性失真。

同时,引入负反馈对非线性失真的抑制也是有限度的。如果非线性失真太大,引入负反馈也不能够很好地抑制。

2. 抑制环内噪声

引入负反馈可以抑制放大电路的噪声、干扰和温度漂移,其原理与引入负反馈抑制非线性失真的原理完全相同。

干扰和噪声对放大电路的影响主要取决于信噪比(signal to noise ratio,SNR),而不是取决于绝对值的大小。以电压放大电路为例,如图 2.7.6 所示,设源电压为 $\dot{U}_s$,噪声信号为 $\dot{U}_n$,则输入信号的信噪比为

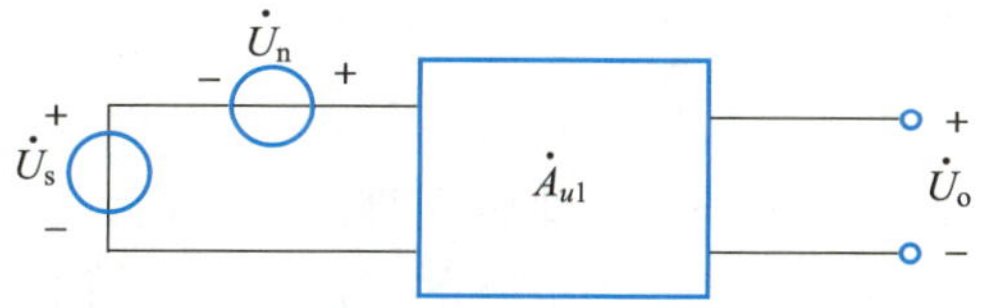

图 2.7.6　开环的电压放大电路

$$(SNR)_i=\frac{|\dot{U}_s|}{|\dot{U}_n|} \tag{2.7.10}$$

根据线性叠加定理分析可知,开环放大电路输出信号的信噪比为

$$(SNR)_o=\frac{|\dot{A}_{u1}\dot{U}_s|}{|\dot{A}_{u1}\dot{U}_n|}=\frac{|\dot{U}_s|}{|\dot{U}_n|} \tag{2.7.11}$$

与式(2.7.10)比较可知,经过一级开环电压放大电路的信号处理,其输出信号的信噪比没有改变。

如果放大电路引入了负反馈,如图 2.7.7 所示,设 $\dot{U}_n$ 为环内噪声,则运用线性叠加定理,分析可得电路的输出电压为

$$\dot{U}_o=\frac{\dot{A}_{u1}\dot{A}_{u2}}{1+\dot{A}_{u1}\dot{A}_{u2}\dot{F}}\dot{U}_s+\frac{\dot{A}_{u2}}{1+\dot{A}_{u1}\dot{A}_{u2}\dot{F}}\dot{U}_n \tag{2.7.12}$$

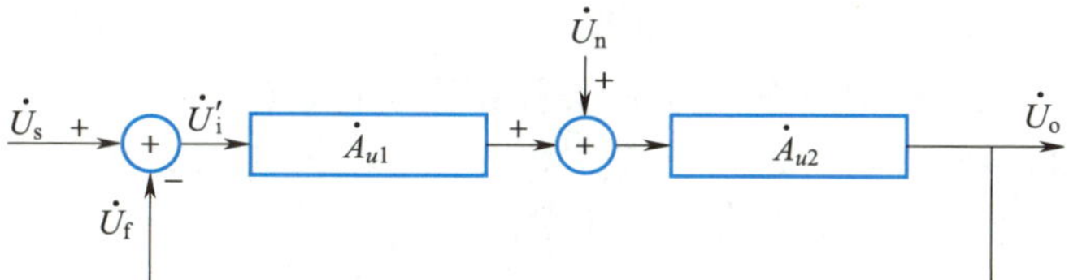

图 2.7.7　闭环的负反馈电压放大电路

由式(2.7.12)可知,负反馈放大电路输出电压的信噪比为

$$(SNR)_o=|\dot{A}_{u1}|\frac{|\dot{U}_s|}{|\dot{U}_n|} \tag{2.7.13}$$

显然，为了提高输出电压的信噪比，引入负反馈的两级信号放大电路，其第一级放大电路应该具有低噪声、高增益的特性。

需要注意的是，引入负反馈只能抑制反馈环内的噪声、干扰和温度漂移，无法抑制反馈环外的噪声、干扰和温度漂移。

2.7.6 引入负反馈的原则

引入负反馈的目的是稳定放大电路的静态工作点和改善放大电路的动态性能。稳定放大电路的静态工作点需要引入直流负反馈，改善放大电路的动态性能需要引入交流负反馈。

若要稳定放大电路的输出电压或降低输出电阻，应引入电压负反馈；要稳定放大电路的输出电流或提高输出电阻，应引入电流负反馈。

若要提高放大电路的输入电阻，应引入串联负反馈；若要降低放大电路的输入电阻，应引入并联负反馈。

若要通过输入电压控制输出电压，应引入电压串联负反馈；若要通过输入电流控制输出电压，应引入电压并联负反馈；若要通过输入电压控制输出电流，应引入电流串联负反馈；若要通过输入电流控制输出电流，应引入电流并联负反馈。

思考题

2-7-1 负反馈对放大电路的增益有何影响？对增益的稳定性有何影响？

2-7-2 负反馈对放大电路的输入电阻有何影响？

2-7-3 负反馈对放大电路的输出电阻有何影响？

2-7-4 负反馈对放大电路的非线性失真有何影响？

本章小结

本章主要讲述了放大的概念、放大电路的主要性能指标、多级放大电路的耦合方式与级联电压放大倍数的计算、运算放大电路的等效模型与理想特性、反馈的基本概念、反馈极性和组态的判断、反馈的基本方程式、四种组态负反馈放大电路的分析、负反馈对放大电路性能的影响等问题，并给出了极性和组态的判断方法、深度负反馈条件下闭环增益的计算方法、引入合适的负反馈的原则等。主要内容总结如下：

（1）放大电路主要利用双极型晶体管或场效应晶体管的线性控制作用，使输出信号在电压或电流的幅度上得到放大。放大的前提条件是不失真，即只有在不失真的前提下放大才有意义。输出信号的能量主要是由直流电源提供的，只是经过双极型晶体管或场效应晶体管的控制作用，将直流电源的能量转换成输出信号的能量。因而放大的本质是能量的控制与转换。

（2）根据电路的网络理论分析可知，放大电路是一个含有受控源的二端口网络，信号源与放大电路的输入端口之间、放大电路的输出端口与负载之间是互为信号源与负载的关系。放大电路有四种等效电路模型：电压放大电路、互阻放大电路、互导放大电路和电流放大电路。这四种放大电路模型可以相互等效变换。在实际工程应用中，通常根据信号源提供的激励和负载的不同要求,从中选择合适的放大电路模型进行电路分析和参数计算。

(3) 放大电路的性能指标是衡量其性能优劣的标准。放大电路的性能指标主要包括放大倍数(增益)、输入电阻、输出电阻和通频带等。

(4) 多级放大电路的级与级之间、信号源与放大电路之间、放大电路与负载之间的连接均称为耦合。多级放大电路中有四种常见的耦合方式:直接耦合、阻容耦合、变压器耦合和光电耦合。多级电压放大电路的总放大倍数为各级带载电压放大倍数的乘积。

(5) 集成运放是具有两个输入端的电压放大电路,可以由两个信号源提供激励,因而称为双端输入、单端输出的高电压增益多级放大电路。集成运放对差模输入电压 u_{Id} 有线性放大作用。理想运放工作在线性区时具有"虚短"和"虚断"两个特性:由于理想运放的差模输入电阻 $R_{id}=\infty$,因而流入运放同相和反相输入端的电流均可近似为零,即 $i_P\approx i_N\approx 0$,这称为"虚断";在运放的线性应用电路中,运算放大器的同相输入端与反相输入端的对地电位近似相等,这称为"虚短"。

(6) 反馈是为了改善放大电路性能而采取的一种技术措施。所谓放大电路的反馈,就是将输出信号的一部分或全部通过一定的方式引回到输入回路,以影响输入信号的措施。

(7) 正确判断反馈的极性和组态是分析和设计反馈放大电路的前提。判断反馈的极性和组态包括有无反馈,是直流反馈还是交流反馈,是串联反馈还是并联反馈,是电压反馈还是电流反馈,是正反馈还是负反馈。

若放大电路中存在将输出回路与输入回路相连接的通路,并因此影响放大电路的净输入信号,则表明电路中引入了反馈,否则电路中没有反馈;存在于放大电路的直流通路之中的反馈称为直流反馈;存在于放大电路的交流通路之中的反馈称为交流反馈;若反馈既存在于直流通路之中,又存在于交流通路之中,则称为交直流反馈;若反馈信号与输入信号以电压形式相叠加,则为串联反馈,若反馈信号与输入信号以电流形式相叠加,则为并联反馈;若把输出电压的一部分或全部取出送回到放大电路的输入回路,则为电压反馈,此时反馈信号与输出电压成比例,若把输出电流的一部分或全部取出送回到放大电路的输入回路,则为电流反馈,此时反馈信号与输出电流成比例;反馈信号与输入信号叠加后,若使净输入信号增加,则为正反馈,若使净输入信号减少,则为负反馈。

(8) 引入直流负反馈能够稳定放大电路的静态工作点,引入交流负反馈可以改善放大电路的动态性能;负反馈能够提高增益的稳定性,展宽频带,抑制非线性失真和环内噪声;若要稳定放大电路的输出电压或降低输出电阻,应引入电压负反馈;要稳定放大电路的输出电流或提高输出电阻,应引入电流负反馈;若要提高放大电路的输入电阻,应引入串联负反馈;若要降低放大电路的输入电阻,应引入并联负反馈。

(9) 交流负反馈共有四种组态,即电压串联、电压并联、电流串联和电流并联负反馈。若要通过输入电压控制输出电压,实现电压放大,应引入电压串联负反馈;若要通过输入电流控制输出电压,将输入电流转化为输出电压,应引入电压并联负反馈;若要通过输入电压控制输出电流,将输入电压转化为输出电流,应引入电流串联负反馈;若要通过输入电流控制输出电流,实现电流放大,应引入电流并联负反馈。

▶▶▶ 自我检测 ◀◀◀

1. 如果信号源接近于理想电压源，通常希望放大电路的输入电阻________；如果信号源接近于理想电流源，通常希望放大电路的输入电阻________。

A. 大，小　　B. 小，小　　C. 大，大　　D. 小，大

2. 电压源电路的输出电阻越________，其稳压特性越好；电流源电路的输出电阻越________，其稳流特性越好。

A. 大，大　　B. 小，大　　C. 小，小　　D. 大，小

3. 有两个电压放大倍数相同，输入和输出电阻不同的放大电路甲和乙，对同一个具有内阻信号源的电压进行放大。在负载开路的条件下测得甲的输出电压小，哪个电路的输入电阻大？________。

A. 甲的输入电阻大　　B. 乙的输入电阻大

4. 放大电路的负载所获得的能量主要是由________提供的。

A. 输入端的信号源

B. 加在放大电路上的直流稳压电源

C. 电路中的有源元件

5. 某放大电路在负载开路时的输出电压的有效值为 4 V，接入 3 kΩ 负载电阻后，输出电压有效值降为 3 V，这说明放大电路的输出电阻为________。

A. 2 kΩ　　B. 5 kΩ　　C. 3 kΩ　　D. 1 kΩ

6. 直接耦合放大电路可以传输________甚至直流信号，因而温度等缓慢变化引起的电信号可以通过直接耦合放大电路。在放大电路中，因温度等因素的影响，会使放大电路的静态工作点偏离初始值，产生________。阻容耦合和变压器耦合放大电路只能传输________。

A. 低频，零点漂移，交流信号　　B. 高频，零点漂移，交流信号

C. 低频，零点漂移，直流信号　　D. 高频，零点漂移，直流信号

7. 在阻容耦合放大电路中各级的静态工作点________，且可阻挡零点漂移，但不易集成；在变压器耦合放大电路中，前级、后级的静态工作点________，也可阻挡________。又可以通过变压器一次、二次侧的匝数比进行________，使负载上得到最大的输出功率。

A. 独立，不独立，零点漂移，阻抗变换　　B. 不独立，独立，零点漂移，电压放大

C. 不独立，不独立，零点漂移，电压放大　　D. 独立，独立，零点漂移，阻抗变换

8. 多级放大电路的电压放大倍数等于各级电压放大倍数的________。一般有两种求解总电压放大倍数的方法，第一种方法是将后一级的输入电阻作为前一级的________考虑，简称输入电阻法；第二种方法是将后一级与前一级开路，计算前一级的开路电压放大倍数，然后将前一级的输出电阻作为后一级的________，简称开路电压法。

A. 和，负载电阻，信号源内阻　　B. 积，输入电阻，负载电阻

C. 积，输入电阻，输出电阻　　D. 积，负载电阻，信号源内阻

9. 测得两个共射组态放大电路在空载时电压放大倍数均为-100，将它们连成两级放大电路，其总电压放大倍数应________。

A. 等于 10 000　　B. 大于 10 000　　C. 小于 10 000　　D. 等于 100

10. 理想运算放大器的放大倍数 A_u =________，输入电阻 R_i =________，输出电阻 R_o =________。

A. ∞，0，∞　　B. 0，∞，∞　　C. ∞，∞，0　　D. 0，∞，0

11. 集成运算放大器的两个输入端：同相输入端和反相输入端。前者的极性与输出端________；后者的极性与输出端________。

A. 相同，相反　　B. 相同，相同　　C. 相反，相同　　D. 相反，相反

12. 直流负反馈是指________。

A. 直接耦合电路中的负反馈　　B. 放大直流信号时的负反馈

C. 有隔直电容的负反馈　　D. 直流通路中的负反馈

13. 图 T2.13 所示电路只存在交流负反馈的电路是________；只存在直流负反馈的电路是________；交直流负反馈都存在的电路是________；存在正反馈的电路是________。

A. a，b，c，d　　B. b，d，c，a　　C. b，c，d，a　　D. a，c，b，d

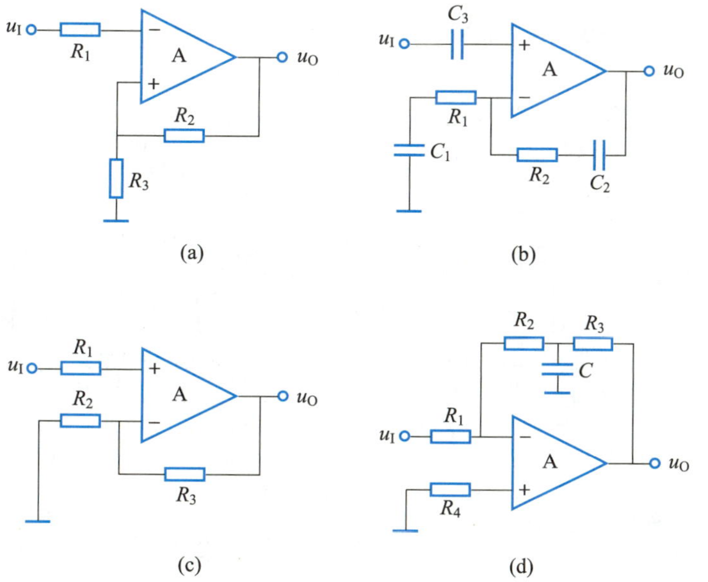

图 T2.13

14. 判断图 T2.14 所示电路的反馈类型：图(a)：________；图(b)：________；图(c)：________。

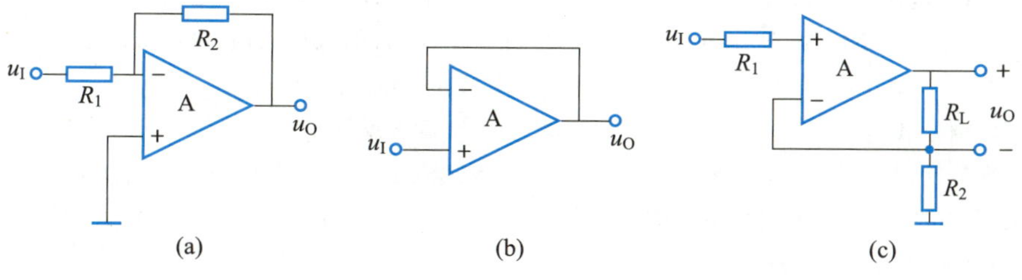

图 T2.14

A. 电压并联，电压串联，电流串联　　B. 电压串联，电压并联，电流串联

C. 电压并联，电流串联，电流并联　　D. 电流并联，电压串联，电流串联

15. 判断图 T2.15 所示电路的级间反馈类型，选择正确的答案：________。

A. 电流串联负反馈　　B. 电压并联负反馈　　C. 电压串联正反馈　　D. 电流串联正反馈

16. 某电压串联负反馈放大电路的开环电压放大倍数为75，反馈系数为0.04，则其闭环电压放大倍数为________。

A. 3　　　　B. 18.75

C. 1 875　　　　D. 25

17. 已知某电压放大器的输入信号为2 mV时，输出电压为2 V。引入负反馈后，输出电压为2 V，则输入信号需变为20 mV。计算该电路的反馈深度为________。

A. 40 dB　　　　B. 10 dB

C. 60 dB　　　　D. 20 dB

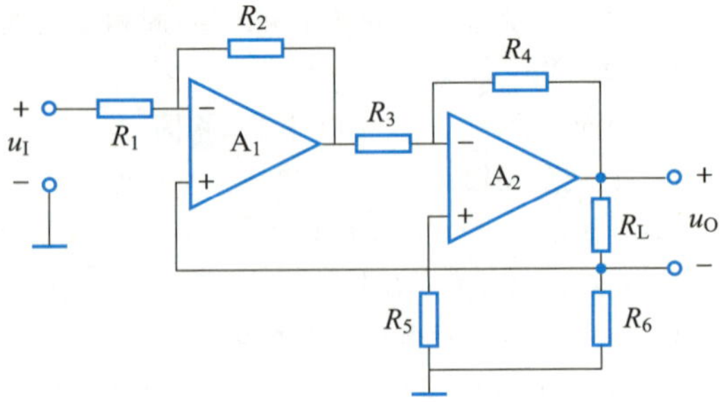

图 T2.15

18. 图T2.18所示电路的电压放大倍数为________。

A. −1　　　　B. 1　　　　C. 10　　　　D. 11

19. 图T2.19所示电路的电压放大倍数为________。

A. 10　　　　B. −10　　　　C. 11　　　　D. −11

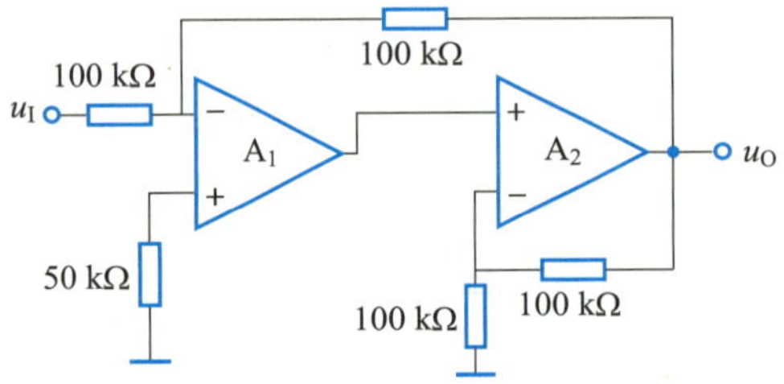

图 T2.18

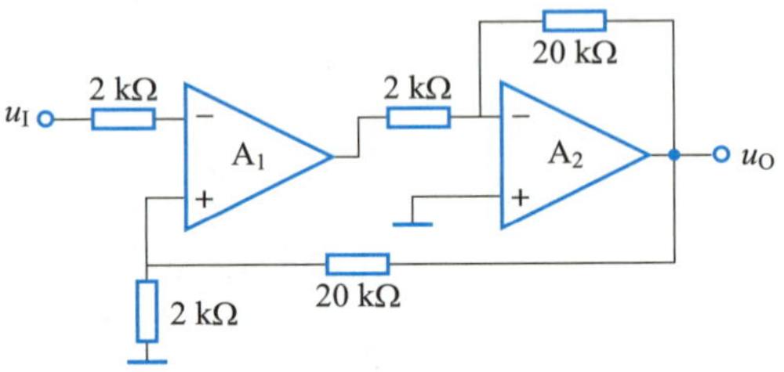

图 T2.19

20. 下面说法正确的是________。

A. 负反馈提高 R_i，正反馈则相反　　　　B. 串联负反馈提高 R_i，并联负反馈则相反

C. 串联反馈提高 R_i，并联反馈则相反　　　　D. 并联负反馈提高 R_i，串联负反馈则相反

21. 若希望放大器从信号源索取的电流小，可采用________；若希望电路负载变化时，输出电流稳定，则可引入________；若希望电路负载变化时，输出电压稳定，则可引入________。

A. 串联负反馈，电流负反馈，电压负反馈　　　　B. 电流负反馈，串联负反馈，电压负反馈

C. 串联负反馈，电压负反馈，电流负反馈　　　　D. 并联负反馈，电流负反馈，电压负反馈

22. 已知某放大器输出噪声电压是由电路内部产生的，为抑制这种噪声应________。

A. 减小开环增益 A_u　　　　B. 引入交流负反馈

C. 引入交流负反馈，并降低闭环增益 A_{uf}　　　　D. 引入交流电压负反馈

23. 为满足下列要求，应引入何种组态的负反馈？

(1) 组成电压控制电压源，应引入________负反馈；

(2) 组成电流控制电压源，应引入________负反馈；

(3) 组成电压控制电流源，应引入________负反馈；

(4) 组成电流控制电流源，应引入________负反馈。

A. 电压串联，电压并联，电流串联，电流并联　　　　B. 电压并联，电压串联，电流串联，电流并联

C. 电流并联，电流串联，电压串联，电压并联　　　　D. 电压串联，电流串联，电压并联，电流并联

【答案】 1. A　2. B　3. B　4. B　5. D　6. A　7. D　8. D　9. C　10. C　11. A　12. D　13. B　14. A　15. A

16. B　17. D　18. A　19. C　20. B　21. A　22. D　23. A

习　　题

【2-1】 填空：

（1）为了放大从热电偶取得的反映温度变化的微弱信号，放大电路应采用________耦合方式。

（2）为了使放大电路的信号与负载间良好匹配，以使输出功率尽可能加大，放大电路应采用________耦合方式。

（3）若两个放大电路的空载放大倍数分别为 20 和 30，则将它们级连成两级放大电路，则其放大倍数为________（a. 600；b. 大于 600；c. 小于 600）。

（4）在三级放大电路中，已知 $|\dot{A}_{u1}|=50$，$|\dot{A}_{u2}|=80$，$|\dot{A}_{u3}|=25$，则其总电压放大倍数 $|A_u|=$________，折合为________dB。

（5）在多级放大电路中，后级的输入电阻是前级的________；而前级的输出电阻则也可视为后级的________。

【2-2】 判断图 P2.2(a)和(b)电路的反馈组态。

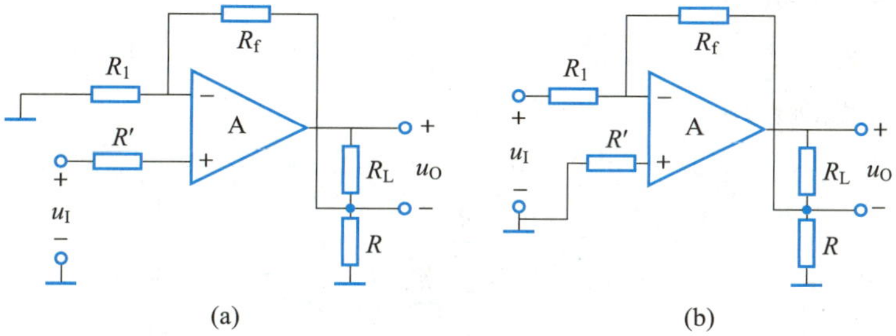

图 P2.2

【2-3】 电路如图 P2.3 所示。

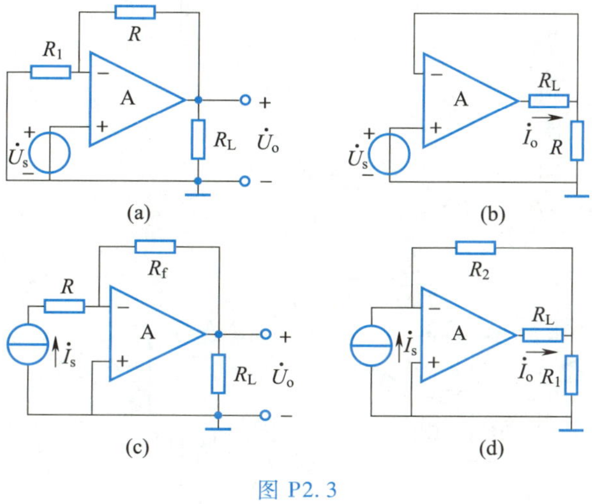

图 P2.3

（1）图 P2.3(a)、(b)、(c)、(d)各电路是何种反馈组态？

(2) 深度负反馈条件下,写出图 P2.3(a)、(c)的输出电压表达式,图 P2.3(b)、(d)的输出电流表达式。

(3) 说明各电路具有的功能。

【2-4】 图 P2.4 所示电路中,$R_4/R_3=10$,$R_2/R_1=12$,试判断电路中存在的反馈类型;深度负反馈条件下,写出电路输出电压 u_o 与输入电压 u_i 的关系表达式,并计算闭环电压放大倍数 $\dot{A}_{uf}$ 与反馈系数 $\dot{F}_u$。

【2-5】 分析图 P2.5 中电路的级间反馈。

(1) 电路的级间反馈组态是什么?

(2) 深度负反馈条件下,电压放大倍数$\frac{u_o}{u_i}$大约是多少?

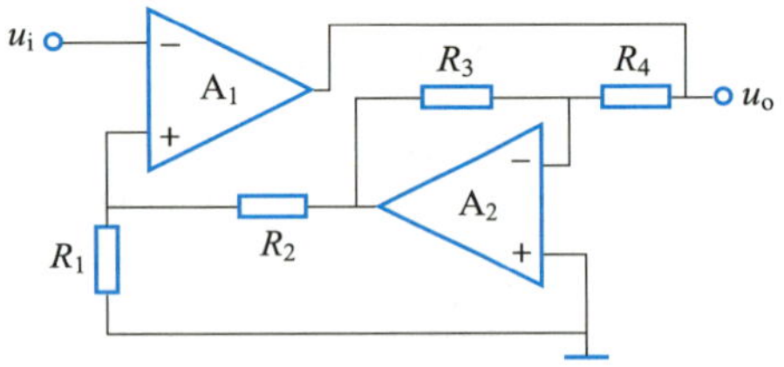

图 P2.4

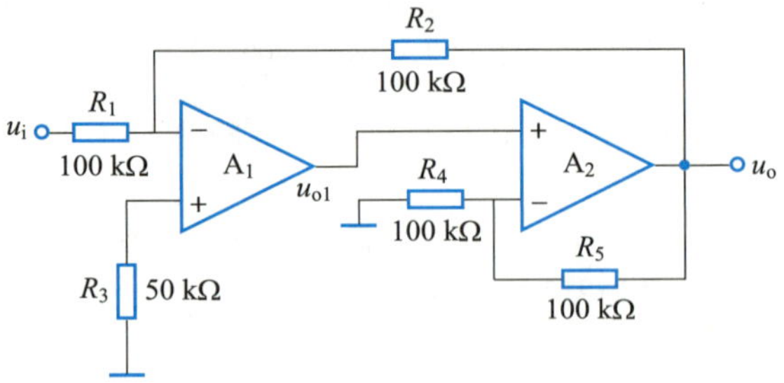

图 P2.5

【2-6】 电路如图 P2.6 所示。

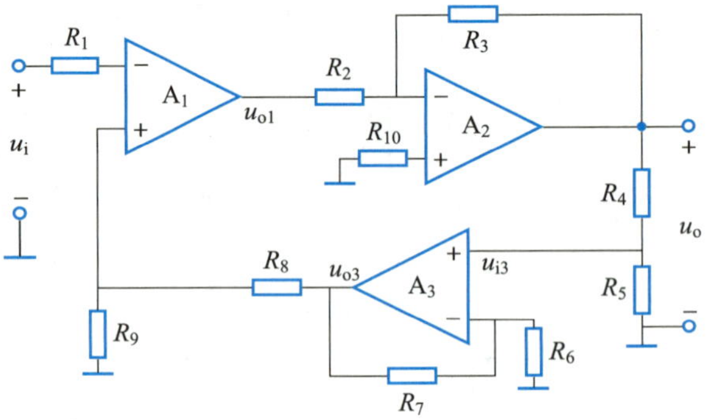

图 P2.6

(1) 判断电路存在何种反馈。

(2) 深度负反馈条件下,写出电压放大倍数 u_o/u_i 的表达式。

【2-7】 电路如图 P2.7(a)和(b)所示。

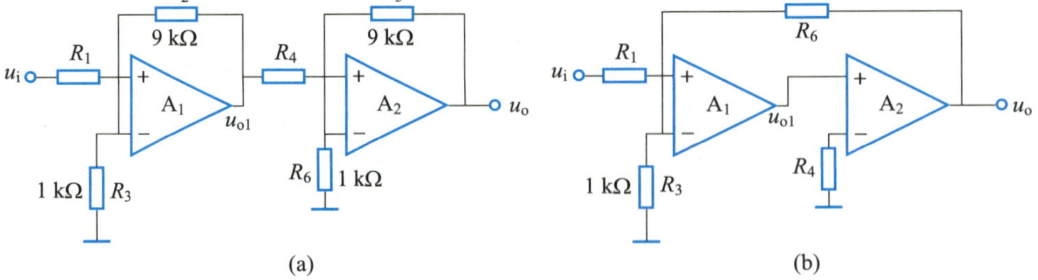

图 P2.7

(1) 比较图 P2.7(a)和(b)在反馈方式上的不同。

(2) 计算深度负反馈条件下,图 P2.7(a)所示电路的电压放大倍数。

(3) 若要图 P2.7(a)和(b)两个电路的电压放大倍数相同,图 P2.7(b)中电阻 R_6 应该多大?

(4) 若 A_1、A_2 的开环电压增益都是 100 倍,其他条件仍为理想条件,与第(2)和第(3)问中的结果相比较,图 P2.7(a)和(b)所示两个电路的电压放大倍数相对误差各为多少?由此说明什么问题?

【2-8】 研究图 P2.8 所示电路中运放开环电压放大倍数的大小对闭环放大倍数的影响。设运放的每一级开环电压放大倍数相等,即 $A_1=A_2$,分别为 10,20,30,50,100 和 1 000,输入电压为 10 mV,计算开环电压放大倍数、环路增益、闭环电压放大倍数和输出电压值,并将结果填入表 P2.1。

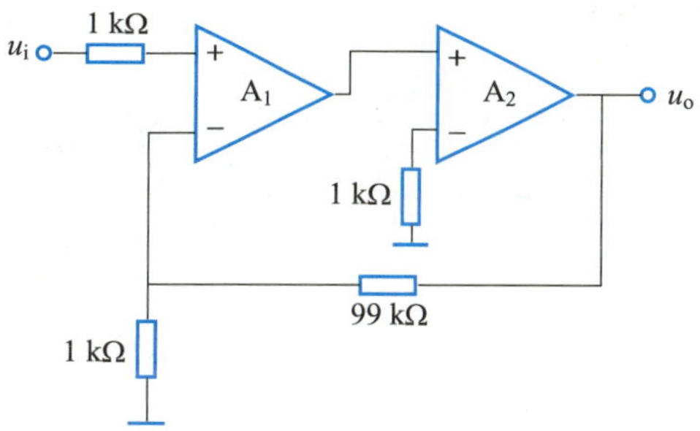

图 P2.8

表 P2.1　题 2-8 的计算结果

$A=A_1A_2$	AF	A_f	u_o

第 2 章习题解答　　第 2 章电子教案

第3章　集成运算放大器线性应用电路

3.1　引　　言

集成运算放大器的应用电路可分为线性应用电路和非线性应用电路。本章主要介绍集成运放的线性应用电路——模拟信号的运算电路和变换电路。运算电路包括比例运算电路、加减运算电路、积分和微分运算电路。变换电路是传感器与信号处理电路之间的接口电路,主要功能是对传感器的输出信号进行变换,包括电压-电流转换电路、电流-电压转换电路、阻抗变换电路、数据放大电路等。本章介绍了几种典型信号变换电路的工作原理及其应用。

本章主要讨论如下问题:

1. 运算电路的基本构成原则是什么?
2. 如何运用“虚短”和“虚断”的概念分析和计算各种运算电路?
3. 集成运算放大器在信号变换电路中有哪些典型应用?

3.2　比例运算电路

比例运算电路是输出信号与输入信号成固定比例关系的运算电路,根据信号输入方式的不同,分为反相比例、同相比例和差分比例三种运算形式。比例运算电路是运放构成的其他线性应用电路的基础。

3.2.1　反相比例运算电路

反相比例运算电路如图3.2.1(a)所示,输入电压 u_I 通过电阻 R_1 作用于集成运放的反相输入端,电路通过 R_f 引入了电压并联负反馈。图中 R' 为平衡电阻,以保证运放输入级差分放大电路的对称性,避免输入偏置电流产生附加的差模输入电压。设输入 $u_I=0$,此时 $u_O=0$,分别从运放的反相输入端和同相输入端向外看,应该保证两端的对地等效电阻相等,即 $R'=R_1/\!/R_f$,如图3.2.1(b)所示。

根据理想运算放大器的“虚断”特性可知

$$i_P=i_N=0$$

此时,在图3.2.1(a)所示电路中可得

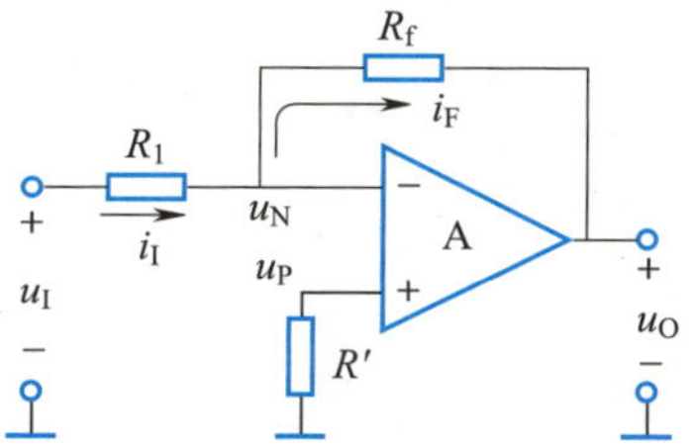

(a) 反相比例运算电路

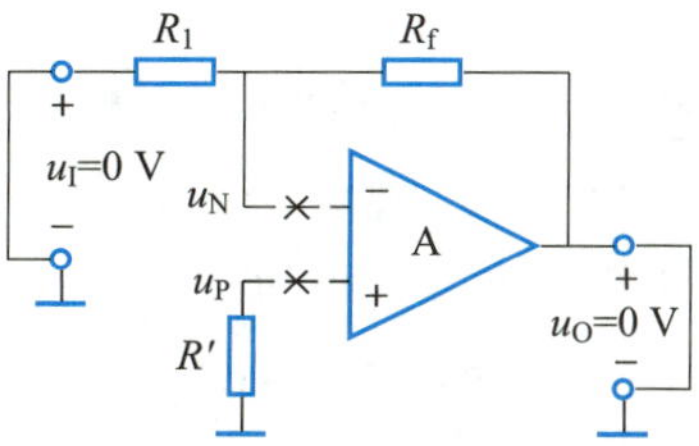

(b) 估算平衡电阻R'的等效电路

图 3.2.1 反相比例运算电路及其等效电路

$$\begin{cases} i_I = i_F \\ u_P = i_P \cdot R' = 0 \end{cases}$$

根据理想运算放大器的“虚短”特性,可得

$$u_P \approx u_N \approx 0$$

$u_N \approx 0$ V 称为“虚地”现象,即该电路反相输入端的电位近似等于地电位。此现象是反相运算电路的一个重要特点。

列反相输入端的节点电流方程,可得

$$i_I - i_F = \frac{u_I - u_N}{R_1} - \frac{u_N - u_O}{R_f} = 0$$

根据“虚地”特性,$\frac{u_I}{R_1} + \frac{u_O}{R_f} = 0$,进一步整理,求得该电路的电压放大倍数为

$$A_{uf} = \frac{u_O}{u_I} = -\frac{R_f}{R_1} \tag{3.2.1}$$

由式(3.2.1)可知,u_O 与 u_I 成反相比例运算关系,比例系数为$-\frac{R_f}{R_1}$,其中负号表示 u_O 与 u_I 的相位相反。调节 R_1、R_f 的阻值,可得到大于 1、等于 1 或小于 1 的电压放大倍数;若 $R_1 = R_f$,$u_O = -u_I$,则该电路称为反相电压跟随器,也称反相器。

根据该电路的“虚地”特性,电路的等效输入电阻为

$$R_i = \frac{u_I}{i_I} = \frac{u_I}{\frac{u_I - u_N}{R_1}} = R_1$$

由此可见,虽然运放本身具有高差模输入电阻,但是由于反相比例运算电路引入了电压并联负反馈,降低了输入电阻,因而其输入电阻不大。为了提高电路的输入电阻,一般 R_1 选用千欧级以上的阻值。同时,由于“虚地”现象的存在,使得该电路运放的共模输入电压为零。因此,反相输入比例运算电路对运放的共模抑制比要求相对较低。

【例 3.2.1】 在图 3.2.2 所示电路中,已知 $R_1 = R_2 = R_4 = 100\ \text{k}\Omega$、$R_3 = 10\ \text{k}\Omega$。

(1)计算该电路的电压放大倍数;

(2)为保证运放输入端的对称性,估算 R'的取值。

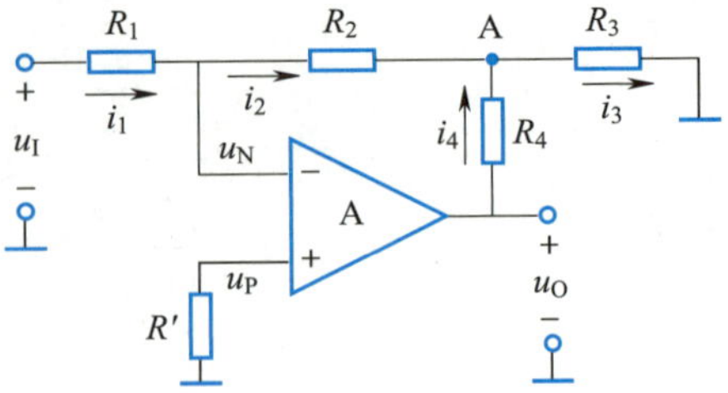

图 3.2.2 例 3.2.1 电路图

解

(1) 根据理想运放的“虚断”和“虚短”特性，可知 $u_P=u_N=0$，电路存在“虚地”现象。在运放反相输入端和图中 A 点分别列节点电流方程为

$$i_1-i_2=\frac{u_I-u_N}{R_1}-\frac{u_N-u_A}{R_2}=0$$

$$i_2+i_4-i_3=\frac{u_N-u_A}{R_2}+\frac{u_O-u_A}{R_4}-\frac{u_A}{R_3}=0$$

两式联立，求得

$$A_{uf}=\frac{u_O}{u_I}=-\frac{R_2R_4+R_3R_4+R_2R_3}{R_1R_3}=-12$$

(2) 为保证运放输入端的对称性，平衡电阻 R' 的取值为

$$R'=R_1/\!/(R_2+R_3/\!/R_4)\approx 52.2\ \text{k}\Omega$$

3.2.2 同相比例运算电路

同相比例运算电路如图 3.2.3 所示，输入电压 u_I 通过电阻 R' 作用于集成运放的同相输入端，电路通过 R_f 引入了电压串联负反馈。

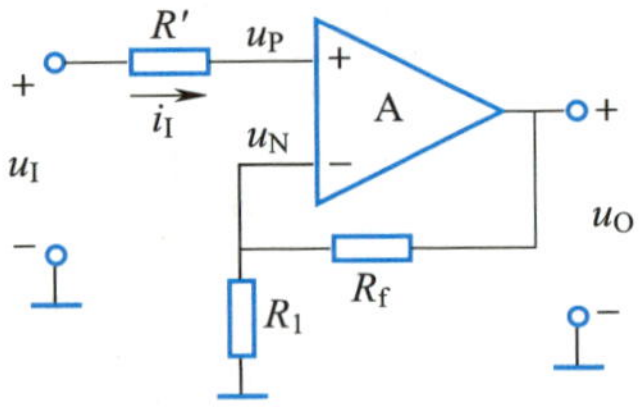

图 3.2.3 同相比例运算电路

根据“虚断”的概念，反相输入端的对地电位 u_N 可以利用分压公式求得，且电阻 R' 上的压降为 0，因而得到

$$u_I=u_P$$

$$u_N=\frac{R_1}{R_1+R_f}u_O$$

又根据“虚短”的概念，$u_P=u_N=u_I$，进一步整理，得到

$$u_O=\left(1+\frac{R_f}{R_1}\right)u_I$$

该电路的电压放大倍数为

$$A_{uf}=\frac{u_O}{u_I}=\left(1+\frac{R_f}{R_1}\right) \tag{3.2.2}$$

由式(3.2.2)可知，u_O 与 u_I 的相位相同，实现了同相比例运算关系，比例系数为 $1+\frac{R_f}{R_1}$。调节电阻 R_1 和 R_f 的比值，可以得到大于等于 1 的电压放大倍数。

同相比例运算电路不存在“虚地”现象，在运放的输入端有共模输入电压 $u_{Ic}=u_N=u_P=u_I$，因而该电路对运放的共模抑制比要求较高；根据“虚断”概念，该电路同相输入端的输入电流为 0，可以近似认为该电路的输入电阻为

$$R_i=\frac{u_I}{i_I}=\infty$$

由此可见，同相比例运算电路引入电压串联负反馈增大了输入电阻，其输入电阻无穷大。

如果在同相比例运算电路中设 $R_1=\infty$ 和 $R_f=0$，那么可以构成单位增益放大电路，也称电压跟随器，如图 3.2.4(a)所示。

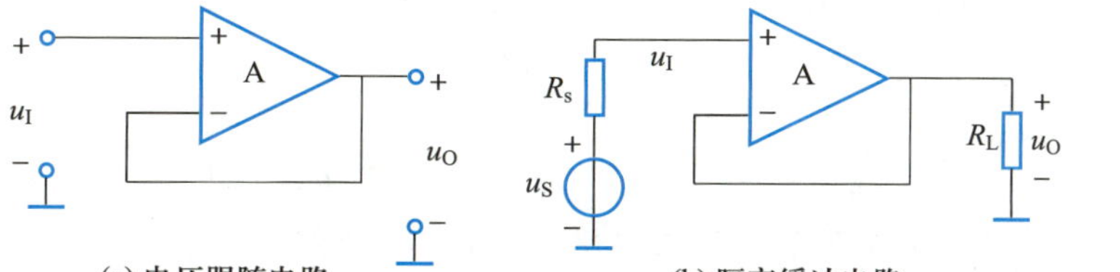

(a) 电压跟随电路　　(b) 隔离缓冲电路

图 3.2.4　电压跟随器及其应用电路

该电路引入了电压串联负反馈，输入电阻无穷大、输出电阻无穷小，具有与共集电极组态基本放大电路(射随器)相同的一些重要性质，具有阻抗变换的作用；虽然它的电压放大倍数等于1，没有实现电压放大，但是它可以在信号源与负载之间起到隔离和缓冲的作用，不受输入端信号源内阻 R_s 和输出端负载 R_L 的影响，使 $u_O=u_I=u_S$，如图 3.2.4(b)所示。

3.2.3　差分比例运算电路

理想运算放大器组成的差分比例运算放大电路如图 3.2.5 所示。为保证运放的输入端处于平衡状态，要求两个输入端对地的等效电阻相等，即 $R_1/\!/R_f=R_1'/\!/R_f'$；同时为了使两个输入端的共模电压相等，减小电路共模输出电压，通常应使 $R_1=R_1'$、$R_f=R_f'$。

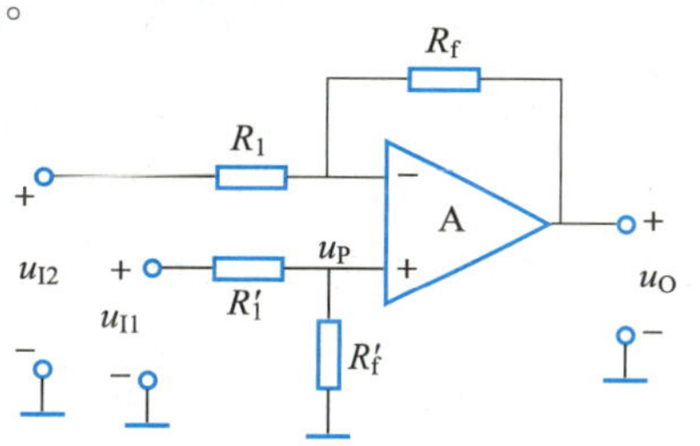

图 3.2.5　差分比例运算电路

利用叠加定理求电路输出 $u_O=u_{O1}+u_{O2}$，设 u_{O1} 是 $u_{I2}=0$ 时在 u_{I1} 作用下产生的输出电压，而 u_{O2} 是 $u_{I1}=0$ 时在 u_{I2} 作用下产生的输出电压，则根据同相输入和反相输入的比例运算关系求得

$$u_{O1}=\left(1+\frac{R_f}{R_1}\right)u_P=\left(1+\frac{R_f}{R_1}\right)\frac{R_f'}{R_1'+R_f'}u_{I1} \tag{3.2.3}$$

$$u_{O2}=-\frac{R_f}{R_1}u_{I2} \tag{3.2.4}$$

联立式(3.2.3)和式(3.2.4)，并设 $R_1=R_1'$、$R_f=R_f'$，可得电路的输出电压与两个输入的差值电压之间的运算关系为

$$u_O=\frac{R_f}{R_1}(u_{I1}-u_{I2})$$

该电路的差模电压放大倍数为

$$A_{uf}=\frac{u_O}{u_{I1}-u_{I2}}=\frac{R_f}{R_1} \tag{3.2.5}$$

由式(3.2.5)可知，该电路的输出电压与差模输入电压成正比，故称之为差分比例运算电路，也称减法运算电路。差分比例运算电路中，没有“虚地”现象，运放的同相输入端和反相输入

端存在共模电压，因此应选用高共模抑制比的运放。在应用该电路时，还要注意以下两点：

① 要求 R_1 和 R_1' 及 R_f 和 R_f' 严格匹配，即 $R_1=R_1'$、$R_f=R_f'$，否则电路的共模抑制能力将显著下降。

② 该电路放大倍数调整困难，因为不管调整 R_1 还是 R_f，都要求 R_1' 或 R_f' 同步变化。

思考题

3-2-1　什么是“虚地”现象？哪种运放应用电路中存在该现象？

3-2-2　总结三种比例运算电路中运放输入共模信号的情况。

3-2-3　由运放构成的电压跟随器并无电压放大作用，它还有实用价值吗？请举例加以说明。

3-2-4　用差分比例运算电路能实现 $u_O=3u_{I1}-u_{I2}$ 吗？

3.3　加减运算电路

能够对多个输入信号实现按不同比例的求和或者求差运算的电路称为加减运算电路。其中，加法运算电路分为反相输入求和电路和同相输入求和电路，而减法运算电路是利用反相输入求和电路进行变换来实现减法运算。3.2.3 节介绍的差分比例运算电路也可以实现减法运算，但是该电路电阻的选取和调整不方便，因而很少被采用。

微视频 3-1
加减法运算电路

3.3.1　反相输入求和电路

在反相比例运算电路的基础上，增加多个输入支路，可以构成反相输入求和电路，如图 3.3.1 所示。根据“虚短”“虚断”特性可知 $u_N=0$，具有“虚地”特性，在运放的反相输入端列节点电流方程，求得

$$u_O=-i_F R_f=-(i_{I1}+i_{I2})R_f=-\left(\frac{R_f}{R_1}u_{I1}+\frac{R_f}{R_2}u_{I2}\right) \tag{3.3.1}$$

式(3.3.1)表明，电路的输出是各输入的加权和，权系数为各支路电阻与反馈电阻 R_f 的比值。

当 $R_1=R_2=R$ 时，电路输出电压与两个输入信号之和成反相比例运算关系，此时 u_O 的表达式为

$$u_O=-\frac{R_f}{R}(u_{I1}+u_{I2}) \tag{3.3.2}$$

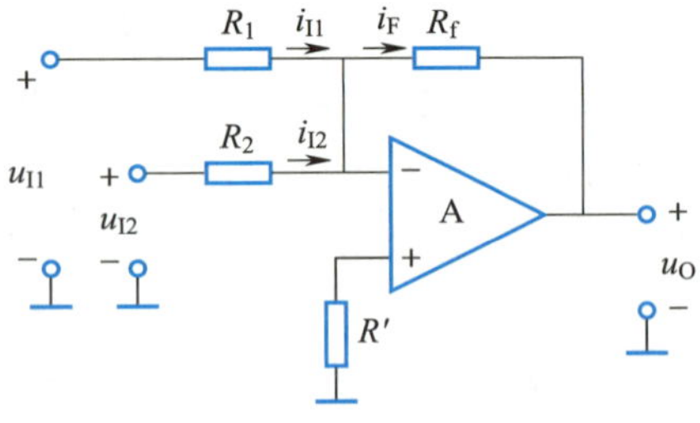

图 3.3.1　反相求和运算电路

3.3.2　同相输入求和电路

与反相输入求和电路相似，在同相比例运算电路的基础上，增加多个输入支路，可以构成同相输入求和电路，如图 3.3.2 所示。

根据运放的“虚断”特性，利用分压公式求得运放反相输入端电位 u_N 为

$$u_N=\frac{R}{R_f+R}u_O$$

在运放的同相输入端运用叠加定理，求得运放同相输入端电位 u_P 为

$$u_P=\frac{(R_2/\!/R')u_{I1}}{R_1+(R_2/\!/R')}+\frac{(R_1/\!/R')u_{I2}}{R_2+(R_1/\!/R')}$$

又根据“虚短”$u_P=u_N$，求得输出电压与两个输入信号之间的运算关系为

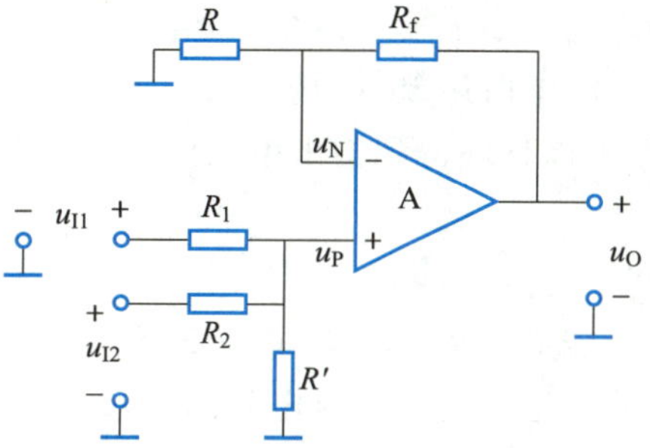

图 3.3.2　同相输入求和电路

$$\begin{aligned}u_O&=\left[\frac{(R_2/\!/R')u_{I1}}{R_1+(R_2/\!/R')}+\frac{(R_1/\!/R')u_{I2}}{R_2+(R_1/\!/R')}\right]\frac{R_f+R}{R}\\&=\left[\frac{R_1}{R_1}\times\frac{(R_2/\!/R')u_{I1}}{R_1+(R_2/\!/R')}+\frac{R_2}{R_2}\times\frac{(R_1/\!/R')u_{I2}}{R_2+(R_1/\!/R')}\right]\frac{R_f+R}{R}\\&=\left(\frac{R_p}{R_1}u_{I1}+\frac{R_p}{R_2}u_{I2}\right)\left(\frac{R+R_f}{R}\cdot\frac{R_f}{R_f}\right)\\&=\frac{R_p}{R_n}\times R_f\times\left(\frac{u_{I1}}{R_1}+\frac{u_{I2}}{R_2}\right)\end{aligned}\qquad(3.3.3)$$

式中，$R_p=R_1/\!/R_2/\!/R'$，$R_n=R_f/\!/R$。

当 $R_p=R_n$ 时，设 $R_1=R_2=R$，则将式(3.3.3)简化为

$$u_O=\frac{R_f}{R}(u_{I1}+u_{I2})\qquad(3.3.4)$$

式(3.3.4)表明，同相输入求和电路可以实现多个输入信号的加法运算关系，且输出电压与输入信号之和具有相同的相位。由于该电路的计算过程烦琐，并且为了实现式(3.3.4)的运算关系，必须满足 $R_p=R_n$ 的条件，因而电路设计和调整较难。

3.3.3 减法运算电路

为解决 3.2.3 节的差分比例运算电路设计中的困难，实际工程应用中常用图 3.3.3 所示电

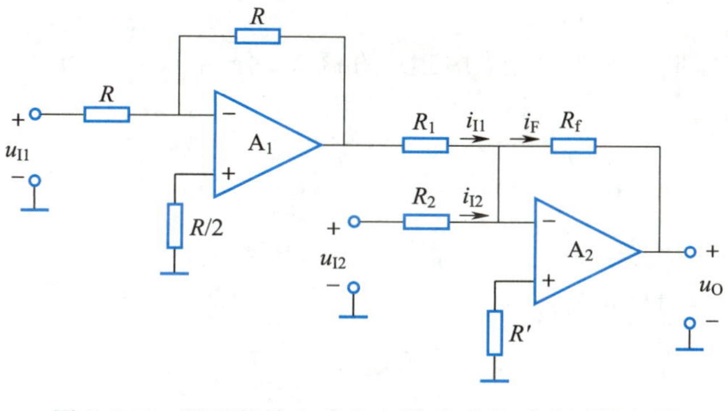

图 3.3.3　用反相输入求和电路实现的减法运算电路

路来完成多个输入信号的减法运算。

图中由运放 A_1 构成反相器，运放 A_2 构成反相输入求和电路。根据前面对这两种电路的分析，可以整理得到输出电压的表达式为

$$u_O=\frac{R_f}{R_1}u_{I1}-\frac{R_f}{R_2}u_{I2} \tag{3.3.5}$$

若 $R_1=R_2=R$，则式(3.3.5)与差分比例运算电路的输出表达式相同，实现了两个输入信号的减法运算关系。该电路的参数设计相对独立，可以通过调整 R_f、R_1 和 R_2 的阻值，方便地调整电路的电压放大倍数。

思考题

3-3-1　用图 3.3.1 所示加法运算电路完成 $u_O=-2u_{I1}-3u_{I2}$，请给出 R_1、R_2、R_f 及 R' 的一组合理取值。

3-3-2　若上题电阻取值太小(比如欧姆级)或太大(兆欧级)，运算电路会出现什么问题？

3-3-3　用图 3.3.3 所示电路实现减法运算有何好处？

3.4　积分和微分运算电路

在反相比例运算电路的基础上，用电容 C 替换反馈网络的 R_f 或 R_1，就可以实现互为逆运算的积分和微分运算电路。这两种运算电路常用于自控系统中的 PID 控制器。积分运算电路能获得很高的运算精度，在电子技术领域中也有着广泛的应用，如三角波发生电路、有源滤波电路、压控振荡电路、模拟-数字转换电路等。

微视频 3-2
积分运算电路

3.4.1　积分运算电路

用电容 C 替换反相比例运算电路中的反馈电阻 R_f，就构成积分运算电路，又称积分器，如图 3.4.1 所示。

已知电容 C 两端的电压 u_C 与电流 i_C 之间的关系为

$$i_C=C\frac{du_C}{dt} \tag{3.4.1}$$

根据运放的“虚短”“虚断”特性以及“虚地”的概念，分析可知

$$i_C=i_I=\frac{u_I}{R} \tag{3.4.2}$$

$$u_O=-u_C \tag{3.4.3}$$

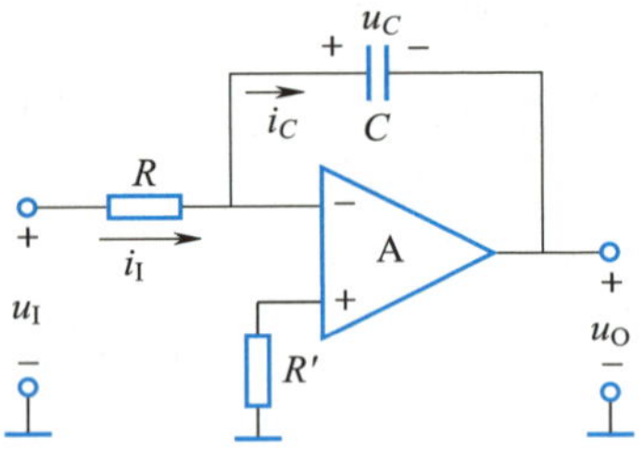

图 3.4.1　积分运算电路

联立式(3.4.1)~式(3.4.3)，可得

$$u_O=-\frac{1}{C}\int i_C dt=-\frac{1}{RC}\int u_I dt \tag{3.4.4}$$

由此可见,输出电压与输入电压对时间的积分成正比,比例系数取决于电阻 R 和积分电容 C,电路因此而得名;负号则表明输出电压和输入电压的相位关系相反。

若初始时刻 t 为 0,则 t 时刻的输出电压为

$$u_O(t)=-\frac{1}{RC}\int_0^t u_I \mathrm{d}t+u_O(0) \tag{3.4.5}$$

若在 t_1 到 t_2 时间段内输入电压 u_I 为直流电压,则在该时间段内电容将以恒流形式充电,输出电压为

$$u_O(t_2)-u_O(t_1)=-\frac{1}{RC}\int_{t_1}^{t_2} u_I \mathrm{d}t=-\frac{u_I}{RC}(t_2-t_1) \tag{3.4.6}$$

设 $\Delta u_O=u_O(t_2)-u_O(t_1)$、$\Delta t=t_2-t_1$,则式(3.4.6)表明,该时间段内输出电压的变化量 Δu_O 与时间变化量 Δt 呈线性关系,比例系数取决于 u_I 与时间常数 RC 的比值,称这一比值为积分速率。显然,当积分时间 Δt 为无穷大时,积分器的输出电压将达到饱和值,即 $u_I>0$ 时,积分器的输出趋于负饱和值($-U_{om}$);当 $u_I<0$ 时,积分器的输出趋于正饱和值($+U_{om}$)。

【例 3.4.1】 在如图 3.4.1 所示积分运算电路中,已知 $R=10\ \mathrm{k\Omega}$,$C=0.1\ \mathrm{\mu F}$。设电容器上的初始电压为 0 V,运放输出电压的最大值 $\pm U_{om}=\pm 15$ V。当电路输入端分别加入如图 3.4.2(a)、(b)所示的输入信号波形时,试分别画出积分器的输出信号波形。

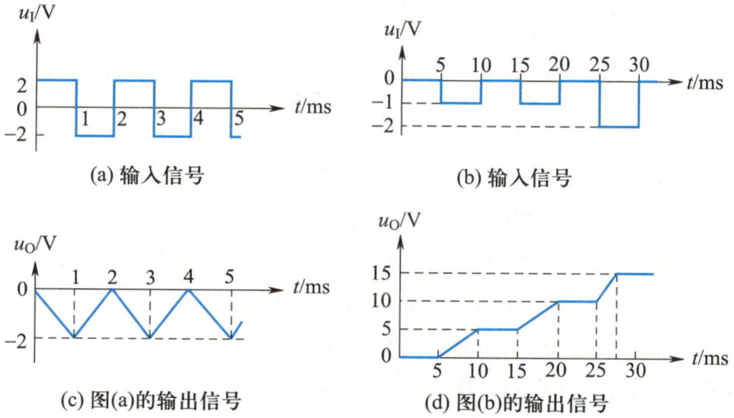

图 3.4.2 例 3.4.1 的输入和输出信号波形

解

(1) 对图 3.4.2(a)所示的输入信号波形求解输出信号波形。已知积分器的时间常数为

$$\tau=RC=10\ \mathrm{k\Omega}\times 0.1\ \mathrm{\mu F}=1\ \mathrm{ms}$$

① 当 $0\leqslant t\leqslant 1$ ms 时,$u_I=2$ V,$u_O(0)=0$,故

$$u_O=-\frac{1}{RC}\int_0^t u_I \mathrm{d}t+u_O(0)=-\frac{2}{RC}t+u_O(0)=-2t$$

当 $t=1$ ms 时,$u_O(1\ \mathrm{ms})=-2$ V。在 $0\leqslant t\leqslant 1$ ms 时间段,积分器从 0 V 线性积分到−2 V。

② 当 1 ms$<t\leqslant 2$ ms 时,$u_I=-2$ V

$$u_O=-\frac{1}{RC}\int_1^t u_I \mathrm{d}t+u_O(1\ \mathrm{ms})=\frac{2}{RC}(t-1)+u_O(1\ \mathrm{ms})=2t-4$$

当 $t=2$ ms 时，$u_O(2\text{ ms})=0$ V。在 1 ms$<t\leqslant$2 ms 时间段，积分器从−2 V 线性积分到 0 V。

③ $t>2$ ms 以后，u_O 将重复以上两个过程，绘出的输出信号波形如图 3.4.2(c)所示。

(2) 对图 3.4.2(b)的输入信号波形求解输出信号波形。

① 当 $t\leqslant 5$ ms 时，$u_I=0$ V，所以输出为电容上的初始电压值，保持不变，即 $u_O(5\text{ ms})=0$ V。

② 当 5 ms$<t\leqslant$10 ms 时，$u_I=-1$ V，于是

$$u_O(10\text{ ms})-u_O(5\text{ ms})=-\frac{u_I}{RC}(10\text{ ms}-5\text{ ms})$$

$$u_O(10\text{ ms})=5\text{ V}$$

则在该时间段内输出电压从 0 V 线性积分到+5 V。

③ 当 10 ms$<t\leqslant$15 ms 时，$u_I=0$ V，输出保持不变，$u_O(15\text{ ms})=5$ V。

④ 当 15 ms$<t\leqslant$20 ms 时，$u_I=-1$ V，于是

$$u_O(20\text{ ms})-u_O(15\text{ ms})=-\frac{u_I}{RC}(20\text{ ms}-15\text{ ms})$$

$$u_O(20\text{ ms})=10\text{ V}$$

则在该时间段内输出电压从+5 V 线性积分到+10 V。

⑤ 当 20 ms$<t\leqslant$25 ms 时，$u_I=0$ V，输出保持不变，$u_O(25\text{ ms})=10$ V。

⑥ 当 25 ms$<t\leqslant$27.5 ms 时，$u_I=-2$ V，于是

$$u_O(27.5\text{ ms})-u_O(25\text{ ms})=-\frac{u_I}{RC}(27.5\text{ ms}-25\text{ ms})$$

$$u_O(27.5\text{ ms})=15\text{ V}$$

则该时间段内输出电压从+10 V 线性积分到+15 V，当 $t=27.5$ ms 时，输出电压达到最大值。

⑦ 当 $t>27.5$ ms 后，运放进入饱和区，$u_O=U_{om}=15$ V。

结合以上 7 个时间段的结论，可以画出输出电压 u_O 的波形如图 3.4.2(d)所示。

若积分运算电路的输入方波信号 u_i 不完全对称，含有微小的直流量，则积分运算电路对直流量不断累加，将导致积分运算电路的输出达到饱和；同时由于运算放大器的输入失调电压、输入失调电流和输入偏置电流的存在，也将导致积分运算电路的输出达到饱和区。因而在实际应用中，当积分器输入方波信号时，无法得到三角波信号。积分运算电路应采用输入失调电压、失调电流和偏置电流较小的运放，并在积分电容两端并联一个较大的电阻 R_f，为输入的直流量或输入失调电压、失调电流、偏置电流提供流通路径，使其不经过积分电容，从而消除积分运算电路的输出饱和现象。该电阻的选择既要保证对积分效果的影响较小，也要保证对电路输入的直流量、输入失调电压等信号量的放大倍数不能太大，一般取 $R_f=10$ kΩ。

3.4.2 微分运算电路

将积分运算电路中的电容 C 和电阻 R 的位置交换，可以实现微分运算，电路如图 3.4.3 所示。

根据运放的“虚短”“虚断”特性和“虚地”的概念，可知

$$u_O=-i_R R=-i_C R=-RC\frac{\mathrm{d}u_C}{\mathrm{d}t},\quad u_C=u_I$$

联立求得

$$u_O=-RC\frac{\mathrm{d}u_I}{\mathrm{d}t} \tag{3.4.7}$$

由式(3.4.7)可知,输出电压正比于输入电压对时间的导数,比例系数为时间常数 RC。在实际应用中,这种微分电路对输入信号中的高频干扰非常敏感,因为输入信号频率越高,电容的容抗越小,则电压放大倍数增大;另外,微分电路中的阻容元件构成一个滞后网络,使电路在原来反相的基础上产生附加相移,引入正反馈,从而使电路不稳定,趋于振荡。

图 3.4.4 是一种实用的微分电路,它能克服基本微分电路的不足。在电路中,选择阻容元件的参数,使 $RC_1\approx R_1C$。在正常的工作频率范围内,使 $R_1\ll\frac{1}{\omega C}$,而$\frac{1}{\omega C_1}\gg R$,故 R_1、C_1 对正常信号的微分运算影响很小;在高频段,R_1、C_1 使电压放大倍数降低,可以有效地抑制高频噪声;同时 RC_1 的参数选择合适,可以构成一个超前环节,以克服 R_1、C 的滞后影响,形成相位补偿,有利于电路稳定;图中电路接入的双向稳压管 VD_{Z1}、VD_{Z2} 可以限制电路的输出幅度,避免因输出幅度过大对运放及其电路产生不利影响。

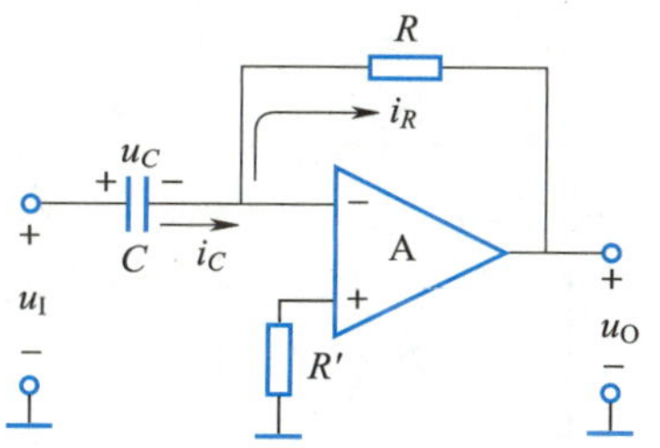

图 3.4.3 微分运算电路

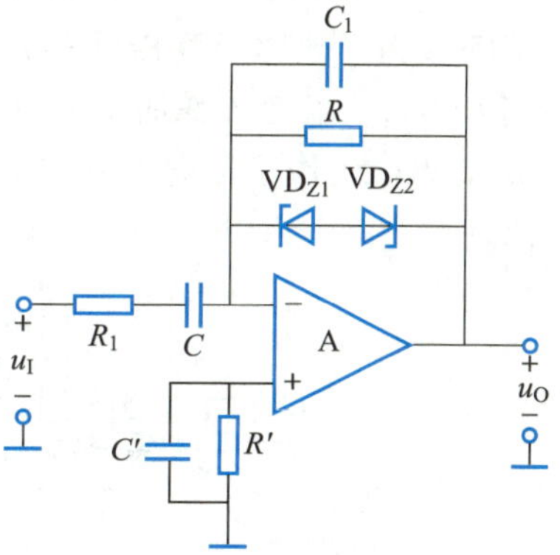

图 3.4.4 实用微分电路

思考题

3-4-1 若图 3.4.2(a)所示输入信号波形的正负半周幅度不对称,比如正半周幅度比负半周高 1 mV,定性说明输出信号将出现什么情形。

3-4-2 如何改进电路,消除思考题 3-4-1 中所出现的现象?

3-4-3 积分电路和微分电路对尖峰干扰信号的响应有何不同?

3.5 电流-电压转换电路

在电子信息系统中,多数来源于传感器或接收器的信号非常微弱,易受干扰,无法直接进行滤波、运算等信号处理,也不能满足 A/D 转换器等信号采集电路的输入要求。因而必须进行信号转换与放大等信号预处理。

对传感器输出的电压或电流信号进行放大的同时，有时也需要进行信号变换以满足其他信号处理电路对输入信号的要求。运算放大器属于电压型放大器，除了实现电压放大以外，也可以通过引入不同的负反馈实现其他类型的放大，如电流放大、互阻放大（电流-电压变换）和互导放大（电压-电流变换）。这类变换器广泛应用于传感器信号调节电路中。

电流-电压转换电路也称为互阻放大器，具有将输入电流转换为输出电压的能力，如图3.5.1所示。由图可知，运算放大器引入了电压并联负反馈，低输入电阻和低输出电阻的形式消除了运算放大器在输入和输出端的负载效应。设运算放大器具有理想特性，则有

$$u_O = A_r i_S = -i_S R_f \tag{3.5.1}$$

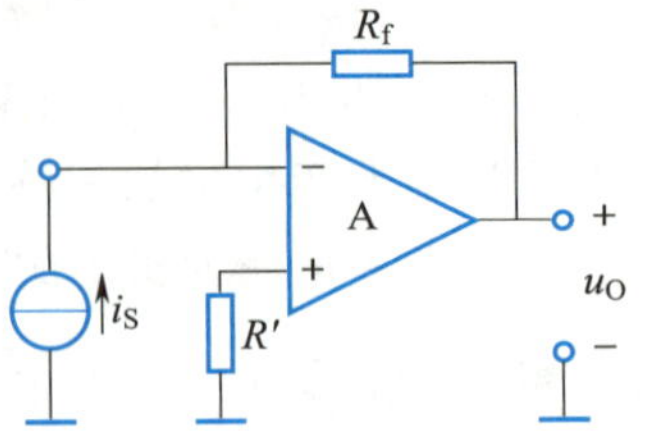

图3.5.1 电流-电压转换电路

式中，A_r 为输出电压 u_O 与输入电流 i_S 的比值，因而称为互阻放大倍数，量纲为欧姆（Ω）。

如果输入电流 i_S 的参考方向与图示方向相反，则 $u_O = i_S R_f$。这种电流-电压转换电路常用于温度测量电路、光电检测电路以及电流输出型D/A转换器的接口电路中。

微视频3-3 例3.5.1精讲

【例3.5.1】 图3.5.2所示电路为电流-电压转换电路的应用实例。已知AD590为半导体温度传感器，流过它的电流 I 与温度有关。绝对零度（0 K）时，电流 $I=0$ A。温度每增加1 ℃，I 增加1 μA，因而电流 I 为温度的函数。图中稳压二极管 VD_Z 工作于反向击穿状态，其端电压 $U_Z=5.1$ V。试分析该电路的测温工作原理。

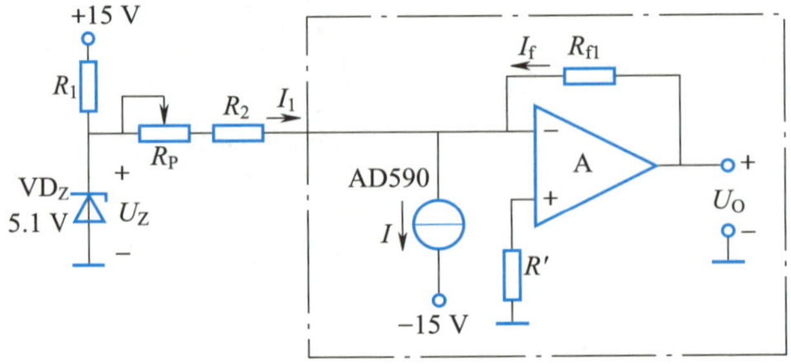

图3.5.2 AD590测温电路

解 图3.5.2所示电路中点画线框内为电流-电压转换电路，已知热力学温标 $T/K = 273 + t/℃$，图中补偿电流 I_1 用以抵消AD590在0 ℃时产生的273 μA的电流偏移量。由电路的"虚地"概念可知，调节电位器的滑动端，改变 R_P 的阻值，就可以调整补偿电流 I_1 的大小。

根据式(3.5.1)可知

$$U_O = I_f \cdot R_{f1} = (I - I_1) \cdot R_{f1} \tag{3.5.2}$$

则电路输出电压 U_O 与AD590提供的电流变化量成正比。只需合理地选择反馈电阻 R_{f1} 的阻值，即可使输出电压在数值上与摄氏温度保持比例关系，从而直接获知被测温度值。

思考题

3-5-1 在图3.5.2所示电路中，欲使温度每变化1℃，U_O 变化10 mV，R_{f1} 取值应为多少？

为使 $I_1=273\ \mu A$，试确定一组 R_1、R_2、R_P 的值。

3-5-2　为了实现图 3.5.2 所示电路的功能，请提出另外的电路设计方案，并与图 3.5.2 的方案进行比较。

3.6　电压-电流转换电路

在远程数据采集和传输系统中，为了消除传输导线的电阻、接触电动势以及外界干扰所造成的测量误差，通常采用就近放大的原则。先将传感器的输出进行电压放大，再转换为电流传输出去。这种转换电路使输出电流与输入电压成正比，并且要求输出电流不受负载阻值变化的影响，相当于是一个电压控制电流源。

电压-电流转换电路也称为互导放大器，如图 3.6.1 所示，其中图(a)为负载不接地的情况，也称浮动负载转换器；图(b)为负载接地的情况，也称接地负载转换器（或 Howland 电流泵）。前者电路结构简单，将负载本身作为反馈元件，因而负载必须是悬浮的，不能接地，在实际应用中受到限制；后者为了给接地负载提供稳定的输出电流，既引入了负反馈又引入了正反馈环节，电路结构比较复杂。实际应用时应根据具体设计要求，选用变换电路。

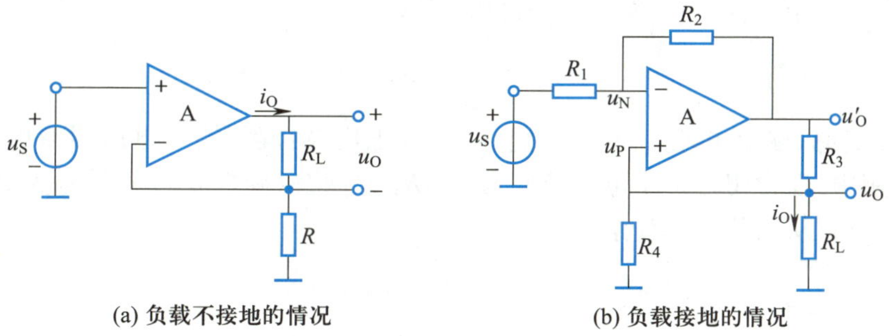

图 3.6.1　电压-电流转换电路

由图 3.6.1(a)可知，运算放大器引入了电流串联负反馈，运用“虚短”“虚断”概念可得

$$i_O=A_g u_S=\frac{1}{R}u_S \tag{3.6.1}$$

式中，A_g 为输出电流 i_O 与输入电压 u_S 的比值，称为互导放大倍数，量纲为西门子(S)。该电路将输入电压转换为输出电流。值得注意的是，浮动负载上的电流受运算放大器最大输出电流的限制。

图 3.6.1(b)所示电路包含两种反馈途径，由 R_1、R_2 构成负反馈路径，由 R_3、R_4 构成正反馈路径。设输入 $u_S=0$，分析电路的两个反馈系数为

$$F_-=\frac{u_N}{u'_O}=\frac{R_1}{R_1+R_2}\qquad F_+=\frac{u_P}{u'_O}=\frac{R_4/\!/R_L}{R_3+R_4/\!/R_L}$$

设电路参数选择合理，使 $F_->F_+$，即负反馈占优势，则此时电路工作稳定，不会产生振荡。运用“虚短”“虚断”的概念，电路的输出电阻为

$$R_O=\frac{u_O}{i_O}\bigg|_{\substack{u_S=0\\R_L=\infty}}=\frac{u_P}{\dfrac{u_O'-u_P}{R_3}-\dfrac{u_P}{R_4}}=\frac{R_3R_4u_P}{\dfrac{u_N}{F_-}R_4-(R_3+R_4)u_P}=\frac{R_3}{\dfrac{R_2}{R_1}-\dfrac{R_3}{R_4}} \tag{3.6.2}$$

已知放大电路的输出电阻越大，其输出电流越稳定。由式(3.6.2)可知，当满足条件$\dfrac{R_2}{R_1}=\dfrac{R_3}{R_4}$时，$R_O=\infty$，且只要负载阻值为有限值，就有 $F_->F_+$，电路输出电流不受负载阻值变化的影响。

在运算放大器反相输入端和同相输入端列节点电流方程为

$$\frac{u_S-u_N}{R_1}=\frac{u_N-u_O'}{R_2}$$

$$\frac{u_P}{R_4}+i_O=\frac{u_O'-u_P}{R_3}$$

因为 $u_P=u_N$，所以

$$\frac{R_4}{R_3+R_4}u_O'-i_O\cdot\frac{R_3\cdot R_4}{R_3+R_4}=u_S\frac{R_2}{R_1+R_2}+u_O'\frac{R_1}{R_1+R_2}$$

若$\dfrac{R_3}{R_4}=\dfrac{R_2}{R_1}$，则可得$\dfrac{R_4}{R_3+R_4}=\dfrac{R_1}{R_1+R_2}$，$\dfrac{R_3}{R_3+R_4}=\dfrac{R_2}{R_1+R_2}$，代入上式求得

$$i_O=-\frac{1}{R_4}u_S \tag{3.6.3}$$

式(3.6.3)表明，输出电流 i_O 与输入电压 u_S 成正比，实现了输入电压到输出电流的线性变换。在实际应用中，通常用两个小电容分别与 R_2、R_4 并联，以确保在输入信号为高频时，负反馈的作用强于正反馈，从而使电路稳定工作。

思考题

3-6-1　在图 3.6.1(a)所示电路中 R_L 能否开路？若 $u_S=5$ V，R_L 的取值为 1~10 kΩ，要求运放输出对地的电压小于 15 V，试确定 R 的合理取值范围。

3.7　阻抗变换电路

阻抗变换电路(general impedance converter，GIC)可以实现阻抗特性的模拟与变换。

图 3.7.1 所示为接地阻抗变换电路，设该电路的负反馈能力强于正反馈，工作稳定，则由图可知 $\dot I_i=\dot I_1$，$\dot U_p=\dot U_n$，求得

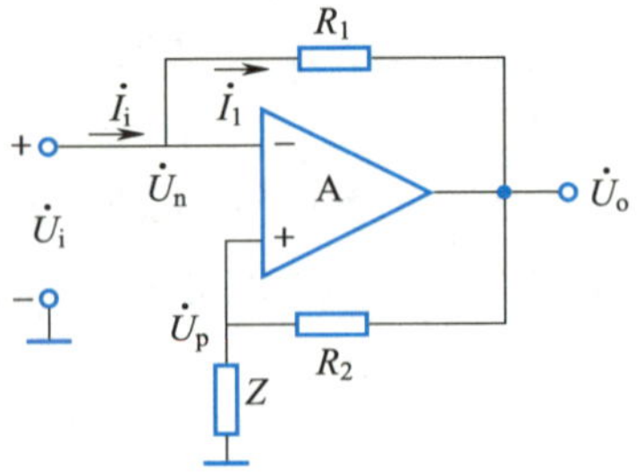

图 3.7.1　接地阻抗变换电路

$$\dot I_i=\dot I_1=\frac{\dot U_i-\dot U_o}{R_1}=\frac{\dot U_i-\dfrac{\dot U_i}{Z}(R_2+Z)}{R_1}=-\frac{R_2}{R_1Z}\dot U_i$$

则该电路等效的接地输入阻抗为

$$Z_i=\frac{\dot{U}_i}{\dot{I}_i}=-\frac{R_1}{R_2}Z \tag{3.7.1}$$

当 Z 为电阻 R 时，$Z_i=-\frac{R_1}{R_2}R$，Z_i 呈现负电阻特性；

当 Z 为电容 C 时，

$$Z_i=-\frac{R_1}{R_2}\cdot\frac{1}{j\omega C}=j\omega\frac{R_1}{R_2\omega^2 C}=j\omega L$$

Z_i 呈现电感特性，模拟电感为

$$L=\frac{R_1}{\omega^2 CR_2}$$

值得注意的是，这个模拟电感只能替代 LC 滤波电路中的接地电感，且电感值与输入信号的频率有关。

【例 3.7.1】 图 3.7.2 所示为另一种适合做模拟电容的阻抗变换电路，试推导其输入阻抗表达式。

解 根据“虚短”和“虚断”的概念，可以列出如下方程：

$$\begin{cases}\dot{U}_{p2}=\frac{Z_5}{Z_4+Z_5}\dot{U}_{o1}=\dot{U}_{n2}=\dot{U}_{p1}=\dot{U}_i\\ \dot{I}_2=\frac{\dot{U}_{o1}-\dot{U}_i}{Z_2}\\ \dot{I}_2=\frac{\dot{U}_i-(\dot{U}_i-\dot{I}_iZ_1)}{Z_3}=\frac{Z_1}{Z_3}\dot{I}_i\end{cases}$$

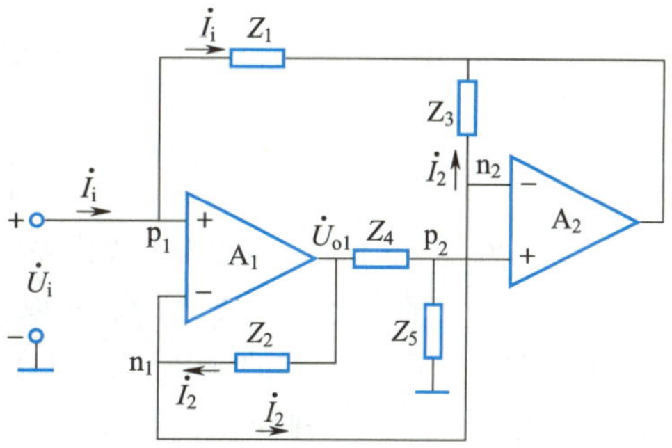

图 3.7.2 适合做模拟电容的模拟阻抗变换电路

所以

$$\dot{I}_2=\frac{\dot{U}_{o1}-\dot{U}_i}{Z_2}=\frac{\frac{Z_4+Z_5}{Z_5}\dot{U}_i-\dot{U}_i}{Z_2}=\frac{Z_4}{Z_2Z_5}\dot{U}_i$$

联立求解

$$Z_i=\frac{\dot{U}_i}{\dot{I}_i}=\frac{Z_1Z_2Z_5}{Z_3Z_4} \tag{3.7.2}$$

显然，当 Z_5 是一个电容，Z_1、Z_2、Z_3、Z_4 是电阻时，Z_i 呈现电容性，电路等效为一个模拟电容。通过调节 Z_1、Z_2、Z_3、Z_4 的阻值，可以控制模拟电容的容量。由于大电容量的电容器体积大，因而采用模拟电容取代大电容量的电容器，可以缩小印制电路板的面积。另外大电容量的电容器稳定性也较差，采用模拟电容以后，有利于提高电容的稳定性。

3.8　电荷放大电路

电荷放大电路是电容性传感器的信号变换电路，如压电式加速度传感器和压力传感器等。这类传感器的输出信号为电荷，信号微弱，其等效输出阻抗呈容性，在低频段呈现很大的阻抗值。电荷放大电路并不是用于放大传感器输出的电荷，其作用是获得与该电荷成正比的电压，并给出低输出阻抗。因此，它是一个电荷-电压转换电路。

如果将电荷的时间微分看作电流，那么就可以用积分运算电路实现电荷-电压变换，如图 3.8.1 所示。电容性传感器可以等效为因存储电荷而产生的电动势 u_s 和等效输出电容 C_s 的串联。电容 C 表示电路对地的杂散电容。u_s、C_s 与存储在 C_s 上的电荷量 q_s 的关系为

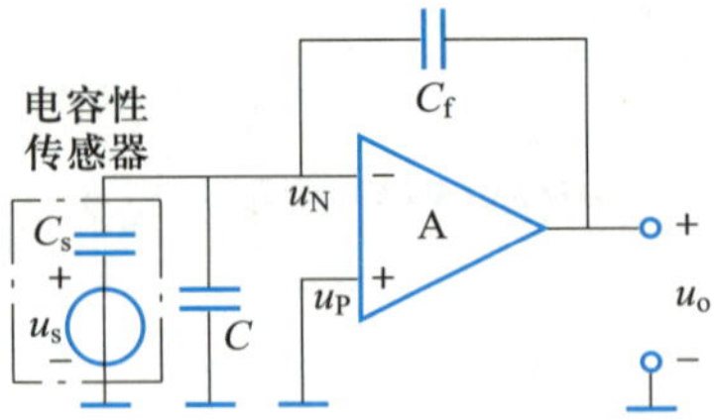

图 3.8.1　电荷放大电路

$$u_s = \frac{q_s}{C_s}$$

运用“虚短”和“虚断”的概念可知，$u_N = u_P = 0$。因此，杂散电容 C 被短路，提高了电路的转换精度。电路的输出电压为

$$u_o = -\frac{\frac{1}{j\omega C_f}}{\frac{1}{j\omega C_s}} u_s = -\frac{C_s}{C_f} u_s = -\frac{q_s}{C_f} \tag{3.8.1}$$

由上式可知，电荷放大电路的转换精度取决于 C_f，因而 C_f 必须具有高稳定度和低泄漏特性，一般选择高精度的聚苯乙烯电容，C_f 的取值通常在 100 pF 和 0.01 μF 之间。

为了防止运算放大器的输入失调电压、输入失调电流和输入偏置电流导致运放输出饱和，需要用一个电阻 R_f 与 C_f 并联。值得注意的是，电荷放大电路输入的信号为电荷量，信号微弱，很容易被噪声干扰。因此在实际工程应用中，一般选用低噪声运放实现电荷-电压的变换，如精密集成运放 AD549，这类运放具备较高的开环放大倍数、极高的输入阻抗（在 10^{12} Ω 以上）、极低的偏置电流和电流噪声等特性，可以防止电荷泄漏；必要时应采用屏蔽措施抑制杂散电容。

3.9　数据放大电路

数据放大电路也称仪用放大电路（instrumentation amplifier，IA）或精密放大电路，通常用于对传感器送出的微弱电信号进行放大，为此要求数据放大电路要有很高的电压放大倍数。传感器的输出作为放大器的信号源，由于传感器的内阻往往不是常量，随所测物理量的变化而改变，故要求放大器应有足够高的输入电阻，以避免负载效应的影响。传感器输出信号中既有微弱的差模信号（有用信号），也有较大的共模信号（噪声），因此又要求数据放大电路具有很高的共模抑制比。这就是通常对数据放大电路的“三高”要求，即高增益、高输入电阻和高共模抑制比。

微视频 3-4
数据放大电路

1. 三运放数据放大电路

数据放大电路的基本电路如图 3.9.1 所示，由两级电路构成。输入级由两个同相比例运算电路组合成具有差分输入和差分输出的全差分放大器结构；输出级为差分比例运算电路，实现差分输入到单端输出的转换。

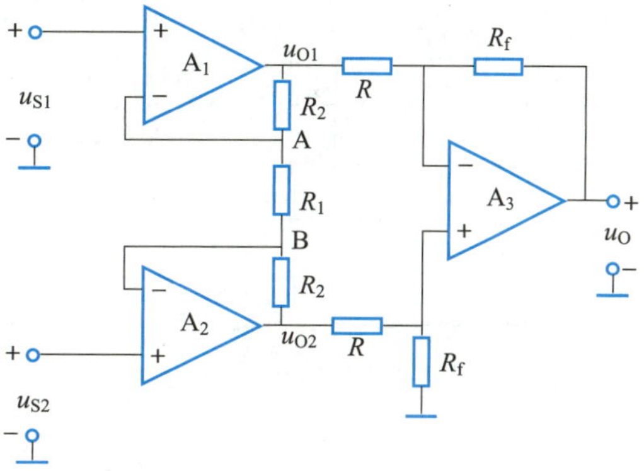

图 3.9.1 三运放构成的数据放大电路

根据运放的“虚短”“虚断”概念，分析可知

$$u_A = u_{S1} \tag{3.9.1}$$

$$u_B = u_{S2} \tag{3.9.2}$$

在电路中 A、B 两个节点列电流方程可得

$$\frac{u_A - u_B}{R_1} = \frac{u_{O1} - u_{O2}}{R_1 + 2R_2} \tag{3.9.3}$$

联立式(3.9.1)~式(3.9.3)求得

$$u_{O1} - u_{O2} = \left(1 + \frac{2R_2}{R_1}\right)(u_{S1} - u_{S2}) \tag{3.9.4}$$

$$u_O = -\frac{R_f}{R}(u_{O1} - u_{O2}) = -\frac{R_f}{R}\left(1 + \frac{2R_2}{R_1}\right)(u_{S1} - u_{S2}) \tag{3.9.5}$$

由式(3.9.5)可知，该电路对两个输入信号的差值($u_{Id} = u_{S1} - u_{S2}$)进行了放大；而当电路输入共模信号，即 $u_{S1} = u_{S2}$ 时，电路输出 $u_O = 0$，抑制共模信号。因此，数据放大电路主要工作于存在较高共模噪声的环境中。与简单的差分比例运算电路相比，数据放大电路有如下优点：

(1) 输入端采用同相比例运算电路，因而输入电阻更高；

(2) 共模抑制比更大，尤其是集成工艺制作的数据放大电路，因为采用特殊工艺来保证电路参数的对称性，所以对共模信号的抑制能力更强；

(3) 可以方便地通过调节增益电阻 R_1 来改变电路的电压放大倍数。

2. 集成数据放大电路

目前已有多种集成数据放大电路的产品，如 AD521、AD620、AD624 等，其电路的核心部分与图 3.9.1 相同。在集成电路内部将 R_1 分为若干段，并分别由引出线外连，可将放大倍数设置成几挡，也可外接电位器连续调节电压放大倍数。本节简要介绍美国 AD 公司生产的集成数据放大电路 AD620。

AD620 是在传统的三运放数据放大电路基础上研制而成的单片数据放大电路，其主要性能优于三运放数据放大电路，具有电源范围宽(±2.3~±18 V)、体积小、功耗低(最大供电电流仅为 1.3 mA)、噪声小等优点，因而适用于传感器接口、心电图监测仪、精密电压-电流转换等低电压、低功耗的应用场合。AD620 的管脚如图 3.9.2 所示，其内部原理结构及典型应用电路如图 3.9.3 所示。

由图 3.9.3 可知，芯片内部的运放 A_3 构成单位增益减法器，既可以抑制共模信号，又将双端输入信号转换为与芯片第 5 管脚电位有关的单端输出信号。根据图中所示元件参数和式(3.9.5)，运用线性叠加定理可得 AD620 的输出为

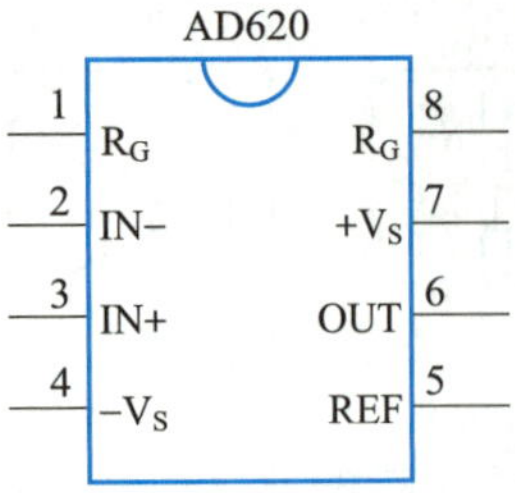

图 3.9.2　AD620 的管脚图

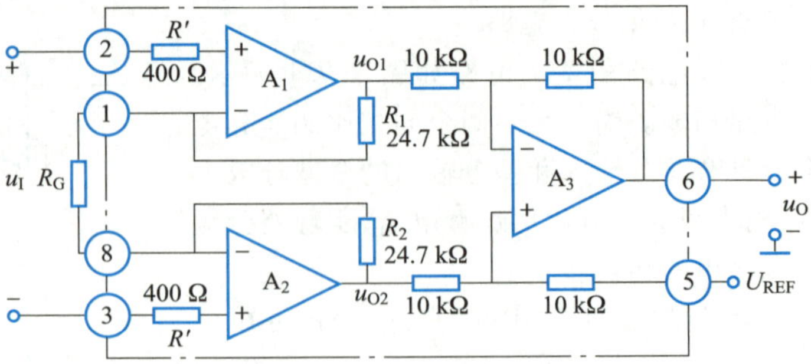

图 3.9.3　AD620 的典型应用电路

$$u_{\mathrm{O}}=-\left(\frac{49.4\ \mathrm{k}\Omega}{R_{\mathrm{G}}}+1\right)u_{\mathrm{I}}+U_{\mathrm{REF}} \tag{3.9.6}$$

式中，U_{REF} 为 AD620 的参考端(第 5 脚)外接的参考电压；R_{G} 为 AD620 的增益电阻。

AD620 的外围电路简单，通过外接电阻 R_{G} 设置放大倍数，电压放大倍数的调节范围为 1～1 000 倍。为实现输入数据的精密放大以及保持放大倍数的高稳定性，应该使用低温度系数、误差为 0.1%的增益电阻。由于 AD620 的输出电压与参考端的电位有关，因而在实用电路中通常将芯片的参考端连接于低阻抗点，以获得较高的共模抑制比，例如，在双电源供电条件下可以直接将参考端接地($U_{\mathrm{REF}}=0$)。

思考题

3-9-1　数据放大电路的主要作用是什么？它的三个主要特性是什么？

3-9-2　为使数据放大电路的差模电压放大倍数 $\dot{A}_{ud}=100$，确定 R_1、R_2、R 及 R_f 的取值；为使其放大倍数在 100～1 000 之间连续可调，应调整哪个参数？调整范围如何？

3.10　可控增益放大电路

可控增益放大电路，顾名思义，其电压增益可以调节。若增益可以通过编程设置，则称其为程控增益放大器(programmable gain amplifier，PGA)。这类放大器适用于信号幅值变化范围较大的场合。它可以自动适应输入信号，并使其输出信号稳定在一定范围内，保证测量精度，因而越来越多地应用在自动控制、智能检测等领域。

1. 可控增益放大电路的基本结构

可控增益放大电路的基本电路结构与普通放大器相似，如图 3.10.1 所示。通过控制开关(SW)的闭合或断开来选择不同的比例电阻，从而改变放大电路的电压放大倍数。图中增益切换开关可以使用模拟开关或继电器。模拟开关的开关速度快，但导通电阻较大(数十 Ω 到上千 Ω)，通过模拟开关的信号幅值不能超过其供电电压；继电器的导通电阻较小(mΩ 级)，能承受较大的电压，但是其功耗大、开关速度慢。在额定负载条件下，模拟开关的寿命比继电器长。

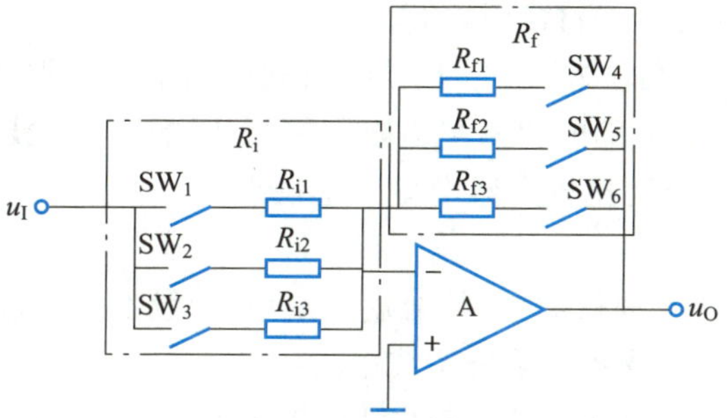

(a) 反相可控增益放大电路

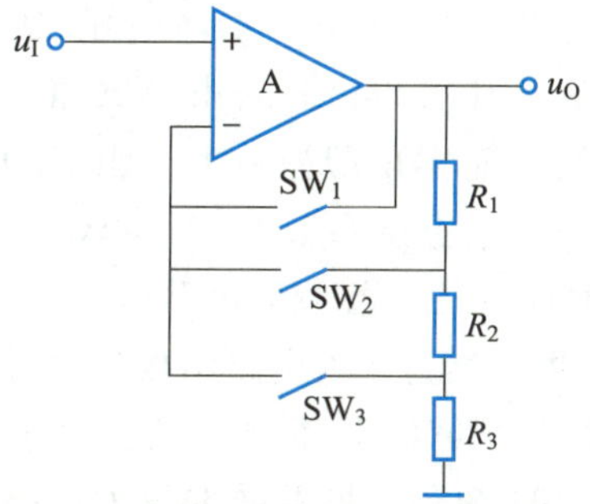

(b) 同相可控增益放大电路

图 3.10.1 可控增益放大电路

图 3.10.1(a)所示反相比例放大器的放大倍数可大于1、小于1或等于1。因而既可以对电路输入的小信号进行放大,也可以对大信号进行衰减,电路的动态适应范围大。由于该电路的切换开关与电路输入电阻 R_i 或反馈电阻 R_f 串联,因而开关的导通电阻将影响放大器的增益。一般采用加大电阻 R_i 和 R_f 阻值的方法,降低开关导通电阻的影响。电路中的 R_i 和 R_f 也可以用数字电位器替代,如 Xicor 公司生产的非易失性数字电位器 X9C102 系列和 X9313 系列。

图 3.10.1(b)所示电路采用同相比例放大电路结构。由于运放的输入电阻很高,可以忽略开关的导通电阻对电压增益的影响,因而适用于采用模拟电子开关的场合。该电路的电压放大倍数只能大于或等于1,而不能小于1,因此在需要对输入信号进行衰减时,可以在其输入端加入无源衰减网络。

2. 组合式可控增益放大电路

图 3.10.2 所示为由多个不同电压增益的放大电路级联所构成的可控增益放大电路。在每级放大电路的输入和输出端接入切换开关,通过接入不同的放大电路,实现程控放大。这种电路结构虽然复杂,但是各级放大电路之间相互独立,干扰小,容易设计。

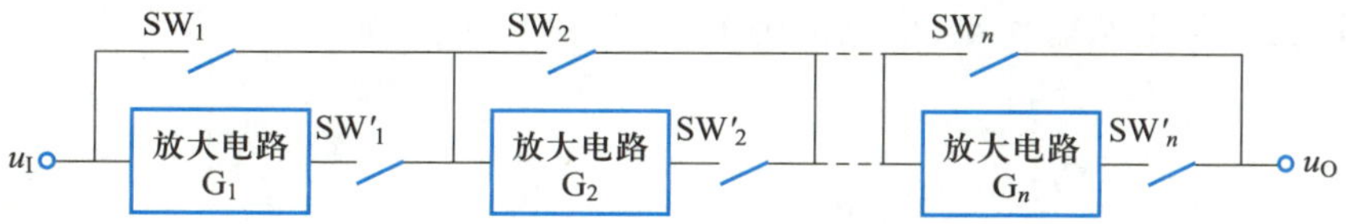

图 3.10.2 级联结构的可控增益放大电路

利用模拟乘法器也能构成可控增益放大电路。模拟乘法器能实现两个模拟信号相乘的运算功能,即 $u_O=Ku_xu_y$(K 为乘法比例因子,具有 V^{-1} 量纲,请参阅 9.4 节知识点的讲解)。在乘法器的任意一个输入端接入参考电压,设 $u_x=U_{REF}$,此时乘法器的输出 u_O 与另一个输入 $u_y=u_I$ 之间具有线性关系,即 $u_O=(KU_{REF})u_I$。由直流电源和数字电位器组成分压器改变 U_{REF} 值,从而实现可控增益放大。

利用数字-模拟转换电路(digital to analog converter, DAC)也能构成可控增益放大电路。DAC 的功能是将输入的数字量转换为模拟量输出,其输出电压的一般表达式为

$$u_O=-\frac{D}{2^n}\times U_{REF} \tag{3.10.1}$$

式中，U_{REF} 为 DAC 的外接参考电压，D 为数字量，n 为数字量的位数。

由式(3.10.1)可知，若由 DAC 的参考电压端输入 u_I，令 $U_{REF}=u_I$，则电路的增益取决于输入的数字量，从而实现程控放大。由于 DAC 芯片内部的 $R-2R$ 电阻网络采用精密光刻技术，因而电阻误差较小，温度系数低，由 DAC 构成的程控增益放大器增益误差较小。

3. 集成可控增益放大电路

集成可控增益放大电路用数字信号对其增益进行选择，其增益误差小，一般不会超过±0.2%。由于其增益精度高，因而被广泛应用于医疗仪器及数据采集系统中。

PGA204 为程控增益数据放大电路，芯片有 16 个引脚，其中引脚 2、3 为空脚，其原理框图如图 3.10.3 所示。

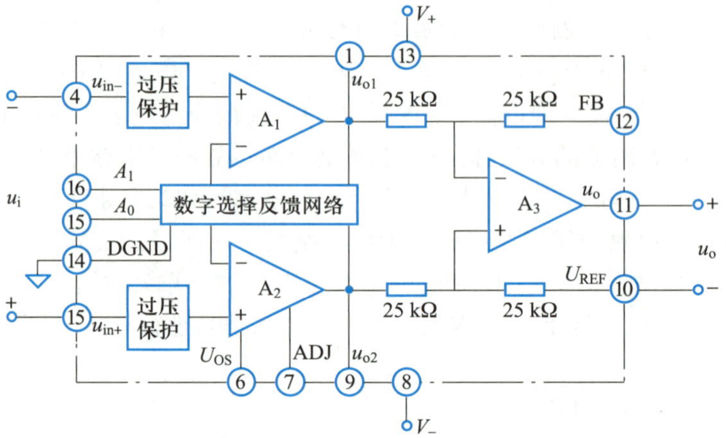

图 3.10.3 PGA204 原理框图

芯片的引脚功能如下：

(1) V_+，V_-：正、负电源输入端，供电范围为±4.5～±18 V；

(2) u_{in+}，u_{in-}：信号输入端；

(3) u_{o1}，u_{o2}：差分输出端；

(4) U_{REF}：参考电压端；

(5) u_o：信号输出端；

(6) FB：信号反馈端，一般与信号输出端连接在一起；

(7) U_{OS}，ADJ：偏置调整端，可以对 PGA204 进行调零；

(8) A_1，A_0：增益选择端，用于设置 PGA204 的放大倍数，A_1、A_0 的四种状态可以选择四种增益，如表 3.10.1 所示，表中 **0** 代表低电平，**1** 代表高电平；

表 3.10.1 PGA204 的可控增益

A_1	A_0	G
0	**0**	1
0	**1**	10

续表

A_1	A_0	G
1	0	100
1	1	1 000

(9) DGND:数字信号的接地端。

PGA204 的典型应用电路如图 3.10.4 所示。芯片的 6 脚和 7 脚可以悬空,不接调零电阻。该电路的输出电压为

$$u_o = G(u_{in+} - u_{in-})$$

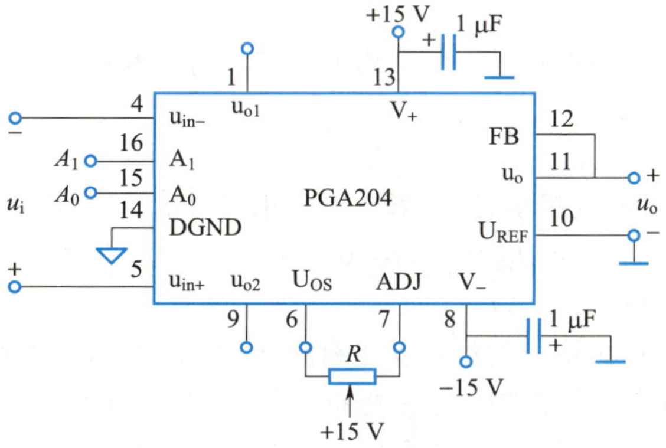

图 3.10.4 PGA204 的典型应用电路

值得注意的是,由于程控增益放大器受数字信号控制,因而在电路设计中要避免数字信号对模拟信号的干扰。模拟开关的导通、断开都需要一定的建立时间,因此改变放大器的增益并使信号稳定输出需要一定的延时时间。

3.11 集成运算放大器的参数、种类和使用注意事项

3.11.1 集成运算放大器的参数

集成运算放大器的参数很多,其中部分参数与差分放大器和功率放大器相同,另一部分是根据集成运算放大器本身的特点而设立的。通用型集成运算放大器的各种参数均比较适中,特种运算放大器的某些技术指标很高。

1. 静态参数

(1) 输入失调电压 U_{IO}

一个理想的集成运放,当输入电压为零时,输出电压也应为零。但实际上集成运放的差分输入级很难做到完全对称,通常在输入电压为零时,输出电压不为零。输入失调电压是指为了使输出电压为零而在输入端加的补偿电压。它等于输入电压为零时,将输出电压除以电压放大倍数,折算到输入端的数值,即

$$U_{IO}=\pm\frac{U_o\big|_{U_I=0}}{A_u}$$

U_{IO} 越小，对由集成运放构成的运算电路精度影响也越小。通用型运放的 U_{IO} 为 2～20 mV，超低失调和低漂移运放的 U_{IO} 为 1～20 μV，有的甚至小于 1 μV。

(2) 输入失调电流 I_{IO}

集成运放差分输入级的差分对管基极的静态电流之差称为输入失调电流 I_{IO}，即

$$I_{IO}=|I_{B1}-I_{B2}|$$

由于信号源内阻的存在，I_{IO} 的变化会引起输入电压的变化，使运放输出电压不为零。输入级差分对管的对称程度越好，I_{IO} 越小。

(3) 输入偏置电流 I_{IB}

集成运放两个输入端静态偏置电流的平均值定义为输入偏置电流，即

$$I_{IB}=\frac{1}{2}(I_{B1}+I_{B2})$$

从使用角度来看，偏置电流越小，信号源内阻变化引起的输出电压变化也越小，故输入偏置电流是运放的重要技术指标，一般 I_{IB} 为 1 nA～0.1 μA。

(4) 输入失调电压温漂 $\Delta U_{IO}/\Delta T$

输入失调电压温漂是指在规定工作温度范围内，温度变化引起的输入失调电压变化量与温度变化量的比值。它是衡量电路温漂的重要指标，无法用外接调零电路的办法来补偿。输入失调电压温漂越小越好，一般运放的输入失调电压温漂为±(1～20) μV/℃。

(5) 输入失调电流温漂 $\Delta I_{IO}/\Delta T$

在规定工作温度范围内，输入失调电流随温度的变化量与温度变化量之比值称为输入失调电流温漂。输入失调电流温漂也无法用外接调零电路来补偿。高质量运放 $\Delta I_{IO}/\Delta T$ 为几个 pA/℃。

(6) 最大差模输入电压 U_{Idmax}

最大差模输入电压 U_{Idmax} 是指运放两输入端能承受的最大差模输入电压。超过此电压，运放输入级差分对管将进入非线性区，从而使运放的性能显著恶化，甚至造成运放损坏。利用平面工艺制成的 NPN 管约为±5 V，而横向 BJT 可达约±30 V。

(7) 最大共模输入电压 U_{Icmax}

最大共模输入电压 U_{Icmax} 是指在保证运放正常工作的条件下，运放所能承受的最大共模输入电压。共模电压超过此值时，输入差分对管的工作点进入非线性区，放大器共模抑制能力减弱，共模抑制比显著下降。

最大共模输入电压也有其他的定义方法，例如 U_{Icmax} 定义为：在标称电源电压下，将运放接成电压跟随器时，使输出电压产生 1%跟随误差的共模输入电压；或定义为 K_{CMR} 下降 6 dB 时所加的共模输入电压。

2. 动态参数

(1) 开环差模电压放大倍数 A_{ud}

开环差模电压放大倍数 A_{ud} 是指集成运放工作在线性区，接入规定的负载，运算放大器的差模输出电压与差模输入电压之比。运放的 A_{ud} 为 60～130 dB。不同类型运放的 A_{ud} 相差较大。

(2) 差模输入电阻 r_{id}

差模输入电阻 r_{id} 是指输入差模信号时运放的输入电阻。r_{id} 越大,从信号源吸取的电流越小,运放的 r_{id} 一般为几百千欧以上。

(3) 共模抑制比 K_{CMR}

运放共模抑制比 K_{CMR} 的定义与差分放大电路中的定义相同,是差模电压放大倍数与共模电压放大倍数之比的绝对值,常用分贝数来表示。K_{CMR} 一般为 60~70 dB,有的高达 180 dB。K_{CMR} 越大,表征运放对共模干扰抑制能力越强。

(4) 开环带宽 BW

开环带宽又称-3 dB 带宽。运算放大器的差模电压放大倍数 A_{ud} 随着频率的增加而下降,A_{ud} 下降 3 dB 时所对应的频率 f_H 称为上限截止频率。由于运放的下限截止频率为 0 Hz,所以 $BW=f_H$。一般运放的开环带宽只有几赫兹。

(5) 单位增益带宽 $BW_G(f_T)$

随着信号频率的增高,A_{ud} 下降到 1 时所对应的频率 f_T,即 A_{ud} 为 0 dB 时的信号频率 f_T 称为单位增益带宽。通用型集成运放 LM741 的 $f_T=1.4$ MHz,宽带运放该指标可达 1 GHz 以上。

(6) 转换速率 S_R(压摆率)

转换速率 S_R 是指放大电路在跟随状态下,输入大信号(例如阶跃信号)时,放大电路输出电压的最大变化速率,如图 3.11.1 所示。它反映了运放对于输入快速变化的大信号的响应能力。转换速率 S_R 的表达式为 $S_R=\left|\dfrac{\Delta u_o}{\Delta t}\right|$。

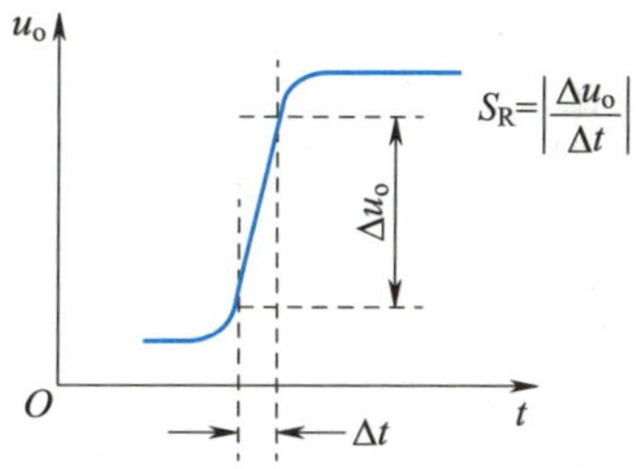

图 3.11.1 压摆率示意图

转换速率 S_R 是在大信号和高频信号下工作的一项重要指标。目前一般通用型运放的压摆率为 1~10 V/μs。

3.11.2 集成运算放大器的种类及选择

为满足实际使用中对集成运放性能的特殊要求,除性能指标比较适中的通用型运放外,还有适应不同需要的专用型集成运放。专用型集成运放分为高速型、宽带型、高精度型、高输入电阻型、低功耗型和大功率型等,下面分别对它们进行简要介绍。

1. 集成运算放大器的种类

(1) 通用型

通用型集成运算放大器的技术指标比较适中,价格低,能满足一般场合的需要。通用型运放经过了几代演变,性能已大有提高。表 3.11.1 给出了几种典型通用型运算放大器的性能参数。

表 3.11.1 几种典型通用型运算放大器的性能参数

型号	差模输入电阻/Ω	输入失调电压/mV	共模抑制比/dB	转换速率/(V·μs^{-1})
CF741	2×10^5	2	90	0.5
LF353	10^{12}	5	100	13

续表

型号	差模输入电阻/Ω	输入失调电压/mV	共模抑制比/dB	转换速率/$(V \cdot \mu s^{-1})$
LF356	10^{12}	3	100	12
TL082	10^{12}	5	100	13

（2）专用型

① 高速型和宽带型

高速型和宽带型集成运算放大器一般用于宽频带放大器、快速 A/D 和 D/A 转换器、有源滤波器、高速采样-保持电路、锁相环和视频放大器中。这种运放的单位增益带宽和压摆率的指标均较高，转换速率 S_R>30 V/μs，单位增益带宽 BW_G>10 MHz。用于小信号宽带放大时，比较注重 BW_G；用于大信号开关状态工作时，应注重 S_R。表 3.11.2 给出了几种典型高速、宽带型运算放大器的性能参数。

表 3.11.2 几种典型高速、宽带型运算放大器的性能参数

型号	单位增益带宽/MHz	转换速率/$(V \cdot \mu s^{-1})$	差模输入电阻/Ω	共模抑制比/dB
LM733	120	270	0.25×10	50
LM318	15	70	3×10^6	100
AD9620	600	2200	2×10^6	60

② 高精度、低噪声型

高精度、低噪声型运放，一般用于毫伏量级或更微弱信号的精密检测、精密计算、精密传感器信号变送器、高精度稳压电源及自动控制仪表中。表 3.11.3 给出了几种典型的高精度、低噪声型运算放大器的性能参数。

表 3.11.3 几种典型高精度、低噪声型运算放大器的性能参数

型号	输入失调电压/μV	输入失调电流/nA	失调电压温度系数/$(\mu V \cdot ℃^{-1})$	共模抑制比/dB
OP07	25	0.3	1.0 μV/月	110
OP27	30	15	0.2	108
OP37	10	7	0.2	108
LM725	200	2	0.6	120
NE5532	500	100	5	100

③ 高输入阻抗型

目前，高输入阻抗型运放广泛用于测量生物医学电信号的精密放大电路、有源滤波器、取样-保持电路等。这种类型集成运放的差模输入电阻 $r_{id}>(10^9\sim10^{12})\ \Omega$，输入偏置电流 I_{IB} 为几皮安培至几十皮安培，故又称为低输入偏置电流型运放。表 3.11.4 给出了几种典型高输入阻抗型运算放大器的性能参数。

表 3.11.4 几种典型高输入阻抗型运算放大器的性能参数

型号	差模输入电阻/Ω	输入偏置电流/pA	单位增益带宽/MHz	共模抑制比/dB
AD549	10^{13}	0.04	1	100
CF155	10^{12}	30	1	90
CA3130	1.5×10^{11}	5	4	80

④ 低功耗型

低功耗型运放一般用于对能耗有严格限制的遥测、遥感、生物医学和空间技术研究的设备中，工作于较低输入电压下，工作电流微弱。在电源电压±15 V 条件下测试，低功耗型运放最大功耗不大于 6 mW。在低电源电压（±3 V 以下）条件下工作，应具有较低的静态功耗（小于 1 mW）和保持良好的电气性能（如 $A_{ud}=80\sim100$ dB）。表 3.11.5 给出了几种典型的低功耗型运算放大器的性能参数。

表 3.11.5 几种典型低功耗型运算放大器的性能参数

型号	静态功耗/μW	共模抑制比/dB	转换速率/(V·μs^{-1})	单位增益带宽/kHz
OP220	500(±2.5 V)	90	0.05	200
OP290	24(±0.8 V)	100	0.012	20

⑤ 功率型

这种运放的输出功率可达 1 W 以上，输出电流可达几个安培以上。表 3.11.6 给出了几种典型功率型运算放大器的性能参数。

表 3.11.6 几种典型功率型运算放大器的性能参数

型号	输出功率/W	峰值功率/W	共模抑制比/dB	转换速率/(V·μs^{-1})
LM3886	68	135	110	19
LM1875	25	30	—	8
LM12	80	100	86	—

2. 运放的选用原则

总体上说，要根据实际需要来选择运算放大器，同时要兼顾成本方面的要求。

首先要选择应用通用型运放还是专用型运放，原则上应优先考虑通用型运放，再考虑专用型运放。因为通用型运放的各项指标均较适中，而且用量大，价格低廉。专用型运放有时是以牺牲某些指标为代价来换取特别优异的某项性能。

从表 3.11.1 和表 3.11.2 的对比可以看出，高速型和宽带型运放的单位增益带宽和压摆率的性能指标都很高，但其差模输入电阻远小于通用型运放。如果应用环境良好，输入信号在幅度、频率、信噪比方面比较理想，使用者对整体电路的性能指标的要求也不高，就可以选择通用型运放，否则要考虑选用专用型运放。

要根据环境的要求选择运放，尤其是环境温度的要求。根据环境温度的变化范围，正确选择运放的失调电压及失调电流的温漂等参数。如果运放有可能工作在极低或极高温度条件下，就要提高运放的温度等级，选用工业级或军品级的运放。某些运放的型号 1 字头为军品级，2 字头为工业级，3 字头为民品级，例如 LM124、LM224、LM324。

要根据信号源的性质选择运放。如果所要处理的信号非常微小，信噪比低，就必须选择高精度、低噪声的运放。再根据信号源是电压源还是电流源、内阻大小、输入信号的幅值及频率的变化范围等，选择运放的差模输入电阻、单位增益带宽、转换速率等指标参数。

要根据负载的性质选择运放。一般运放只适用于电压放大，其输出电流小，输出功率比较低，在需要进行功率放大时要采用功率型运放。

此外，要根据电路系统中电源的性质来选择运放，运放的工作电源可以是双电源供电，一般为±12～±15 V，也可以是单电源 5 V 供电。随着 3 V 系统的应用越来越多，供电电源为 3.3 V 的运放也应运而生。设计者应该按照系统中的现有电源电压来选择运放的工作电源电压。如果电路系统由电池供电，则要选用低功耗的运放。

3.11.3 集成运算放大器的使用注意事项

1. 调零

当输入信号为零时，由于集成运放中存在失调电压和失调电流，往往使得输出不为零。对于内部没有调零的运放，需要加入调零电路，使之在零输入时输出为零。在选择运算放大器参数时也要注意，要使运算放大器外电路的工作电流远大于运放的偏置电流和失调电流，以降低这些非理想因素对运算放大器输出信号的影响。

2. 自激振荡的消除

当集成运放的输入信号等于零时，利用示波器经常可以观察到运放的输出端存在一个频率较高、近似为正弦波的输出信号，而且这个信号不稳定。当人体或金属物体靠近时，输出信号波形将产生显著的变化，这种现象称为自激振荡。为防止电路产生自激振荡，应在集成运放的电源端加上去耦合电容。有的集成运放还需外接合适电容量的频率补偿电容。

3. 保护电路

集成运放在使用中常因以下三种原因被损坏：输入信号过大，将 PN 结击穿；电源电压极性接反或过高；输出端直接接“地”或接电源，此时运放将因输出级功耗过大而损坏。因此，为使运放安全工作，必须加入保护电路。

（1）输入端保护电路

因为运算放大器受最大差模输入电压和最大共模输入电压的限制，所以在运放使用时必须加入保护电路，使之工作在安全状态。在图 3.11.2(a)所示电路中加入两个二极管 VD_1 和 VD_2，可使运放承受的最大差模输入电压为二极管的管压降，从而起到保护作用。在图 3.11.2(b)所示电路中，利用二极管 VD_1 和 VD_2 的限幅作用，并设置合适的 $+V_{CC}$ 和 $-V_{CC}$ 电压，可使运放的实际共模输入电压小于运放的最大共模输入电压。

（2）输出端保护电路

当集成运放输出端对地短路时，如果没有保护措施，集成电路内部输出级的管子将会因电流

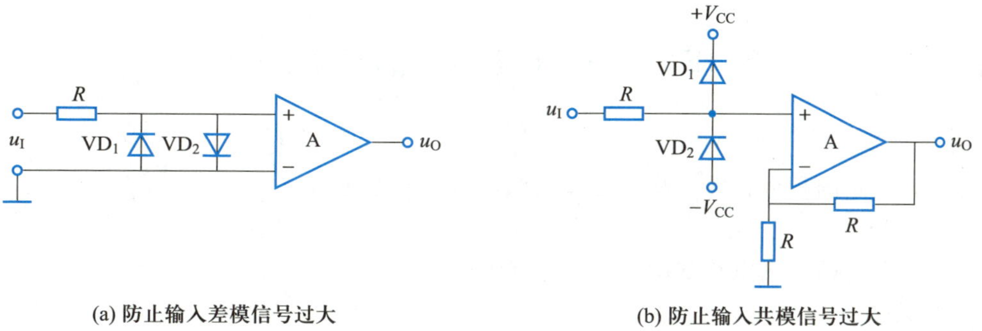

图 3.11.2 输入保护措施

过大而损坏。有些集成运算放大器内部设置了限流保护或短路保护，使用这些运放就不需再加输出端保护电路。对于内部没有限流或保护的集成运算放大器，可以增设如图 3.11.3 所示的输出端保护电路，在运放输出端串入电阻 R 起到保护作用，即使负载 R_L 短路，由于电阻 R 的限流作用，也不会使运放因过流而烧毁。

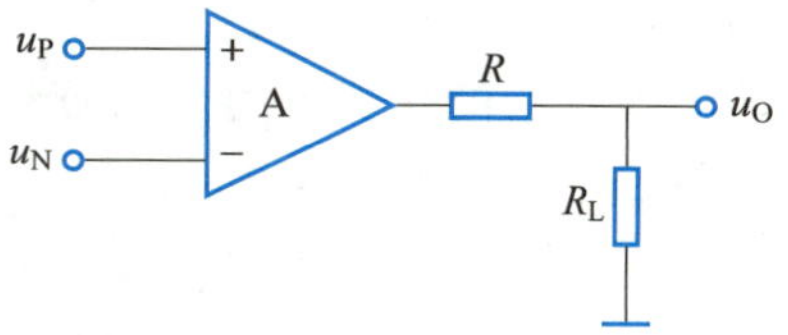

图 3.11.3 输出端保护电路

(3) 电源端保护电路

如图 3.11.4(a)所示，可利用二极管的单向导电性，在电源端串联二极管，以防止因电源极性接反而烧毁运放。也可以用图 3.11.4(b)所示电路，在运放的正负电源之间接入稳压管，避免运放工作电源电压过高。

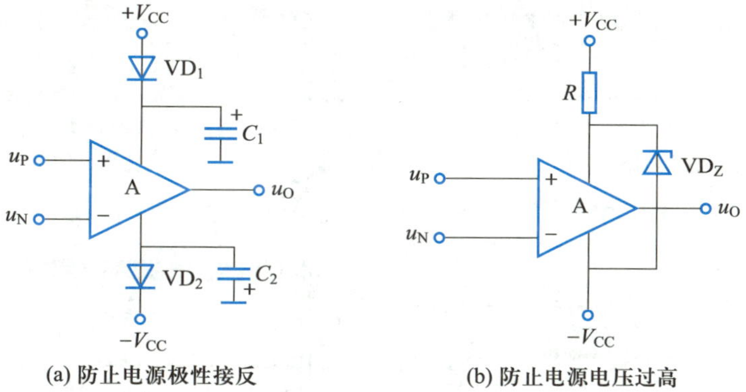

图 3.11.4 电源端保护电路

思考题

3-11-1 运算放大器的性能参数有哪些？

3-11-2 请根据一个实际工程应用要求，提出所选运算放大器应该满足的性能指标。

3-11-3 运算放大器的种类有哪些？如何根据实际需要选择运算放大器？如何设计运算放大器的保护电路？

3.12　积分运算电路的仿真研究

1. 研究内容

积分运算电路的积分特性及积分运算电路的缺陷和改进方法。

2. 仿真电路

积分运算电路的仿真电路如图 3.12.1(a)所示。

3. 仿真结果

积分运算电路的输入、输出信号波形如图 3.12.1(b)所示。由图 3.12.1(b)可以看出,由于集成运放的输入失调电压、输入偏置电流和失调电流等因素的影响,输入一个占空比为 50%的方波信号,经过积分运算电路后,并不能得到一个理想的三角波,三角波出现了微小的失真。因此,在实际应用的积分运算电路中,常常在电容的两端并联一个大阻值的电阻来改善积分电路的性能。改进后的仿真电路和仿真结果如图 3.12.2 所示。仿真结果表明,改进后的电路能够输出比较理想的三角波。

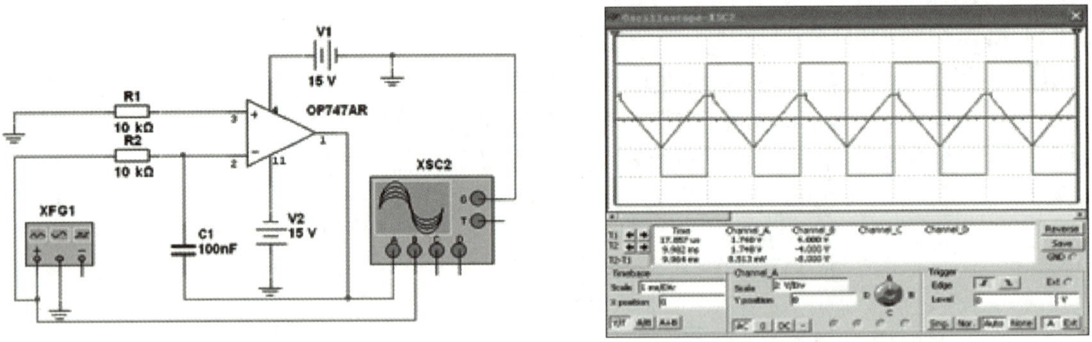

(a) 仿真电路　　(b) 输入、输出信号波形

图 3.12.1　积分电路的仿真电路和输入、输出信号波形

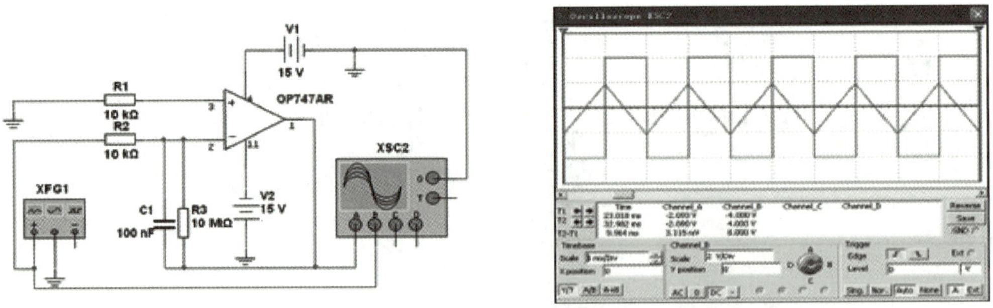

(a) 仿真电路　　(b) 输入、输出信号波形

图 3.12.2　改进后的积分电路及输入、输出信号波形

4. 结论

通过对积分运算电路的仿真研究,得出如下结论:

① 图 3.12.1(a)所示积分运算电路能够完成积分运算,但性能较差。

② 在积分运算电路中电容的两端并联一个大阻值的电阻后,能够改善积分电路的性能。

本 章 小 结

本章首先重点分析了集成运算放大器典型的线性应用电路——运算电路;然后介绍了集成运算放大器其他的线性应用电路——信号变换电路。

1. 本章介绍了几种基本的运算电路,包括比例运算电路(反相、同相、差分)、加减运算电路(反相求和、同相求和、减法运算)、积分和微分运算电路。在对它们进行分析的基础上,总结了电路的特点及其应用。这里只有在反相输入端加入信号,同相输入端直接接地或通过电阻接地时,才有“虚地”情况,此时运放的共模输入电压信号为零。

2. 本章介绍了几种典型的信号变换电路,包括电压-电流变换电路、电流-电压变换电路、阻抗变换电路、电荷放大电路、数据放大电路和可控增益放大电路。着重介绍了它们的工作原理、基本功能及其应用。

3. 通过本章的学习,读者应熟练掌握集成运放线性应用电路的基本分析方法,并在此基础上总结运放基本应用电路的构成规则,学会设计运放的线性应用电路,并在后续章节知识点的学习中进一步深化。

自 我 检 测

1. 电路如图 T3.1 所示,设 A 为理想运放,输入、输出的关系式为________。

A. $u_o(t)=-\dfrac{t}{RC}u_{i1}(t)$　　B. $u_o(t)=\dfrac{t}{RC}[u_{i1}(t)-u_{i2}(t)]$

C. $U_o(s)=\dfrac{\dfrac{1}{sC}}{R+\dfrac{1}{sC}}[U_{i1}(s)-U_{i2}(s)]$　　D. $U_o(s)=\dfrac{1}{sCR}[U_{i2}(s)-U_{i1}(s)]$

2. 在图 T3.2 中,已知 $u_{i1}=1\ \text{V}$, $u_{i2}=-1\ \text{V}$, $R_1=R_3=900\ \Omega$, $R_2=200\ \Omega$, u_o 的值为________。

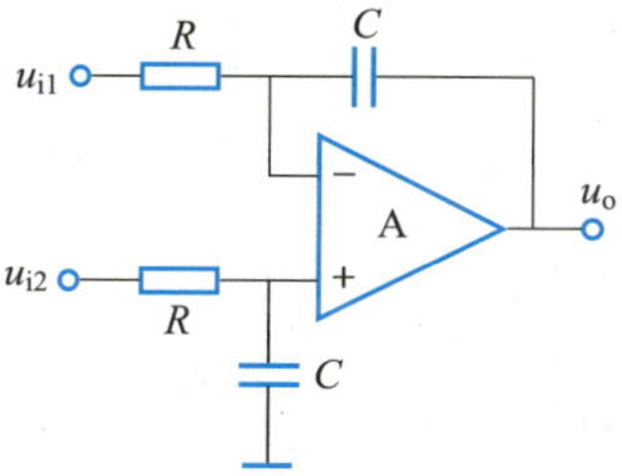

图 T3.1

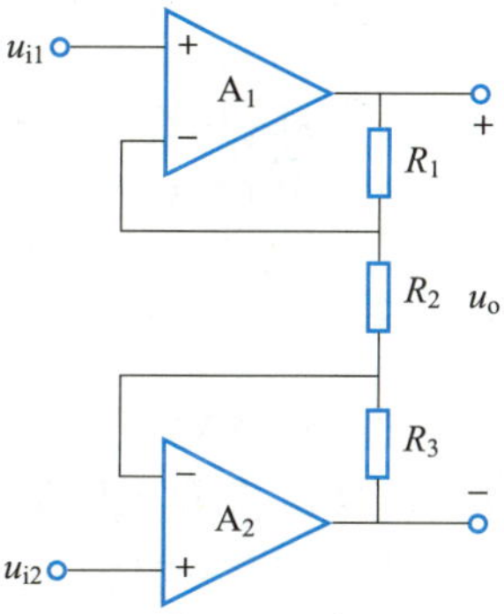

图 T3.2

A. $u_o=10\ \text{V}$　　B. $u_o=-10\ \text{V}$　　C. $u_o=20\ \text{V}$　　D. $u_o=0\ \text{V}$

3. 在图 T3. 3 所示电路中，$u_i=0.5\ \text{V}$，输出电压 u_o 为________，负载电流 i_L 为________。

A. $-1\ \text{V}, -0.1\ \text{mA}$　　B. $-2\ \text{V}, -0.1\ \text{mA}$　　C. $-1\ \text{V}, -0.3\ \text{mA}$　　D. $-1\ \text{V}, -0.03\ \text{mA}$

4. 在图 T3. 4 所示电路中，u_o 的表达式为________。

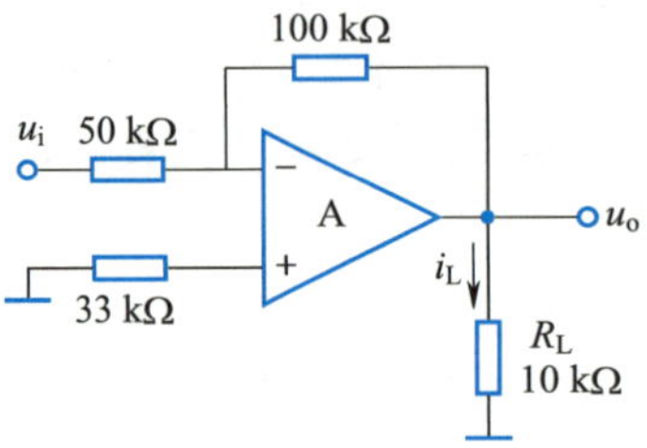

图 T3. 3

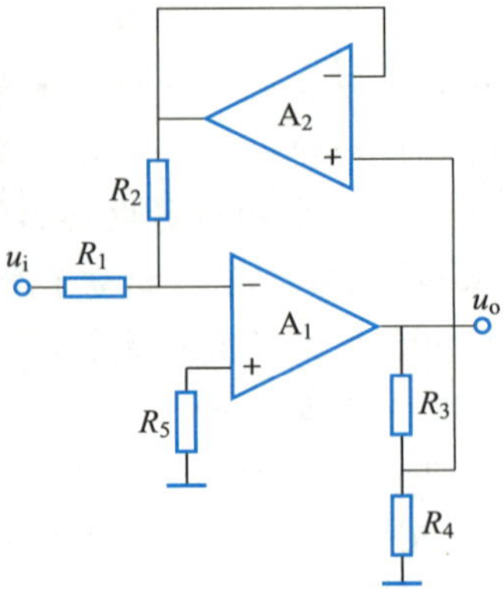

图 T3. 4

A. $u_o=\dfrac{R_1(R_3+R_4)}{R_2R_4}u_i$　　B. $u_o=-\dfrac{R_2(R_3+R_4)}{R_1R_4}u_i$

C. $u_o=\dfrac{R_2(R_3+R_4)}{R_1R_4}u_i$　　D. $u_o=\dfrac{R_3(R_3+R_4)}{R_1R_2}u_i$

5. 电路如图 T3. 5 所示，设输入电压 $u_{i1}=1\ \text{V}$，$u_{i2}=2\ \text{V}$，$u_{i3}=4\ \text{V}$，且在 $t=0$ 时输入，u_o 从起始的 0 V 变化到 -10 V 所需的时间 t 为________。

A. $\dfrac{1}{10}\ \text{s}$　　B. $\dfrac{1}{15}\ \text{s}$　　C. $\dfrac{1}{20}\ \text{s}$　　D. $\dfrac{1}{30}\ \text{s}$

6. 电路如图 T3. 6 所示，$u_{i1}=0.3\ \text{V}$，$u_{i2}=0.4\ \text{V}$，输出电压 u_o 的值为________。

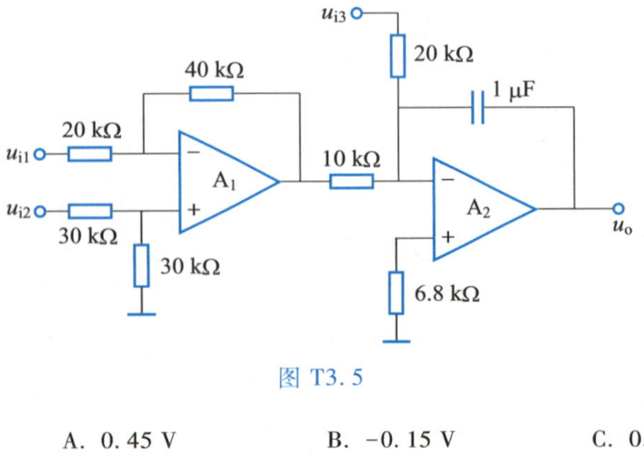

图 T3. 5

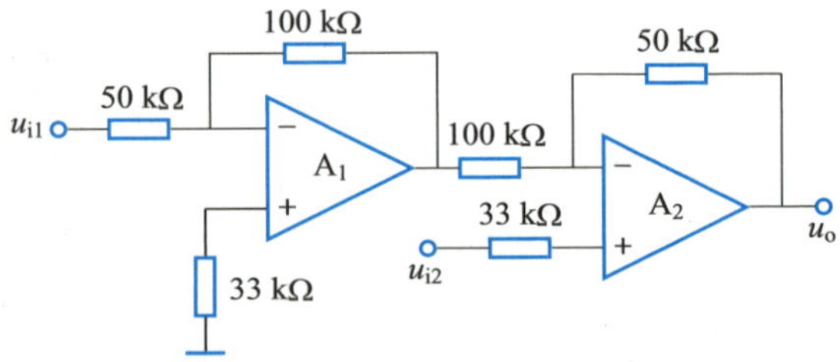

图 T3. 6

A. 0. 45 V　　B. -0.15 V　　C. 0. 9 V　　D. 0. 15 V

7. 电路如图 T3. 7 所示，其输出电压 u_o 与输入电压 u_{i1}、u_{i2} 的函数关系为________。

A. $u_o=11u_{i2}+10u_{i1}$　　B. $u_o=10u_{i1}-11u_{i2}$　　C. $u_o=11u_{i2}-10u_{i1}$　　D. $u_o=10u_{i2}+u_{i1}$

8. 由理想运放构成的电路如图 T3. 8 所示。该电路的电压放大倍数为________、输入电阻为________、输出电阻为________。该电路起________作用。

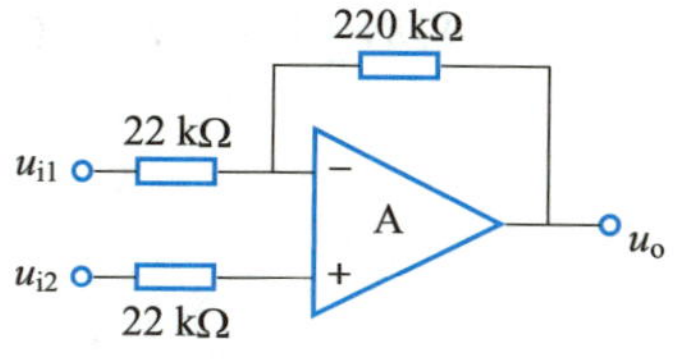

图 T3.7

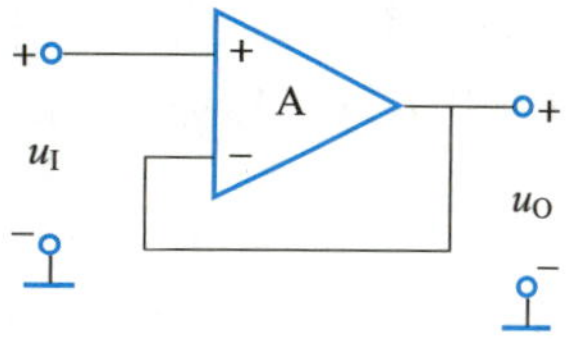

图 T3.8

A. ∞，∞，0，阻抗变换或缓冲　　B. 1，∞，∞，阻抗变换或缓冲

C. 1，∞，0，阻抗变换或缓冲　　D. 1，∞，0，放大

【答案】1. D　2. C　3. A　4. B　5. D　6. C　7. C　8. C

▶▶▶ 习　题 ◀◀◀

【3-1】　在图 P3.1 所示的电路中，A 均为理想运算放大器，试写出各电路的输出与输入的关系式。

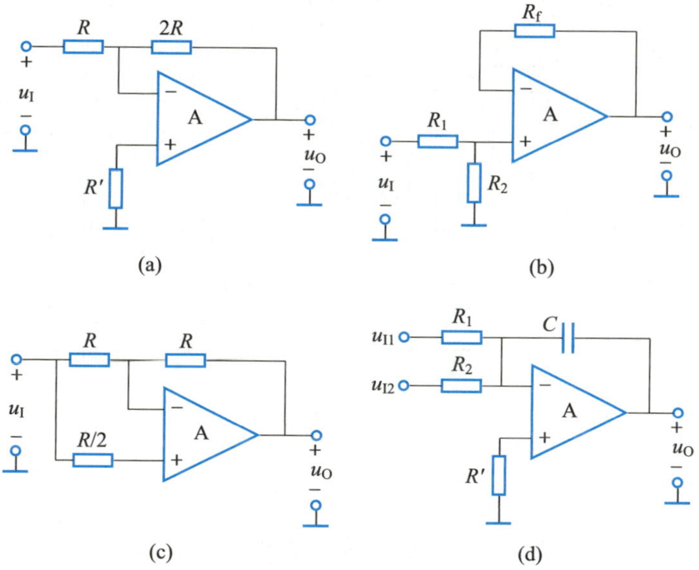

图 P3.1

【3-2】　在图 P3.2 所示放大倍数可调的反相比例运算电路中，已知 $R_1=R_P=10\ \text{k}\Omega$，$R_2=20\ \text{k}\Omega$，$u_I=1\ \text{V}$，设 A_1、A_2 为理想运放，其输出电压最大值为±12 V。

(1) 求当电位器 R_P 的滑动端上移到顶部极限位置时的 u_O；

(2) 求当电位器 R_P 的滑动端处在中间位置时的 u_O；

(3) 计算电路的输入电阻 R_i。

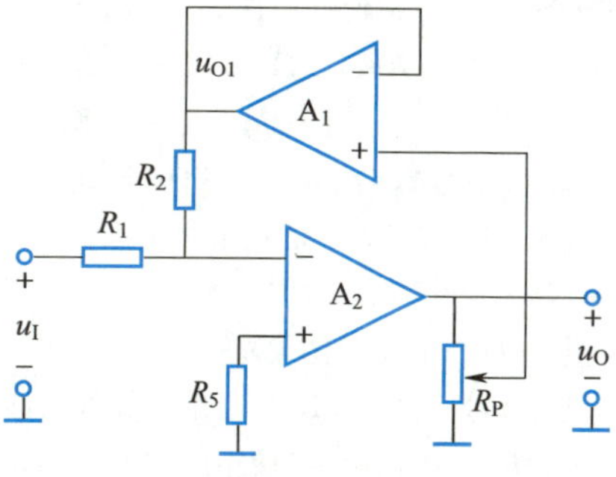

图 P3.2

【3-3】　在图 P3.3 所示电路中，已知运放具有理想特性，图中电阻 $R_1=33\ \text{k}\Omega$，$R_2=50\ \text{k}\Omega$，$R_3=300\ \text{k}\Omega$，$R_4=R_f=100\ \text{k}\Omega$，电容 $C=100\ \mu\text{F}$。设 $t=0$ 时，$u_{i1}=1\ \text{V}$，$u_{i2}=-2\ \text{V}$，$u_C(0)=0\ \text{V}$，试求当 $t=10\ \text{s}$ 时电路的输出电压值。

【3-4】 用理想运放组成的电路如图 P3.4 所示，已知 $R_1=50\ \text{k}\Omega$，$R_2=80\ \text{k}\Omega$，$R_3=60\ \text{k}\Omega$，$R_4=40\ \text{k}\Omega$，$R_5=100\ \text{k}\Omega$，试求电路的电压放大倍数 A_u 的值。

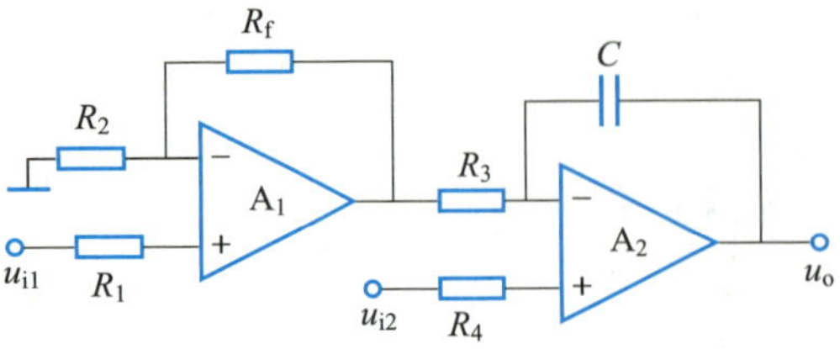

图 P3.3

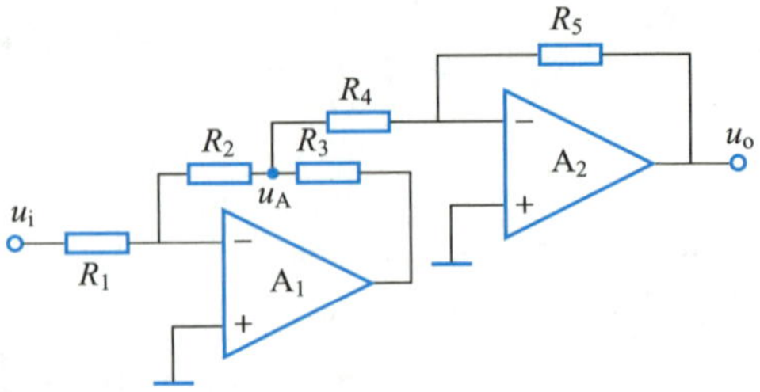

图 P3.4

【3-5】 设图 P3.5(a)所示电路中运算放大器都具有理想特性，已知输入电压的波形如图 P3.5(b)所示，电容器上的初始电压为零，试画出 u_O 的波形。

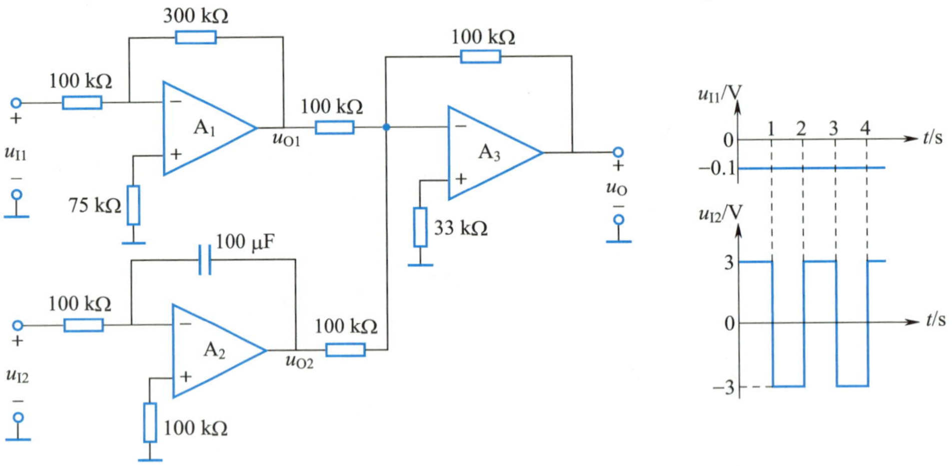

(a) (b)

图 P3.5

【3-6】 用集成运算放大器实现下列运算关系

$$u_o=2u_{i1}+3u_{i2}-5\int u_{i3}\mathrm{d}t$$

请设计电路并画出电路图，要求所用运放数量不多于 3 个，元件要取标称值，取值范围为 $1\ \text{k}\Omega\leqslant R\leqslant 1\ \text{M}\Omega$，$0.1\ \mu\text{F}\leqslant C\leqslant 10\ \mu\text{F}$。

微视频 3-5
习题 3-6 精解

【3-7】 电路如图 P3.7 所示，已知 $U_{I1}=1\ \text{V}$，$U_{I2}=2\ \text{V}$，$U_{I3}=3\ \text{V}$，$U_{I4}=4\ \text{V}$（均为对地电压），$R_1=R_2=2\ \text{k}\Omega$，$R_3=R_4=R_f=1\ \text{k}\Omega$，求 U_O。

【3-8】 图 P3.8 是利用两个运算放大器组成的具有较高输入电阻的放大电路。试求 u_O 与 u_{I1}、u_{I2} 的运算关系式。

【3-9】 电路如图 P3.9 所示，证明：$u_O=2u_I$。

【3-10】 图 P3.10 是应用运算放大器测量电压的原理电路，共有 0.5 V、1 V、5 V、10 V、50 V 五种量程，求 R_{11}、R_{12}、R_{13}、R_{14}、R_{15} 的阻值（图中电路的输出端接有满量程 5 V，500 μA 的电压表）。

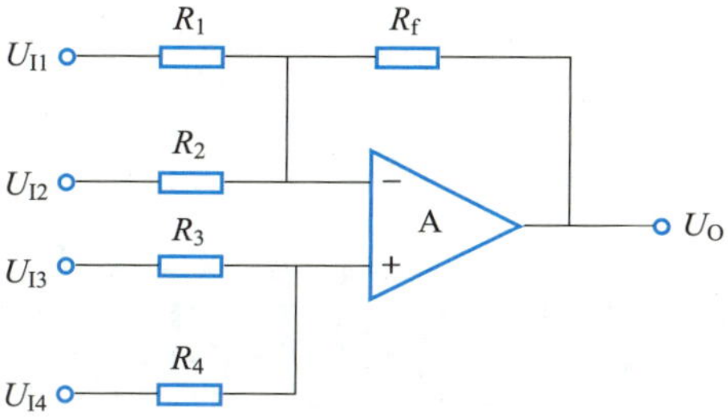

图 P3.7

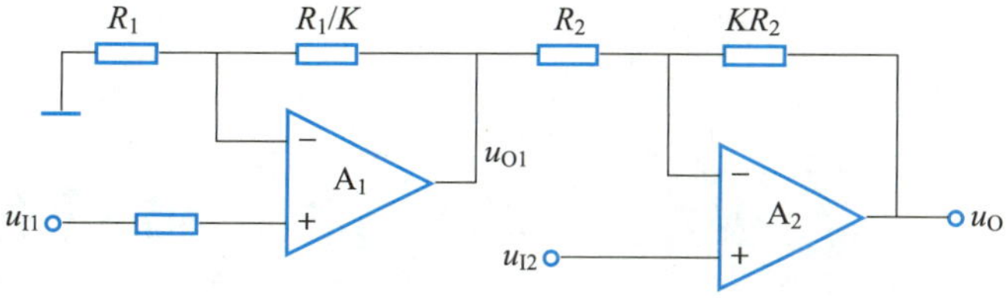

图 P3.8

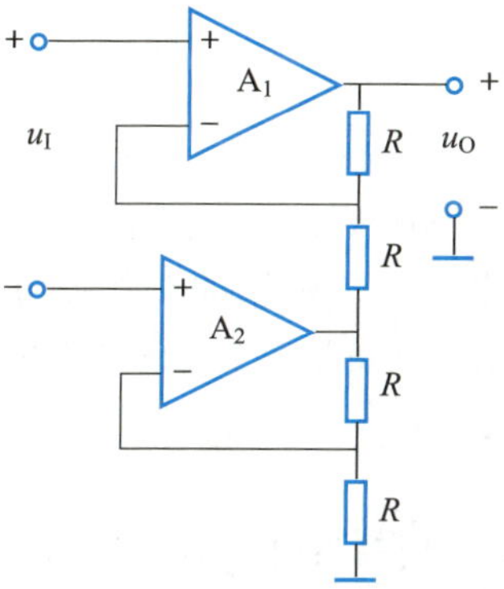

图 P3.9

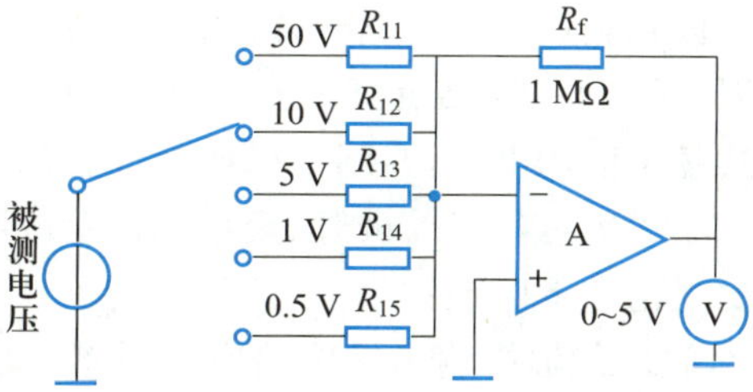

图 P3.10

【3-11】 图 P3.11 是应用运算放大器测量小电流的原理电路，求 R_{f1}、R_{f2}、R_{f3}、R_{f4}、R_{f5} 的阻值（电路的输出端接入的电压表同上题）。

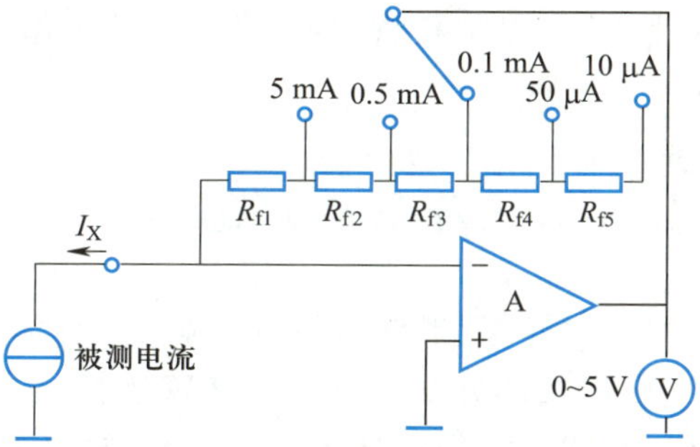

图 P3.11

第 3 章习题解答　　第 3 章电子教案

第4章　半导体二极管及其基本应用电路

4.1　引　　言

半导体二极管是最基本的电子器件，是集成电路的最小组成单元。本章首先介绍半导体材料的基础知识，阐述了PN结及其单向导电性，重点介绍了半导体二极管的工作原理、特性曲线、主要参数及其基本应用电路，介绍了稳压二极管的工作原理及其特性参数，最后简单介绍了发光二极管、光电二极管、肖特基二极管、变容二极管的特性及其应用。

本章主要讨论如下问题：

1. 为什么温度能够影响半导体的导电性能？杂质半导体的导电性能强于本征半导体吗？

2. PN结为什么具有单向导电性？当温度升高时，PN结的伏安特性曲线如何变化？

3. 半导体二极管的理想模型、恒压降模型和小信号模型各适用于什么场合？

4. 稳压二极管是利用了PN结的什么特性而制作的？在稳压二极管稳压电路中限流电阻有什么作用？

5. 发光二极管、光电二极管、肖特基二极管、变容二极管的工作原理是什么？它们适用于什么场合？

4.2　半导体基础知识

按导电能力的不同，物体可分为导体、半导体和绝缘体。半导体的导电能力介于导体和绝缘体之间。半导体材料有硅、锗、硒以及部分金属氧化物和硫化物。常用的半导体材料硅(Si)和锗(Ge)的原子序数分别为14和32。它们最外层有4个价电子，都是四价元素。硅和锗原子呈电中性，常用带有4个正电荷的正离子以及它周围的4个价电子来表示，其原子结构模型如图4.2.1所示。

在不同条件下，很多半导体材料的导电能力有很大差别。有些半导体材料在环境温度升高时导电能力显著增强，利用这种特性可以制作各种热敏电阻；有些半导体材料在受到光照时导电能力显著增强，利用这种特性可以制作各种光敏电阻；如果在纯净的半导体中掺入微量的某种杂质，其导电能力可以增加几十万乃至几百万倍，利用这种特性可以制作各种不同的半导体器件。为什么半导体的导电能力有如此大的差别呢？这就需要研究半导体材料的内部结构和导电机理。

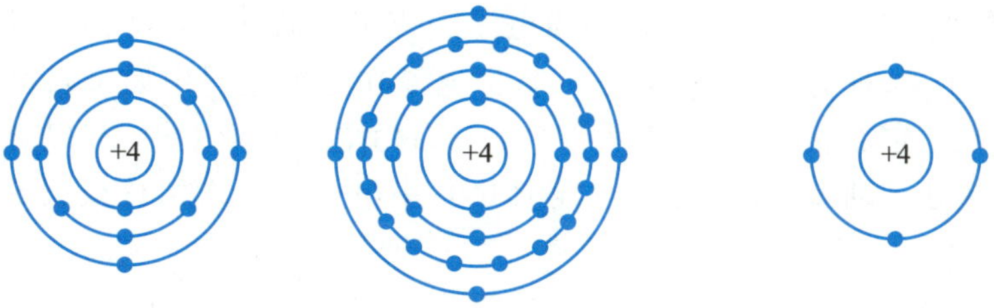

(a) 硅原子和锗原子结构 (b) 硅原子和锗原子简化模型

图 4.2.1 硅原子和锗原子结构模型

4.2.1 本征半导体

本征半导体是完全纯净的、结构完整的半导体。本征半导体具有晶体结构。

1. 共价键结构

纯净的半导体经过一定的工艺过程制作成晶体后，原子在空间形成排列整齐的晶格。原子之间靠得很近，原子最外层的价电子不仅受到自身原子核的束缚，还要受到相邻原子核的吸引，使得每两个相邻原子之间共有一对价电子，从而形成了共价键结构。四价元素的共价键结构如图 4.2.2 所示。

2. 两种载流子

由于受到原子核的束缚，共价键中的价电子不能自由移动，只有获得足够的能量后才能挣脱共价键的束缚，成为自由电子。当半导体处于热力学温度 0 K 时，半导体中没有自由电子。当温度升高（大于 0 K）或受到光照时，有些价电子获得足够的能量，可挣脱共价键的束缚，成为自由电子。这种现象称为本征激发（也称热激发）。

价电子挣脱共价键的束缚成为自由电子后，就在原来共价键的位置上留下一个空位，称为空穴。邻近的价电子很容易填补这个空位，从而在这个价电子原来的位置上留下新的空位，如图 4.2.3 所示。由于带负电的电子依次填补空穴的作用与带正电荷的粒子作反方向运动的效果相同，所以可以把空穴看作带正电的载流子。电子和空穴的定向运动会形成电流，所以电子和空穴是可以运载电荷的粒子，称为载流子。空穴的电荷量与自由电子相同，其电荷极性与自由电子相反。

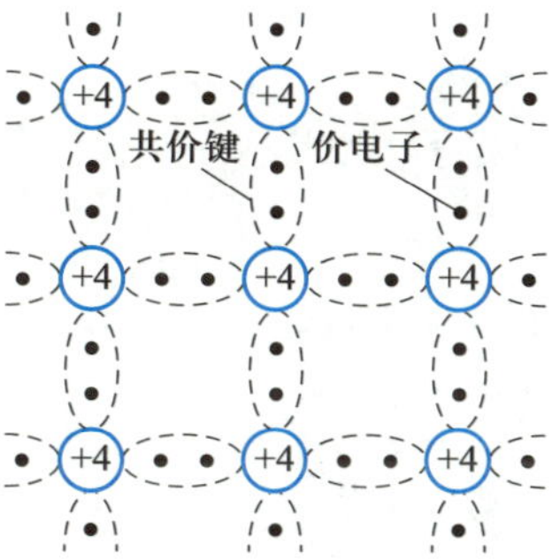

图 4.2.2 四价元素的共价键结构

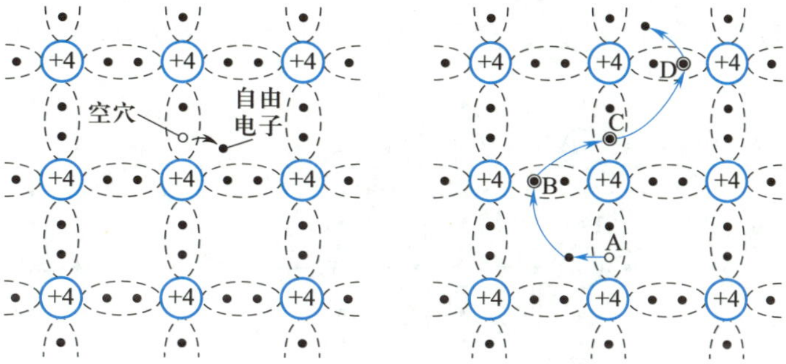

(a) 产生 (b) 复合

图 4.2.3 载流子的产生与复合

本征半导体中有两种载流子:带负电的自由电子和带正电的空穴。本征激发所产生的自由电子和空穴总是成对出现,称为电子-空穴对。自由电子在运动过程中如果与空穴相遇就会填补空穴,称为复合。在一定温度下,本征激发所产生的自由电子和空穴对,与复合的自由电子和空穴对数目相等,称为达到动态平衡。此时半导体中自由电子和空穴两种载流子的浓度不变且相等。

本征激发产生的载流子浓度与温度有关。温度越高,本征激发越强,产生的载流子浓度越高,本征半导体的导电能力越强。但是室温下($T=300$ K)靠本征激发产生的载流子数量较少,因此本征半导体的导电能力较弱,不能直接用来制造半导体器件。

4.2.2 杂质半导体

在本征半导体中掺入某种特定的微量杂质,可使半导体的导电性能明显增强。掺入杂质后的半导体称为杂质半导体。根据掺入杂质的元素不同,杂质半导体可分为 N 型半导体(电子型半导体)和 P 型半导体(空穴型半导体)。

1. N 型半导体

在本征半导体(硅或锗晶体)中掺入适量的五价元素,例如磷(P)、锑(Sb)、砷(As),就形成了 N 型半导体,也称电子型半导体。五价杂质原子的最外层有 5 个价电子。它与周围 4 个硅原子组成共价键时多余一个电子,如图 4.2.4 所示。这个多余的电子不受共价键的束缚,只受自身原子核的吸引,只需获得很少的能量就能脱离原子核的束缚,成为自由电子。五价的杂质原子可以提供自由电子,称为施主原子。失去自由电子的杂质原子在晶格上不能移动,并成为带有正电荷的正离子。同时 N 型半导体中也存在热激发产生的自由电子-空穴对。N 型半导体中自由电子的浓度远大于空穴的浓度,因此称自由电子为多数载流子,简称多子。空穴则称为少数载流子,简称少子。在 N 型半导体中主要靠自由电子导电。

2. P 型半导体

在本征半导体(硅或锗晶体)中掺入适量的三价元素,例如硼(B)、镓(Ga)、铟(In)等,就形成了 P 型半导体,也称空穴型半导体。杂质原子的最外层有 3 个价电子,它与周围 4 个硅原子组成共价键时缺少一个电子,在共价键中产生一个空位,如图 4.2.5 所示。其他共价键中的价电子很容易填充这个空位,使杂质原子获得电子,并成为带有负电荷的负离子。同时在其他共价键中

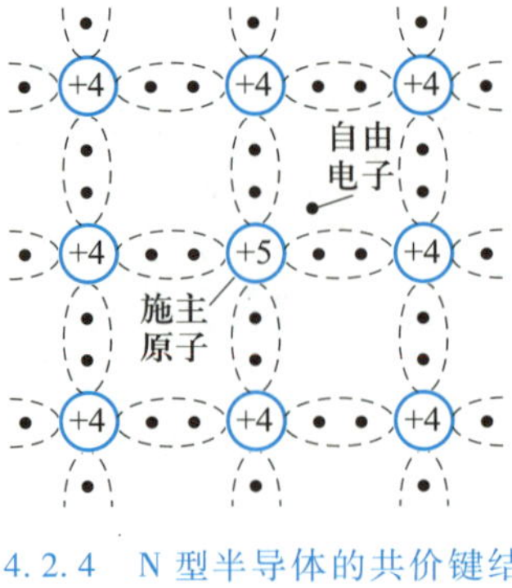

图 4.2.4 N 型半导体的共价键结构

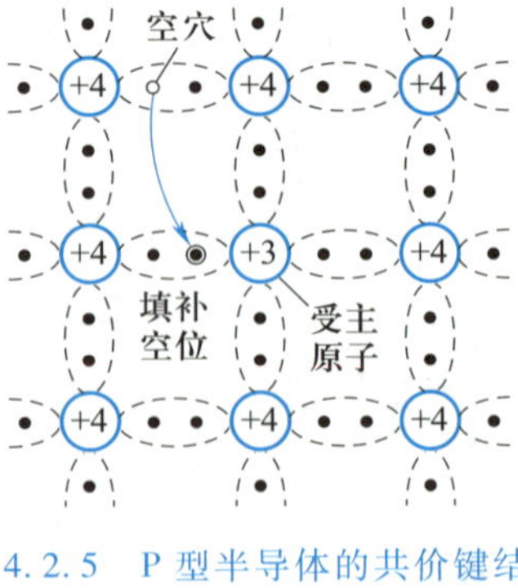

图 4.2.5 P 型半导体的共价键结构

产生了一个空穴。三价杂质原子的空位吸引电子，并接收电子，因此称其为受主原子。P 型半导体中空穴是多数载流子，其数量主要由掺入杂质的浓度决定；自由电子是少数载流子，由热激发产生，少数载流子的浓度与温度有关。在 P 型半导体中主要靠空穴导电。

杂质半导体中多数载流子的浓度主要由掺杂浓度决定；而少数载流子的浓度则由本征激发决定，其浓度与温度有关。由掺杂所产生的载流子浓度远远大于由本征激发所产生的载流子浓度。

N 型半导体和 P 型半导体呈电中性，因此可以用正离子和等量的自由电子表示 N 型半导体，用负离子和等量的空穴表示 P 型半导体。

思考题

4-2-1 本征半导体中有几种载流子？它们的浓度如何？

4-2-2 本征半导体中载流子的浓度由哪些因素决定？为什么？

4-2-3 杂质半导体的导电性能强于本征半导体吗？为什么？

4-2-4 为什么温度能够影响半导体的导电性能？

4.3 PN 结

通常在一块 N 型（或 P 型）半导体的局部掺入浓度较大的三价（或五价）元素，使其局部成为 P 型（或 N 型）半导体。在 P 型半导体和 N 型半导体的交界面就形成了 PN 结。PN 结具有单向导电性和电容效应。

微视频 4-1
PN 结的形成

4.3.1 PN 结的形成

通过掺杂工艺将 P 型半导体和 N 型半导体制作在同一块硅片上。在 P 型半导体和 N 型半导体的交界面，两种载流子的浓度差很大。P 区内空穴的浓度远大于 N 区内空穴的浓度，N 区内自由电子的浓度远大于 P 区内自由电子的浓度。由于存在浓度差，所以 P 区内的空穴向 N 区扩散，N 区内自由电子向 P 区扩散。这种由于存在浓度差，载流子从浓度高的区域向浓度低的区域运动称为扩散运动，如图 4.3.1(a) 所示。载流子作扩散运动所形成的电流称为扩散电流。P 区内多数载流子——空穴向 N 区扩散，并与 N 区的自由电子复合。N 区内多数载流子——自由电子向 P 区扩散，并与空穴复合。扩散的结果是，在 P 型半导体与 N 型半导体的交界面上，P 区出现负离子区，N 区出现正离子区。这些不能移动的正、负离子就形成了空间电荷区，又称耗尽层，如图 4.3.1(b) 所示。空间电荷区的 P 区侧是负离子区，空间电荷区的 N 区侧是正离子区，于是就形成了一个由 N 区指向 P 区的内电场，如图 4.3.1(b) 所示。随着扩散运动的不断进行，空间电荷区变宽，内电场增强，并阻碍多子的扩散运动。

在内电场的作用下，N 区内少数载流子——空穴向 P 区运动，P 区内少数载流子——自由电子向 N 区运动，少数载流子的运动称为漂移运动。载流子作漂移运动所形成的电流称为漂移电流。少数载流子的数目与温度有关。温度升高，本征激发增强，少数载流子的数目增加，漂移运动增强，漂移电流增大。

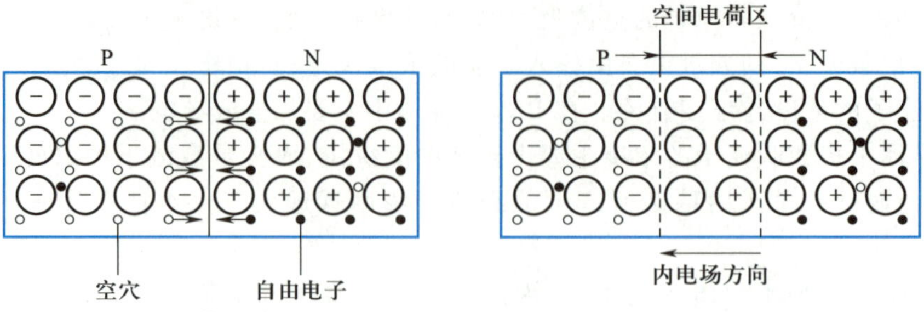

(a) 扩散运动　(b) 内电场

图 4.3.1　PN 结的形成

由于 P 区和 N 区的载流子存在浓度差，就形成了多子的扩散运动。由于多子的扩散运动，就形成了空间电荷区，形成了内电场。内电场阻碍多子的扩散运动，促进少子的漂移运动。漂移运动的方向正好与扩散运动的方向相反。扩散运动越强，内电场越强，对扩散运动的阻碍就越强，相反对漂移运动的促进作用越强。扩散运动和漂移运动相互制约，使得从 P 区扩散到 N 区的多子空穴数目与从 N 区漂移到 P 区的少子空穴数目相等，从 N 区扩散到 P 区的多子电子数目与从 P 区漂移到 N 区的少子电子数目相等，扩散电流等于漂移电流，从而使扩散运动和漂移运动达到动态平衡，形成了 PN 结。此时，空间电荷区宽度不再发生变化。

4.3.2　PN 结的单向导电性

PN 结正向偏置时，处于导通状态，呈低阻性；PN 结反向偏置时，处于截止状态，呈高阻性。这就是 PN 结的单向导电性。

微视频 4-2
PN 结的单向导电性

1. PN 结外加正向电压

将 PN 结的 P 区接电源正极（或正极串电阻后的一端），将 PN 结的 N 区接电源负极串电阻后的一端（或电源负极），称 PN 结外加正向电压，又称 PN 结正向偏置，如图 4.3.2 所示。PN 结正向偏置时，外电场与内电场的方向相反，使空间电荷区变窄，削弱了内电场，使多子扩散运动加剧，少子的漂移运动减弱。外电路的电流等于扩散电流减去漂移电流。PN 结正向偏置时扩散电流起主导作用，而漂移电流较小，此时外电路的电流约等于扩散电流，又称正向电流。PN 结正向偏置时，PN 结因正向电流较大，呈低阻性，PN 结导通。在图 4.3.2 中接电阻 R 是为了限制回路电流，防止 PN 结因正向电流过大而损坏。

2. PN 结外加反向电压

将 PN 结的 P 区接电源负极（或负极串电阻后的一端），将 PN 结的 N 区接电源正极串电阻后的一端（或电源正极），称 PN 结外加反向电压，又称 PN 结反向偏置，如图 4.3.3 所示。PN 结反向偏置时，外电场与内电场的方向相同，使空间电荷区变宽，阻止多子的扩散运动，扩散电流显著减小，使少子的漂移运动增强。但是少子的数目很少，因此漂移电流（也称反向电流）也非常小，PN 结呈高阻性，此时近似认为 PN 结处于截止状态。温度一定时，本征激发水平一定，反向电流近似为一定值，常称为反向饱和电流，用 I_s 表示。常温下反向饱和电流 I_s 非常小。

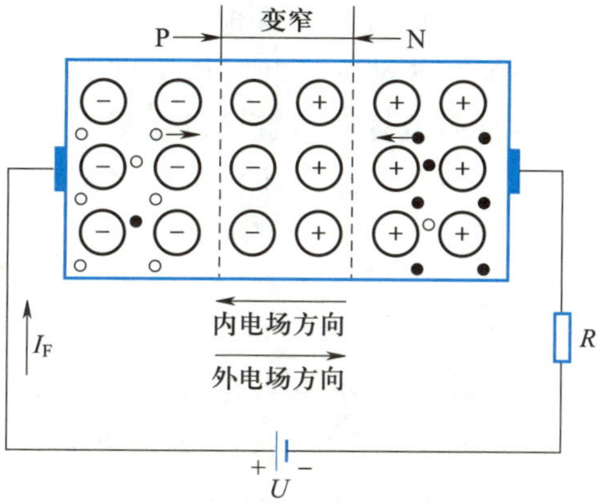

图 4.3.2 PN 结外加正向电压

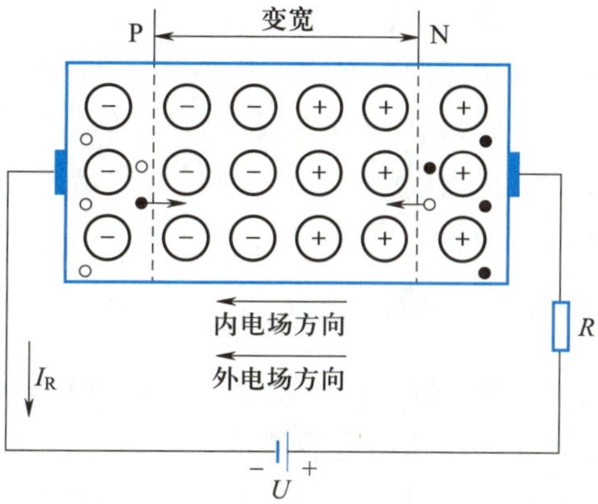

图 4.3.3 PN 结外加反向电压

4.3.3 PN 结的伏安特性

PN 结的伏安特性曲线如图 4.3.4 所示。在图 4.3.4 中，$u_D>0$ 的部分称为 PN 结的正向特性，i_D 随 u_D 按指数规律变化，呈低阻性；$u_D<0$ 的部分称为 PN 结的反向特性，反向电流非常小，且近似不变，因此 PN 结呈高阻性。

根据半导体物理的原理分析可知，PN 结的偏置电压 u_D 与流过 PN 结的电流 i_D 之间的关系为

$$i_D=I_S(e^{\frac{u_D}{U_T}}-1) \tag{4.3.1}$$

式(4.3.1)中，I_S 是 PN 结的反向饱和电流，U_T 是热力学温度 T 的电压当量，其表达式为

$$U_T=\frac{kT}{q} \tag{4.3.2}$$

式(4.3.2)中，q 为电子电荷量的绝对值，T 为热力学温度，k 为玻耳兹曼常量。室温下（$T=300$ K），$U_T\approx 26$ mV。

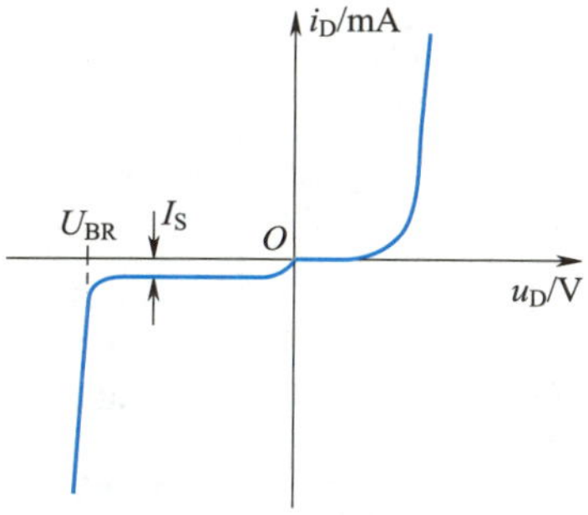

图 4.3.4 PN 结的伏安特性曲线

由式(4.3.1)可知，PN 结外加正向电压，且 $u_D \gg U_T$ 时，$i_D\approx I_S e^{\frac{u_D}{U_T}}$；PN 结外加反向电压，且 $|u_D|\gg U_T$ 时，$i_D\approx -I_S$。

当 PN 结的反向偏置电压增大到一定数值时，反向电流急剧增加，这种现象称为 PN 结的反向击穿。发生击穿时的 U_{BR} 称为 PN 结的反向击穿电压。反向击穿按机理不同，分为齐纳击穿和雪崩击穿。在高掺杂的情况下，因耗尽层较薄，不需要很大的反向电压就可在耗尽层中建立很强的电场。场强达到一定程度就会破坏共价键，使价电子脱离共价键的束缚，产生电子-空穴对，致使反向电流急剧增加，这种击穿称为齐纳击穿。如果掺杂浓度较低，耗尽层较宽，当反向偏置电压较大时，耗尽层的电场使自由电子的漂移速度加快，与共价键中的价电子相碰撞时，使价电子脱离共价键的束缚，产生电子-空穴对。新产生的电子-空穴对被电场加速后，又撞出其他的价电子。载流子雪崩式地倍增，致使反向电流急剧增加，这种击穿称为雪崩击穿。

硅材料的 PN 结反向击穿电压在 4 V 以下为齐纳击穿；PN 结反向击穿电压在 7 V 以上为雪崩击穿；PN 结反向击穿电压为 4~7 V 时两种击穿均可产生。齐纳击穿和雪崩击穿都属于电击穿。电击穿后，只要 PN 结反向电流不是很大，减小 PN 结反向偏置电压就可以恢复反向击穿前的状态，不至于损坏 PN 结。而当反向击穿电流过大时，PN 结会因过热而发生热击穿，造成 PN 结的永久性损坏。

4.3.4　PN 结的电容效应

当 PN 结的偏置电压发生变化时，PN 结空间电荷区内的电荷量及其两侧载流子的数目均发生变化。这种现象与电容器的充放电过程相似。这种电荷量随偏置电压变化的现象称为 PN 结的电容效应。按产生机理的不同，PN 结的结电容分为势垒电容和扩散电容。

1. 势垒电容 C_b

当 PN 结的偏置电压变化时，PN 结空间电荷区（耗尽层）的宽度发生变化，也就是空间电荷区的电荷量发生改变。当 PN 结的反向偏置电压增大时，空间电荷区的电荷量增大；当 PN 结的反向偏置电压减小时，空间电荷区的电荷量减小。空间电荷区的宽度随偏置电压变化所等效的电容称为势垒电容，通常用 C_b 表示。势垒电容 C_b 随偏置电压变化，如图 4.3.5 所示。

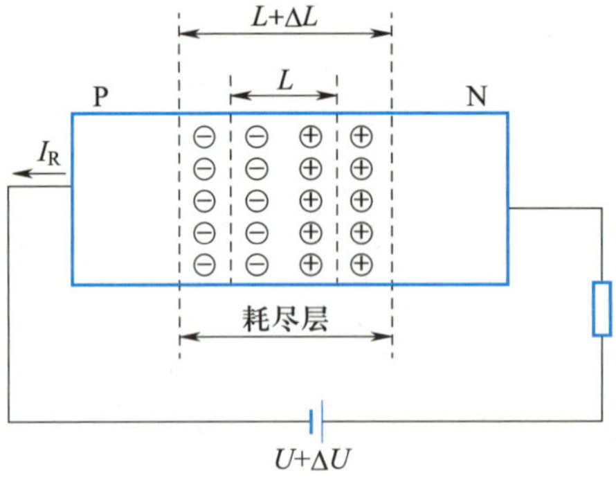

(a) 耗尽层随外加反偏电压变化

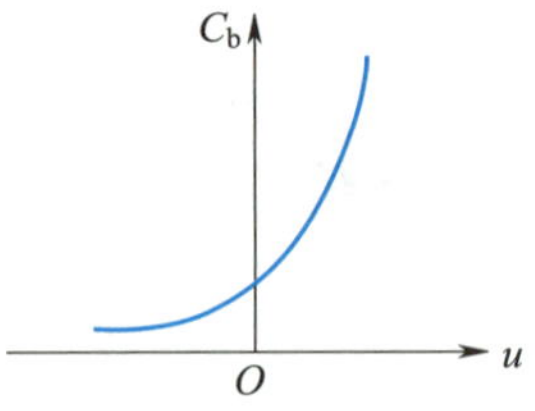

(b) 势垒电容与外加电压的关系

图 4.3.5　PN 结的势垒电容

C_b 具有非线性，它与结面积、耗尽层的宽度、偏置电压等有关。利用 PN 结外加反向偏置电压，C_b 随 U 变化的特性，可以制作变容二极管。

2. 扩散电容 C_d

PN 结不加偏置电压时处于平衡状态，P 区和 N 区的少数载流子称为平衡少子；PN 结正向偏置时从 P 区扩散到 N 区的空穴和从 N 区扩散到 P 区的自由电子则称为非平衡少子。PN 结正向偏置，P 区和 N 区靠近耗尽层的地方非平衡少子的浓度高，远离耗尽层的地方非平衡少子的浓度低，形成非平衡少子的浓度分布梯度，从而形成扩散电流。这种分布与正向偏置电压 U 有关。当 PN 结的正向偏置电压增大时，非平衡少子的浓度增大，扩散电流增大，如图 4.3.6 所示。当 PN 结的正向偏置电压减小时，非平衡少子的浓度减小，扩散电流减小。在图 4.3.6 中 PN 结的正向偏置电压为 U 时，非平衡少子的浓度分布梯度如曲线 1 所示。当 U 增加到 $U+\Delta U$ 时，非平衡少子的浓度分布梯度如曲线 2 所示。图 4.3.6 中 n_p 为从 P 区扩散到 N 区的空穴浓度；p_n 为从 N 区扩散到 P 区的自由电子浓度。这种非平衡少子的浓度随正向偏置电压的变化所等效的电容称为扩散电容，通常用 C_d 表示。

PN 结的结电容为势垒电容和扩散电容之和。结电容一般较小，通常为几皮法至几百皮法。PN 结的结电容与结电阻并联，因而当信号频率较低时，结电容的容抗很大，其作用可以忽略不计；在信号频率较高时，需要考虑结电容的影响。

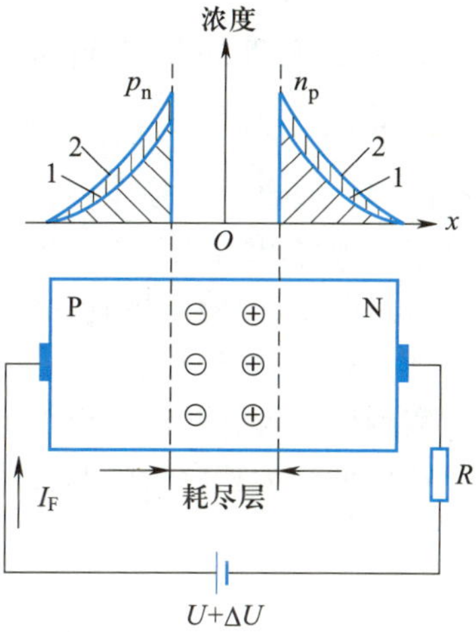

图 4.3.6　PN 结的扩散电容

思考题

4-3-1　如何理解 PN 结的单向导电性？

4-3-2　如果需要使 PN 结处于正向偏置，PN 结与外接电源如何连接？

4-3-3　如何理解势垒电容 C_b、扩散电容 C_d 的物理本质？

4.4　半导体二极管

将 PN 结用外壳封装起来，并加上电极引线就构成了半导体二极管。由 P 区引出的电极称为阳极，由 N 区引出的电极称为阴极。半导体二极管（以下简称二极管）的符号如图 4.4.1 所示。

图 4.4.1　半导体二极管的符号

4.4.1　二极管的结构类型

二极管按结构不同，分为点接触型、面接触型和平面型，其结构示意图分别如图 4.4.2(a)、(b)和(c)所示。

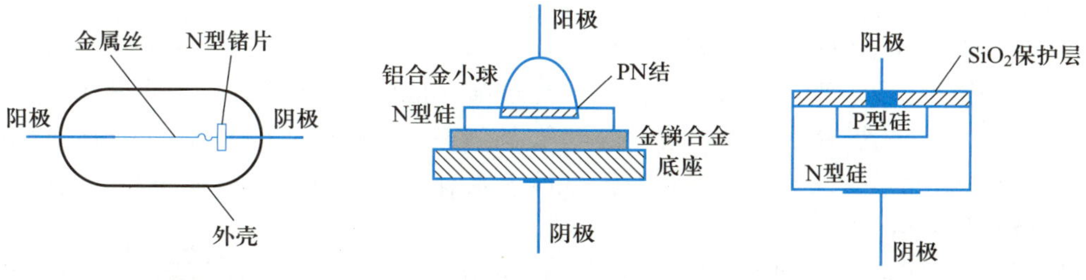

图 4.4.2　二极管的结构示意图

点接触型二极管的特点是 PN 结面积小，不能承受较大的反向电压和正向电流；结电容小，工作频率可达 100 MHz，适用于高频检波和小功率整流。面接触型二极管的特点是 PN 结面积较大，能够流过较大电流；结电容大，工作频率低，适用于大电流、低频率的场合，常用于低频整流电路中。平面型二极管采用集成电路工艺制成，这种结构形式常用于集成电路中。

4.4.2　二极管的伏安特性

与 PN 结一样，二极管也具有单向导电性。二极管的伏安特性与 PN 结的伏安特性类似，但略有区别。主要原因是二极管正向偏置时，存在半导体体电阻和引线电阻，使半导体二极管的正向电流比理想 PN 结正向电流小，正向压降比理想 PN 结正向压降大；反向偏置时，由于二极管表面存在漏电流，因此二极管的反向电流比 PN 结反向电流大。在近似分析时，可以用 PN 结的伏安特性方程式(4.3.1)描述二极管的伏安特性。

实测硅二极管和锗二极管的伏安特性曲线如图 4.4.3(b)所示。由图 4.4.3 可知，二极管的伏安特性可分为正向特性和反向特性。

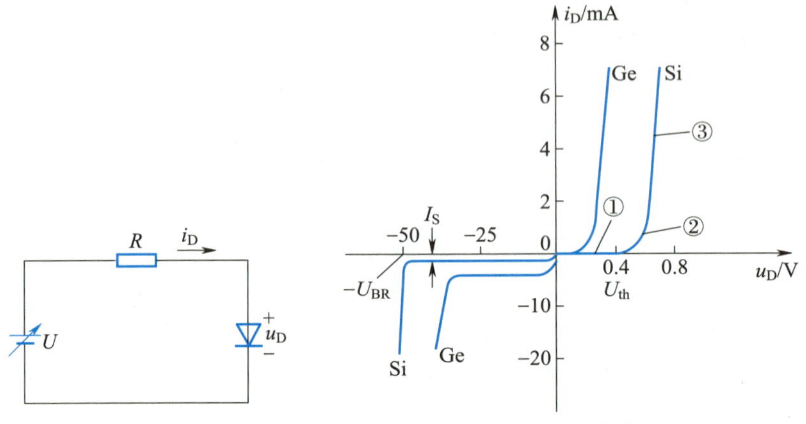

图 4.4.3　二极管的伏安特性曲线

1. 正向特性

当 $u_D>0$ 时，二极管处于正向特性区。正向特性区又分为三段：①段、②段和③段，如图 4.4.3(b)所示。

①段，当 $0<u_D\leqslant U_{th}$ 时，二极管的正向电压较小，流过二极管的正向电流几乎为零，见图 4.4.3(b)中曲线的①段。当二极管的正向电压超过某一值时，正向电流才从零开始随正向电压按指数规律增大。使二极管刚开始导通时的电压 U_{th} 称为二极管的开启电压(或称死区电压)。二极管的开启电压大小与二极管的材料及温度等因素有关。一般硅二极管的开启电压为 0.5 V 左右，锗二极管的开启电压为 0.1 V 左右。

②段，当 $u_D>U_{th}$，且 u_D 较小时，开始出现正向电流，但二极管正向电流随 u_D 的增长速度较慢，见图 4.4.3(b)中曲线的②段。

③段，当 $u_D>U_{th}$，且 u_D 较大时，二极管正向电流将迅速增大，即二极管正向电压随正向电流增加而增加很小，对应图 4.4.3(b)中曲线的③段。一般认为小功率硅二极管的正向导通电压 U_D 为 0.6～0.8 V，一般取 $U_D\approx0.7$ V；锗二极管的正向导通电压 U_D 为 0.1～0.3 V。

2. 反向特性

当 $u_D<0$ 时，二极管处于反向特性区。反向特性区又分为两段，如图 4.4.3 的第三象限所示。

当 $|u_D|<U_{BR}$ 时，反向电流很小，且基本不随反向电压的变化而变化，此时的反向电流称为反向饱和电流，用 I_S 表示。反向饱和电流由本征激发产生的少子浓度决定，与所加反向电压的大小无关，但随着温度的升高而增加，具有正温度系数。小功率硅二极管的反向饱和电流一般小于 0.1 μA，锗二极管的反向饱和电流一般为几十微安；当 $|u_D|\geqslant U_{BR}$ 时，二极管反向击穿，反向电流急剧增加，U_{BR} 称为反向击穿电压。不同型号二极管的反向击穿电压差别较大，从几伏至几千伏。当 $|u_D|\geqslant U_{BR}$ 时，二极管具有反向击穿陡直的特性，具有稳压性能。正是利用二极管这一特性，制作了稳压二极管。

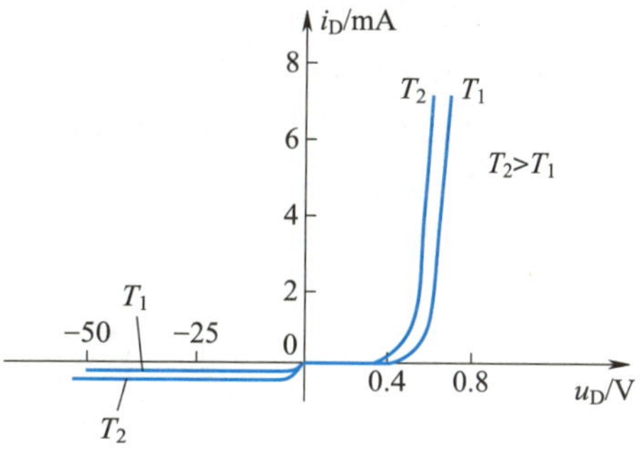

图 4.4.4　温度对二极管伏安特性曲线的影响

环境温度变化影响二极管的伏安特性，如图 4.4.4 所示。当环境温度升高时，二极管的正向特性曲线左移，二极管的反向特性曲线下移。室温条件下，温度每升高 1 ℃，二极管的导通压降减小 2~2.5 mV；温度每升高 10 ℃，二极管的反向饱和电流增大约一倍。

4.4.3　二极管的主要参数

半导体二极管的主要参数包括最大整流电流 I_F、最大反向工作电压 U_{RM}、反向电流 I_R、最高工作频率 f_M 等。

1. 最大整流电流 I_F

二极管长期连续工作时，允许通过二极管的最大正向平均电流。过大的电流流过二极管，二极管要发热，会使二极管烧毁。因此最大整流电流 I_F 由 PN 结的结面积和散热条件决定。例如，2AP1 的最大整流电流 I_F 为 16 mA，1N4001 的最大整流电流 I_F 为 1 A。

2. 最大反向工作电压 U_{RM}

最大反向工作电压 U_{RM} 指二极管安全工作时所能承受的最大反向电压。一般最大反向工作电压 U_{RM} 约为反向击穿电压 U_{BR} 的一半，以确保二极管安全工作。例如，2AP1 的最大反向工作电压 U_{RM} 为 20 V，1N4001 的最大反向工作电压 U_{RM} 为 50 V。

3. 反向电流 I_R

反向电流 I_R 指二极管未击穿时的反向电流。I_R 值越小，二极管单向导电性越好。I_R 对温度非常敏感。例如，2AP1 的反向电流 $I_R\leqslant 250$ μA，1N4001 的反向电流 1 μA$\leqslant I_R\leqslant$50 μA。

4. 最高工作频率 f_M

最高工作频率 f_M 是指二极管工作的上限频率。二极管的工作频率超过 f_M 时，单向导电性变差。二极管的最高工作频率由 PN 结的结电容大小决定。例如，2AP1 的最高工作频率 f_M 为 150 MHz。

4.4.4　二极管的等效模型

二极管的伏安特性具有非线性，这给二极管应用电路的分析和设计带来了困难。在对实际二极管应用电路进行分析和设计时，常将二极管用线性模型等效，称为**二极管的等效模型**。常用的二极管等效模型有三种：理想模型、恒压降模型和小信号模型。

1. 理想模型

二极管的理想模型如图 4.4.5(a)所示。二极管正向导通时，其正向压降为零；二极管反向截止时，认为反向电阻为无穷大，反向电流为零，称为理想二极管。此时，理想二极管相当于理想开关。该模型主要用于信号幅值远远大于二极管的导通压降、可以忽略二极管导通压降和反向电流的电路中。

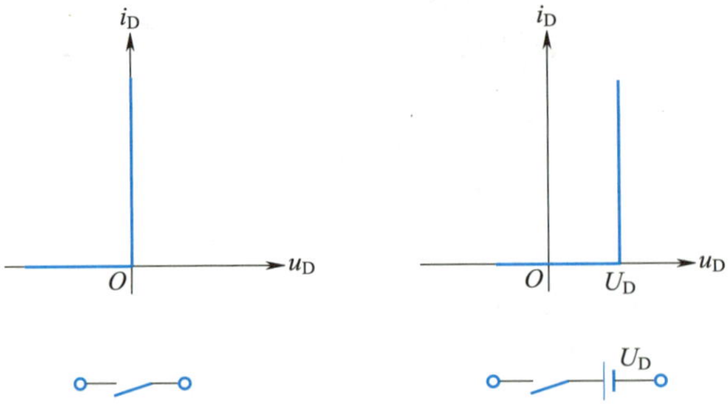

(a) 理想模型 (b) 恒压降模型

图 4.4.5 二极管的等效模型

2. 恒压降模型

二极管的恒压降模型如图 4.4.5(b)所示，认为二极管的正向压降为常数、反向电阻为无穷大、反向电流为零。此时，二极管可以用一个理想模型串联一个恒压源 U_D 表示。小功率硅管的导通压降 U_D 为 0.7 V。

3. 小信号模型

由直流电压源和低频交流小信号电压源共同激励的硅二极管应用电路如图 4.4.6(a)所示。图中点画线框内为线性电路，如果电路在交、直流电压源的共同激励下产生的电压响应如图 4.4.6(b)所示，那么二极管始终工作于其正向特性曲线的陡直区域(线性区)，如图 4.4.7 所示。这种情况下，可以将二极管这个非线性器件用线性等效电路模型替换，从而简化二极管应用电路的分析与计算。

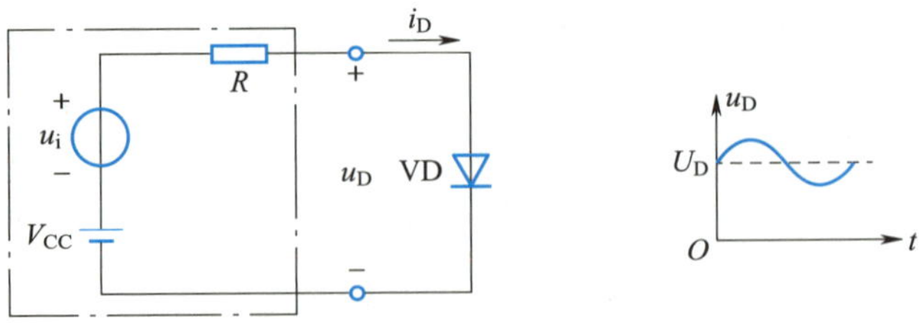

(a) 二极管应用电路 (b) 电压响应

图 4.4.6 二极管应用电路及工作波形

由图 4.4.7 可知，当交流信号源 $u_i=0$ 时，仅由直流电压源提供激励，电路中只有直流信号，此时电路处于直流工作状态(简称静态)，二极管的端压降 U_D 和流过二极管的正向电流 I_D 为图中 Q 点的值，因而 Q 点也称为电路的静态工作点。

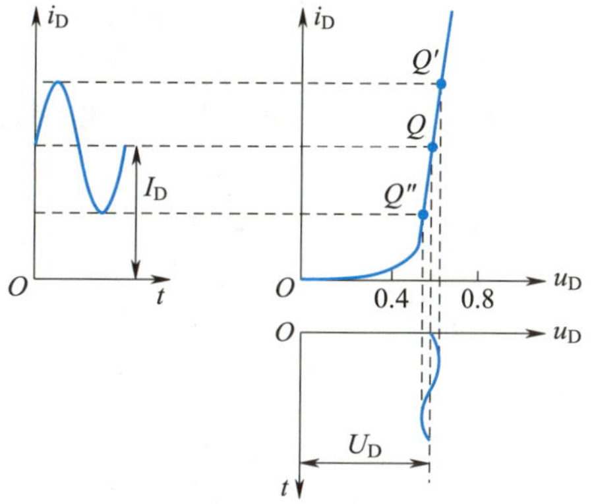

图 4.4.7 二极管应用电路动态工作情况的图解分析

依据直流信号流通的途径，画出该电路的直流等效电路(简称**直流通路**)如图 4.4.8(a)所示。同理，根据交流信号流通的途径，可以画出该电路的交流等效电路(简称**交流通路**)如图 4.4.8(b)所示。

求解直流等效电路可以确定二极管的静态工作点 $Q(U_D,I_D)$。在如图 4.4.6(a)所示电路中，二极管工作于正向特性曲线的陡直区域，利用二极管的恒压降模型，取其导通压降 $U_D=0.7$ V，则流过二极管的静态电流为

$$I_D=\frac{V_{CC}-U_D}{R}=\frac{V_{CC}-0.7\text{ V}}{R} \tag{4.4.1}$$

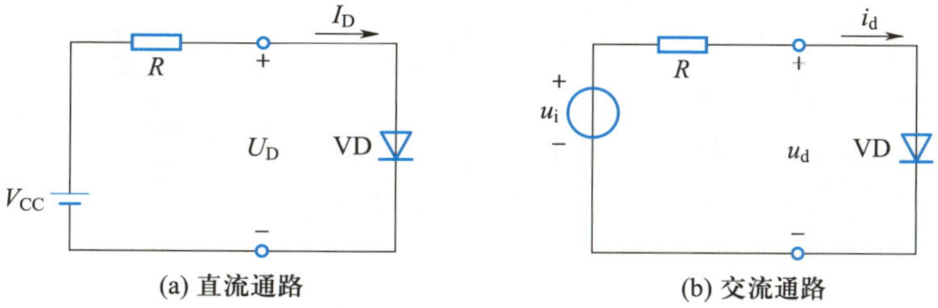

图 4.4.8 二极管应用电路的等效电路

在交流小信号 u_i 的作用下，电路的工作点沿二极管的伏安特性曲线，在 Q 点附近小范围内变化，可以将这一微小变化区间($Q'\sim Q''$)内的伏安特性曲线用过 Q 点的切线来近似，切线斜率的倒数就是二极管小信号模型中的动态电阻 r_d，如图 4.4.9 和图 4.4.10 所示。

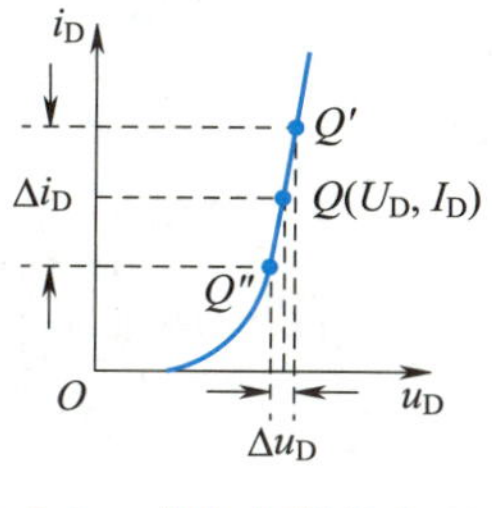

图 4.4.9 动态电阻的物理意义

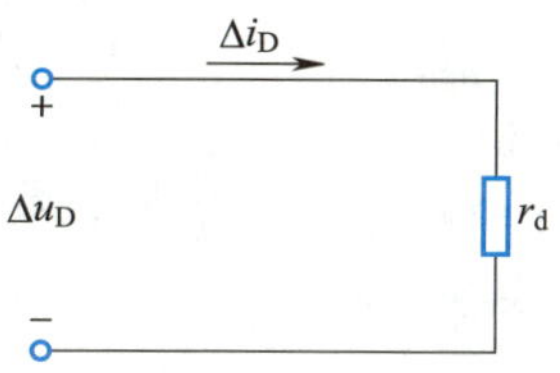

图 4.4.10 二极管的小信号模型

由图 4.4.9 可知，在静态工作点 $Q(U_D,I_D)$ 附近电压和电流的微小变化量分别为 Δu_D 和 Δi_D，则动态电阻 r_d 定义为

$$r_d=\frac{\Delta u_D}{\Delta i_D}\bigg|_Q \tag{4.4.2}$$

也可以通过二极管的伏安特性方程求得 r_d，对式(4.3.1)求导，得到微变电导

$$\frac{1}{r_d}=\frac{di_D}{du_D}\bigg|_Q=\frac{d[I_S(e^{\frac{u_D}{U_T}}-1)]}{du_D}\bigg|_Q\approx\frac{I_S e^{\frac{u_D}{U_T}}}{U_T}\bigg|_Q\approx\frac{I_{DQ}}{U_T}$$

由此可得

$$r_d\approx\frac{U_T}{I_{DQ}} \tag{4.4.3}$$

式中，I_{DQ} 为 Q 点的二极管静态电流；室温下（$T=300$ K），$U_T\approx26$ mV。

用二极管的小信号模型替代图 4.4.8(b)所示交流等效电路中的二极管，即可得到二极管应用电路的交流小信号等效电路（简称微变等效电路），如图 4.4.11 所示。

根据其微变等效电路，应用线性电路分析方法，可以求解二极管的交流电压 u_d 和交流电流 i_d。

$$u_d=\frac{r_d}{R+r_d}\times u_i$$

$$i_d=\frac{u_i}{R+r_d}$$

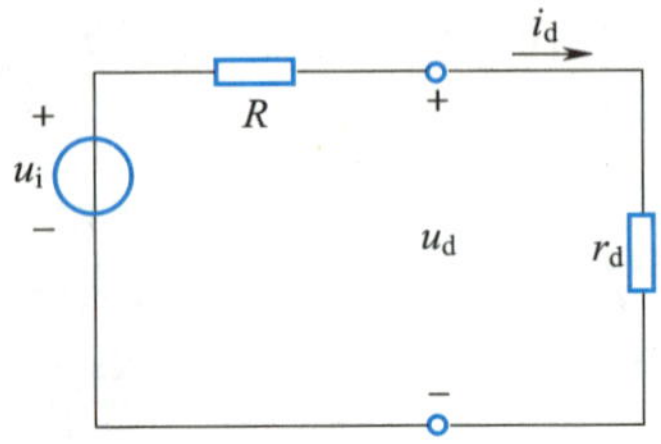

图 4.4.11 二极管应用电路的微变等效电路

【例 4.4.1】 在如图 4.4.12 所示的硅二极管应用电路中，输入交流信号的有效值 $U_i=6$ mV，求输出交流电压的有效值 U_o。设电容器的电容量足够大，对交流信号可视为短路。

微视频 4-3
例 4.4.1 精讲

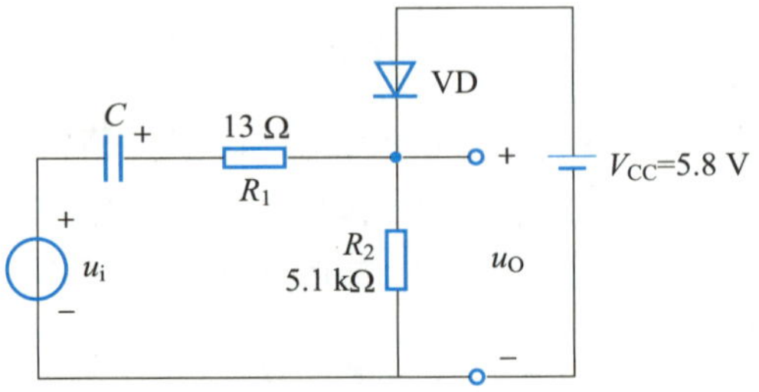

图 4.4.12 例 4.4.1 图

解 (1) 直流分析

如图 4.4.12 所示电路在直流稳态工作状态下电容相当于开路，其直流等效电路如图 4.4.13(a)所示。根据直流等效电路，得

$$I_D=\frac{V_{CC}-U_D}{R_2}=\frac{5.8\ \text{V}-0.7\ \text{V}}{5.1\ \text{k}\Omega}=1\ \text{mA}$$

$$U_O=V_{CC}-U_D=5.8\ \text{V}-0.7\ \text{V}=5.1\ \text{V}$$

(2) 交流分析

如图 4.4.12 所示电路的交流等效电路如图 4.4.13(b)所示。直流电压源的内阻很小，交流

信号在其上没有压降，相当于对交流短路。电容器的电容量足够大，其交流电抗约为零，相当于交流短路。在静态工作点 Q 附近二极管等效为动态电阻 r_d，其值为

$$r_d=\frac{U_T}{I_D}=\frac{26\ \mathrm{mV}}{I_D}=26\ \Omega$$

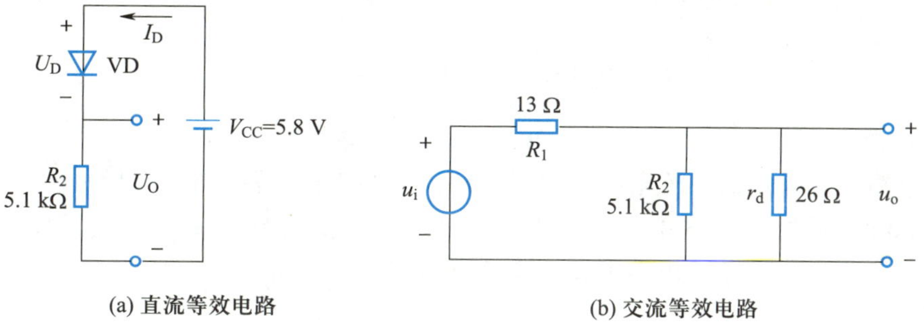

图 4.4.13 图 4.4.12 所示电路的直流等效电路和交流等效电路

则输出交流信号的有效值为

$$U_o=\frac{R_2/\!/r_d}{R_1+R_2/\!/r_d}U_i\approx\frac{r_d}{R_1+r_d}U_i=\frac{26\ \Omega}{13\ \Omega+26\ \Omega}\times 6\ \mathrm{mV}=4\ \mathrm{mV}$$

4.4.5 二极管基本应用电路

1. 整流电路

利用二极管的单向导电性，将交流电压转换成单向脉动的直流电压，称为整流。通常在整流电路中，二极管可视为理想二极管。

【例 4.4.2】 二极管构成的电路如图 4.4.14(a)所示。输入为工频交流电，它的有效值 $U_2=15$ V，频率 $f=50$ Hz。试画出输出电压波形，并计算输出电压的平均值。

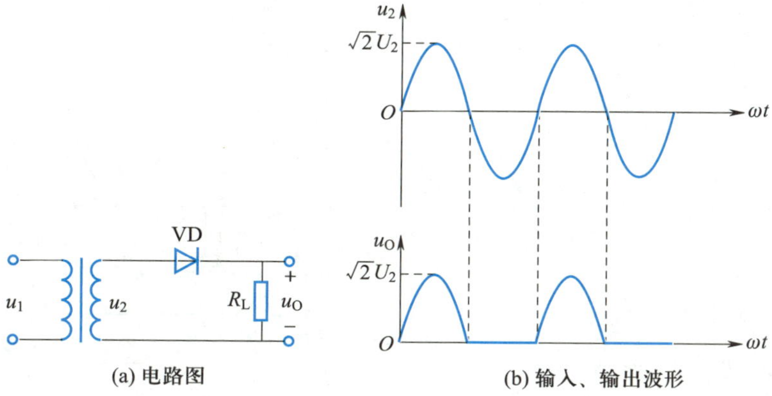

图 4.4.14 半波整流电路和输入、输出波形

解 因变压器二次电压的有效值为 15 V，远远大于二极管的正向压降，所以可以忽略二极管的正向压降，视其为理想二极管。在 u_2 的正半周，二极管 VD 导通，输出电压 $u_O=u_2$。在 u_2 的

负半周,二极管 VD 截止,输出电压 $u_O=0$ V。其输入、输出电压波形如图 4.4.14(b)所示。该电路称为半波整流电路,将正弦交流电压转换成单向脉动的直流电压。

对输出电压进行积分,可求出输出电压的平均值

$$U_{O(AV)}=\frac{1}{2\pi}\int_0^{2\pi}\sqrt{2}U_2\sin\omega t\mathrm{d}(\omega t)=\frac{1}{2\pi}\int_0^{\pi}\sqrt{2}U_2\sin\omega t\mathrm{d}(\omega t)$$

$$=\frac{\sqrt{2}}{\pi}U_2\approx 0.45U_2=6.75\ \mathrm{V}$$

2. 限幅电路

在电子电路中常采用二极管限幅电路,使信号在预定电平范围内有选择地传输一部分信号。

【例 4.4.3】 在图 4.4.15 中,$V_{CC}=5$ V,$u_i=10\sin\omega t$ V,二极管 VD 的导通压降为 0.7 V,试分别画出对应图 4.4.15(a)、(b)电路的输出电压 u_O 的波形。

微视频 4-4
例 4.4.3 精讲

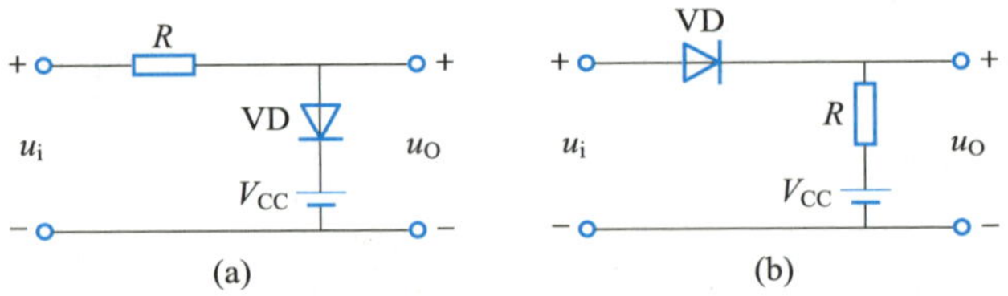

图 4.4.15　例 4.4.3 电路图

解　根据题意,图中二极管 VD 导通压降为 0.7 V,可以看成恒压降模型,反向电流为 0 A。

对于图(a),当 $u_i>(V_{CC}+U_D)$ 时,二极管导通,所以输出电压 $u_O=V_{CC}+U_D$;当 $u_i\leqslant(V_{CC}+U_D)$ 时,二极管截止,$u_O=u_i$。输出电压 u_O 的波形如图 4.4.16(a)所示。

对于图(b),当 $u_i>(V_{CC}+U_D)$ 时,二极管导通,这时 $u_O=u_i-U_D$;当 $u_i\leqslant(V_{CC}+U_D)$ 时,二极管截止,$u_O=V_{CC}$。输出电压 u_O 的波形如图 4.4.16(b)所示。

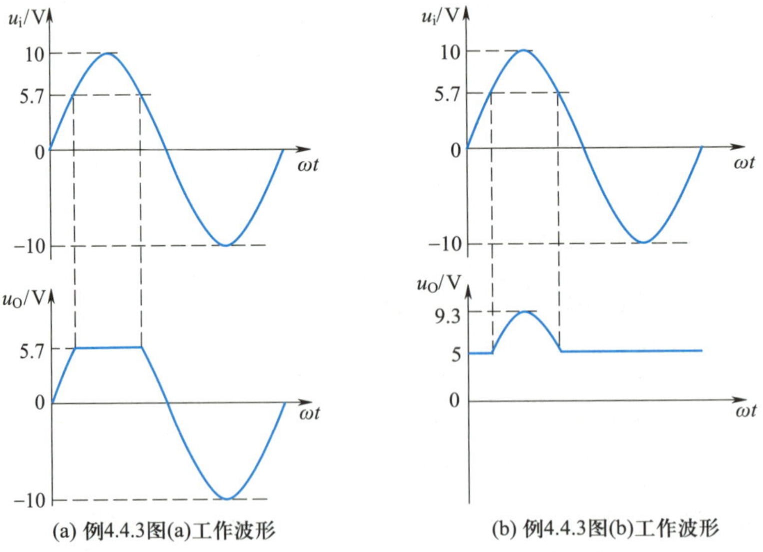

图 4.4.16　例 4.4.3 解图

3. 开关电路

在数字电路中,利用二极管的单向导电性可以制作二极管**与**门电路,如图 4.4.17 所示,设二极管导通压降为 0.7 V。

当输入 $u_A=u_B=u_C=5$ V 时,二极管均处于反偏截止状态,输出 $u_P=5$ V;当 u_A、u_B 和 u_C 三个输入信号中至少有一个输入 0 V 时,则 0 V 输入端所连接的二极管正偏导通,其余 5 V 输入端所连接的二极管反偏截止,由电路理论分析可知,电路的输出电压 u_P 被钳制在 0.7 V。以此类推,将输入端 u_A、u_B 和 u_C 的所有取值组合代入电路进行分析,结果如表 4.4.1 所示。

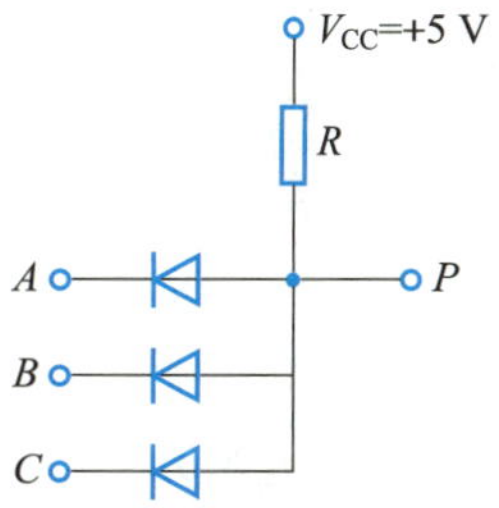

图 4.4.17 二极管与门

表 4.4.1 与门的输入、输出电压关系

u_C/V	u_B/V	u_A/V	u_P/V
0	0	0	0.7
0	0	5	0.7
0	5	0	0.7
0	5	5	0.7
5	0	0	0.7
5	0	5	0.7
5	5	0	0.7
5	5	5	5

由表 4.4.1 可知,图 4.4.17 所示电路只有输入全为高电平(5 V)时,输出才为高电平(5 V);只要其中一个输入端输入低电平(0 V),输出就必为低电平(0.7 V)。该电路实现了数字电路中的**与**逻辑运算功能(请参阅教材《数字电子技术基础》的讲解)。

4. 绝对值电路

绝对值电路,也称为精密整流电路,其基本的传输特性是:当输入 $u_I>0$ 时,电路的输出为 $u_O=u_I$;当输入电压 $u_I<0$ 时,则 $u_O=-u_I$。因此当电路输入电压为正弦波时,在该电路的输出端可以得到全波输出波形,如图 4.4.18 所示,实现了交流-直流的转换。

微视频 4-5
绝对值电路

(1) 反相输入绝对值电路

反相输入绝对值电路如图 4.4.19 所示。运用 2.6.3 节的"瞬时极性法"判断电路中的反馈极性,可知该电路引入了负反馈,可以运用"虚短"和"虚断"的概念分析电路的工作原理。

① 当输入电压 $u_I<0$ 时,$u_{O1}>0$,则 VD_1 导通,VD_2 截止,如图 4.4.20(a)所示。由于运放 A_1、A_2 的反相输入端均为"虚地",所以 $u_A=0$。运放 A_2 只有一路输入 u_I,构成反相比例运算电路,则有

$$u_O=-\frac{2R}{2R}u_I=-u_I$$

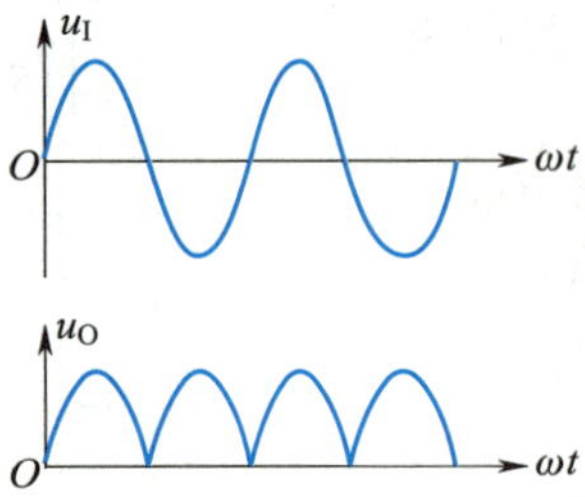

图 4.4.18 绝对值电路的工作波形

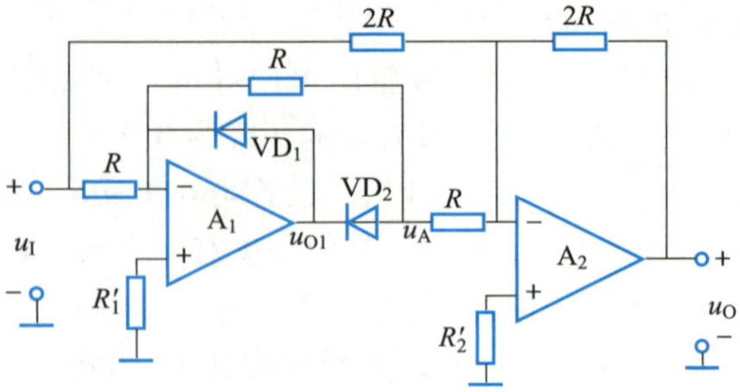

图 4.4.19 反相输入绝对值电路

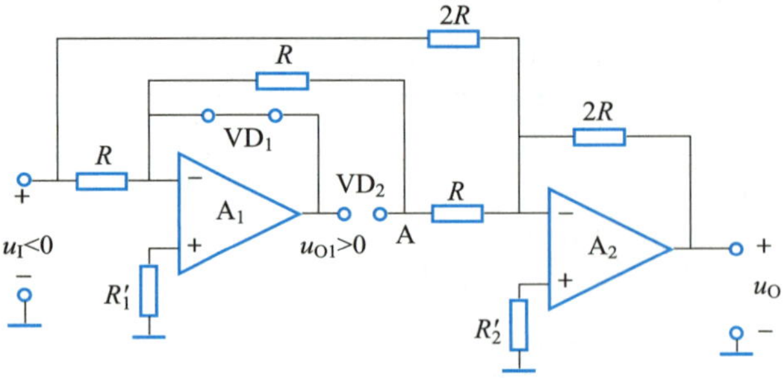

(a) $u_I<0$时的等效电路

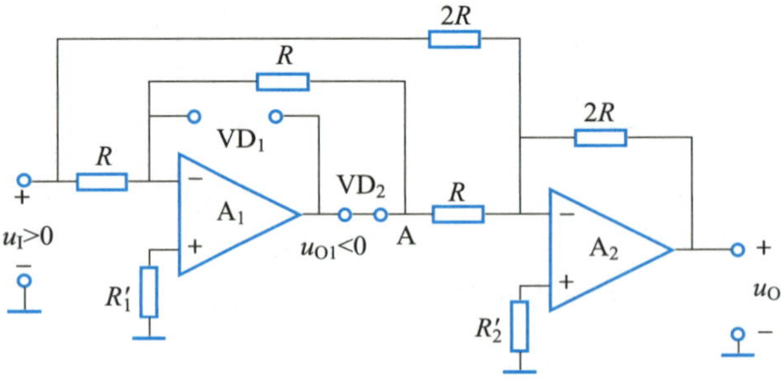

(b) $u_I>0$时的等效电路

图 4.4.20 反相输入绝对值电路的等效电路

② 当输入电压 $u_I>0$ 时，$u_{O1}<0$，则 VD_1 截止，VD_2 导通，如图 4.4.20(b)所示。所以

$$u_A=u_{O1}=-\frac{R}{R}u_I=-u_I$$

此时运放 A_2 构成反相求和比例运算电路，其输出电压为

$$u_O=-\left(\frac{u_I}{2R}+\frac{u_A}{R}\right)2R=-u_I+2u_I=u_I$$

综合以上两点可知，无论 u_I 为正或为负，u_O 都恒为正，即

$$u_O=|u_I| \tag{4.4.4}$$

整流电路也可用二极管实现，如 10.3 节所述，但是在小信号整流的过程中，二极管的导通压降会使电路输出产生死区和误差。绝对值电路将二极管引入到运算放大器的反馈通路中可以消

除这个缺点，因此被称为精密整流。反相输入绝对值电路的输入电阻较小，当需要高输入阻抗时，应采用同相输入绝对值电路。

(2) 同相输入绝对值电路

同相输入绝对值电路如图 4.4.21 所示，运用“瞬时极性法”判断电路中的反馈极性，可知该电路同样引入了负反馈，其基本工作原理如下：

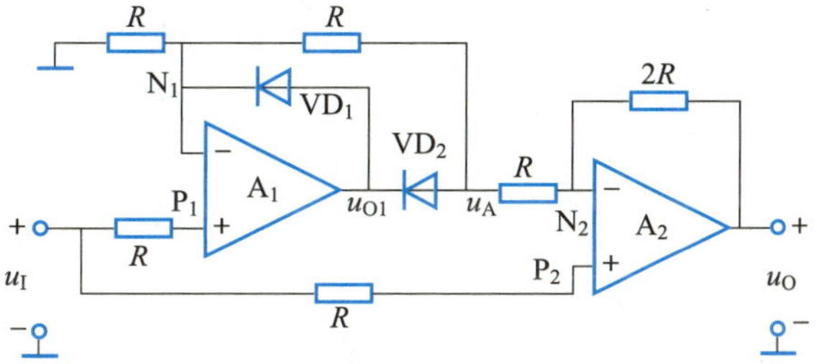

图 4.4.21 同相绝对值电路

① 当输入电压 $u_I>0$ 时，$u_{O1}>0$，则 VD_1 导通，VD_2 截止，等效电路如图 4.4.22(a)所示。运放 A_1 处于电压跟随状态，$u_{O1}=u_I$；运放 A_2 构成差分比例运算电路。

根据运放的“虚断”和“虚短”的概念，可以得到

$$u_{N1}=u_{P1}=u_I$$

$$u_{N2}=u_{P2}=u_I$$

$$u_A=u_I$$

于是

$$u_O=u_I$$

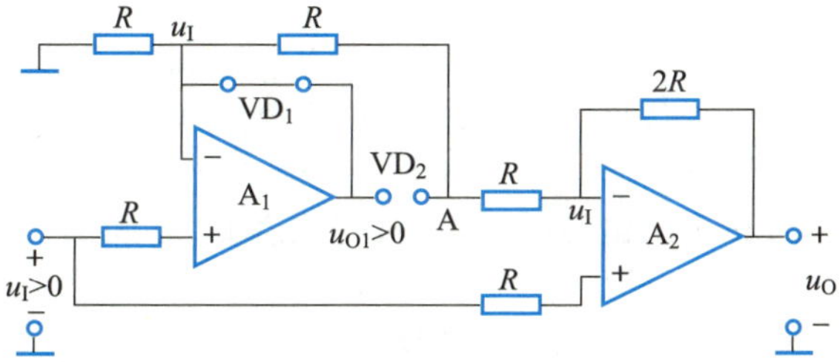

(a) $u_I>0$时的等效电路

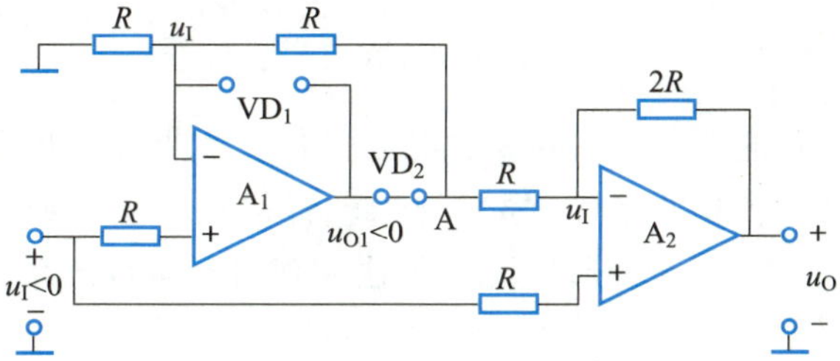

(b) $u_I<0$时的等效电路

图 4.4.22 同相输入绝对值电路的等效电路

② 当输入电压 $u_I<0$ 时，$u_{O1}<0$，则 VD_1 截止，VD_2 导通，A_1 构成同相比例运算电路，如图 4.4.22(b)所示。于是

$$u_A=\left(1+\frac{R}{R}\right)u_I=2u_I$$

对于 A_2 构成的差分比例运算电路，在其反相输入端列节点电流方程，可得

$$\frac{u_A-u_I}{R}=\frac{u_I-u_O}{2R}$$

进一步整理可得

$$u_O=-u_I$$

综合以上两点可知

$$u_O=|u_I|$$

该电路也是绝对值运算电路，且由于采用同相输入方式，电路的输入电阻较大。

5. 对数与反对数运算电路

对数和指数运算电路也是在反相比例运算电路的基础上，将非线性元件——二极管或晶体管分别接入反馈回路或输入回路，利用 PN 结在正偏时的伏安特性实现对数和指数运算关系。这两种运算电路主要用于信号的压缩与扩展，也可以与加减运算电路组合构成函数信号发生器以及实现乘法、除法、乘方和平方根等运算。

(1) 对数运算电路

在反相比例运算电路中，将反馈电阻用二极管代替，可构成对数运算电路，如图 4.4.23 所示。

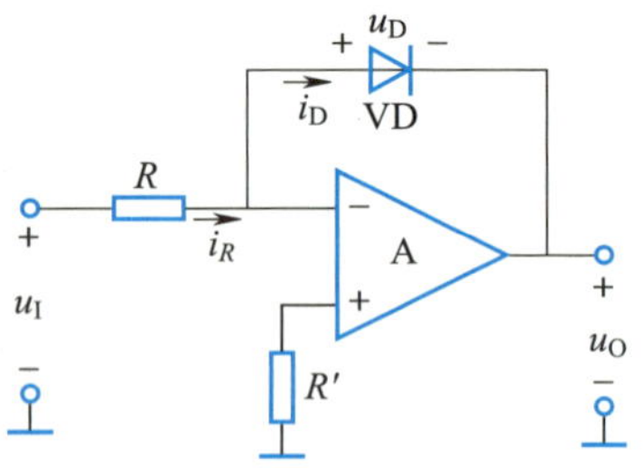

图 4.4.23　对数运算电路

当 $u_I>0$ 时，二极管处于正偏工作状态，VD 导通，构成负反馈回路；由“虚短”和“虚断”的概念可得

$$i_D=i_R=\frac{u_I}{R} \tag{4.4.5}$$

$$u_O=-u_D \tag{4.4.6}$$

已知二极管正偏导通时，其正向电流 i_D 与其两端压降 u_D 之间的伏安特性方程为

$$i_D\approx I_S e^{\frac{u_D}{U_T}} \tag{4.4.7}$$

联立式(4.4.5)~式(4.4.7)，解得

$$u_O\approx -U_T\ln\frac{u_I}{I_S R} \tag{4.4.8}$$

式(4.4.8)表明，该电路的输出 u_O 是 u_I 的对数函数。值得注意的是，该电路只能实现单象限的函数关系，即只有满足 $u_I>0$ 的条件，导通的二极管构成负反馈回路时，对数运算关系才成立；若 $u_I<0$，则二极管截止，电路处于开环状态，无法实现对数函数关系。

(2) 指数运算电路

将对数运算电路中的二极管 VD 和电阻 R 位置互换，可得如图 4.4.24 所示的指数运算电路，也称反对数运算电路。

与对数运算电路相同，该电路也必须满足 $u_I>0$ 的条件。当二极管导通时，根据“虚短”和“虚断”的概念，可得

$$i_D=i_R=\frac{-u_O}{R}\approx I_S e^{\frac{u_D}{U_T}} \tag{4.4.9}$$

$$u_I=u_D \tag{4.4.10}$$

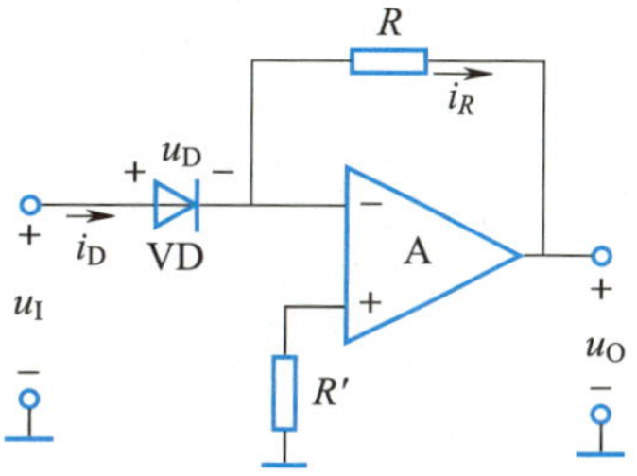

图 4.4.24 指数运算电路

联立式(4.4.7)、式(4.4.9)和式(4.4.10)，解得电路的输出电压为

$$u_O=-i_R R=-i_D R\approx -RI_S e^{\frac{u_I}{U_T}} \tag{4.4.11}$$

由式(4.4.11)可知，u_O 是 u_I 的指数函数。

应当指出，在式(4.4.8)和式(4.4.11)中二极管的反向饱和电流 I_S 和温度的电压当量 U_T 都是温度的函数。因此，这两种运算电路的温度稳定性很差，实用电路中必须加以温度补偿。

思考题

4-4-1 半导体二极管有哪几种结构类型？各适用于哪些应用场合？

4-4-2 如何用数字万用表的电阻挡确定二极管的阳极和阴极？

4-4-3 二极管的伏安特性曲线分为哪几段？各有什么特点？

4-4-4 当温度升高时，二极管的伏安特性曲线如何变化？

4-4-5 说明二极管的理想模型、恒压降模型和小信号模型各适用于什么场合。

4-4-6 用对数、指数和加法运算电路如何实现乘法运算？

4-4-7 若将图 4.4.23 中的二极管反接，能否构成对数运算电路？此时对输入信号有什么要求？

4.5 稳压二极管

稳压二极管是一种利用特殊工艺制造的面接触型硅半导体二极管，其在反向击穿时，在一定的电流范围内具有稳压特性，广泛应用于限幅电路和直流电源的稳压电路之中。

1. 稳压二极管的伏安特性

稳压二极管简称稳压管，其符号如图 4.5.1(a)所示，伏安特性曲线如图 4.5.1(b)所示。稳压二极管的伏安特性与普通二极管相似，若稳压二极管外加反向电压，当反向电压增大到反向击穿电压时，稳压二极管反向击穿。此时如果将反向电流控制在一定范围内，其反向击穿特性陡直，几乎平行于纵轴，呈现很好的稳压特性。

2. 稳压二极管的主要参数

(1) 稳定电压 U_Z

稳定电压 U_Z 是在规定电流下稳压管的反向击穿电压。例如，稳压二极管 2CW52 的稳定电压为 3.2~4.5 V。

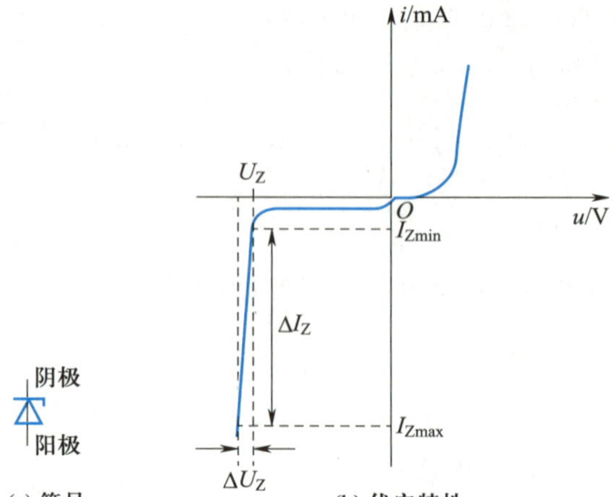

(a) 符号　　(b) 伏安特性

图 4.5.1　稳压二极管的符号及伏安特性

（2）稳定电流 I_{Zmin} 和 I_{Zmax}

I_{Zmin} 是稳压管工作在稳压状态时的最小稳定工作电流。当反向电流 $I_Z<I_{Zmin}$ 时，稳压管处于反向截止状态，没有稳压特性。I_{Zmax} 是稳压管工作在稳压状态时的最大稳定工作电流。当反向电流 $I_Z>I_{Zmax}$ 时，稳压管可能被烧毁。例如，稳压二极管 2CW52 的 $I_{Zmin}=10$ mA，$I_{Zmax}=55$ mA。

（3）额定功耗 P_{Zmax}

稳压管的额定功耗 $P_{Zmax}=U_Z\times I_{Zmax}$。稳压管的管耗超过 P_{Zmax} 时，会因结温过高而烧毁。由额定功耗可以确定稳压管的最大工作电流 $I_{Zmax}=\dfrac{P_{Zmax}}{U_Z}$。例如，稳压二极管 2CW52 的 $P_{Zmax}=0.25$ W。

（4）动态电阻 r_Z

稳压管工作在稳压区时，稳压管两端电压的变化量与其电流变化量之比，即

$$r_Z=\frac{\Delta U_Z}{\Delta I_Z}$$

可见，r_Z 越小，稳压管的稳压性能越好。一般 r_Z 从几欧至几十欧。例如，稳压二极管 2CW52 的 $r_Z<70\ \Omega$。

（5）温度系数 α

温度系数 α 表示温度变化 1 ℃时，稳压值 U_Z 的变化率。当稳压值 $U_Z<4$ V 时，齐纳击穿占主导地位，温度系数 α 为负值；当稳压值 $U_Z>7$ V 时，雪崩击穿占主导地位，温度系数 α 为正值；当稳压值为 4～7 V 时，齐纳击穿、雪崩击穿均有，温度系数 α 近似为零。例如稳压二极管 2CW52 的 $\alpha\geqslant-8\times10^{-4}\ \text{V}\cdot℃^{-1}$。

微视频 4-6
稳压二极管的稳压原理

3. 稳压二极管稳压电路

稳压二极管组成的稳压电路如图 4.5.2 所示。该电路由稳压二极管 VD_Z、限流电阻 R 和负载电阻 R_L 组成。限流电阻 R 的作用是使稳压二极管 VD_Z 工作在稳压区，即电路的工作电流 $I_{Zmin}\leqslant I_Z\leqslant I_{Zmax}$，同时保护稳压二极管不会过流损坏。该电路负载 R_L 与稳压管两端并联，因而称为并联型稳压电路。

（1）稳压原理

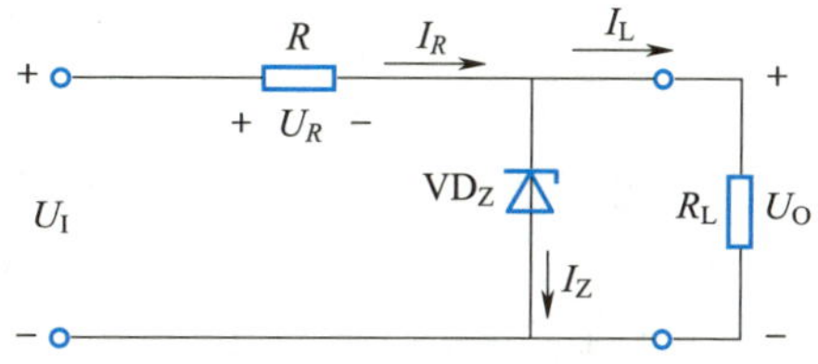

图 4.5.2　稳压二极管稳压电路

稳压二极管稳压电路的作用是当输入电压 U_I 发生变化或负载电阻 R_L 发生变化时，负载上的电压 U_O 基本保持不变。以下分两种情况来讨论其稳压原理。

若输入电压 U_I 发生变化，负载电阻 R_L 不变。设 U_I 增大，输出电压 U_O 也将随之上升，稳压管的工作电流 I_Z 也随之急剧增加。因为 $I_R=I_Z+I_L$，所以 I_R 增大，U_R 增大，从而使 U_O 减小。只要参数选择合适，U_R 的电压增量就可以与 U_I 的电压增量相等，从而使 U_O 基本不变。具体稳压过程如下：

$$U_I\uparrow \longrightarrow U_O\uparrow \longrightarrow I_Z\uparrow \longrightarrow I_R\uparrow \longrightarrow U_R\uparrow \longrightarrow U_O\downarrow$$

若输入电压 U_I 不变，负载电阻 R_L 变小，根据串联分压原理可知，输出电压 U_O 减小，使 I_Z 急剧减小，于是 I_R 减小，$U_R=I_RR$ 减小，U_O 增大。通过稳压电路的调节，U_O 保持基本不变，其稳压过程如下：

$$R_L\downarrow \longrightarrow U_O\downarrow \longrightarrow I_Z\downarrow \longrightarrow I_R\downarrow \longrightarrow U_R\downarrow \xrightarrow{U_I\text{ 不变}} U_O\uparrow$$

综上所述，在稳压二极管稳压电路中，利用稳压二极管的电流调节作用，通过限流电阻 R 上的电压变化进行补偿，实现稳压的目的。显然，稳压二极管的击穿特性越陡（即动态电阻越小），稳压性能越好。这是一个有差调节系统，即最终稳压值与理想值存在一定的偏差，$U_O\approx U_Z$。

（2）限流电阻的确定

限流电阻的选择必须使稳压管的工作电流在最大稳定工作电流和最小稳定工作电流之间，即 $I_{Zmin}\leqslant I_Z\leqslant I_{Zmax}$，稳压管工作于电击穿状态。稳压管的工作电流小于 I_{Zmin}，稳压性能变坏；稳压管的工作电流大于 I_{Zmax}，稳压二极管的功耗超标，损伤器件。

由图 4.5.2 可知

$$\begin{cases} I_R=\dfrac{U_I-U_Z}{R} \\ I_Z=I_R-I_L \end{cases}$$

所以可得

$$I_Z=I_R-I_L=\frac{U_I-U_Z}{R}-I_L$$

当输入电压 U_I 最大且负载电流最小时，流过稳压管的电流 I_Z 最大，此时 I_Z 应小于等于 I_{Zmax}，则得到

$$\frac{U_{Imax}-U_Z}{R}-I_{Lmin}\leqslant I_{Zmax} \tag{4.5.1}$$

当输入电压 U_I 最小且负载电流最大时，流过稳压管的电流 I_Z 最小，此时 I_Z 应大于等于 I_{Zmin}，则得到

$$\frac{U_{\mathrm{Imin}}-U_{\mathrm{Z}}}{R}-I_{\mathrm{Lmax}} \geqslant I_{\mathrm{Zmin}} \tag{4.5.2}$$

联立式(4.5.1)和式(4.5.2),解方程组得

$$R_{\min} \leqslant R \leqslant R_{\max} \tag{4.5.3}$$

式中,$R_{\max}=\dfrac{U_{\mathrm{Imin}}-U_{\mathrm{Z}}}{I_{\mathrm{Zmin}}+I_{\mathrm{Lmax}}}$,$R_{\min}=\dfrac{U_{\mathrm{Imax}}-U_{\mathrm{Z}}}{I_{\mathrm{Zmax}}+I_{\mathrm{Lmin}}}$。

【例 4.5.1】 在图 4.5.2 中,设 $U_{\mathrm{I}}=30\ \mathrm{V}$ 且波动范围为 ±10%,稳压管的稳压值 $U_{\mathrm{Z}}=12\ \mathrm{V}$,$I_{\mathrm{Zmin}}=5\ \mathrm{mA}$,$I_{\mathrm{Zmax}}=20\ \mathrm{mA}$,输出电流 I_{L} 为 0~5 mA。试计算限流电阻 R 的取值范围。

解 ① 当 U_{I} 最大,I_{L} 最小时,I_{Z} 最大,此时要求 $I_{\mathrm{Z}} \leqslant I_{\mathrm{Zmax}}$,即

$$\frac{U_{\mathrm{Imax}}-U_{\mathrm{Z}}}{R}-I_{\mathrm{Lmin}} \leqslant I_{\mathrm{Zmax}}$$

求得

$$R \geqslant \frac{U_{\mathrm{Imax}}-U_{\mathrm{Z}}}{I_{\mathrm{Zmax}}+I_{\mathrm{Lmin}}}=\frac{33\ \mathrm{V}-12\ \mathrm{V}}{20\ \mathrm{mA}}=1.05\ \mathrm{k\Omega}$$

② 当 U_{I} 最小,I_{L} 最大时,I_{Z} 最小,此时要求 $I_{\mathrm{Z}} \geqslant I_{\mathrm{Zmin}}$,即

$$\frac{U_{\mathrm{Imin}}-U_{\mathrm{Z}}}{R}-I_{\mathrm{Lmax}} \geqslant I_{\mathrm{Zmin}}$$

$$R \leqslant \frac{U_{\mathrm{Imin}}-U_{\mathrm{Z}}}{I_{\mathrm{Zmin}}+I_{\mathrm{Lmax}}}=\frac{27\ \mathrm{V}-12\ \mathrm{V}}{5\ \mathrm{mA}+5\ \mathrm{mA}}=1.5\ \mathrm{k\Omega}$$

计算可得限流电阻取值范围为 $1.05\ \mathrm{k\Omega} \leqslant R \leqslant 1.5\ \mathrm{k\Omega}$,可取 $R=1.2\ \mathrm{k\Omega}$。

(3) 基准稳压二极管

基准稳压二极管简称基准源。基准源一般是指击穿电压十分稳定,电压温度系数经过补偿了的稳压二极管。基准源也称为参考源。这种稳压二极管采用一种埋层工艺,稳压性能优良,有的还加入温度控制电路,使其电压温度系数小于 $10^{-6}\ ℃^{-1}$。典型的基准稳压源见表 4.5.1。

表 4.5.1　典型基准稳压源

型号	稳定电压/V	工作电流/mA	电压温度系数/($10^{-6}\cdot ℃^{-1}$)
MC1403	2.5±1%	1.2	10~100
LM136/236/336	2.5 5.0	0.4~10	30
TL431	2.5~36	0.4~100	50
LM3999	±6.95±5%	10	5
AD2710K/L	10.000±1 mV	10	2/1
MAX676	4.096±0.01%	5	1
MAX677	5.000±0.01%	5	1
MAX678	10.000±0.01%	5	1

TO-92 封装的基准稳压源 LM336 有 3 个管脚，1 管脚为微调端，2 管脚为 V+端，3 管脚为 V-端。基准稳压源 LM336 的典型电路如图 4.5.3 所示。R_1 起限流作用，保证基准稳压源 LM336 工作在稳定工作电流范围内（推荐 1～5 mA）。R_1 太大，LM336 就不能工作在反向击穿段，稳压效果不好。R_1 太小，回路电流太大，LM336 可能烧毁。通过调整 R_2 电位器，可以调整输出电压。为了获得比较理想的电压调整范围，R_2 的取值为 10～20 kΩ 比较适中。

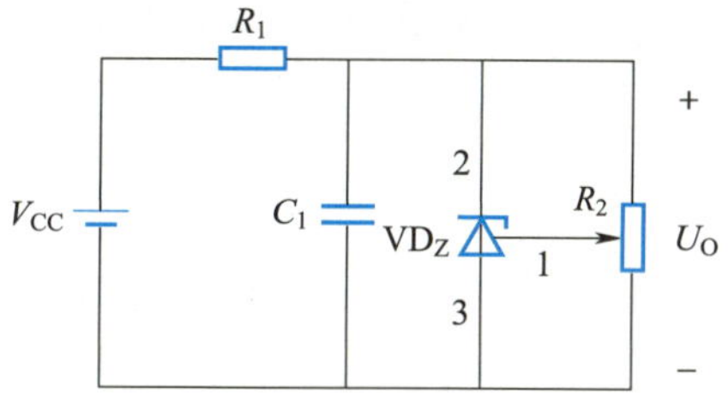

图 4.5.3 基准稳压源 LM336 的典型电路

思考题

4-5-1 是否可以利用 PN 结的正向特性制作稳压管？

4-5-2 为什么稳压管通常由硅材料制作？

4-5-3 在稳压管稳压电路中限流电阻起什么作用？限流电阻的取值对稳压电路的稳压效果和稳压管的安全工作有何影响？

4.6 其他类型二极管

1. 发光二极管

发光二极管通常用砷化镓、磷化镓和磷砷化镓等化合物制成，其符号如图 4.6.1 所示。发光二极管也具有单向导电性。当发光二极管外加正向电压，使得正向电流足够大时才发光。构成发光二极管的材料不同，发出光的波长不同，光的颜色也就不相同。发光二极管可以发出红外光及红色、黄色、绿色、蓝色和白色光。红色发光二极管的开启电压为 1.6～1.8 V，黄色发光二极管的开启电压为 2.0～2.4 V，绿色发光二极管的开启电压为 2.2～2.4 V。正向电流越大，发光越强。使用时，不要超过最大功耗、最大正向电流和反向击穿电压等极限参数。发光二极管被广泛用作显示器件。

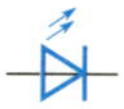
图 4.6.1 发光二极管的符号

2. 光电二极管

光电二极管是远红外线接收管，是一种光能与电能进行转换的器件。在无光照的情况下，光电二极管具有单向导电性。当光电二极管外加正向电压时，其伏安特性与普通二极管相同，其电流与电压呈指数关系；当光电二极管外加反向电压时，其反向电流（称为暗电流）与照度成正比，其特性曲线是一组近似平行于横轴的直线。光电二极管的符号如图 4.6.2(a) 所示，其特性曲线如图 4.6.2(b) 所示。

光电二极管外加反向电压的电路如图 4.6.3 所示，光电二极管的反向电流与光照的照度成正比，电阻 R 将电流的变化转换成电压的变化，这样就可以将光信号转换成电信号。在光电传输系统中，可以利用发光二极管将电信号转换成光信号，通过光缆传输，然后再用光电二极管将光信号转换成电信号。

红外发光二极管与红外接收管可以组成光电对管（如 RPR220），也称光电传感器。红外发光二极管的管压降约为 1.4 V，工作电流一般小于 20 mA。红外发光二极管发出红外光，红外接收管接收到红外光时,其输出电平和电流发生变化。光电对管的实用电路如图 4.6.4 所示。

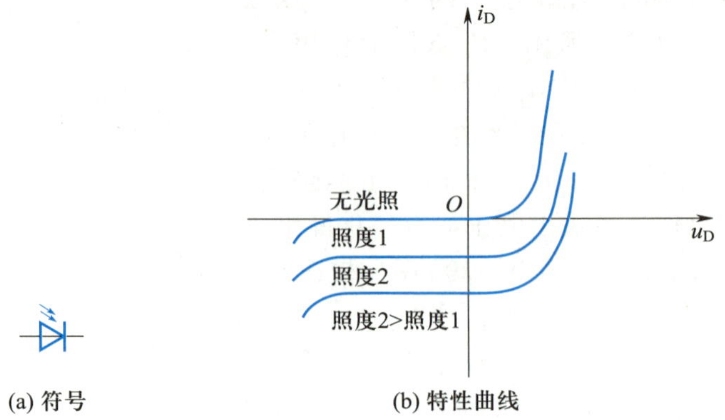

图 4.6.2　光电二极管的符号和特性曲线

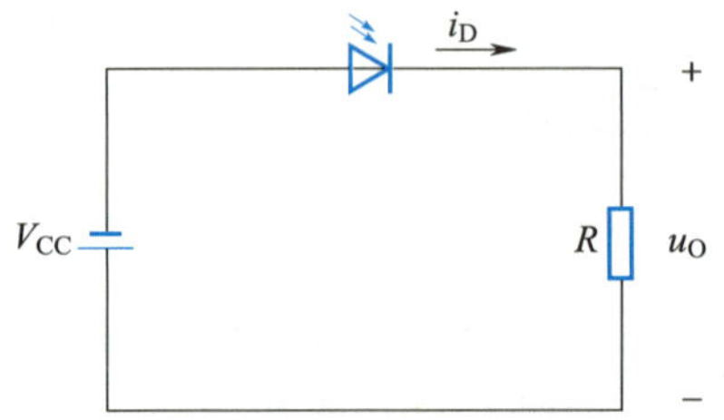

图 4.6.3　光电二极管外加反向电压的电路

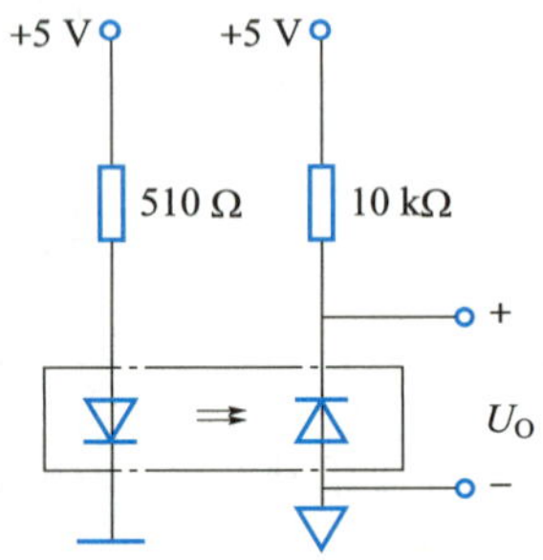

图 4.6.4　光电对管实用电路

3. 激光二极管

激光二极管的物理结构是在发光二极管的结间安置一层具有光活性的半导体,其端面经过抛光后具有部分反射功能,形成光谐振腔。在正向偏置情况下,PN 结发射出光,并与光谐振腔相互作用,发射出单波长的光。同时,光在光谐振腔中产生振荡并被放大,形成激光。激光二极管主要发射红外线。光电二极管可以接收激光二极管所产生的相干单色光信号。

激光二极管的符号如图 4.6.5 所示。激光二极管在小功率光电设备中得到广泛的应用,如计算机上的光盘驱动器、激光打印机中的打印头等。

4. 肖特基二极管

肖特基二极管是利用金属与 N 型半导体之间的接触势垒而制成的二极管,其符号如图 4.6.6 所示,阳极连接金属,阴极连接 N 型半导体。

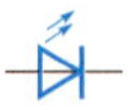

图 4.6.5　激光二极管的符号

图 4.6.6　肖特基二极管的符号

肖特基二极管满足 PN 结的电流方程,其伏安特性与普通二极管相似。肖特基二极管的特殊结构使其具有如下特点:

① 肖特基二极管的电容效应非常小，工作速度非常快，特别适合于高频或开关电路。

② 肖特基二极管的开启电压和正向导通压降都比普通硅二极管略低，大约低 0.2 V。

③ 肖特基二极管的反向击穿电压比较低，一般不高于 60 V，最高约 100 V，且反向饱和电流比普通二极管大。

5. 变容二极管

PN 结结电容的大小除了与材料、结构、尺寸和工艺有关外，还与外加电压有关。利用 PN 结的结电容随反向电压的增加而减小的特点可以制作成变容二极管，其符号如图 4.6.7 所示。变容二极管的电容一般为 5~300 pF。变容二极管的电容最大值与最小值之比称为变容比，其值可达 20 以上。变容二极管常用于彩色电视机的电子调谐器，通过改变变容二极管的结电容来改变谐振频率，从而实现频道的选择。

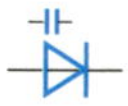

图 4.6.7 变容二极管的符号

思考题

4-6-1 简述激光二极管的工作原理，它适用于什么场合？

4-6-2 简述肖特基二极管的工作原理，它适用于什么场合？

4-6-3 简述变容二极管的工作原理，它适用于什么场合？

4.7 二极管特性及其应用电路的仿真研究

4.7.1 二极管的单向导电性仿真研究

1. 研究内容

研究二极管的单向导电性。

2. 仿真电路

采用 Multisim 仿真软件，研究二极管单向导电性的电路如图 4.7.1 所示。仿真电路中二极管选用 1N4001，输入端加上有效值为 5 V、频率为 1 kHz 的正弦信号，输出端接 1 kΩ 负载电阻。双踪示波器 XSC1 的 A 通道测量输入信号，B 通道测量电阻 R_1 上的输出信号。开启仿真开关，用示波器观察输入、输出波形。

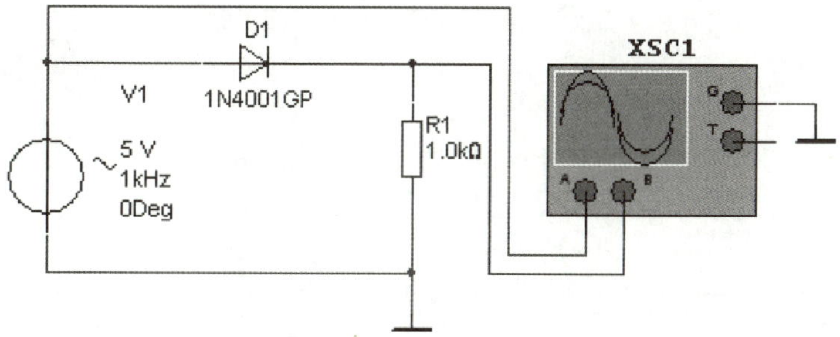

图 4.7.1 二极管的仿真电路

3. 仿真结果

双踪示波器 XSC1 的 A 通道和 B 通道的输入信号和输出信号波形如图 4.7.2 所示。由图 4.7.2 可知,当输入正弦信号时,经过二极管后输出信号为单向脉动电压。

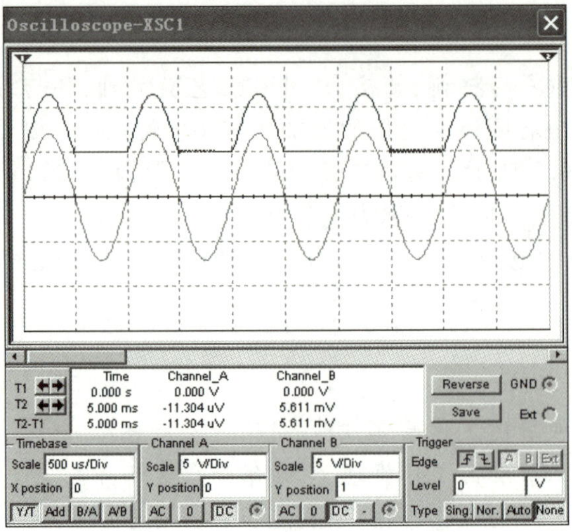

图 4.7.2　二极管电路输入/输出波形

4. 结论

仿真结果表明:二极管具有单向导电性。二极管外加正向电压时,处于导通状态,呈低阻性;二极管外加反向电压时,处于截止状态,呈高阻性。

4.7.2　绝对值电路工作特性的研究

1. 研究内容

研究绝对值电路的工作特性,即二极管的导通压降不会引起电路输出的死区和误差。设电路输入的交流电压小于 0.7 V,用示波器观察输入、输出电压波形。

2. 仿真电路

同相输入的绝对值电路如图 4.7.3 所示。

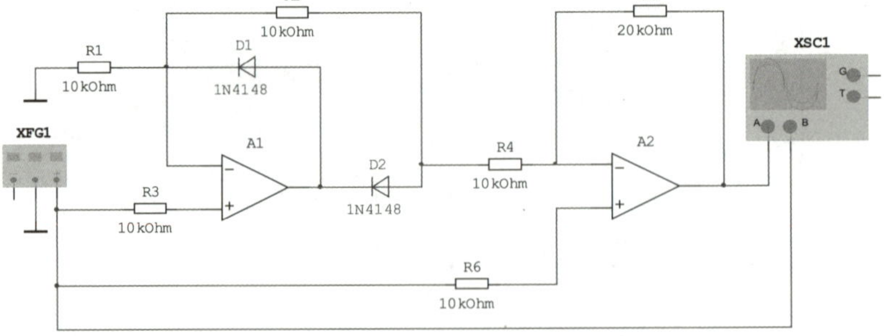

图 4.7.3　同相输入的绝对值电路图

3. 仿真结果

调节电路输入正弦波幅值为 0.2 V,电路仿真结果如图 4.7.4 所示。

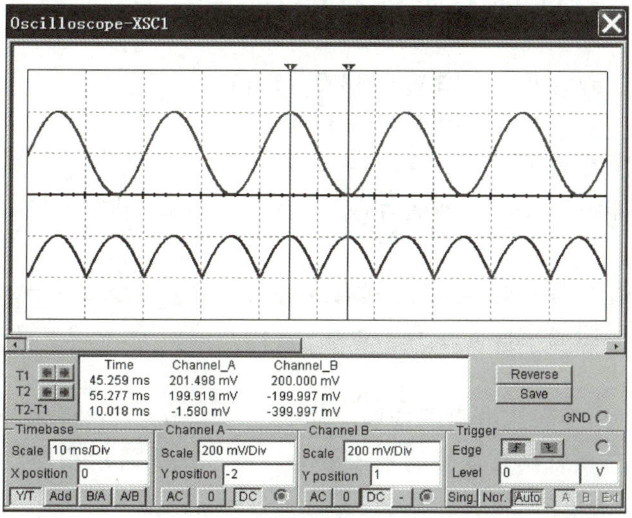

图 4.7.4 绝对值电路的输入和输出电压仿真波形

4. 结论

由电路的输出波形可知,当输入正弦波时,绝对值电路输出为全波整流波形,并且不受二极管导通压降的影响,因而绝对值电路也被称为精密整流电路。

4.7.3 稳压二极管稳压电路限流电阻的确定

1. 研究内容

研究稳压二极管稳压电路中限流电阻的选取。

2. 仿真电路

在 Multisim 界面中,稳压二极管稳压电路如图 4.7.5 所示。$U_I=30$ V,波动范围为±10%。稳压管型号为 BZV55-B12,$U_Z=12$ V,$I_{Zmin}=5$ mA,$P_{Zmax}=500$ mW。输出负载 R_L 选为虚拟电阻,使其在(2.4~12) kΩ 之间变化。

为确定稳压二极管稳压电路的限流电阻,接入 5 kΩ 的电位器作为限流电阻。通过空格键(或 Shift+空格键)可以调节限流电阻的阻值,每调节一次增(减)量为 1%。直流电流表 XMM1 测量稳压管工作电流 I_Z,直流电压表 XMM2 测量稳压管稳压值 U_Z。

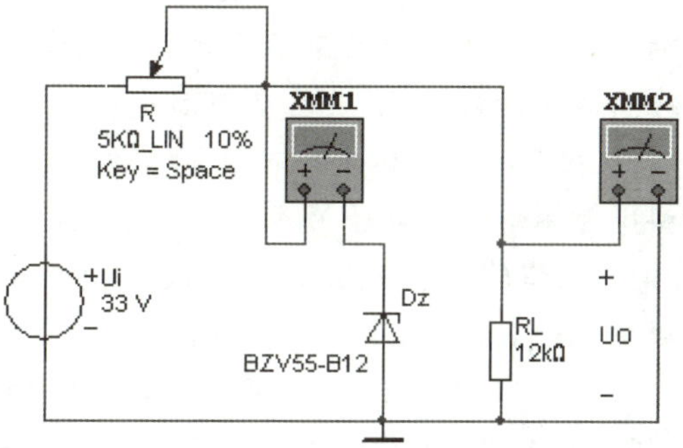

图 4.7.5 稳压二极管稳压电路

3. 仿真结果

由已知条件可以确定如下参数:

稳压管的最大稳定工作电流:$I_{Zmax}=P_{Zmax}/U_Z=$

500 mW/12 V≈41.67 mA

稳压管的最小稳定工作电流：$I_{Zmin}=5$ mA

最大输入电压：$U_{Imax}=(1+10\%)\times30$ V$=33$ V

最小输入电压：$U_{Imin}=(1-10\%)\times30$ V$=27$ V

最大输出电流：$I_{Lmax}=U_Z/R_{Lmin}=12$ V/2.4 kΩ$=5$ mA

最小输出电流：$I_{Lmin}=U_Z/R_{Lmax}=12$ V/12 kΩ$=1$ mA

当 U_I 最大、I_L 最小、I_Z 最大时，限流电阻取得最小值 R_{min}。令 $U_{Imax}=33$ V、$R_L=12$ kΩ，调节限流电阻 R 使得 I_Z 尽可能地接近 I_{Zmax} 且 $I_Z\leqslant I_{Zmax}$。测量此时 $U_Z=12.055$ V、$I_Z=40.886$ mA、$R_{min}=500$ Ω。

当 U_I 最小、I_L 最大、I_Z 最小时，限流电阻取得最大值 R_{max}。令 $U_{Imin}=27$ V、$R_L=2.4$ kΩ，调节限流电阻 R 使得 I_Z 尽可能地接近 I_{Zmin} 且 $I_Z\geqslant I_{Zmin}$。测量此时 $U_Z=12$ V、$I_Z=5$ mA、$R_{max}=1.5$ kΩ。

4. 结论

稳压二极管稳压电路中限流电阻的选取应使 $I_{Zmin}\leqslant I_Z\leqslant I_{Zmax}$，这样才能保证输入电压和负载电阻发生变化时，稳压二极管具有良好的稳压效果。图 4.7.5 所示稳压二极管稳压电路的限流电阻的选取范围：500 Ω$\leqslant R\leqslant$1.5 kΩ。

本 章 小 结

半导体二极管是最基本的电子器件，是集成电路的最小组成单元。本章首先介绍半导体材料的基础知识，阐述了 PN 结及其单向导电性，重点介绍了半导体二极管的工作原理、特性曲线、主要参数及其基本应用电路，最后介绍了稳压二极管、发光二极管、光电二极管、激光二极管、肖特基二极管、变容二极管的特性和应用。

1. 本征半导体是化学成分纯净、结构完整的半导体。当温度为绝对零度时，本征半导体中没有载流子，也不导电；当温度升高时，本征半导体原子最外层的价电子发生本征激发，产生两种载流子（自由电子和空穴），且它们成对出现，称为电子-空穴对。自由电子和空穴的浓度相等；本征激发产生的载流子浓度与温度有关。温度越高，本征激发越强，产生的载流子浓度越高。靠本征激发产生的载流子数量较少，因此本征半导体的导电能力较弱。

2. 在本征半导体中掺入某种特定元素作为杂质，可使半导体的导电性能明显增强。掺入杂质的本征半导体称为杂质半导体。杂质半导体中多数载流子的浓度由掺杂浓度决定；而少数载流子由本征激发产生，其浓度与温度有关。

3. 在本征半导体中掺入适量五价元素，如磷（P），形成 N 型半导体，也称电子型半导体。在 N 型半导体中自由电子为多数载流子，空穴为少数载流子；在本征半导体中掺入适量三价元素，如硼（B）、镓（Ga）、铟（In）等，形成 P 型半导体，也称为空穴型半导体。在 P 型半导体中空穴为多数载流子，自由电子为少数载流子。

4. 在一块 N 型（P 型）半导体的局部掺入浓度较大的三价（五价）元素，使其局部成为 P 型（N 型）半导体。由于两种杂质半导体中的载流子存在浓度差，而产生多子的扩散运动；多子扩散运动形成内电场，内电场的方向阻碍多子的扩散运动，使少子的漂移运动增强；当扩散运动与漂移运动达到动态平衡时，形成稳定的空间电荷区（也称耗尽层），在P型半导体和N型半导体的交界面就形成了PN结。PN结具有单向导电性和电容效应。

5. 在PN结上加上引线和封装，就成为半导体二极管。半导体二极管的伏安特性分为正向特性和反向特性。当 $u_D>0$ 时，二极管处于正向特性区。当 $0<u_D\leqslant U_{th}$（开启电压）时，$i_D\approx 0$；当 $u_D>U_{th}$ 且 u_D 较小时，开始出现正向电流，但电流随 u_D 的增长变化缓慢；当 $u_D>U_{th}$，且 u_D 较大时，正向电流迅速增加，即二极管两端的电压随电流变化很小。当 $u_D<0$ 时，二极管处于反向特性区。当 $|u_D|<U_{BR}$ 时，$i_D\approx -I_S$，反向饱和电流非常小。

6. 当 $|u_D|\geqslant U_{BR}$ 时，反向饱和电流急剧增加，二极管发生反向击穿。击穿后的反向特性具有较好的稳压特性。

7. 当温度升高时，二极管的反向电流，即少数载流子的漂移电流迅速增加；二极管的正向导通压降随温度增加而减小；一般温度每升高1 ℃，二极管的正向压降减小2~2.5 mV；温度每升高10 ℃，二极管的反向电流增大约一倍。

▶▶▶自我检测◀◀◀

1. 常温下，小功率硅二极管的开启电压约________V。导通后在较大电流下的正向压降约________V，小功率锗二极管的开启电压约________V，导通后在较大电流下的正向压降约________V。

A. 0.3，0.5，0.5，0.7　　B. 0.5，0.7，0.3，0.5

C. 0.5，0.7，0.1，0.3　　D. 0.3，0.5，0.1，0.2

2. 在图T4.2所示电路中，当电源 $V_{CC}=5$ V时，测得 $I=1$ mA。若把电源电压调整到 $V_{CC}=10$ V，则电流的大小将________2 mA。若保持 $U=5$ V不变，当温度为20 ℃时，测得二极管电压 $U_D=0.7$ V。当温度升到40 ℃时，则 U_D 的大小将________0.7 V。

A. 大于，大于　　B. 小于，小于　　C. 大于，小于　　D. 小于，大于

3. 稳压管正常工作时工作在________区。

A. 正向导通　　B. 反向击穿　　C. 反向截止

4. 电路如图T4.4(a)、(b)所示，设硅稳压管 VD_{Z1} 和 VD_{Z2} 的稳定电压分别为5 V和10 V，正向压降均为0.7 V，输出电压 U_O 分别为________和________。

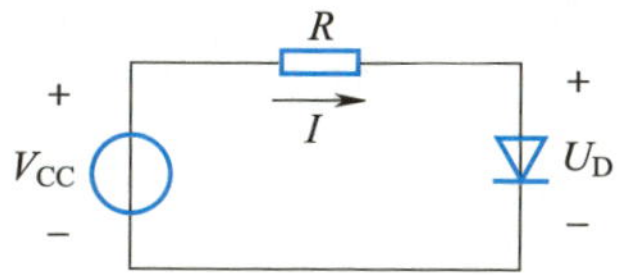

图 T4.2

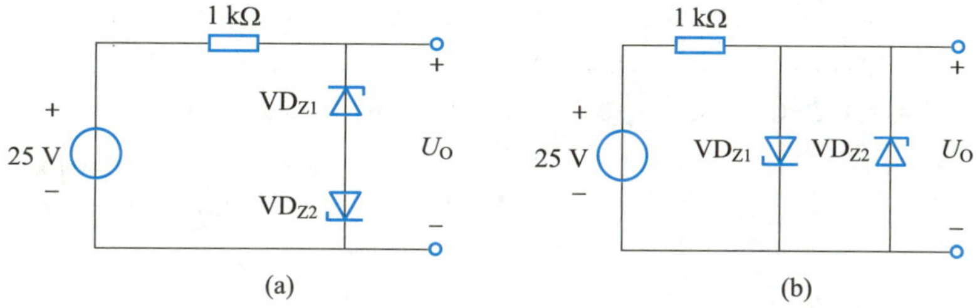

图 T4.4

A. 5.7 V，0.7 V　　B. 5 V，10 V　　C. 5.7 V，10 V　　D. 5.0 V，3.3 V

5. 在图T4.5所示电路中，VD_{Z1} 和 VD_{Z2} 为稳压二极管，其稳定工作电压分别为6 V和7 V，输出电压 U_O 为________。

A. 1 V　　B. 6 V　　C. 7 V　　D. 0 V

6. 电路如图 T4.6 所示，设 $u_s = 15\sin \omega t$ V，稳压管 VD_Z 的稳定电压为 8 V，R 为限流电阻，u_o 的波形为______。

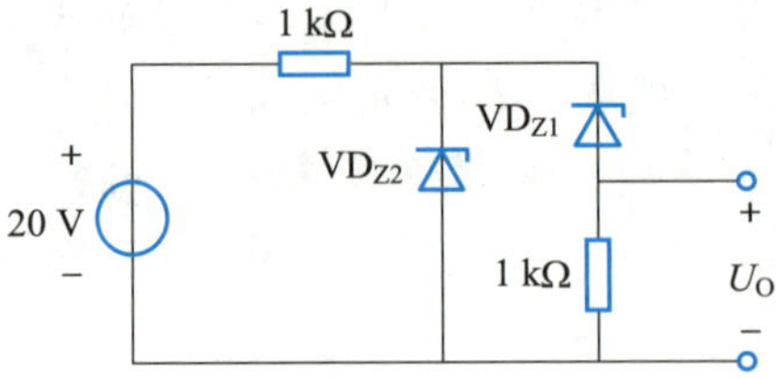

图 T4.5

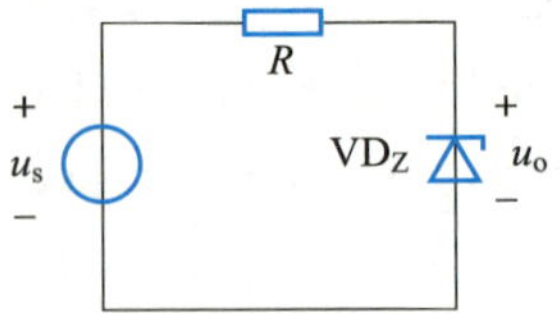

图 T4.6

A. 正半周在 8 V 处出现切峰的正弦波　　B. 正、负半周最大幅度均为 15 V 的正弦波

C. 正、负半周均在 8 V 处出现切峰的正弦波　　D. 正半周在+8 V 处出现切峰，负半周在-0.7 V 处出现切峰

7. 在图 T4.7 所示电路中，整流二极管 VD 的反向击穿电压约为 100 V，额定功耗为 250 mW。外加 130 V 反向电压，请问该二极管反向电流最大会达到多少？之后二极管是否会损坏？

A. 反向电流忽略不计，不会损坏　　B. 反向电流 13 mA，不会损坏

C. 反向电流 13 mA，会损坏　　D. 反向电流 3 mA，会损坏

8. 已知图 T4.8 所示电路中二极管正向导通时 $U_D = 0.7$ V，请估算流过二极管的正向电流 I_D 和 A 点的电位 U_A。

A. $U_A = 3.3$ V，$I_D = 9.3$ mA　　B. $U_A = 3.3$ V，$I_D = 0.033$ mA

C. $U_A = -5.3$ V，$I_D = 0.53$ mA　　D. $U_A = -5.3$ V，$I_D = 1.3$ mA

9. 电路如图 T4.9 所示，设图中锗二极管 VD_1 的导通压降为 $U_1 = 0.2$ V，硅二极管 VD_2 的导通压降为 $U_2 = 0.6$ V，流过 VD_1、VD_2 的电流 I_1 =________、I_2 =________。

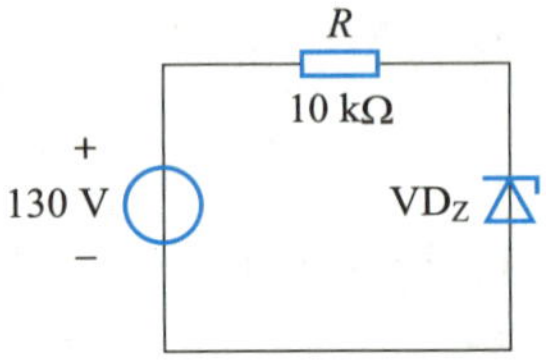

图 T4.7

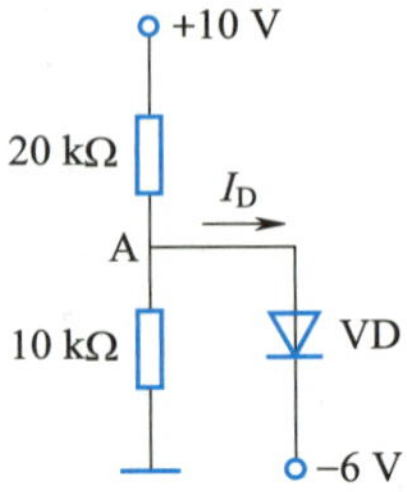

图 T4.8

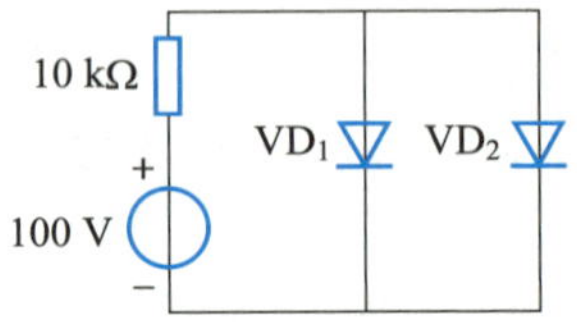

图 T4.9

A. 10 mA，0 mA　　B. 0 mA，10 mA　　C. 5 mA，5 mA　　D. 以上都不对

【答案】 1. C　2. C　3. B　4. A　5. A　6. D　7. D　8. D　9. A

习　题

【4-1】　填空：

1. 本征半导体是________，其载流子是________和________两种载流子的浓度________。

2. 在杂质半导体中，多数载流子的浓度主要取决于________，而少数载流子的浓度则与________有很大关系。

3. 漂移电流是________在________作用下形成的。

4. 二极管的最主要特征是________，与此有关的两个主要参数是________和________。

5. 稳压管是利用了二极管的________特征而制造的特殊二极管，它工作在________。描述稳压管的主要参数有四种，它们分别是________、________、________和________。

6. 某稳压管具有正电压温度系数，当温度升高时，稳压管的稳压值将________。

【4-2】 试分析图 P4.2 电路，设二极管导通压降为 0.7 V，计算电位器调节端对地的输出电压范围。

【4-3】 电路如图 P4.3 所示，设二极管具有理想特性，电压 u 为 220 V 市电，L_1、L_2 和 L_3 为 3 个白炽灯。请分析哪个白炽灯最亮。

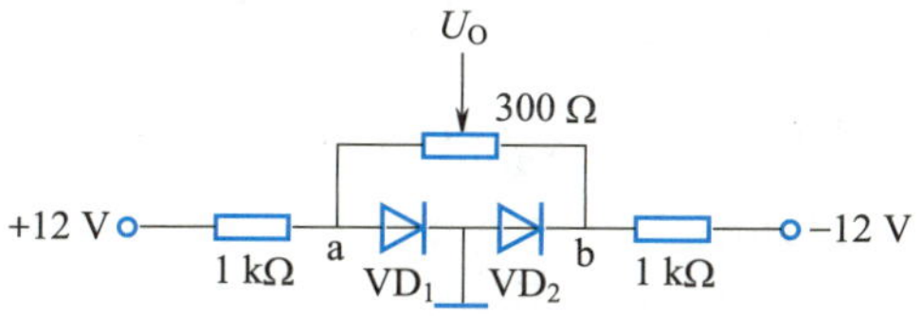

图 P4.2

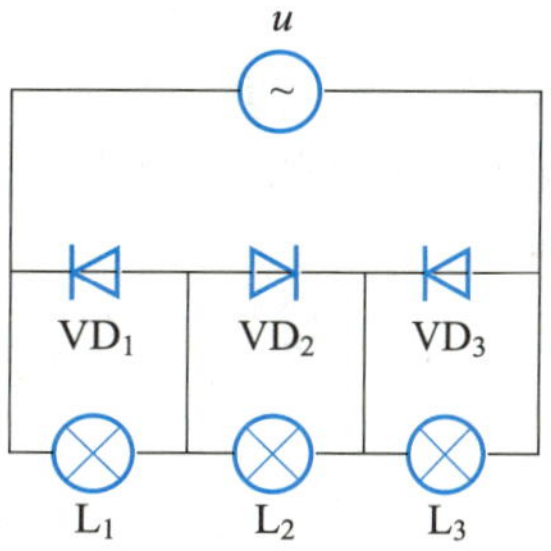

图 P4.3

【4-4】 在图 P4.4 所示电路中，U_1 和 U_2 为直流电源，$U_1>0$、$U_2<0$。二极管 VD_1 和 VD_2 反偏时处于截止状态，正向导通电压为 U_D，且 $U_1-U_2>U_D$。请画出该电路的电压传输特性曲线（u_o 与 u_i 之间的关系曲线），并写出 A 点电位 U_A 的表达式。

【4-5】 电路如图 P4.5 所示，设 $u_i=20\sin\omega t$ mV，$f=1$ kHz，电容 C 容量足够大（相当于直流断路，交流短路）。试求二极管 VD 两端电压 u_D 和通过它的电流 i_D。

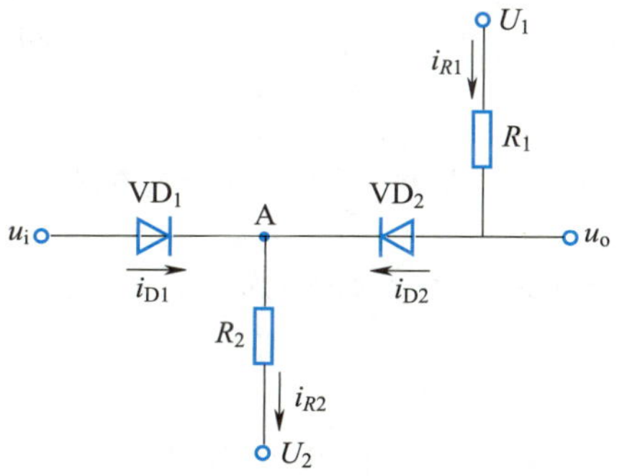

图 P4.4

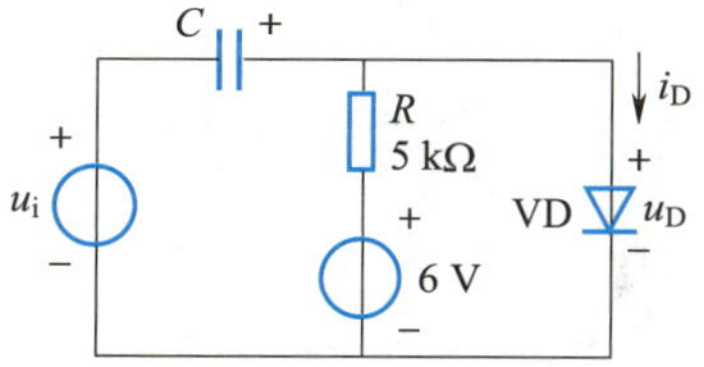

图 P4.5

【4-6】 分析图 P4.6 所示电路的工作情况，图中 I 为电流源，$I=2$ mA。设 20 ℃ 时二极管的正向压降 $U_D=$ 660 mV。

（1）计算在 50 ℃ 时二极管的正向压降值。

（2）该电路有何用途？电路中为什么要使用电流源？

【4-7】 试分析图 P4.7 所示电路的工作情况，图中二极管具有理想特性，$u_2=10\sin 100\pi t$ V。要求画出 U_O 的波形图，并计算输出电压平均值 $U_{O(AV)}$。

【4-8】 在图 P4.8 中，设二极管具有理想特性。试求下列三种情况下，电路输出端的对地电压 U_Y 及各元件中通过的电流。

（1）$U_A=10$ V，$U_B=0$ V；（2）$U_A=6$ V，$U_B=5$ V；（3）$U_A=U_B=5$ V。

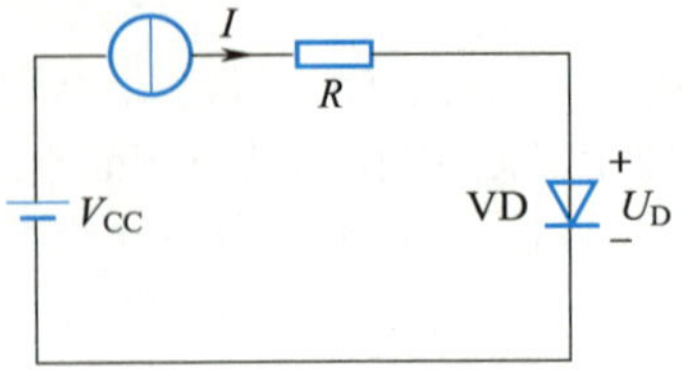

图 P4.6

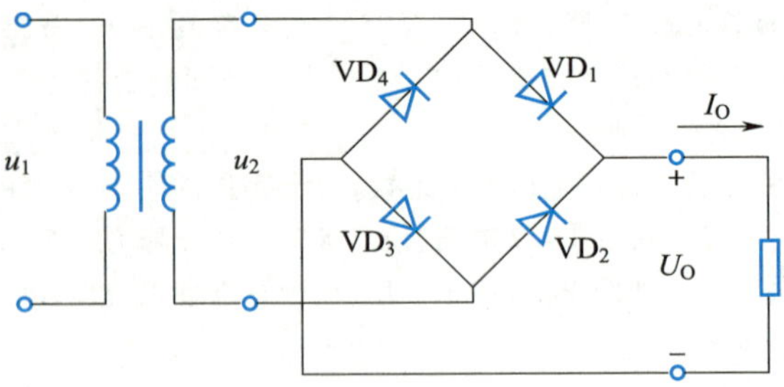

图 P4.7

【4-9】 设硅稳压管 VD_{Z1} 和 VD_{Z2} 的稳压值分别为 5 V 和 10 V，正向压降均为 0.7 V。试求图 P4.9 所示各电路的输出电压 U_O。

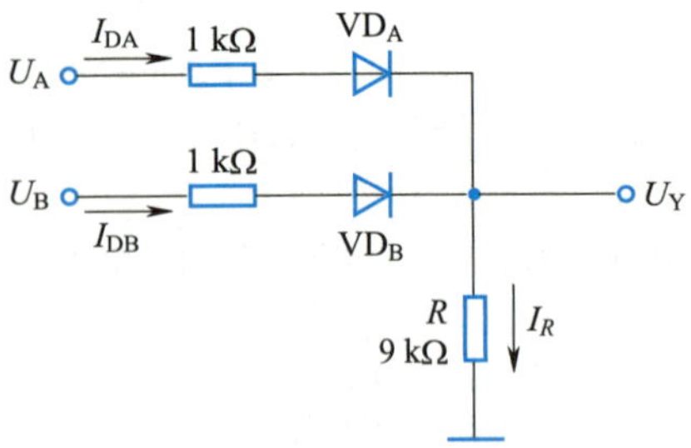

图 P4.8

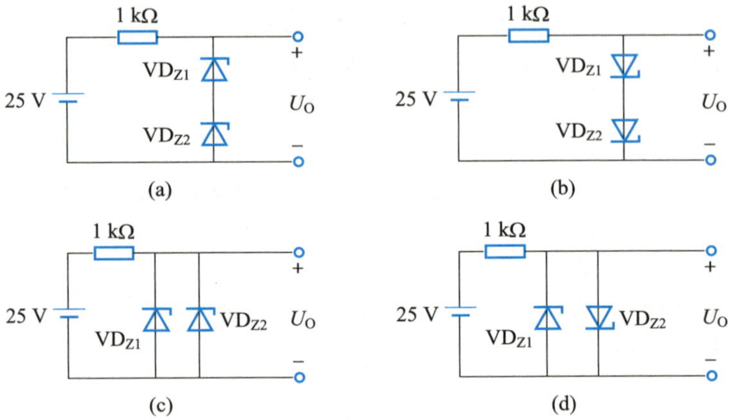

图 P4.9

【4-10】 设有两个稳压管 VD_{Z1} 和 VD_{Z2}，其稳压值分别为 5.5 V 和 8.5 V，正向压降都是 0.5 V。请设计一个输出为 3 V 的稳压电路，应如何设计？

【4-11】 电路如图 P4.11(a)所示，设 A 为理想运算放大器，两个正、反串接的稳压管 VD_Z（双向稳压管）的稳压值为 5 V。

（1）写出电路的名称；

（2）若输入信号波形如图 P4.11(b)所示，试画出输出电压的波形并标明信号幅值及其对应的时间数值；

（3）对电路进行仿真，验证计算结果。

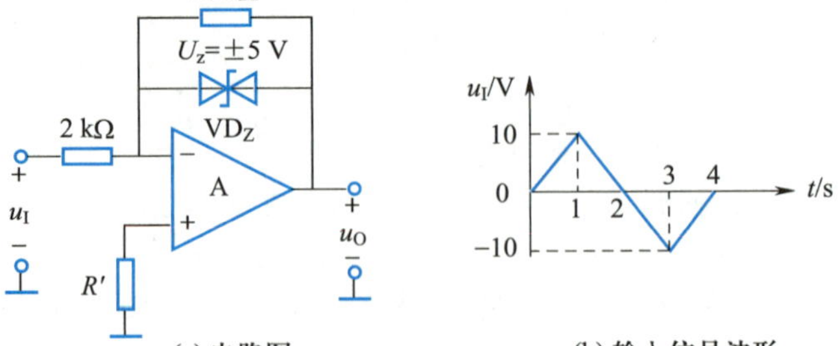

(a) 电路图　　(b) 输入信号波形

图 P4.11

【4-12】 图 P4.12 中的 VD 为一个 PN 结测温敏感元件，它在 20 ℃时的正向压降为 0.560 V，其温度系数为 −2 mV/℃。设运放具有理想特性，其他元件参数如图 P4.12 所示。

（1）I 流向何处？为什么要用恒流源？

（2）运放 A_1 所构成电路的电压放大倍数是多少？

（3）当电位器 R_P 的滑动端处于中间位置时，计算 u_O(20 ℃)的值和 u_O(30 ℃)的值。

（4）u_O 的数值是如何代表温度的？

（5）温度每变化一度，u_O 变化多少伏？

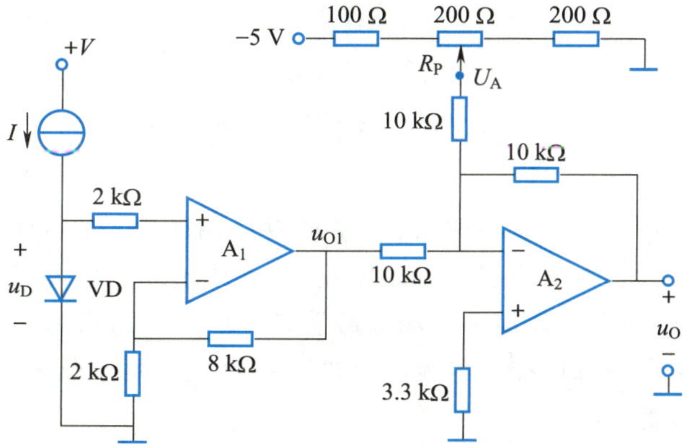

图 P4.12

第 4 章习题解答　　第 4 章电子教案

第 5 章　晶体管及其基本应用电路

5.1　引　　言

晶体管有两大类型，一是双极型晶体管，二是场效应晶体管（简称场效应管）。双极型晶体管有两种载流子参与导电，故称之为双极型晶体管，其本质上是一个电流控制电流源器件，即利用输入电流控制输出电流的半导体器件。场效应管是利用输入回路的电场效应来控制输出电流的一种半导体器件，本质上是电压控制电流源器件。场效应管由于仅靠半导体中的一种载流子导电，故又称单极型晶体管。

本章首先介绍晶体管的结构、特性曲线、主要参数及其电流放大作用，阐述了基本放大电路的组成、工作原理以及三种组态放大电路的分析方法，最后介绍集成运放单元电路的工作原理，其中包括多级放大电路、差分放大电路和恒流源电路。本章主要讨论如下问题：

1. 晶体管是如何实现电流放大作用的？晶体管的输出特性曲线可以分为几个区域？工作在各区域的条件及特点是什么？
2. 如何分析和设计晶体管的三种组态基本放大电路？
3. 场效应管是如何通过栅源电压控制漏极电流的？用哪个参数可以描述这种控制作用的强弱？
4. 场效应管的输出特性曲线和转移特性曲线与双极型晶体管有何异同？
5. 场效应管基本放大电路的静动态性能指标与双极型晶体管基本放大电路有何异同？
6. 多级放大电路的耦合方式有几种？各自具有什么特点？
7. 差分放大电路与其他基本放大电路相比有什么区别？为什么差分放大电路能够抑制零点漂移？

5.2　双极型晶体管

双极型晶体管（bipolar junction transistor，BJT）又称为半导体三极管、晶体三极管，简称**晶体管**。因有两种载流子参与导电，故称之为双极型晶体管。双极型晶体管本质上是一个电流控制电流源（current control current source，CCCS）器件。

5.2.1　晶体管的结构及类型

双极型晶体管的结构示意图和符号如图 5.2.1 所示，有两种结构类型：NPN 型和 PNP 型。

中间部分称为基区，与基区相连接的电极称为基极，用 b 表示（base）；左侧称为发射区，与发射区相连接的电极称为发射极，用 e 表示（emitter）；右侧称为集电区，与集电区相连接的电极称为集电极，用 c 表示（collector）。基区与发射区之间的 PN 结称为发射结（J_e）；基区与集电区之间的 PN 结称为集电结（J_c）。

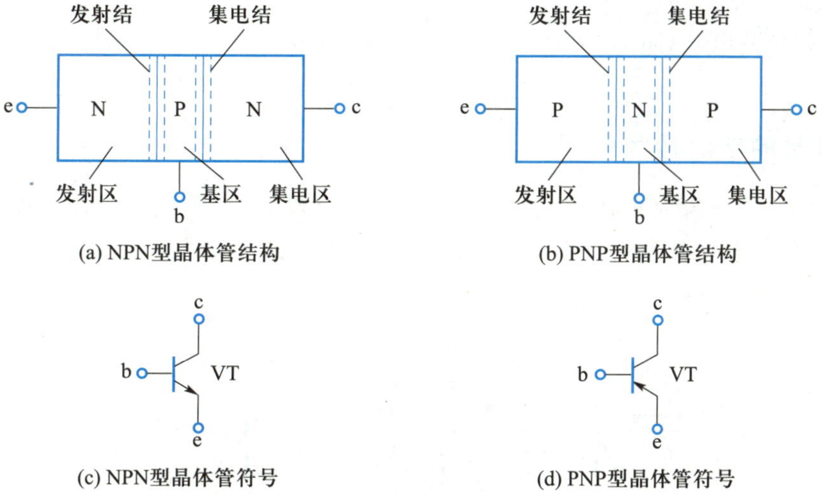

微视频 5-1 晶体管类型的判别方法

图 5.2.1 晶体管的结构和符号

双极型晶体管结构特点：基区很薄且掺杂浓度很低；发射区的掺杂浓度很高，集电区掺杂浓度比发射区低很多，集电结面积大于发射结面积。

在 NPN 型和 PNP 型晶体管符号中，发射极上的箭头表示发射结加正向偏置电压时，发射极电流的方向。

5.2.2 晶体管的三种组态

晶体管有三个电极，在放大电路中其中两个作为输入，两个作为输出，这样必然有一个电极是公共电极。公共电极是指该电极既处于输入回路之中，又处于输出回路之中。于是产生三种接法，也称三种组态，如图 5.2.2 所示。

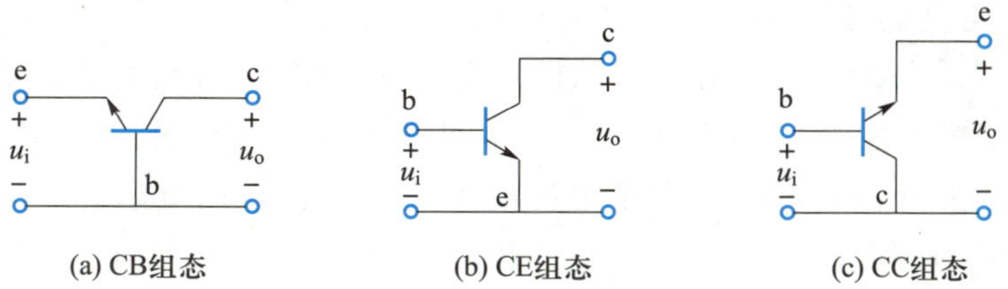

图 5.2.2 晶体管的三种组态

1. 共基极接法

基极作为公共电极，简称共基（common base，CB）组态。此时发射极为输入端，集电极为输出端。

2. 共发射极接法

发射极作为公共电极，简称共射(common emitter, CE)组态。此时基极为输入端，集电极为输出端。

3. 共集电极接法

集电极作为公共电极，简称共集(common collector, CC)组态。此时基极为输入端，发射极为输出端。

5.2.3 晶体管的电流放大作用

为使晶体管具有电流放大作用，发射结应加正向偏置电压，集电结应加反向偏置电压。以 NPN 型晶体管的共基组态为例，说明晶体管内部载流子的运动与电流放大作用，如图 5.2.3 所示。

微视频 5-2
晶体管的电流放大作用

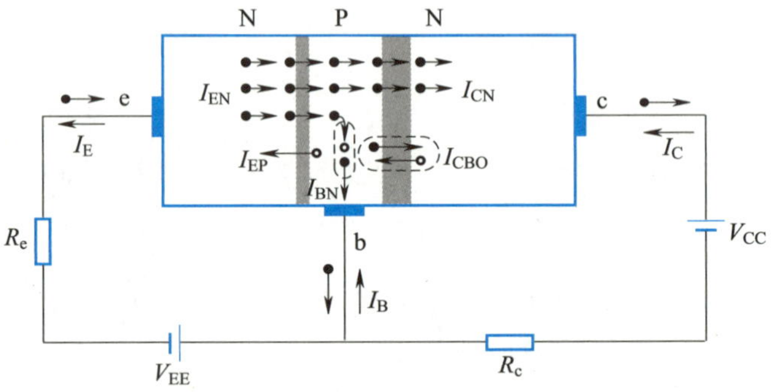

图 5.2.3 晶体管的电流放大作用

1. 晶体管内部载流子的传输

发射结外加正向偏置电压，从发射区将有大量的自由电子向基区扩散，形成电子电流 I_{EN}。同时，空穴将从基区向发射区扩散，形成空穴电流 I_{EP}。因为发射区的掺杂浓度远大于基区的掺杂浓度，所以 $I_{EN} \gg I_{EP}$。图中载流子的运动方向如箭头所示，空穴电流的方向与空穴运动方向相同，电子电流的方向与自由电子的运动方向相反。

因基区的空穴浓度低，进入基区的自由电子极少部分与基区的空穴复合，被复合的自由电子形成的电流是 I_{BN}。又因基区很薄，在集电结反偏电压的作用下，自由电子在基区停留的时间很短，很快就运动到了集电区，被集电区所收集，形成集电极电子电流 I_{CN}。另外，在集电结反偏电压的作用下，基区的少子(自由电子)和集电区的少子(空穴)在内电场的作用下形成漂移电流 I_{CBO}，也称为集电结反向饱和电流。I_{CBO} 的大小取决于少数载流子的浓度，受温度影响较大。

2. 晶体管的电流放大作用

根据以上分析，可得如下电流关系

$$I_E = I_{EN} + I_{EP} \qquad 且有\ I_{EN} \gg I_{EP}$$

$$I_{EN} = I_{CN} + I_{BN} \qquad 且有\ I_{CN} \gg I_{BN}$$

$$I_C = I_{CN} + I_{CBO}$$

$$I_B = I_{EP} + I_{BN} - I_{CBO}$$

$$I_E = I_{EP} + I_{EN} = I_{EP} + I_{CN} + I_{BN} = (I_{CN} + I_{CBO}) + (I_{BN} + I_{EP} - I_{CBO}) = I_C + I_B \tag{5.2.1}$$

集电区收集自由电子所形成的电流 I_{CN} 与发射极电流 I_E 之比通常被称为共基组态直流电流放大系数 $\bar{\alpha}$，即

$$\bar{\alpha} = \frac{I_{CN}}{I_E} \tag{5.2.2}$$

通常 $\bar{\alpha}$ 的值小于 1，但 $\bar{\alpha} \approx 1$，一般 $\bar{\alpha}$ 为 0.9~0.99。

根据式(5.2.1)和式(5.2.2)，集电极电流 I_C 为

$$I_C = I_{CN} + I_{CBO} = \bar{\alpha} I_E + I_{CBO} = \bar{\alpha}(I_C + I_B) + I_{CBO}$$

于是

$$I_C = \frac{\bar{\alpha} I_B}{1-\bar{\alpha}} + \frac{I_{CBO}}{1-\bar{\alpha}}$$

令

$$\bar{\beta} = \frac{\bar{\alpha}}{1-\bar{\alpha}} \tag{5.2.3}$$

则用 $\bar{\beta}$ 表示的集电极电流为

$$I_C = \bar{\beta} I_B + (1+\bar{\beta}) I_{CBO} = \bar{\beta} I_B + I_{CEO} \tag{5.2.4}$$

式(5.2.4)中 I_{CEO} 称为晶体管的穿透电流，其表达式为

$$I_{CEO} = (1+\bar{\beta}) I_{CBO} \tag{5.2.5}$$

通常 I_{CEO} 很小，可以忽略，由式(5.2.4)近似计算可得

$$\bar{\beta} \approx \frac{I_C}{I_B} \tag{5.2.6}$$

$\bar{\beta}$ 称为共射组态直流电流放大系数。由图 5.2.3 和式(5.2.1)可知，晶体管的基极电流 $I_B \ll I_C$，可近似认为 $I_C \approx I_E$，因而**共集组态直流电流放大系数**也可以用 $\bar{\beta}$ 表示。$\bar{\beta} \gg 1$，一般从几十至几百。因而 $\bar{\beta}$ 描述了晶体管的电流放大作用。

5.2.4 晶体管的共射特性曲线

共发射极接法的晶体管特性曲线包括输入特性曲线和输出特性曲线。可以用晶体管特性图示仪测得晶体管的输入、输出特性曲线。

1. 输入特性曲线

晶体管的输入特性曲线描述管压降 U_{CE} 一定的情况下，基极电流 i_B 和发射结电压 u_{BE} 之间的函数关系，即

$$i_B = f(u_{BE})\big|_{U_{CE}=\text{const}}$$

NPN 型晶体管的共射输入特性曲线如图 5.2.4 所示。当 $U_{CE}=0$ 时，发射结加正向偏置电压，集电极与发射极短路，即发射结与集电结并联，晶体管的共射输入特性曲线与半导体二极管的正向特性曲线相似，i_B 和 u_{BE} 呈指数关系。

当 U_{CE} 较小时，随着 U_{CE} 的增加，特性曲线向右移动。这是因为随着 U_{CE} 的增加，集电结的内电场增强，收集电子的能力提高，减少了基区内自由电子与空穴复合的机会，致使同样的 u_{BE} 下 i_B 减小。

当 $U_{CE} \geqslant 1$ V 时，集电结收集电子的能力已经很强，可以认为发射区扩散到基区的自由电子基本上被集电区所收集，以至于 U_{CE} 再增加，i_B 也不再明显减小。工程上通常认为 $U_{CE} \geqslant 1$ V 的所有曲线重合，近似用 $U_{CE}=1$ V 的输入特性曲线代表 $U_{CE} \geqslant 1$ V 的所有输入特性曲线。

2. 输出特性曲线

输出特性曲线描述基极电流 I_B 一定的情况下，集电极电流 i_C 和管压降 u_{CE} 之间的函数关系，即

$$i_C = f(u_{CE})\big|_{I_B=\text{const}}$$

NPN 型晶体管的共射输出特性曲线如图 5.2.5 所示，它是以 I_B 为参变量的一族特性曲线。对于某一条特性曲线，当 $U_{CE}=0$ V 时，因集电极无收集作用，$I_C=0$。随着 u_{CE} 的增大，集电结内电场随之增强，集电区收集电子的能力逐渐增强，i_C 随 u_{CE} 的增加而增加。当 u_{CE} 增加到使集电结反偏电压较大时，运动到集电结的自由电子基本上都被集电结收集，此后 u_{CE} 再增加，集电极电流也没有明显地增加，特性曲线进入与 u_{CE} 轴基本平行的区域，即 i_C 几乎仅仅取决于 I_B。输出特性曲线可以分为 3 个区域。

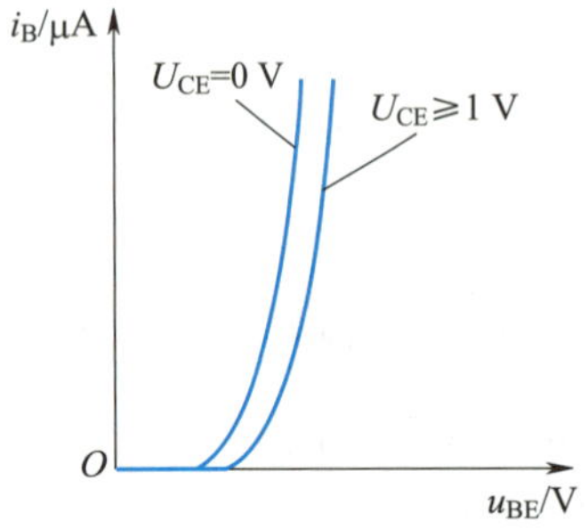

图 5.2.4　NPN 型晶体管的共射输入特性曲线

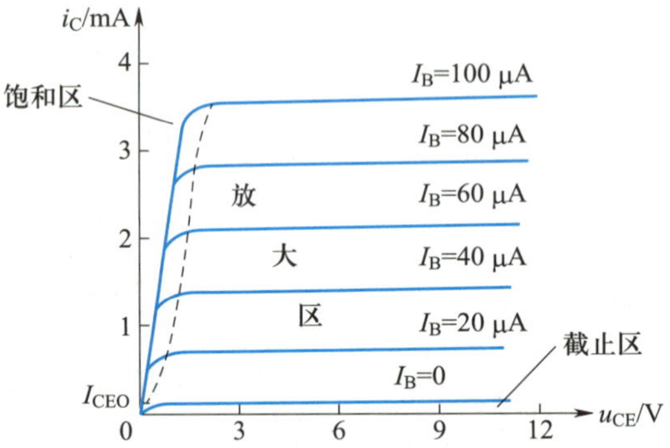

图 5.2.5　NPN 型晶体管的共射输出特性曲线

（1）截止区

晶体管工作在截止区时，发射结正偏且小于开启电压或发射结反偏，集电结反偏。晶体管的共射输出特性曲线位于 $I_B=0$ 那条曲线下方的区域称为截止区。在截止区 $I_B=0$，$i_C \leqslant I_{CEO}$。小功率管的 I_{CEO} 通常很小，可以忽略，即 $i_C \approx 0$。

（2）放大区

晶体管工作在放大区时，发射结正偏且大于开启电压，集电结反偏。在放大区，特性曲线几

乎平行于横轴且等间距，随 u_{CE} 的增加略向上倾斜；i_C 随 i_B 的增加而线性增加，而与 u_{CE} 无关，表现出 i_B 对 i_C 的控制作用，即 $I_C=\bar{\beta}I_B$，$\Delta i_C=\beta\Delta i_B$。

（3）饱和区

晶体管工作在饱和区时，发射结正偏且大于开启电压，集电结正偏。在饱和区 $u_{BE}>U_{th}$ 且 $u_{CE}\leqslant u_{BE}$。集电结收集载流子的能力还没有那么强，i_C 由 i_B 和 u_{CE} 决定。当 i_B 增大时，i_C 增大不多或基本不变，但 i_C 随 u_{CE} 增大而迅速增大，即 $I_C<\bar{\beta}I_B$，$\Delta i_C<\beta\Delta i_B$。在饱和区 u_{CE} 的数值较小，称为晶体管的饱和压降 U_{CES}。通常认为 U_{CES} 越小，其饱和程度越深。对小功率管，常取 $U_{CES}\approx0.3$ V。

当小功率晶体管 $u_{CE}=u_{BE}$ 时，认为处于临界饱和状态或临界放大状态。图 5.2.5 中的虚线为临界饱和线，是放大区和饱和区的分界线。

在模拟电路中，晶体管通常工作在放大区；在数字电路中，晶体管通常工作在截止区或饱和区。

5.2.5 晶体管的主要参数

晶体管的参数可用来表征其性能优劣和适用范围，是合理选择和使用晶体管的重要依据。晶体管的参数分为直流参数、交流参数和极限参数三类。本节仅介绍晶体管的主要参数。

1. 晶体管的直流参数

（1）直流电流放大系数

① 共发射极直流电流放大系数 $\bar{\beta}$

$$\bar{\beta}=\frac{I_C-I_{CEO}}{I_B}\approx\left.\frac{I_C}{I_B}\right|_{U_{CE}=\text{const}}$$

在图 5.2.6 所示晶体管共射输出特性曲线的放大区内取 Q 点，则 $\bar{\beta}=\frac{I_{CQ}}{I_{BQ}}$。

② 共基极直流电流放大系数 $\bar{\alpha}$

$$\bar{\alpha}=\frac{I_C-I_{CBO}}{I_E}\approx\left.\frac{I_C}{I_E}\right|_{U_{CB}=\text{const}}$$

（2）极间反向电流

① 集电结的反向饱和电流 I_{CBO}

I_{CBO} 是发射极开路时集电结的反向饱和电流。一般 I_{CBO} 很小，小功率的硅管 I_{CBO} 小于 1 μA，而小功率的锗管 I_{CBO} 为 10 μA 左右。

② 穿透电流 I_{CEO}

I_{CEO} 为基极开路时集电极与发射极之间的穿透电流，$I_{CEO}=(1+\bar{\beta})I_{CBO}$。小功率的硅管 I_{CEO} 在几微安以下，而小功率的锗管 I_{CEO} 为几十到几百微安。

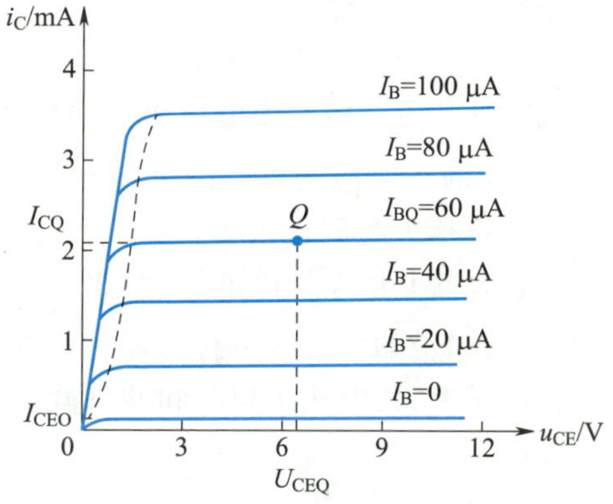

图 5.2.6 $\bar{\beta}$ 的求取

I_{CBO}、I_{CEO} 是由少数载流子的漂移运动所形成的电流，受温度影响较大。一般温度每升高 10 ℃，I_{CBO} 和 I_{CEO} 增大约 1 倍。

2. 晶体管的交流参数

（1）交流电流放大系数

① 共发射极交流电流放大系数 β

$$\beta=\left.\frac{\Delta i_C}{\Delta i_B}\right|_{U_{CE}=\text{const}} \tag{5.2.7}$$

在图 5.2.7 所示晶体管共射输出特性曲线上，作垂直于横轴的直线，可求得 $\beta=\frac{\Delta i_C}{\Delta i_B}$，由于在晶体管共射输出特性曲线的放大区，特性曲线几乎平行于横轴且等间距，因此 β 为常数，且 $\beta\approx\bar{\beta}$。

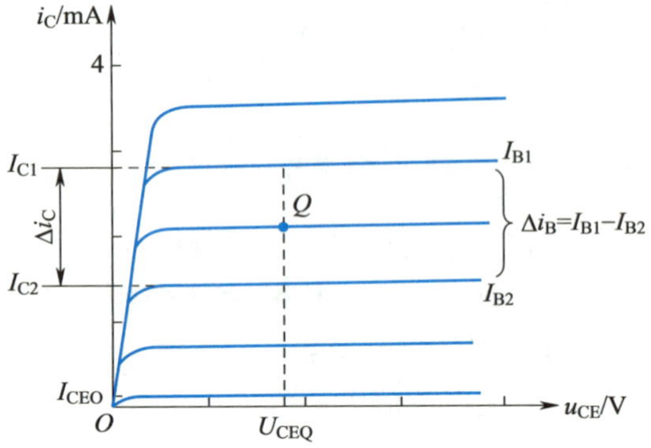

图 5.2.7 β 的求取

晶体管的 β 值随温度的升高而增大，其温度系数

$$\frac{\Delta\beta/\beta}{\Delta T}=(0.5\sim1)\ \%/℃ \tag{5.2.8}$$

② 共基极交流电流放大系数 α

$$\alpha=\left.\frac{\Delta i_C}{\Delta i_E}\right|_{U_{CB}=\text{const}} \tag{5.2.9}$$

同样，可以近似认为 $\alpha=\bar{\alpha}$。

（2）特征频率 f_T

由于晶体管结电容的影响，晶体管的交流电流放大系数是信号频率的函数。当信号频率高到一定程度时，共发射极交流电流放大系数 β 不但数值下降，且产生相移。β 下降到 1 时所对应的信号频率称为晶体管的特征频率，用 f_T 表示。

（3）共射组态截止频率 f_β

低频时共发射极交流电流放大系数为 β_0。当信号频率高到一定程度时，β 将会下降。β 下降到 $\beta_0/\sqrt{2}$ 时所对应的信号频率称为晶体管的共射截止频率 f_β。

（4）共基组态截止频率 f_α

低频时共基极交流电流放大系数为 α_0。当信号频率高到一定程度时，α 会下降。α 下降到 $\alpha_0/\sqrt{2}$ 时所对应的信号频率称为晶体管的共基截止频率 f_α。

特征频率、共射截止频率和共基截止频率三者之间大致满足如下关系

$$f_\alpha\approx f_T=\beta_0\cdot f_\beta \tag{5.2.10}$$

3. 晶体管的极限参数

（1）集电极最大允许电流 I_{CM}

当集电极电流 I_C 增加到一定程度时，β 就要下降。使 β 明显减小时的 I_C 即为集电极最大允许电流 I_{CM}。

(2) 集电极最大允许功耗 P_{CM}

集电结耗散功率 $P_C=i_C \cdot u_{CE}$，使集电结发热，结温升高。当 $P_C>P_{CM}$ 时，集电结会因过热而性能变坏或烧毁。P_{CM} 表示集电结上最大允许耗散功率。

(3) 反向击穿电压

晶体管的某一电极开路时，另外两个电极间所允许加的最高反向电压称为极间的反向击穿电压，超过此值时晶体管会发生击穿现象，测试电路如图 5.2.8 所示。击穿电压与流经 PN 结的反向电流呈反比关系。下面是各种击穿电压的定义：

① $U_{(BR)CBO}$——发射极开路时，集电极-基极之间的反向击穿电压，即集电结允许加的最高反向电压。

② $U_{(BR)EBO}$——集电极开路时，发射极-基极之间的反向击穿电压，即发射结允许加的最高反向电压。

③ $U_{(BR)CEO}$——基极开路时，集电极-发射极之间的反向击穿电压。

此外，集电极-发射极间的击穿电压还有：$U_{(BR)CER}$ 表示 b-e 间接有电阻时 c-e 间的击穿电压，$U_{(BR)CES}$ 表示 b-e 间短路时 c-e 间的击穿电压。

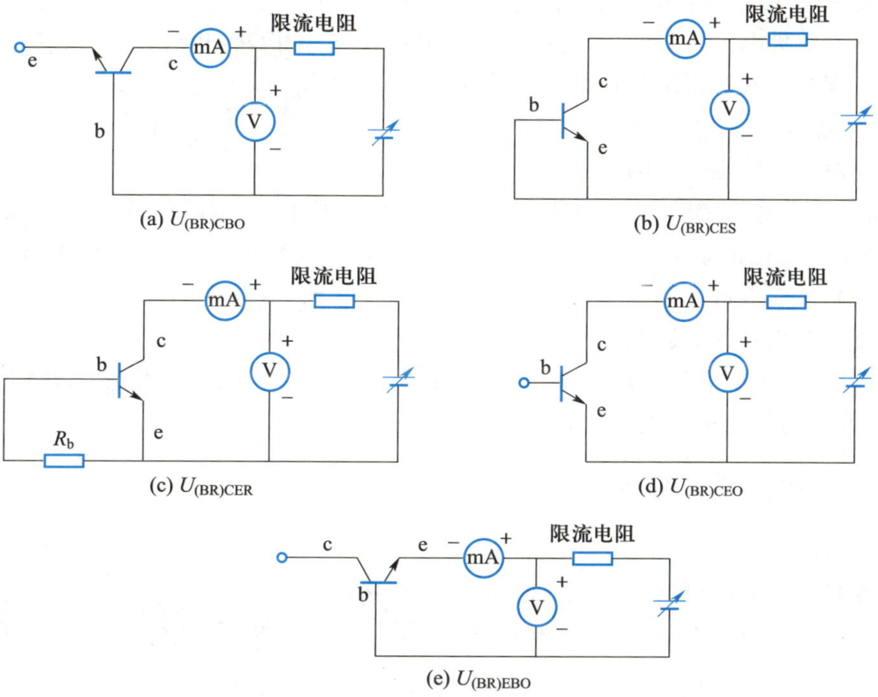

图 5.2.8 晶体管击穿电压的测试电路

几个击穿电压之间有如下关系：

$$U_{(BR)CBO} \approx U_{(BR)CES} > U_{(BR)CER} > U_{(BR)CEO} > U_{(BR)EBO}$$

为了保证晶体管安全工作，需要限制它的工作电压、工作电流和功率损耗。由晶体管的极限参数 P_{CM}、I_{CM} 和 $U_{(BR)CEO}$ 确定了晶体管的过损耗区、过流区和击穿区，如图 5.2.9 所示。使用晶体管时，应避免使其进入上述三个区域，保证晶体管工作在安全工作区。

5.2.6 晶体管的温度特性

1. 温度对晶体管参数的影响

(1) 温度对 I_{CBO} 的影响

晶体管的 I_{CBO} 是集电结反偏时，集电区和基区的少数载流子作漂移运动时形成的反向饱和电流，因而对温度非常敏感，温度每升高 10 ℃，I_{CBO} 增加约一倍。同理，穿透电流 I_{CEO} 也随温度产生相应的变化，具有正温度系数。

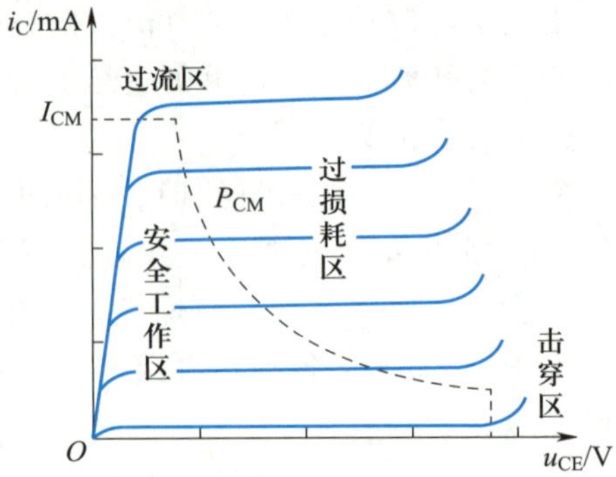

图 5.2.9 晶体管的安全工作区

(2) 温度对 β 的影响

温度升高时，晶体管内载流子的扩散运动增强，使基区内载流子的复合作用减弱，因而使电流放大系数 β 随温度升高而增大。温度每升高 1 ℃，β 值增大 0.5%～1%。同理，共基极电流放大系数 α 也会随温度产生相应的变化。

(3) 温度对反向击穿电压 $U_{(BR)CBO}$、$U_{(BR)CEO}$ 的影响

由于晶体管的集电区与基区掺杂浓度低，集电结较宽，因而集电结的反向击穿一般均为雪崩击穿。雪崩击穿电压具有正温度系数，所以温度升高时，$U_{(BR)CBO}$ 和 $U_{(BR)CEO}$ 都会有所提高。

2. 温度对晶体管特性曲线的影响

(1) 温度对输入特性的影响

温度升高时，晶体管的输入特性曲线将向左移动，说明在 i_B 相同的条件下，发射结电压 u_{BE} 减小。u_{BE} 随温度变化的规律与二极管正向导通电压随温度变化的规律相同，即温度每升高 1 ℃，u_{BE} 减小 1.9～2.5 mV。

(2) 温度对输出特性的影响

温度升高时，晶体管的 I_{CBO} 和 β 将增大，导致 I_{CEO} 和 I_C 增大，从而使输出特性曲线向上移动，而且各条曲线间的距离加大。

5.2.7 晶体管的型号及封装

1. 晶体管的型号

根据国家标准，晶体管的命名方法如下：

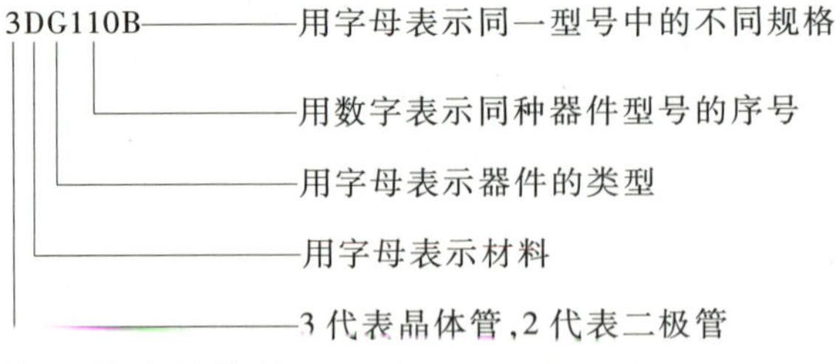

第一位：2 代表二极管，3 代表晶体管。

第二位：A 为锗 PNP 管，B 为锗 NPN 管，C 为硅 PNP 管，D 为硅 NPN 管。

第三位：X 表示低频小功率管，D 表示低频大功率管，G 表示高频小功率管，A 表示高频大功率管，K 表示开关管，W 表示稳压管，P 表示普通管，Z 表示整流管。

表 5.2.1 列出了 7 种双极型晶体管的型号及主要参数，供读者参考。

表 5.2.1　双极型晶体管的型号和主要参数

参数型号	P_{CM}	I_{CM}	$U_{(BR)CBO}$/V	$U_{(BR)CEO}$/V	$U_{(BR)EBO}$/V	I_{CBO}	f_T/MHz
3AX31D	125 mW	125 mA	20	12		≤6 μA	* ≥8
3BX31C	125 mW	125 mA	40	24		≤6 μA	* ≥8
3CG101C	100 mW	30 mA	45			0.1 μA	100
3DG123C	500 mW	50 mA	40	30		0.35 μA	
3DD101D	50 W	5 A	300	250	4	<2 mA	
3DK100B	100 W	30 A	25	15		≤0.1 μA	300
3DKG23	250 W	30 A	400	325			8

注：* 为 f_β

2. 晶体管的封装

二极管和晶体管的封装主要有玻璃封装、陶瓷封装、塑料封装、金属外壳封装等。玻璃和陶瓷封装主要用于小功率半导体二极管；塑料封装主要用于小功率和中功率的二极管和晶体管；金属封装用于各种功率等级的二极管和晶体管。晶体管的封装形式如图 5.2.10 所示。

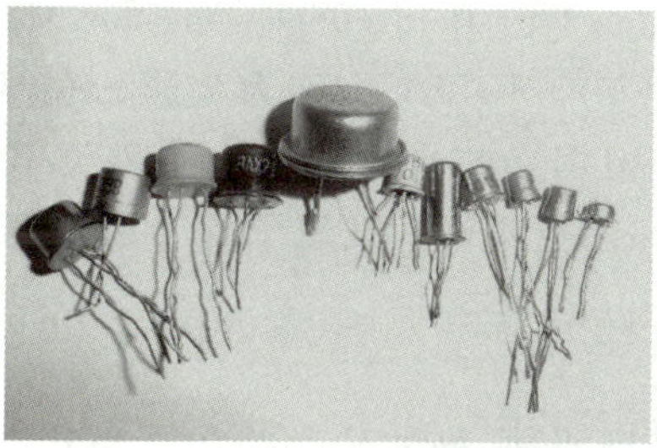

(a) 金属圆壳封装晶体管

(b) 塑料封装晶体管

(c) 大功率晶体管

图 5.2.10　晶体管的封装形式

思考题

5-2-1　晶体管有哪几种结构类型?

5-2-2　晶体管是如何实现电流放大作用的?

5-2-3　晶体管的输出特性曲线可以分为几个区域?工作在各区域的条件及特点是什么?

5-2-4　温度升高会引起晶体管哪些参数的变化?如何变化?温度升高将导致晶体管的输入特性曲线和输出特性曲线如何变化?

5-2-5　晶体管的安全工作区是如何确定的?

5.3　场效应晶体管

场效应晶体管的理论发现比晶体管早10年,但直到1960年才逐渐投入应用。场效应晶体管与普通晶体管相比具有输入阻抗高、噪声系数小、热稳定性好等优点,在某些应用场合,如开关电路中,场效应晶体管的性能优于晶体管。在许多场合将两种类型的管子混合应用以充分利用各自的优势。

场效应晶体管(field effect transistor,FET)是利用输入回路的电场效应来控制输出回路电流的一种半导体器件,本质上是电压控制电流源(voltage control current source,VCCS)器件,简称场效应管。场效应管仅靠半导体中的一种载流子(多子或少子)导电,故又称**单极型晶体管**。

场效应管输入电阻很高,可高达 $10^7 \sim 10^{15}\ \Omega$。此外,场效应管还具有体积小、质量小、寿命长、噪声低、热稳定性好、抗辐射能力强等优点,因而广泛地应用于各种电子电路中。

场效应管按其结构分为**结型场效应管**(junction type field effect transistor,JFET)和**绝缘栅型场效应管**(insulated gate field effect transistor,IGFET)。IGFET也称为金属-氧化物-半导体场效应管(metal-oxide-semiconductor FET,MOSFET)。根据参与导电的载流子种类不同,场效应管又可以分为以电子作为载流子的**N沟道场效应管**和以空穴作为载流子的**P沟道场效应管**。

5.3.1　绝缘栅场效应管

绝缘栅场效应管(MOSFET)有增强型和耗尽型两种,每种又有N沟道和P沟道之分,因此绝缘栅场效应管有四种类型:N沟道增强型MOSFET、N沟道耗尽型MOSFET、P沟道增强型MOSFET和P沟道耗尽型MOSFET。

1. N沟道增强型MOSFET

(1) 结构

N沟道增强型MOSFET的结构示意图和符号如图5.3.1所示。它是以一块低掺杂的P型硅片为衬底,利用扩散工艺制作两个高掺杂的 N^+ 区,并引出两个电极,分别为**源极s**和**漏极d**。在半导体上制作一层 SiO_2 绝缘层,再在 SiO_2 绝缘层上制作一层金属铝,并引出电极,作为**栅极g**。通常将衬底与源极接在一起使用。栅极和衬底各相当于一个极板,中间是绝缘层,形成电容。由于栅极是绝缘的,栅极电流几乎为零,所以栅源电阻 R_{GS} 很高。场效应管的三个电极栅极g、源极s、漏极d分别类似于双极型晶体管的基极b、发射极e、集电极c。

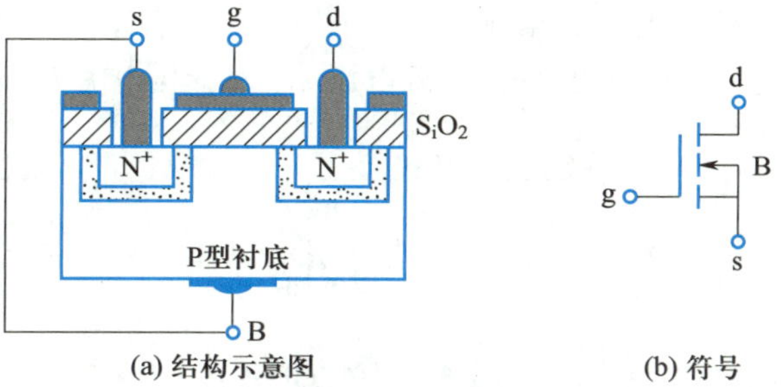

微视频 5-3 MOSFET 的工作原理

图 5.3.1 N 沟道增强型 MOSFET 的结构示意图和符号

(2) 工作原理

下面分别讨论栅源电压 u_{GS} 对漏极电流 i_D 的控制作用和漏源电压 u_{DS} 对漏极电流 i_D 的影响。

① 栅源电压 u_{GS} 对漏极电流 i_D 的控制作用

当栅-源极之间不加电压时,衬底(P 型)与源区(N^+型)、漏区(N^+型)就形成两个背靠背的 PN 结。在 d、s 之间无导电通道,即使在漏极和源极之间加上电压 u_{DS},也不会在 d、s 间形成电流。

当 $u_{DS}=0$ V、$u_{GS}>0$ 时,栅极 g 和 P 型硅衬底相当于以二氧化硅为介质的平行板电容器,在正栅源电压 u_{GS} 作用下,介质中便产生了一个垂直于半导体表面,由栅极指向 P 型衬底的电场(由于绝缘层很薄,即使只有几伏的栅源电压 u_{GS},也可产生高达 $10^5 \sim 10^6$ V/cm 数量级的强电场),但不会产生栅极电流。这个电场是排斥空穴而吸引电子的,将靠近栅极下方的 P 型半导体中的空穴向下方排斥,形成一薄层负离子的耗尽层。同时衬底中的少子自由电子将被吸引到栅极下的衬底表面。当栅源电压 u_{GS} 较小时,这些少子不足以形成导电通道将漏极 d 和源极 s 沟通,所以即使加入漏源电压,也不能形成漏极电流 i_D,如图 5.3.2(a)所示。

当 $u_{DS}=0$ V,u_{GS} 逐渐增加时,一方面耗尽层增宽,另一方面在靠近栅极下方的 P 型硅表面聚集较多的自由电子,将漏极和源极沟通,形成 N 型导电通道,这个导电通道称为沟道,如图 5.3.2(b)所示。沟道内的自由电子因与 P 型半导体的多子性质相反,称为**反型层**。使沟道刚刚形成的栅源电压称为**开启电压** $u_{GS(th)}$。如果此时加上 u_{DS},可以形成漏极电流 i_D。随着 u_{GS} 的进一步增加,反型层加宽,导电沟道电阻减小,i_D 增加。在 $u_{GS}=0$ V 时,$i_D=0$ A;只有当 $u_{GS}>U_{GS(th)}$ 后,若加上 u_{DS},才会出现漏极电流 i_D,这种 MOS 管称为**增强型 MOS 管**。

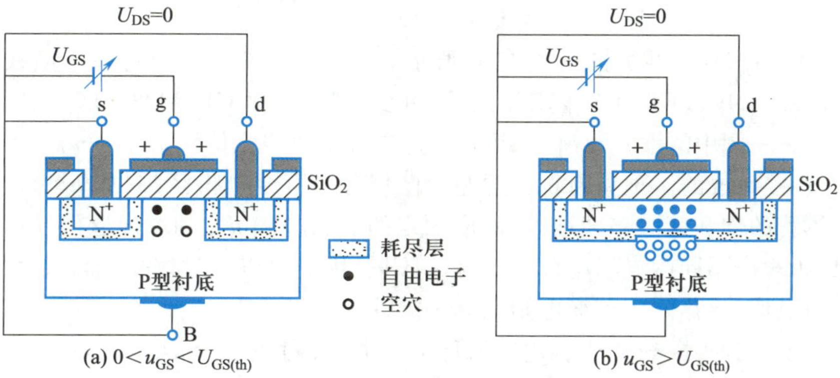

图 5.3.2 $u_{DS}=0$ 时 u_{GS} 对沟道的影响

② 漏源电压 u_{DS} 对漏极电流 i_D 的影响

当 $u_{GS}>U_{GS(th)}$，且固定为某一值时，分析漏源电压 u_{DS} 对漏极电流 i_D 的影响，如图 5.3.3 所示。

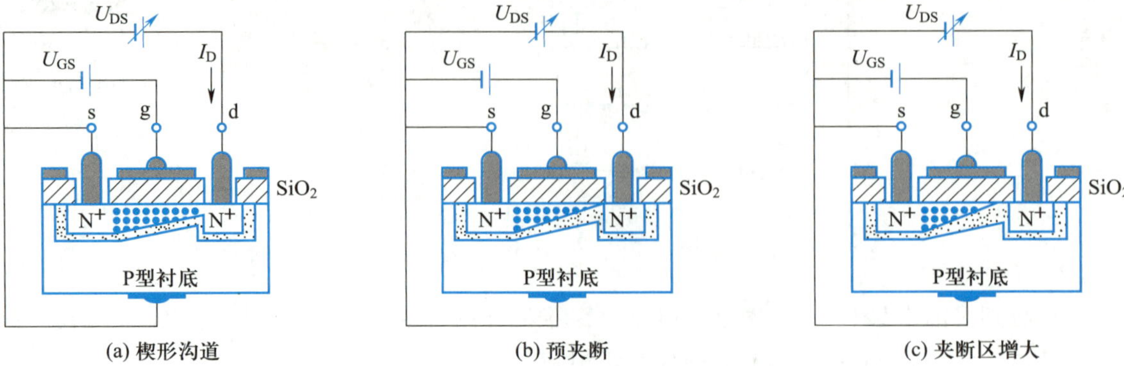

图 5.3.3 当 u_{GS} 为大于 $U_{GS(th)}$ 的某一定值时 u_{DS} 对 i_D 的影响

当 u_{DS} 较小时，栅极 g 和漏极 d 间的电压 $u_{GD}=u_{GS}-u_{DS}>U_{GS(th)}$，$u_{GD}$ 由靠近漏极处沟道的宽度加以反映，如图 5.3.3(a)所示。此时 u_{DS} 基本均匀降落在沟道中，沟道呈楔形分布。以源极 s 和衬底 B 为参考，d 端反向电压的大小决定 d 端耗尽型的宽度。宽度随 u_{DS} 的增加而减小；在 s 端反向电压为 0，沟道最宽。此时沟道呈电阻特性，i_D 随 u_{DS} 的增加而增加。

当 u_{DS} 增加到使 $u_{GD}=U_{GS(th)}$ 时，沟道在漏极一侧出现夹断点，称为**预夹断**，如图 5.3.3(b)所示。当 u_{DS} 继续增加，夹断区域继续加长，如图 5.3.3(c)所示。u_{DS} 增加的部分几乎全部用于克服夹断区对漏极电流的阻力，即用于克服不断增加的沟道电阻，此时漏极电流 i_D 基本不再随 u_{DS} 的增加而增加，场效应管进入恒流区，此时 i_D 几乎仅由 u_{GS} 决定。

实际上场效应管是在 u_{GS} 和 u_{DS} 共同作用下工作的。由以上分析可知，场效应管是通过栅源电压控制漏极电流的器件，因此被称为**电压控制电流型器件**。

(3) 特性曲线

① 输出特性曲线

MOSFET 的输出特性是指当栅源电压 $u_{GS}>U_{GS(th)}$ 且为某一定值时，漏极电流 i_D 与漏源电压 u_{DS} 之间的函数关系，即

$$i_D=f(u_{DS})\big|_{U_{GS}=\text{const}}$$

MOSFET 的输出特性曲线如图 5.3.4(a)所示。对应于一个 u_{GS}，就有一条曲线，因此输出特性曲线为一族曲线。MOSFET 有 3 个工作区域：可变电阻区、恒流区和截止区。

可变电阻区——图中的虚线为预夹断轨迹，它是各条曲线上使 $u_{GD}=u_{GS}-u_{DS}=U_{GS(th)}$，即 $u_{DS}=u_{GS}-U_{GS(th)}$ 的点连接而成的。预夹断轨迹的左边区域称为可变电阻区(对应 $u_{DS}<u_{GS}-U_{GS(th)}$)，相当于双极型晶体管的饱和区。该区域内，对应固定的 u_{GS}，i_D 随 u_{DS} 的增加近似线性增加，其特性就像一个电阻，而对应不同的 u_{GS}，i_D 的上升速率不同，因而可以通过改变 u_{GS} 的大小来改变漏源之间等效电阻的阻值，故称之为可变电阻区。

恒流区——图中预夹断轨迹的右边区域称为恒流区(对应 $u_{DS}>u_{GS}-U_{GS(th)}$)。各曲线近似平行于横轴，i_D 基本不随 u_{DS} 变化而变化。因而可将 i_D 近似为受栅源电压 u_{GS} 控制的电流源，故称

该区域为恒流区，相当于双极型晶体管的线性放大区。

截止区——当 $u_{GS}<U_{GS(th)}$ 时，漏源之间无导电沟道，$i_D\approx 0$，该区域称为截止区。

另外，当 u_{DS} 增大到一定程度时，漏极电流 i_D 会骤然增大，管子将被击穿，对应于图中输出特性曲线右侧上翘的部分，称为击穿区，应避免使场效应管进入这一区域。

② 转移特性曲线

所谓 MOSFET 的转移特性，是在漏源电压 u_{DS} 一定的条件下，栅源电压 u_{GS} 对漏极电流 i_D 的控制特性，即

$$i_D=f(u_{GS})\big|_{U_{DS}=\text{const}}$$

MOSFET 的转移特性曲线可以直接从 MOSFET 的输出特性曲线上用作图法求出。在输出特性曲线的恒流区，做垂直于横轴的一条直线，与输出特性曲线交于 a、b、c、d 各点。由每一个点，可得到一组 i_D 和 u_{GS} 坐标值。建立 u_{GS}、i_D 坐标系，连接各点所得到的曲线即为 MOSFET 的转移特性曲线，如图 5.3.4(b)所示。

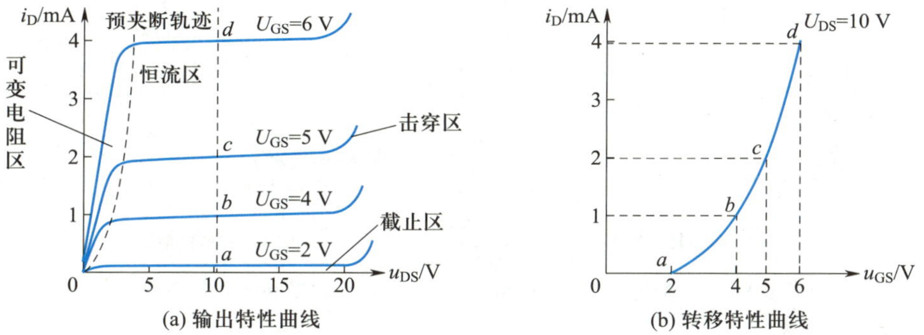

图 5.3.4 MOSFET 的输出特性曲线和转移特性曲线

由于恒流区内，i_D 受 u_{DS} 的影响很小，因此在恒流区内不同 u_{DS} 下的转移特性曲线基本重合。

N 沟道增强型 MOSFET 的转移特性曲线可用如下表达式描述：

$$i_D=I_{DO}\left(\frac{u_{GS}}{U_{GS(th)}}-1\right)^2 \tag{5.3.1}$$

式中，I_{DO} 是 $u_{GS}=2U_{GS(th)}$ 时所对应的 i_D。

2. N 沟道耗尽型 MOSFET

如果在制造 MOSFET 时，在栅极下方的 SiO_2 绝缘层中掺入了适量的金属正离子，那么当 $u_{GS}=0$ V 时，在这些正离子作用下，SiO_2 绝缘层的下方也能够形成反型层，即形成漏-源之间的导电沟道。只要加入漏源电压 $u_{DS}>0$，就有漏极电流 i_D。N 沟道耗尽型 MOSFET 的结构示意图和符号如图 5.3.5(a)和(b)所示。

N 沟道耗尽型 MOSFET 的输出特性曲线和转移特性曲线如图 5.3.6(a)和(b)所示。$u_{GS}=0$ V 时的漏极电流称为饱和漏极电流，用 I_{DSS} 表示。当 $u_{GS}>0$ 时沟道变宽，将使 i_D 增大。当 $u_{GS}<0$ 时，沟道变窄，将使 i_D 减小。随着 u_{GS} 的减小，漏极电流逐渐减小，直至 $i_D=0$。对应 $i_D=0$ 的 u_{GS} 称为夹断电压，用 $U_{GS(off)}$ 表示。

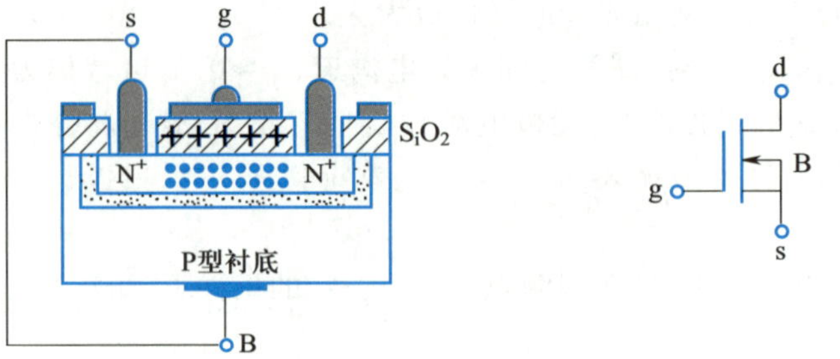

(a) 结构示意图 (b) 符号

图 5.3.5 N 沟道耗尽型 MOSFET 的结构和符号

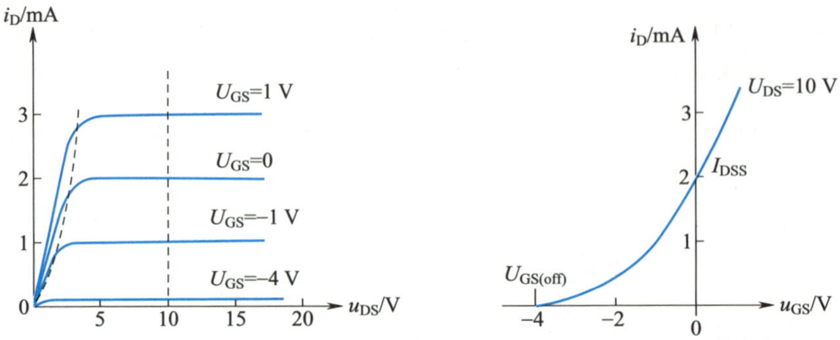

(a) 输出特性曲线 (b) 转移特性曲线

图 5.3.6 N 沟道耗尽型 MOSFET 的输出特性曲线和转移特性曲线

N 沟道耗尽型 MOSFET 的转移特性曲线可用如下表达式描述

$$i_D = I_{DSS}\left(1-\frac{u_{GS}}{U_{GS(off)}}\right)^2 \tag{5.3.2}$$

此式可用于计算不同 u_{GS} 下的 i_D 值。N 沟道耗尽型 MOSFET 的输出特性曲线与 N 沟道增强型 MOSFET 的输出特性曲线基本相同。

3. P 沟道增强型和耗尽型 MOSFET

P 沟道 MOSFET 也有增强型和耗尽型两种。P 沟道增强型 MOS 管的开启电压 $U_{GS(th)}<0$。当 $u_{GS}<U_{GS(th)}$ 时管子才导通，漏源之间应加负电源电压；P 沟道耗尽型 MOS 管的夹断电压 $U_{GS(off)}>0$，u_{GS} 可在正、负值的一定范围内实现对 i_D 的控制，漏源之间应加负电源电压。

5.3.2 结型场效应管

1. 结构

N 沟道结型场效应管的结构如图 5.3.7(a)所示，图(b)为其符号。它是在一块 N 型半导体的两侧制作两个高掺杂的 P 区，形成两个 PN 结夹着一个 N 型沟道的结构。两个 P 区连在一起称为栅极 g，N 型沟道的一端是漏极 d，另一端是源极 s。

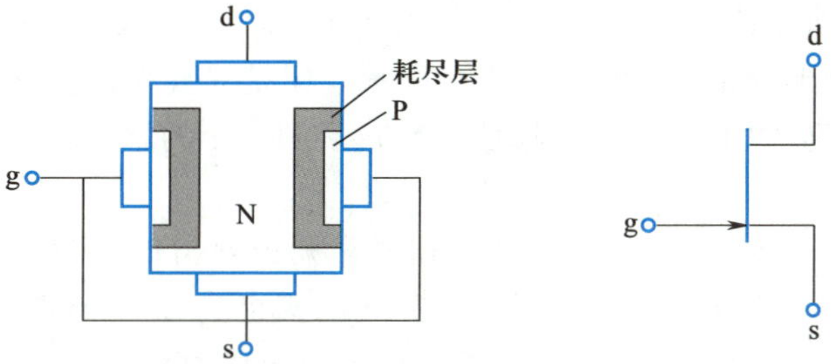

(a) 结构　(b) 符号

图 5.3.7　结型场效应管的结构与符号

2. 工作原理

N 沟道结型场效应管工作时，在栅极与源极间需加一负电压(u_{GS}<0 V)，使栅极、沟道间的 PN 结反偏，栅极电流 $i_G\approx0$，场效应管呈现 $10^7\ \Omega$ 以上的输入电阻。在漏极与源极间加正电压(u_{DS}>0)，使 N 沟道中的多数载流子(电子)在电场作用下由源极向漏极运动，形成漏极电流 i_D。漏极电流 i_D 的大小受栅源电压 u_{GS} 的控制。因此，讨论结型场效应管的工作原理同样是讨论 u_{GS} 对 i_D 的控制作用和 u_{DS} 对 i_D 的影响。现以 N 沟道结型场效应管为例说明其工作原理。

微视频 5-4
JFET 的工作原理

(1) 栅源电压 u_{GS} 对漏极电流 i_D 的控制作用

假设漏极、源极之间不加电压(即 $u_{DS}=0$)。当 $u_{GS}=0$ V 时，栅极与沟道之间零偏置，耗尽层较窄，沟道较宽，如图 5.3.8(a)所示；当 u_{GS}<0 V 时，PN 结反偏，耗尽层从左右两个方向向中间靠拢，沟道将变窄，且随着栅源间电压 u_{GS} 越来越负，沟道越来越窄，直至左右合拢，发生夹断。发生夹断时所对应的栅源电压 u_{GS} 称为**夹断电压** $U_{GS(off)}$。这一过程如图 5.3.8(b)、(c)所示。当 $u_{GS}<U_{GS(off)}$ 时，N 沟道结型场效应管工作在截止区，此时漏极电流 $i_D=0$。

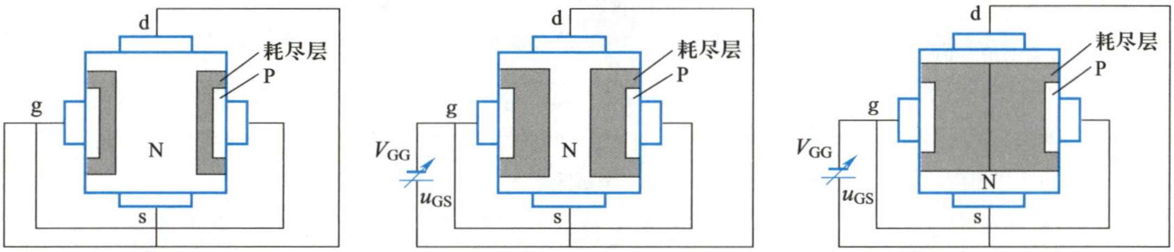

(a) $u_{GS}=0$　(b) $U_{GS(off)}<u_{GS}<0$　(c) $u_{GS}<U_{GS(off)}$

图 5.3.8　u_{GS} 对沟道控制作用的示意图

上述分析表明，改变 u_{GS} 的大小，可以有效地控制沟道电阻的大小。若在漏源极间加上固定的正向电压 u_{DS}，则由漏极流向源极的电流 i_D 将受 u_{GS} 的控制，$|u_{GS}|$增大时，沟道电阻增大，i_D 减小。

(2) 漏源电压 u_{DS} 对漏极电流 i_D 的影响

当 u_{GS} 为 $U_{GS(off)}$ ~0 V 中某一固定值时，若 $u_{DS}=0$ V，虽然存在由 u_{GS} 所确定的一定宽度的导电沟道，但由于漏源极间电压为零，多子不会产生定向移动，因而漏极电流 i_D 为零。

若 u_{DS} 从零开始增加，则 $u_{GD}=u_{GS}-u_{DS}$ 将随之减小，靠近漏极处的耗尽层加宽，沟道变窄，于是沟道在垂直方向呈楔形分布，如图 5.3.9(a)所示。但是只要栅漏极间不出现夹断区域，沟道电阻仍将基本上取决于栅源电压 u_{GS}。因此，电流 i_D 将随 u_{DS} 的增大而线性增大，漏源极间呈现电阻特性。

当 u_{DS} 增加到使 $u_{GD}=u_{GS}-u_{DS}=U_{GS(off)}$ 时，在紧靠漏极处出现夹断区，称 $u_{GD}=U_{GS(off)}$ 为预夹断，如图 5.3.9(b)所示。若 u_{DS} 继续增大，漏极处的夹断区继续向源极方向生长延长，如图 5.3.9(c)所示。这时，一方面自由电子从漏极向源极定向移动所受阻力加大，从而导致 i_D 减小；另一方面，随着 u_{DS} 的增大，使漏源极间的纵向电场增强，也必然导致 i_D 增大。实际上，上述 i_D 的两种变化趋势相抵消，u_{DS} 的增大几乎全部降落在夹断区，用于克服夹断区对 i_D 形成的阻力。因此，从外部看，在 $u_{GD}<U_{GS(off)}$ 的情况下，当 u_{DS} 增大时 i_D 几乎不变，即 i_D 几乎仅由 u_{GS} 决定，表现出恒流的特性。

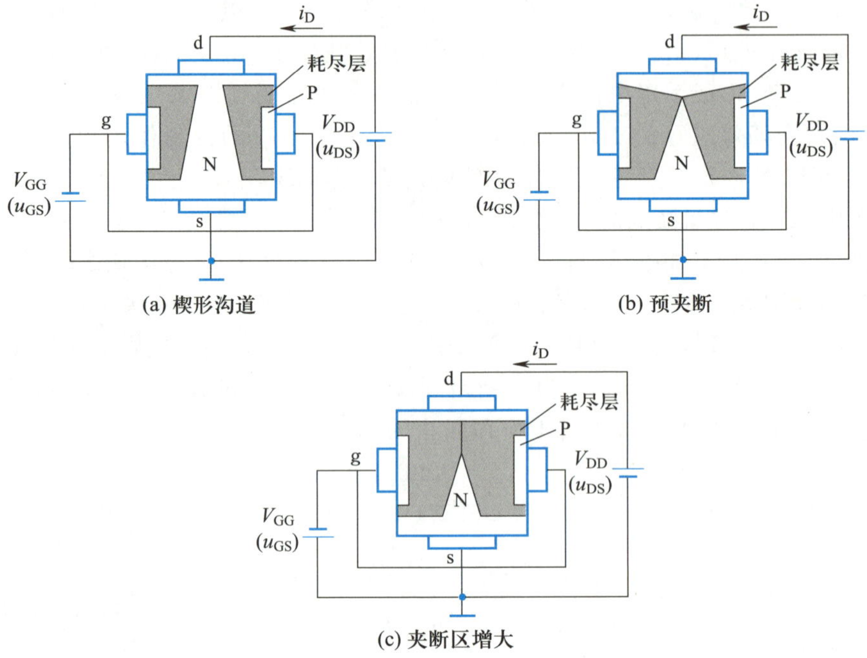

图 5.3.9 漏源电压对沟道的控制作用

P 沟道结型场效应管工作时，在栅极与源极间需加一正电压($u_{GS}>0$)，使栅极和沟道间的 PN 结反偏，夹断电压 $U_{GS(off)}>0$。

3. 特性曲线

结型场效应管的特性曲线有两条，一是输出特性曲线，二是转移特性曲线。它与耗尽型绝缘栅场效应管的特性曲线基本相同，只不过耗尽型绝缘栅场效应管的栅源电压 u_{GS} 可正、可负，而对于 N 沟道结型场效应管，u_{GS} 必须为负；对于 P 沟道结型场效应管，u_{GS} 必须为正，以保证栅源间 PN 结反偏。N 沟道结型场效应管的特性曲线如图 5.3.10 所示。结型场效应管工作在恒流区的 i_D 表达式与耗尽型 MOSFET 工作在恒流区的 i_D 表达式相同，如式(5.3.2)所示。

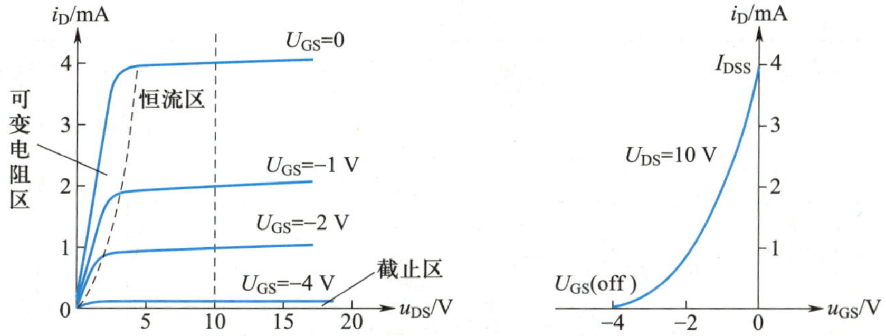

(a) 输出特性曲线　　(b) 转移特性曲线

图 5.3.10　N 沟道结型场效应管的特性曲线

各种类型场效应管的符号和特性曲线如表 5.3.1 所示。

表 5.3.1　场效应管的符号和特性曲线比较

<table>
<tr><th>类型</th><th>符号</th><th>输出特性曲线</th><th>转移特性曲线</th></tr>
<tr><td>N 沟道
增强型
MOSFET</td><td>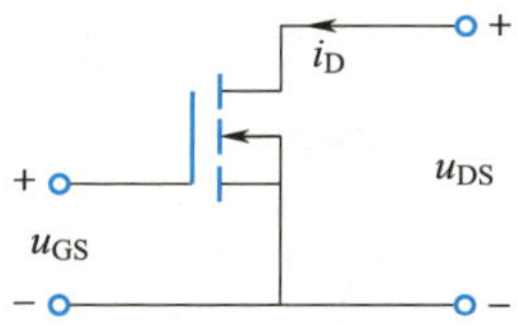
</td><td>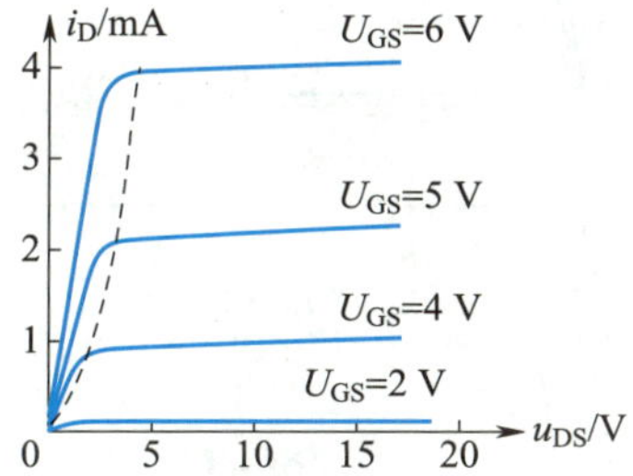
</td><td>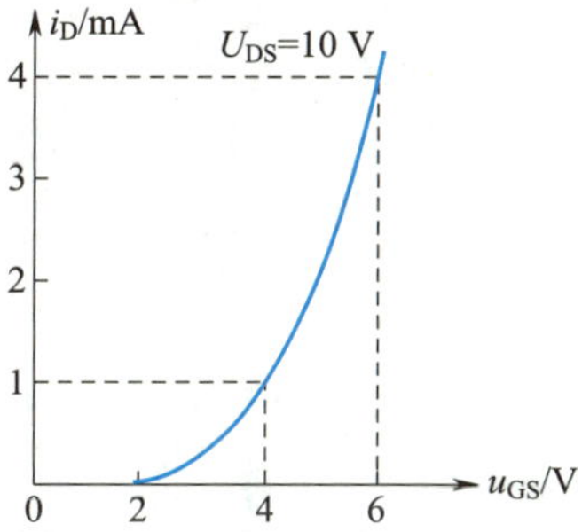
</td></tr>
<tr><td>P 沟道
增强型
MOSFET</td><td>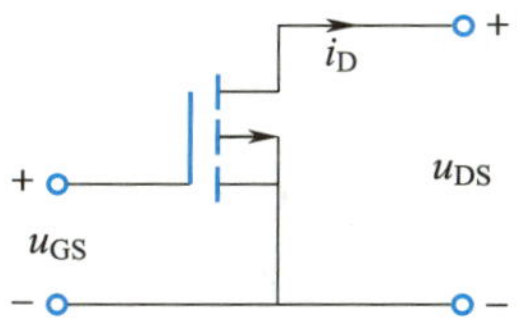
</td><td>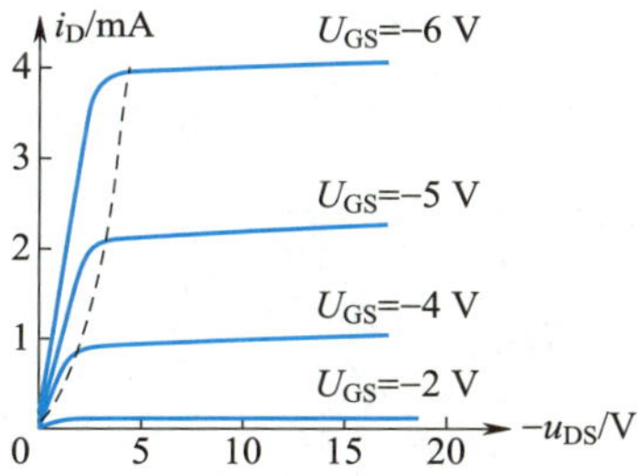
</td><td>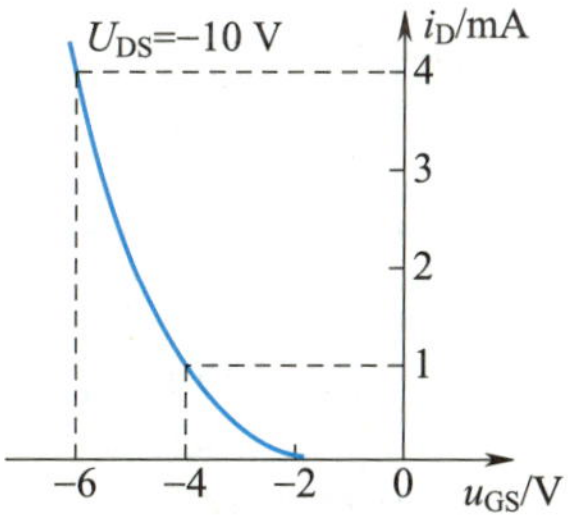
</td></tr>
<tr><td>N 沟道
耗尽型
MOSFET</td><td>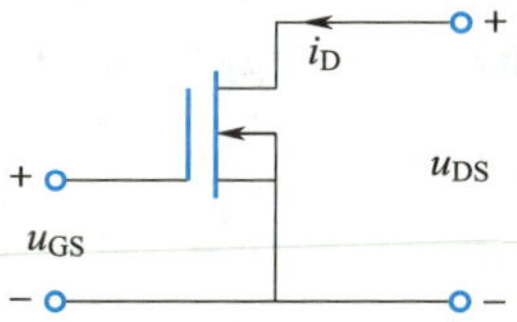
</td><td>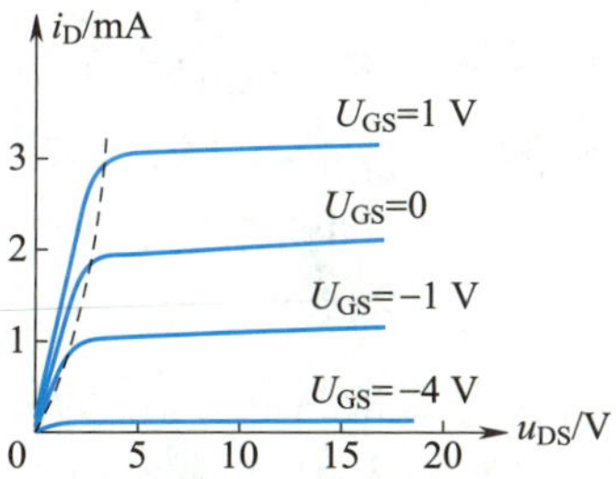
</td><td>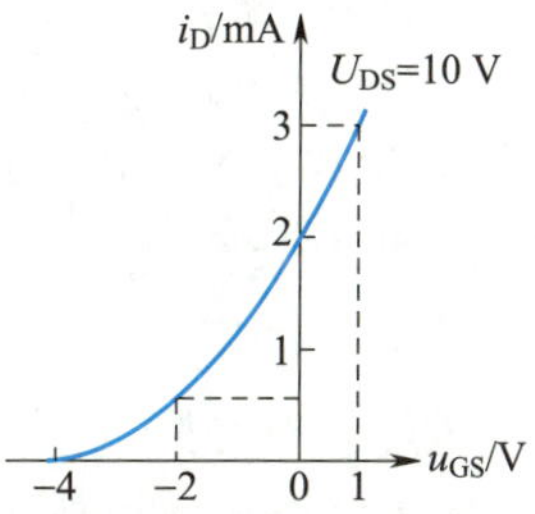
</td></tr>
</table>

续表

<table>
<tr><th>类型</th><th>符号</th><th>输出特性曲线</th><th>转移特性曲线</th></tr>
<tr><td>P 沟道
耗尽型
MOSFET</td><td>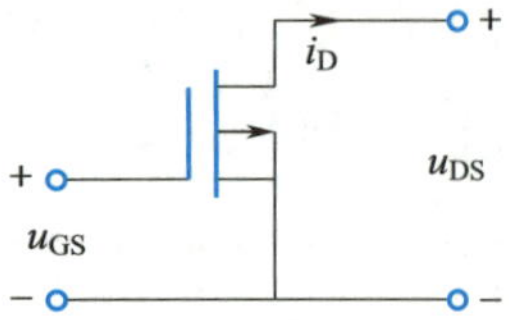
</td><td>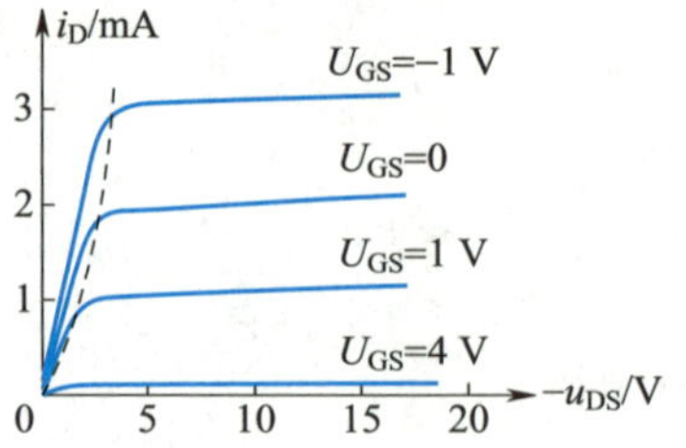
</td><td>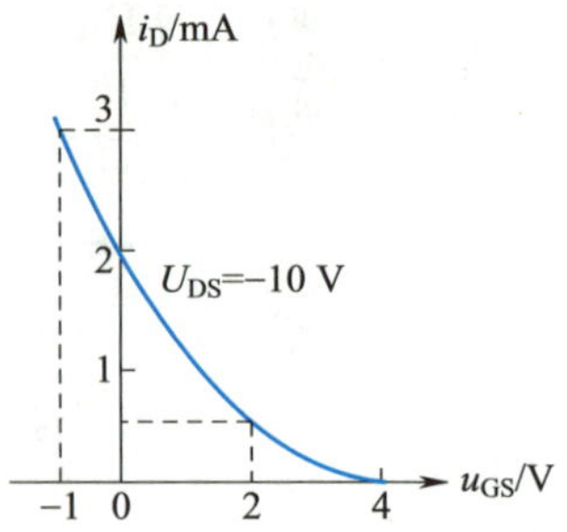
</td></tr>
<tr><td>N 沟道
JFET</td><td>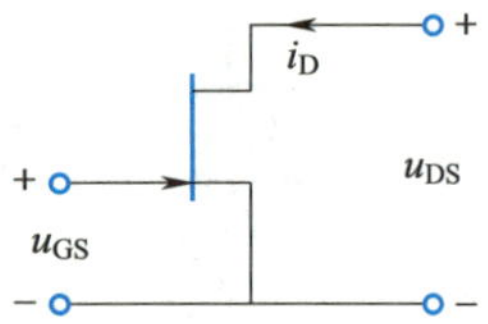
</td><td>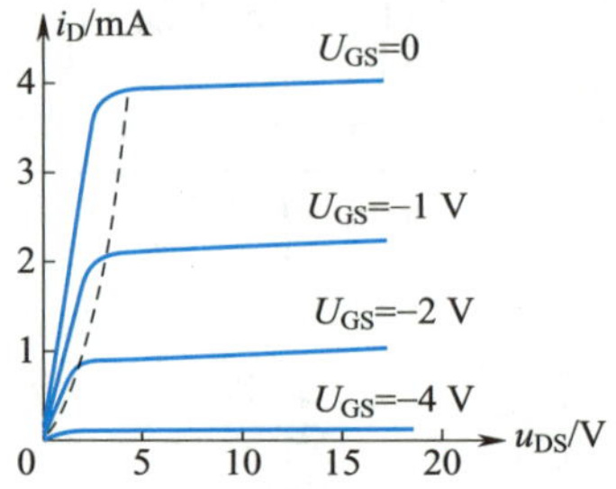
</td><td>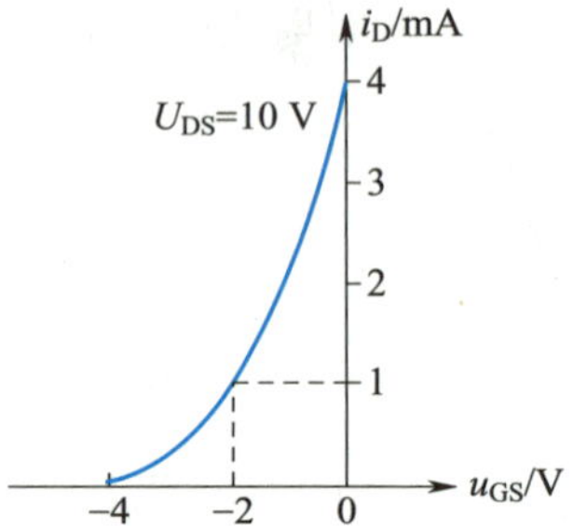
</td></tr>
<tr><td>P 沟道
JFET</td><td>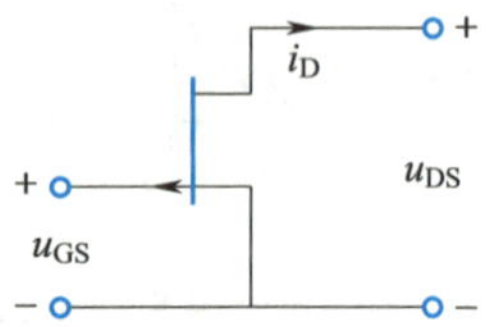
</td><td>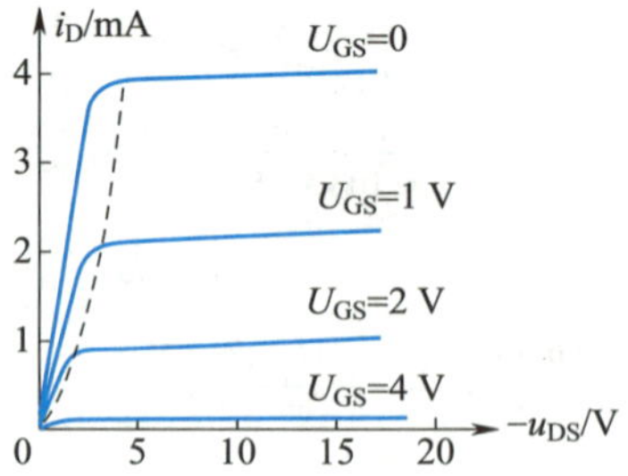
</td><td>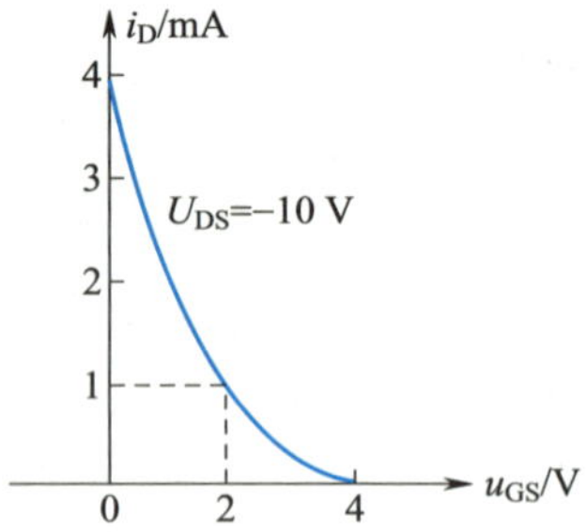
</td></tr>
</table>

5.3.3 场效应管的主要参数和型号

1. 直流参数

(1) 开启电压 $U_{GS(th)}$(或 U_T)

$U_{GS(th)}$是在 u_{DS} 为一常量时,使 i_D 大于零所需的最小 $|u_{GS}|$值。开启电压 $U_{GS(th)}$ 是增强型 MOS 管的参数。N 沟道增强型 MOS 管的 $U_{GS(th)}>0$,当 $u_{GS}>U_{GS(th)}$时,场效应管导通,否则无 i_D;P 沟道增强型 MOS 管的 $U_{GS(th)}<0$,当 $u_{GS}<U_{GS(th)}$时,场效应管导通,否则无 i_D。

(2) 夹断电压 $U_{GS(off)}$(或 U_P)

与 $U_{GS(th)}$相类似,$U_{GS(off)}$是在 u_{DS} 为常量的情况下,i_D 为规定的微小电流时的 u_{GS}。夹断电压 $U_{GS(off)}$是耗尽型和结型场效应管的参数。N 沟道 MOS 管的 $U_{GS(off)}<0$,当 $u_{GS}<U_{GS(off)}$时,场效应管

无 i_D;P 沟道 MOS 管的 $U_{GS(off)}>0$,当 $u_{GS}>U_{GS(off)}$ 时,场效应管无 i_D。

(3) 饱和漏极电流 I_{DSS}

I_{DSS} 是指耗尽型或结型场效应管,当 $U_{GS}=0$ 时所对应的漏极电流。

(4) 直流输入电阻 R_{GS}

R_{GS} 是场效应管的栅源之间的电阻,在数值上等于栅源之间的电压与栅极电流之比。结型场效应管的 R_{GS} 大于 $10^7\ \Omega$;绝缘栅型场效应管的 R_{GS} 为 $10^9\sim10^{15}\ \Omega$。

2. 交流参数

(1) 低频跨导 g_m

低频跨导反映了栅源电压 u_{GS} 对漏极电流 i_D 的控制作用的强弱。g_m 可以在转移特性曲线上求取,它相当于转移特性曲线上某点的斜率,单位是 mS(毫西门子)或写作 mA/V。

对于耗尽型场效应管,利用 i_D 的表达式(5.3.2),可以求出其低频跨导的表达式为

$$g_m=\left.\frac{\partial i_D}{\partial u_{GS}}\right|_{U_{DS}=\text{const}}\approx-\frac{2I_{DSS}}{U_{GS(off)}}\left(1-\frac{U_{GS}}{U_{GS(off)}}\right) \tag{5.3.3}$$

对于增强型场效应管,由式(5.3.1)可以得到其低频跨导的表达式为

$$g_m=\left.\frac{\partial i_D}{\partial u_{GS}}\right|_{U_{DS}=\text{const}}\approx\frac{2I_{DO}}{U_{GS(th)}}\left(\frac{U_{GSQ}}{U_{GS(th)}}-1\right) \tag{5.3.4}$$

可见,g_m 与场效应管的静态工作点有关,它是表征场效应管放大能力的重要参数。

(2) 极间电容

场效应管的 3 个电极之间均存在极间电容。通常,栅源电容 C_{gs} 和栅漏电容 C_{gd} 为 1~3 pF,而漏源电容 C_{ds} 为 0.1~1 pF。在高频电路中,应考虑极间电容的影响。管子的最高工作频率 f_M 是综合考虑了 3 个电容的影响而确定的工作频率上限。

3. 极限参数

(1) 最大漏极电流 I_{DM}

I_{DM} 是管子正常工作时漏极电流允许的最大值。

(2) 击穿电压

管子进入恒流区后,使 i_D 骤然增大的 u_{DS} 称为漏源击穿电压 $U_{(BR)DS}$。u_{DS} 超过此值会使管子损坏。

(3) 最大漏极功耗 P_{DM}

P_{DM} 为漏极功耗 $P_D=U_{DS}\cdot I_D$ 的最大值,与双极型晶体管的 P_{CM} 相当,取决于场效应管的允许温升。

4. 型号

场效应管的型号,有两种命名方法。其一是与双极型晶体管相同,第三位字母 J 代表结型场效应管,O 代表绝缘栅场效应管。第二位字母代表材料,D 是 P 型硅制成的 N 沟道管;C 是 N 型硅制成的 P 沟道管。例如,3DJ6D 是 N 沟道结型场效应管,3D06C 是 N 沟道绝缘栅型场效应管。

第二种命名方法是 CS××#,CS 代表场效应管,××以数字代表型号的序号,#用字母代表同一型号中的不同规格。例如,CS14A、CS45G 等。

5.3.4 双极型晶体管和场效应管的比较

双极型晶体管和场效应管的性能比较见表 5.3.2。

表 5.3.2 双极型晶体管和场效应管性能比较

项目 \ 晶体管类型	双极型晶体管(BJT)	场效应管(FET)
结构	NPN 型 PNP 型	结型:N 沟道,P 沟道 绝缘栅增强型:N 沟道,P 沟道 绝缘栅耗尽型:N 沟道,P 沟道
电极使用	c、e 电极不能互换使用	d、s 一般可以互换使用
载流子	两种载流子(多子和少子)	一种载流子(JFET——多子;MOSFET——少子)
输入量	电流	电压
控制	电流控制电流源 CCCS(β)	电压控制电流源 VCCS(g_m)
噪声系数	较大	较小
热稳定性	差	较好
输入电阻	低(几十欧到几千欧)	高(几兆欧以上),$i_G \approx 0$
静电影响	不易受静电影响	易受静电影响
集成工艺	不易大规模集成	适宜大规模和超大规模集成
大电流特性	好	次之
耗电	多	少
电源电压范围	窄	宽

思考题

5-3-1 场效应管是如何分类的?如何理解场效应管的符号?

5-3-2 为什么说场效应管属于单极型器件?

5-3-3 如何理解场效应管属于电压控制型器件?

5-3-4 场效应管输出特性曲线分为几个区?各区内 FET 的工作各有何特点?

5-3-5 场效应管的特性曲线与场效应管的类型有何对应关系?

5-3-6 写出场效应管低频跨导的定义式,说明该参数的意义,如何求跨导?

5.4 基本放大电路的组成及工作原理

在 5.2.2 节介绍了晶体管的三种组态:共发射极组态、共集电极组态和共基极组态。晶体管基本放大电路的组态与晶体管的三种组态相似,也分为共射组态、共集组态和共基组态。

在放大电路等效的二端口网络中，当晶体管的发射极作为输入回路、输出回路的公共端时，称为共射组态基本放大电路；当晶体管的集电极作为输入回路、输出回路的公共端时，称为共集组态基本放大电路；当晶体管的基极作为输入回路、输出回路的公共端时，称为共基组态基本放大电路。以此类推，场效应管放大电路也有三种组态：共源组态、共漏组态和共栅组态基本放大电路。

本节以共射组态基本放大电路为例，介绍基本放大电路的组成和工作原理。

5.4.1　共射组态基本放大电路的组成

晶体管共射组态基本放大电路如图 5.4.1(a)所示。晶体管的基极对地输入信号，集电极对地输出信号，发射极作为输入、输出回路的公共端。

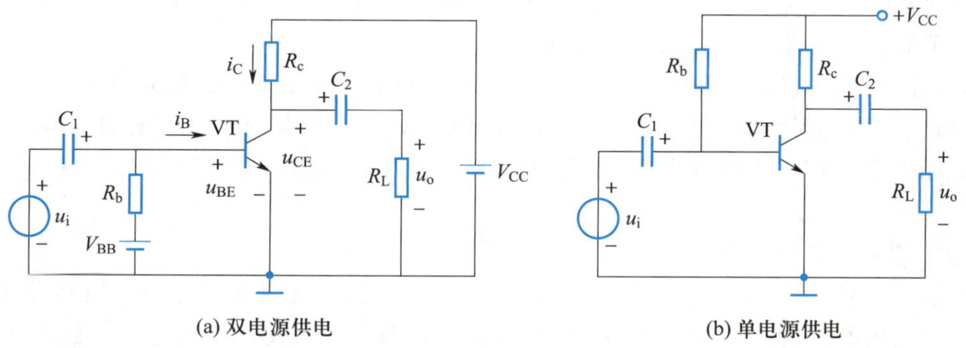

图 5.4.1　共射组态基本放大电路

晶体管 VT 是放大电路的核心元件，在放大电路中起放大作用，因此必须保证晶体管工作在放大区，即发射结正偏、集电结反偏。

基极电源 V_{BB} 和基极电阻 R_b 使晶体管的发射结正向偏置且大于开启电压，提供基极电流 I_B；集电极电源 V_{CC} 和集电极电阻 R_c 使晶体管的集电结反偏，形成集电极电流 i_C。

放大电路通过晶体管的电流控制作用将直流电压源 V_{CC} 的能量转换为输出信号的能量，因此集电极电源 V_{CC} 是放大电路的能量来源；集电极电阻 R_c 和负载电阻 R_L 的作用是将集电极电流 i_C 的变化转换成输出电压的变化。

耦合电容 C_1、C_2 起到隔断直流、通过交流的作用，简称“隔直通交”。耦合电容 C_1、C_2 应选择大容量的电解电容，对于交流信号其容抗很小，可忽略不计。输入交流信号通过耦合电容 C_1 无损失地加到晶体管的发射结，输出交流电压信号通过耦合电容 C_2 无损失地输送到负载上。

图 5.4.1(a)所示电路中，基极回路和集电极回路用了两个电源 V_{BB} 和 V_{CC}。基极回路和集电极回路也可以共用一个电源，如图 5.4.1(b)所示。

晶体管共射组态基本放大电路仅是晶体管基本放大电路的一种。通过对晶体管共射组态基本放大电路组成的分析，可以得到晶体管基本放大电路的组成原则：

① 保证放大电路的核心器件(晶体管)工作在放大状态，即选择合适的直流电源和电阻阻

值，建立合适的直流工作状态，保证电路输出电压不失真。

② 输入回路的设置应能够使输入信号有效地作用于晶体管的发射结，形成变化的基极电流，从而形成变化的集电极电流。

③ 输出回路的设置应能够使输出信号有效地作用于负载上，保证将放大后的电流信号转变成作用于负载上的电压信号。

5.4.2 共射组态基本放大电路的工作原理

1. 静态和动态

晶体管基本放大电路的**静态**是指输入信号等于零时，即 $u_i=0$ V 时，在直流电压源的激励下，电路中各处的电压、电流都是直流信号的工作状态，也称**直流工作状态**。

晶体管基本放大电路的**动态**是指输入信号不等于零时，即 $u_i\neq0$ V 时，电路中各处的电压、电流都处于变动工作状态，也称**交流工作状态**。

放大电路的分析包括静态分析和动态分析。分析放大电路时，必须先进行静态分析（或称直流分析），然后再进行动态分析（或称交流分析）。因为只有建立了合适的直流工作状态，才能保证晶体管工作在线性放大区，才有可能保证放大电路在不失真的情况下放大交流输入信号。

2. 直流通路和交流通路

分析放大电路必须要正确地区分直流通路和交流通路。**直流通路**是指直流信号传递的路径，由晶体管、集电极电阻 R_c、基极电阻 R_b 和直流电压源 V_{CC} 构成。在确定直流通路时，耦合电容的容抗无穷大，耦合电容可视为开路。图 5.4.1(b)所示共射组态基本放大电路的直流通路如图 5.4.2(a)所示。

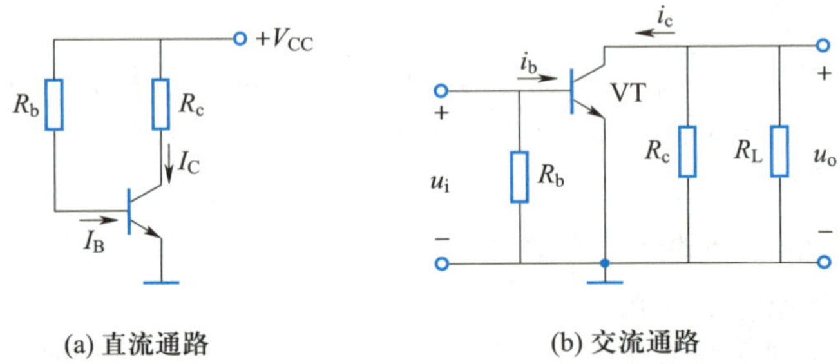

图 5.4.2 直流通路和交流通路

微视频 5-5
共射基本放大电路的工作原理

交流通路是指交流信号传递的路径，由晶体管、集电极电阻 R_c 和负载 R_L 以及基极电阻 R_b 构成。在确定交流通路时，耦合电容和直流电压源视为短路。耦合电容 C_1、C_2 选择为大容量的电解电容，对于交流信号其容抗很小，相当于短路。直流电压源的内阻很小，近似为零，交流电流流过直流电压源不会产生交流电压降，因此直流电压源对于交流信号相当于短路。图 5.4.1(b)所示共射组态基本放大电路的交流通路如图 5.4.2(b)所示。

3. 放大电路的工作原理

对图 5.4.2(a)所示直流通路进行静态分析,可得表征其直流工作状态的 4 个参数:I_{BQ}、I_{CQ}、U_{BEQ} 和 U_{CEQ}(称为静态工作点)。只要电路参数设置合理,就能够保证放大电路具有合适的静态工作点。当放大交流输入信号时,只有保证交、直流叠加的瞬时工作点也处于晶体管输出特性曲线的线性放大区,才能保证放大电路在不失真的情况下实现对交流输入信号的放大。

当输入正弦交流信号 u_i 时,其作用于晶体管的发射结,使得发射结电压在直流电压 U_{BEQ} 的基础上叠加一个交流信号 $u_{be}=u_i$,即 $u_{BE}=U_{BEQ}+u_{be}$。由于晶体管的发射结存在正弦交流电压 u_{be},使得基极电流在直流电流 I_{BQ} 的基础上叠加一个正弦交流电流 i_b,即 $i_B=I_{BQ}+i_b$。

根据晶体管基极对集电极电流的控制作用,使集电极电流 $i_C=I_{CQ}+i_c$,且 $I_{CQ}=\beta I_{BQ}$,$i_c=\beta i_b$。集电极电流变化引起晶体管管压降的变化 $u_{CE}=U_{CEQ}+u_{ce}$,$u_{ce}=-i_c\times(R_c/\!/R_L)$。耦合电容 C_2 起到“隔直通交”作用,在负载上得到了放大的交流输出电压 $u_o=u_{ce}=-i_c(R_c/\!/R_L)$。

放大电路中 u_i、u_{BE}、i_B、i_C、u_{CE} 和 u_o 的波形如图 5.4.3 所示。

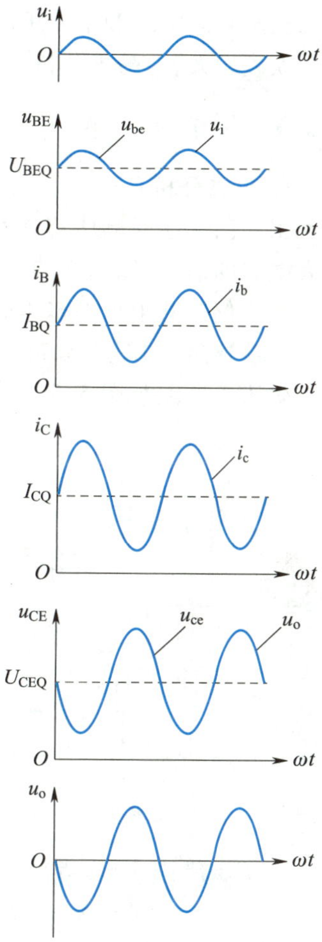

图 5.4.3 放大电路的电压和电流信号

思考题

5-4-1 以共射组态基本放大电路为例,说明各组成部分的作用,说明晶体管基本放大电路的组成原则。

5-4-2 放大电路的静态和动态是如何定义的?

5-4-3 如何确定放大电路的直流通路和交流通路?

5-4-4 共射组态基本放大电路的工作原理是什么?

5.5 基本放大电路的分析方法

对基本放大电路的分析包括静态分析和动态分析。分析放大电路时,必须先进行静态分析(或称直流分析),然后再进行动态分析(或称交流分析)。只有建立了合适的静态工作点,才能保证晶体管、场效应管对输出电流的线性控制作用,才能保证放大电路在不失真的情况下放大输入信号。本节仍以共射组态基本放大电路为例,介绍基本放大电路的分析方法。

晶体管基本放大电路的分析方法包括图解法和微变等效电路法。晶体管的输入、输出特性曲线具有非线性,因此在对放大电路进行动态分析时首先要解决如何处理晶体管的非线性问题。图解法就是在承认晶体管存在非线性的前提下,在晶体管的特性曲线坐标系内通过作图的方法,求解放大电路的放大倍数和最大不失真输出信号幅度;而微变等效电路法是在小信号交流输入条件下,将晶体管的特性曲线线性化,从而将非线性问题的求解转化为线性问题的求解,然后采用线性电路的定理和定律求解放大电路的动态参数。图解法与微变等效电路法相比，较为烦琐，而且误差较大，但易于分析失真问题。

5.5.1 图解法

1. 静态分析

采用图解法对晶体管基本放大电路进行静态分析，就是利用晶体管的输入、输出特性曲线和放大电路的输入、输出回路电压方程，通过作图求解放大电路的静态工作点。

分压偏置共射组态基本放大电路如图 5.5.1 所示。首先画出分压偏置共射组态基本放大电路的直流通路，如图 5.5.2(a)所示；从基极断开，基极输入回路用戴维南定理进行变换，变换后的等效直流通路如图 5.5.2(b)所示。

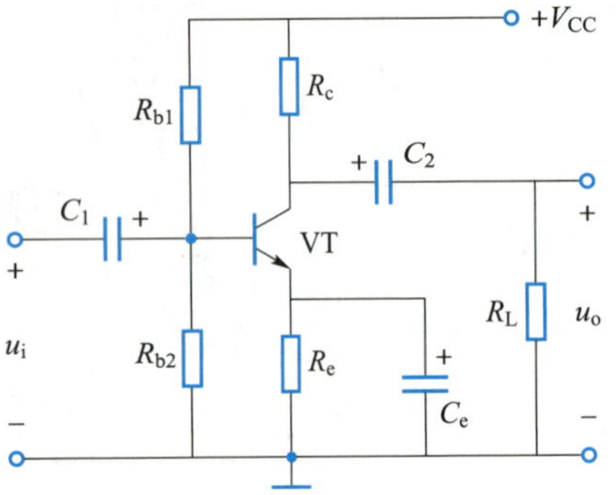

图 5.5.1 分压偏置共射组态基本放大电路

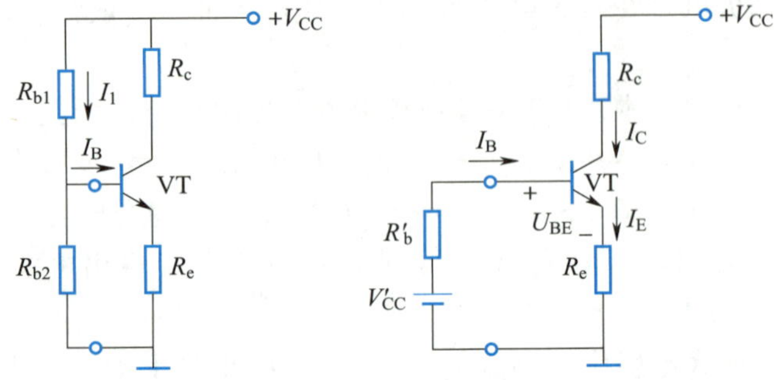

(a) 直流通路

(b) 变换后的等效直流通路

图 5.5.2 分压偏置共射组态基本放大电路的直流通路

根据戴维南定理，等效开路电压 V'_{CC} 和等效内阻 R'_b 分别为

$$V'_{CC}=\frac{V_{CC}R_{b2}}{R_{b1}+R_{b2}} \tag{5.5.1}$$

$$R'_b=\frac{R_{b1}R_{b2}}{R_{b1}+R_{b2}} \tag{5.5.2}$$

在图 5.5.2(b)中，列写输入回路电压方程

$$I_BR'_b+U_{BE}+I_ER_e=V'_{CC} \tag{5.5.3}$$

$$I_E=(1+\beta)I_B \tag{5.5.4}$$

将式(5.5.4)式代入式(5.5.3)，整理得

$$I_BR'_b+U_{BE}+(1+\beta)I_BR_e=V'_{CC} \tag{5.5.5}$$

进一步化简可得

$$I_B=\frac{V'_{CC}-U_{BE}}{R_b} \tag{5.5.6}$$

式中 $R_b=R'_b+(1+\beta)R_e$。

若已知晶体管的输入、输出特性曲线如图 5.5.3 所示。在晶体管输入特性曲线的坐标系内画出式(5.5.6)所确定的直线，它与横轴的交点为(V'_{CC},0)，与纵轴的交点为$\left(0,\dfrac{V'_{CC}}{R_b}\right)$，斜率为$-\dfrac{1}{R_b}$，称为

输入回路的负载线。输入回路的负载线与晶体管的输入特性曲线交于静态工作点 Q,如图 5.5.3(a)所示。此时静态工作点 Q 所对应的晶体管的基极电流和发射结电压分别为 I_{BQ} 和 U_{BEQ}。

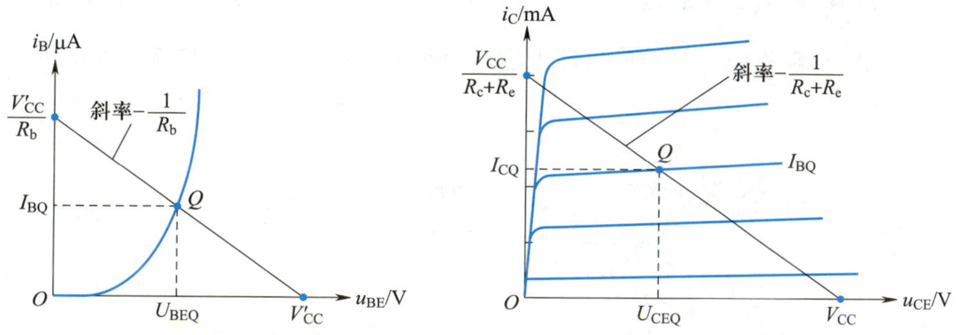

(a) 输入特性曲线与负载线　　(b) 输出特性曲线与直流负载线

图 5.5.3　静态工作点的图解分析

在图 5.5.2(b)中,列写输出回路电压方程

$$I_C R_c + U_{CE} + I_E R_e = V_{CC} \tag{5.5.7}$$

由于 $I_C \approx I_E$,所以对式(5.5.7)化简,得

$$I_C = \frac{V_{CC} - U_{CE}}{R_c + R_e} \tag{5.5.8}$$

在晶体管输出特性曲线的坐标系内,画出式(5.5.8)所确定的直线。连接 $\left(0,\frac{V_{CC}}{R_c+R_e}\right)$ 和 $(V_{CC},0)$ 两点,即得到斜率为 $-\frac{1}{R_c+R_e}$ 的直线,称为**直流负载线**。直流负载线与 I_{BQ} 所对应的输出特性曲线交于静态工作点 Q,如图 5.5.3(b)所示。此时静态工作点 Q 所对应的晶体管集电极电流和管压降分别为 I_{CQ} 和 U_{CEQ}。直流负载线是静态工作点 Q 的运动轨迹。

采用图解法对共射组态基本放大电路进行静态分析,最终得到了放大电路静态工作点 I_{BQ}、I_{CQ}、U_{BEQ} 和 U_{CEQ} 的值。

2. 动态分析

晶体管基本放大电路的动态图解法就是在晶体管的特性曲线坐标系内通过作图的方法,估算放大电路的放大倍数和最大不失真输出信号幅度,并且直观描述输出信号波形的失真情况。分压偏置共射组态基本放大电路的交流通路如图 5.5.4 所示。

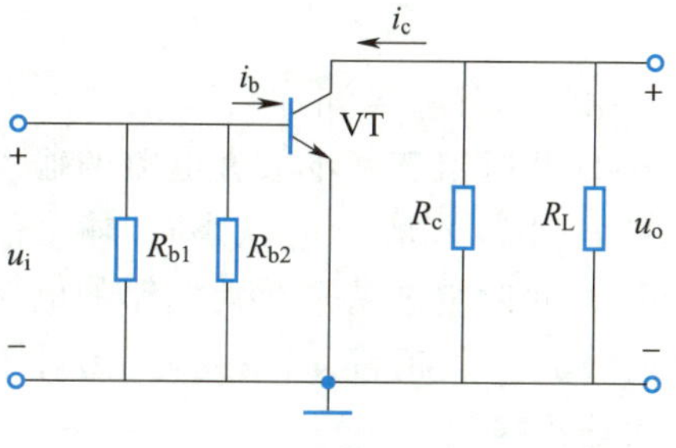

图 5.5.4　分压偏置共射组态基本放大电路的交流通路

(1) 交流负载线

由图 5.5.4 所示分压偏置共射组态基本放大电路的交流通路,可得交流输出电压为

$$u_o = u_{ce} = -i_c R'_L \tag{5.5.9}$$

式中，$R'_L = R_c // R_L$。

静态($u_i = 0$)时，晶体管的基极电流、集电极电流和管压降分别为 I_{BQ}、I_{CQ} 和 U_{CEQ}，此刻既是放大电路动态分析的瞬时工作点，也是放大电路的直流工作点。因此，在晶体管输出特性曲线的坐标系内，过 Q 点作斜率为$-\dfrac{1}{R'_L}$的直线，即为输出回路的交流负载线，如图 5.5.5 所示。

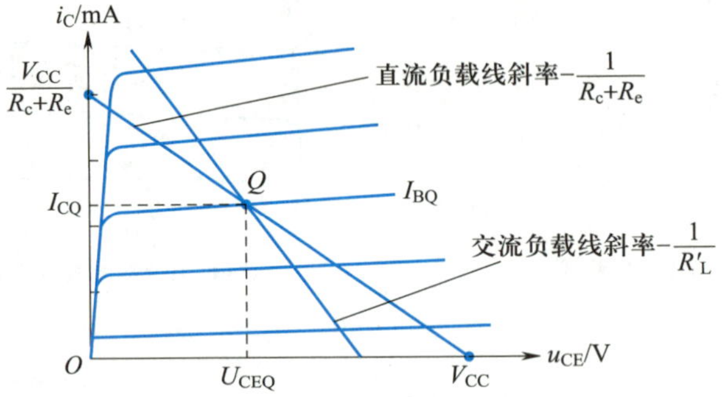

图 5.5.5　输出直流负载线和交流负载线

交流负载线是放大电路动态工作点(交直流叠加的瞬时值)的移动轨迹，与直流负载线相交于静态工作点 Q。交流负载线能够描述放大电路输出信号的动态变化范围。

(2) 电压放大倍数的估算

当输入正弦交流信号 u_i 时，其作用于晶体管的发射结，使得发射结电压在直流偏置电压 U_{BEQ} 的基础上叠加一个交流信号 $u_{be} = u_i$，即 $u_{BE} = U_{BEQ} + u_{be}$。由于晶体管的发射结存在正弦交流电压 u_{be}，使得基极电流在直流电流 I_{BQ} 的基础上叠加一个正弦交流电流 i_b，即 $i_B = I_{BQ} + i_b$。在晶体管的输入特性曲线上找到 I_{BQ} 和 i_b。根据晶体管基极对集电极电流的控制作用，使集电极电流 $i_C = I_{CQ} + i_c$ 且 $i_c = \beta i_b$。集电极电流变化引起晶体管管压降的变化 $u_{CE} = U_{CEQ} + u_{ce}$，$u_{ce} = -i_c(R_c // R_L)$。在晶体管的输出特性曲线上找到 i_c 和 u_{ce}。在负载上得到了放大了的交流输出电压信号 $u_o = u_{ce} = -i_c(R_c // R_L)$。放大电路中 u_i、u_{BE}、i_B、i_C、u_{CE} 和 u_o 的波形如图 5.5.6 所示。

由图 5.5.6 可以大致确定放大电路的放大倍数

$$A_u = \frac{u_o}{u_i} = \frac{u_{ce}}{u_{be}} \tag{5.5.10}$$

由以上分析可知：

① 共射组态基本放大电路的输入、输出信号变化方向相反。当输入信号 u_i 增大时，输出信号减小；当输入信号 u_i 减小时，输出信号增大。

② 共射组态基本放大电路的电压放大倍数与静态工作点 Q 的位置有关。在晶体管输入特性曲线上 Q 点越高，曲线越陡，在同样的输入信号 u_i 作用下，i_b 越大，i_c 越大，u_{ce} 越大，因此电压放大倍数越大。

③ 采用图解法分析放大电路的放大倍数，前提条件是能够精准获得晶体管的输入、输出特性曲线，分析过程较为烦琐，而且误差较大。

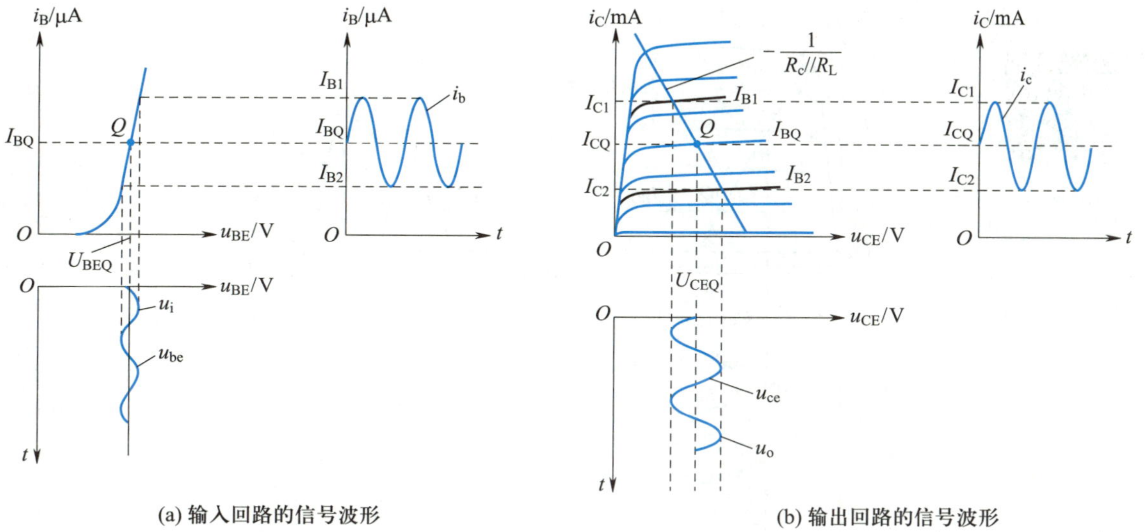

图 5.5.6 放大电路的动态图解分析

(3) 输出波形失真分析

对于放大电路来说,如果静态工作点设置合理,而且输入信号较小,就能够保证在不失真的情况下放大输入信号。但事实上,随着输入信号幅度的增大,输出信号会出现失真。由晶体管的非线性特性引起的失真称为**非线性失真**,包括饱和失真和截止失真。**饱和失真**是由于放大电路的动态工作点进入了晶体管输出特性的饱和区而引起的非线性失真。**截止失真**是由于放大电路动态工作点进入了晶体管输出特性的截止区而引起的非线性失真。放大电路的静态工作点决定了放大电路是否产生失真及所产生失真的类型。

这里以由 NPN 型晶体管构成的分压偏置共射组态基本放大电路为例(见图 5.5.1),讨论失真类型的判别。

在图 5.5.7(a)中,由于静态工作点 Q 设置偏低,偏向截止区,导致 u_{ce} 产生了顶部失真。由于 $u_o=u_{ce}$,因而称 u_o 产生了截止失真。

在图 5.5.7(b)中,由于静态工作点 Q 设置偏高,偏向饱和区,导致 u_{ce} 产生了底部失真。由于 $u_o=u_{ce}$,因而称 u_o 产生了饱和失真。

对于由 PNP 型双极型晶体管构成的分压偏置共射组态基本放大电路,得到的失真类型与上述结论相反。原因是 NPN 型晶体管的输出特性曲线在第一象限,而 PNP 型晶体管的输出特性曲线在第三象限。

图 5.5.8 是图 5.5.1 分压偏置共射组态基本放大电路的输入、输出电压示波器波形图。上面是输入电压波形,下面是输出电压波形。由示波器波形图可知,输入、输出信号反相。电阻 R_{b1} 减小,静态工作点 Q 上移,输出波形出现图 5.5.8(a)所示的饱和失真;电阻 R_{b1} 增大,静态工作点 Q 下移,输出波形出现图 5.5.8(b)所示的截止失真。

综上所述,若想放大电路的输出信号不失真,需要保证如下三点:

① 静态工作点 Q 要设置在输出特性曲线放大区的中间部位。

微视频 5-6
共射基本放大电路的失真分析

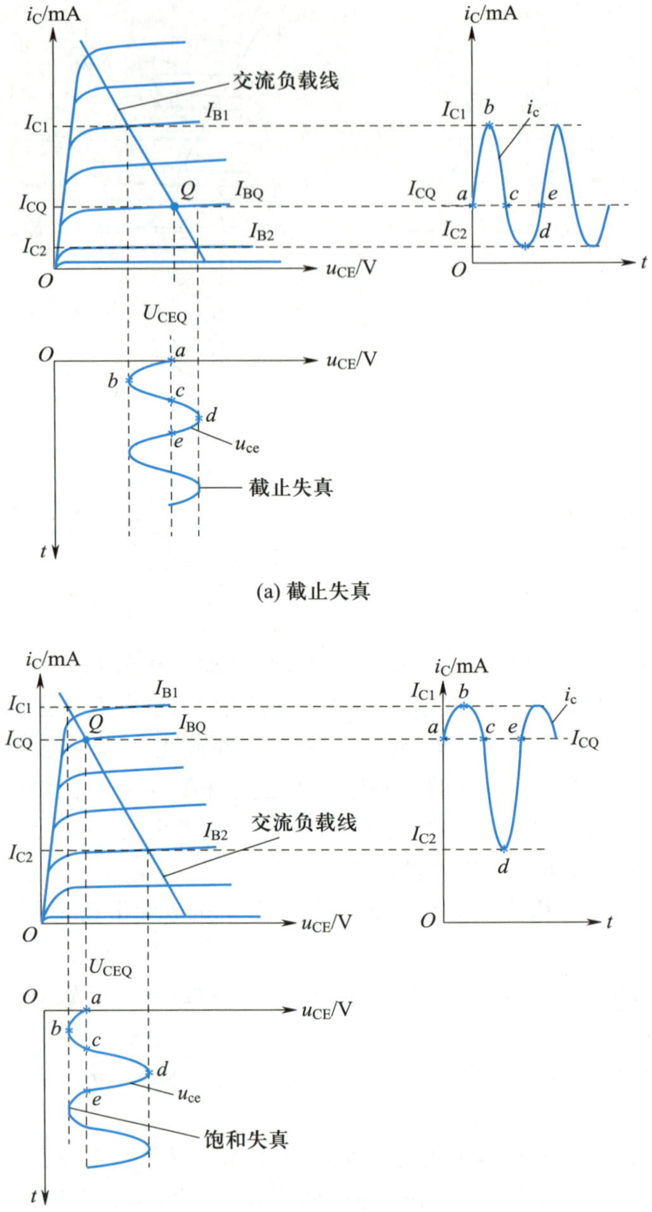

(a) 截止失真

(b) 饱和失真

图 5.5.7 截止失真和饱和失真

② 要有合适的交流负载线。

③ 输入信号的幅度不能过大。

(4) 放大电路的最大不失真输出信号幅度

放大电路的**最大不失真输出信号幅度**是指放大电路的输出信号非线性失真系数不超过额定值时的输出信号最大值,用 U_{ommax} 或 I_{ommax} 表示。

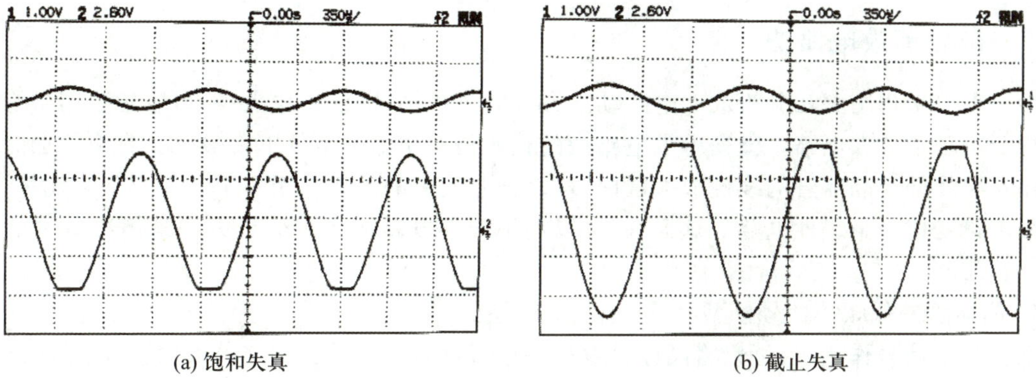

图 5.5.8　分压偏置共射组态基本放大电路的饱和失真和截止失真

在已知电路参数的条件下，由图 5.5.9 可知，可以按照式(5.5.11)估算放大电路的最大不失真输出幅度，取正、负半周交流输出幅度的最小值。

$$U_{\mathrm{ommax}}=\min[U_{\mathrm{CEQ}}-U_{\mathrm{CES}},I_{\mathrm{CQ}}R'_{\mathrm{L}}] \tag{5.5.11}$$

式中，U_{CES} 为双极型晶体管的饱和压降。

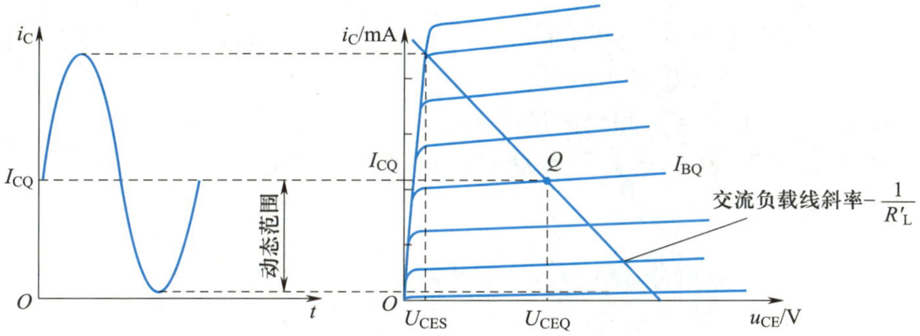

图 5.5.9　放大电路的最大不失真输出幅度

(5) 输出功率

放大电路向负载提供的输出功率为

$$P_{\mathrm{o}}=U_{\mathrm{o}}\times I_{\mathrm{o}}=\frac{U_{\mathrm{om}}}{\sqrt{2}}\times\frac{I_{\mathrm{om}}}{\sqrt{2}}=\frac{1}{2}U_{\mathrm{om}}I_{\mathrm{om}}$$

式中，U_{o} 和 I_{o} 为输出电压和输出电流的有效值，U_{om} 和 I_{om} 为输出电压和输出电流的峰值（幅度）。

由图 5.5.10 所示晶体管输出特性曲线可知，在不失真的条件下放大电路输出功率的最大值在数值上正好等于△ABQ 的面积，因此将△ABQ 称为功率三角形。

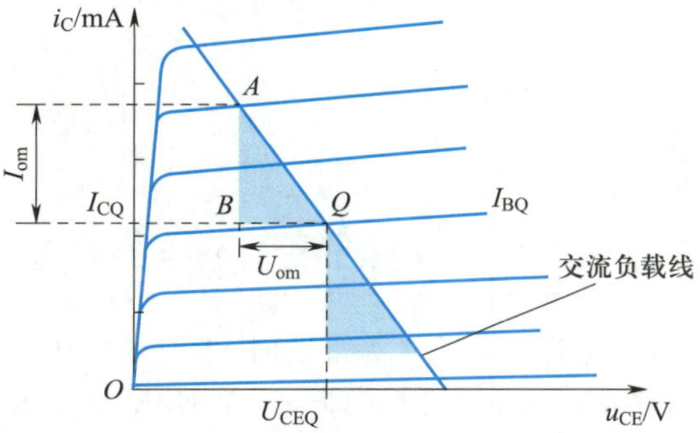

图 5.5.10　功率三角形

5.5.2 微变等效电路法

为了克服采用图解法分析放大电路动态参数时过程烦琐、误差较大等不足，常采用微变等效电路法分析基本放大电路。微变等效电路法的核心是在小信号条件下，保证交、直流叠加时的瞬时工作点始终处于晶体管的线性放大区内，可以把非线性的晶体管用一个线性模型来代替，使基本放大电路变成一个线性电路。这样，就可以利用线性电路的各种分析方法来解决基本放大电路的计算问题。

1. 晶体管的低频小信号模型

在低频小信号作用下，可以将晶体管看成一个线性有源二端口网络。根据输入、输出端口的电压、电流关系，求出二端口网络的 H 参数，从而得到了晶体管的 H 参数等效电路，也称晶体管的微变等效电路或晶体管的低频小信号模型。

共射组态的晶体管等效为二端口网络如图 5.5.11 所示，其中 u_{BE}、i_B 和 u_{CE}、i_C 表示输入端口和输出端口的电压、电流。

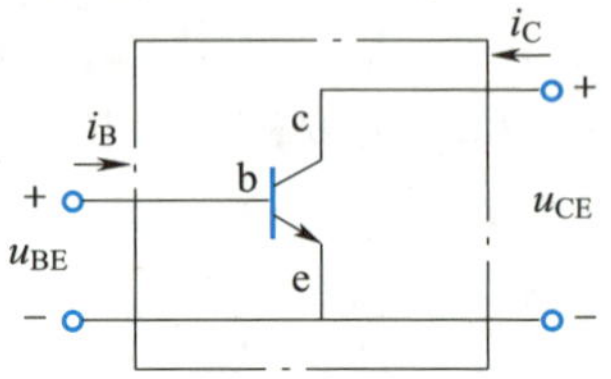

图 5.5.11 CE 组态 NPN 型晶体管等效的二端口网络

根据晶体管的输入和输出特性曲线，端口特性可以用下列函数表示。

$$\begin{cases} u_{BE}=f(i_B,u_{CE}) \\ i_C=f(i_B,u_{CE}) \end{cases} \tag{5.5.12}$$

式中，u_{BE}、i_B 和 u_{CE}、i_C 都是直流量和交流量的叠加。

在低频小信号作用下，在静态工作点 Q 对式(5.5.12)取全微分，求得

$$\begin{cases} du_{BE}=\dfrac{\partial u_{BE}}{\partial i_B}\bigg|_{U_{CE}}\cdot di_B+\dfrac{\partial u_{BE}}{\partial u_{CE}}\bigg|_{I_B}\cdot du_{CE} \\ di_C=\dfrac{\partial i_C}{\partial i_B}\bigg|_{U_{CE}}\cdot di_B+\dfrac{\partial i_C}{\partial u_{CE}}\bigg|_{I_B}\cdot du_{CE} \end{cases} \tag{5.5.13}$$

式中，du_{BE} 和 du_{CE} 表示 u_{BE} 和 u_{CE} 的变化量，di_B 和 di_C 表示 i_B 和 i_C 的变化量。

根据电路的网络理论，在低频小信号作用下，可以从式(5.5.13)得出 H 参数方程为

$$\begin{cases} \dot{U}_{be}=h_{11}\dot{I}_b+h_{12}\dot{U}_{ce} \\ \dot{I}_c=h_{21}\dot{I}_b+h_{22}\dot{U}_{ce} \end{cases} \tag{5.5.14}$$

式中，$h_{11}=\dfrac{\partial u_{BE}}{\partial i_B}\bigg|_{U_{CE}}$；$h_{12}=\dfrac{\partial u_{BE}}{\partial u_{CE}}\bigg|_{I_B}$；$h_{21}=\dfrac{\partial i_C}{\partial i_B}\bigg|_{U_{CE}}$；$h_{22}=\dfrac{\partial i_C}{\partial u_{CE}}\bigg|_{I_B}$。

h_{11} 是管压降 U_{CE} 为常数时，发射结电压 u_{be} 与基极电流 i_b 的变化量比值，量纲为 Ω。h_{11} 的物理意义如图 5.5.12(a)所示，是 NPN 型晶体管输入特性曲线在 Q 点处切线斜率的倒数，称为输入电阻 r_{be}。流过晶体管发射结的是射极电流 i_E，发射结的端电压为 u_{BE}，则根据 PN 结的内部结构，并对式(4.3.1)所示 PN 结伏安特性方程求导，可以推导出 r_{be} 的近似估算公式为

$$r_{be}=r_{bb'}+(1+\beta)\frac{U_T}{I_{EQ}} \tag{5.5.15}$$

式中，$r_{bb'}$是晶体管的基区体电阻。小功率晶体管的基区体电阻一般为200～300 Ω；室温27 ℃时，$U_T\approx26$ mV。

h_{12} 是基极电流 I_B 为常数时，发射结电压 u_{be} 与管压降 u_{ce} 的变化量比值。h_{12} 的物理意义如图5.5.12(a)所示，称为电压反馈系数。

h_{21} 是管压降 U_{CE} 为常数时，集电极电流 i_c 与基极电流 i_b 的变化量比值。h_{21} 的物理意义如图5.5.12(b)所示，其为晶体管的电流放大系数 β。

h_{22} 是基极电流 I_B 为常数时，集电极电流 i_c 与管压降 u_{ce} 的变化量比值，量纲为S。h_{22} 的物理意义如图5.5.12(b)所示，其为晶体管c-e之间输出电阻的倒数，记作$\frac{1}{r_{ce}}$。

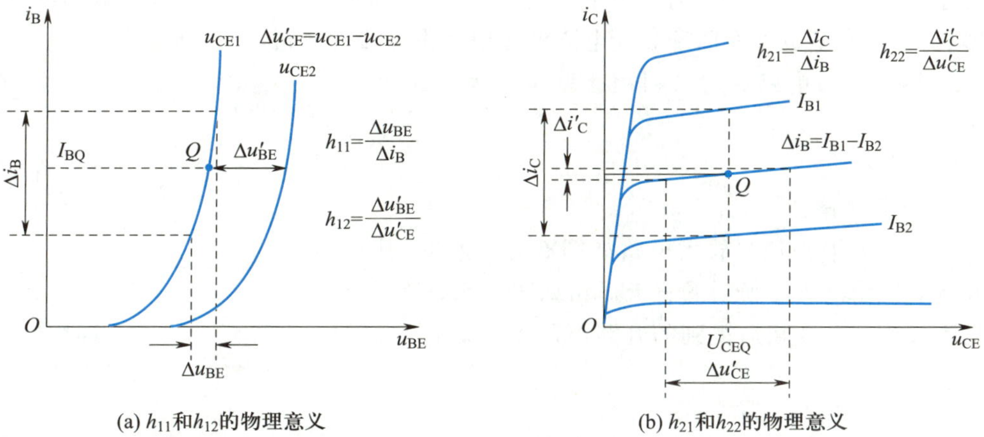

图5.5.12　晶体管H参数的物理意义

h_{11}、h_{12}、h_{21} 和 h_{22} 称为晶体管的H参数。H参数的大小与静态工作点 Q 所在的位置有关。晶体管的H参数等效电路如图5.5.13(a)所示。通常情况下 h_{12} 很小，一般不大于 10^{-4}，可以忽略不计。r_{ce} 一般在几百千欧以上，因而 h_{22} 也可以忽略不计。整理得到NPN型晶体管H参数的等效电路如图5.5.13(b)所示。请注意，图中电压、电流的参考方向与交流量、直流量叠加后的瞬时值方向保持一致，即在保证交、直流叠加时的瞬时工作点始终处于晶体管线性放大区的前提

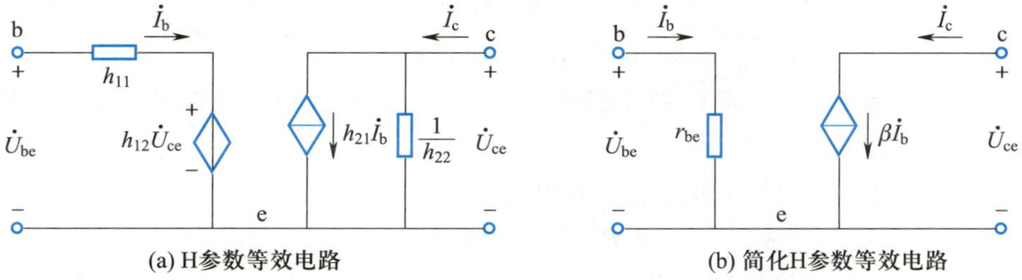

图5.5.13　NPN型晶体管H参数的等效电路

条件下，晶体管的 H 参数等效电路才有意义。以此类推，可知在 PNP 型晶体管的 H 参数等效电路中电压、电流的参考方向与图 5.5.13 所示方向正好相反。

在晶体管的低频小信号模型中没有考虑晶体管结电容的影响。这是因为晶体管结电容非常小，在低频小信号的条件下晶体管结电容的容抗非常大，近似看成开路。因此，晶体管的低频小信号模型只适合应用于放大电路的低频和中频段，不适合应用于高频放大电路的分析。

2. 场效应管的低频小信号模型

与双极型晶体管一样，可以将场效应管看成一个二端口网络。当输入信号幅值较小时，在静态工作点 Q 附近，可以将场效应管等效成线性电路模型，即场效应管的低频小信号模型，如图 5.5.14 所示。场效应管栅源之间的输入电阻非常大，可以认为栅极电流为零，输入回路只有栅源电压存在。输出回路是受控源与输出电阻 r_{ds} 的并联，受控源为栅源电压（$\dot{U}_{gs}$）控制的电流源（$\dot{I}_d$），控制系数是 g_m。一般 r_{ds} 为几十千欧到几百千欧，通常可以忽略。同理，由于没有考虑结电容的影响，这个模型也仅适用于放大电路低频段和中频段的分析。

3. 采用微变等效电路法对共射组态基本放大电路进行动态分析

（1）静态分析

① 公式计算求解法

分压偏置共射组态基本放大电路如图 5.5.1 所示，其直流通路及用戴维南定理变换后的直流通路如图 5.5.2 所示。

根据戴维南定理变换后得到的开路电压 V'_{CC} 和等效内阻 R'_b 分别为

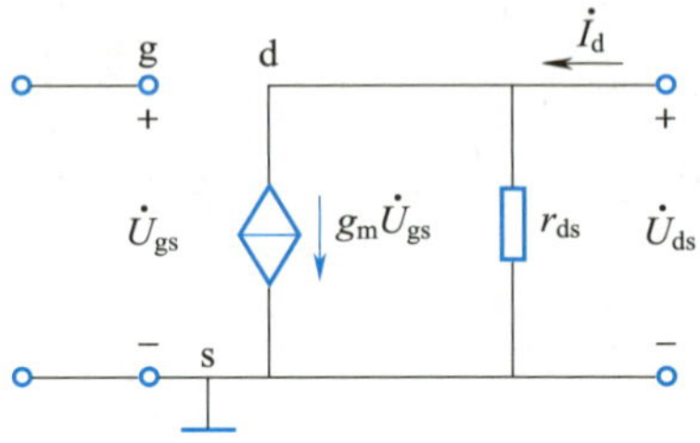

图 5.5.14　N 沟道场效应管低频小信号模型

$$V'_{CC}=\frac{R_{b2}}{R_{b1}+R_{b2}}V_{CC} \tag{5.5.16}$$

$$R'_b=\frac{R_{b1}R_{b2}}{R_{b1}+R_{b2}} \tag{5.5.17}$$

在图 5.5.2(b)中，列写输入回路电压方程为

$$I_BR'_b+U_{BE}+I_ER_e=V'_{CC} \tag{5.5.18}$$

$$I_E=(1+\beta)I_B \tag{5.5.19}$$

解式(5.5.18)和式(5.5.19)联立的方程组，得基极电流 I_{BQ} 为

$$I_{BQ}=\frac{V'_{CC}-U_{BEQ}}{R'_b+(1+\beta)R_e} \tag{5.5.20}$$

对于硅管，一般取 $U_{BEQ}=0.7\ \text{V}$，对于锗管，一般取 $U_{BEQ}=0.3\ \text{V}$。集电极电流 I_{CQ} 为

$$I_{CQ}=\beta I_{BQ}$$

在图 5.5.2(b)中，列写输出回路电压方程

$$I_CR_c+U_{CE}+I_ER_e=V_{CC} \tag{5.5.21}$$

由于 $I_C\approx I_E$，解得晶体管的管压降 U_{CEQ} 为

$$U_{CEQ}\approx V_{CC}-I_{CQ}(R_c+R_e) \tag{5.5.22}$$

这样，就得到了静态工作点 I_{BQ}、I_{CQ}、U_{BEQ} 和 U_{CEQ} 的值。

② 工程近似估算法

分压偏置共射组态基本放大电路如图 5.5.1 所示，其直流通路如图 5.5.2(a)所示。分压偏置共射组态基本放大电路在选择电路参数时，一般使 $I_1=(5\sim10)I_B$。

当 $I_1=(5\sim10)I_B$ 时，可以忽略 I_B 的影响，则基极电位为

$$U_B=\frac{V_{CC}R_{b2}}{R_{b1}+R_{b2}}$$

又由于 $U_{BE}=U_B-U_E$，所以

$$I_{EQ}=\frac{U_E}{R_e}=\frac{U_B-U_{BEQ}}{R_e}$$

$$I_C\approx I_E \tag{5.5.23}$$

则

$$I_{BQ}=\frac{I_{EQ}}{1+\beta} \tag{5.5.24}$$

列写输出回路电压方程

$$I_CR_c+U_{CE}+I_ER_e=V_{CC} \tag{5.5.25}$$

由于 $I_C\approx I_E$，解得

$$U_{CEQ}\approx V_{CC}-I_{CQ}(R_c+R_e) \tag{5.5.26}$$

最终得到静态工作点 Q 的参数 I_{BQ}、I_{CQ}、U_{BEQ} 和 U_{CEQ}。

将以上两种方法进行比较可知，在 $I_1\gg I_B$ 条件下采用估算法求解共射组态基本放大电路的静态工作点，误差较大，但优于图解法，而且计算过程简单；计算求解法是一种相对精确的静态工作点的求解方法，误差较小，优于图解法和估算法。

(2) 动态分析

对基本放大电路进行动态分析，首先要画出基本放大电路的交流通路，然后将基本放大电路中的晶体管用其简化 H 参数等效电路代替，即得到了基本放大电路的微变等效电路，最后求解其动态参数，包括基本放大电路的电压放大倍数、输入电阻、输出电阻和最大不失真输出信号幅度等参数。下面将采用微变等效电路法对图 5.5.1 所示分压偏置共射组态基本放大电路进行动态分析。

分压偏置共射组态基本放大电路的交流通路如图 5.5.4 所示。将分压偏置共射组态基本放大电路中的晶体管用其简化 H 参数等效电路代替，得到分压偏置共射组态基本放大电路的微变等效电路，如图 5.5.15 所示。

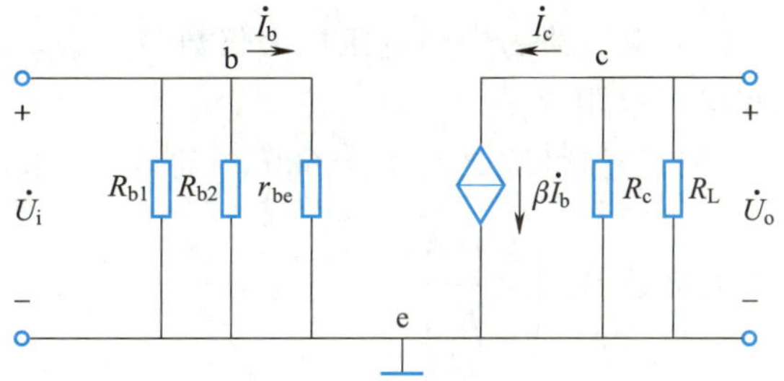

图 5.5.15　分压偏置共射组态基本放大电路的微变等效电路

① 电压放大倍数

列输入回路的 KVL 方程可得

$$\dot{U}_i=\dot{I}_br_{be}$$

列输出回路的 KVL 方程可得

$$\dot{U}_o = -\dot{I}_c(R_c /\!/ R_L)$$

分压偏置共射组态基本放大电路的电压放大倍数为

$$\dot{A}_u = \frac{\dot{U}_o}{\dot{U}_i} = \frac{-\dot{I}_c(R_c /\!/ R_L)}{\dot{I}_b r_{be}} = -\frac{\beta R_L'}{r_{be}} \tag{5.5.27}$$

式中，$r_{be} = 300\ \Omega + (1+\beta)\dfrac{26\ \text{mV}}{I_{EQ}}$，$I_{EQ}$ 为静态工作点的发射极电流；$R_L' = R_c /\!/ R_L$。

由式(5.5.27)可知，分压偏置共射组态基本放大电路的输入信号和输出信号相位相反；放大倍数 $|\dot{A}_u|>1$，说明电路具有电压放大能力；由于 $\dot{I}_c = \beta \dot{I}_b$，电路具有电流放大能力。

② 输入电阻 R_i

输入电阻是从放大电路的输入端看进去的等效电阻，其表达式为

$$R_i = \frac{\dot{U}_i}{\dot{I}_i} = R_{b1} /\!/ R_{b2} /\!/ r_{be} \tag{5.5.28}$$

③ 输出电阻 R_o

对于负载电阻 R_L，放大电路可以等效成一个带有内阻的电压源(戴维南等效电路)。输出电阻是从放大电路的输出端看进去的戴维南等效电阻，在图 5.5.15 所示微变等效电路中，将其输入端短路，负载开路，按线性电路分析可知，$\dot{I}_b = 0$，则受控电流源 $\dot{I}_c = \beta \dot{I}_b = 0$，此时受控电流源等效为开路，由此计算电路的输出电阻表达式为

$$R_o = \left.\frac{\dot{U}_o}{\dot{I}_o}\right|_{\substack{\dot{U}_s = 0 \\ R_L = \infty}} = R_c \tag{5.5.29}$$

【例 5.5.1】 电路如图 5.5.16 所示，设 $V_{CC} = 15\ \text{V}$，$R_{b1} = 60\ \text{k}\Omega$，$R_{b2} = 20\ \text{k}\Omega$，$R_c = 3\ \text{k}\Omega$，$R_e = 2\ \text{k}\Omega$，$R_s = 600\ \Omega$，电容 C_1、C_2 和 C_e 都足够大，$\beta = 60$，$U_{BE} = 0.7\ \text{V}$，$R_L = 3\ \text{k}\Omega$。

(1) 计算电路的静态工作点；

(2) 求电路的中频电压放大倍数 $\dot{A}_u$、输入电阻 R_i 和输出电阻 R_o；

(3) 若信号源具有 $R_s = 600\ \Omega$ 的内阻，求源电压放大倍数 $\dot{A}_{us}\left(=\dfrac{\dot{U}_o}{\dot{U}_s}\right)$。

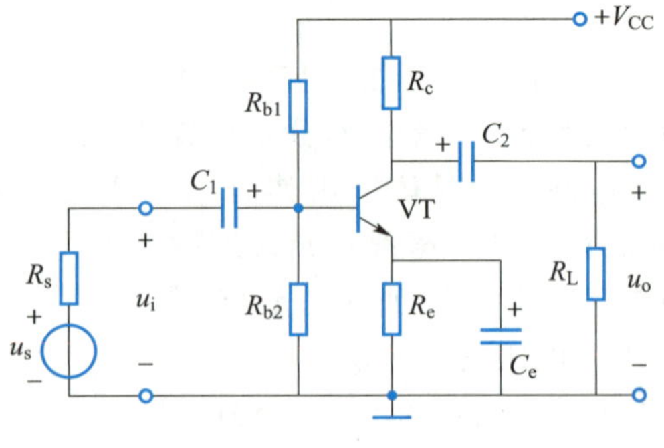

图 5.5.16　例 5.5.1 电路图

解　(1) 求解静态工作点

图 5.5.16 所示电路为分压偏置共射组态基本

放大电路，其直流通路及采用戴维南定理变换后的直流通路如图 5.5.2 所示。变换后的开路电压 V'_{CC} 和等效内阻 R'_b 为

$$V'_{CC}=\frac{V_{CC}R_{b2}}{R_{b1}+R_{b2}}=3.75\ \text{V}$$

$$R'_b=\frac{R_{b1}R_{b2}}{R_{b1}+R_{b2}}=15\ \text{k}\Omega$$

在图 5.5.2(b)中，列写输入回路电压方程，可解得基极电流为

$$I_{BQ}=\frac{V'_{CC}-U_{BEQ}}{R'_b+(1+\beta)R_e}=22\ \mu\text{A}$$

$$I_{CQ}=\beta I_{BQ}=1.32\ \text{mA}$$

在图 5.5.2(b)中，列写输出回路电压方程，解得

$$U_{CEQ}\approx V_{CC}-I_{CQ}(R_c+R_e)=8.4\ \text{V}$$

(2) 求解中频电压放大倍数 $\dot{A}_u$、输入电阻 R_i 和输出电阻 R_o。

该电路的微变等效电路如图 5.5.15 所示。根据线性电路分析方法，由图可得

$$r_{be}=r_{bb'}+(1+\beta)\frac{26\ \text{mV}}{I_{EQ}}=300\ \Omega+61\times\frac{26\ \text{mV}}{1.32\ \text{mA}}=1\ 502\ \Omega$$

$$\dot{A}_u=\frac{\dot{U}_o}{\dot{U}_i}=\frac{-\dot{I}_c(R_c/\!/R_L)}{\dot{I}_b r_{be}}=-\frac{\beta R'_L}{r_{be}}=-60$$

$$R_i=R_{b1}/\!/R_{b2}/\!/r_{be}=1.36\ \text{k}\Omega$$

$$R_o=R_c=3\ \text{k}\Omega$$

(3) 求解源电压放大倍数 $\dot{A}_{us}$

$$\dot{A}_{us}=\frac{\dot{U}_o}{\dot{U}_s}=\frac{\dot{U}_i}{\dot{U}_s}\cdot\frac{\dot{U}_o}{\dot{U}_i}=\frac{R_i}{R_s+R_i}\cdot\dot{A}_u=-41.6$$

【例 5.5.2】 共射组态基本放大电路如图 5.5.17(a)所示。图 5.5.17(b)是该放大电路在

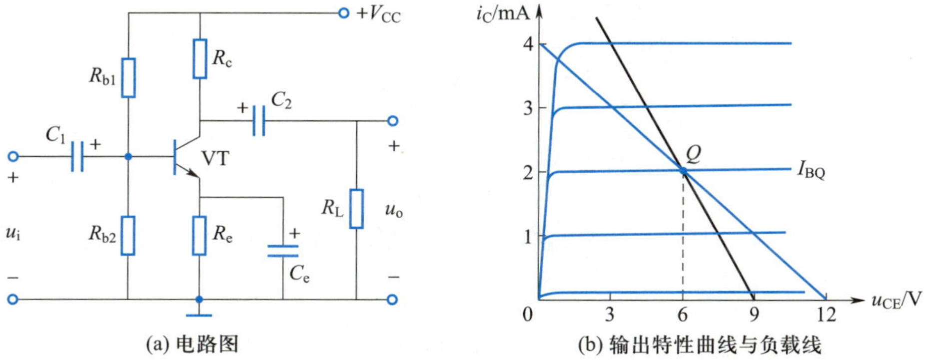

(a) 电路图　　(b) 输出特性曲线与负载线

图 5.5.17　例 5.5.2 电路图

输出特性曲线上的图解，其中一条是直流负载线，一条是交流负载线。已知 C_1、C_2、C_e 的容量足够大，$V_{CC}=12\ V$，$U_B=2.7\ V$，$R_{b2}=2.7\ k\Omega$；晶体管的 $U_{BEQ}=0.7\ V$，$\beta=100$，$r_{bb'}=200\ \Omega$。忽略基极电流 I_B，在保证要求的静态工作点和动态范围下，回答下列问题：

（1）计算电阻 R_{b1}、R_e、R_c 和 R_L；

（2）画出电路的微变等效电路，计算中频电压放大倍数、输入电阻、输出电阻；

（3）输出不失真情况下，允许的输入信号峰-峰值的最大值是多少？

（4）若不断增加输入信号的幅度，该电路将先出现饱和失真还是截止失真？

解 （1）采用估算法，忽略 I_B 的影响，计算电阻 R_{b1}、R_e、R_c 和 R_L。

$$U_B=\frac{R_{b2}}{R_{b1}+R_{b2}}\cdot V_{CC}=2.7\ V \tag{5.5.30}$$

将 U_B 和 R_{b2} 的值代入式(5.5.30)，可得

$$R_{b1}=9.3\ k\Omega$$

根据该电路的直流通路，如图 5.5.2(b)所示，列输入回路的电压方程，分析可得

$$I_{CQ}\approx I_{EQ}=\frac{U_B-U_{BEQ}}{R_e}=2\ mA$$

解得

$$R_e=1\ k\Omega$$

在直流通路中列输出回路的电压方程，可得

$$U_{CEQ}\approx V_{CC}-I_{CQ}(R_e+R_c)=6\ V$$

解得

$$R_c=2\ k\Omega$$

由图 5.5.17(b)分析可知

$$I_{CQ}\cdot(R_c/\!/R_L)=9\ V-6\ V=3\ V$$

解得

$$R_L=6\ k\Omega$$

（2）该电路的微变等效电路如图 5.5.15 所示。由图分析可得

$$r_{be}=r_{bb'}+(1+\beta)\frac{26\ mV}{I_{EQ}}=1.5\ k\Omega$$

$$\dot{A}_u=-\frac{\beta R_L'}{r_{be}}=-100$$

$$R_i=R_{b1}/\!/R_{b2}/\!/r_{be}=0.87\ k\Omega$$

$$R_o=R_c=2\ k\Omega$$

（3）由图 5.5.17(b)分析可知，该电路最大不失真输出电压幅度为 3 V，所以输入信号峰-峰值的最大值为

$$\frac{3\ V}{|\dot{A}_u|}\times 2=60\ mV$$

(4) 若不断增加输入信号的幅度,该电路将先出现截止失真。

思考题

5-5-1　放大电路的直流负载线和交流负载线的物理意义有何不同?

5-5-2　如何确定放大电路的最大不失真输出信号幅度?

5-5-3　以共射组态基本放大电路为例,说明截止失真和饱和失真产生的原因,如何消除截止失真和饱和失真?

5-5-4　试比较图解法和微变等效电路法,并说明它们的应用范围。

5-5-5　以共射组态基本放大电路为例,说明如何增大电压放大倍数、输入电阻,如何减小输出电阻。

5.6　三种组态基本放大电路

5.6.1　晶体管三种组态基本放大电路

本节首先介绍晶体管三种组态基本放大电路,然后对三种组态基本放大电路性能进行比较。

一、共射组态基本放大电路

常用的共射组态基本放大电路有两种:固定偏置共射组态基本放大电路和分压偏置共射组态基本放大电路。

1. 固定偏置共射组态基本放大电路

晶体管固定偏置共射组态基本放大电路如图 5.6.1 所示。晶体管 VT 是放大电路的核心元件,其在放大电路中起放大作用。直流电压源 V_{CC}、基极电阻 R_b 和集电极电阻 R_c 为放大电路提供合适的静态工作点。输入交流信号通过耦合电容 C_1 无损失地加到晶体管的基极,输出交流电压信号通过耦合电容 C_2 无损失地输送到负载上。从晶体管的基极对地输入信号,集电极对地输出信号,发射极作为输入、输出的公共端,因此为共射组态基本放大电路。

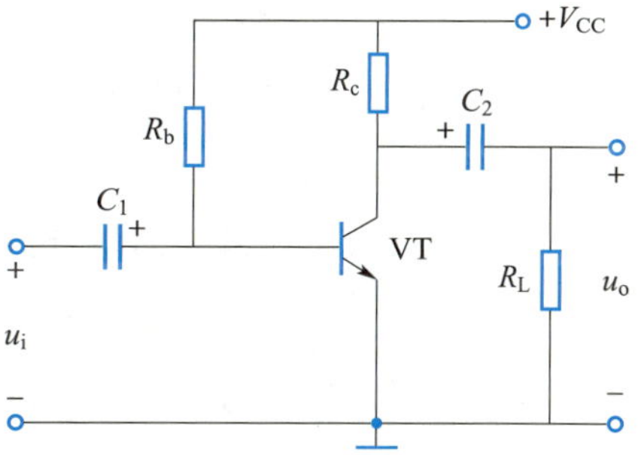

图 5.6.1　固定偏置共射组态基本放大电路

(1) 静态分析

将耦合电容 C_1、C_2 视为开路,得到晶体管固定偏置共射组态基本放大电路的直流通路,如图 5.6.2(a)所示。

由图 5.6.2(a)列写输入回路电压方程为

$$I_B R_b + U_{BE} = V_{CC} \tag{5.6.1}$$

解方程,求得

$$I_{BQ} = \frac{V_{CC} - U_{BEQ}}{R_b}$$

对于硅管，一般取 $U_{BEQ}=0.7\ V$。

集电极电流 I_{CQ} 为

$$I_{CQ}=\beta I_{BQ} \tag{5.6.2}$$

由图 5.6.2(a)列写输出回路电压方程为

$$I_C R_c+U_{CE}=V_{CC} \tag{5.6.3}$$

解得晶体管的管压降 U_{CEQ} 为

$$U_{CEQ}=V_{CC}-I_{CQ}R_c \tag{5.6.4}$$

这样，就得到了静态工作点 I_{BQ}、I_{CQ}、U_{BEQ} 和 U_{CEQ} 值。

(2) 动态分析

将耦合电容 C_1、C_2 视为交流短路，直流电压源视为对地交流短路，由此得到晶体管固定偏置共射组态基本放大电路的交流通路。将放大电路中的晶体管用其简化 H 参数等效电路代替，可得图 5.6.1 所示电路的微变等效电路，如图 5.6.2(b)所示。

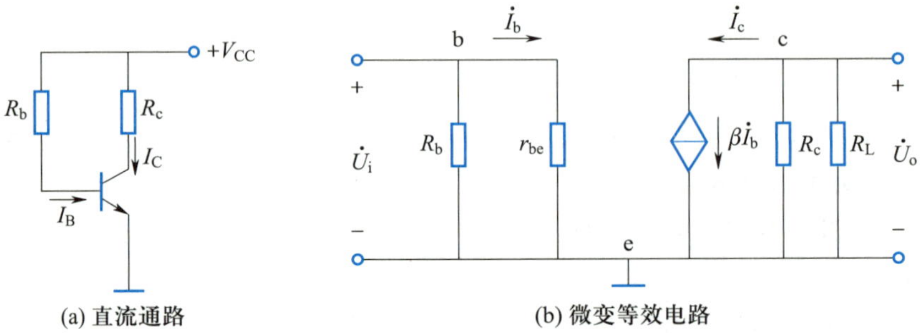

图 5.6.2 固定偏置共射组态基本放大电路的直流通路和微变等效电路

① 电压放大倍数

由微变等效电路的输入回路，可得

$$\dot{U}_i=\dot{I}_b r_{be}$$

由微变等效电路的输出回路，可得

$$\dot{U}_o=-\dot{I}_c(R_c//R_L)$$

放大电路的电压放大倍数为

$$\dot{A}_u=\frac{\dot{U}_o}{\dot{U}_i}=\frac{-\dot{I}_c(R_c//R_L)}{\dot{I}_b r_{be}}=-\frac{\beta R'_L}{r_{be}} \tag{5.6.5}$$

式中，$r_{be}=300\ \Omega+(1+\beta)\dfrac{26\ mV}{I_{EQ}}$，$I_{EQ}$ 为静态工作点所对应的发射极电流值；$R'_L=R_C//R_L$。

由式(5.6.5)可知，固定偏置共射组态基本放大电路的电压放大倍数与图 5.5.1 所示分压偏置共射放大电路相同，输入信号和输出信号相位相反；电压放大倍数 $|\dot{A}_u|>1$，说明电路具有电压放大能力；由于 $\dot{I}_c=\beta\dot{I}_b$，电路具有电流放大能力。

② 输入电阻 R_i

输入电阻是从放大电路的输入端看进去的等效电阻，是端口电压与端口电流的比值，其表达式为

$$R_i=\frac{\dot{U}_i}{\dot{I}_i}=R_b//r_{be} \tag{5.6.6}$$

③ 输出电阻 R_o

输出电阻是从放大电路的输出端看进去的戴维南等效电阻，在图 5.6.2(b)所示微变等效电路中，将其输入端短路，负载开路，按线性电路分析可知，$\dot{I}_b=0$，则受控电流源 $\dot{I}_c=\beta\dot{I}_b=0$，此时受控电流源等效为开路，由此计算电路的输出电阻表达式为

$$R_o=\left.\frac{\dot{U}_o}{\dot{I}_o}\right|_{\substack{\dot{U}_s=0\\R_L=\infty}}=R_c \tag{5.6.7}$$

【例 5.6.1】 电路如图 5.6.3 所示，设 $V_{CC}=12$ V，$R_b=400$ kΩ，$R_{c1}=2$ kΩ，$\beta=50$，$R_{c2}=2$ kΩ，$R_L=2$ kΩ，$U_{BEQ}=0.7$ V，电容 C_1、C_2、C_3 都足够大。

(1) 画出该电路的直流通路、交流通路和微变等效电路图；

(2) 求电路的静态工作点；

(3) 计算电路的中频电压放大倍数；

(4) 计算电路的输入电阻 R_i 和输出电阻 R_o；

(5) 定性说明若将电容 C_3 开路，对电路会产生什么影响。

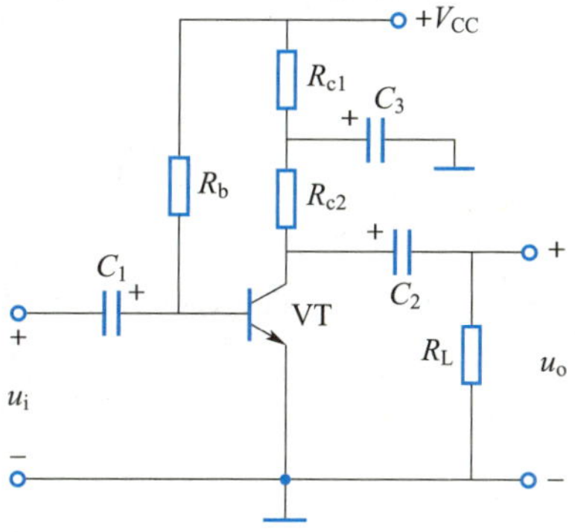

图 5.6.3　例 5.6.1 电路图

解 (1) 电路的直流通路、交流通路和微变等效电路如图 5.6.4(a)～(c)所示。

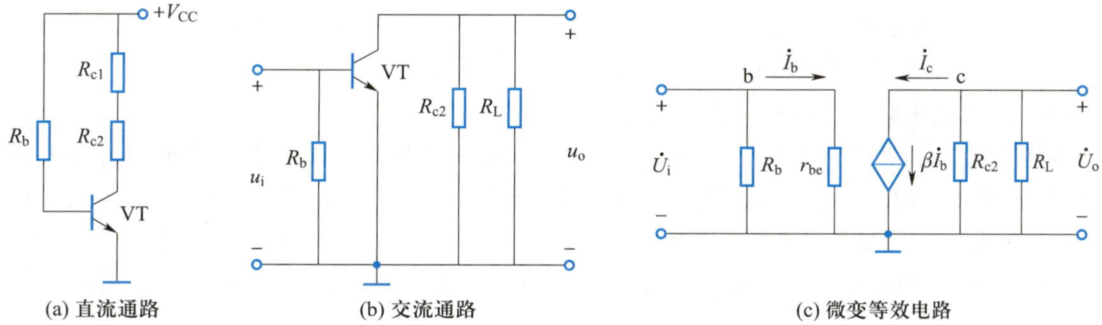

图 5.6.4　例 5.6.1 电路的直流通路、交流通路和微变等效电路

(2) 列输入回路电压方程

$$V_{CC}=I_{BQ}\cdot R_b+U_{BE}$$

解得

$$I_{BQ}=\frac{V_{CC}-U_{BEQ}}{R_b}=\frac{12\ \text{V}-0.7\ \text{V}}{400\ \text{k}\Omega}=28\ \mu\text{A}$$

$$I_{CQ}=\beta I_{BQ}=1.4\ \text{mA}$$

列输出回路电压方程,并解得

$$U_{CEQ}=V_{CC}-I_{CQ}(R_{c1}+R_{c2})=6.4\ \text{V}$$

(3) 依据微变等效电路,计算电路的电压放大倍数 $\dot{A}_u$

$$r_{be}=300\ \Omega+(1+\beta)\frac{26\ \text{mV}}{I_{EQ}}=1.247\ \text{k}\Omega$$

$$\dot{A}_u=-\beta\frac{R_{c2}/\!/R_L}{r_{be}}=-40$$

(4) 输入电阻 R_i

$$R_i=R_b/\!/r_{be}\approx 1.247\ \text{k}\Omega$$

输出电阻 R_o

$$R_o=\left.\frac{\dot{U}_o}{\dot{I}_o}\right|_{\substack{\dot{U}_i=0\\R_L=\infty}}=R_{c2}=2\ \text{k}\Omega$$

(5) 若 C_3 开路,则静态工作点不变;但电压放大倍数、输出电阻均增大,其表达式为

$$\dot{A}_u=-\beta\frac{(R_{c2}+R_{c1})/\!/R_L}{r_{be}}=-53.5$$

$$R_o=R_{c2}+R_{c1}=4\ \text{k}\Omega$$

2. 对分压偏置共射组态基本放大电路进一步探讨

晶体管分压偏置共射组态基本放大电路如图 5.5.1 所示。对于晶体管分压偏置共射组态基本放大电路,需要研究如下问题:电路的组成、静态分析、动态分析、旁路电容 C_e 对放大倍数的影响和静态工作点稳定原理。电路的组成、静态分析和动态分析在前面已经介绍了,本节主要讨论旁路电容 C_e 对电压放大倍数的影响和静态工作点的稳定原理。

(1) C_e 对电压放大倍数的影响

旁路电容 C_e 起到“隔直通交”的作用,选择为大容值的电解电容。在放大电路的直流通路中,旁路电容 C_e 相当于直流开路,即在放大电路中无论 C_e 存在与否,均不影响放大电路的静态工作点。但是对于交流信号而言,其容抗很小,相当于将图 5.5.1 中的射极电阻 R_e 交流短路。因而旁路电容 C_e 的存在会影响放大电路的交流通路和微变等效电路,即影响放大电路的动态参数。

为了研究 C_e 对电压放大倍数的影响,不妨删除图 5.5.1 所示电路中的旁路电容 C_e,得到其微变等效电路如图 5.6.5 所示。

列输入回路电压方程,可得

$$\dot{U}_i=\dot{I}_b r_{be}+\dot{I}_e R_e=\dot{I}_b[r_{be}+(1+\beta)R_e]$$

根据图 5.6.5 所示电压、电流参考方向，列输出回路电压方程，可得

$$\dot{U}_o=-\dot{I}_c(R_c/\!/R_L)$$

两式联立，整理可得电路的电压放大倍数为

$$\dot{A}_u=\frac{\dot{U}_o}{\dot{U}_i}=\frac{-\dot{I}_c(R_c/\!/R_L)}{\dot{I}_b[r_{be}+(1+\beta)R_e]}=-\frac{\beta R_L'}{r_{be}+(1+\beta)R_e} \tag{5.6.8}$$

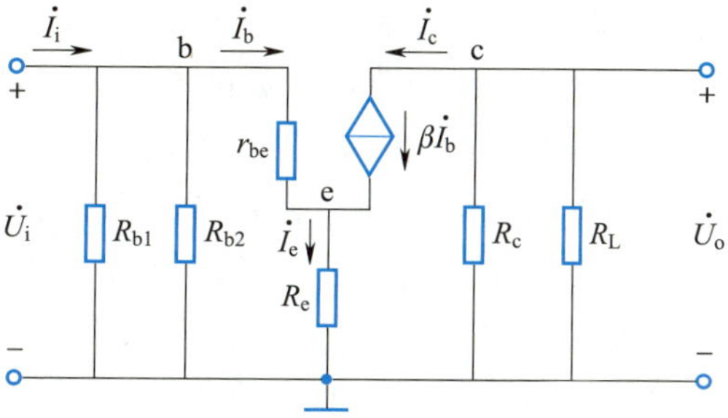

图 5.6.5　删除旁路电容 C_e 后的分压偏置共射组态基本放大电路的微变等效电路

将式(5.6.8)和式(5.5.27)进行比较可知，去掉旁路电容 C_e 后，分压偏置共射组态基本放大电路的电压放大倍数显著减小，这是因为 R_e 作为图 5.6.5 所示电路的输入回路和输出回路之间的反馈元件，输出电流 $\dot{I}_c$ 流经 R_e 产生的反馈电压 $\dot{U}_{Re}(\dot{U}_f)$，令放大电路的净输入电压 $\dot{U}_{be}$ 减小，引入了交流电流串联负反馈。对于交流信号，旁路电容 C_e 的存在提高了电路的电压放大倍数。

(2) 静态工作点稳定原理

温度、电源电压波动、元器件的老化都将引起晶体管参数的变化。温度是影响晶体管参数的主要因素。温度升高时，发射结导通电压 U_{BE} 减小，漂移电流 I_{CBO} 增大，电流放大系数 β 增大，集电极电流 I_C 增大。晶体管参数的变化会引起静态工作点的波动。放大电路静态工作点的波动影响放大电路的动态参数，并决定放大电路是否产生失真。

为了稳定静态工作点，克服温度的影响，常采用分压偏置共射放大电路。该电路中由发射极电阻 R_e 和旁路电容 C_e 构成了直流负反馈，起到稳定静态工作点的作用。

设计分压偏置共射放大电路时，应满足如下条件：

$$I_1=(5\sim10)I_B \tag{5.6.9}$$

式中，I_1 是图 5.5.2 所示直流通路中流经电阻 R_{b1} 的支路电流。在此条件下，温度变化引起 I_B 的变化，对基极电位 U_B 的影响很小，可忽略不计，则 U_B 由电阻 R_{b1} 和 R_{b2} 分压确定，即

$$U_B=\frac{R_{b2}}{R_{b1}+R_{b2}}V_{CC}$$

当温度升高时，I_C 增加，R_e 上的压降增大，U_B 近似为固定值，故 U_{BE} 减小，使 I_B 减小，从而使 I_C 减小，这就是负反馈控制原理。经过电路的自动调节后，使 I_C 恒定，因而分压偏置共射放大电路能够稳定静态工作点，其控制过程如下：

$$T\uparrow\rightarrow I_C\uparrow\rightarrow I_E\uparrow\rightarrow U_E\uparrow\rightarrow U_{BE}\downarrow(U_B\text{ 近似不变})\rightarrow I_B\downarrow\rightarrow I_C\downarrow$$

由式(5.6.1)~式(5.6.4)分析可知，固定偏置共射组态基本放大电路的温度特性较差，而分压偏置共射组态基本放大电路具有稳定静态工作点的作用。

二、共集组态基本放大电路

共集组态基本放大电路如图 5.6.6 所示，从晶体管的基极输入信号，从晶体管的发射极输出信号。直流电压源对交流信号相当于对地短路，集电极作为输入回路和输出回路的公共端，因此称为共集组态基本放大电路。图 5.6.6 中 NPN 型晶体管为放大电路的核心元件，其在放大电路中起放大作用。直流电压源 V_{CC}、基极电阻 R_b 和发射极电阻 R_e 为放大电路提供合适的静态工作点。输入交流信号通过耦合电容 C_1 加到晶体管的基极，输出交流电压信号通过耦合电容 C_2 输送到负载上。

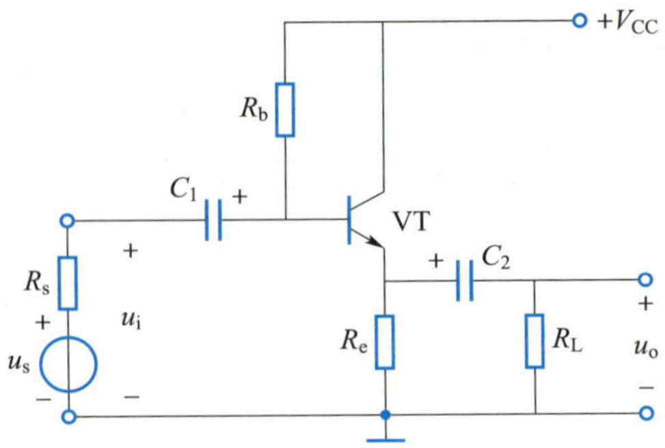

图 5.6.6　共集组态基本放大电路

1. 静态分析

将耦合电容 C_1、C_2 视为开路，得到晶体管共集组态基本放大电路的直流通路，如图 5.6.7(a)所示。

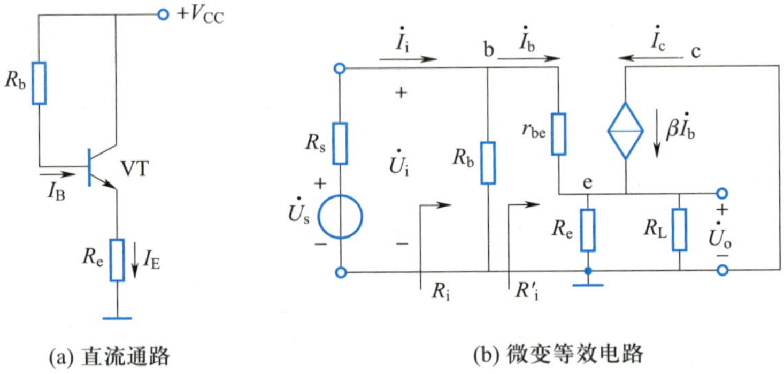

图 5.6.7　共集组态基本放大电路的直流通路和微变等效电路

根据图 5.6.7(a)所示放大电路的直流通路，列写输入回路电压方程，解得基极电流 I_{BQ} 为

$$I_{BQ}=\frac{V_{CC}-U_{BEQ}}{R_b+(1+\beta)R_e} \tag{5.6.10}$$

对于硅管，一般取 $U_{BEQ}=0.7\ \text{V}$。

集电极电流 I_{CQ} 为

$$I_{CQ}=\beta I_{BQ} \tag{5.6.11}$$

由图 5.6.7(a)列写输出回路电压方程，并解得晶体管的管压降为

$$U_{CEQ}\approx V_{CC}-I_{CQ}R_e \tag{5.6.12}$$

由此计算得到了静态工作点 I_{BQ}、I_{CQ}、U_{BEQ} 和 U_{CEQ} 值。

2. 动态分析

将耦合电容 C_1、C_2 视为短路，直流电压源视为对地短路，得到共集组态基本放大电路的交流通路。将放大电路中的晶体管用其简化 H 参数等效电路代替，得到其微变等效电路如图 5.6.7(b)所示。

（1）电压放大倍数

由微变等效电路的输入回路，列回路电压方程可得

$$\dot{U}_i = \dot{I}_b r_{be} + \dot{I}_e (R_e // R_L) \tag{5.6.13}$$

由微变等效电路的输出回路，列回路电压方程可得

$$\dot{U}_o = \dot{I}_e (R_e // R_L) \tag{5.6.14}$$

发射极电流与基极电流之间的关系为

$$\dot{I}_e = (1+\beta)\dot{I}_b$$

则电路的电压放大倍数表达式为

$$\begin{aligned}\dot{A}_u &= \frac{\dot{U}_o}{\dot{U}_i} = \frac{\dot{I}_e (R_e // R_L)}{\dot{I}_b r_{be} + \dot{I}_e (R_e // R_L)} \\ &= \frac{(1+\beta)(R_e // R_L)}{r_{be} + (1+\beta)(R_e // R_L)} \\ &= \frac{(1+\beta) R_L'}{r_{be} + (1+\beta) R_L'}\end{aligned} \tag{5.6.15}$$

式中，$r_{be} = 300\ \Omega + (1+\beta)\dfrac{26\ \text{mV}}{I_{EQ}}$；$R_L' = R_e // R_L$。

由式(5.6.15)可知，共集组态基本放大电路的电压放大倍数$|\dot{A}_u| < 1$，且输入信号和输出信号相位相同。通常$(1+\beta)(R_e // R_L) \gg r_{be}$，则$|\dot{A}_u| \approx 1$，即$\dot{U}_o \approx \dot{U}_i$，输出电压跟随输入电压变化。因此，共集组态基本放大电路又称射极输出器或射极跟随器。

（2）输入电阻 R_i

在晶体管的基极运用节点电压法分析可得

$$\dot{I}_i = \frac{\dot{U}_i}{R_b} + \dot{I}_b = \frac{\dot{U}_i}{R_b} + \frac{\dot{U}_i}{R_i'} \tag{5.6.16}$$

在图5.6.7(b)所示微变等效电路中，运用线性电路分析方法可得

$$\begin{aligned}R_i' &= \frac{\dot{U}_i}{\dot{I}_b} = \frac{\dot{I}_b r_{be} + \dot{I}_e (R_e // R_L)}{\dot{I}_b} \\ &= r_{be} + (1+\beta)(R_e // R_L)\end{aligned} \tag{5.6.17}$$

输入电阻是从放大电路的输入端看进去的等效电阻，将式(5.6.17)代入式(5.6.16)，进一步整理可得

$$R_i = \frac{\dot{U}_i}{\dot{I}_i} = R_b // R_i' = R_b // [r_{be} + (1+\beta) R_L'] \tag{5.6.18}$$

式中，$R_L' = R_e // R_L$。

共集组态基本放大电路的输入电阻比共射组态基本放大电路要大很多，一般可达几十千欧，甚至几百千欧。

（3）输出电阻 R_o

将输入信号电压源短路、负载开路，假设在输出端加入测试正弦电压 $\dot{U}_o$，在输出端产生测试电流 $\dot{I}_o$，求输出电阻的微变等效电路如图 5.6.8 所示。

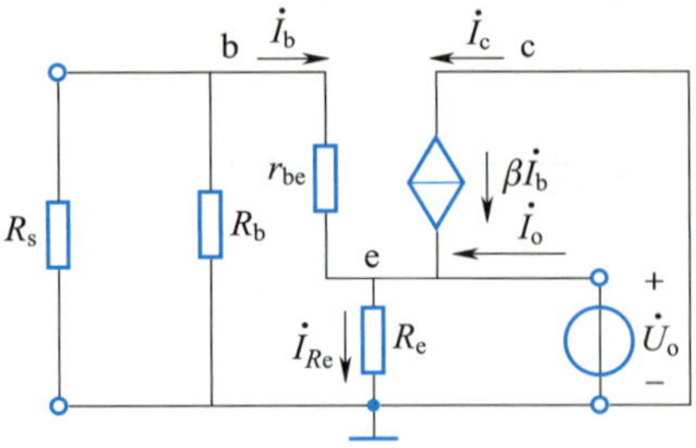

图 5.6.8 求输出电阻的微变等效电路

在图 5.6.8 所示电路的输出端运用节点电压法，分析可得

$$\dot{I}_o = \dot{I}_{Re} - \dot{I}_b - \dot{I}_c \tag{5.6.19}$$

$$\dot{I}_c = \beta \dot{I}_b \tag{5.6.20}$$

$$\dot{I}_{Re} = \frac{\dot{U}_o}{R_e} \tag{5.6.21}$$

上述三个方程联立，求得

$$\dot{I}_o = \frac{\dot{U}_o}{R_e} - (1+\beta)\dot{I}_b$$

参照图 5.6.8 中所示电压、电流的参考方向，列写输出电压方程为

$$\dot{U}_o = -\dot{I}_b(r_{be} + R_b // R_s) \tag{5.6.22}$$

进一步整理，求得输出电阻的表达式为

$$R_o = \left.\frac{\dot{U}_o}{\dot{I}_o}\right|_{\substack{\dot{U}_s=0 \\ R_L=\infty}} = R_e // \left[\frac{-\dot{U}_o}{(1+\beta)\dot{I}_b}\right] = R_e // \frac{r_{be} + R_b // R_s}{1+\beta} \tag{5.6.23}$$

式(5.6.23)表明，共集组态基本放大电路的输出电阻非常小，一般可以小到几十欧以下。

综上所述，共集组态基本放大电路具有如下特点：

① 电压放大倍数 $|\dot{A}_u| < 1$，且输入信号和输出信号相位相同。若 $(1+\beta)(R_e // R_L) \gg r_{be}$，则 $|\dot{A}_u| \approx 1$，即 $\dot{U}_o \approx \dot{U}_i$，输出电压跟随输入电压变化。由于 $\dot{I}_e = (1+\beta)\dot{I}_b$，因而具有电流放大作用。

② 输入电阻大，一般可达几十千欧，甚至几百千欧。

③ 输出电阻非常小，一般可以小到几十欧以下。

虽然共集组态基本放大电路不具有电压放大能力，但因其输入电阻大、输出电阻小，在实际电路中得到广泛应用。由于其输入电阻大，常用其作为多级放大电路的输入级，减小放大电路从信号源索取的电流；由于其输出电阻小，常用其作为多级放大电路的输出级，增强放大电路带负载能力；也常用作多级放大电路的中间级，起到阻抗变换、隔离缓冲的作用。

三、共基组态基本放大电路

共基组态基本放大电路如图 5.6.9 所示，从晶体管的发射极输入信号，从晶体管的集电极输出信号。对于交流信号，电容 C_b 相当于短路，则晶体管的基极作为输入回路和输出回路的公共端，因此称为共基组态基本放大电路。

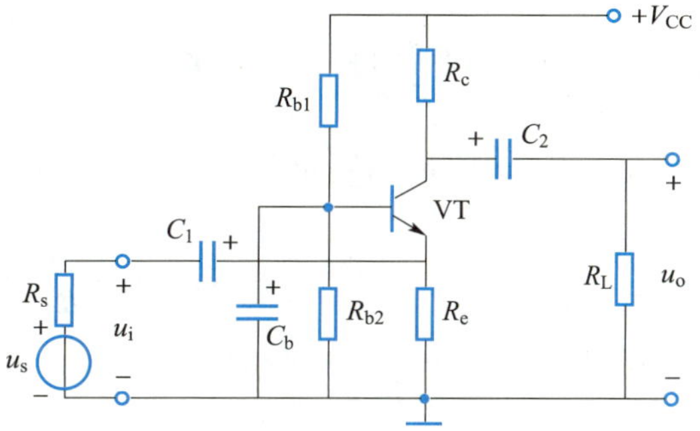

图 5.6.9　共基组态基本放大电路

1. 静态分析

共基组态基本放大电路的直流通路如图 5.6.10(a)所示，其电路结构与分压偏置共射组态基本放大电路的直流通路完全相同，因此其静态分析的过程及结果与分压偏置共射组态基本放大电路完全相同，这里不再赘述。

2. 动态分析

共基组态基本放大电路的微变等效电路如图 5.6.10(b)所示。

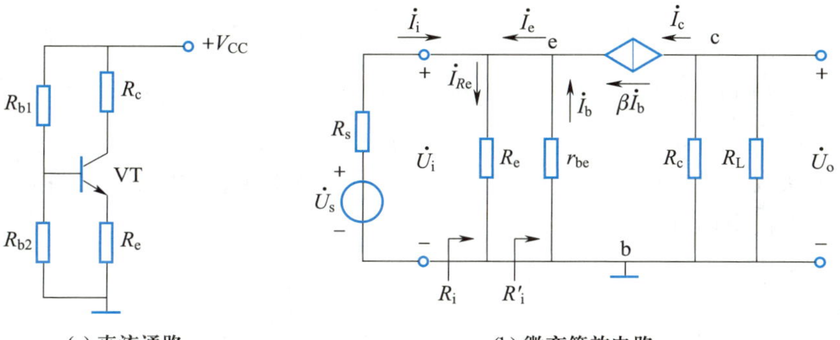

图 5.6.10　共基组态基本放大电路直流通路和微变等效电路

(1) 电压放大倍数

根据图 5.6.10(b)中所示电压、电流参考方向，列写输入回路电压方程可得

$$\dot{U}_i = -\dot{I}_b r_{be}$$

由输出回路列电压方程可得

$$\dot{U}_o = -\dot{I}_c (R_c /\!/ R_L)$$

求得电路的电压放大倍数为

$$\dot{A}_u = \frac{\dot{U}_o}{\dot{U}_i} = \frac{-\dot{I}_c (R_c /\!/ R_L)}{-\dot{I}_b r_{be}} = \frac{\beta R'_L}{r_{be}} \tag{5.6.24}$$

式中，$r_{be}=300\ \Omega+(1+\beta)\dfrac{26\ \text{mV}}{I_{EQ}}$；$R'_L=R_c /\!/ R_L$。

由式(5.6.24)可知，共基组态基本放大电路的输出信号与输入信号相位相同；放大倍数$|\dot{A}_u|>1$，说明电路具有电压放大能力；由于 $\dot{I}_c<\dot{I}_e$，所以电路无电流放大能力。

(2) 输入电阻

在图5.6.10(b)所示电路的输入端运用节点电压法，分析可得

$$\dot{I}_i=\dot{I}_{Re}-\dot{I}_e=\frac{\dot{U}_i}{R_e}-(1+\beta)\dot{I}_b=\frac{\dot{U}_i}{R_e}+(1+\beta)\frac{\dot{U}_i}{r_{be}}$$

进一步整理，可得从放大电路的输入端看进去的等效电阻为

$$R_i=\frac{\dot{U}_i}{\dot{I}_i}=R_e /\!/ R'_i$$

式中，$R'_i=\dfrac{\dot{U}_i}{-\dot{I}_e}=\dfrac{-\dot{I}_b r_{be}}{-(1+\beta)\dot{I}_b}=\dfrac{r_{be}}{1+\beta}$。推导可得该电路的输入电阻为

$$R_i=R_e /\!/ \frac{r_{be}}{1+\beta} \tag{5.6.25}$$

由式(5.6.25)可知，共基组态基本放大电路的输入电阻小，通常为几十欧。

(3) 输出电阻

输出电阻是从放大电路的输出端看进去的戴维南等效电阻，运用线性电路分析方法，输出电阻约为电路的集电极电阻 R_c，如下式所示。

$$R_o=\left.\frac{\dot{U}_o}{\dot{I}_o}\right|_{\substack{\dot{U}_s=0\\ R_L=\infty}}\approx R_c \tag{5.6.26}$$

综上所述，共基组态基本放大电路具有如下特点：

① 共基组态基本放大电路电压放大倍数$|\dot{A}_u|>1$，具有电压放大能力，且输入信号和输出信号相位相同。由于 $\dot{I}_c<\dot{I}_e$，所以电路无电流放大能力。

② 输入电阻非常小，通常为几十欧。

③ 输出电阻较大，与共射组态基本放大电路的输出电阻相同。

④ 高频特性良好，是三种组态基本放大电路中通频带最宽的电路，常作为宽频带放大电路使用。

四、三种组态晶体管基本放大电路的性能比较

晶体管基本放大电路分为三种组态：共射组态基本放大电路、共集组态基本放大电路和共基组态基本放大电路。三种组态放大电路的电路图及动态参数比较如表5.6.1所示。

表 5.6.1 晶体管基本放大电路的比较

类型	共射组态基本放大电路	共集组态基本放大电路	共基组态基本放大电路
电路	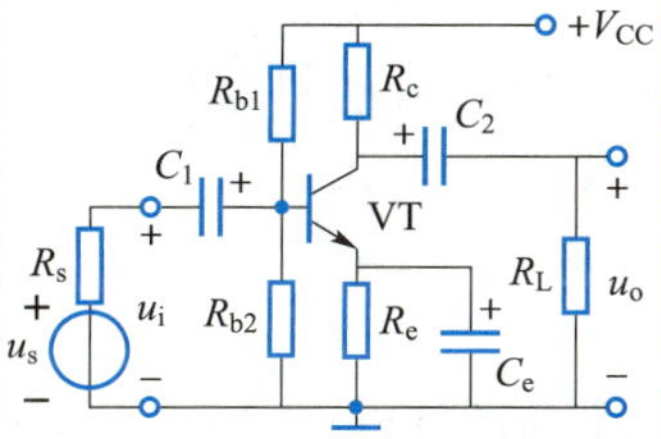	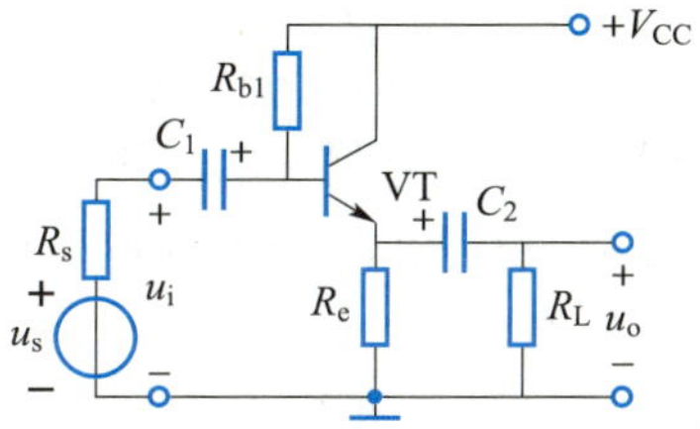	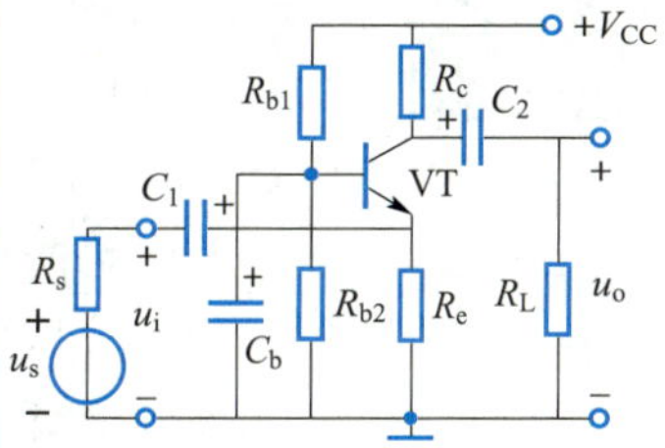
电压放大倍数	$\dot{A}_u=-\frac{\beta R_L'}{r_{be}}$（高） $R_L'=R_c//R_L$	$\dot{A}_u=\frac{(1+\beta)R_L'}{[r_{be}+(1+\beta)R_L']}$（低） $R_L'=R_L//R_e$	$\dot{A}_u=\frac{\beta R_L'}{r_{be}}$（高） $R_L'=R_c//R_L$
电流放大倍数	$\dot{A}_i=\beta$（高）	$\dot{A}_i=1+\beta$（高）	$\dot{A}_i=\frac{\beta}{1+\beta}=\alpha$（低）
输入电阻	$R_i=R_{b1}//R_{b2}//r_{be}$（小）	$R_i=\frac{\dot{U}_i}{\dot{I}_i}=R_b//R_i'$（大） $R_i'=r_{be}+(1+\beta)R_L'$ $R_L'=R_e//R_L$	$R_i=R_e//\frac{r_{be}}{1+\beta}$（小）
输出电阻	$R_o=R_c$（较大）	$R_o=R_e//\frac{r_{be}+R_s//R_b}{1+\beta}$（小）	$R_o\approx R_c$（较大）
通频带	窄	较宽	宽
应用范围	一般放大	输入级，输出级，中间级	高频，宽频带放大

5.6.2 场效应管三种组态基本放大电路

在实际应用中，有时信号源非常微弱且内阻较大，只能提供微安级甚至更小的信号电流。因此，只有在放大电路的输入电阻达到几兆欧、几十兆欧甚至更大时，才能有效地获得信号电压。双极型晶体管共集组态基本放大电路的输入电阻最大仅为几百千欧。场效应管的栅源间电阻非常大，可达 $10^7\sim10^{15}\ \Omega$，可以认为栅极电流基本为零，因此场效应管放大电路的输入电阻可满足上述要求。

场效应管和双极型晶体管相类似，双极型晶体管的基极 b、发射极 e、集电极 c 与场效应管的栅极 g、源极 s 和漏极 d 相对应。它们之间的主要区别在于：场效应管是电压控制型器件，靠输入回路栅源电压的变化控制输出回路漏极电流的变化，放大作用以跨导 g_m 来体现；双极型晶体管是电流控制型器件，靠输入回路基极电流的变化来控制输出回路集电极电流的变化，放大作用由电流放大系数 β 来体现。场效应管基本放大电路也有三种组态，即共栅组态基本放大电路、共源组态基本放大电路和共漏组态基本放大电路，与双极型晶体管基本放大电路的共基组态基本放大电路、共射组态基本放大电路和共集组态基本放大电路相对应。

微视频 5-7 共源基本放大电路的静动态分析

一、共源组态基本放大电路

1. 静态分析

根据放大电路的组成原则，在场效应管放大电路中，必须设置合适的静态工作点，使管子在信号作用时始终工作在恒流区，电路才能正常放大。场效应管基本放大电路的偏置形式有两种，分压偏置和自给偏压。

(1) 分压偏置电路

场效应管的分压偏置共源组态基本放大电路如图 5.6.11 所示。这种偏置电路适用于任何类型的场效应管放大电路。

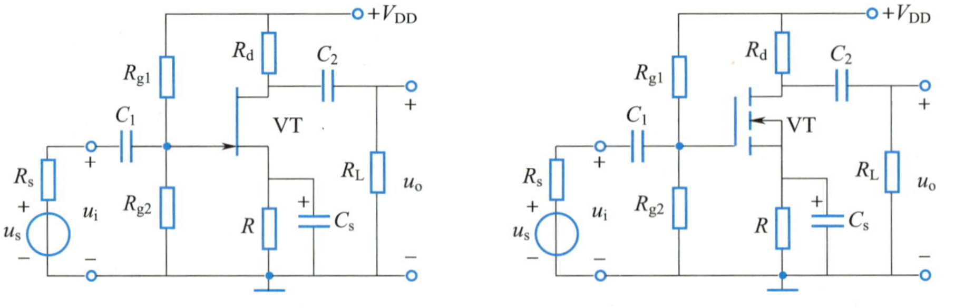

(a) N沟道JFET分压偏置电路　(b) N沟道增强型MOSFET分压偏置电路

图 5.6.11 共源组态分压偏置电路

将图 5.6.11(a)电路中耦合电容 C_1、C_2 和旁路电容 C_s 断开，就得到其直流通路，如图 5.6.12 所示。图中 R_{g1}、R_{g2} 是栅极偏置电阻，R 是源极电阻，R_d 是漏极电阻。由于 N 沟道 JFET 的栅结反偏，栅极电流微弱，可忽略不计，则栅极电位为

$$U_G=\frac{R_{g2}}{R_{g1}+R_{g2}}\cdot V_{DD} \tag{5.6.27}$$

列写栅源之间的输入回路电压方程，可得

$$U_{GSQ}=U_G-U_S=U_G-I_{DQ}R \tag{5.6.28}$$

N 沟道 JFET 在恒流区的漏极电流方程为

$$I_{DQ}=I_{DSS}\left(1-\frac{U_{GSQ}}{U_{GS(off)}}\right)^2 \tag{5.6.29}$$

列写漏-源极之间的输出回路电压方程，可得

$$U_{DSQ}=V_{DD}-I_{DQ}(R_d+R) \tag{5.6.30}$$

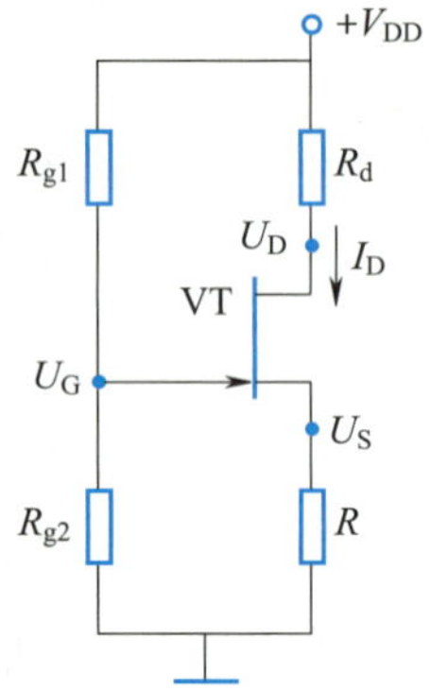

图 5.6.12 N 沟道 JFET 分压偏置电路的直流通路

将式(5.6.27)~式(5.6.30)联立方程组，可以求解静态工作点 I_{DQ}、U_{GSQ} 和 U_{DSQ}。由于式(5.6.29)是二次方程，有两个解，需要从中确定一个合理解。一般可根据静态工作点是否合理、栅源电压是否超出了夹断电压、漏源电压是否进入可变电阻区等情况来确定。

注意式(5.6.29)表示的结型场效应管和耗尽型绝缘栅场效应管的漏极电流方程，而对于增强型绝缘栅场效应管，其漏极电流方程为

$$I_{DQ}=I_{DO}\left(\frac{U_{GSQ}}{U_{GS(th)}}-1\right)^2$$

式中，I_{DO} 是 $U_{GS}=2U_{GS(th)}$ 时所对应的 I_D。

（2）自给偏压电路

场效应管共源自给偏压基本放大电路如图 5.6.13 所示。自给偏压电路适用于耗尽型绝缘栅型场效应管和结型场效应管基本放大电路。

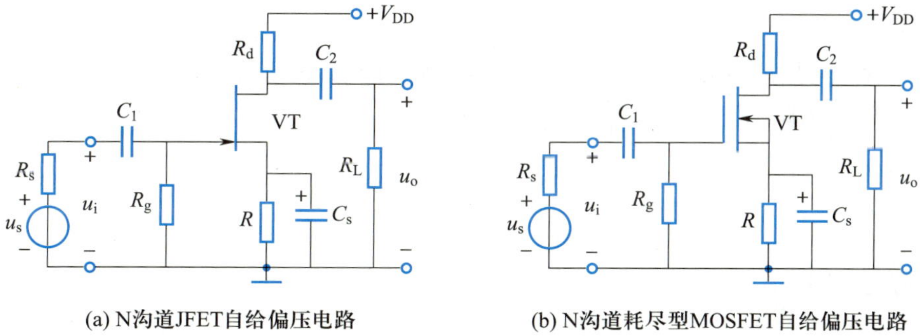

图 5.6.13　共源组态自给偏压电路

在图 5.6.13 所示场效应管的自给偏压共源组态基本放大电路中，由于静态时栅极电流为零，所以流过电阻 R_g 的电流为零，栅极电位 $U_G=0$ V，则栅源电压为负偏压，即

$$U_{GSQ}=U_G-U_S=-I_{DQ}R \tag{5.6.31}$$

$$I_{DQ}=I_{DSS}\left(1-\frac{U_{GSQ}}{U_{GS(off)}}\right)^2 \tag{5.6.32}$$

$$U_{DSQ}=V_{DD}-I_{DQ}(R_d+R) \tag{5.6.33}$$

将式(5.6.31)~式(5.6.33)联立方程组，可以求解静态工作点 I_{DQ}、U_{GSQ} 和 U_{DSQ}。

显然，N 沟道增强型场效应管不能采用自给偏压的形式，因为其必须在栅源正偏压的条件下工作。

2. 动态分析

图 5.6.11(a)所示 N 沟道结型场效应管共源组态基本放大电路的微变等效电路如图 5.6.14 所示，图中忽略了 r_{ds} 的影响。

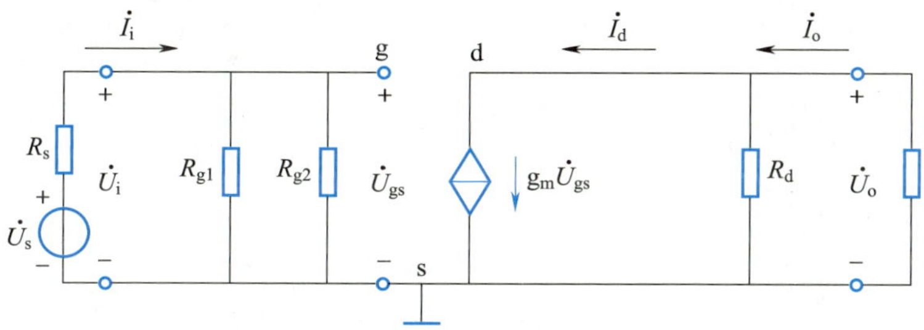

图 5.6.14　图 5.6.11(a)电路的微变等效电路

（1）电压放大倍数

放大电路的输出电压为

$$\dot{U}_o=-g_m\dot{U}_{gs}(R_d/\!/R_L)$$

因 $\dot{U}_i=\dot{U}_{gs}$，所以

$$\dot{A}_u=\frac{\dot{U}_o}{\dot{U}_i}=-g_m(R_d/\!/R_L)=-g_mR'_L \tag{5.6.34}$$

式中，$R'_L=R_d/\!/R_L$，耗尽型场效应管的低频跨导 g_m 按式(5.3.3)估算。

如果有信号源内阻 R_s，则其源电压放大倍数为

$$\dot{A}_{us}=\frac{\dot{U}_o}{\dot{U}_s}=\frac{\dot{U}_i}{\dot{U}_s}\times\frac{\dot{U}_o}{\dot{U}_i}=-\frac{R_i}{R_i+R_s}\cdot(g_mR'_L) \tag{5.6.35}$$

式中，R_i 是放大电路的输入电阻。

（2）输入电阻

$$R_i=\frac{\dot{U}_i}{\dot{I}_i}=R_{g1}/\!/R_{g2} \tag{5.6.36}$$

由式(5.6.36)可知，虽然场效应管具有输入电阻高的特点，但是其基本放大电路的输入电阻并不一定高。

（3）输出电阻

为计算放大电路的输出电阻，可按二端口网络计算原则将放大电路的微变等效电路画成图 5.6.15 的形式。将输入信号电压源短路，负载电阻 R_L 开路，并在输出端加上一个测试电源 $\dot{U}'_o$，测试电流为 $\dot{I}'_o$，此时 $\dot{U}_{gs}=0$，因而受控电流源相当于开路，然后计算放大电路的输出电阻为

$$R_o=\frac{\dot{U}'_o}{\dot{I}'_o}=R_d \tag{5.6.37}$$

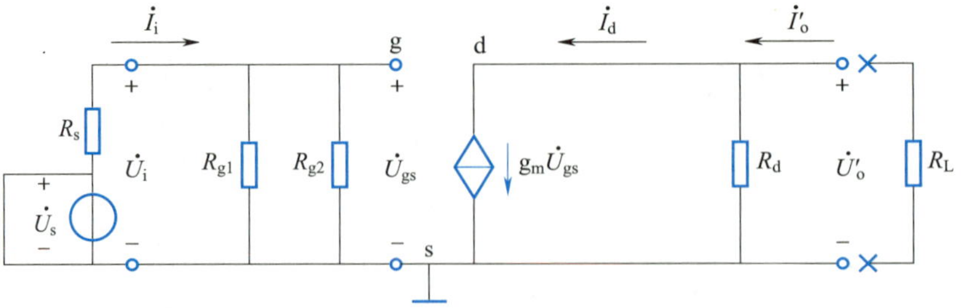

图 5.6.15 求解输出电阻 R_o 的微变等效电路

【例 5.6.2】 场效应管放大电路如图 5.6.16 所示，已知 $I_{DSS}=4\ mA$，$U_{GS}=-2\ V$，$U_{GS(off)}=-4\ V$，$V_{DD}=20\ V$。试求：

(1) 静态时电路输出的漏极电流 I_{DQ}；

(2) 源极电阻 R_{s1} 和 R_{s2} 的最大值；

(3) 电路的中频电压放大倍数；

(4) 电路的输入电阻和输出电阻。

解 (1) 图 5.6.16 中的场效应管为 N 沟道结型场效应管，其直流通路如图 5.6.17 所示。

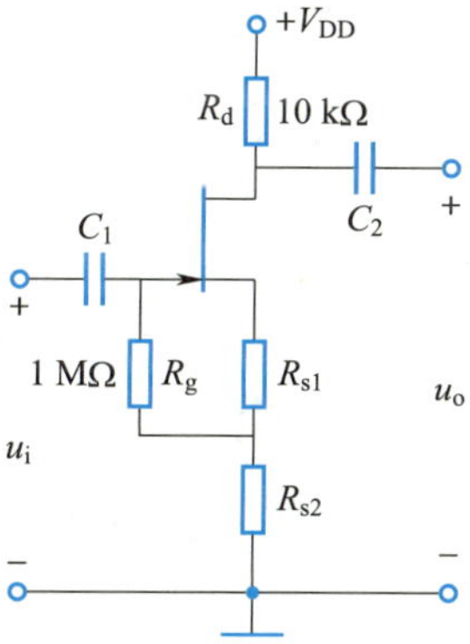

图 5.6.16　例 5.6.2 电路图

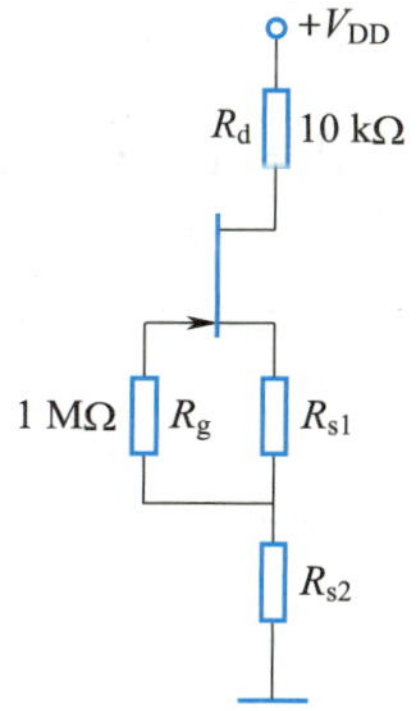

图 5.6.17　图 5.6.16 的直流通路

根据已知条件可求得

$$I_{DQ}=I_{DSS}\left(1-\frac{U_{GS}}{U_{GS(off)}}\right)^2=4\ mA\times\left(1-\frac{-2\ V}{-4\ V}\right)^2=1\ mA$$

(2) 图 5.6.16 所示为自给偏压共源组态基本放大电路，则栅源之间的回路电压方程为

$$U_{GS}=U_G-U_S=I_DR_{s2}-I_D(R_{s1}+R_{s2})=-I_DR_{s1}=-2\ V$$

所以，解得

$$R_{s1}=2\ k\Omega$$

R_{s2} 越大，U_{DS} 越小，当 R_{s2} 增大到一定程度，就不能保证场效应管工作在恒流区。N 沟道 JFET 进入恒流区的条件为

$$U_{GD}=(U_{GS}-U_{DS})\leqslant U_{GS(off)}$$

$$U_{DSmin}\geqslant(U_{GS}-U_{GS(off)})=[-2-(-4)]\ V=-2\ V$$

$$V_{DD}=I_D(R_d+R_{s1}+R_{s2})+U_{DSmin}$$

$$R_{s2max}=[(V_{DD}-U_{DSmin})/I_D]-R_d-R_{s1}=6\ k\Omega$$

(3) 计算电路的电压放大倍数，应先求跨导

$$g_m\approx\frac{-2I_{DSS}}{U_{GS(off)}}\left(1-\frac{U_{GSQ}}{U_{GS(off)}}\right)=1\ mS$$

根据图 5.6.16 画出电路的微变等效电路，如图 5.6.18 所示。

忽略 $\dot{I}_i$ 在 R_{s2} 上的压降，可得 $\dot{U}_i=\dot{U}_{gs}+g_m\dot{U}_{gs}(R_{s1}+R_{s2})$，$\dot{U}_o=-g_m\dot{U}_{gs}R_d$，由此可求出

$$\dot{A}_u = -\frac{g_m R_d}{1+g_m(R_{s1}+R_{s2})} = -1.1$$

（4）求输入电阻和输出电阻

$$\begin{cases} \dot{U}_i = \dot{I}_i R_g + (\dot{I}_i + g_m \dot{U}_{gs}) R_{s2} \\ \dot{I}_i R_g = \dot{U}_{gs} + g_m \dot{U}_{gs} R_{s1} \end{cases}$$

$$\Rightarrow R_i = \frac{\dot{U}_i}{\dot{I}_i} = \left(1+\frac{g_m R_{s2}}{1+g_m R_{s1}}\right) R_g + R_{s2} \approx 3R_g = 3\ \mathrm{M\Omega}$$

$$R_o \approx R_d = 10\ \mathrm{k\Omega}$$

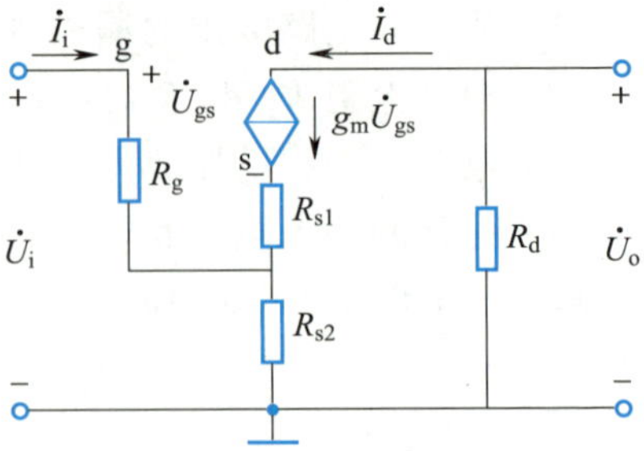

图 5.6.18　例 5.6.2 的微变等效电路

二、共漏组态基本放大电路

场效应管共漏组态基本放大电路如图 5.6.19 所示。

微视频 5-8
共漏基本放大
电路的静动态分析

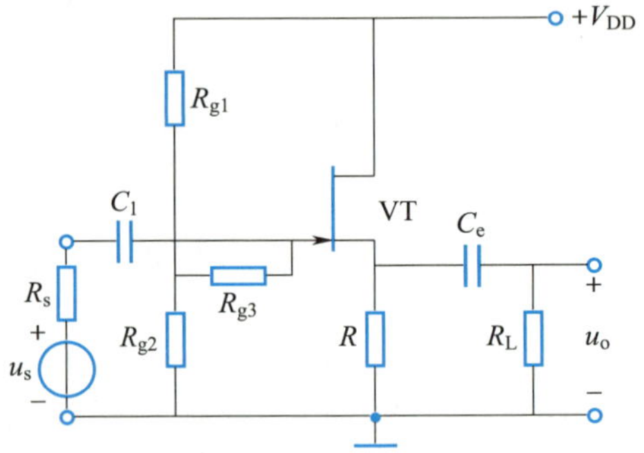

图 5.6.19　N 沟道 JFET 共漏组态基本放大电路

1. 静态分析

图 5.6.19 所示放大电路的直流通路如图 5.6.20 所示。

由图可得

$$U_G = \frac{R_{g2}}{R_{g1}+R_{g2}} V_{DD} \tag{5.6.38}$$

$$U_{GSQ} = U_G - U_S = U_G - I_{DQ} R \tag{5.6.39}$$

$$I_{DQ} = I_{DSS}\left(1-\frac{U_{GSQ}}{U_{GS(off)}}\right)^2 \tag{5.6.40}$$

$$U_{DSQ} = V_{DD} - I_{DQ} R \tag{5.6.41}$$

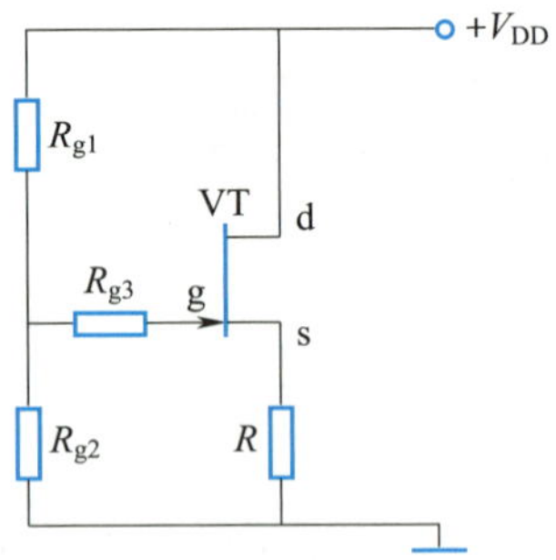

图 5.6.20　图 5.6.19 电路的直流通路

将式(5.6.38)～式(5.6.41)联立方程组，可以求解静态工作点 I_{DQ}、U_{GSQ} 和 U_{DSQ}，并剔除不合理的一组解。

2. 动态分析

图 5.6.19 所示 N 沟道结型场效应管共漏组态基本放大电路的微变等效电路如图 5.6.21 所示，电路中忽略了 r_{ds} 的影响。

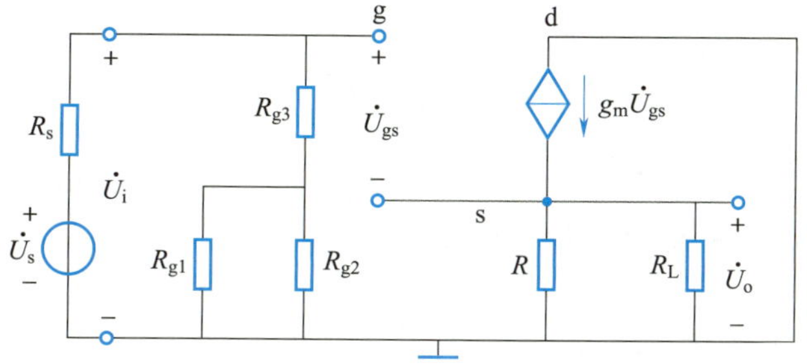

图 5.6.21　图 5.6.19 电路的微变等效电路

(1) 电压放大倍数

放大电路的电压放大倍数为

$$\dot{A}_u=\frac{\dot{U}_o}{\dot{U}_i}=\frac{\dot{U}_o}{\dot{U}_{gs}+\dot{U}_o}=\frac{g_m\dot{U}_{gs}(R/\!/R_L)}{\dot{U}_{gs}+g_m\dot{U}_{gs}(R/\!/R_L)}=\frac{g_mR_L'}{1+g_mR_L'} \tag{5.6.42}$$

式中，$R_L'=R/\!/R_L$。

由式(5.6.42)可知，场效应管共漏组态基本放大电路的电压放大倍数 $\dot{A}_u>0$，表示输出与输入同相；通常 $g_mR_L'\gg1$，则 $\dot{A}_u$ 小于 1，且约等于 1。

(2) 输入电阻

$$R_i=R_{g3}+(R_{g1}/\!/R_{g2}) \tag{5.6.43}$$

在图 4.3.1(a)所示电路中，虽然场效应管具有输入电阻高的特点，但是场效应管放大电路的输入电阻并不一定高，取决于电阻 $R_{g1}/\!/R_{g2}$。因此，通常在分压点和栅极之间接入 R_{g3}。如果选取 R_{g3} 阻值较高，就可以大大提高放大电路的输入电阻，并且不影响放大电路的静态工作点和电压放大倍数。

(3) 输出电阻

为计算放大电路的输出电阻，可按二端口网络计算原则将放大电路的微变等效电路画成图 5.6.22 的形式。将输入信号电压源短路，负载电阻 R_L 开路，并在输出端加上一个测试电源 $\dot{U}_o'$，然后计算放大电路的输出电阻。

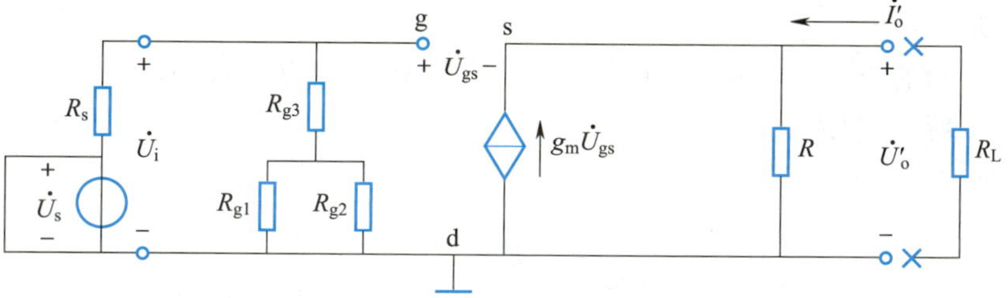

图 5.6.22　求解输出电阻 R_o 的微变等效电路

$$\dot{I}'_o=\frac{\dot{U}'_o}{R}-g_m\dot{U}_{gs} \tag{5.6.44}$$

$$\dot{U}'_o=-\dot{U}_{gs} \tag{5.6.45}$$

将式(5.6.45)代入式(5.6.44),推导可得

$$R_o=\frac{\dot{U}'_o}{\dot{I}'_o}=R/\!/\frac{1}{g_m} \tag{5.6.46}$$

场效应管共漏组态基本放大电路的电压放大倍数约等于 1,输入电阻大,输出电阻小。其动态指标与双极型晶体管共集组态基本放大电路类似。

【例 5.6.3】 在图 5.6.19 所示的共漏组态基本放大电路中,设 $V_{DD}=24\ \text{V}$,$R=10\ \text{k}\Omega$,$R_{g1}=3\ \text{M}\Omega$,$R_{g2}=5\ \text{M}\Omega$,$R_{g3}=100\ \text{M}\Omega$,负载电阻 $R_L=10\ \text{k}\Omega$。已知场效应管在 Q 点处的跨导 $g_m=1.8\ \text{mS}$,试估算放大电路的 $\dot{A}_u$、R_i 和 R_o。

解 由式(5.6.42)、式(5.6.43)和式(5.6.46)可得

$$\dot{A}_u=\frac{g_mR'_L}{1+g_mR'_L}=\frac{1.8\times\frac{10\times10}{10+10}}{1+1.8\times\frac{10\times10}{10+10}}=0.9$$

$$R_i=R_{g3}+(R_{g1}/\!/R_{g2})=\left(100+\frac{5\times3}{5+3}\right)\ \text{M}\Omega\approx102\ \text{M}\Omega$$

$$R_o=R/\!/\frac{1}{g_m}=\frac{10\times\frac{1}{1.8}}{10+\frac{1}{1.8}}\ \text{k}\Omega\approx0.53\ \text{k}\Omega$$

三、共栅组态基本放大电路

场效应管共栅组态基本放大电路如图 5.6.23 所示。

1. 静态分析

共栅组态基本放大电路的静态分析与共源组态基本放大电路相同,不再重述。

2. 动态分析

图 5.6.23 所示的 N 沟道增强型绝缘栅场效应管组成的共栅组态基本放大电路的微变等效电路如图 5.6.24 所示,忽略 r_{ds} 的影响。

(1) 电压放大倍数

$$\dot{A}_u=\frac{\dot{U}_o}{\dot{U}_i}=\frac{-g_m\dot{U}_{gs}(R_d/\!/R_L)}{-\dot{U}_{gs}}=g_m(R_d/\!/R_L)=g_mR'_L \tag{5.6.47}$$

式中,$R'_L=R_d/\!/R_L$。

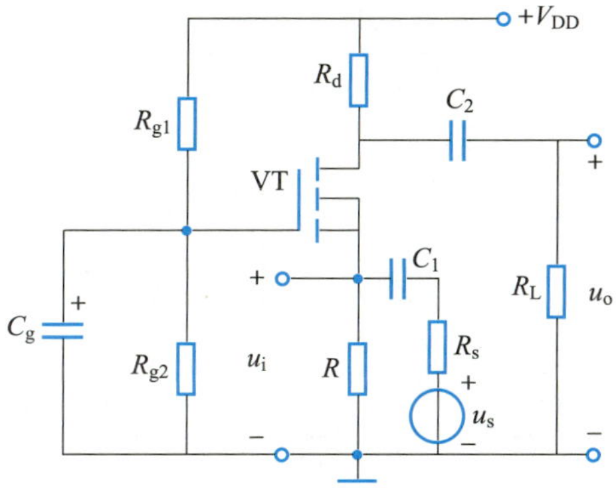

图 5.6.23　N 沟道增强型 MOSFET 共栅组态基本放大电路

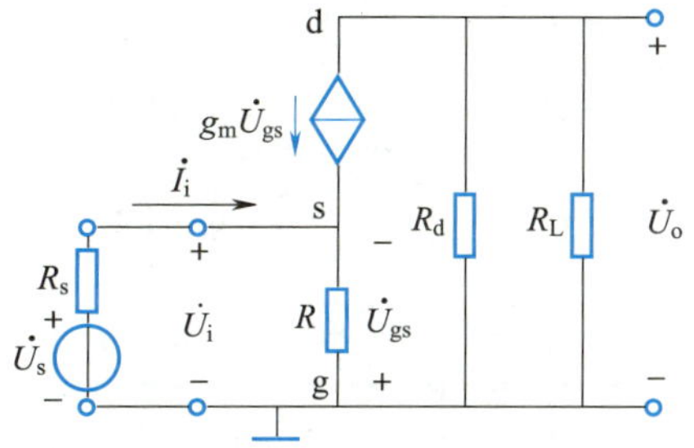

图 5.6.24　共栅组态基本放大电路的微变等效电路

(2) 输入电阻

$$R_i=\frac{\dot{U}_i}{\dot{I}_i}=\frac{-\dot{U}_{gs}}{-\left(\dfrac{\dot{U}_{gs}}{R}+g_m\dot{U}_{gs}\right)}=\frac{1}{\dfrac{1}{R}+g_m}=R//\frac{1}{g_m} \tag{5.6.48}$$

(3) 输出电阻

$$R_o\approx R_d \tag{5.6.49}$$

共栅组态基本放大电路的电压放大倍数为正，说明输入、输出同相；输入电阻小，输出电阻大。其动态指标与双极型晶体管共基组态基本放大电路类似。

四、双极型晶体管和场效应管基本放大电路的比较

双极型晶体管和场效应管基本放大电路的比较如表 5.6.2 所示。

表 5.6.2　双极型晶体管和场效应管三种组态基本放大电路的比较

技术指标	双极型晶体管基本放大电路		场效应管基本放大电路	
	组态	表达式	组态	表达式
电压放大倍数	CE	$\dot{A}_u=-\dfrac{\beta R'_L}{r_{be}}$	CS	$\dot{A}_u=-g_mR'_L$
	CC	$\dot{A}_u=\dfrac{(1+\beta)R'_L}{r_{be}+(1+\beta)R'_L}$	CD	$\dot{A}_u=\dfrac{g_mR'_L}{1+g_mR'_L}$
	CB	$\dot{A}_u=\dfrac{\beta R'_L}{r_{be}}$	CG	$\dot{A}_u=g_mR'_L$
输入电阻	CE	$R_i=R_b//r_{be}$	CS	$R_i=R_{g1}//R_{g2}$
	CC	$R_i=R_b//[r_{be}+(1+\beta)R'_L]$	CD	$R_i=R_{g3}+(R_{g1}//R_{g2})$
	CB	$R_i=R_e//[r_{be}/(1+\beta)]$	CG	$R_i=R//\dfrac{1}{g_m}$

续表

技术指标	双极型晶体管基本放大电路		场效应管基本放大电路	
	组态	表达式	组态	表达式
输出电阻	CE	$R_o=R_c$	CS	$R_o=R_d$
	CC	$R_o=R_e//\frac{r_{be}+R_b//R_s}{1+\beta}$	CD	$R_o=R//\frac{1}{g_m}$
	CB	$R_o=R_c$	CG	$R_o=R_d$

思考题

5-6-1　晶体管基本放大电路有哪几种组态？如何确定晶体管基本放大电路的组态？

5-6-2　比较晶体管的三种组态基本放大电路，说明各自的特点及应用场合。

5-6-3　说明分压偏置共射组态基本放大电路稳定静态工作点的原理。

5-6-4　若图5.6.6所示共集组态基本放大电路的输出电压波形产生了顶部失真，该放大电路是产生截止失真还是产生饱和失真？

5-6-5　场效应管放大电路的偏置有哪些类型？都适合哪些种类的场效应管？

5-6-6　场效应管放大电路的静态计算如何进行？试举例说明。

5-6-7　试画出场效应管低频微变等效电路，其中各参数的物理意义如何？

5-6-8　如何进行场效应管放大电路的动态分析？试举例说明。

5-6-9　试比较共射和共源组态基本放大电路。

5-6-10　共漏组态基本放大电路有何特点？将其与共集组态基本放大电路进行比较。

5-6-11　试说明CE、CB放大电路中电压放大倍数的一些相关问题在FET放大电路中是否也有所体现。

5.7　直接耦合多级放大电路

基本放大电路的放大倍数通常只能达到几十倍至一二百倍。当要求放大倍数更高时，需要由多个基本放大电路级联构成多级放大电路。由分立元件构成的多级放大电路如图5.7.1所示，四种常用耦合方式的特点请参阅2.4.1节相关知识点的讲解。本节主要介绍直接耦合放大电路的零点漂移和电位移动，以及多级放大电路电压放大倍数的计算。

5.7.1　零点漂移

人们在实验中发现，某些放大电路在输入电压为零时输出电压不为零，且随时间缓慢变化，这种现象称为**零点漂移**，简称**零漂**。零点漂移的方向可正可负，没有固定的规律。产生零点漂移的原因很多，但主要是由晶体管参数（I_{CBO}、I_{CEO}、U_{BE}、β）随温度的变化引起的。温度变化是产生零漂的主要原因，所以有时也称之为温度漂移，简称**温漂**。衡量零点漂移的大小，不能单从输出电压漂移的绝对值大小来评定，还需要考虑放大电路的增益，因为增益大的放大电路通常零漂也大。所以通常把输出漂移电压折算到输入端以便于衡量其大小。

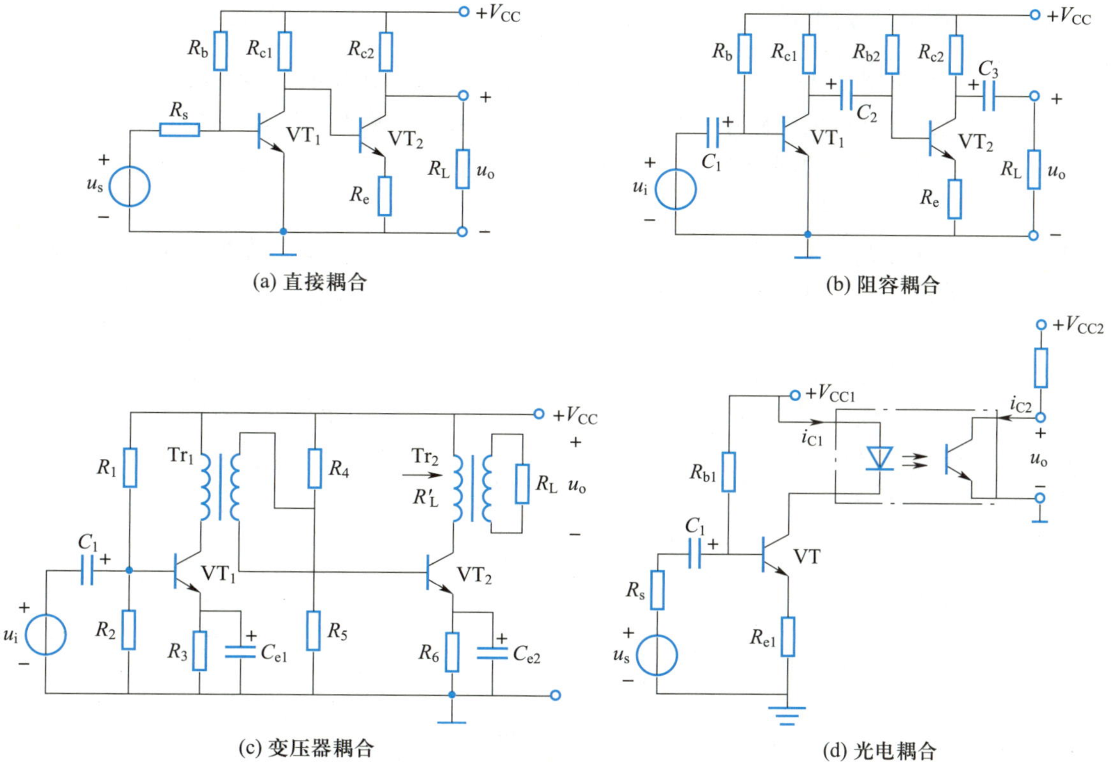

图 5.7.1　分立元件构成的多级放大电路

温度漂移是指在输入端短路时，把输出端的温漂电压 Δu_o 折合到输入端，得到的等效输入端漂移电压 Δu_i 与温度变化量之比，即

$$\frac{\Delta u_i}{\Delta T}=\frac{\Delta u_o}{A_u\Delta T} \tag{5.7.1}$$

式中，A_u 为电压放大倍数，ΔT(℃)为温度变化量。

阻容耦合放大电路和变压器耦合放大电路的各级静态工作点相互独立，这种缓慢变化的零点漂移不能传到下一级电路进一步放大。故阻容耦合放大电路和变压器耦合放大电路可阻挡零点漂移。但是直接耦合放大电路由于前后级直接相连，前一级的零漂信号和被放大的电压信号一起被送到下一级，而且被逐级放大，从而使输出端的零点漂移现象更加严重，并且放大电路的级数越多，放大倍数越高，零点漂移越严重。

通常采用的抑制零点漂移的方法有如下三种：

① 采用分压偏置共射组态基本放大电路。

② 采用温度补偿，利用热敏元件来补偿晶体管参数的变化。

③ 将两个参数对称的晶体管放大电路接成差分放大电路的结构形式，使输出端的零点漂移

相互抵消。这种方法十分有效且容易实现。实际上,集成运放的输入级基本上都采用差分放大电路的结构形式。

5.7.2　直接耦合放大电路的电位移动

直接耦合放大电路各级的静态工作点互相影响,这是构成直接耦合多级放大电路时必须解决的问题。在直接耦合放大电路中,常采用电位移动电路调节各级的静态工作点。

如果将基本放大电路的耦合电容去掉,前后级直接连接,如图 5.7.2 所示。于是

$$U_{C2}=U_{B2}+U_{CB2}=U_{C1}+U_{CB2}$$

由于 VT_1 和 VT_2 处于放大状态,所以 $U_{CB2}>0$,$U_{C2}>U_{C1}$。这样,集电极电位随着放大电路级数的增加而逐级提高,从而使后级电路的静态工作点很难设置。这种方式只适用于级数较少的多级放大电路。

为解决该问题,可采用 NPN 和 PNP 晶体管的组合来实现电位移动,如图 5.7.3 所示。图中两个晶体管均处于线性区,即满足发射结正偏、集电结反偏的应用条件,由于 NPN 管放大电路的集电极电位高于基极电位,PNP 管放大电路集电极电位低于基极电位,它们的组合使用可以避免集电极电位的逐级升高。

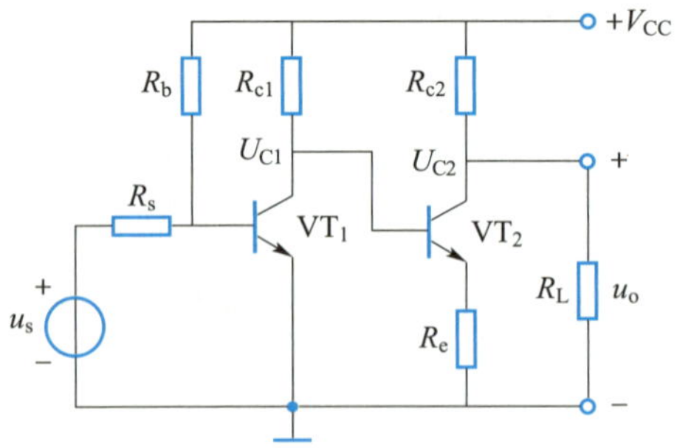

图 5.7.2　电位移动直接耦合放大电路

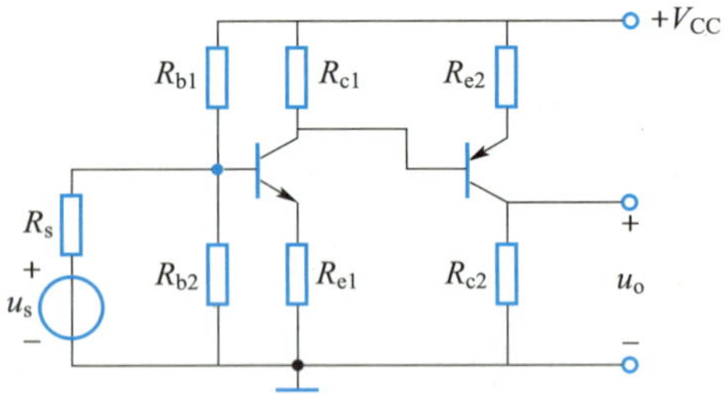

图 5.7.3　NPN 和 PNP 晶体管组合电位移动直接耦合放大电路

在模拟集成电路中还常采用一种电流源电位移动电路,如图 5.7.4 所示。电流源 I_0 在电路中的作用相当于有源负载,其直流电阻较小,与 R_1 分压后,使输出端的直流电位 U_0 较低,可以实现直流电位移动;有源负载的交流电阻很大,与 R_1 分压后,R_1 上的交流信号损失相对较小。由此可见,采用恒流源 I_0 后既可以实现直流电位的合理移动,又保证了交流信号的有效传输。

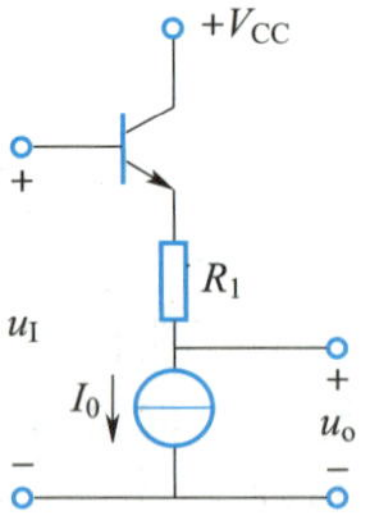

图 5.7.4　电流源电位移动电路

5.7.3　多级放大电路电压放大倍数的计算

根据 2.4.2 节的分析,多级放大电路的电压放大倍数等于各级电压放大倍数的乘积,如式(2.4.4)所示。值得注意的是,在计算每一级电压放大倍数时,必须考虑前、后级的相互影响。一般有两种处理方法:第一种方法是在计算前一级的电压放大倍数时,将后一级的输入电阻作为前一级的负载考虑,称之为输入电阻法;第二种方法是将前

级作为后级的信号源来考虑，信号源的电压为前级的开路输出电压（空载输出电压），信号源的内阻为前级的输出电阻，称之为开路电压法。下面分别举例介绍这两种方法。

微视频 5-9 多级放大电路的分析与计算

一、输入电阻法

【例 5.7.1】　用输入电阻法求图 5.7.5 所示两级放大电路的电压放大倍数。已知 $V_{CC}=12\ V$，晶体管的 $\beta_1=\beta_2=\beta=100$，$U_{BE1}=U_{EB2}=0.7\ V$，$r_{bb'}=300\ \Omega$。假设 VT_2 的基极电流 I_{B2} 可以忽略。

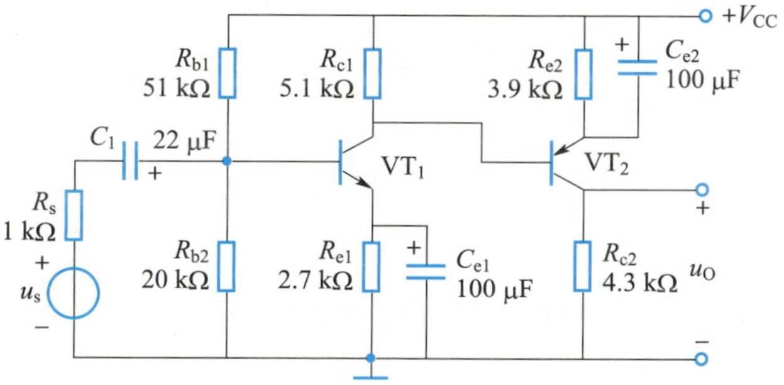

图 5.7.5　两级放大电路的电压放大倍数计算实例

解　如图 5.7.5 所示两级放大电路，信号源与第一级之间为阻容耦合方式；第一级与第二级之间为直接耦合方式。

(1) 计算静态工作点

在输入端用戴维南定理计算开路电压 V'_{CC} 和等效内阻 R'_b

$$V'_{CC}=\frac{R_{b2}}{R_{b1}+R_{b2}}\times V_{CC}=3.38\ V$$

$$R'_b=R_{b1}/\!/R_{b2}=14.3\ k\Omega$$

于是

$$I_{BQ1}=\frac{V'_{CC}-U_{BE1}}{R'_b+(1+\beta)R_{e1}}=\frac{3.38-0.7}{14.3+101\times2.7}\ mA=0.0093\ mA=9.3\ \mu A$$

$$I_{CQ1}=\beta I_{BQ1}=0.93\ mA$$

忽略 I_{B2}，可得

$$U_{CEQ1}\approx V_{CC}-I_{CQ1}(R_{c1}+R_{e1})=12\ V-0.93\ mA\times7.8\ k\Omega=4.75\ V$$

$$U_{C1}=U_{B2}=V_{CC}-I_{CQ1}R_{c1}=12\ V-0.93\ mA\times5.1\ k\Omega=7.26\ V$$

$$U_{E2}=U_{B2}-U_{BE2}=U_{B2}+U_{EB2}=7.26\ V+0.7\ V=7.96\ V$$

$$I_{CQ2}\approx I_{EQ2}=(V_{CC}-U_{E2})/R_{e2}=(12-7.96)\ V/3.9\ k\Omega=1.04\ mA$$

$$U_{C2}=I_{CQ2}R_{c2}=1.04\ mA\times4.3\ k\Omega=4.47\ V$$

$$U_{CEQ2}=U_{c2}-U_{E2}=4.47\ V-7.96\ V=-3.49\ V$$

(2) 计算各级电压放大倍数

图 5.7.5 所示两级放大电路的微变等效电路如图 5.7.6 所示。

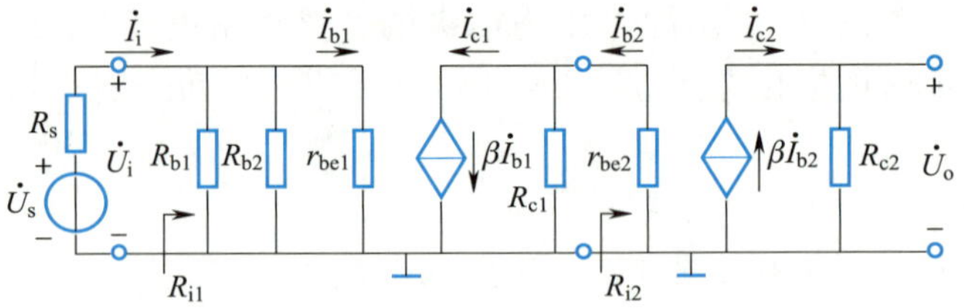

图 5.7.6 两级放大电路的微变等效电路

先计算晶体管的输入电阻 r_{be1}、r_{be2}

$$r_{be1}=r'_{bb}+(1+\beta)\frac{26\ \text{mV}}{I_{E1}}=\left(300+101\times\frac{26}{0.93}\right)\ \Omega=3.1\ \text{k}\Omega$$

$$r_{be2}=r'_{bb}+(1+\beta)\frac{26\ \text{mV}}{I_{E2}}=\left(300+101\times\frac{26}{1.04}\right)\ \Omega=2.8\ \text{k}\Omega$$

则前级的负载电阻为

$$R_{L1}=R_{i2}=r_{be2}=2.8\ \text{k}\Omega$$

第一级的电压放大倍数

$$\dot{A}_{u1}=-\frac{\beta(R_{c1}/\!/R_{L1})}{r_{be1}}=-\frac{\beta(R_{c1}/\!/R_{i2})}{r_{be1}}$$

第二级的电压放大倍数

$$\dot{A}_{u2}=-\frac{\beta R_{c2}}{r_{be2}}$$

(3) 计算总电压放大倍数

$$\dot{A}_u=\dot{A}_{u1}\times\dot{A}_{u2}=-\frac{\beta(R_{c1}/\!/R_{i2})}{r_{be1}}\times\left(-\frac{\beta R_{c2}}{r_{be2}}\right) \tag{5.7.2}$$

$$=-58.3\times(-153.6)\approx 8\ 955$$

(4) 计算两级放大电路的源电压放大倍数

$$R_{i1}=r_{be1}/\!/R_{b1}/\!/R_{b2}=2.55\ \text{k}\Omega$$

$$\dot{A}_{us1}=\frac{R_{i1}}{R_s+R_{i1}}\times\dot{A}_{u1}=\frac{2.55}{1+2.55}\times(-58.3)=-41.9$$

$$\dot{A}_{us}=\dot{A}_{us1}\times\dot{A}_{u2}=-41.9\times(-153.6)=6\ 436$$

二、开路电压法

【例 5.7.2】 用开路电压法求图 5.7.5 所示两级放大电路的电压放大倍数。

解 静态工作点、r_{be1} 和 r_{be2} 的计算同例 5.7.1。

根据图 5.7.6,第一级的开路(空载)电压放大倍数为

$$\dot{A}'_{u1}=-\frac{\beta R_{c1}}{r_{be1}}$$

第一级的输出电阻为

$$R_{o1} \approx R_{c1}$$

将第一级的输出电阻视为第二级的信号源内阻，则第二级源电压放大倍数为

$$\dot{A}_{us2} = -\frac{R_{i2}}{R_{o1}+R_{i2}} \cdot \frac{\beta R_{c2}}{r_{be2}} = -\frac{r_{be2}}{R_{c1}+r_{be2}} \cdot \frac{\beta R_{c2}}{r_{be2}}$$

$$\dot{A}_u = \dot{A}'_{u1}\dot{A}_{us2} = -\frac{\beta R_{c1}}{r_{be1}}\left(-\frac{r_{be2}}{R_{c1}+r_{be2}} \cdot \frac{\beta R_{c2}}{r_{be2}}\right)$$

因为第二级的输入电阻 $R_{i2}=r_{be2}$，对上式进行变换，可得

$$\dot{A}_u = \dot{A}'_{u1}\dot{A}_{us2} = -\frac{\beta R_{c1}}{r_{be1}}\left(-\frac{r_{be2}}{R_{c1}+r_{be2}} \cdot \frac{\beta R_{c2}}{r_{be2}}\right) = -\frac{\beta(R_{c1}/\!/R_{i2})}{r_{be1}}\left(-\frac{\beta R_{c2}}{r_{be2}}\right) \tag{5.7.3}$$

式(5.7.2)和式(5.7.3)完全相同，可见采用两种方法计算图5.7.5所示两级放大电路的结果完全一致。

思考题

5-7-1 多级放大电路有哪几种耦合方式？各有何优缺点？

5-7-2 直接耦合放大电路存在哪些问题？应该如何解决？

5-7-3 计算多级放大电路的放大倍数时，应如何处理好前后级的相互影响？

5.8 电 流 源

由于电流源能够输出稳定的直流电流，也称为恒流源。在集成运放中，电流源主要有两个作用：一是用作直流偏置电路来设置放大电路的静态电流，确定各级静态工作点；二是取代大电阻作为有源负载，以增强电路的放大能力。本节主要介绍常见的电流源电路和有源负载的应用。

5.8.1 镜像电流源

图5.8.1所示为镜像电流源电路，VT_1 和 VT_2 由集成电路工艺制造，具有完全相同的输入、输出特性。由于两管的基极和发射极分别相连，所以

$$U_{BE1}=U_{BE2}=U_{BE}$$

$$I_{B1}=I_{B2}=I_B$$

$$I_{C1}=I_{C2}=I_C=\beta I_B$$

流经电路中电阻 R 的电流称为基准电流，其表达式为

$$I_R = \frac{V_{CC}-U_{BE}}{R} = I_C+2I_B = I_C+2\frac{I_C}{\beta} \tag{5.8.1}$$

所以输出电流

$$I_O = I_C = \frac{\beta}{\beta+2} \cdot I_R \tag{5.8.2}$$

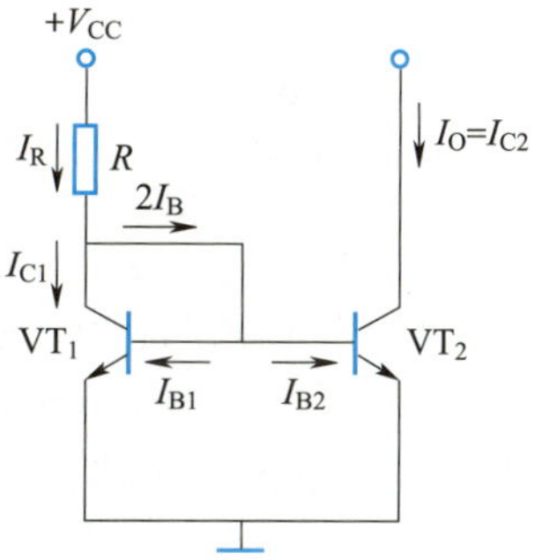

图5.8.1 镜像电流源

当 $\beta \gg 2$ 时

$$I_O = I_C \approx I_R = \frac{V_{CC} - U_{BE}}{R} \tag{5.8.3}$$

式(5.8.3)表明输出电流 I_O 与基准电流 I_R 呈镜像关系,I_O 随着 I_R 的变化而变化,因而该电路称为镜像电流源。电路中一般有 $V_{CC} \gg U_{BE}$,故 $I_R \approx \frac{V_{CC}}{R}$,即基准电流仅取决于 V_{CC} 和 R,因此镜像电流 I_O 受环境温度变化的影响很小,温度特性好。但是该电路受电源电压 V_{CC} 变化的影响较大,故电路对电源 V_{CC} 的稳定性要求较高。

镜像电流源的优点是电路结构简单,并且具有一定的温度补偿作用。缺点是当直流电源 V_{CC} 变化时,输出电流几乎按相同的变化规律波动,因而不适用于直流电源在大范围内变化的集成运放。此外,在直流电源 V_{CC} 一定的情况下,若要求输出电流 I_O 较大,则 I_R 必然较大,电阻 R 上的功耗增大,在集成电路中应避免功耗的增加;若要求输出电流较小(微安级),则所用的电阻 R 将非常大(兆欧级),这在集成电路中是难以实现的。因此,需要研究改进型的电流源电路。

5.8.2 比例电流源

将镜像电流源的 VT_1、VT_2 管(特性完全相同)接入射极电阻 R_{e1}、R_{e2} 就构成了比例电流源电路,如图 5.8.2 所示,使得输出电流 I_O 与基准电流 I_R 成一定的比例关系,从而克服镜像电流源的缺点。

由图 5.8.2 可知

$$U_{BE1} + I_{E1}R_{e1} = U_{BE2} + I_{E2}R_{e2} \tag{5.8.4}$$

由于 VT_1 和 VT_2 特性相同,则 $U_{BE1} = U_{BE2}$,所以

$$I_{E1}R_{e1} = I_{E2}R_{e2} \tag{5.8.5}$$

忽略 VT_1 和 VT_2 管的基极电流,可得

$$I_R \approx I_{C1} \approx I_{E1} \tag{5.8.6}$$

$$I_O = I_{C2} \approx I_{E2} \tag{5.8.7}$$

则

$$\frac{I_O}{I_R} \approx \frac{R_{e1}}{R_{e2}} \tag{5.8.8}$$

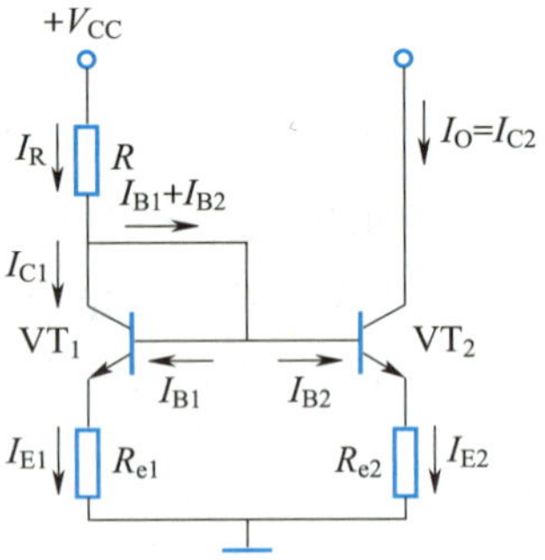

图 5.8.2 比例电流源

式中,基准电流 I_R 为

$$I_R \approx \frac{V_{CC} - U_{BE1}}{R + R_{e1}} \tag{5.8.9}$$

式(5.8.8)表明,改变射极电阻 R_{e1} 和 R_{e2} 的比值,就可以改变 I_O 与 I_R 的比值,即 I_O 与 I_R 成比例关系,所以称为比例电流源。在温度变化情况下,R_{e1} 和 R_{e2} 具有稳定静态工作点的能力。因而与镜像电流源比较,比例电流源的输出电流 I_O 具有更高的温度稳定性。

5.8.3 微电流源

微电流源电路如图 5.8.3 所示。与比例电流源相比,将 R_{e1} 的阻值减为零,以获得一个比基准电流小许多倍的微电流源(微安级),适用于微功耗的集成电路。

由图 5.8.3 可知

$$U_{BE1}=U_{BE2}+I_{E2}R_{e2} \tag{5.8.10}$$

$$I_O=I_{C2}\approx I_{E2}=\frac{U_{BE1}-U_{BE2}}{R_{e2}} \tag{5.8.11}$$

基准电流

$$I_R\approx\frac{V_{CC}-U_{BE1}}{R} \tag{5.8.12}$$

式(5.8.11)中 $U_{BE1}-U_{BE2}$ 只有几十毫伏或更小，只要 R_{e2} 有几千欧，就可以得到微安级的小电流 $I_O=I_{C2}$，所以称图 5.8.3 所示电路为微电流源电路。

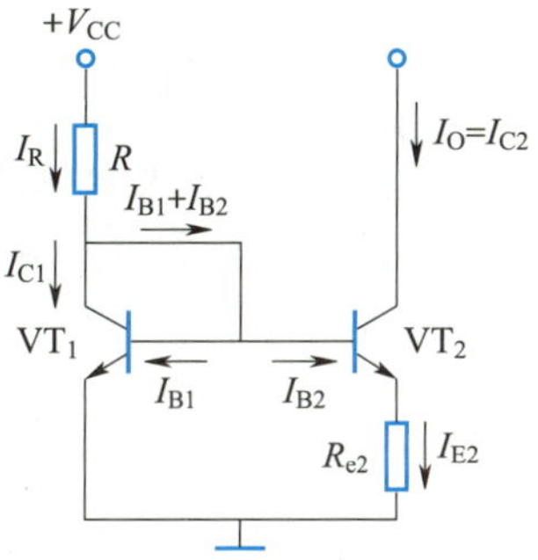

图 5.8.3 微电流源

5.8.4 威尔逊电流源

前面讲到的三种电流源，只有在 β 很大时，式(5.8.3)、式(5.8.7)和式(5.8.11)才成立，也就是说在上述电路的分析中忽略了基极电流对 I_{C2} 的影响。但如果电路中 β 比较小，则基极电流对输出电流的影响较大，不能忽略。为减小基极电流的影响，提高输出电流与基准电流的传输精度，对电路进行了进一步的改进，提出了威尔逊电流源。

威尔逊电流源也称为高输出阻抗电流源，如图 5.8.4 所示。

由图 5.8.4 可知，晶体管 VT_1、VT_2、VT_3 之间的电流关系如下：

$$\begin{cases} I_R=I_{C1}+I_{B3}=I_{C1}+\dfrac{I_{C3}}{\beta_3} \\ I_{C1}=I_{C2} \\ I_{C3}=\dfrac{\beta_3 I_{E3}}{1+\beta_3} \\ I_{E3}=I_{C2}+\dfrac{I_{C1}}{\beta_1}+\dfrac{I_{C2}}{\beta_2} \end{cases} \tag{5.8.13}$$

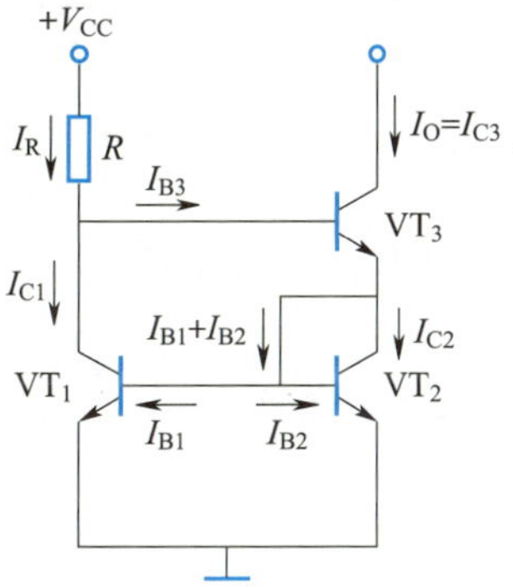

图 5.8.4 威尔逊电流源

式中，基准电流为

$$I_R\approx\frac{V_{CC}-U_{BE3}-U_{BE1}}{R} \tag{5.8.14}$$

如果 3 个晶体管参数对称，$\beta_1=\beta_2=\beta_3=\beta$，由方程组(5.8.13)整理可得

$$\frac{I_R}{I_O}=\frac{I_R}{I_{C3}}=1+\frac{2}{\beta^2+2\beta} \tag{5.8.15}$$

由式(5.8.2)可知，镜像电流源的参考电流 I_R 和输出电流 I_O 的关系为

$$\frac{I_R}{I_O}=1+\frac{2}{\beta} \tag{5.8.16}$$

对比式(5.8.15)和式(5.8.16)可知，威尔逊电流源输出电流与基准电流之间的偏差仍然与晶体管的电流放大倍数 β 有关，但是偏差减小，电流精度得到进一步提高。

5.8.5　多路电流源

集成运放是多级放大电路，因而需要多路电流源分别给各级提供合适的静态电流。图 5.8.5 所示为在比例电流源基础上得到的多路电流源，通过一个基准电流 I_R 就可以得到所需要的多路电流源。

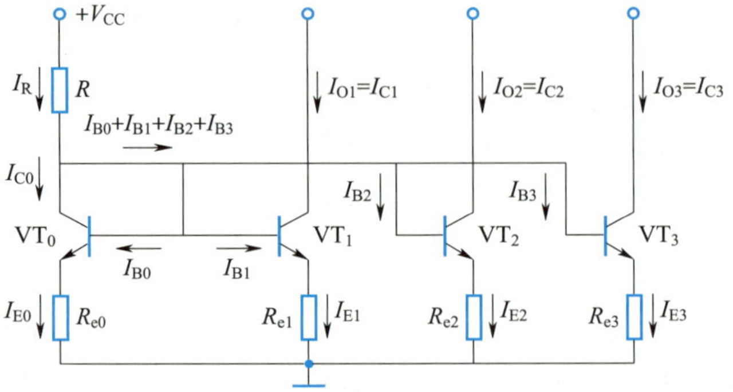

图 5.8.5　多路电流源

根据 $VT_0 \sim VT_3$ 的接法，可得

$$U_{BE0}+I_{E0}R_{e0}=U_{BE1}+I_{E1}R_{e1}=U_{BE2}+I_{E2}R_{e2}=U_{BE3}+I_{E3}R_{e3} \tag{5.8.17}$$

由于各管 b-e 间电压基本相等，可以近似认为

$$I_{E0}R_{e0}\approx I_{E1}R_{e1}\approx I_{E2}R_{e2}\approx I_{E3}R_{e3} \tag{5.8.18}$$

如果晶体管电流放大系数 β 足够大，则有

$$I_R R_{e0}\approx I_{O1}R_{e1}\approx I_{O2}R_{e2}\approx I_{O3}R_{e3} \tag{5.8.19}$$

式中，基准电流

$$I_R\approx\frac{V_{CC}-U_{BE}}{R+R_{e0}} \tag{5.8.20}$$

由式(5.8.19)可知，利用一个基准电流 I_R，通过调整电阻 R_{e1}、R_{e2} 和 R_{e3}，就可以得到需要的电流 I_{O1}、I_{O2} 和 I_{O3}。

5.8.6　恒流源作为有源负载的放大电路

在集成运算放大器中，电流源除了用作设置各级放大电路静态工作点的偏置电路外，还可以用作放大电路的有源负载，取代集成电路工艺中难以实现的大阻值电阻。

图 5.8.6(b)所示为共射组态有源负载电路，VT_1 和 VT_2 构成镜像电流源作为 VT 的有源负载，即相当于图 5.8.6(a)中的 R_c。

因为 VT_1 和 VT_2 特性完全相同，因而 $\beta_1=\beta_2=\beta$，$I_{C1}=I_{C2}$，基准电流

$$I_R=\frac{V_{CC}-U_{EB1}}{R} \tag{5.8.21}$$

根据式(5.8.2)，空载时 VT 管的集电极静态电流为

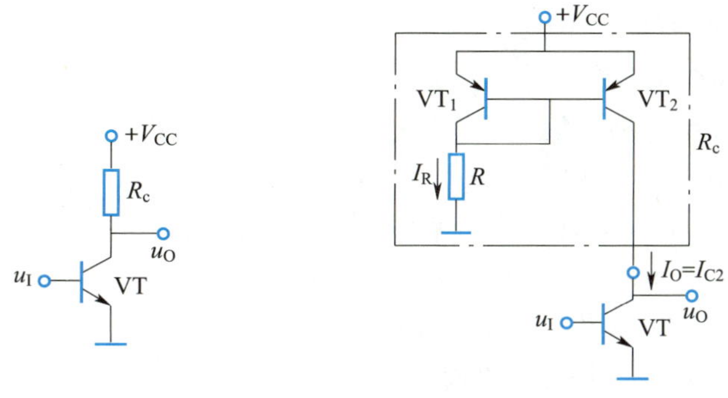

(a) 共射组态放大电路　(b) 镜像电流源作有源负载

图 5.8.6　共射组态有源负载电路

$$I_{CQ}=I_{C2}=\frac{\beta}{\beta+2}\cdot I_R \tag{5.8.22}$$

晶体管 VT 的集电极静态电流 I_{CQ} 仅取决于电源 V_{CC} 和电阻 R，在 V_{CC} 不变的情况下，合理取电阻 R 的值，就可设置合适的静态工作点。应当指出，输入端的 u_I 中应含有直流分量，为 VT 提供静态基极电流 I_{BQ}，I_{BQ} 应等于 I_{CQ}/β，而不应与镜像电流源提供的 I_{C2} 产生冲突。

当输入交流信号时，恒流源交流等效电阻无穷大，所以相当于接入一个很大的集电极电阻 R_c，提高了电压放大倍数。

思考题

5-8-1　集成运放中的电流源分为几种？分别具有什么特点？

5-8-2　为什么要用恒流源作有源负载？其优点是什么？

5.9　差分放大电路

差分放大电路的功能是放大两个输入信号之差。差分放大电路具有优异的抑制零点漂移的特性，因而成为集成运放的主要组成单元，一般将其作为集成运放的输入级。在有些场合还将差分放大电路作为信号转换电路，将双端输入信号转换为单端输出或将单端输入信号转换为双端输出信号。

5.9.1　差分放大电路的组成

差分放大电路是由两个特性完全相同的晶体管 VT_1 和 VT_2 组成的对称电路。典型差分放大电路如图 5.9.1 所示。

晶体管 VT_1 和 VT_2 及其相应的两个半边共射组态放大电路完全对称，电路参数完全相等，即

$$U_{BE1}=U_{BE2}=U_{BE}$$

$$r_{be1}=r_{be2}=r_{be}$$

$$\beta_1=\beta_2=\beta$$

$$I_{CBO1}=I_{CBO2}=I_{CBO}$$

$$R_{c1}=R_{c2}=R_c$$

$$R_{s1}=R_{s2}=R_s$$

差分放大电路采用双电源 $+V_{CC}$ 和 $-V_{EE}$ 的供电形式，可增加输出信号的最大不失真输出幅度，即扩大电路的线性放大范围。R_{s1} 和 R_{s2} 为基极电阻，也可认为是信号源内阻。R_s 和 R_e 为晶体管 VT_1 和 VT_2 确定合适的偏置电流 I_{B1} 和 I_{B2}。两部分对称电路之间通过射极公共电阻 R_e 耦合在一起，起到稳定 I_E 和抑制温漂的作用。

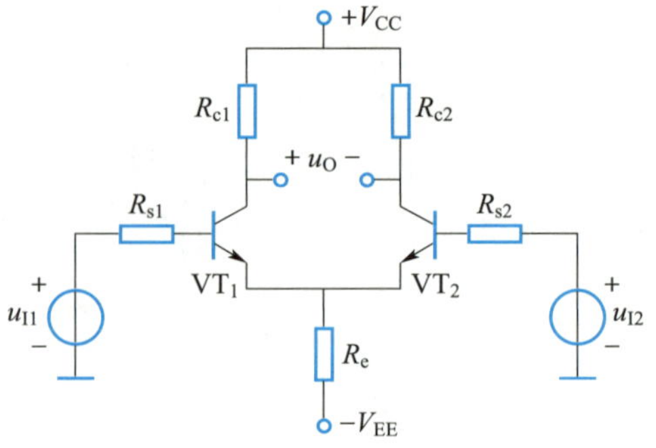

图 5.9.1　典型差分放大电路

5.9.2　差分放大电路的输入和输出方式

差分放大电路有两个输入端：反相输入端和同相输入端。在规定的正方向条件下，输出信号 u_O 与输入信号 u_{I1} 的极性相反，称加入 u_{I1} 的放大电路输入端为**反相输入端**；输出信号 u_O 与输入信号 u_{I2} 的极性相同，称加入 u_{I2} 的放大电路输入端为**同相输入端**。输入信号从晶体管的两个基极加入称为**双端输入**；输入信号从一个晶体管的基极对地加入，另一个晶体管基极接地，称为**单端输入**。

差分放大电路有两个输出端：集电极 C_1 和集电极 C_2。从集电极 C_1 和集电极 C_2 之间输出信号称为**双端输出**；从一个集电极对地输出信号称为**单端输出**。

将差分放大电路的输入方式和输出方式组合起来，电路共有双端输入双端输出、双端输入单端输出、单端输入双端输出和单端输入单端输出四种输入输出方式。四种输入输出方式如图 5.9.2 所示。

5.9.3　差模信号和共模信号

在图 5.9.1 所示的差分放大电路中有两个输入信号 u_{I1}、u_{I2} 定义差分放大电路的**差模输入信号**为

$$u_{Id}=u_{I1}-u_{I2} \tag{5.9.1}$$

微视频 5-10
差分放大电路的
工作原理

定义差分放大电路的**共模输入信号**为

$$u_{Ic}=\frac{u_{I1}+u_{I2}}{2} \tag{5.9.2}$$

它是两个输入信号的算术平均值。

在上述定义下，有

$$u_{I1}=u_{Ic}+\frac{1}{2}u_{Id}$$

$$u_{I2}=u_{Ic}-\frac{1}{2}u_{Id}$$

即任意两个对地输入信号均可表示为差模和共模信号的组合。

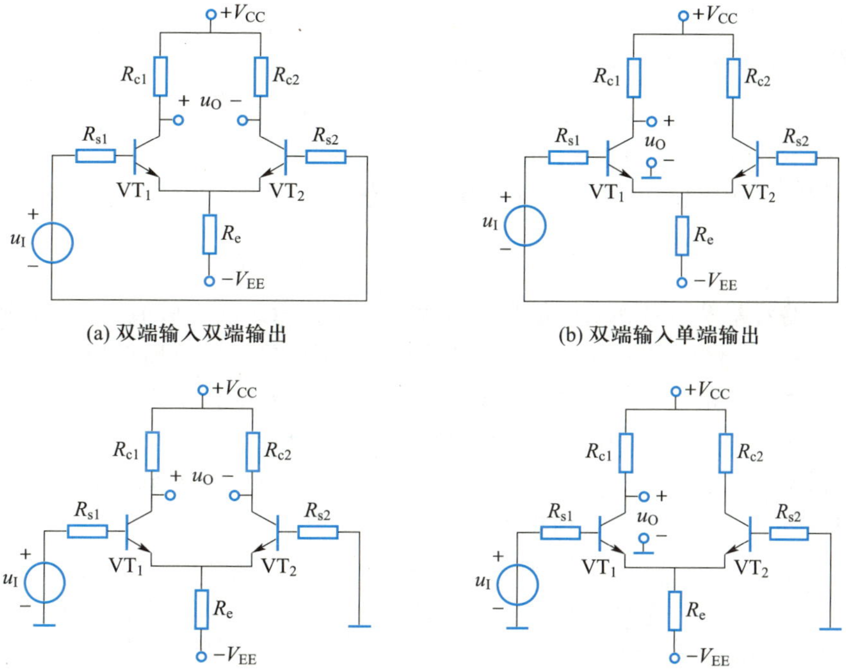

(a) 双端输入双端输出　(b) 双端输入单端输出

(c) 单端输入双端输出　(d) 单端输入单端输出

图 5.9.2　差分放大电路的输入输出方式

差分电路的输入信号可分为三种情况(以图 5.9.1 为例):若输入信号 u_{I1} 和 u_{I2} 的幅度相等、极性相反,则称为**差模输入**,如图 5.9.3(a)所示。若输入信号 u_{I1} 和 u_{I2} 的幅度相等、极性相同,则称为**共模输入**,如图 5.9.3(b)所示。若两个输入电压既不是差模信号,也不是共模信号,而是幅度和极性任意的信号,则相当于一组差模信号叠加在共模信号上,共同加在差分放大电路的输入端。

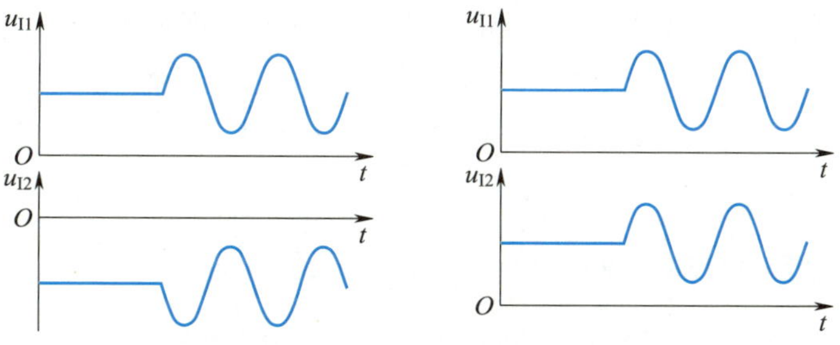

(a) 差模信号　(b) 共模信号

图 5.9.3　差模信号和共模信号

在差模信号和共模信号同时存在的情况下,对于线性放大电路,可利用叠加定理得到输出电压

$$\Delta u_O = u_{Od} + u_{Oc} = A_{ud} u_{Id} + A_{uc} u_{Ic} \tag{5.9.3}$$

式中,Δu_O 是差模信号和共模信号共同作用下的输出电压;u_{Od} 是差模信号作用下的输出电压;

u_{Oc} 是共模信号作用下的输出电压。

A_{ud} 为差分放大电路的差模电压放大倍数,定义为

$$A_{ud}=\frac{u_{Od}}{u_{Id}} \tag{5.9.4}$$

A_{uc} 为差分放大电路的共模电压放大倍数,定义为

$$A_{uc}=\frac{u_{Oc}}{u_{Ic}} \tag{5.9.5}$$

差分放大电路对差模信号和共模信号的放大示意图分别如图 5.9.4(a)和(b)所示。对于图 5.9.4(a),在差模输入信号作用下,晶体管 VT_1 的输入信号增大,则集电极电流 i_{C1} 增大,电压 u_{C1} 减小,而晶体管 VT_2 的输入信号减小,则集电极电流 i_{C2} 减小,集电极电压 u_{C2} 增加,所以集电极 C_1-C_2 之间有输出,即 $\Delta u_O \neq 0$;对于图 5.9.4(b)在共模输入信号作用下,u_{C1} 和 u_{C2} 变化幅度相同、方向相同,所以集电极 C_1-C_2 之间无输出,即 $\Delta u_O=0$。因此,差分放大电路对差模信号放大能力强,对共模信号放大能力弱(理想情况下无放大作用)。

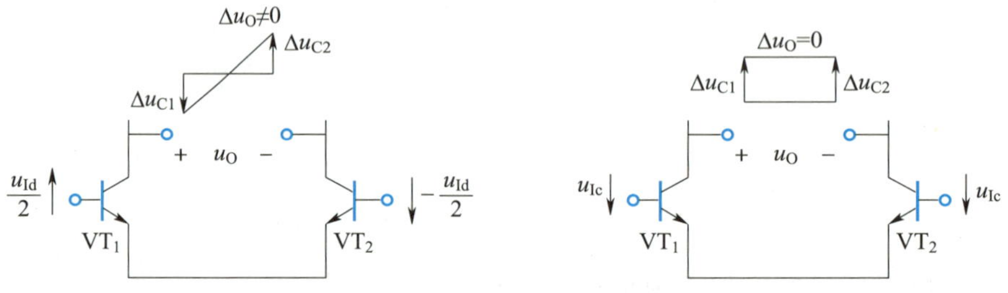

(a) 差模输入时集电极的输出 (b) 共模输入时集电极的输出

图 5.9.4 差模和共模输入时差分放大电路的输出

在差分放大电路中,对称电路中晶体管的特性和参数是相等的,电阻 R_s 和 R_c 也是对称相等的。当温度变化时,虽然 VT_1 和 VT_2 管的静态工作点会受到影响,即两个晶体管同时产生温漂,但是 I_B、I_C 和 U_{CE} 的变化方向相同,并且变化量相等。由于温度的变化同时作用在两个晶体管 VT_1 和 VT_2 上,所以温度对差分放大电路中晶体管的影响,相当于给差分放大电路加入了共模信号。对于双端输出的差分放大电路,u_{C1} 和 u_{C2} 的变化量相同,即 $\Delta u_O=0$。因此,差分放大电路能够有效地抑制温漂。

5.9.4 差分放大电路的静态分析

在 NPN 型晶体管构成的单电源供电的基本放大电路中,基极偏置电阻接电源(高电位点),发射极通过电阻接地(低电位点)。在图 5.9.1 所示电路中,发射极电阻接 $-V_{EE}$,是电路中的最低电位点。当差分放大电路处于静态时,输入信号 $u_{I1}=u_{I2}=0$,R_{s1}、R_{s2} 一端接地,零电位高于 $-V_{EE}$。所以 R_{s1}、R_{s2} 可以起基极偏置电阻的作用,由 $-V_{EE}$ 向基极提供偏置电流。静态时,差分放大电路的直流通路如图 5.9.5(a)所示。

在差分放大电路中,电路参数具有对称性,因而可以只对其中一半电路进行计算,如图

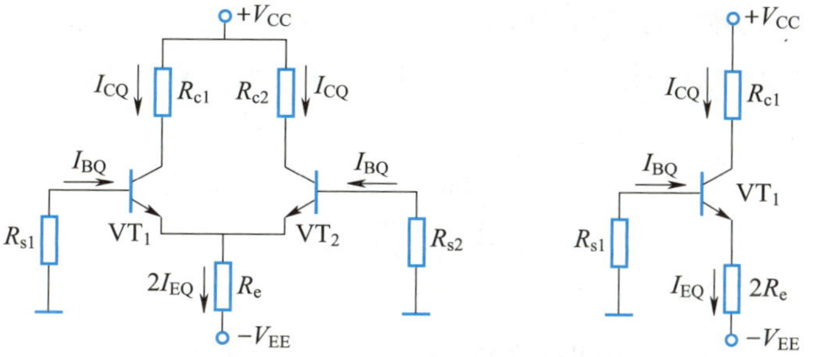

(a) 直流通路　　(b) 半边等效直流通路

微视频 5-11 差分放大电路静态和动态的分析和计算

图 5.9.5　差分放大电路的直流通路

5.9.5(b)所示。静态时，由于电路的对称性，$U_{CQ1}=U_{CQ2}$。在求基极电流时，在射极电阻 R_e 中流过的电流 $2I_{EQ}$ 为两个晶体管的静态射极电流之和，R_e 的压降为 $2I_{EQ}R_e$，所以进行单边计算时，要用 $2R_e$ 代替发射极电阻，以保证发射极电压 U_{Re} 的一致性。

根据图 5.9.5(b)所示电路，列出 VT_1 的输入回路电压方程

$$I_{BQ}R_s+U_{BEQ}+2(1+\beta)I_{BQ}R_e=V_{EE} \tag{5.9.6}$$

整理可得

$$I_{BQ1}=I_{BQ2}=I_{BQ}=\frac{V_{EE}-U_{BEQ}}{R_s+2(1+\beta)R_e} \tag{5.9.7}$$

同时可得

$$I_{CQ1}=I_{CQ2}=I_{CQ}=\beta I_{BQ} \tag{5.9.8}$$

$$\begin{aligned}U_{CEQ}&=V_{CC}+V_{EE}-I_{CQ}R_c-2I_{EQ}R_e\\&\approx V_{CC}+V_{EE}-I_{CQ}(R_c+2R_e)\end{aligned} \tag{5.9.9}$$

$$U_{CQ1}=U_{CQ2}=V_{CC}-I_{CQ}R_c \tag{5.9.10}$$

$$U_O=U_{CQ1}-U_{CQ2}=0\ \text{V} \tag{5.9.11}$$

5.9.5　差分放大电路的差模动态分析

1. 差模电压放大倍数

(1) 双端输入双端输出差模电压放大倍数

双端输入双端输出时，差分放大电路如图 5.9.6 所示。双端输入时，将 u_I 加在两个输入端之间，由于电路的对称性，u_I 均匀分配给两个输入端，每个晶体管得到 u_I 信号的一半，即

$$u_{I1}=-u_{I2}=\frac{u_I}{2}=\frac{u_{Id}}{2} \tag{5.9.12}$$

显然，这样相当于只有差模信号输入。

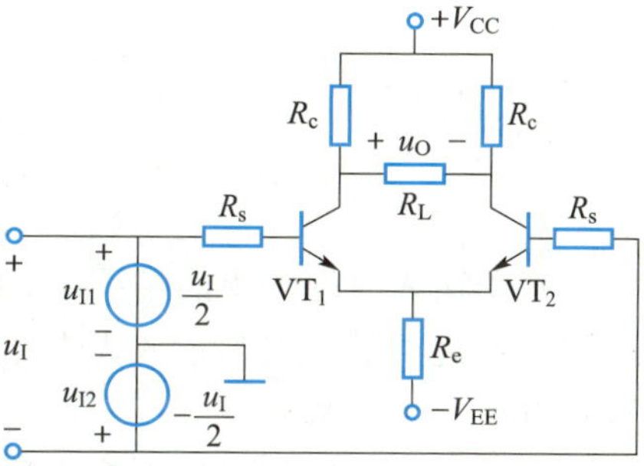

图 5.9.6　双端输入双端输出差分放大电路

此时，晶体管 VT_1 和 VT_2 的基极电流在静态直流电流基础上分别叠加了一个由输入量 u_{I1} 和 u_{I2} 引起的增量

Δi_{B1} 和 Δi_{B2}，集电极电流在静态直流电流基础上分别叠加增量 Δi_{C1} 和 Δi_{C2}，发射极电流在静态直流基础上分别叠加增量 Δi_{E1} 和 Δi_{E2}。由于电路对称，各电流在两个晶体管上的变化幅度相同，极性相反，即

$$\begin{cases}\Delta i_{B1}=-\Delta i_{B2}\\ \Delta i_{C1}=-\Delta i_{C2}\\ \Delta i_{E1}=-\Delta i_{E2}\end{cases} \tag{5.9.13}$$

可见，输出电压 $u_O=u_{C1}-u_{C2}\neq 0$，即在两输出端之间有信号输出，且流过射极公共电阻 R_e 上的交流电流 $\Delta i_E=\Delta i_{E1}+\Delta i_{E2}=0$，即 R_e 上的交流压降为零，VT_1 和 VT_2 的发射极电位为一个恒定不变的直流电压，因而在差模信号输入下，R_e 可视为交流短路。

图 5.9.6 的微变等效电路如图 5.9.7 所示。负载电阻 R_L 接于两个晶体管的集电极 C_1-C_2 之间，R_L 两端电压变化量相同，但方向相反。所以负载电阻 R_L 的中点电位不变，相当于**交流地**。将 R_L 折合到半边电路中，相当于左半边电路和右半边电路的接地负载各取 $\frac{1}{2}R_L$。双端输入双端输出情况下，两管基极之间的输入是单边的两倍，两管集电极输出也是单边输出的两倍，所以此时差分放大电路的差模电压放大倍数与单管共射组态放大电路的电压放大倍数相同，即

$$A_{ud}=\frac{u_{od}}{u_{id}}=\frac{\frac{1}{2}u_{od}}{\frac{1}{2}u_{id}}=-\frac{\beta R_L'}{R_s+r_{be}} \tag{5.9.14}$$

式中，$R_L'=R_c//\frac{1}{2}R_L$

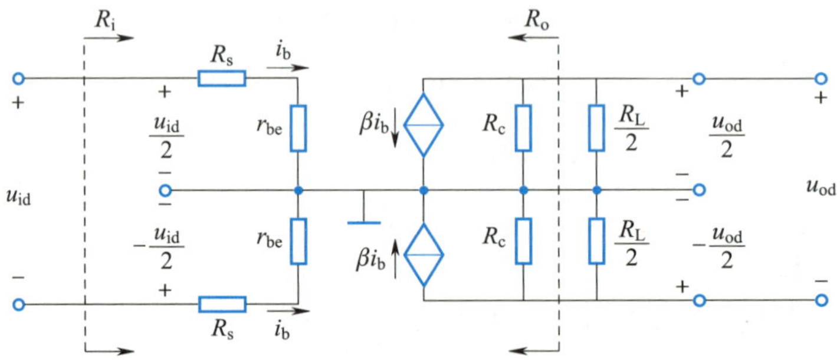

图 5.9.7　双端输入双端输出差放电路的差模微变等效电路

在双端输入双端输出的情况下，如果电路完全对称，则图 5.9.6 的双端输入双端输出差分放大电路与单边共射组态基本放大电路的电压放大倍数是相等的（指共射组态基本放大电路对信号源的电压放大倍数）。

（2）双端输入单端输出差模电压放大倍数

从晶体管 VT_1、VT_2 的一个集电极对地输出电压，称为单端输出，如图 5.9.8 所示。

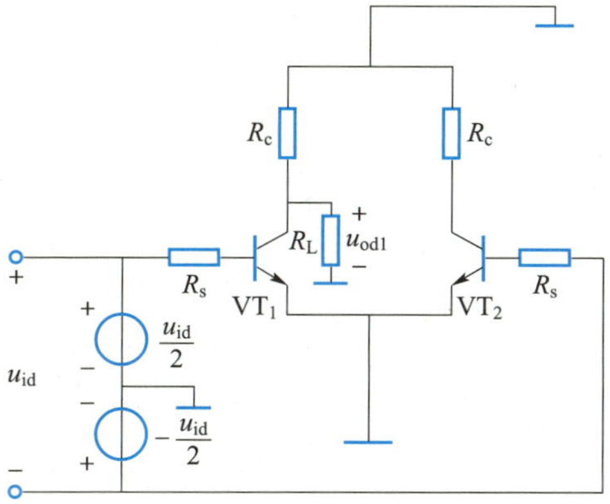

(a) 从C_1输出

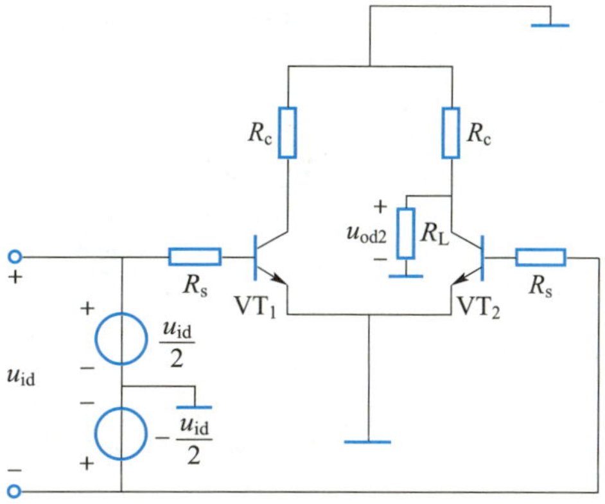

(b) 从C_2输出

图 5.9.8 双端输入单端输出差分放大电路的交流通路

此时,由于只取出一个晶体管的集电极电压变化量,所以双端输入单端输出电压放大倍数只有双端输入双端输出时的一半,即

$$A_{ud1}=\frac{u_{od1}}{u_{id}}=\frac{1}{2}\times\frac{u_{od1}}{\left(\frac{u_{id}}{2}\right)}=-\frac{\beta R_L'}{2(R_s+r_{be})} \tag{5.9.15}$$

$$A_{ud2}=\frac{u_{od2}}{u_{id}}=\frac{1}{2}\times\frac{u_{od2}}{\left(-\frac{u_{id}}{2}\right)}=\frac{\beta R_L'}{2(R_s+r_{be})} \tag{5.9.16}$$

式中,$R_L'=R_c//R_L$。

这种方式可用于将双端信号转换为单端信号,集成运放的中间级有时就采用这种接法。因为等效到左右半边电路的输入信号反相,所以从集电极 C_1 端输出信号与输入信号反相;从集电极 C_2 端输出信号则与输入信号同相。

(3) 单端输入双端输出差模电压放大倍数

在实际系统中,有时要求放大电路的一个输入端接地,即输入是单端信号,如图 5.9.9 所示。

图 5.9.9(a)中,$u_{I1}=u_I$、$u_{I2}=0$(或 $u_{I1}=0$、$u_{I2}=u_I$),这种输入方式称为单端输入,可以将其进行等效变换,把输入信号分解成共模输入信号和差模输入信号,信号分解如下

$$u_{Ic}=\frac{u_{I1}+u_{I2}}{2}=\frac{u_I}{2} \tag{5.9.17}$$

$$u_{Id}=u_{I1}-u_{I2}=u_I \tag{5.9.18}$$

于是,可以这样理解,输入的单端信号可以等效为在差放的两端接入了一对共模信号和一对差模信号的叠加。此时共模输入信号 $u_{Ic}=\frac{u_I}{2}$,差模输入信号 $u_{Id}=u_I$。加在 VT_1 基极上的信号相当于 $u_{I1}=u_{Ic}+\frac{u_{Id}}{2}=\frac{u_I}{2}+\frac{u_I}{2}=u_I$,即两个$\frac{u_I}{2}$相加;而加在 VT_2 基极上的信号相当于 $u_{I2}=u_{Ic}-\frac{u_{Id}}{2}=\frac{u_I}{2}-$

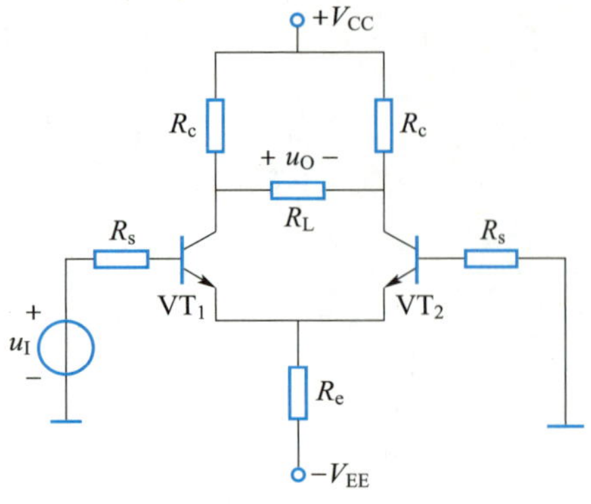

(a) 单端输入双端输出差分放大电路

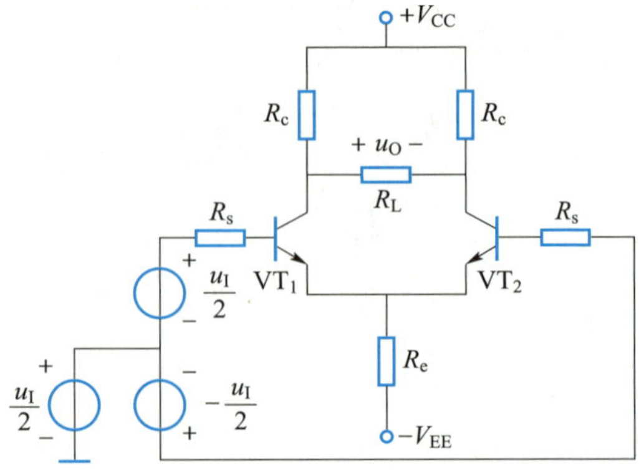

(b) 单端输入双端输出差分放大电路的等效电路

图 5.9.9 单端输入双端输出差分放大电路

$\frac{u_I}{2}=0$，即一个$-\frac{u_I}{2}$和一个$\frac{u_I}{2}$相加。进行这样的变换后，电路重画于图 5.9.9(b)。

由于输入信号中有差模信号和共模信号两部分，则输出信号也由两部分组成，表达式见式(5.9.3)。将图 5.9.9(b)和图 5.9.6 进行比较，就差模信号而言，单端输入时电路的工作状态与双端输入时的工作状态一致，故单端输入双端输出的差模电压放大倍数与双端输入双端输出的差模电压放大倍数相同。单端输入双端输出的其他指标也与双端输入双端输出电路相同。

（4）单端输入单端输出差模电压放大倍数

单端输入单端输出的差分放大电路如图 5.9.10 所示。通过以上分析可知：单端输入时差分电路的工作状态与双端输入时的工作状态一致，所以单端输入单端输出的差模电压放大倍数与双端输入单端输出的差模电压放大倍数相同。单端输入单端输出的其他指标也与双端输入单端输出电路相同。

2. 差模输入电阻

在讨论差模输入电阻时，参照双端输入双端输出差分放大电路的微变等效电路（见图 5.9.7）。不论是单端输入还是双端输入，差模输入电阻 R_{id} 的计算公式如下

$$R_{id}=\frac{u_{id}}{i_b}=2(R_s+r_{be}) \tag{5.9.19}$$

3. 输出电阻

在讨论输出电阻时，参照双端输入双端输出差分放大电路的微变等效电路（见图 5.9.7）。

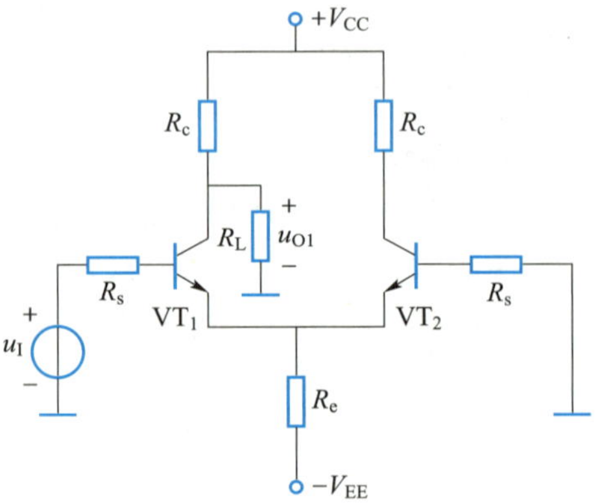

图 5.9.10 单端输入单端输出差分放大电路

单端输出时输出电阻为

$$R_{od}=R_c \tag{5.9.20}$$

双端输出时输出电阻为

$$R_{od}=2R_c \tag{5.9.21}$$

5.9.6 差分放大电路的共模动态分析

差分放大电路的输入信号中常常既有差模信号，又有共模信号。本节讨论共模信号作用到差分放大电路上的情况。在差分放大电路中，无论是温度变化，还是电源电压的波动都会引起两管的集电极电流向相同方向变化，其效果相当于在两个输入端加入了共模信号。由于差分放大电路具有对称性，在理想情况下可使双端输出电压不变，从而抑制了共模信号。

1. 共模电压放大倍数 A_{uc}

当图 5.9.11 所示电路的两个输入端接入共模输入电压，即 $u_{I1}=u_{I2}=u_{Ic}$ 时，VT_1、VT_2 两个晶体管的电流或同时增加，或同时减少，因此集电极电位 u_{C1} 与 u_{C2} 的变化量幅度相同，方向相同。在电路完全对称的条件下，双端输出时的共模电压可认为等于 0 V，所以双端输出时共模电压放大倍数

$$A_{uc}=\frac{u_{oc}}{u_{ic}}=\frac{u_{oc1}-u_{oc2}}{u_{ic}}\approx 0 \tag{5.9.22}$$

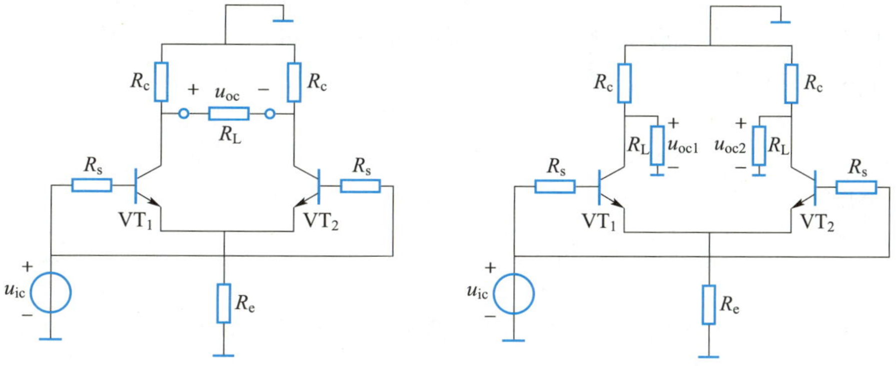

图 5.9.11 共模输入下差分放大电路的交流通路

虽然要达到电路完全对称很困难，但是有些不完全对称的差分电路抑制共模信号的能力仍然很强。共模信号就是漂移信号或者伴随输入信号加入电路的干扰信号，所以共模电压放大倍数越小，说明电路抑制共模信号的性能越好。

单端输出时，由于电路是对称的，只需对半边电路进行动态分析，此时流过 R_e 的电流变化量是单侧晶体管发射极电流变化量的两倍，因而折合到半边电路中相当于每个晶体管的发射极等效接地电阻为 $2R_e$。此时，差分放大电路的微变等效电路如图 5.9.12 所示。

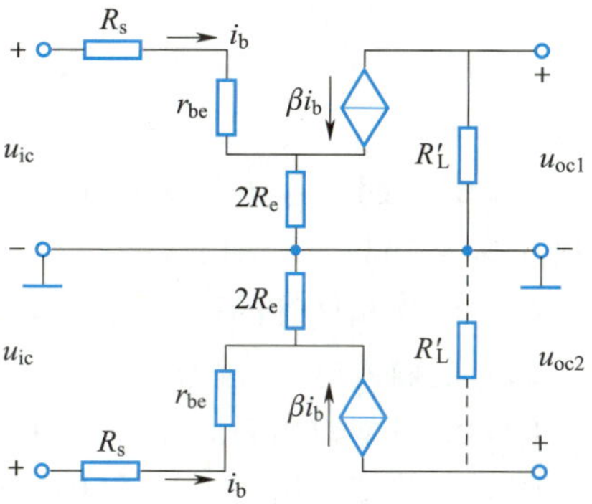

图 5.9.12 共模输入下单端输出的微变等效电路

单端输出时共模电压放大倍数为两个集电极任一端对地的共模输出电压与共模输入电压之比，即

$$A_{uc1}=A_{uc2}=\frac{u_{oc1}}{u_{ic}}=-\frac{\beta R_L'}{R_s+r_{be}+(1+\beta)\cdot 2R_e} \tag{5.9.23}$$

式中，$R_L'=R_c//R_L$。当$(R_s+r_{be})\ll 2(1+\beta)R_e$时

$$A_{uc1}\approx -\frac{R_L'}{2R_e} \tag{5.9.24}$$

由式(5.9.24)可知，R_e 越大，单端输出差分放大电路的共模电压放大倍数越小，对共模信号的抑制能力越强，故称 R_e 为**共模抑制电阻**。

综上所述，差分放大电路对共模信号具有很强的抑制能力。若差分放大电路完全对称，则双端输出时共模电压放大倍数为零，对共模信号可以完全抑制；而在单端输出且 R_e 较大时，A_{uc1} 远远小于 1，对共模电压信号仍然有很强的抑制能力。因此，差分放大电路能够有效抑制共模信号，有效抑制零点漂移。

2. 共模抑制比

差分放大电路很难做到完全对称，即使是双端输出，零点漂移也不能完全被克服，但将受到很大的抑制。在实际应用中，为了衡量差分放大电路抑制共模信号的能力(抑制零漂的能力)，制定了一项技术指标，称为**共模抑制比 K_{CMR}**(common mode rejection ratio，CMRR)。共模抑制比定义为差模电压放大倍数 A_{ud} 与共模电压放大倍数 A_{uc} 之比的绝对值，即

$$K_{CMR}=\left|\frac{A_{ud}}{A_{uc}}\right| \tag{5.9.25}$$

或用分贝数表示

$$K_{CMR}=20\lg\left|\frac{A_{ud}}{A_{uc}}\right|\ \mathrm{dB} \tag{5.9.26}$$

在差分放大电路中，若电路完全对称，双端输出时共模电压放大倍数 $A_{uc}=0$，则 $K_{CMR}=\infty$。单端输出时共模抑制比的表达式为

$$K_{CMR}=\left|\frac{A_{ud}}{A_{uc}}\right|=\frac{\left|-\dfrac{\beta R_L'}{2(R_s+r_{be})}\right|}{\left|-\dfrac{\beta R_L'}{R_s+r_{be}+(1+\beta)\cdot 2R_e}\right|}\approx\frac{\dfrac{\beta R_L'}{2(R_s+r_{be})}}{\dfrac{R_L'}{2R_e}}=\frac{\beta R_e}{R_s+r_{be}} \tag{5.9.27}$$

式(5.9.27)表明，R_e 越大，K_{CMR} 越大，共模抑制能力越强。增大 R_e 是提高 K_{CMR} 的有效手段。

【例 5.9.1】 在图 5.9.13 所示差分放大电路中，已知 $V_{CC}=V_{EE}=6\ \mathrm{V}$，$\beta=50$，$U_{BE}=0.7\ \mathrm{V}$，输入电压 $u_{i1}=7\ \mathrm{mV}$，$u_{i2}=3\ \mathrm{mV}$。

(1) 计算晶体管的静态电流 I_B、I_C 及各电极的电位 U_E、U_C 和 U_B；

(2) 把输入电压 u_{i1}、u_{i2} 分解为共模分量 u_{ic} 和差模分量 u_{id}；

(3) 求单端输出时共模输出电压 u_{oc1} 和 u_{oc2}；

(4) 求单端输出时差模输出电压 u_{od1} 和 u_{od2}；

(5) 求单端输出时在差模输入和共模输入的共同作用下，差分放大电路的输出电压 u_{o1} 和 u_{o2}；

(6) 求双端输出时共模输出 u_{oc}、差模输出 u_{od} 以及在差模输入和共模输入的共同作用下，差

分放大电路的输出电压 u_o；

（7）求单端输出时差分放大电路的共模抑制比。

解 （1）静态时，$u_{i1}=u_{i2}=0$，可画出图 5.9.13 所示电路的半边直流通路，如图 5.9.14 所示。

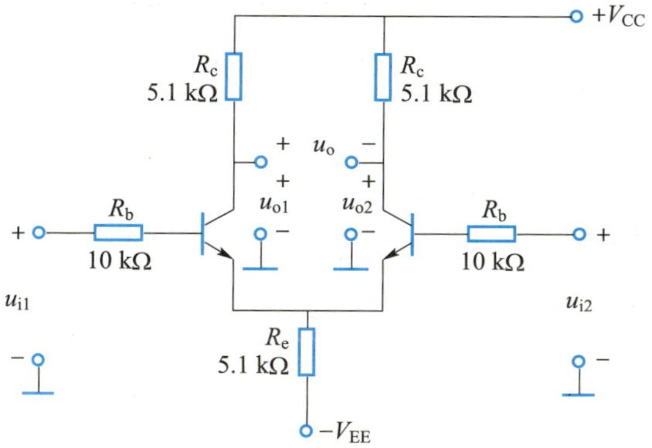

图 5.9.13 例 5.9.1 电路图

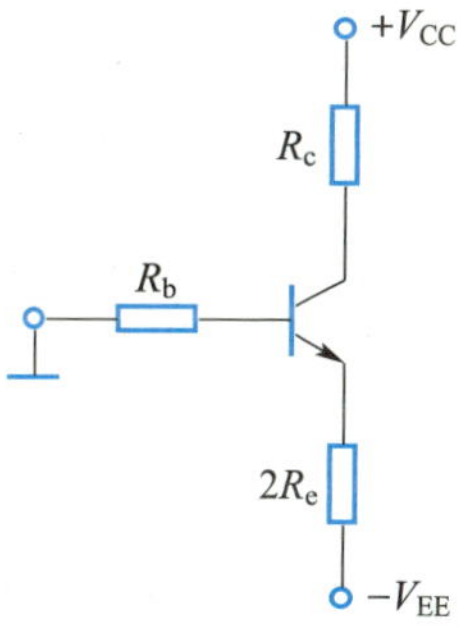

图 5.9.14 图 5.9.13 的半边直流通路

列写图 5.9.14 所示电路的输入和输出回路电压方程，计算可得

$$R_b I_{BQ}+U_{BEQ}+2R_e I_{EQ}=V_{EE}\Rightarrow I_{BQ}=\frac{V_{EE}-U_{BEQ}}{R_b+2(1+\beta)R_e}=0.01\ \text{mA}$$

$$\Rightarrow I_{CQ}=\beta I_{BQ}=50\times 0.01\ \text{mA}=0.5\ \text{mA}$$

$$\Rightarrow I_{EQ}=(1+\beta)I_{BQ}=51\times 0.01\ \text{mA}=0.51\ \text{mA}$$

$$U_{CEQ}=V_{CC}+V_{EE}-I_{CQ}R_c-2I_{EQ}R_e\approx V_{CC}+V_{EE}-I_{CQ}(R_c+2R_e)$$

$$=6\ \text{V}+6\ \text{V}-0.50\ \text{mA}\times(5.1\ \text{k}\Omega+2\times 5.1\ \text{k}\Omega)=4.35\ \text{V}$$

（2）计算共模输入电压信号 u_{ic} 和差模输入电压信号 u_{id}

$$u_{ic}=\frac{u_{i1}+u_{i2}}{2}=5\ \text{mV}$$

$$u_{id}=u_{i1}-u_{i2}=4\ \text{mV}$$

（3）单端输出时计算共模输出电压为

$$u_{oc1}=u_{oc2}=-\beta\frac{R_c}{R_b+r_{be}+2(1+\beta)R_e}u_{ic} \tag{5.9.28}$$

式中，

$$r_{be}=r_{bb'}+(1+\beta)\frac{U_T}{I_{EQ}}=300\ \Omega+(1+50)\frac{26\ \text{mV}}{0.51\ \text{mA}}\approx 2.9\ \text{k}\Omega \tag{5.9.29}$$

将式(5.9.29)代入式(5.9.28)计算可得 $u_{oc1}=u_{oc2}=-2.39\ \text{mV}$。

（4）单端输出时计算差模输出电压为

$$u_{od1}=-\frac{\beta R_c}{2(R_b+r_{be})}u_{id}=-39.8\ \text{mV}$$

$$u_{od2}=-u_{od1}=39.8\ \text{mV}$$

（5）单端输出时在差模输入和共模输入的共同作用下，电路的输出电压为

$$u_{o1}=u_{oc1}+u_{od1}=-42.19\ \text{mV}$$

$$u_{o2}=u_{oc2}+u_{od2}=37.41\ \text{mV}$$

（6）双端输出时共模输出电压、差模输出电压以及在差模输入和共模输入的共同作用下，差分放大电路的输出电压 u_o 为

$$u_{oc}=u_{oc1}-u_{oc2}=0$$

$$u_{od}=u_{od1}-u_{od2}=-79.6\ \text{mV}$$

$$u_o=u_{o1}-u_{o2}=-79.6\ \text{mV}$$

（7）单端输出时差分放大电路的共模抑制比

$$K_{CMR}=\left|\frac{A_{ud}}{A_{uc}}\right|=\frac{R_b+r_{be}+2(1+\beta)R_e}{2(R_b+r_{be})}\approx 20.8$$

5.9.7　恒流源差分放大电路

由以上分析可知，为提高差分放大电路的共模抑制比，应加大 R_e。但是 R_e 增大后，为保证电路有合适的静态工作点，则应提高负电源电压，这种方法是不经济的。同时，集成电路制造大电阻也很困难，因此常常利用恒流源作有源负载来代替电阻 R_e，成为具有恒流源负载的差分放大电路，如图 5.9.15 所示。

微视频 5-12
恒流源差分
放大电路

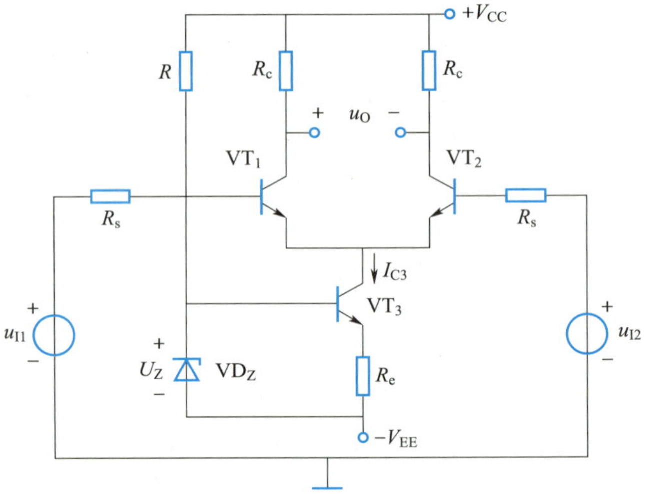

图 5.9.15　恒流源差分放大电路

VT_3、VD_Z、R 和 R_e 组成恒流源电路，提供恒定电流 I_{C3}。由图可知，U_Z 是稳定的，所以 I_{E3} 是稳定的，I_{C3} 也是稳定的。

恒流源的动态电阻很大，对共模信号有很强的抑制作用，可以大大提高共模抑制比。在差模输入信号作用下，引起一侧晶体管发射极电流增加，另一侧晶体管发射极电流等量减少，两侧发射极电流之和仍为恒定电流 I_{C3}。根据电路基础知识，实际恒流源的等效电路是理想电流源与其内阻的并联结构，因而恒流源电路对差模信号可视为交流短路，不影响差模信号的放大。同时恒

流源的管压降只有几伏，可不必提高负电源电压。

【例 5.9.2】 电路如图 5.9.15 所示，已知电源 $V_{CC}=V_{EE}=15\ V$，电阻 $R=20\ k\Omega$，$R_s=1\ k\Omega$，$R_c=20\ k\Omega$，$R_e=5.3\ k\Omega$；稳压管 VD_Z 的稳压值 $U_Z=6\ V$，各晶体管的发射结导通压降 U_{BE} 均为 0.7 V，β 均为 100，$r_{bb'}=300\ \Omega$。

（1）计算电路的静态工作点 I_{C1}、U_{CE1}；

（2）计算电路的差模电压放大倍数 $A_{ud}=\dfrac{u_{od}}{u_{id}}$。

解　（1）计算电路的静态工作点

$$I_{E3}=\frac{U_Z-U_{BE}}{R_e}=1\ mA\Rightarrow I_{E1}=I_{E2}=\frac{I_{C3}}{2}\approx\frac{I_{E3}}{2}=0.5\ mA$$

$$I_{C1}=I_{C2}\approx I_{E1}=0.5\ mA$$

$$U_{C1}=U_{C2}=V_{CC}-I_{C1}R_c=5\ V$$

$$U_{E1}=U_{B1}-U_{BE1}=-I_{B1}R_s-U_{BE1}=-\frac{I_{C1}R_s}{\beta}-U_{BE1}\approx-0.7\ V$$

计算可得

$$U_{CE1}=U_{C1}-U_{E1}=5.7\ V$$

（2）图示为双端输入双端输出的差分放大电路，计算差模电压放大倍数为

$$r_{be1}=r_{be2}=r_{bb'}+(1+\beta)\times\frac{26\ mV}{I_{E1}}=5.6\ k\Omega$$

$$A_{ud}=\frac{u_o}{u_{id}}=-\frac{\beta R_c}{R_s+r_{be}}=-\frac{100\times20\ k\Omega}{5.6\ k\Omega+1\ k\Omega}=-303$$

思考题

5-9-1　差分放大电路的最主要特点是什么？它为何具备这一特定功能？

5-9-2　什么是差模信号？什么是共模信号？如何将差分放大电路的两个输入端所加的任意信号等效为差模信号和共模信号的组合？

5-9-3　差分放大电路共有几种输入输出方式？总结各种方式下差分放大电路的 A_{ud}、A_{uc}、R_i 和 R_o 之间的异同。

5-9-4　在差分放大电路中，电阻 R_e 在差模和共模动态分析时的等效方法相同吗？

5-9-5　在差分放大电路中，用恒流源代替 R_e 有什么好处？

5.10　半导体器件基本应用电路的仿真研究

5.10.1　共射组态基本放大电路的仿真研究

1. 研究内容

共射组态基本放大电路的静态、动态分析。

2. 仿真电路

在 Multisim 中,创建分压偏置共射组态基本放大电路,如图 5.10.1 所示。选择 FMMT5179 晶体管作为核心器件,设置其电流放大系数 $\beta=133$。输入正弦信号的有效值为 1 mV,频率为 1 kHz。

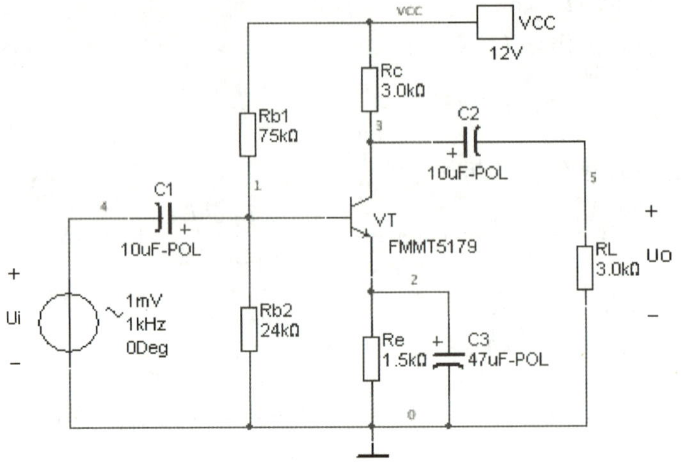

图 5.10.1　分压偏置共射组态基本放大电路

3. 仿真结果

(1) 静态分析

去掉输入信号和电容,得到分压偏置共射组态基本放大电路的直流通路如图 5.10.2 所示。采用 3 个虚拟万用表 XMM1~XMM3 测量放大电路的静态工作点。XMM1、XMM2 设置为直流电流表,测量晶体管基极电流 I_{BQ} 和集电极电流 I_{CQ}。XMM3 设置为直流电压表,测量晶体管的管压降 U_{CEQ}。开启仿真开关后,记录万用表的测量结果,可得 $I_{BQ}=10.214\ \mu A$、$I_{CQ}=1.31\ mA$、$U_{CEQ}=6.09\ V$。由于 $U_{CEQ}>U_{BEQ}$,所以晶体管工作在放大状态。

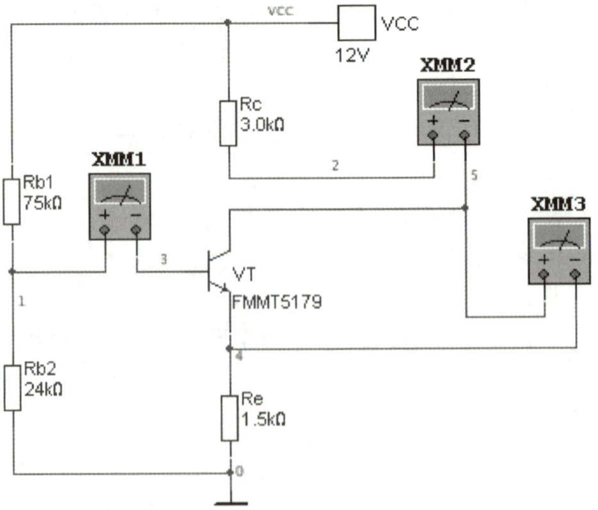

图 5.10.2　静态工作点的测量

（2）动态分析

① 电压放大倍数 $\dot{A}_u$

在图 5.10.3 中接入虚拟示波器 XSC1 和虚拟万用表 XMM1，XMM1 设置为交流电压表，得到电压放大倍数的测量电路如图 5.10.3 所示，用示波器 XSC1 观察输入电压与输出电压波形，如图 5.10.4 所示，发现波形无明显非线性失真且输入与输出反相，从 XMM1 读出输出电压的有效值，则电压放大倍数为

$$\dot{A}_u=\frac{\dot{U}_o}{\dot{U}_i}=-\frac{65.772\ \text{mV}}{1\ \text{mV}}\approx-65.8$$

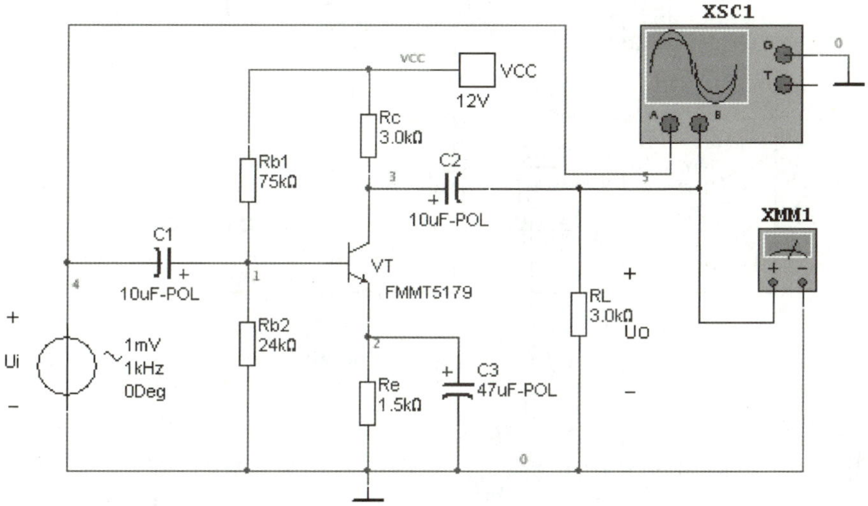

图 5.10.3　电压放大倍数的测量

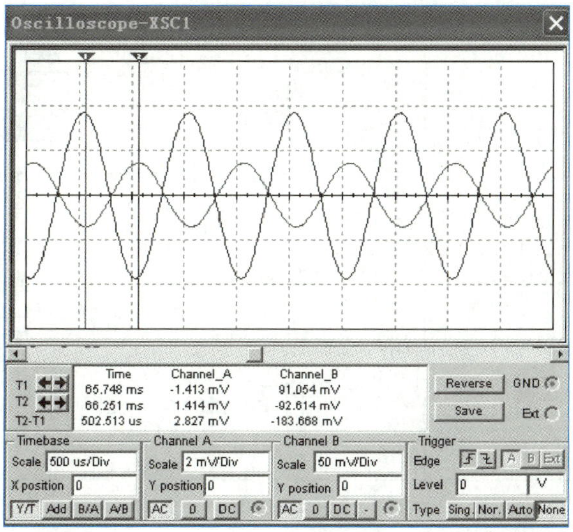

图 5.10.4　输入电压和输出电压波形

② 输入电阻 R_i

输入电阻的测量电路如图 5.10.5 所示。两块虚拟万用表 XMM1 和 XMM2 分别设置为交流电流表和交流电压表,分别测量放大电路的输入电流和输入电压,则输入电阻

$$R_i = \frac{\dot{U}_i}{\dot{I}_i} = \frac{999.996\ \mu\text{V}}{435.573\ \text{nA}} \approx 2.3\ \text{k}\Omega$$

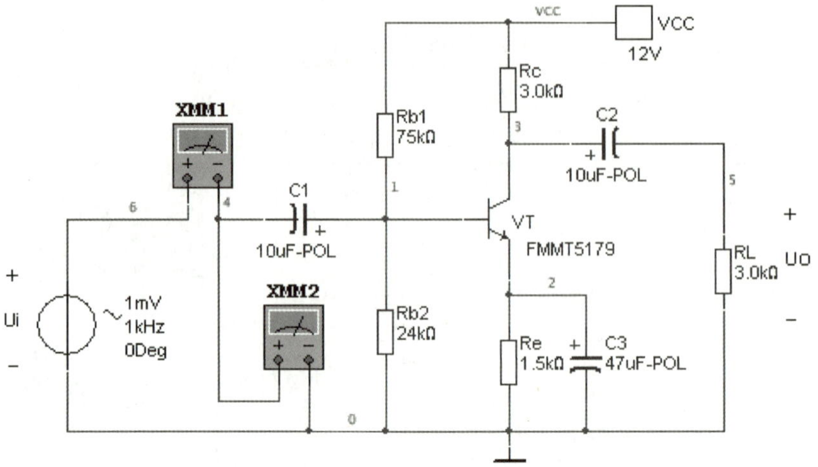

图 5.10.5 输入电阻的测量

③ 输出电阻 R_o

输出电阻的测量电路如图 5.10.6 所示,两块虚拟万用表 XMM1 和 XMM2 分别设置为交流电流表和交流电压表,分别测量放大电路空载输出电压 $\dot{U}'_o$、负载电压 $\dot{U}_o$ 和负载电流 $\dot{I}_o$,则输出电阻

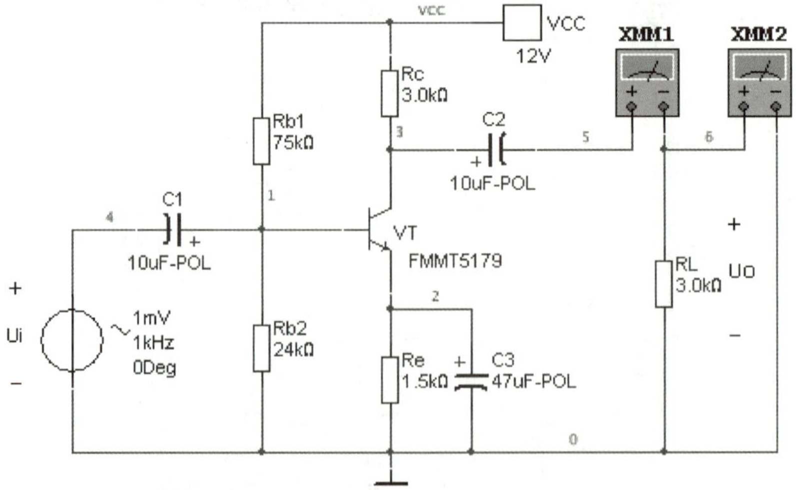

图 5.10.6 输出电阻的测量电路

$$R_o=\frac{\dot{U}'_o-\dot{U}_o}{\dot{I}_o}=\frac{125.959\ \text{mV}-65.763\ \text{mV}}{21.925\ \mu\text{A}}\approx 2.7\ \text{k}\Omega$$

(3) 放大电路参数的改变对放大电路性能的影响

改变图 5.10.1 所示分压偏置共射组态基本放大电路中的某一电阻,保持其他参数不变。重新测量静态工作点、电压放大倍数、输入电阻和输出电阻,见表 5.10.1。

表 5.10.1 放大电路参数的改变对放大电路性能的影响

元件	原参数/kΩ	新参数/kΩ	$I_{BQ}/\mu A$	I_{CQ}/mA	U_{CEQ}/V	$\lvert\dot{A}_u\rvert$	$R_i/k\Omega$	$R_o/k\Omega$
R_{b1}	75	62	12.886	1.578	4.881	76.5	1.9	2.7
R_c	3	2	9.856	1.315	7.387	53.4	2.3	1.9
R_e	1.5	1	15.543	1.858	4.554	87.5	1.6	2.7

4. 结论

① 共射组态基本放大电路可以实现对输入信号的放大,且输入与输出反相。共射组态基本放大电路的电压放大倍数较大,输入电阻不高,输出电阻接近于集电极负载电阻。仿真结果与理论计算结果相符。

② 改变放大电路参数可以改变放大电路的静态工作点,改变放大电路的动态性能。减小电阻 R_{b1},电压放大倍数 $|\dot{A}_u|$ 增大,输入电阻 R_i 减小,输出电阻 R_o 不变;减小电阻 R_c,电压放大倍数 $|\dot{A}_u|$ 减小,输入电阻 R_i 不变,输出电阻 R_o 减小;减小电阻 R_e,电压放大倍数 $|\dot{A}_u|$ 增大,输入电阻 R_i 减小,输出电阻 R_o 不变。

5.10.2 共集组态基本放大电路的仿真研究

1. 研究内容

共集组态基本放大电路的静态、动态分析。

2. 仿真电路

在 Multisim 中,创建共集组态基本放大电路如图 5.10.7 所示。选择 FMMT5179 晶体管作为核心器件,设置其电流放大系数 $\beta=133$。输入正弦信号的有效值为 1 mV,频率为 1 kHz。

3. 仿真结果

(1) 静态分析

去掉输入信号和电容,得到共集组态基本放大电路的直流通路如图 5.10.8 所示。采用 3 个虚拟万用表 XMM1~XMM3 测量放大电路的静态工作点。XMM1、XMM2 设置为直流电流表,测量晶体管基极电流 I_{BQ} 和集电极电流 I_{CQ}。XMM3 设置为直流电压表,测量晶体管的管压降 U_{CEQ}。开启仿真开关后,记录万用表的测量结果,可得 $I_{BQ}=16.875\ \mu A$,$I_{CQ}=2.109\ mA$,$U_{CEQ}=7.751\ V$。由于 $U_{CEQ}>U_{BEQ}$,所以晶体管工作在放大状态。

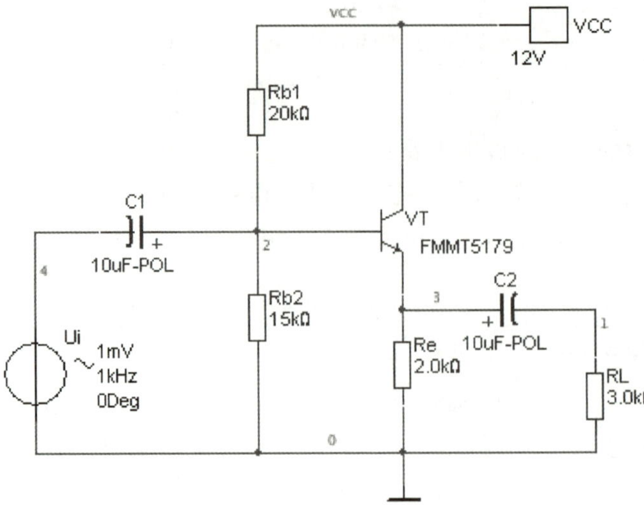

图 5.10.7 共集组态基本放大电路

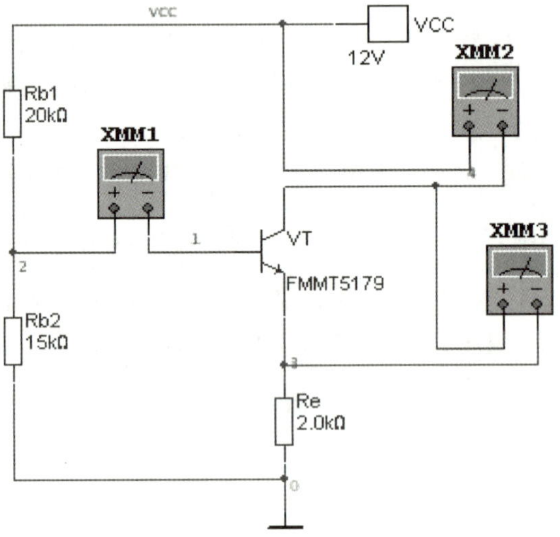

图 5.10.8 静态工作点的测量

（2）动态分析

① 电压放大倍数 $\dot{A}_u$

在图 5.10.9 所示电路中接入虚拟示波器 XSC1 和虚拟万用表 XMM1。XMM1 设置为交流电压表，用示波器 XSC1 观察输入与输出电压波形，如图 5.10.10 所示。发现波形无明显非线性失真且输入与输出同相，从 XMM1 读出输出电压的有效值，则电压放大倍数为

$$\dot{A}_u=\frac{\dot{U}_o}{\dot{U}_i}=\frac{987.948\ \mu V}{1\ mV}\approx 0.988$$

② 输入电阻 R_i

输入电阻的测量电路如图 5.10.11 所示。两块虚拟万用表 XMM1 和 XMM2 分别设置为交流电流表和交流电压表，分别测量放大电路的输入电流和输入电压，则输入电阻为

$$R_i=\frac{\dot{U}_i}{\dot{I}_i}=\frac{999.996\ \mu V}{123.87\ nA}\approx 8.1\ k\Omega$$

③ 输出电阻 R_o

输出电阻的测量电路如图 5.10.12 所示。两块虚拟万用表 XMM1 和 XMM2 分别设置为交流电流表和交流电压表，分别测量放大电路的空载输出电压 $\dot{U}'_o$、负载电压 $\dot{U}_o$ 和负载电流 $\dot{I}_o$，则输出电阻为

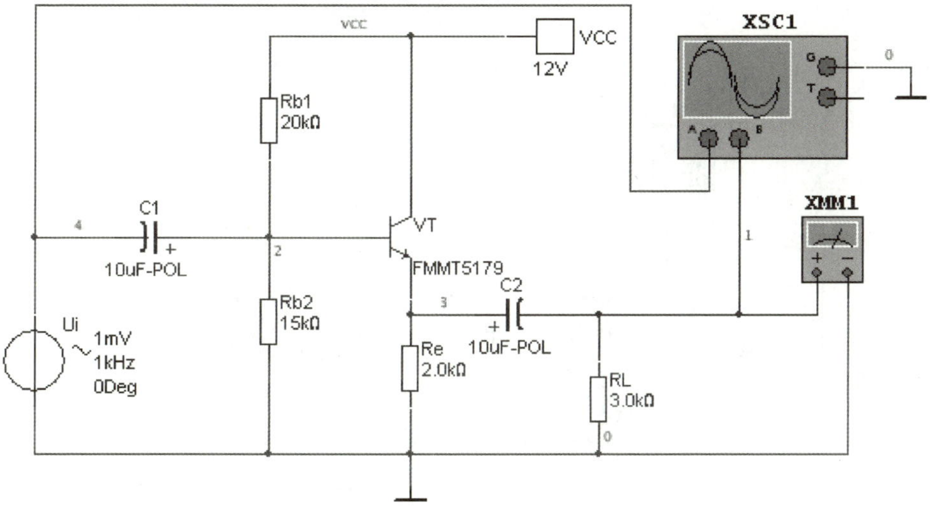

图 5.10.9　电压放大倍数的测量

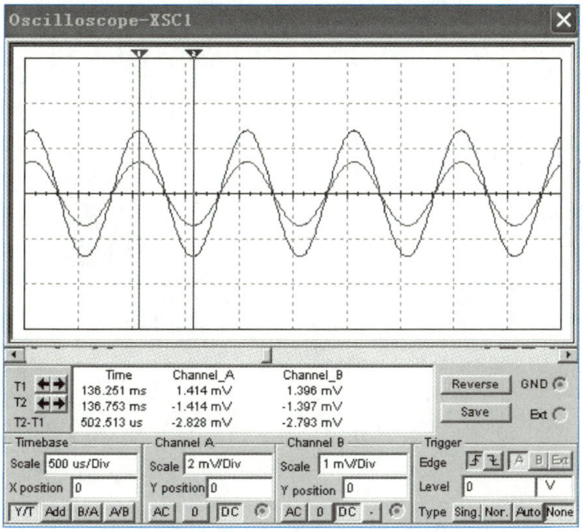

图 5.10.10　输入电压和输出电压波形

$$R_o = \frac{\dot{U}'_o - \dot{U}_o}{\dot{I}_o} = \frac{992.478\ \mu\text{V} - 987.947\ \mu\text{V}}{329.384\ \text{nA}} \approx 14\ \Omega$$

4. 结论

① 共集组态基本放大电路的电压放大倍数 $|\dot{A}_u|<1$ 且 $|\dot{A}_u|\approx 1$,不具有电压放大作用;输入信号和输出信号相位相同。

② 共集组态基本放大电路的输入电阻大,输出电阻小。由于其输入电阻大,常用作多级放大电路的输入级,减小从信号源索取的电流;由于其输出电阻小,常用作多级放大电路的输出级,增强带负载能力;也常用作多级放大电路的中间级,起到阻抗变换、隔离缓冲的作用。

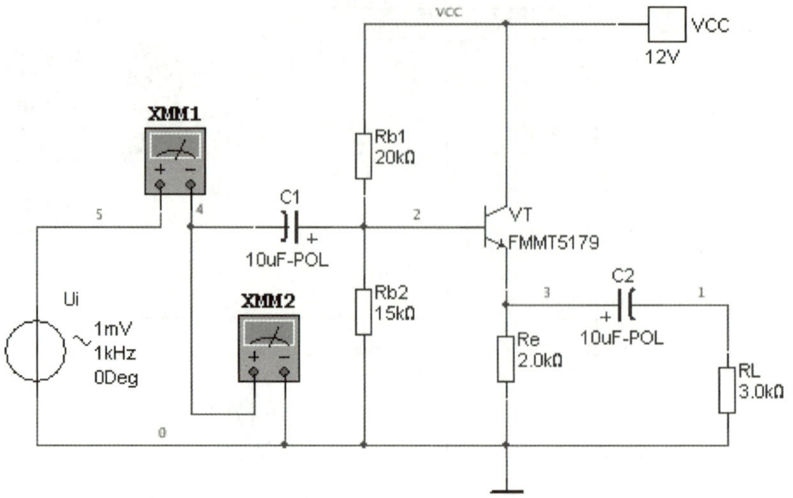

图 5.10.11 输入电阻的测量

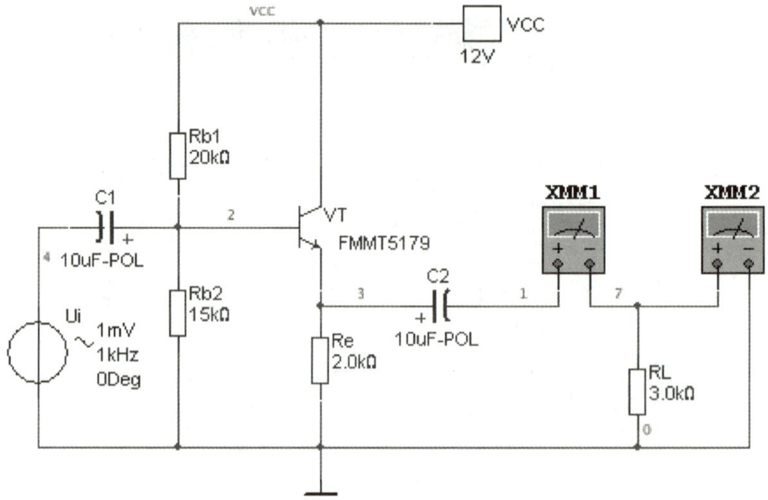

图 5.10.12 输出电阻的测量

5.10.3 场效应管基本放大电路的仿真研究

1. 研究内容

研究场效应管共源组态基本放大电路的静态、动态分析。

2. 仿真电路

在 Multisim 中创建单管分压偏置共源组态基本放大电路，如图 5.10.13 所示，电路中场效应管选用 2N7000。

3. 仿真结果

(1) 静态分析

采用虚拟仪表测量静态工作点，去掉输入信号和电容，在仿真电路中加入三个虚拟万用表

XMM1～XMM3，如图 5.10.14 所示，XMM1、XMM2 设置为直流电流表，XMM3 设置为直流电压表，开启仿真开关后，记录万用表的测量结果，可得 $U_{GSQ}=2.08\ V$，$I_{DQ}=325.073\ \mu A$，$U_{DSQ}=10.079\ V$。

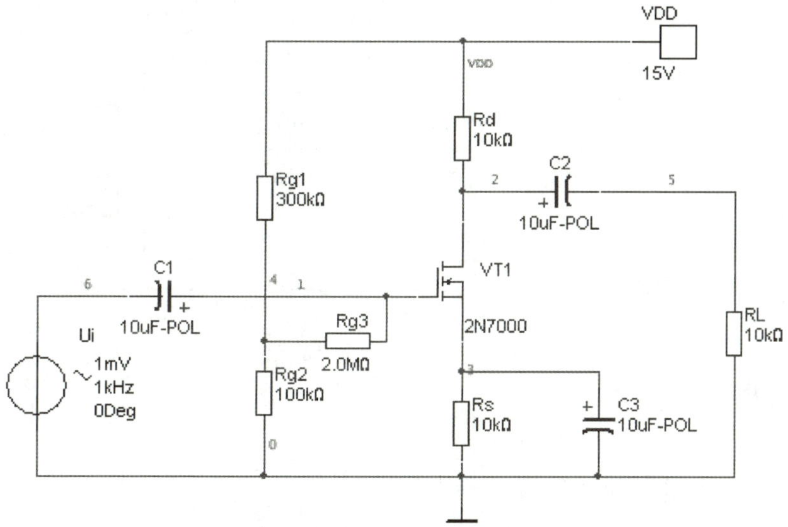

图 5.10.13 单管分压偏置共源组态基本放大电路

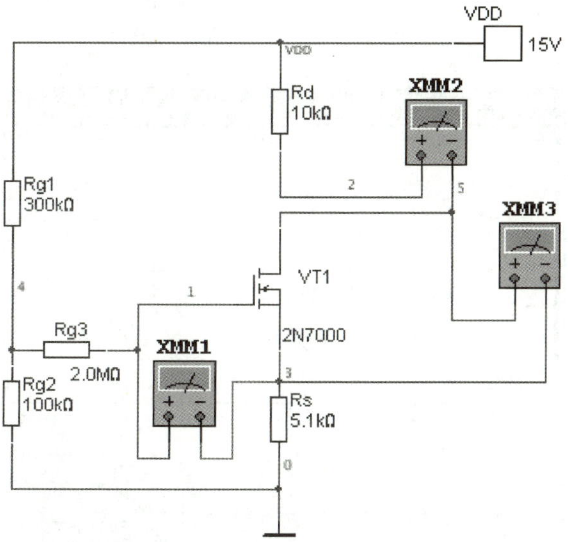

图 5.10.14 用虚拟仪表测量静态工作点

(2) 动态分析

① 电压放大倍数 $\dot{A}_u$

在图 5.10.13 中接入虚拟示波器 XSC1 和虚拟万用表 XMM1，XMM1 设置为交流电压表，得到电压放大倍数的测量电路如图 5.10.15 所示，用示波器观察输入与输出波形，如图 5.10.16 所示，发现波形无明显非线性失真且输入与输出反相，从 XMM1 读出输出电压的有效值，则电压放

大倍数

$$\dot{A}_u = \frac{\dot{U}_o}{\dot{U}_i} = -\frac{29.096\ \text{mV}}{1\ \text{mV}} \approx -29$$

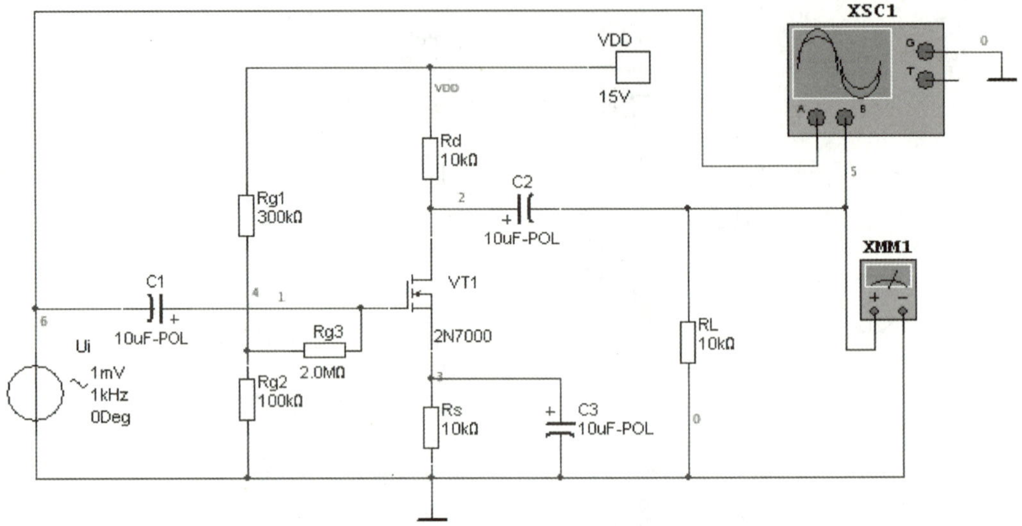

图 5.10.15　电压放大倍数的测量

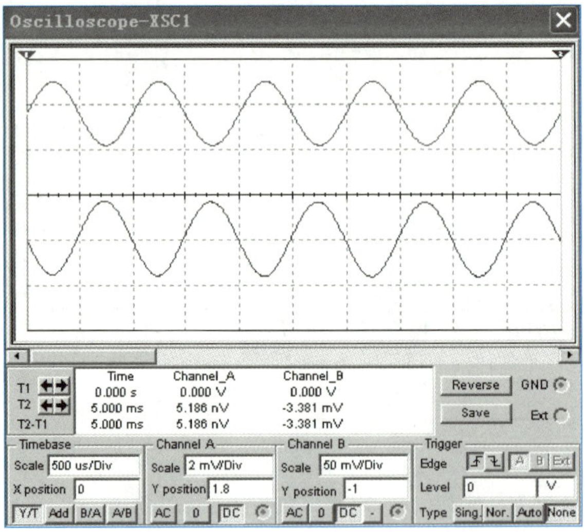

图 5.10.16　输入波形和输出波形

② 输入电阻 R_i

输入电阻的测量电路如图 5.10.17 所示，接入的两块虚拟万用表 XMM1 和 XMM2 分别设置为交流电流表和交流电压表。开始仿真，分别从电压表和电流表读取数据，则输入电阻

$$R_i=\frac{\dot{U}_i}{\dot{I}_i}=\frac{999.996\ \mu V}{491.331\ pA}\approx 2.04\ M\Omega$$

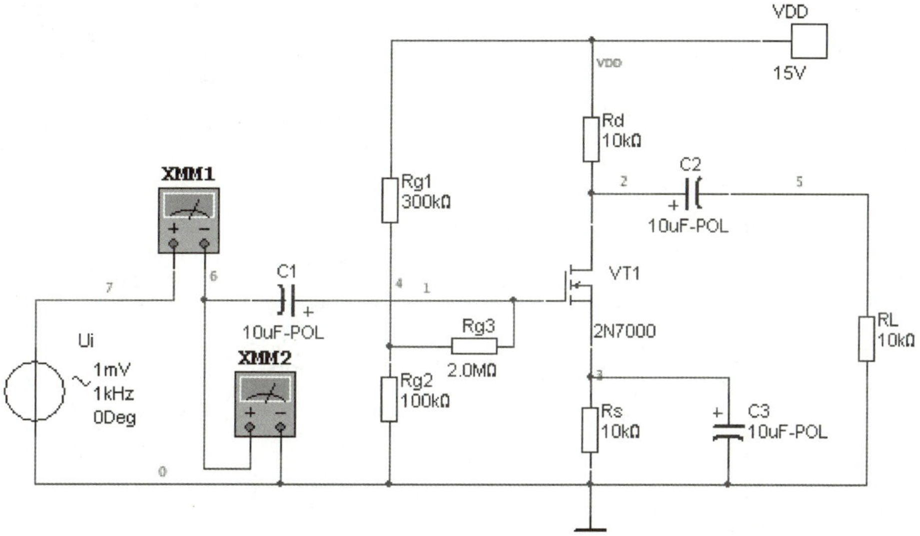

图 5.10.17 输入电阻的测量

③ 输出电阻 R_o

输出电阻的测量电路如图 5.10.18 所示，接入的两块虚拟万用表 XMM1 和 XMM2 分别设置为交流电流表和交流电压表。开始仿真，分别测量空载电压 $\dot{U}'_o$、负载电压 $\dot{U}_o$ 和负载电流 $\dot{I}_o$，记录读数，则输出电阻

$$R_o=\frac{\dot{U}'_o-\dot{U}_o}{\dot{I}_o}=\frac{58.061\ mV-29.079\ mV}{2.906\ \mu A}\approx 9.97\ k\Omega$$

4. 结论

共源组态基本放大电路与共射组态基本放大电路相似，可以实现对输入信号的放大，且输入与输出反相。仿真得到共源组态基本放大电路的电压放大倍数、输入电阻和输出电阻，与理论计算结果相符。

5.10.4 差分放大电路的仿真研究

1. 研究内容

创建差分放大电路的仿真电路，观察静态工作点，测量其差模电压放大倍数、共模电压放大倍数和共模抑制比。

2. 仿真电路

在 Multisim 中，创建双端输入、单端输出的差分放大电路的仿真电路，如图 5.10.19 所示，晶体管型号为 2N3903，其 $\beta=416.4$。设输入正弦信号的频率为 1 kHz，有效值为 30 mV。

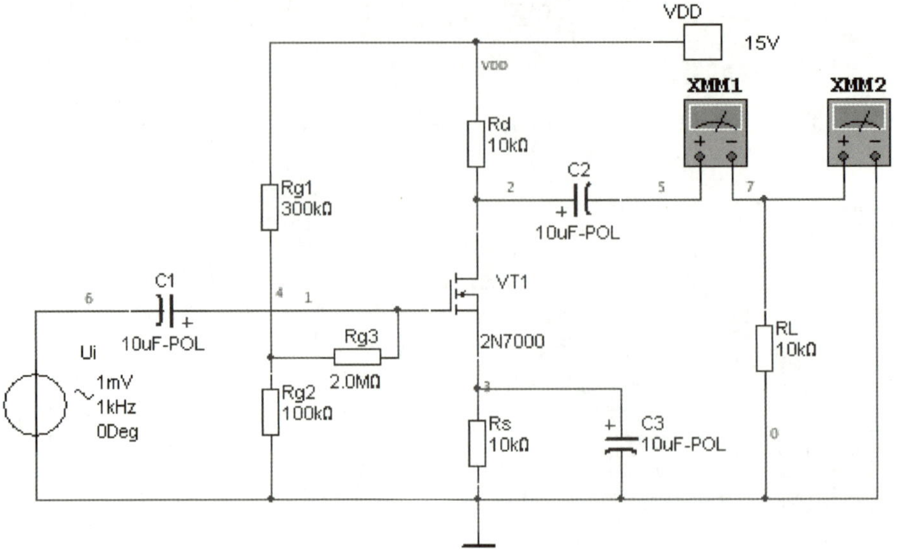

图 5.10.18　输出电阻的测量

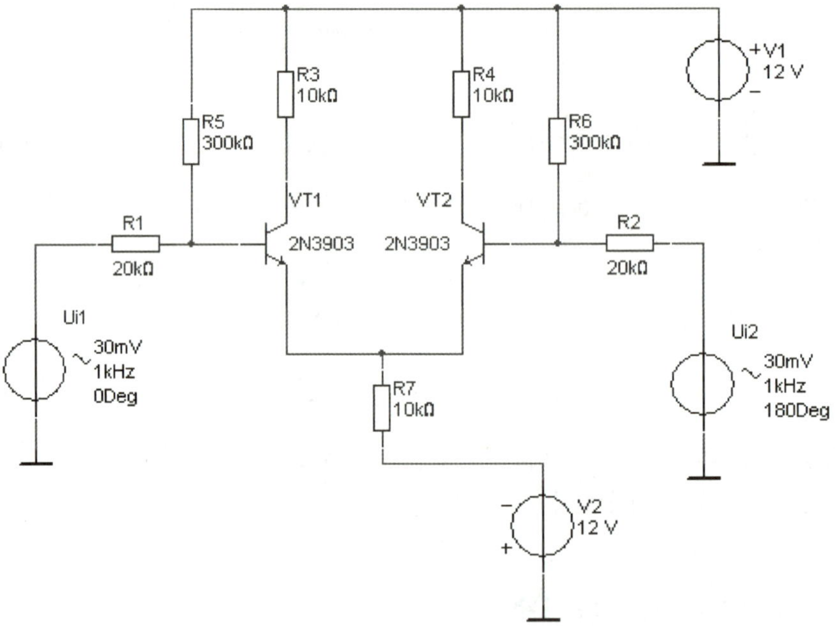

图 5.10.19　差分放大电路

3. 仿真结果

（1）静态分析

测量差分放大电路静态工作点时，需将输入信号对地短路，并在图 5.10.19 中接入虚拟万用表 XMM1～XMM5，静态工作点的测量电路如图 5.10.20 所示。

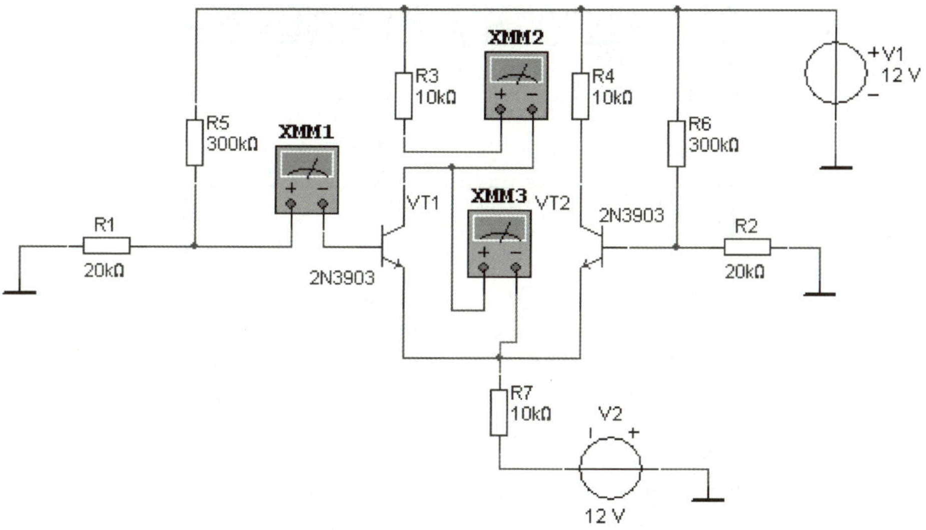

图 5.10.20 差分放大电路静态工作点的测量

通过测量可知该电路的静态工作点为

$$I_{BQ}=8.993\ \mu A$$

$$I_{CQ}=589.75\ \mu A$$

$$U_{CEQ}=6.171\ V$$

由于 $U_{CEQ}>U_{BEQ}$,晶体管工作在放大状态。

(2) 动态分析

① 差模电压放大倍数

用示波器观察图 5.10.19 所示电路的输出波形。若从 C_1 输出,则输出电压与输入电压反相,若从 C_2 输出,则输出电压与输入电压同相。差模电压放大倍数的测量结果如图 5.10.21 所示。在输出信号不失真的情况下,拖动标尺 1 和 2 进行测量,读出输入、输出电压峰-峰值,则双端输入单端输出时差模电压放大倍数为

$$A_{ud}=\frac{u_{od}}{u_{id}}=\frac{u_{od1}}{2u_{id1}}=-\frac{1}{2}\times\frac{2.529\ V}{0.084\ 814\ V}=-14.9$$

② 共模电压放大倍数及共模抑制比

共模电压放大倍数的测量电路如图 5.10.22 所示,测量结果如图 5.10.23 所示。由测量结果可知,共模电压放大倍数和共模抑制比分别为

$$A_{uc}=\frac{u_{oc}}{u_{ic}}=\frac{u_{oc1}}{u_{ic1}}=-\frac{256.265\ mV}{565.291\ mV}=-0.45$$

$$K_{CMR}=\left|\frac{A_{ud}}{A_{uc}}\right|=\left|\frac{-14.9}{-0.45}\right|=33$$

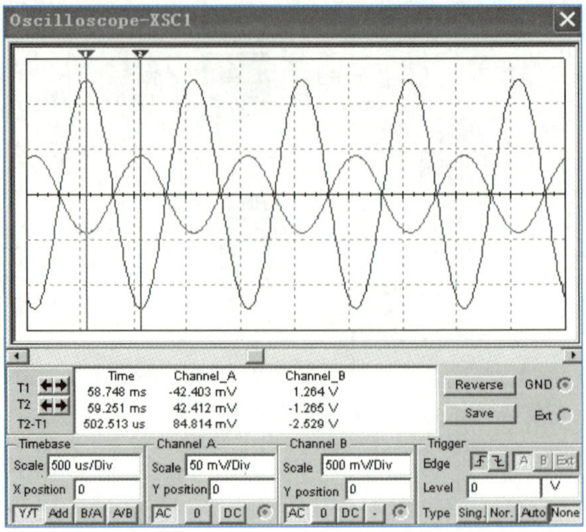

图 5.10.21 差模电压放大倍数的测量结果

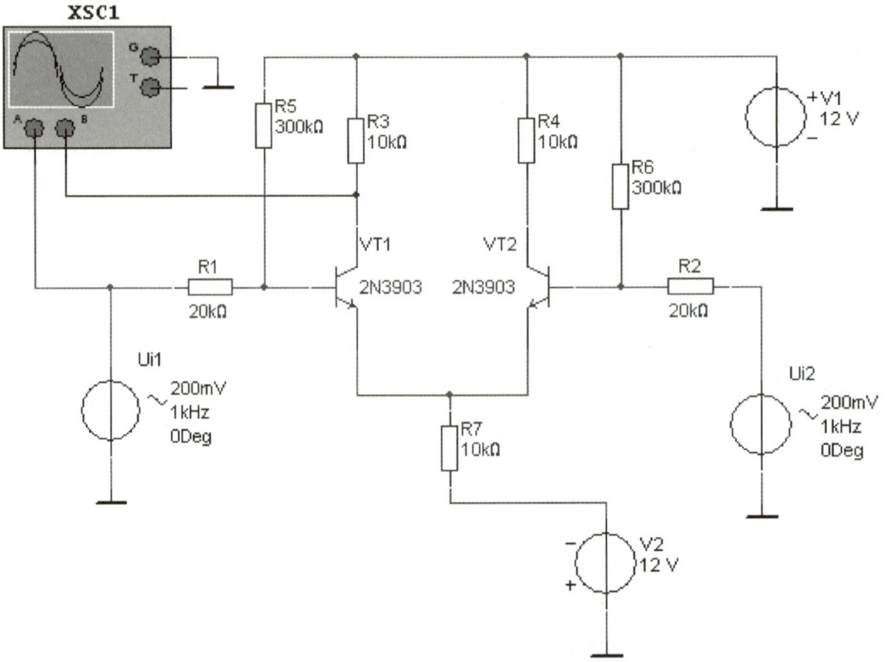

图 5.10.22 共模电压放大倍数的测量电路

4. 结论

① 静态时,通过对静态工作点的仿真测量可知,晶体管处于放大状态。

② 当输入差模信号时,如果单端输出信号取自 C_1,$A_{ud}<0$,输出和输入反相;如果输出信号取自 C_2,$A_{ud}>0$,输出和输入同相;差分放大电路对差模输入信号有放大作用。

③ 当输入共模信号时,共模电压放大倍数 A_{uc} 较低,共模抑制比 K_{CMR} 较大,因此差分放大电路具有较强的共模抑制能力。

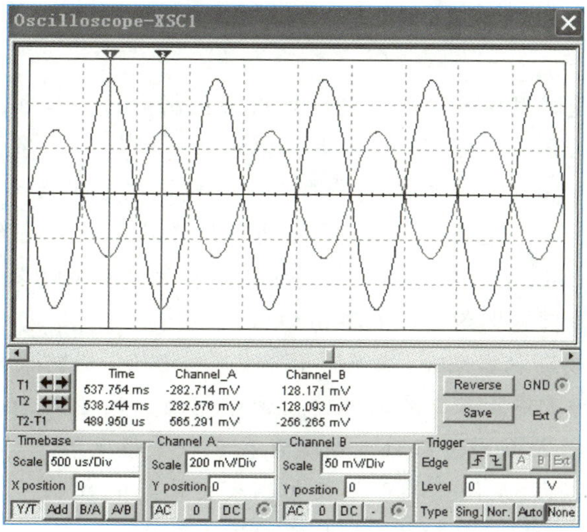

图 5.10.23 共模电压放大倍数的测量结果

本章小结

本章首先介绍晶体管及其基本放大电路的工作原理，最后介绍集成运放单元电路的工作原理。

1. 双极型晶体管简称晶体管，有两种载流子参与导电，本质上是一个电流控制电流源。晶体管有 NPN 和 PNP 两种结构类型。基区很薄且掺杂浓度最低；发射区的掺杂浓度高，集电区掺杂浓度比发射区低很多，集电结面积大于发射结面积。

2. 晶体管参数受温度影响大。温度升高时，发射结电压 U_{BE} 减小，集电结的反向饱和电流 I_{CBO} 增大，电流放大系数 β 增大，集电极电流 I_C 增大。温度升高时，晶体管输入特性曲线左移，输出特性曲线上移且间距变大。

3. 放大电路主要利用输入信号对双极型晶体管或场效应管的控制作用，使输出信号在电压或电流的幅度上得到放大。放大的前提条件是不失真，即只有在不失真的前提下放大才有意义。输出信号的能量主要是由直流电源提供的，只是经过双极型晶体管或场效应管的控制作用，将直流电源的能量转换成输出信号的能量。放大的本质是能量的控制与转换。

4. 晶体管基本放大电路的组成原则：保证放大电路的核心器件（晶体管）工作在放大状态。

5. 晶体管基本放大电路的分析包括静态分析和动态分析。分析放大电路时，必须先进行静态分析（或称直流分析），然后再进行动态分析（或称交流分析）。只有建立了合适的静态工作点，才能保证晶体管工作在放大区，才能保证放大电路在不失真的情况下放大输入信号。

6. 晶体管基本放大电路包括共射组态基本放大电路、共集组态基本放大电路和共基组态基本放大电路。共射组态基本放大电路的输入信号和输出信号相位相反，具有电压和电流放大能力；共集组态基本放大电路输入信号和输出信号相位相同，不具有电压放大能力，具有电流放大能力。虽然共集组态基本放大电路不具有电压放大能力，但因其输入电阻大、输出电阻小，在实际电路中得到广泛应用;共基组态基本放大电路具有电压放大能力,且输入信号和输出信号相位相同,不具有电流放大能力。

7. 场效应管(FET)是利用输入回路的电场效应来控制输出回路电流的一种半导体器件,本质上是一个电压控制电流源。场效应管仅靠半导体中的一种载流子导电,故又称为单极型晶体管。场效应管输入电阻高、体积小、质量小、寿命长、噪声低、热稳定性好、抗辐射能力强。

8. 场效应管基本放大电路也有三种组态,即共栅组态基本放大电路、共源组态基本放大电路和共漏组态基本放大电路,分别与双极型晶体管基本放大电路的共基组态基本放大电路、共射组态基本放大电路和共集组态基本放大电路相对应。

9. 多级放大电路一般有阻容耦合、变压器耦合、直接耦合、光电耦合4种耦合方式,耦合电路必须保证晶体管的静态工作点和信号的传输。由于制造上的原因,在集成运算放大器中采用的是直接耦合方式,但是直接耦合多级放大电路存在零点漂移现象。

10. 多级放大电路电压放大倍数等于各级电压放大倍数的乘积,计算时应考虑前后级的相互影响。

11. 差分放大电路利用晶体管和电路参数的对称性来抑制温度漂移。分析时将输入信号等效为差模信号和共模信号的叠加,分别计算其差模电压放大倍数和共模电压放大倍数,二者之比为共模抑制比(K_{CMR})。共模抑制比越高,抑制温漂的能力越强。为提高 K_{CMR},在集成电路中经常应用恒流源电路作有源负载。

自我检测

1. 双极型晶体管工作在截止区的条件:发射结________,集电结________。

A. 反偏,正偏　　B. 正偏,反偏　　C. 反偏,反偏　　D. 正偏,正偏

2. 当晶体管工作在放大区时,下列说法正确的是________。

A. 发射结和集电结均反偏

B. 发射结和集电结均正偏

C. 发射结正偏,集电结反偏

3. 当晶体管工作在饱和区时,下列说法正确的是________。

A. 发射结和集电结均反偏

B. 发射结和集电结均正偏

C. 发射结正偏,集电结反偏

4. 对于双极型晶体管,下列说法正确的是________。

A. 发射极和集电极可以调换使用,因为发射区和集电区的掺杂浓度相同

B. 发射极和集电极可以调换使用,因为发射极和集电极的电流基本相同

C. 发射极和集电极不能调换使用,因为发射区和集电区的掺杂浓度不同,发射区掺杂浓度比集电区高

D. 发射极和集电极不能调换使用,因为发射区和集电区的掺杂浓度不同,发射区掺杂浓度比集电区低

5. 双极型晶体管工作在放大区和饱和区的电流放大系数之间的关系为________。

A. 工作在饱和区的电流放大系数大于工作在放大区的电流放大系数

B. 工作在饱和区的电流放大系数等于工作在放大区的电流放大系数

C. 工作在饱和区的电流放大系数小于工作在放大区的电流放大系数

D. 工作在饱和区的电流放大系数与工作在放大区的电流放大系数的关系不能确定

6. 对于双极型晶体管,下列叙述正确的是________。

A. 基区厚、掺杂浓度低　　B. 基区厚、掺杂浓度高

C. 基区薄、掺杂浓度高　　D. 基区薄、掺杂浓度低

7. 在放大电路中,测得工作在放大区的双极型晶体管的3个电极电位如图T5.7所示。管子的类型为______;3个电极:①为________②为________③为________。

A. NPN;C,E,B　　B. PNP;C,E,B　　C. NPN;B,E,C　　D. PNP;B,E,C

8. 在放大电路中晶体管3个电极的电流如图T5.8所示。电极①、②、③分别________;β 约为________;管子类型为________。

A. C,E,B;40;PNP　　B. C,E,B;40;NPN

C. B,E,C;50;PNP　　D. B,E,C;50;NPN

9. 已知二极管和晶体管均为硅管,判断图T5.9中各晶体管的工作状态。正确答案为________。

A. VT_1 饱和,VT_2 饱和　　B. VT_1 截止,VT_2 饱和

C. VT_1 截止,VT_2 放大　　D. VT_1 放大,VT_2 放大

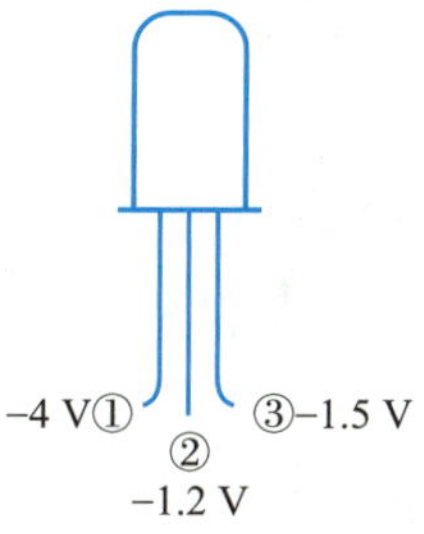

图 T5.7

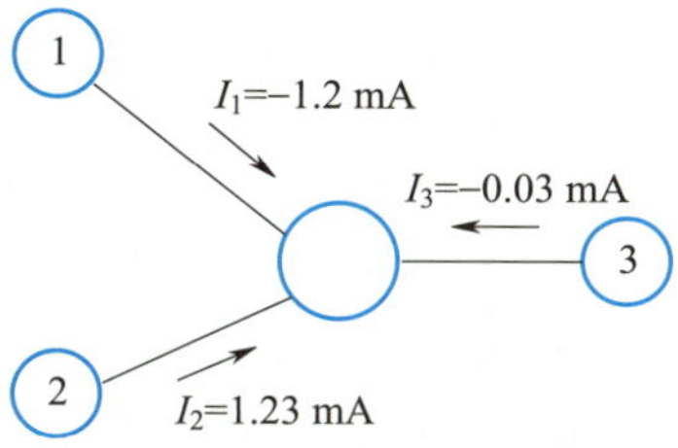

图 T5.8

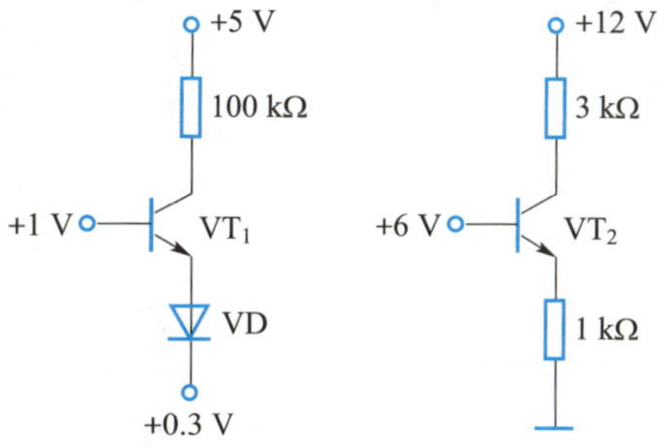

图 T5.9

10. 晶体管的极限参数 $P_{CM}=150\text{ mW}$,$I_{CM}=100\text{ mA}$,$U_{(BR)CEO}=30\text{ V}$。若其工作电压 $U_{CE}=10\text{ V}$,则工作电流不得超过________mA;若 $U_{CE}=1\text{ V}$,则工作电流不得超过________mA;若工作电流 $I_C=1\text{ mA}$,则工作电压 U_{CE} 不得超过________V。

A. 15;100;150　　B. 15;150;150　　C. 15;150;30　　D. 15;100;30

11. 某晶体管的 $P_{CM}=100\text{ mW}$、$I_{CM}=20\text{ mA}$、$U_{(BR)CEO}=15\text{ V}$。若要工作在放大状态,在下列几种情况下,哪种可能是正常工作状态?

A. $U_{CE}=15\text{ V}$,$I_C=10\text{ mA}$　　B. $U_{CE}=2\text{ V}$,$I_C=40\text{ mA}$

C. $U_{CE}=6\text{ V}$,$I_C=20\text{ mA}$　　D. $U_{CE}=8\text{ V}$,$I_C=10\text{ mA}$

12. 当温度升高时,晶体管的电流放大系数 β 和反向饱和电流 I_{CBO}________,发射结正向压降 U_{BE}________;共射输入特性曲线将________;输出特性曲线将________;输出特性曲线之间的间隔将________。

A. 变大,变小;左移;上移;增大　　B. 变大,变大;右移;上移;增大

C. 变大,变小;左移;下移;增大　　D. 变小,变大;右移;上移;增大

13. 改变双极型晶体管共射组态基本放大电路的集电极电阻 R_c 和电源电压 V_{CC},下列说法正确的是______。

A. 只改变直流负载线的斜率

B. 改变直流负载线与两坐标轴的交点,但不改变直流负载线的斜率

C. 改变直流负载线与两坐标轴的交点和直流负载线的斜率

D. 无任何影响

14. 在双极型晶体管共射组态基本放大电路中，当 β 一定时，在一定范围内增大 I_E，放大电路的电压放大倍数将________。

A. 增大　B. 减小　C. 不变　D. 不能确定

15. 在双极型晶体管共射组态基本放大电路中，适当增大 R_c，电压放大倍数将________，输出电阻________。

A. 变大，变大　B. 变大，不变　C. 变小，变大　D. 变小，变小

16. 图 T5.16 所示电路出现故障，测量得 $U_E=0$、$U_C=V_{CC}$。故障原因是________。

A. R_c 开路　B. R_c 短路　C. R_e 短路　D. R_{b1} 开路

17. 基本放大电路如图 T5.17 所示，已知 $V_{CC}=15$ V、$R_c=3$ kΩ、$R_b=390$ kΩ、$R_e=1.1$ kΩ、$R_L=10$ kΩ，$U_{BE}=0.7$ V，$\beta=99$，C_1、C_2、C_e 足够大。晶体管的工作状态为________。

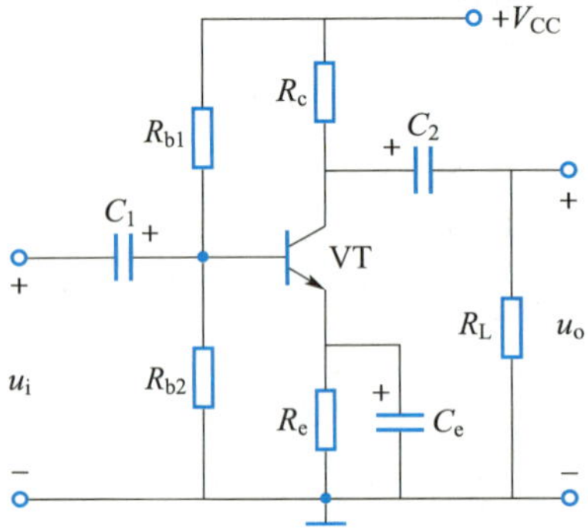

图 T5.16

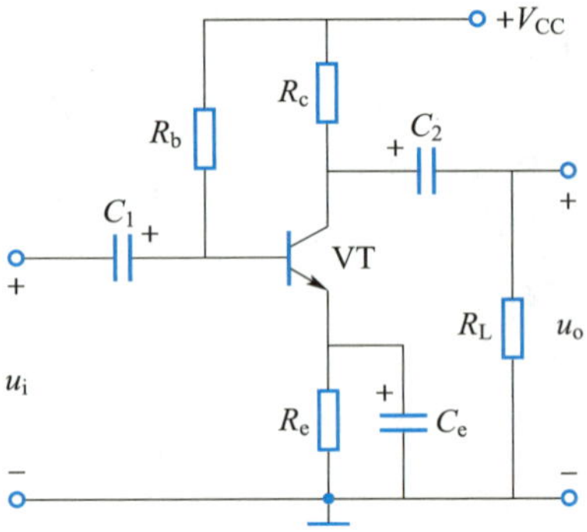

图 T5.17

A. 放大状态　B. 截止状态　C. 饱和状态　D. 倒置状态

18. 共射组态基本放大电路如图 T5.18(a)所示，其输出波形产生了图 T5.18(b)所示的失真，则属于________失真；如晶体管改为 PNP 管，电源改为负电源，电容 C_1、C_2 改变极性，若出现的失真仍为底部失真，则属于________失真。

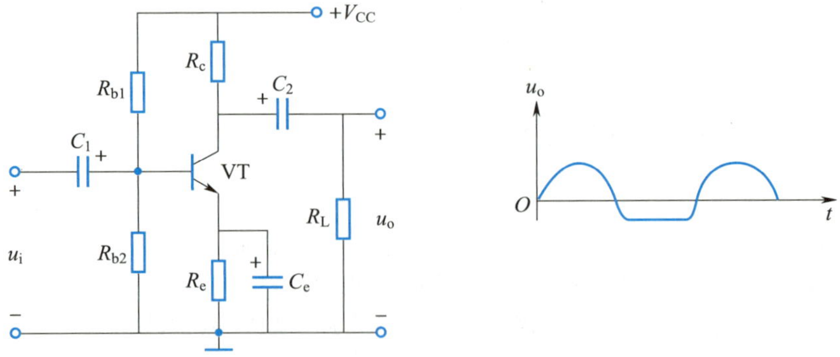

(a) 电路图　(b) 输出电压波形

图 T5.18

A. 饱和失真；截止失真　B. 截止失真；饱和失真

C. 饱和失真；饱和失真　D. 截止失真；截止失真

19. 放大电路的负载所获得的能量主要是由________提供的。

A. 输入端的信号源

B. 加在放大电路上的直流稳压电源

C. 电路中的有源元件

20. 共集组态基本放大电路具有________特点

A. 输出与输入同相,电压放大倍数略大于 1

B. 输出与输入同相,电压放大倍数小于 1 但约等于 1,输入电阻大和输出电阻小

C. 输出与输入同相,电压放大倍数等于 1,输入电阻大和输出电阻小

21. 关于场效应管,下列叙述正确的是________。

A. 它属于电流控制型器件

B. 其热稳定性不如双极型晶体管

C. 只依靠一种载流子参与导电,所以称之为单极型晶体管

22. 场效应管属________控制型器件,描述这一控制作用的参数为________。

A. 电流,低频跨导

B. 电压,低频跨导

C. 电压,电流放大系数

23. 给图 T5.23 中各场效应管填上正确的名称:①________;②________;③________。

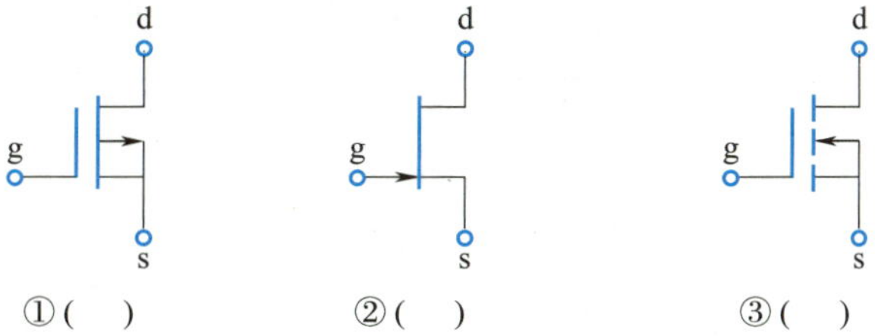

图 T5.23

A. P 沟道耗尽型 MOSFET;N 沟道结型;N 沟道增强型 MOSFET

B. P 沟道增强型 MOSFET;N 沟道结型;N 沟道增强型 MOSFET

C. N 沟道耗尽型 MOSFET;P 沟道结型;N 沟道增强型 MOSFET

D. N 沟道增强型 MOSFET;P 沟道结型;N 沟道增强型 MOSFET

24. 图 T5.24 中各特性曲线属于哪种场效应管的特性曲线? 设 i_D 的参考方向为从漏极 d 到源极 s。

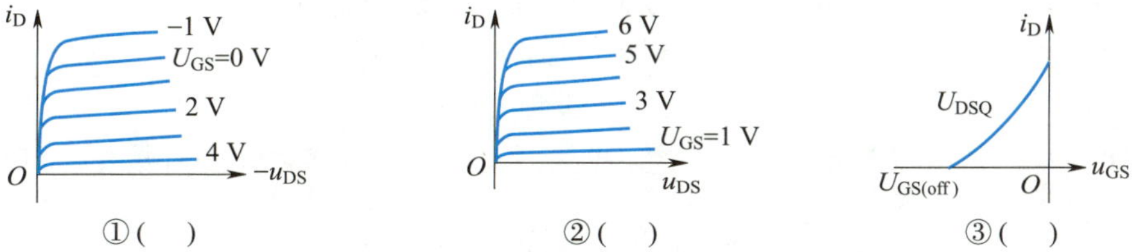

图 T5.24

A. P 沟道耗尽型 MOSFET;N 沟道结型;N 沟道增强型 MOSFET

B. P 沟道耗尽型 MOSFET;N 沟道增强型 MOSFET;N 沟道结型

C. N 沟道耗尽型 MOSFET;N 沟道结型;N 沟道增强型 MOSFET

D. N 沟道耗尽型 MOSFET;N 沟道增强型 MOSFET;N 沟道结型

25. 双极型晶体管(BJT)和场效应管(MOSFET)比较,选择正确答案________。

A. BJT 有两种载流子参与导电，MOSFET 只有一种

B. BJT 属电压控制型器件，MOSFET 属电流控制型器件

C. BJT 的热稳定性好于 MOSFET 的热稳定性

D. BJT 易受静电影响，MOSFET 不易受静电影响

26. 图 T5.26 的耦合方式为：(a)________，(b)________，(c)________。

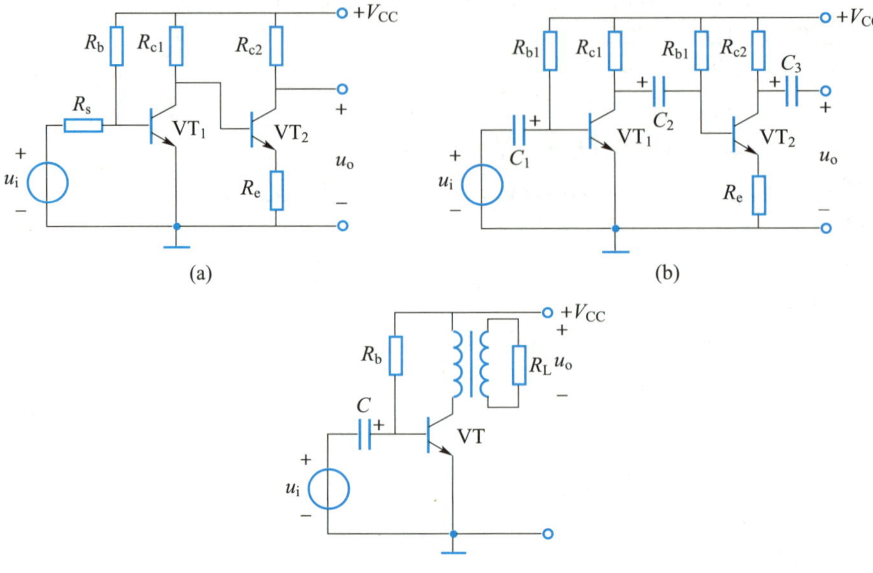

图 T5.26

A. 直接耦合，变压器耦合，阻容耦合　　B. 直接耦合，阻容耦合，变压器耦合

C. 阻容耦合，直接耦合，变压器耦合　　D. 阻容耦合，直接耦合，电感耦合

27. 直接耦合放大电路存在零点漂移的主要原因是________。

A. 晶体管参数受温度的影响　　B. 晶体管参数的分散性

C. 电阻阻值有误差　　D. 电容值有误差

28. 集成运算放大器的输入级一般采用差分放大电路，是因为差分放大电路可以________。

A. 提高共模抑制比　　B. 提高开环电压放大倍数

C. 提高电路的输入电阻　　D. 实现单端输入变双端输出

29. 差分放大电路一般有两个输入端：________和________。有两个输出端，组合起来就有四种连接方式：________、________、________和________。

A. 基极输入端，集电极输入端，双入双出，双入单出，单入双出，单入单出

B. 同相输入端，反相输入端，双入双出，双入单出，单入双出，单入单出

C. 射极输入端，集电极输入端，双入双出，双入单出，单入双出，单入单出

D. 射极输入端，基极输入端，双入双出，双入单出，单入双出，单入单出

30. 一对差模信号是指两个________、________的双端输入信号；一对共模信号是指两个________、________的双端输入信号。

A. 幅度不等，极性相反，幅度相等，极性相同　　B. 幅度不等，极性相反，幅度不等，极性相同

C. 幅度相等,极性相反,幅度相等,极性相同　D. 幅度相等,极性相反,幅度相等,极性不同

31. 共模抑制比 $K_{\mathrm{CMR}}=$________。K_{CMR} 越大,表明电路________。

A. $\left|\dfrac{A_{uc}}{A_{ud}}\right|$,放大能力越强　B. $\left|\dfrac{A_{ud}}{A_{uc}}\right|$,抑制零点漂移能力越强

C. $\left|\dfrac{A_{uc}}{A_{ud}}\right|$,输出功率越大　D. $\left|\dfrac{A_{ud}}{A_{uc}}\right|$,带负载能力越强

32. 恒流源差分放大电路采用恒流源偏置的目的是________。

A. 提高差模放大倍数　B. 抑制共模信号　C. 抑制差模信号　D. 放大共模信号

【答案】 1. C　2. C　3. B　4. C　5. C　6. D　7. B　8. A　9. B　10. D　11. D　12. A　13. C　14. A　15. A　16. D　17. A　18. A　19. B　20. B　21. C　22. B　23. A　24. B　25. A　26. B　27. A　28. A　29. B　30. C　31. B　32. B

习　　题

【5-1】　如何用指针式万用表判断出一个晶体管是 NPN 型还是 PNP 型?如何判断出晶体管的三个电极?锗管和硅管如何通过实验区别?

【5-2】　图 P5.2 所示电路中,开关分别掷在 1、2、3 位置,在哪个位置时 I_B 最大,在哪个位置时 I_B 最小?为什么?

【5-3】　用万用表直流电压挡测得电路中晶体管各极对地电位如图 P5.3 所示,试判断晶体管分别处于哪种工作状态(饱和、截止、放大)。

【5-4】　已知 $\beta=50$,分析图 P5.4 所示各电路中硅晶体管的工作状态。

【5-5】　分别画出图 P5.5 所示电路的直流通路和交流通路。

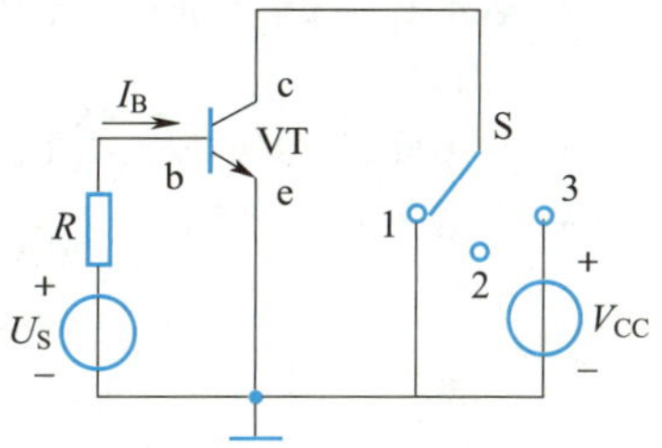

图 P5.2

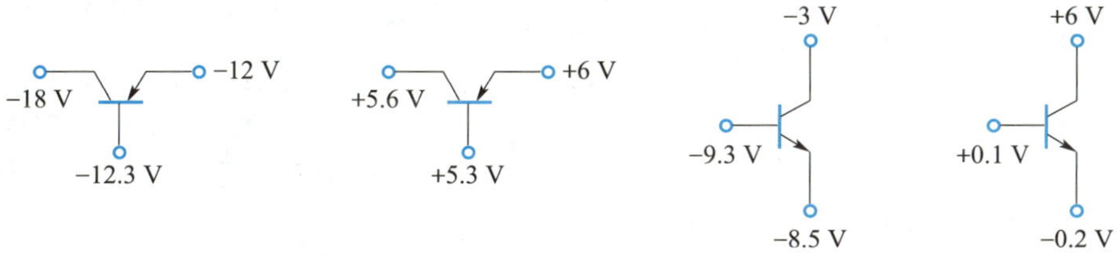

图 P5.3

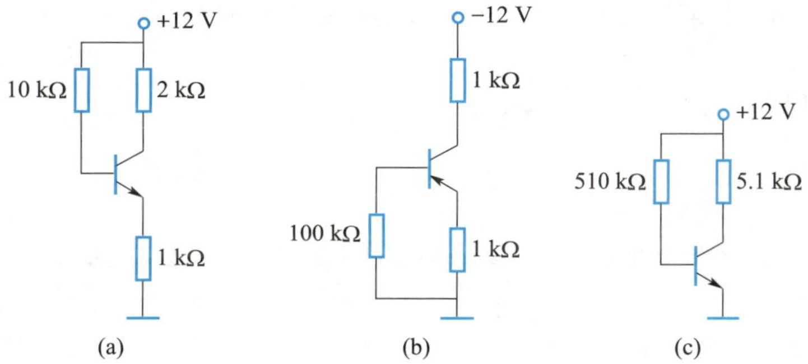

图 P5.4

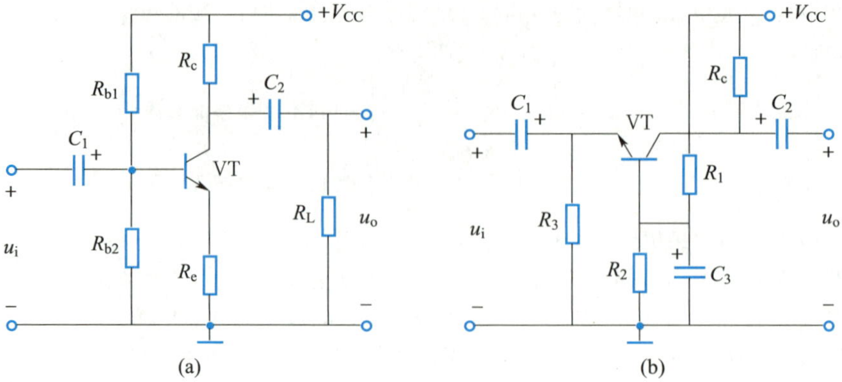

图 P5.5

【5-6】 放大电路如图 P5.6(a)所示，晶体管的输出特性曲线以及放大电路的交、直流负载线如图 P5.6(b)所示。设 $U_{BE}=0.6\ V$，$r_{bb'}=300\ \Omega$。

(1) 计算 R_b、R_c、R_L；

(2) 若不断加大输入正弦波电压的幅值，该电路先出现截止失真还是饱和失真？刚出现失真时，输出电压的峰-峰值为多大？

(3) 计算放大电路的输入电阻、电压放大倍数 A_u 和输出电阻；

(4) 若电路中其他参数不变，只将晶体管换成 β 值小一半的管子，这时 I_{BQ}、I_{CQ}、U_{CEQ} 以及 $|A_u|$ 将如何变化？

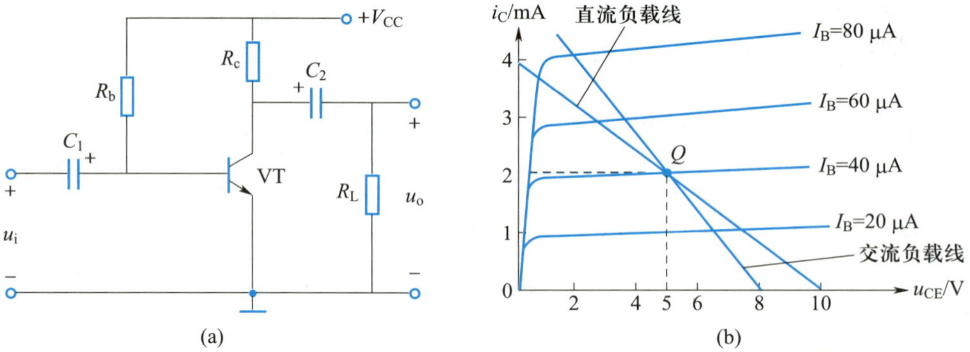

图 P5.6

【5-7】 共射组态基本放大电路如图 P5.7 所示。设晶体管的 $\beta=100$，$U_{BEQ}=-0.2\ V$，$V_{CC}=10\ V$，$r_{bb'}=200\ \Omega$，C_1，C_2 足够大。

(1) 计算静态时的 I_{BQ}、I_{CQ} 和 U_{CEQ}；

(2) 计算晶体管的 r_{be} 值；

(3) 求出中频电压放大倍数 $\dot{A}_u$；

(4) 若输出电压波形出现底部削平的失真，问晶体管产生了截止失真还是饱和失真？若使失真消失，应该调整电路中的哪个参数？

【5-8】 电路如图 P5.8 所示，设 $V_{CC}=15\ V$，$R_{b1}=30\ k\Omega$、$R_{b2}=10\ k\Omega$、$R_c=4\ k\Omega$、$R_e=2\ k\Omega$，电容 C_1、C_2 和 C_e 都足够大，$\beta=100$，$U_{BE}=0.7\ V$，$R_L=2\ k\Omega$。

（1）求电路的静态工作点 I_{BQ}、I_{CQ}、U_{CEQ}；

（2）求电路的中频电压放大倍数 $\dot{A}_u$，输入电阻 R_i 和输出电阻 R_o；

（3）若信号源具有 $R_s = 800\ \Omega$ 的内阻，求源电压放大倍数 $\dot{A}_{us}$；

（4）求最大不失真输出电压幅值。

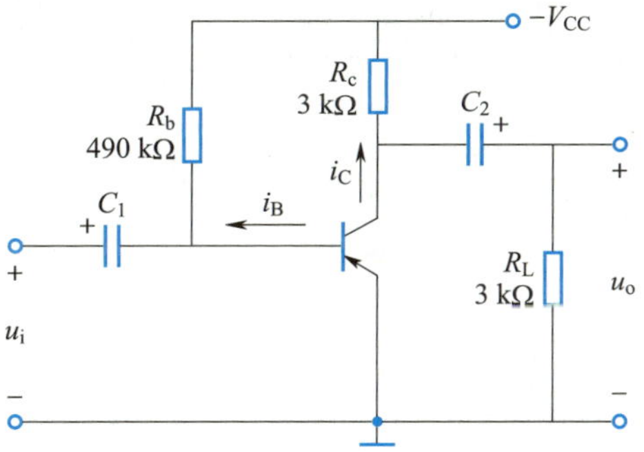

图 P5.7

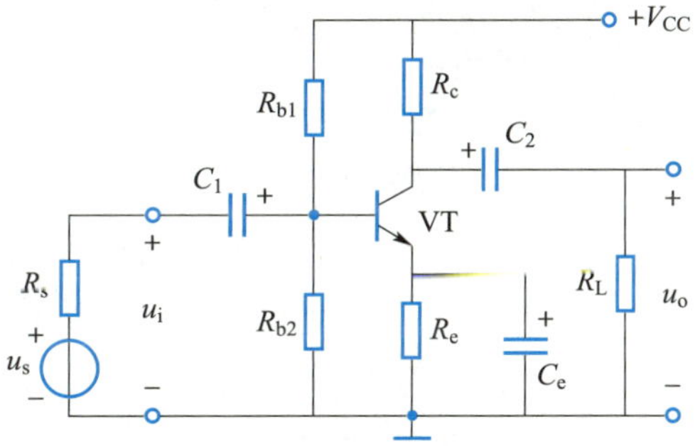

图 P5.8

【5-9】 电路如图 P5.9 所示，已知 $\beta = 50$、$r_{be} = 1.5\ k\Omega$、$V_{CC} = 12\ V$，计算电压放大倍数；若保持 $\beta = 50$ 不变，将 R_L 由 4 kΩ 改为 2 kΩ，则电压放大倍数将如何变化？在其他参数不变的情况下，β 变为 100，放大倍数将如何变化？

【5-10】 图 P5.10 为射极输出器，已知 $V_{CC} = 12\ V$，$R_b = 110\ k\Omega$，$R_e = 3\ k\Omega$，$R_L = 3\ k\Omega$，$\beta = 50$，$r_{be} = 1\ k\Omega$，$U_{BE} = 0.7\ V$，耦合电容的容量足够大。试计算电路的电压放大倍数、输入电阻和输出电阻。

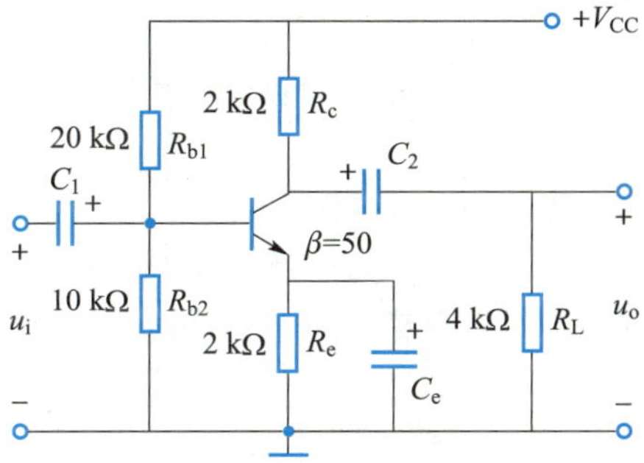

图 P5.9

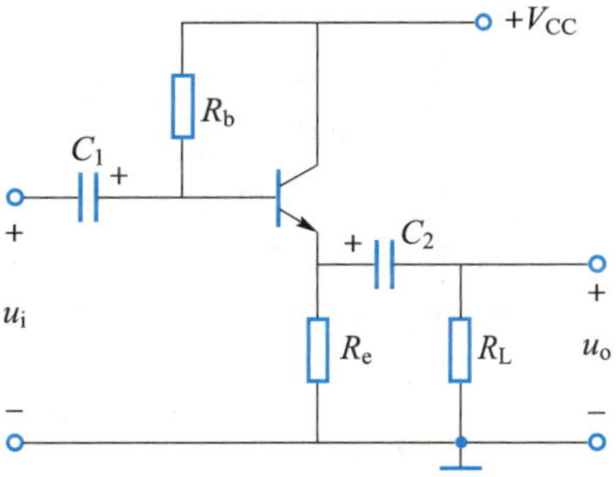

图 P5.10

【5-11】 已知共基组态基本放大电路如图 P5.11 所示。晶体管的 $U_{BE} = 0.7\ V$，$\beta = 100$，$V_{CC} = +15\ V$。计算该放大电路的静态工作点、中频电压放大倍数、输入电阻和输出电阻。

【5-12】 在图 P5.12 所示电路中，已知晶体管的 $\beta = 100$，$U_{BEQ} = 0.6\ V$，$r_{bb'} = 100\ \Omega$，$V_{CC} = 10\ V$。

（1）求静态工作点；

（2）画出中频微变等效电路；

（3）求 $\dot{A}_u$ 和 $\dot{A}_{us}$；

（4）求 R_i 和 R_o。

【5-13】 共集组态基本放大电路如图 P5.13(a)所示，其输出波形产生了如图 P5.13(b)所示的失真。请问该失真属于饱和失真还是截止失真？消除该种失真最有效的方法是什么？如晶体管改为 PNP 管，若出现的仍为底部失真，上面的答案又怎样？

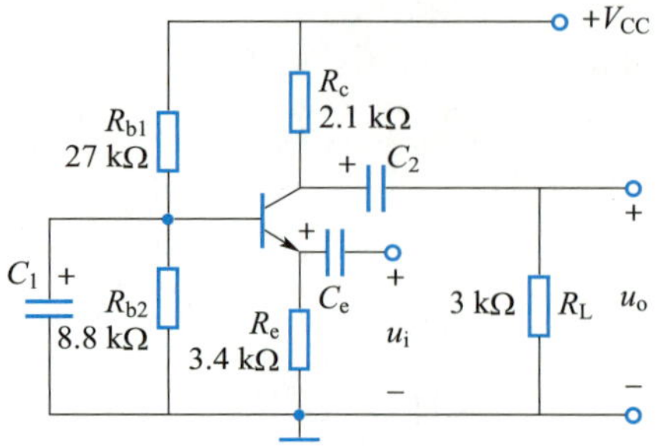

图 P5. 11

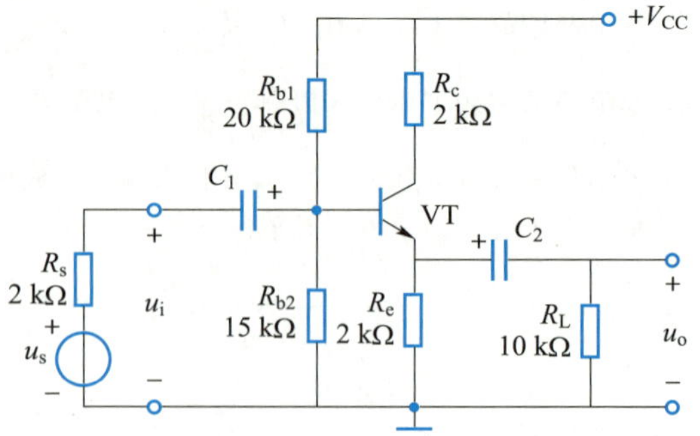

图 P5. 12

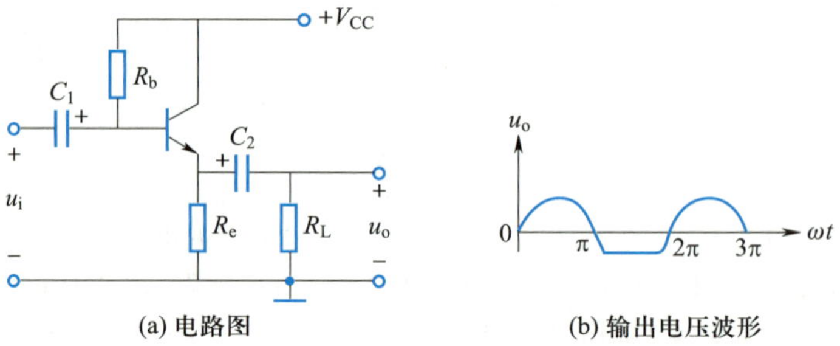

图 P5. 13

【5-14】 填空：

(1) 场效应管从结构上分成________和________两种类型，它的导电过程仅仅取决于________载流子的流动，因而它又称为________器件。

(2) 场效应管属于________控制型器件，而双极型晶体管是________控制型器件。

【5-15】 两个场效应管的转移特性曲线分别如图 P5. 15(a)、(b)所示，分别确定这两个场效应管的类型，并求其主要参数(开启电压或夹断电压，低频跨导)。测试时电流 i_D 的参考方向为从漏极 d 到源极 s。

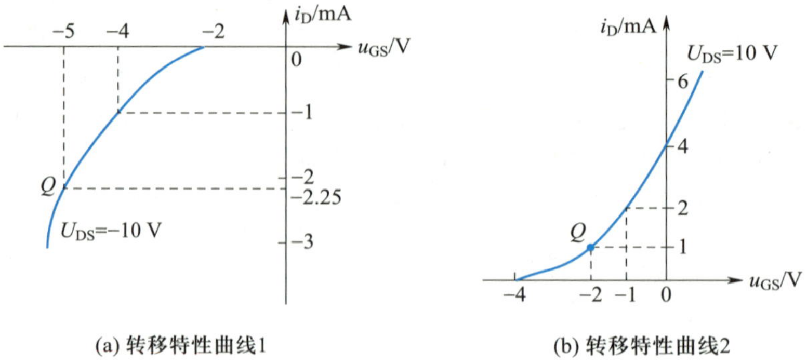

图 P5. 15

【5-16】 已知图 P5. 16(a)所示电路中场效应管的转移特性如图 P5. 16(b)所示。求解电路的静态工作点和电压放大倍数。

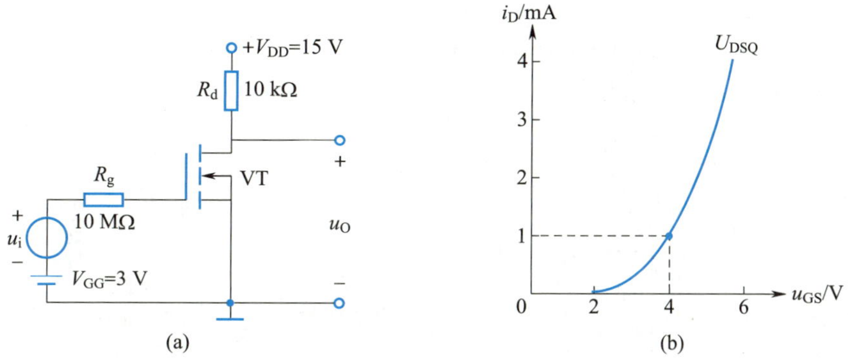

图 P5.16

【5-17】 电路如图 P5.17 所示，设 MOS 管的参数为 $U_{GS(th)}=1\ V$，$I_{DO}=500\ \mu A$。已知电路参数为 $V_{DD}=5\ V$，$-V_{ss}=-5\ V$，$R_d=10\ k\Omega$，$R=0.5\ k\Omega$，$I_{DQ}=0.5\ mA$。若流过 R_{g1}、R_{g2} 的电流是 I_{DQ} 的 1/10，试确定 R_{g1} 和 R_{g2} 的值。

【5-18】 电路如图 P5.17 所示，已知 $R_d=10\ k\Omega$，$R_s=R=0.5\ k\Omega$，$R_{g1}=165\ k\Omega$，$R_{g2}=35\ k\Omega$，$U_{GS(th)}=1\ V$，$I_{DO}=1\ mA$，电路静态工作点处 $U_{GSQ}=1.5\ V$。试求共源极电路的小信号电压放大倍数 $A_u(=u_o/u_i)$ 和源电压放大倍数 $A_{us}(=u_o/u_s)$。

【5-19】 电路如图 P5.19，场效应管的 $r_{ds}\gg R_D$。

(1) 画出该放大电路的中频微变等效电路；

(2) 写出 $\dot{A}_u$、R_i 和 R_o 的表达式；

(3) 定性说明当 R_s 增大时，$\dot{A}_u$、R_i 和 R_o 是否变化，如何变化；

(4) 若 C_s 开路，$\dot{A}_u$、R_i 和 R_o 是否变化？如何变化？写出变换后的表达式。

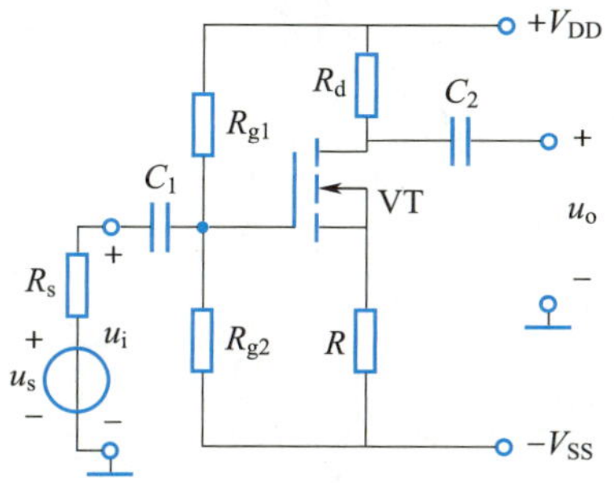

图 P5.17

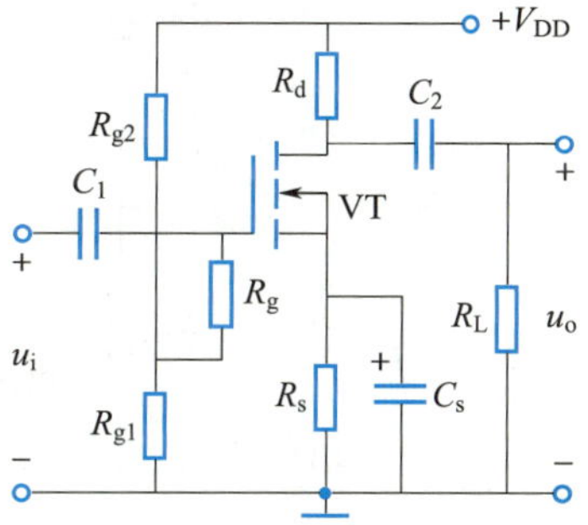

图 P5.19

【5-20】 在图 P5.20 所示电路中，已知 $U_{GSQ}=-2\ V$，管子参数 $I_{DSS}=4\ mA$，$U_{GS(off)}=-4\ V$。设电容在交流通路中可视为短路。

(1) 求电流 I_{DQ} 和电阻 R_s；

(2) 画出中频微变等效电路，用已求得的有关数值计算 $\dot{A}_u$、R_i 和 R_o。（设 r_{ds} 的影响可以忽略不计）；

(3) 为显著提高 $|\dot{A}_u|$，最简单的措施是什么？

【5-21】 场效应管放大电路如图 P5.21 所示，其中 $R_{g1}=300\ k\Omega$，$R_{g2}=120\ k\Omega$，$R_{g3}=10\ M\Omega$，$R_s=R_d=10\ k\Omega$，C_S 的容量足够大，$V_{DD}=16\ V$，设 FET 的饱和电流 $I_{DSS}=1\ mA$，夹断电压 $U_{GS(off)}=-2\ V$。

(1) 求放大电路的静态工作点；

(2) 用中频微变等效电路法求电路的电压放大倍数；

(3) 若 C_s 开路，再求电压放大倍数。

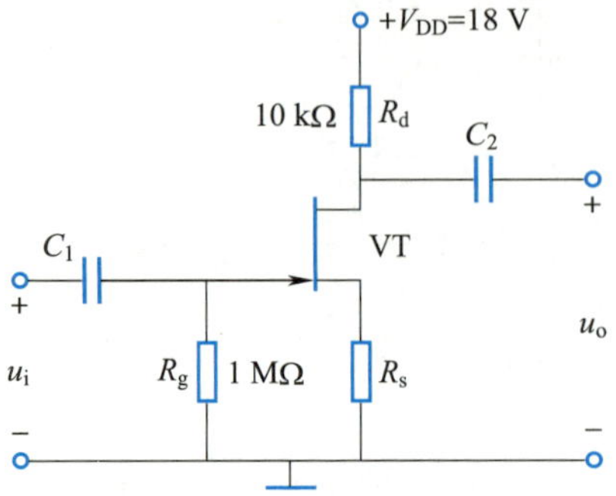

图 P5.20

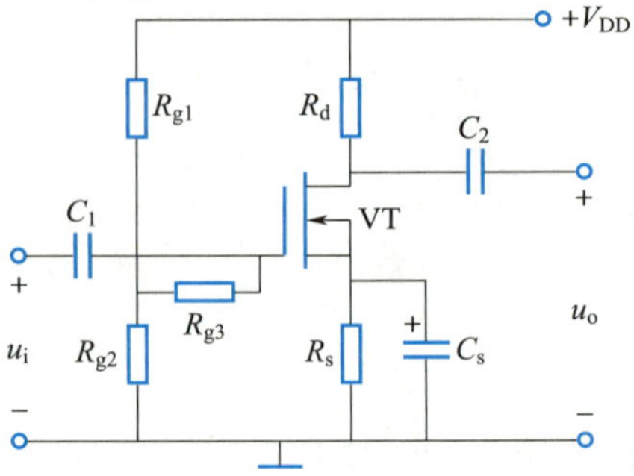

图 P5.21

【5-22】　电路如图 P5.22 所示。

(1) 设 β_1、β_2、r_{be1}、r_{be2} 及电路中各电阻均为已知，写出 $\dot{A}_u=\dfrac{\dot{U}_o}{\dot{U}_i}$ 及 R_i，R_o 的表达式。

(2) 设输入为正弦信号时，输出电压波形出现了顶部失真。若原因是第一级的 Q 点不合适，问第一级产生了什么失真？如何消除？若原因是第二级 Q 点不合适，问第二级产生了什么失真？如何消除？

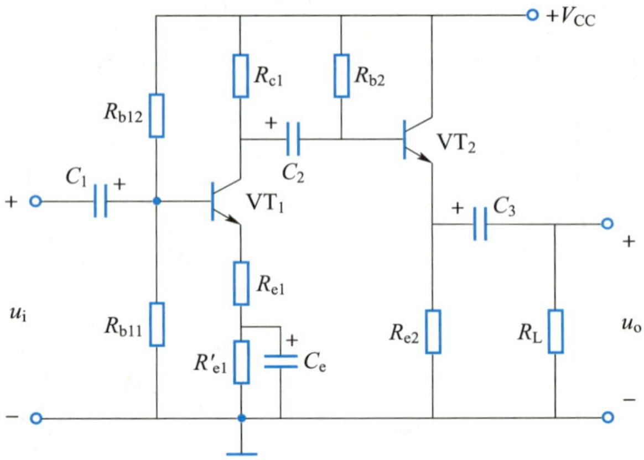

图 P5.22

【5-23】　某差分放大电路如图 P5.23 所示，设对称晶体管的 $\beta=50$，$r_{bb'}=300\ \Omega$，$U_{BE}=0.7\ \text{V}$，R_P 的影响可以忽略不计。

(1) 估算 VT_1、VT_2 的静态工作点。

(2) 估算差模电压放大倍数 A_{ud}。

(3) 仿真验证上述结果。

【5-24】　在图 P5.24 所示的差分放大电路中，已知两个对称晶体管的 $\beta=50$，$r_{be}=1.2\ \text{k}\Omega$。

(1) 画出共模、差模半边电路的交流通路。

（2）求双端输出时差模电压放大倍数 A_{ud}。

（3）求单端输出和双端输出时差分放大电路的共模抑制比 K_{CMR}。

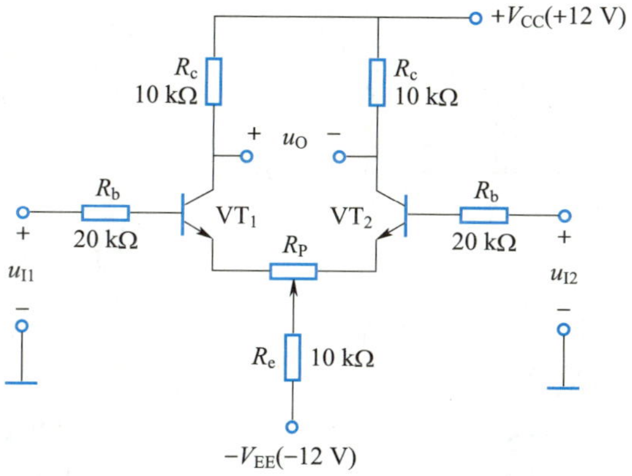

图 P5.23

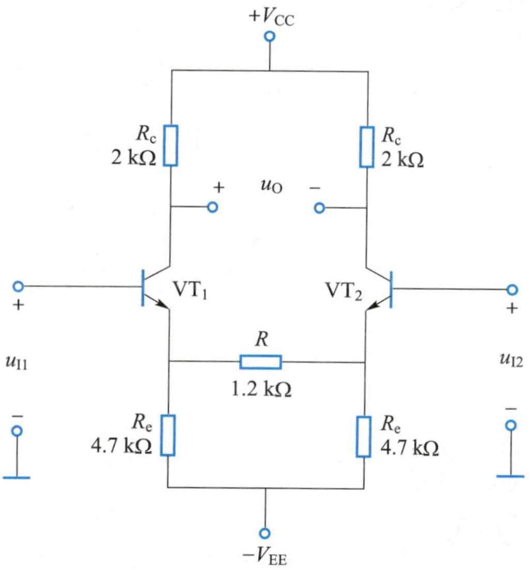

图 P5.24

【5-25】 分析图 P5.25 所示电路，在三种可能的答案（a. 增大；b. 减小；c. 不变）中选择正确者填空，设元件参数改变所引起的工作点改变不至于造成晶体管处于截止或饱和状态。

（1）若电阻 R_e 增大，则差模电压放大倍数________，共模电压放大倍数________。

（2）若电阻 R 增大，则差模电压放大倍数________；共模电压放大倍数________。

（3）若两个 R_c 增大同样的数量，则差模电压放大倍数________；共模电压放大倍数________。

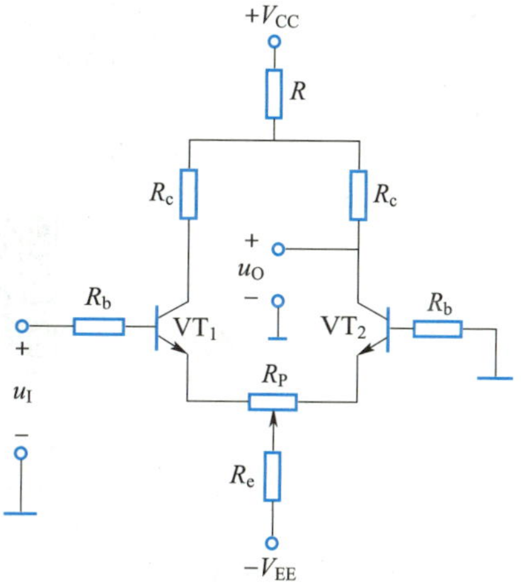

图 P5.25

【5-26】 在图 P5.26 所示的放大电路中，各晶体管的 β 均为 50，$U_{BE}=0.7\ \text{V}$，$r_{be1}=r_{be2}=3\ \text{k}\Omega$，$r_{be4}=r_{be5}=1.6\ \text{k}\Omega$，已知静态时电位器 R_P 的滑动端调至中点，测得输出电压 $U_O=+3\ \text{V}$。

（1）计算各级静态工作点：I_{C1}、U_{C1}、I_{C2}、U_{C2}、I_{C4}、U_{C4}、I_{C5}、U_{C5}（其中电压均为对地电位）以及 R_e 的阻值。

（2）设差分放大电路的共模抑制比极大，计算总电压放大倍数 $A_u=\dfrac{u_o}{u_{I1}}$。

【5-27】 已知电路参数如图 P5.27 所示，设运算放大器具有理想特性。

（1）计算静态时运放的共模输入电压值；

（2）若要实现电压串联反馈，R_f 应接向何处？

（3）若要实现电压串联负反馈，运放输入端的极性应该如何确定？

（4）设电路引入电压串联负反馈，试计算在深度负反馈条件下放大电路的闭环电压放大倍数。

微视频 5-13
习题 5-26 精解

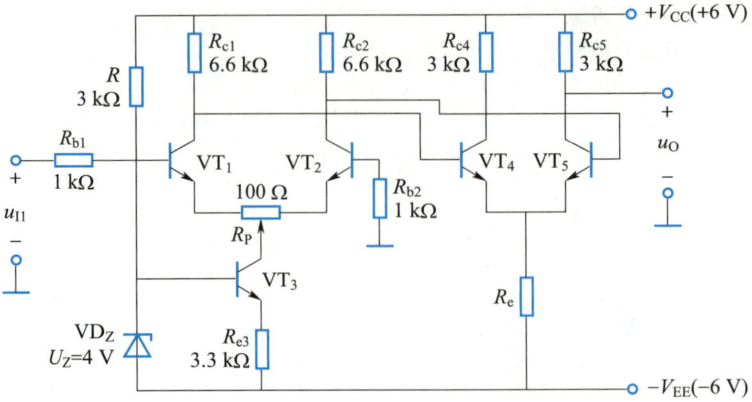

图 P5. 26

微视频 5-14
习题 5-27 精解

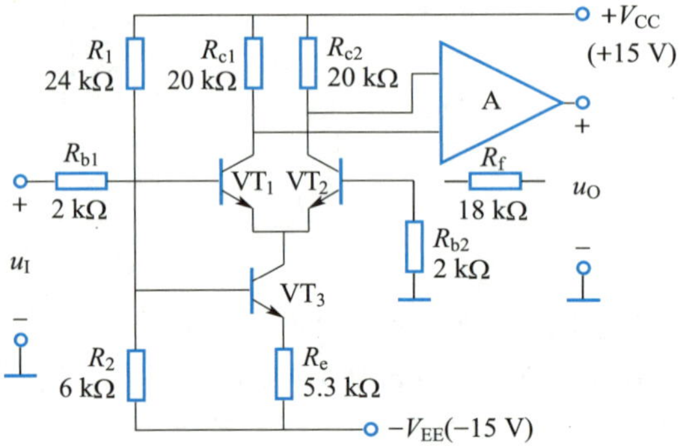

图 P5. 27

第 5 章习题解答

第 5 章电子教案

第 6 章　放大电路的频率响应

6.1　引　　言

由于放大电路中存在电抗性元件(如耦合电容、旁路电容)和晶体管的极间电容,它们的电抗随输入信号频率变化而变化。因此,放大电路对不同频率的信号具有不同的放大能力,电压放大倍数的大小和相角均会随频率而变化。本章主要讨论如下问题:

1. 放大电路的频率特性是什么? 为什么频率失真被称为线性失真?
2. 放大电路在低频段放大倍数下降的原因是什么?
3. 放大电路在高频段放大倍数下降的原因是什么?
4. 放大电路在全频段的频率特性表达式如何描述?

6.2　频率响应的基本概念

6.2.1　频率特性

由于放大电路中存在着电抗性元件(如耦合电容、旁路电容)和晶体管的极间电容,它们的电抗随工作频率变化而变化。因此,放大电路对不同频率的信号具有不同的放大能力,电压放大倍数的大小和相角均会随频率而变化。放大电路电压放大倍数可表示为频率的复函数。

$$\dot{A}=|\dot{A}(\omega)|e^{j\varphi(\omega)} \tag{6.2.1}$$

式中,ω 为信号的角频率,$|\dot{A}(\omega)|$为电压放大倍数的幅值,$\varphi(\omega)$为电压放大倍数的相角。

式(6.2.1)表示放大电路的频率响应,其中$|\dot{A}(\omega)|$为幅度频率特性,简称**幅频特性**,描述了电压放大倍数的幅值随频率变化的规律;$\varphi(\omega)$为相位频率特性,简称**相频特性**,描述了输出信号与输入信号之间相位差随信号频率变化而变化的规律。

6.2.2　频率失真

在分析放大电路的频率响应时,可将信号频率划分为三个区域:低频段、中频段和高频段。

在中频段,晶体管放大电路中的耦合电容和旁路电容可视为对交流信号短路,而晶体管的极间电容和电路中的分布电容可视为开路,此时的电压放大倍数和输出与输入信号的相位差基本上为常数,不随频率变化。在低频段,耦合电容的容抗变大,不能再被视为对交流信号短路,此时的电压放大倍数随信号频率的降低而减小,且产生超前相移。在高频段,晶体管的极间电容和电路中的分布电容不能被视为对交流信号开路,此时的电压放大倍数随信号频率的增加而减小,且产生滞后相移。

理论上许多非正弦信号的频谱范围都延伸到无穷大,而放大电路的带宽却是有限的,对不同频率信号的电压放大倍数幅值和相角并不相同。例如,图6.2.1中输入信号由基波和三次谐波组成,如果放大电路对基波和三次谐波的放大倍数不同而造成输出电压波形失真,这种幅频特性偏离中频值的现象,称为**幅频失真**;图6.2.2中放大电路对基波和二次谐波的相移不同而造成输出电压波形失真,这种相频特性偏离中频值的现象,称为**相频失真**。

(a) 输入信号(由基波和三次谐波组成)　　(b) 基波较小、三次谐波较大

图6.2.1　幅频失真示意图

(a) 输入信号(由基波和二次谐波组成)　　(b) 二次谐波产生相移

图6.2.2　相频失真示意图

幅频失真和相频失真总称为**频率失真**。它们都是由于线性电抗元件所引起的,所以又称为**线性失真**。幅频失真和相频失真几乎是同时发生的,分开讨论这两种失真,只是为了方便读者理解。比较幅频失真和相频失真对波形的影响,相频失真对波形的影响更大一些。

为将信号的频率失真限制在容许的范围内,要求设计放大电路时正确估计信号的有效带宽,以使放大电路带宽与信号带宽相匹配。

思考题

6-2-1　什么是线性失真?什么是非线性失真?

6-2-2　幅度失真和相位失真属于线性失真,还是属于非线性失真?为什么?

6.3 一阶 *RC* 电路的频率响应

6.3.1 一阶 *RC* 低通电路

一阶 *RC* 低通电路如图 6.3.1 所示，其电压放大倍数 $\dot{A}_u$ 为

$$\dot{A}_u=\frac{\dot{U}_o}{\dot{U}_i}=\frac{\dfrac{1}{j\omega C}}{R+\dfrac{1}{j\omega C}}=\frac{1}{1+j\dfrac{\omega}{\omega_H}}=\frac{1}{1+j\dfrac{f}{f_H}} \tag{6.3.1}$$

$$f_H=\frac{1}{2\pi RC} \tag{6.3.2}$$

式中，$\omega_H=\dfrac{1}{RC}=\dfrac{1}{\tau}$，$f_H$ 称为上限截止频率。

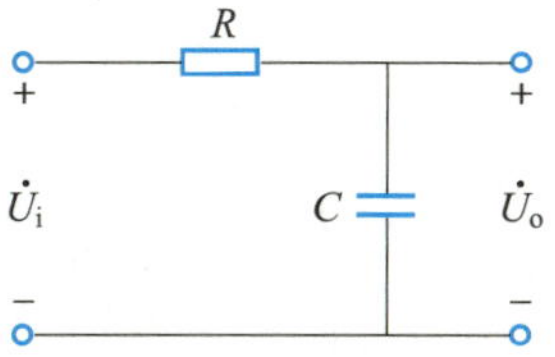

图 6.3.1 一阶 *RC* 低通电路

$\dot{A}_u$ 的模和相角分别为

$$|\dot{A}_u|=\frac{1}{\sqrt{1+(f/f_H)^2}} \tag{6.3.3}$$

$$\varphi=-\arctan(f/f_H) \tag{6.3.4}$$

由此可作出如图 6.3.2 所示的一阶 *RC* 低通电路的近似频率特性曲线。

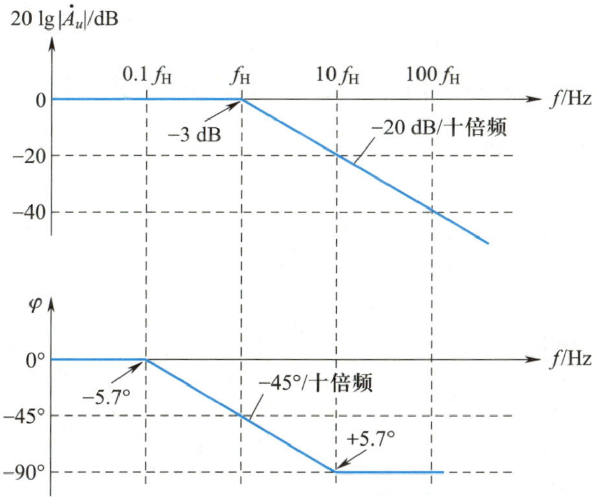

图 6.3.2 一阶 *RC* 低通电路的频率特性曲线

微视频 6-1
频率特性波特图的画法

为了方便起见，将频率特性曲线画成折线的形式。对于幅频特性，根据式(6.3.3)，当 $f=f_H$ 时，$20\lg|\dot{A}_u|=20\lg(1/\sqrt{2})=-3$ dB，在 f_H 处与实际的幅频特性曲线有最大的误差，其值为 −3 dB。

频率大于 f_H 后，每增加 10 倍，$|\dot{A}_u|$约下降为原来的十分之一，$20\lg|\dot{A}_u|$减小 20 dB，该段幅频特性曲线具有-20 dB/十倍频的斜率。对相频特性，根据式(6.3.4)，当 $f=f_H$ 时，相频特性将滞后 45°，并具有-45°/十倍频的斜率，在 $0.1f_H$ 和 $10f_H$ 处与实际的相频特性有最大的误差，其值分别为-5.7°和+5.7°。这种用折线画出的频率特性曲线称为**波特图**，是分析放大电路频率响应的重要手段。

6.3.2 一阶 *RC* 高通电路

一阶 *RC* 高通电路如图 6.3.3 所示，其电压放大倍数 $\dot{A}_u$ 为

$$\dot{A}_u=\frac{\dot{U}_o}{\dot{U}_i}=\frac{R}{R+\frac{1}{j\omega C}}=\frac{j\omega/\omega_L}{1+j\omega/\omega_L}=\frac{jf/f_L}{1+jf/f_L}=\frac{1}{1-jf_L/f} \tag{6.3.5}$$

$$f_L=\frac{1}{2\pi RC} \tag{6.3.6}$$

式中，$\omega_L=\frac{1}{RC}=\frac{1}{\tau}$，$f_L$ 即下限截止频率。

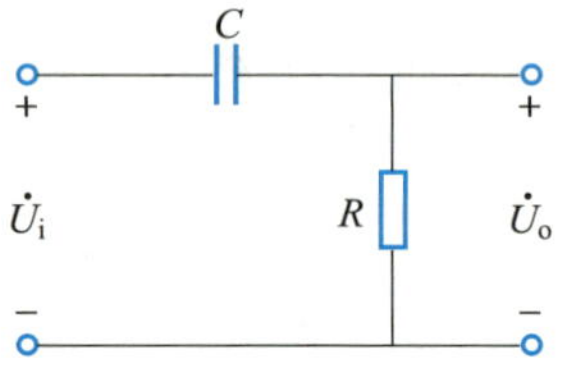

图 6.3.3 一阶 *RC* 高通电路

$\dot{A}_u$ 的模和相角分别为

$$|\dot{A}_u|=\frac{1}{\sqrt{1+(f_L/f)^2}} \tag{6.3.7}$$

$$\varphi=\arctan\left(\frac{f_L}{f}\right) \tag{6.3.8}$$

由此可作出如图 6.3.4 所示的一阶 *RC* 高通电路的折线化频率特性曲线(波特图)。

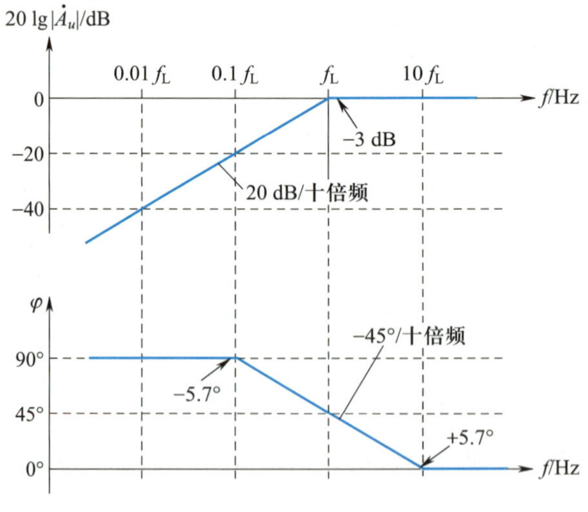

图 6.3.4 一阶 *RC* 高通电路的频率特性曲线

6.4　晶体管与场效应管的高频小信号模型

6.4.1　晶体管的混合 π 高频小信号模型

1. 物理结构模型

混合 π 高频小信号模型是通过晶体管的物理结构而建立的，晶体管的物理结构示意图如图 6.4.1 所示。

图中 $r_{bb'}$、r_c 和 r_e 分别是基区、集电区和发射区的体电阻，其中 r_c 和 r_e 的数值较小，常常忽略不计。b′是假想的基区中的一个点，$r_{b'c'}$、$r_{b'e'}$ 分别是集电结、发射结电阻。$C_{b'e'}$ 是发射结电容，常用 C_π 表示。$C_{b'c'}$ 是集电结电容，常用 C_μ 表示。

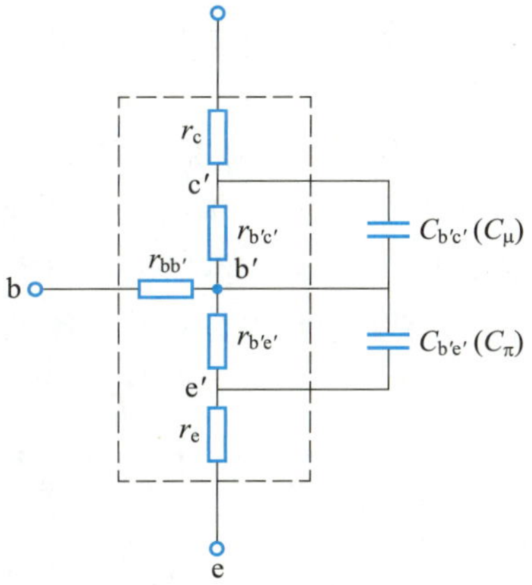

图 6.4.1　晶体管物理结构示意图

2. 用 $g_m\dot{U}_{b'e}$ 代替 $\beta_0\dot{I}_{bo}$

根据图 6.4.1 的晶体管物理结构示意图，结合晶体管的低频模型可以画出混合 π 模型电路，如图 6.4.2 所示。在低频模型中，受控源是 $\beta\dot{I}_b$。在高频混合 π 小信号模型中，因为晶体管能够放大的电流为流经 $r_{b'e}$ 的电流 $\dot{I}_{bo}$，不包含流过 $C_{b'e'}$ 的电流，所以将电流源 $\beta_0\dot{I}_b$ 改为 $\beta_0\dot{I}_{bo}$，β_0 为低频段晶体管的电流放大系数。

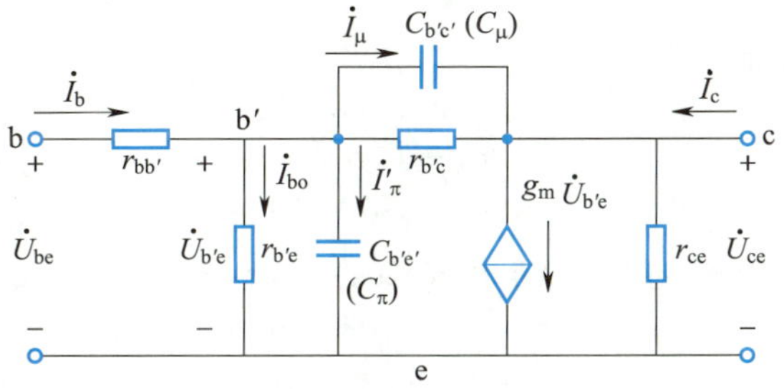

图 6.4.2　晶体管的混合 π 形模型电路

在研究高频微变等效电路时，由于结电容 C_π 和 C_μ 的存在，晶体管的电流放大系数是频率的函数。半导体物理研究指出，受控电流 $\dot{I}_c$ 与 $\dot{U}_{b'e}$ 有线性关系，且与频率无关，为简化问题，用 $g_m\dot{U}_{b'e}$ 取代 $\beta_0\dot{I}_{bo}$，可使受控源电流与频率无关，即

$$\beta_0\dot{I}_{bo}=\beta_0\frac{\dot{U}_{b'e}}{r_{b'e}}=\beta_0\frac{\dot{I}_{bo}\dot{U}_{b'e}}{\dot{I}_{bo}r_{b'e}}=\frac{\dot{I}_c\dot{U}_{b'e}}{\dot{U}_{b'e}}=g_m\dot{U}_{b'e} \tag{6.4.1}$$

g_m 称为跨导，定义

$$g_m=\frac{\dot{I}_c}{\dot{U}_{b'e}}=\frac{\dot{I}_c/\dot{I}_{bo}}{\dot{U}_{b'e}/\dot{I}_{bo}}=\frac{\beta_0}{r_{b'e}} \tag{6.4.2}$$

g_m 还可写成

$$g_m=\frac{\beta_0}{r_{b'e}}=\frac{\beta_0}{(1+\beta_0)\frac{U_T}{I_{EQ}}}\approx\frac{I_{EQ}}{U_T} \tag{6.4.3}$$

由此可见 g_m 是与频率无关的静态发射极电流 I_E 和温度电压当量 U_T 的比值，因此 g_m 与频率无关。常温下，$U_T=26\text{ mV}$，若 $I_{EQ}=1\text{ mA}$，$g_m=1\text{ mA}/26\text{ mV}\approx38\text{ mS}$。

3. 单向化

在混合 π 高频小信号模型中，因存在 $C_{b'c'}(C_\mu)$ 和 $r_{b'c}$，使输入侧和输出侧存在耦合，手工计算求解不便，可通过单向化处理加以变换。首先因集电结反偏，集电结电阻 $r_{b'c}$ 很大，可近似为开路，只剩下 $C_{b'c'}$。可以加入输入侧的 $C_{\mu'}$ 和输出侧的 $C_{\mu''}$ 两个电容，用以取代 C_μ，实现单向化处理，要求变换前后保证相关支路的电流不变，如图 6.4.3 所示。

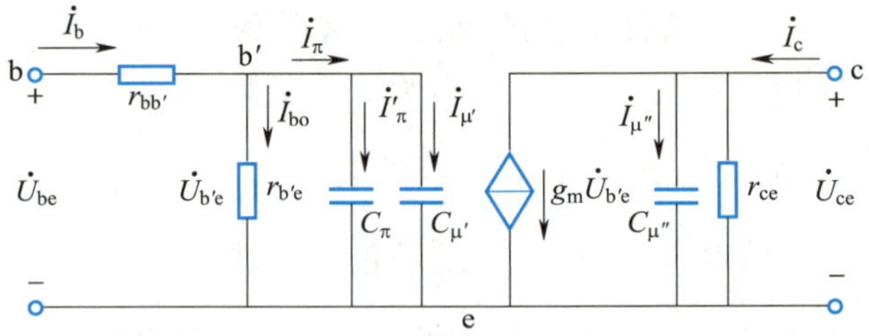

图 6.4.3　单向化处理的混合 π 形模型电路

输入侧的电流关系如下

$$\dot{I}_\pi=\dot{I}_{\mu'}+\dot{I}'_\pi$$

其中 $\dot{I}_{\mu'}$ 应该与图 6.4.2 中流向集电结电容中的电流 $\dot{I}_\mu$ 相等，设 $\dot{K}=\frac{\dot{U}_{ce}}{\dot{U}_{b'e}}$，由图 6.4.2 和图 6.4.3 可得出

$$\dot{I}_\mu=\frac{\dot{U}_{b'e}-\dot{U}_{ce}}{X_{C_\mu}}=\frac{\dot{U}_{b'e}}{X_{C_\mu}}\cdot(1-\dot{K})$$

$$X_{C_{\mu'}}=\frac{\dot{U}_{b'e}}{\dot{I}_{\mu'}}=\frac{\dot{U}_{b'e}}{\dot{I}_\mu}=\frac{X_{C_\mu}}{1-\dot{K}}$$

可见，单向化处理后，$C_{\mu'}$ 为

$$C_{\mu'}=(1-\dot{K})C_\mu \tag{6.4.4}$$

用同样的分析方法，可得

$$C_{\mu''}=\frac{\dot{K}-1}{\dot{K}}C_{\mu} \tag{6.4.5}$$

由于 $C_{\mu''} \ll C_{\mu'}$，略去 $C_{\mu''}$。通常情况下 r_{ce} 远大于 c-e 之间所接负载电阻，认为 r_{ce} 无穷大，所以图 6.4.3 所示电路可简化为图 6.4.4 所示电路。从输入侧看简化的高频小信号模型，相当于一阶低通 RC 电路。图中

$$C_{\pi'}=C_{\pi}+C_{\mu'}=C_{\pi}+(1-\dot{K})C_{\mu} \tag{6.4.6}$$

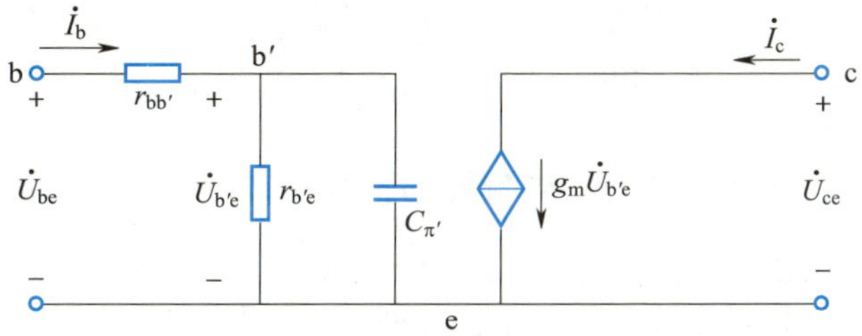

图 6.4.4 简化的混合 π 模型电路

6.4.2 晶体管电流放大系数的频率响应

由图 6.4.4 所示的简化混合 π 模型电路可以看出，在高频情况下，若注入基极的交流电流 $\dot{I}_b$ 的幅值不变，随着信号频率的升高，b′-e 间的阻抗将减小，电压 $\dot{U}_{b'e}$ 的幅值将减小，相移将增大，从而引起集电极电流 $\dot{I}_c$ 的幅值随 $|\dot{U}_{b'e}|$ 线性下降，并产生相同的相移。由此可知，电流放大系数不是常量，而是频率的函数。

根据电流放大系数的定义

$$\dot{\beta}=\left.\frac{\partial i_C}{\partial i_B}\right|_{U_{CE}}=\left.\frac{\dot{I}_c}{\dot{I}_b}\right|_{\dot{U}_{ce}=0}$$

表明 $\dot{\beta}$ 是在 c-e 间电压 U_{CE} 为常量（c-e 间交流短路）时，交流电流 $\dot{I}_c$ 与 $\dot{I}_b$ 之比。因为 $\dot{U}_{ce}=0$，所以 $\dot{K}=\frac{\dot{U}_{ce}}{\dot{U}_{b'e}}=0$，$C_{\pi'}=C_{\pi}+(1-\dot{K})C_{\mu}=C_{\pi}+C_{\mu}$。

由于 $\dot{I}_c=g_m\dot{U}_{b'e}$，$g_m=\frac{\beta_0}{r_{b'e}}$，所以

$$\dot{\beta}=\frac{\dot{I}_c}{\dot{I}_b}=\frac{\dot{I}_c}{\dot{I}_{r_{b'e}}+\dot{I}_{C_{\pi'}}}=\frac{g_m\dot{U}_{b'e}}{\dot{U}_{b'e}\left(\frac{1}{r_{b'e}}+j\omega C_{\pi'}\right)}=\frac{\beta_0}{1+j\omega r_{b'e}(C_{\pi}+C_{\mu})}=\frac{\beta_0}{1+j\frac{f}{f_{\beta}}} \tag{6.4.7}$$

式(6.4.7)与式(6.3.1)的形式完全一样，说明 $\dot{\beta}$ 的频率响应与一阶 RC 低通电路相似。f_{β}

称为共射截止频率，是使 $|\dot{\beta}|$ 下降到 $0.707\beta_0$ 时对应的信号频率，其值主要取决于双极型晶体管的结构。

$$f_\beta=\frac{1}{2\pi r_{b'e}(C_\pi+C_\mu)} \tag{6.4.8}$$

根据式(6.4.7)，$\dot{\beta}$ 的对数幅频特性及相频特性可表示为

$$\begin{cases}20\lg|\dot{\beta}|=20\lg|\beta_0|-20\lg\sqrt{1+\left(\dfrac{f}{f_\beta}\right)^2}\\ \varphi=-\arctan\dfrac{f}{f_\beta}\end{cases} \tag{6.4.9}$$

根据式(6.4.9)，$\dot{\beta}$ 的幅频特性及相频特性的折线化波特图如图 6.4.5 所示。

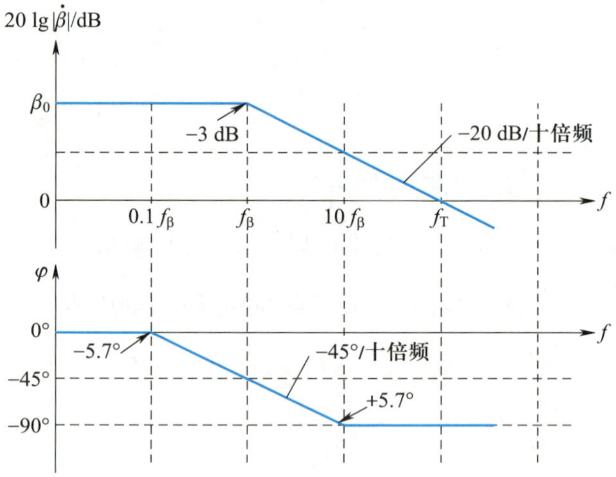

图 6.4.5 $\dot{\beta}$ 的频率特性波特图

当 $|\dot{\beta}|$ 下降到 1，即 0 dB 时，对应的信号频率称为**特征频率** f_T。由式(6.4.9)中的幅频特性表达式可知

$$|\dot{\beta}(f_T)|=\frac{\beta_0}{\sqrt{1+\left(\dfrac{f_T}{f_\beta}\right)^2}}=1$$

可得

$$f_T\approx\beta_0 f_\beta \tag{6.4.10}$$

6.4.3 场效应管的高频小信号模型

由于场效应管各极之间存在极间电容，因而其高频小信号模型与晶体管类似。根据其物理结构，参照晶体管的混合 π 高频小信号模型，可得到图 6.4.6(a)所示场效应管高频小信号模型。

场效应管高频小信号模型是在低频模型的基础上增加了三个极间电容，其中 C_{gs}、C_{gd} 一般在 10 pF 以内，C_{ds} 一般不到 1 pF。为了分析方便，可以将跨接在栅漏之间的电容 C_{gd} 单向化处理，即将其折合到输入回路和输出回路，需要保证折算前后的相关支路电流相等，于是折算到输入回路的电容为

$$C'_{gd}=(1-\dot{K})C_{gd}\quad(\dot{K}=-g_mR'_L)\tag{6.4.11}$$

折算到输出回路的电容为

$$C''_{gd}=\frac{\dot{K}-1}{\dot{K}}C_{gd}\quad(\dot{K}=-g_mR'_L)\tag{6.4.12}$$

这样，栅源间的等效电容为

$$C'_{gs}=C_{gs}+C'_{gd}\tag{6.4.13}$$

漏源间的等效电容为

$$C'_{ds}=C_{ds}+C''_{gd}\tag{6.4.14}$$

于是可以得到场效应管单向化高频小信号模型，如图 6.4.6(b)所示。

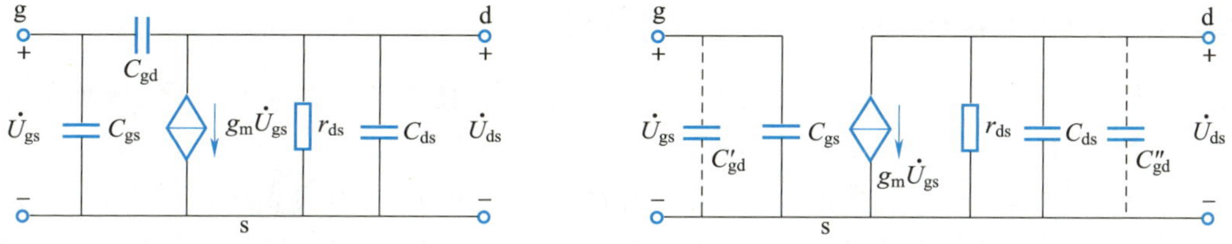

(a) 场效应管高频小信号模型　(b) 场效应管单向化高频小信号模型

图 6.4.6　场效应管高频小信号模型

一般情况下 r_{ds} 比外接电阻大得多，可以近似按开路处理。由于 $C'_{gs}\gg C'_{ds}$，故分析频率特性时可忽略 C'_{ds}的影响。这样就得到场效应管简化高频小信号模型，如图 6.4.7 所示。

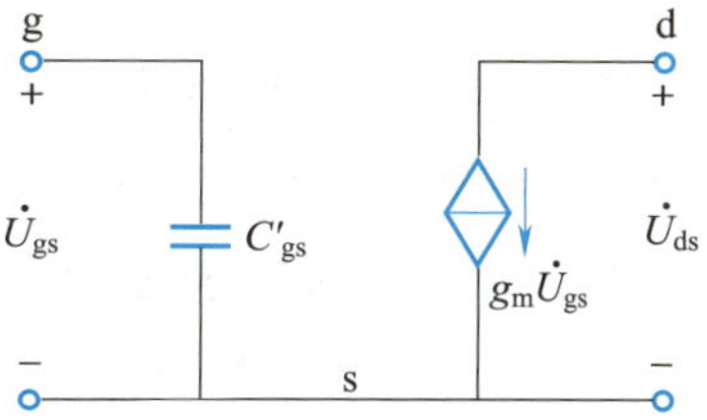

图 6.4.7　场效应管高频小信号简化模型

思考题

6-4-1　晶体管低频小信号模型和高频小信号模型有何不同？各适用于什么场合？

6-4-2　试画出场效应管高频小信号模型，并解释其中各参数的物理意义。

6.5　共射组态基本放大电路的频率响应

为分析共射组态基本放大电路的频率响应，需要重点考虑耦合电容和结电容的影响。图 6.5.1 所示共射组态基本放大电路在全频段内的微变等效电路如图 6.5.2 所示，其中双极型晶体管采用简化的混合 π 模型电路，耦合电容 C_2 和负载 R_L 作为下一级电路输入端的耦合电容和输入电阻考虑。

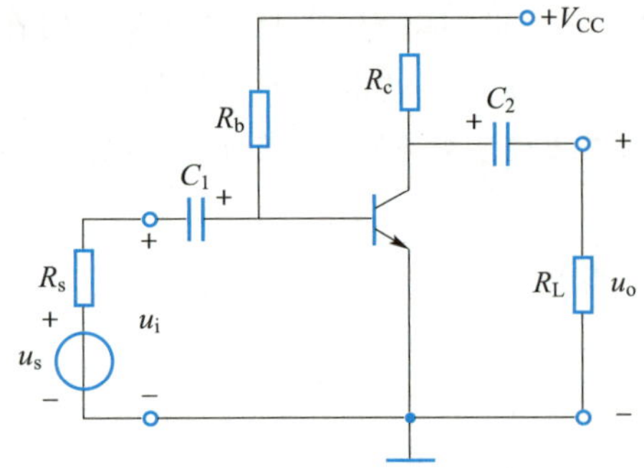

图 6.5.1　共射组态基本放大电路

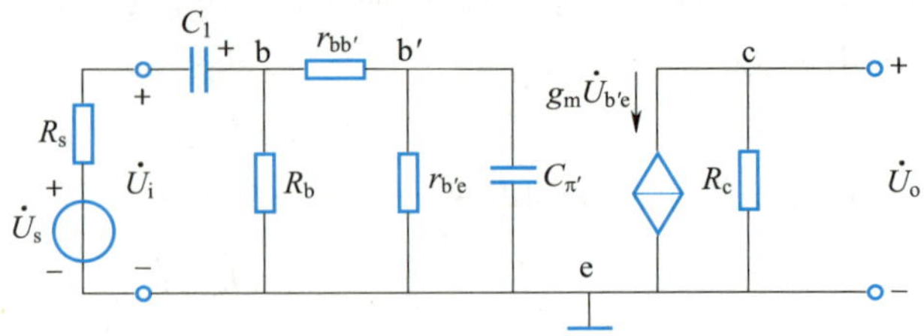

图 6.5.2　全频段微变等效电路

由图 6.5.2 所示微变等效电路可知：在中频段，极间电容 $C_{\pi'}$ 因容抗较大，并且与发射结电阻并联，对发射结阻抗的影响可忽略不计，因而视为开路（即不考虑结电容的影响）。耦合电容 C_1 因容抗小，并且串联在放大电路的输入回路中，对 $\dot{U}_{b'e}$ 的影响可忽略不计，因而视为短路（即也不考虑耦合电容的影响），中频段的电压放大倍数可近似为不变的常数。

在低频段，极间电容 $C_{\pi'}$ 因容抗很大可视为开路（即不考虑结电容的影响），耦合电容 C_1 因容抗较大，其串联分压作用不可忽略，当 $\dot{U}_i$ 的幅值固定时，使得 $\dot{U}_{b'e}$ 的幅值下降，因而低频段的电压放大倍数下降。

在高频段，极间电容 $C_{\pi'}$ 因容抗小，对发射结阻抗的影响较大，因而无法被视为开路（即考虑结电容的影响），耦合电容 C_1 因容抗较小可视为短路（即不考虑耦合电容的影响），与中频段相比较，随着输入频率的增加，极间电容 $C_{\pi'}$ 的容抗减小，使得 $\dot{U}_{b'e}$ 下降，因而高频段的电压放大倍数也将下降。

根据上述原则，可将放大电路的频率响应按低频段、中频段和高频段分别加以分析，可得到放大电路在各频段的微变等效电路，从而得到各频段的电压放大倍数。

6.5.1　中频段的频率响应

当中频电压信号 $\dot{U}_s$ 作用于放大电路时，极间电容 $C_{\pi'}$ 因容抗较大被视为开路，耦合电容 C_1 因容抗较小被视为短路。因此，图 6.5.1 所示共射组态基本放大电路的中频微变等效电路如图 6.5.3 所示。

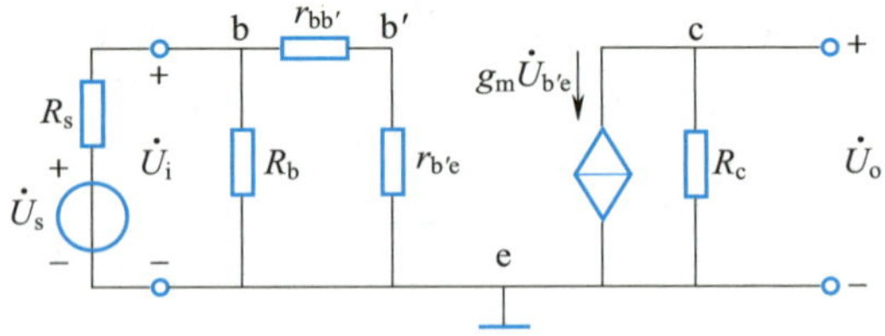

图 6.5.3　中频微变等效电路

此时，中频段源电压放大倍数 $\dot{A}_{usm}$ 可表示为

$$\dot{A}_{usm}=\frac{\dot{U}_o}{\dot{U}_s}=\frac{\dot{U}_i}{\dot{U}_s}\cdot\frac{\dot{U}_{b'e}}{\dot{U}_i}\cdot\frac{\dot{U}_o}{\dot{U}_{b'e}}=\frac{R_i}{R_s+R_i}\cdot\frac{r_{b'e}}{r_{be}}\cdot(-g_mR_c) \tag{6.5.1}$$

式中，输入电阻 $R_i=R_b//(r_{bb'}+r_{b'e})=R_b//r_{be}$。同时，由于 $g_m=\dfrac{\beta_0}{r_{b'e}}$，可知

$$\dot{A}_{usm}=\frac{R_i}{R_s+R_i}\cdot\frac{r_{b'e}}{r_{be}}\cdot(-g_mR_c)=\frac{R_i}{R_s+R_i}\cdot\frac{-\beta_0R_c}{r_{be}} \tag{6.5.2}$$

在中频段，采用双极型晶体管的混合 π 模型电路与低频小信号模型求解的中频源电压放大倍数的结果相同。

6.5.2 低频段的频率响应

当低频电压信号 $\dot{U}_s$ 作用于放大电路时，与发射结电阻 $r_{b'e}$ 并联的极间电容 $C_{\pi'}$ 因容抗很大被视为开路，耦合电容 C_1 因容抗较大而无法被视为短路，需要考虑低频电压信号作用时耦合电容的影响。因此，图 6.5.1 所示共射组态基本放大电路的低频微变等效电路如图 6.5.4 所示。

为便于分析，将图 6.5.4 所示低频微变等效电路简化为二端口网络，如图 6.5.5 所示。图中输入电阻 $R_i=R_b//(r_{bb'}+r_{b'e})$，输出电阻 $R_o=R_c$，$\dot{U}'_o$ 为空载时电路输出电压（图中没有负载 R_L，因而 $\dot{U}_o=\dot{U}'_o=-g_m\dot{U}_{b'e}R_c$）。

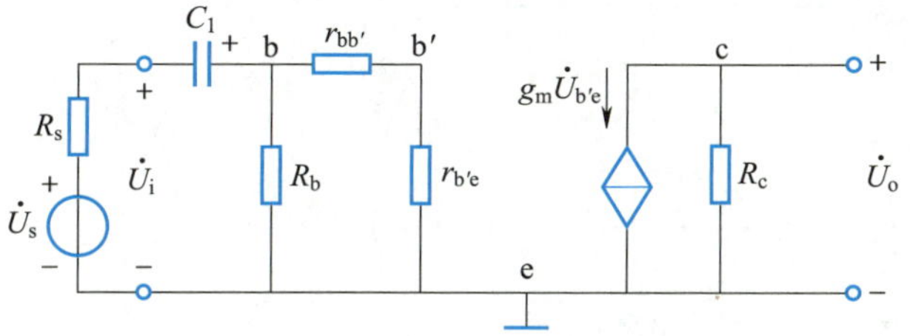

图 6.5.4 低频微变等效电路

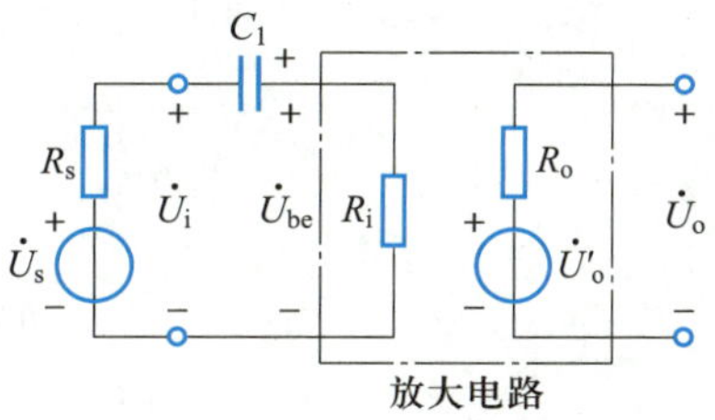

图 6.5.5 低频微变等效电路简化结构示意图

此时，低频段的源电压放大倍数可表示为

$$\begin{aligned}\dot{A}_{usl}&=\frac{\dot{U}_o}{\dot{U}_s}=\frac{\dot{U}_{be}}{\dot{U}_s}\cdot\frac{\dot{U}_{b'e}}{\dot{U}_{be}}\cdot\frac{\dot{U}_o}{\dot{U}_{b'e}}=\frac{\dot{U}_{be}}{\dot{U}_s}\cdot\frac{r_{b'e}}{r_{be}}\cdot(-g_mR_c)\\&=\frac{R_i}{R_s+R_i+\dfrac{1}{j\omega C_1}}\cdot\frac{r_{b'e}}{r_{be}}\cdot(-g_mR_c)\end{aligned} \tag{6.5.3}$$

进一步整理可得

$$\begin{aligned}\dot{A}_{usl}&=\frac{R_i}{R_s+R_i}\cdot\frac{r_{b'e}}{r_{be}}\cdot(-g_mR_c)\cdot\frac{1}{1+\dfrac{1}{j\omega(R_s+R_i)C_1}}\\&=\dot{A}_{usm}\cdot\frac{1}{1-j\dfrac{f_L}{f}}=\dot{A}_{usm}\cdot\frac{j\dfrac{f}{f_L}}{1+j\dfrac{f}{f_L}}\end{aligned} \tag{6.5.4}$$

式中，f_L 称为下限截止频率，$f_L=\dfrac{1}{2\pi(R_s+R_i)C_1}$。

根据式(6.5.4)，共射组态基本放大电路低频段的对数幅频特性及相频特性可表示为

$$\begin{cases}20\lg|\dot{A}_{usl}|=20\lg|\dot{A}_{usm}|-20\lg\sqrt{1+\left(\dfrac{f_L}{f}\right)^2}\\ \varphi=-180°+\arctan\dfrac{f_L}{f}\end{cases}\tag{6.5.5}$$

相频特性中的$-180°$表示在中频段时 $\dot{U}_o$ 与 $\dot{U}_s$ 反相。因电抗性元件引起的相移称为附加相移，低频段的最大附加相移为$+90°$。

根据式(6.5.5)，共射组态基本放大电路低频段幅频特性及相频特性的折线化波特图如图 6.5.6 所示。

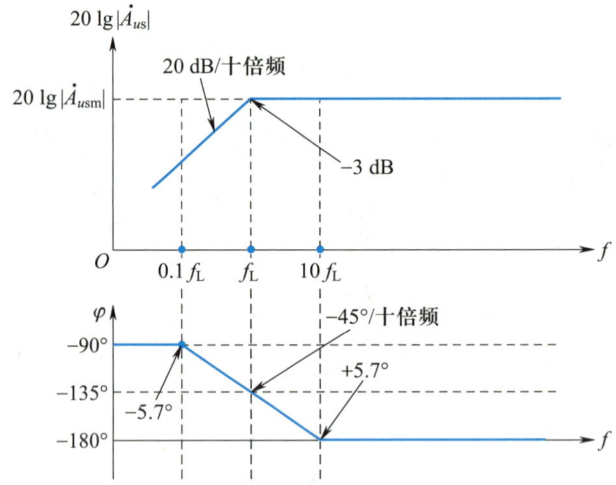

图 6.5.6 共射组态基本放大电路低频段频率特性波特图

6.5.3 高频段的频率响应

当高频电压信号 $\dot{U}_s$ 作用于放大电路时，与发射结电阻 $r_{b'e}$ 并联的极间电容 $C_{\pi'}$ 因容抗较小而无法被视为开路，需要考虑高频电压信号作用时极间电容 $C_{\pi'}$ 的影响，耦合电容 C_1 因容抗较小可视为短路。因此，图 6.5.1 所示共射组态基本放大电路的高频微变等效电路如图 6.5.7 所示。

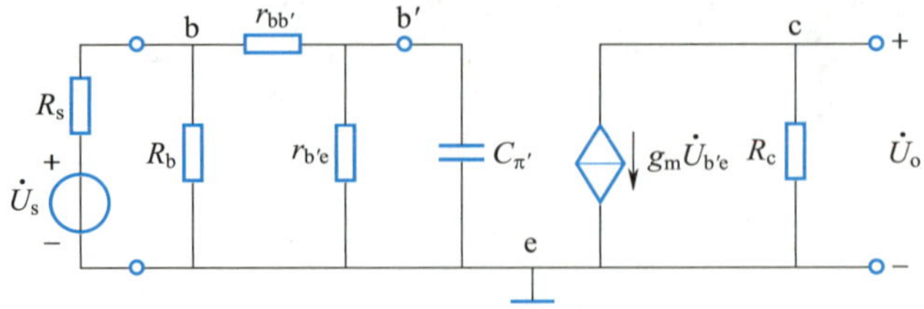

图 6.5.7 高频微变等效电路

在图 6.5.7 中，从极间电容 $C_{\pi'}$ 的两端向左看，采用戴维南定理，图 6.5.7 所示电路可变换为图 6.5.8 所示电路。

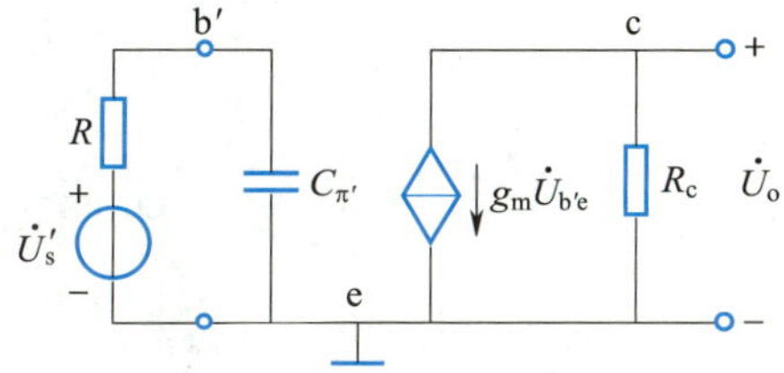

图 6.5.8　变换后的高频微变等效电路

其中，$\dot{U}'_s$ 和 R 分别为 b′-e 之间的开路电压及等效电阻，其表达式为

$$\dot{U}'_s=\frac{R_b/\!/r_{be}}{R_s+R_b/\!/r_{be}}\cdot\frac{r_{b'e}}{r_{be}}\cdot\dot{U}_s=\frac{R_i}{R_s+R_i}\cdot\frac{r_{b'e}}{r_{be}}\cdot\dot{U}_s \tag{6.5.6}$$

$$R=(R_s/\!/R_b+r_{bb'})/\!/r_{b'e} \tag{6.5.7}$$

此时，高频段的源电压放大倍数 $\dot{A}_{ush}$ 可表示为：

$$\dot{A}_{ush}=\frac{\dot{U}_o}{\dot{U}_s}=\frac{\dot{U}'_s}{\dot{U}_s}\cdot\frac{\dot{U}_{C_{\pi'}}}{\dot{U}'_s}\cdot\frac{\dot{U}_o}{\dot{U}_{C_{\pi'}}}=\frac{R_i}{R_s+R_i}\cdot\frac{r_{b'e}}{r_{be}}\cdot\frac{\frac{1}{j\omega C_{\pi'}}}{R+\frac{1}{j\omega C_{\pi'}}}\cdot(-g_mR_c)$$
$$=\dot{A}_{usm}\cdot\frac{1}{1+j\omega RC_{\pi'}}=\dot{A}_{usm}\cdot\frac{1}{1+j\frac{f}{f_H}} \tag{6.5.8}$$

式中，f_H 称为上限截止频率，$f_H=\frac{1}{2\pi RC_{\pi'}}$。

根据式(6.5.8)，共射组态基本放大电路高频段的对数幅频特性及相频特性可表示为

$$\begin{cases}20\lg|\dot{A}_{ush}|=20\lg|\dot{A}_{usm}|-20\lg\sqrt{1+\left(\frac{f}{f_H}\right)^2}\\ \varphi=-180°-\arctan\frac{f}{f_H}\end{cases} \tag{6.5.9}$$

可见，高频段的最大附加相移为−90°。

根据式(6.5.9)，共射组态基本放大电路高频段幅频特性及相频特性的折线化波特图如图 6.5.9 所示。

6.5.4　全频段的频率响应

由上述分析可知，耦合电容影响放大电路低频段的频率特性，极间电容影响放大电路高频段的频率特性。对于频率从零到无穷大的输入电压信号，共射组态基本放大电路在全频段的源电压放大倍数 $\dot{A}_{us}$ 可表示为

$$\dot{A}_{us}=\dot{A}_{usm}\cdot\frac{1}{\left(1-j\frac{f_L}{f}\right)}\cdot\frac{1}{\left(1+j\frac{f}{f_H}\right)}=\dot{A}_{usm}\cdot\frac{j\frac{f}{f_L}}{\left(1+j\frac{f}{f_L}\right)\left(1+j\frac{f}{f_H}\right)} \tag{6.5.10}$$

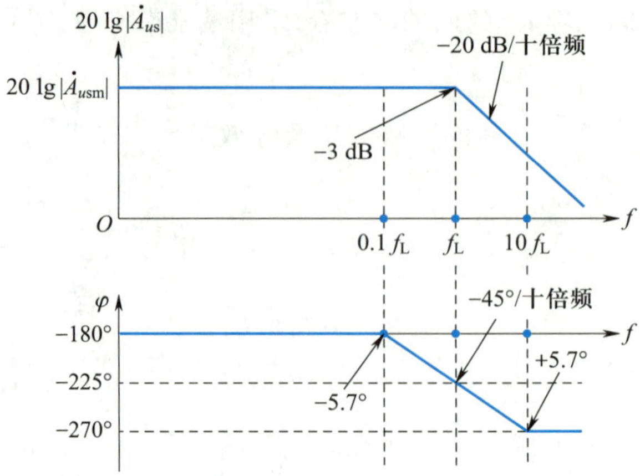

图 6.5.9 共射组态基本放大电路高频段频率特性波特图

在中频段,即 $f_L \ll f \ll f_H$ 时,f_L/f 趋于零,f/f_H 也趋于零,$\dot{A}_{us} \approx \dot{A}_{usm}$;在低频段,即 $f \ll f_H$ 时,f/f_H 趋于零,$\dot{A}_{us} \approx \dot{A}_{usl}$;在高频段,即 $f \gg f_L$ 时,f_L/f 趋于零,$\dot{A}_{us} \approx \dot{A}_{ush}$。根据式(6.5.10),共射组态基本放大电路全频段幅频特性及相频特性的折线化波特图如图 6.5.10 所示。

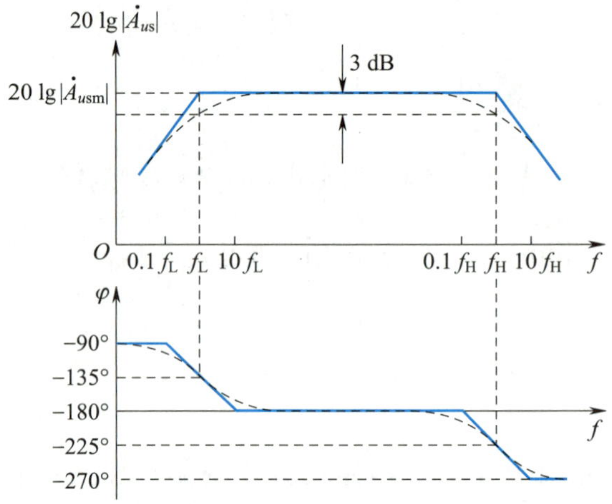

图 6.5.10 共射组态基本放大电路全频段频率特性波特图

6.5.5 增益带宽积

对于大多数放大电路而言,都有 $f_H \gg f_L$,因而通频带 BW 可表示为

$$\begin{aligned} BW = f_H - f_L \approx f_H &= \frac{1}{2\pi[(R_s /\!/ R_b + r_{bb'}) /\!/ r_{b'e}]C_{\pi'}} \\ &= \frac{1}{2\pi[(R_s /\!/ R_b + r_{bb'}) /\!/ r_{b'e}][C_\pi + (1 + g_m R_c)C_\mu]} \end{aligned} \tag{6.5.11}$$

由上式可知,为提高 BW(即提高 f_H),应选择 $r_{bb'}$、C_π、C_μ 小的双极型晶体管,同时应选用内阻 R_s 小的信号源。此外,还需减小 $g_m R_c$。但由式(6.5.1)可知,减小 $g_m R_c$ 必然会使 $|\dot{A}_{usm}|$ 减

小。可见，BW 的提高与 $|\dot{A}_{usm}|$ 的增大是相互矛盾的，也就是说带宽与增益是相互制约的。增益的提高，必然会使带宽变窄；增益的减小，必然会使带宽变宽。为了综合考虑这两方面的性能，提出了“增益带宽积”这一参数，定义为中频增益与带宽的乘积，即

$$
\begin{aligned}
|\dot{A}_{usm}\cdot BW| &\approx |\dot{A}_{usm}\cdot f_{H}|\\
&=\frac{R_i}{R_s+R_i}\cdot\frac{r_{b'e}}{r_{be}}\cdot(-g_mR_c)\cdot\frac{1}{2\pi[(R_s/\!/R_b+r_{bb'})/\!/r_{b'e}][C_\pi+(1+g_mR_c)C_\mu]}
\end{aligned}
\tag{6.5.12}
$$

为便于分析，设 $R_b \gg r_{be}$，则 $R_i=R_b/\!/r_{be}\approx r_{be}$；设 $R_b\gg R_s$，则 $R_s/\!/R_b\approx R_s$；设 $(1+g_mR_c)C_\mu\gg C_\pi$，且 $g_mR_c\gg 1$，则 $C_{\pi'}\approx g_mR_cC_\mu$。在上述假设条件下，式(6.5.12)可变换为

$$
\begin{aligned}
|\dot{A}_{usm}\cdot BW| &\approx \frac{r_{be}}{R_s+r_{be}}\cdot\frac{r_{b'e}}{r_{be}}\cdot g_mR_c\cdot\frac{1}{2\pi[(R_s+r_{bb'})/\!/r_{b'e}]\cdot g_mR_cC_\mu}\\
&=\frac{r_{b'e}}{R_s+r_{be}}\cdot\frac{1}{2\pi\dfrac{r_{b'e}\cdot(R_s+r_{bb'})}{r_{b'e}+(R_s+r_{bb'})}\cdot C_\mu}\\
&=\frac{1}{2\pi(R_s+r_{bb'})\cdot C_\mu}
\end{aligned}
\tag{6.5.13}
$$

由上式可知，当双极型晶体管选定后，$r_{bb'}$ 和 C_μ 也随之确定，因而增益带宽积基本上是一个常数，即增益增大多少倍，带宽就几乎变窄多少倍。

思考题

6-5-1　以共射组态基本放大电路为例，说明放大电路的上限截止频率和下限截止频率与电路的参数有关。

6.6　场效应管基本放大电路的频率响应

与双极型晶体管基本放大电路相同，将场效应管的高频小信号简化模型代替场效应管基本放大电路中的场效应管，就得到场效应管基本放大电路的高频等效电路。

场效应管共源组态基本放大电路的高频等效电路如图 6.6.1 所示，其电压放大倍数为

$$
\dot{A}_{us}=\dot{A}_{usm}\cdot\frac{1}{\left(1+j\dfrac{f}{f_H}\right)}
\tag{6.6.1}
$$

式中，$\dot{A}_{usm}=-g_m\dfrac{R_{g1}/\!/R_{g2}}{R_s+R_{g1}/\!/R_{g2}}R_L'$，$R_L'=R_d/\!/R_L$。

上限截止频率的表达式为

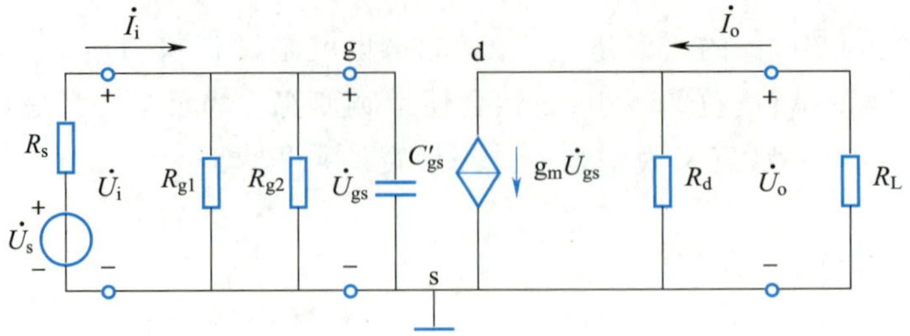

图 6.6.1 共源组态放大电路高频等效电路

$$f_H = \frac{1}{2\pi(R_s /\!/ R_{g1} /\!/ R_{g2})C'_{gs}} \tag{6.6.2}$$

$\dot{A}_{us}$ 的幅频特性和相频特性曲线如图 6.6.2 所示。

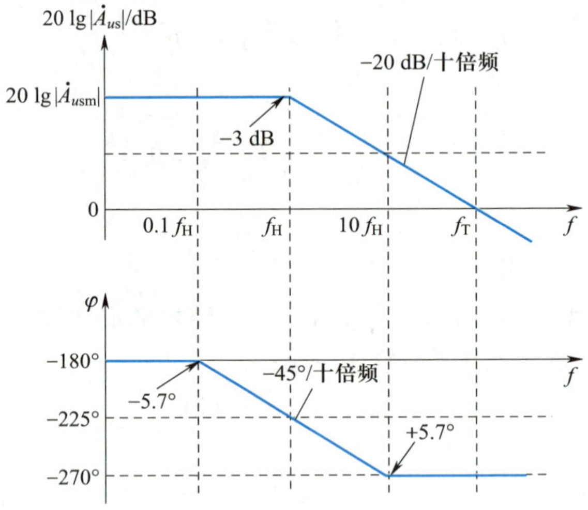

图 6.6.2 幅频特性和相频特性曲线

场效应管基本放大电路在低频段时，耦合电容对信号的衰减变得明显，可通过求耦合电容所在回路时间常数的方法求解下限频率，可参照 6.5.2 节所述，这里不再赘述。

6.7 多级放大电路的频率响应

对于一个多级放大电路来说，电路的电压放大倍数为各级电路电压放大倍数的乘积。设一个 n 级放大电路各级的电压放大倍数分别为 $\dot{A}_{u1}, \dot{A}_{u2}, \cdots, \dot{A}_{un}$，则该电路的电压放大倍数 $\dot{A}_u$ 可表示为

$$\dot{A}_u = \dot{A}_{u1} \cdot \dot{A}_{u2} \cdot \cdots \cdot \dot{A}_{un} = \prod_{k=1}^{n} \dot{A}_{uk} \tag{6.7.1}$$

由于各级放大电路的电压放大倍数是频率的函数，所以多级放大电路的电压放大倍数也必然是频率的函数。为简明起见，以一个两级放大电路为例来说明多级放大电路的频率响应。两级放大电路的对数幅频特性和相频特性可表示为

$$\begin{cases}20\lg|\dot{A}_u|=20\lg|\dot{A}_{u1}\cdot\dot{A}_{u2}|=20\lg|\dot{A}_{u1}|+20\lg|\dot{A}_{u2}| \\ \varphi=\varphi_1+\varphi_2\end{cases} \tag{6.7.2}$$

设构成两级放大电路的每一级具有相同的频率响应，即中频电压放大倍数 $\dot{A}_{um1}=\dot{A}_{um2}$，下限频率 $f_{L1}=f_{L2}$，上限频率 $f_{H1}=f_{H2}$。

两级放大电路的中频电压增益可表示为

$$20\lg|\dot{A}_{um}|=20\lg|\dot{A}_{um1}\cdot\dot{A}_{um2}|=40\lg|\dot{A}_{um1}| \tag{6.7.3}$$

当 $f=f_{L1}$ 时，$|\dot{A}_{u11}|=|\dot{A}_{u12}|=\dfrac{|\dot{A}_{um1}|}{\sqrt{2}}$，两级放大电路的电压增益可表示为

$$20\lg|\dot{A}_u|=40\lg|\dot{A}_{um1}|-40\lg\sqrt{2} \tag{6.7.4}$$

可知，$f=f_{L1}$ 时增益下降了 6 dB，并且由于 $\dot{A}_{u1}$ 和 $\dot{A}_{u2}$ 均产生了+45°的附加相移，所以 $\dot{A}_u$ 产生了+90°的附加相移。

同理分析可知，当 $f=f_{H1}$ 时，增益也下降了 6 dB，并且由于 $\dot{A}_{u1}$ 和 $\dot{A}_{u2}$ 均产生了−45°的附加相移，所以 $\dot{A}_u$ 产生了−90°的附加相移。根据截止频率的定义，增益下降 3 dB 时所对应的频率就是两级放大电路的下限频率 f_L 和上限频率 f_H。显然，两级放大电路的下限截止频率 $f_L>f_{L1}(f_{L2})$，上限截止频率 $f_H<f_{H1}(f_{H2})$。因此，两级放大电路的通频带要比组成它的单级放大电路窄。该两级放大电路幅频特性及相频特性的折线化波特图如图 6.7.1 所示。

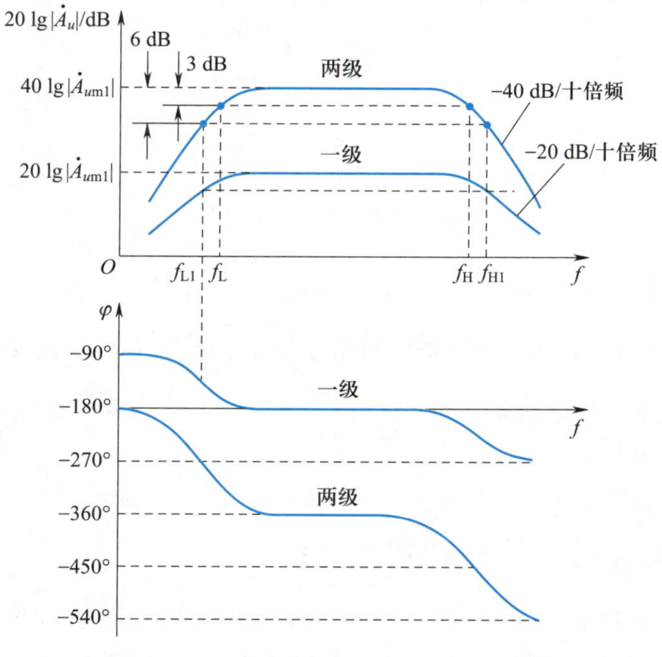

图 6.7.1 两级放大电路的频率特性波特图

6.8 负反馈放大电路的稳定性

交流负反馈可以改善放大电路的动态性能,反馈深度越深,动态性能越好。但是,有时反馈深度过深,不但不能改善放大电路的动态性能,反而会使放大电路即使在输入信号为零的情况下,输出也会产生一定频率和一定幅值的信号,称电路产生了自激振荡。此时放大电路不能稳定地工作,为了保证引入负反馈后放大电路仍能正常工作,需要研究产生自激振荡的原因,然后设法消除自激振荡。

6.8.1 负反馈放大电路自激振荡产生的原因及条件

负反馈放大电路工作在中频段,可以忽略电路中各种电抗性元件的影响。由于引入了负反馈,放大电路的净输入信号 $\dot{X}_i' = \dot{X}_i - \dot{X}_f$ 将减小,因而输入信号 $\dot{X}_i$ 与反馈信号 $\dot{X}_f$ 同相,开环放大倍数 $\dot{A}$ 和反馈系数 $\dot{F}$ 的相角之和 $\varphi_A + \varphi_F = 2n\pi$($n$ 为整数)。

如果电路工作在低频段或高频段,就不能忽略电路中各种电抗性元件的影响,这些元件会使 φ_A 和 φ_F 在原来的基础上叠加一定的附加相移,使得 $\dot{X}_i$ 和 $\dot{X}_f$ 不再同相,若 $\varphi_A + \varphi_F = (2n+1)\pi$($n$ 为整数),即 $\dot{X}_f$ 与 $\dot{X}_i$ 反相,则净输入信号 $\dot{X}_i'$ 将增大,放大电路引入的负反馈变为了正反馈。即使输入信号为零,$\dot{X}_i' = -\dot{X}_f = -\dot{A}\dot{F}\dot{X}_i'$ 时,当正反馈较强时,也能产生输出信号,此时电路失去正常的放大作用,产生了自激振荡。根据 $\dot{X}_i' = -\dot{X}_f = -\dot{A}\dot{F}\dot{X}_i'$,可得电路产生自激振荡的条件为

$$\dot{A}\dot{F} = -1 \tag{6.8.1}$$

写成模和相角的形式:

$$\begin{cases} |\dot{A}\dot{F}| = 1 \\ \varphi_A + \varphi_F = (2n+1)\pi\ (n\ \text{为整数}) \end{cases}$$

6.8.2 判断负反馈放大电路产生自激振荡的方法

由自激振荡的条件可知,如果幅值条件和相位条件不能同时满足,负反馈放大电路就不会产生自激振荡。为直观地运用幅值条件和相位条件,常用环路增益 $\dot{A}\dot{F}$ 的波特图判断负反馈放大电路是否可能产生自激振荡。

图 6.8.1 是某负反馈放大电路环路增益的波特图。图中 f_c 是满足相位条件 $\varphi_A + \varphi_F = -\pi$ 的信号频率,f_0 是满足幅值条件 $|\dot{A}\dot{F}| = 1$ 的信号频率。

由图可知,当 $f = f_c$ 时,有 $20\lg|\dot{A}\dot{F}| < 0$ dB,即 $|\dot{A}\dot{F}| < 1$,在此频率下,引入的负反馈已成为正反馈,但信号幅度在环路中不断衰减,电路不会产生自激振荡。定义频率为 f_c 时的

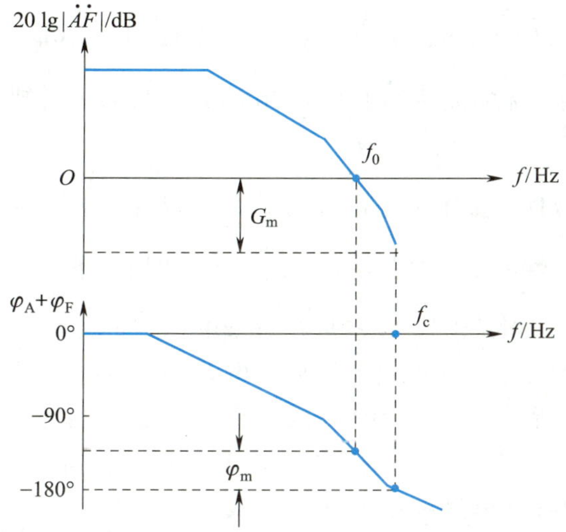

图 6.8.1 某负反馈放大电路环路增益的近似波特图

$20\lg|\dot{A}\dot{F}|$为**增益裕度**,用 G_m 表示。工程上,为保证有足够的增益裕度,要求 $G_m \leqslant -10$ dB。定义 $f=f_0$ 时,$|\varphi_A+\varphi_F|$与 180°的差值为**相位裕度** φ_m,$\varphi_m=180°-|\varphi_A+\varphi_F|$。稳定的负反馈放大电路要求 $\varphi_m>0°$,工程上,一般要求 $\varphi_m \geqslant 45°$。

环路增益波特图分为图 6.8.2 所示的三种情况来判断自激振荡。

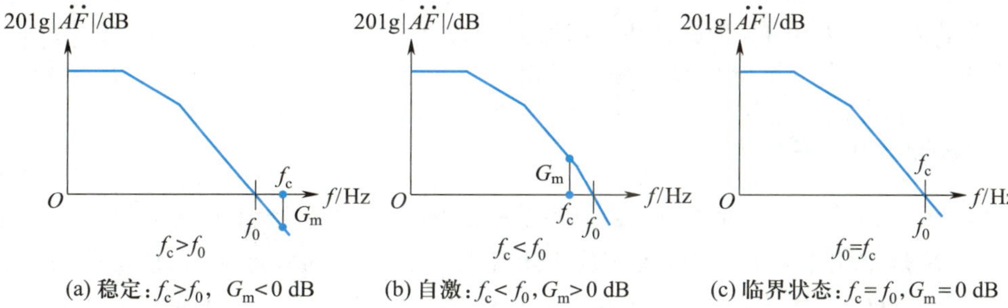

图 6.8.2 判断自激的方法

稳定状态:$f_c>f_0$,$G_m<0$ dB。$f=f_c$ 时,$G_m<0$ dB,即$|\dot{A}\dot{F}|<1$,不满足自激振荡的幅度条件。

自激状态:$f_c<f_0$,$G_m>0$ dB。$f=f_c$ 时,$G_m>0$ dB,即$|\dot{A}\dot{F}|>1$,此时输出信号幅度将不断增大,为不稳定状态。

临界状态:$f_c=f_0$,$G_m=0$ dB。$f=f_c$ 时,$G_m=0$ dB,即$|\dot{A}\dot{F}|=1$,此时即使输入信号为零,电路也将获得稳幅的输出,电路处于临界状态。

若负反馈放大电路的反馈网络由纯阻性网络构成,则可以通过放大电路的开环增益 $\dot{A}$ 来判断电路是否产生自激振荡。因为

$$20\lg|\dot{A}\dot{F}|=20\lg|\dot{A}|+20\lg|\dot{F}|=20\lg|\dot{A}|-20\lg|1/\dot{F}|$$

相当于在以 $20\lg|\dot{A}|$ 为纵坐标的波特图上减去 $20\lg|1/\dot{F}|$，即可得到以环路增益 $20\lg|\dot{A}\dot{F}|$ 为纵坐标的波特图。

于是可在 $\dot{A}$ 的幅频特性坐标中作出高度为 $20\lg|1/\dot{F}|$ 的水平线（称为反馈线），反馈线与开环放大倍数 $\dot{A}$ 的幅频特性的交点必然满足 $|\dot{A}\dot{F}|=1$ 的幅值条件

$$20\lg|\dot{A}|-20\lg|1/\dot{F}|=20\lg|\dot{A}\dot{F}|=0\ \text{dB}$$

例如，某一具有纯阻性反馈网络的负反馈放大电路的频率特性如图 6.8.3 所示，若 $F_1=0.01$，反馈线 MN 与开环幅频特性交点对应的频率为 f_0，此时 $\varphi_A+\varphi_F=\varphi_A=-180°$，频率 f_0 同时也是频率 f_c，即 $f_c=f_0$，电路处于临界状态，可能产生自激振荡，此时称反馈线 MN 为临界自激线。若 $F_2=0.001$，相当于图中的 $M'N'$ 这条线，$M'N'$ 与幅频特性的交点 N' 离频率 f_c 有 −20 dB 的增益裕度，同时有 45°的相位裕度，满足 $f_c>f_0$，$G_m<0$ dB 的稳定条件，因此放大电路的工作频率处于 $M'N'$ 这条直线以上的区域都能稳定地工作。若 $F_3=0.1$，相当于图中的 $M''N''$ 这条线，$M''N''$ 与幅频特性的交点 N'' 离频率 f_c 有 20 dB 的增益裕度，满足 $f_c<f_0$，$G_m>0$ dB 的条件，因此放大电路容易出现自激振荡。

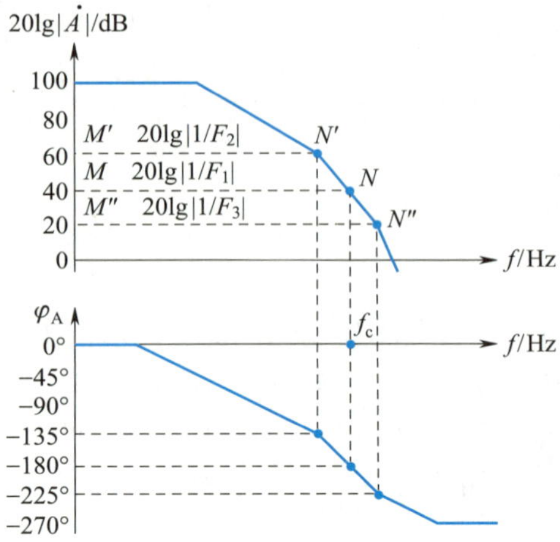

图 6.8.3 开环增益波特图

6.8.3 自激振荡的消除

若想消除负反馈放大电路的自激，必须将不稳定的工作状态修改为稳定的工作状态。工程上最常用的办法是采用电容补偿，以改变放大电路某一个环节的极点频率，使修改后的波特图达到图 6.8.2(a)的目的。具体做法是：在基本放大电路中时间常数最大的回路（决定主极点的回路）接入电容 C，如图 6.8.4(a)所示。图 6.8.4(b)是它的等效电路，补偿前的主极点频率为

$$f_{p1}=1/[2\pi(R_{o1}//R_{i2})C_{i2}]$$

补偿后的主极点频率为

$$f'_{p1}=1/[2\pi(R_{o1}//R_{i2})(C+C_{i2})]$$

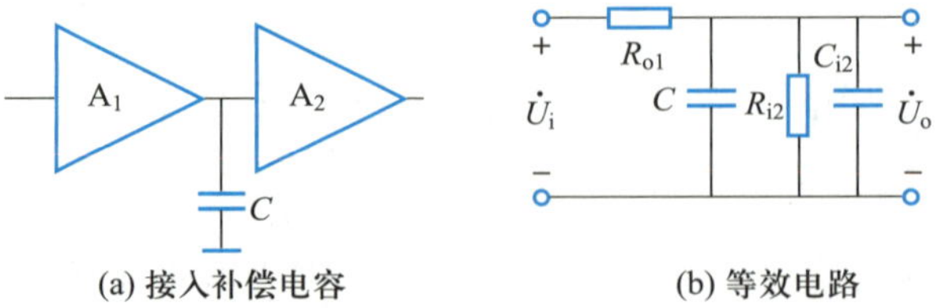

图 6.8.4 改变主极点频率的电容补偿

可以看出，接入电容后，主极点频率降低，使幅频特性提前开始衰减，破坏了自激振荡产生的幅频条件。现在的许多集成运放在内部加有补偿电容，使运放能稳定工作。但也有许多运放没有在电路内部加补偿电容，这就需要在运放的相关引脚上加电容或电容、电阻进行补偿。

【**例 6.8.1**】 负反馈放大电路的开环频率特性表达式如下：

$$\dot{A}(f)=\frac{10^5}{\left(1+\mathrm{j}\dfrac{f}{10^5}\right)\left(1+\mathrm{j}\dfrac{f}{10^6}\right)\left(1+\mathrm{j}\dfrac{f}{10^7}\right)}$$

设反馈网络由纯阻性网络构成，试判断放大电路是否可能出现自激振荡，如果自激振荡，使用电容补偿降低主极点频率至 10^2 Hz，要求相位裕量为 45°，求反馈系数值。

解 因为反馈网络是纯阻性网络，所以可以通过放大电路的开环增益 $\dot{A}(f)$ 判断电路是否产生自激振荡。由表达式可知，该电路有三个极点频率：$f_{p1}=10^5$ Hz、$f_{p2}=10^6$ Hz、$f_{p3}=10^7$ Hz，其中主极点频率为 f_{p1}。绘出开环幅频特性曲线和相频特性曲线，如图 6.8.5 所示。

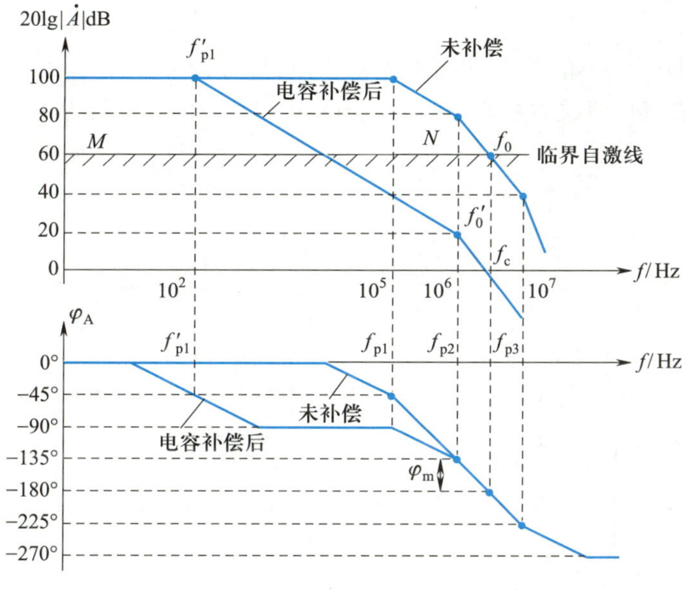

图 6.8.5 例 6.8.1 的波特图

由 $\varphi_A=-180°$ 可确定临界自激线 MN，所以电路工作频率在 MN 以下的区域可能产生自激振荡。加入补偿电容，使主极点频率 f_{p1} 的位置移至 10^2 Hz 处，做出补偿后的开环幅频特性曲线和相频特性曲线。从补偿后的相频特性曲线可知，在 f_0' 处有 45°的相位裕量；相应地，从补偿后的幅频特性曲线可知，在 f_0' 处的开环增益为 20 dB。

由 $20\lg|\dot{A}|-20\lg|1/\dot{F}|=20\lg|\dot{A}\dot{F}|=0$ dB，确定反馈系数 $F=0.1$。因此，只要反馈系数 $F\leqslant 0.1$，负反馈放大电路就满足 $f_c>f_0$，$G_m<0$ dB 的稳定条件，能够稳定地工作，可以消除原来的自激振荡。

思考题

6-8-1　负反馈放大电路为什么会产生自激振荡？产生自激振荡的条件是什么？

6-8-2　什么是环路增益波特图？如何用环路增益波特图判断负反馈放大电路的工作状态？

6-8-3　如何采用电容补偿技术消除负反馈放大电路的自激振荡？

6.9　放大电路频响的仿真研究

6.9.1　共射组态基本放大电路频响的仿真研究

1. 研究内容

共射组态基本放大电路的频率特性分析。

2. 仿真电路

在 Multisim 中创建分压偏置共射组态基本放大电路，如图 6.9.1 所示。选择 FMMT5179 晶体管作为核心器件，设置其电流放大系数 $\beta=133$。输入正弦信号的有效值为 1 mV，频率为 1 kHz。

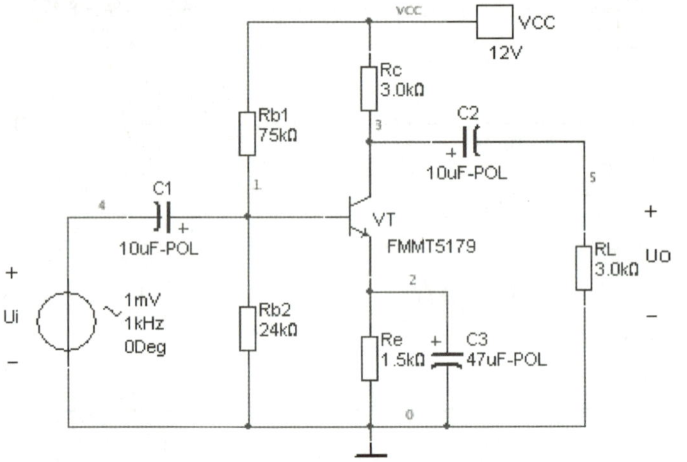

图 6.9.1　分压偏置共射组态基本放大电路

3. 仿真结果

频率特性的测量电路如图 6.9.2 所示，在波特图仪（XBP1）的控制面板上，设定垂直轴的终值 F 为 100 dB，初值 I 为 -200 dB；水平轴的终值 F 为 10 GHz，初值 I 为 1 mHz，且垂直轴和水平轴的坐标全设为对数坐标（Log）。该放大电路的幅频特性曲线如图 6.9.3(a) 所示，相频特性曲线如图 6.9.3(b) 所示。将游标移到中频段，测得电压放大倍数为 36.472 dB，然后再左移、右移游标找出电压放大倍数下降 3 dB 时所对应的下限截止频率 $f_L=167.396$ Hz 和上限截止频率 $f_H=126.025$ MHz，则通频带

$$BW=f_H-f_L\approx 126\text{ MHz}$$

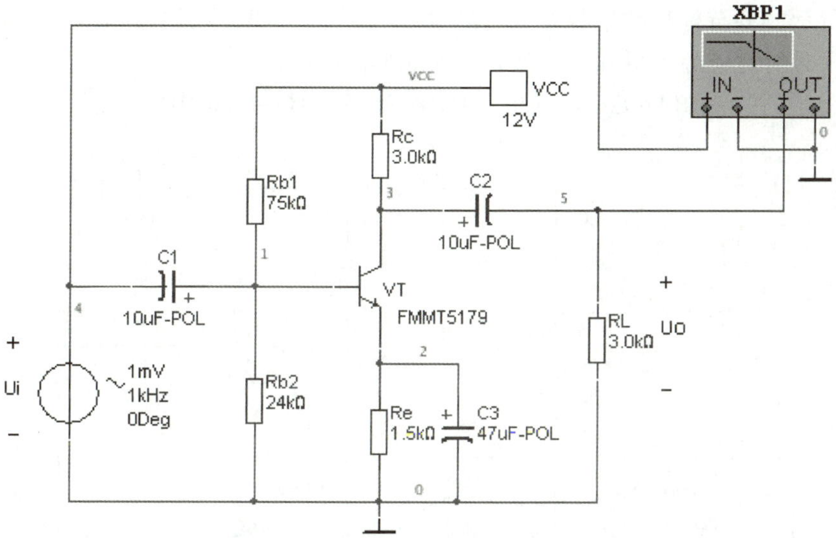

图 6.9.2 频率特性的测量电路

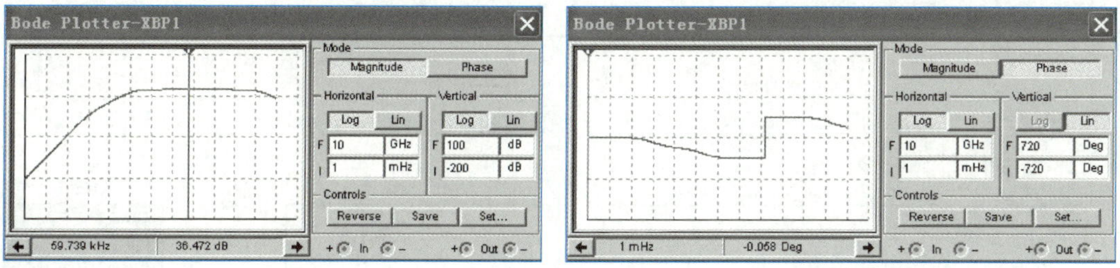

(a) 幅频特性　　(b) 相频特性

图 6.9.3 频率特性的测量结果

4. 结论

由于晶体管存在结电容及放大电路中有电抗性元件，因此放大电路的电压放大倍数是频率的函数。

6.9.2 共源组态基本放大电路频响的仿真研究

1. 研究内容

共源组态基本放大电路的频率特性分析。

2. 仿真电路

在 Multisim 中创建单管分压偏置共源组态基本放大电路，如图 6.9.4 所示，电路中场效应管选用 2N7000。

3. 仿真结果

频率特性测量电路如图 6.9.5 所示，在波特图仪（XBP1）的控制面板上，设定垂直轴的终值 F 为 100 dB，初值 I 为 −200 dB，水平轴的终值 F 为 1 GHz，初值 I 为 1 MHz，且垂直轴和水平轴的坐标全设为对数方式（Log），观察幅频特性曲线如图 6.9.6（a）所示，相频特性曲线如

图 6.9.6(b)所示。将游标移到中频段,测得电压增益为 29 dB,然后再左移、右移游标找出电压增益下降 3 dB 时所对应的下限和上限截止频率,则通频带

$$BW=f_H-f_L=1.605\ \text{MHz}-96.895\ \text{Hz}\approx 1.6\ \text{MHz}$$

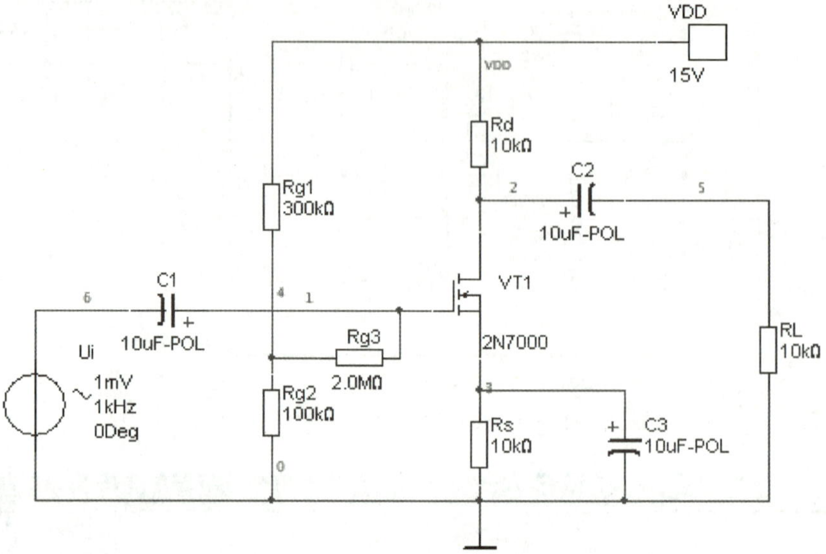

图 6.9.4　单管分压偏置共源组态基本放大电路

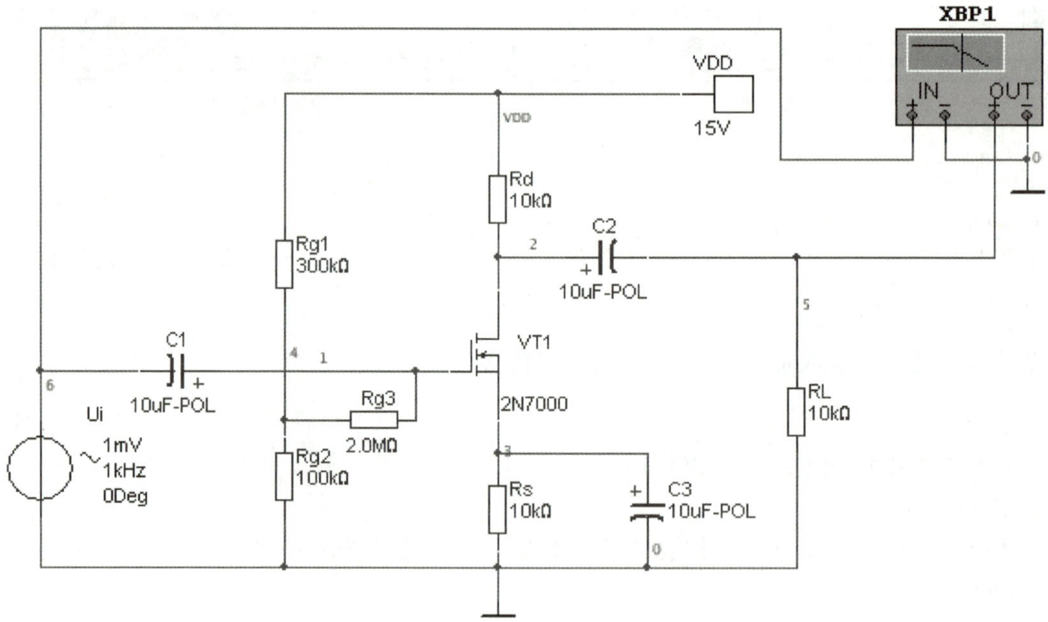

图 6.9.5　频率特性的测量

4. 结论

由于场效应管各极之间存在极间电容,因而其高频小信号模型与晶体管类似,场效应管基本

放大电路的高频响应也与晶体管基本放大电路相似。

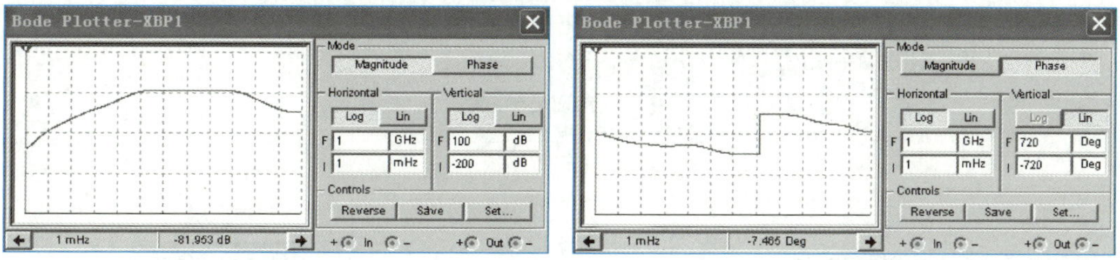

(a) **幅频特性**　　(b) **相频特性**

图 6.9.6　频率特性的测量结果

6.9.3　负反馈放大电路频响的仿真研究

1. 研究内容

研究负反馈对放大电路的增益、输入电阻、输出电阻和带宽的影响

2. 仿真电路

在 Multisim 中构建如图 6.9.7 所示的电压串联负反馈放大电路，晶体管 VT1、VT2 的型号为 FMMT5179，电流放大系数 $\beta=133$。输入电压信号的有效值为 1 mV，频率为 1 kHz。

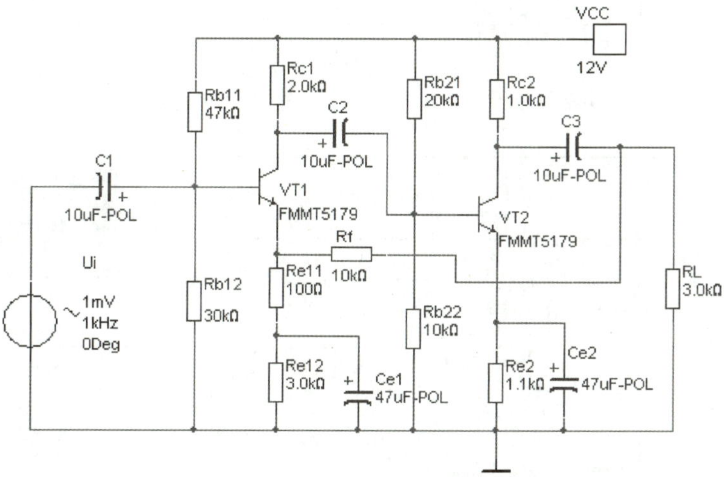

图 6.9.7　电压串联负反馈放大电路

3. 仿真结果

(1) 电压放大倍数

图 6.9.7 所示电压串联负反馈放大电路的开环电压放大倍数和闭环电压放大倍数测量电路如图 6.9.8 和图 6.9.9 所示。在反馈电阻 R_f 断开和连接两种情况下，用虚拟示波器 XSC1 观察输入和输出电压信号。在输出电压信号不失真的条件下，用虚拟万用表 XMM1 测量输出电压信号的有效值，则放大电路的开环电压放大倍数 $\dot{A}_u$ 和闭环电压放大倍数 $\dot{A}_{uf}$ 分别为

$$\dot{A}_u=\frac{\dot{U}_o}{\dot{U}_i}=\frac{345.901\ \text{mV}}{1\ \text{mV}}\approx 346$$

$$\dot{A}_{uf}=\frac{\dot{U}_o}{\dot{U}_i}=\frac{77.797\ \text{mV}}{1\ \text{mV}}\approx 78$$

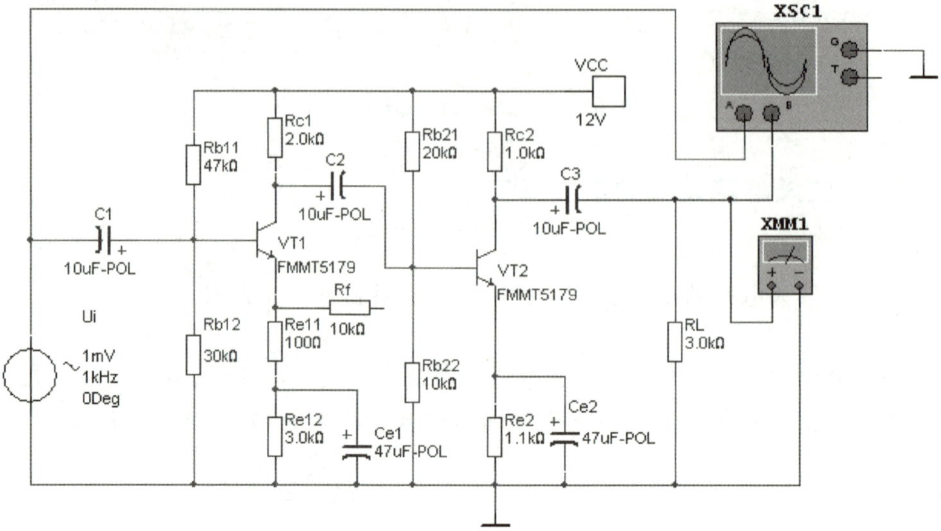

图 6.9.8 开环电压放大倍数的测量电路

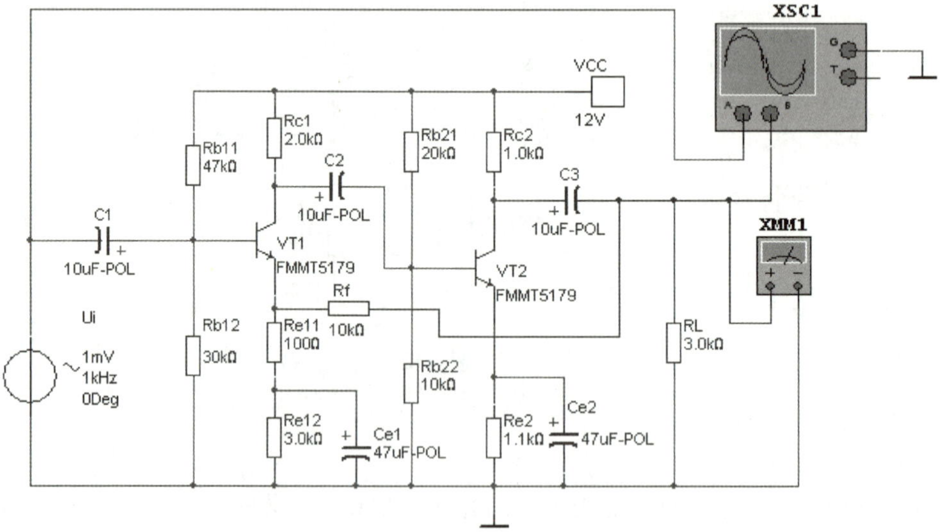

图 6.9.9 闭环电压放大倍数的测量电路

由图 6.9.7 所示电压串联负反馈放大电路可知，其反馈系数为

$$\dot{F}_u=\frac{R_{e11}}{R_f+R_{e11}}=\frac{100\ \Omega}{10\ 000\ \Omega+100\ \Omega}\approx 0.01$$

由以上分析可知,引入电压串联负反馈后放大电路的闭环电压放大倍数大约为开环电压放大倍数的 $1/(1+\dot{A}_u\dot{F}_u)$。

(2) 输入电阻和输出电阻

图 6.9.7 所示电压串联负反馈放大电路的开环输入电阻和闭环输入电阻的测量电路如图 6.9.10 所示。在反馈电阻 R_f 断开和连接两种情况下,在输出电压信号不失真的条件下,用虚拟万用表 XMM1 测量输入电流信号的有效值,则放大电路的开环输入电阻 R_i 和闭环输入电阻 R_{if} 分别为

$$R_i=\frac{\dot{U}_i}{\dot{I}_i}=\frac{1\ \text{mV}}{122.5\ \text{nA}}\approx 8.16\ \text{k}\Omega$$

$$R_{if}=\frac{\dot{U}_i}{\dot{I}_i}=\frac{1\ \text{mV}}{71.7\ \text{nA}}\approx 13.9\ \text{k}\Omega$$

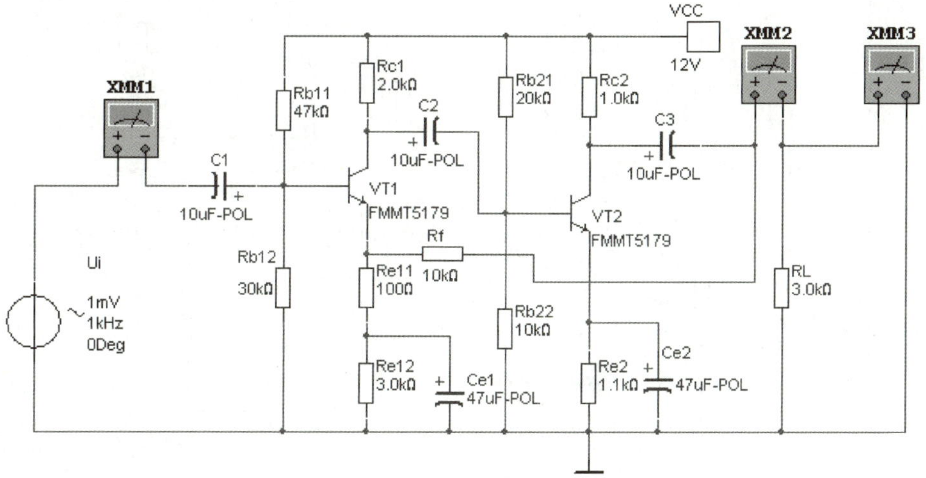

图 6.9.10 输入电阻和输出电阻的测量电路

引入串联负反馈后,放大电路的输入电阻提高了。但与开环输入电阻相比,没有提高 $(1+\dot{A}_u\dot{F}_u)$ 倍。这是由于放大电路中总的输入电阻 $R_i=R_i'/\!/R_{b1}/\!/R_{b2}$,引入电压串联负反馈只是提高了环路内的输入电阻 R_{if}',而 R_{b1} 和 R_{b2} 不受影响。因此,总的输入电阻提高不多,不难计算 R_{if}' 较 R_i' 提高了 $(1+\dot{A}_u\dot{F}_u)$ 倍。

将反馈电阻 R_f 断开,在负载电阻 R_L 断开和连接两种情况下,用虚拟万用表 XMM3 测量输出电压信号的有效值,分别为 U_o' 和 U_o。在负载电阻 R_L 为 3 kΩ 的情况下,用虚拟万用表 XMM3 测量输出电流信号的有效值 I_o。计算放大电路的开环输出电阻 R_o 为

$$R_o=\frac{\dot{U}'_o-\dot{U}_o}{\dot{I}_o}=\frac{454.03\ \text{mV}-345.877\ \text{mV}}{115.318\ \mu\text{A}}\approx 938\ \Omega$$

将反馈电阻 R_f 接入电路，在负载电阻 R_L 断开和连接两种情况下，用虚拟万用表 XMM3 测量输出电压信号的有效值，分别为 U'_o和 U_o。在负载电阻 R_L 为 3 kΩ 的情况下，用虚拟万用表 XMM3 测量输出电流信号的有效值 I_o。计算放大电路的闭环输出电阻 R_{of} 为

$$R_{of}=\frac{\dot{U}'_o-\dot{U}_o}{\dot{I}_o}=\frac{81.473\ \text{mV}-77.796\ \text{mV}}{25.944\ \mu\text{A}}\approx 142\ \Omega$$

显然，引入电压负反馈后，放大电路的闭环输出电阻约为开环输出电阻的 $1/(1+\dot{A}_u\dot{F}_u)$。

（3）频率特性

用波特图仪测量图 6.9.7 所示电路的频率特性仿真电路如图 6.9.11(a)所示。在反馈电阻 R_f 断开和连接两种情况下，放大电路的开环和闭环电路幅频特性如图 6.9.11(b)和图 6.9.11(c)

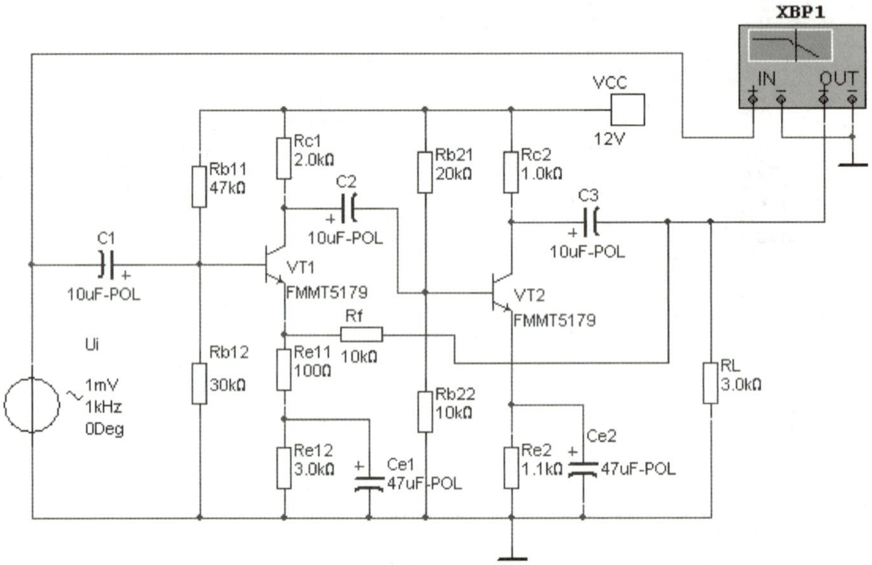

(a) 测量电路

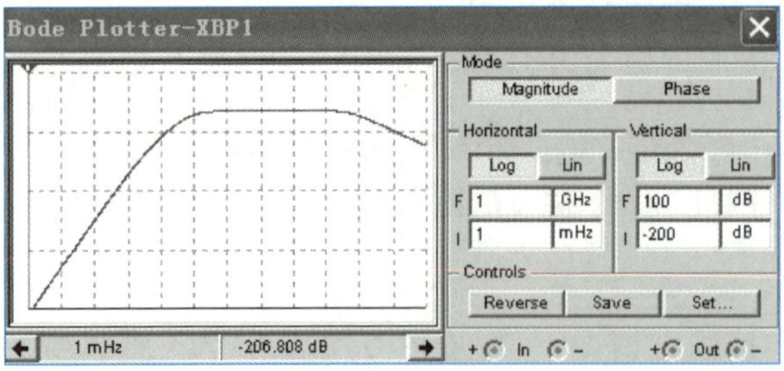

(b) 开环幅频特性

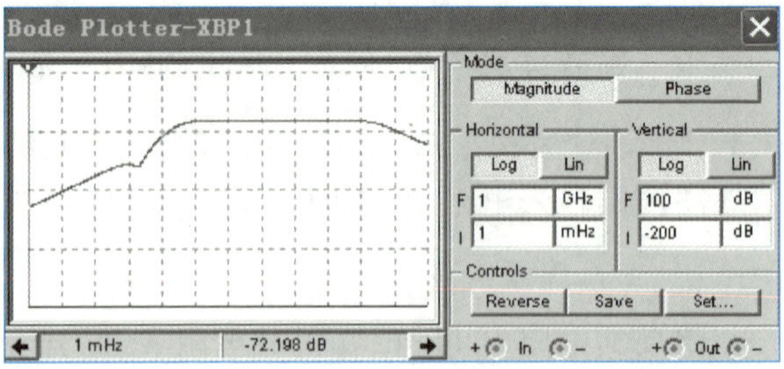

(c) 闭环幅频特性

图 6.9.11 频率特性的测量

所示。经测量，放大电路的开环带宽约为 5 MHz，闭环带宽约为 22.7 MHz。引入负反馈后，放大电路的闭环带宽约为开环带宽的$(1+\dot{A}_u\dot{F}_u)$倍。

4. 结论

由以上分析可知，引入电压串联负反馈后放大电路的闭环电压放大倍数大约为开环电压放大倍数的$1/(1+\dot{A}_u\dot{F}_u)$；放大电路的闭环输入电阻约为开环输入电阻的$(1+\dot{A}_u\dot{F}_u)$倍；放大电路的闭环输出电阻约为开环输出电阻的$1/(1+\dot{A}_u\dot{F}_u)$；放大电路的闭环带宽约为开环带宽的$(1+\dot{A}_u\dot{F}_u)$倍。因此，引入电压串联负反馈，提高了放大电路的输入电阻，降低了放大电路的输出电阻；引入电压串联负反馈拓展放大电路的带宽是以牺牲放大倍数作为代价的。

本章小结

1. 由于晶体管存在结电容及放大电路中有电抗性元件，因此放大电路的电压放大倍数是频率的函数。这种函数关系称为放大电路的频率响应。

2. 当电压放大倍数下降到中频电压增益 A_{um} 的$\frac{1}{\sqrt{2}}$时，下限截止频率为 f_L，上限截止频率为 f_H，通频带为 $BW=f_H-f_L$。通常 $f_H \gg f_L$，则通频带 $BW \approx f_H$。电路中的耦合电容和旁路电容决定了下限截止频率 f_L，晶体管的结电容决定了上限截止频率 f_H。

3. 由于场效应管各极之间存在极间电容，因而其高频小信号模型与晶体管类似，场效应管基本放大电路的高频响应也与晶体管基本放大电路相似。

4. 由于各级放大电路的电压增益是频率的函数，多级放大电路的电压增益也必然是频率的函数。两级放大电路的通频带要比组成它的单级放大电路窄。

5. 负反馈不能随意地引入，如果引入不当可能引起放大电路产生自激振荡。负反馈放大电路产生自激振荡的条件是 $\dot{A}\dot{F}=-1$，可将其分解为幅值条件和相位条件。利用环路增益波特图可以方便地判断放大电路的稳定性。为了获得稳定的工作状态，负反馈放大电路应有足够的增益裕度和相位裕度。利用电容补偿技术可以消除自激振荡。

自我检测

1. 某放大电路开环增益表达式为

$$\dot{A}_u=\frac{10^4}{\left(1-j\frac{0.2}{f}\right)\left(1+j\frac{f}{2}\right)}$$

f 的单位为 MHz。该电路的上限截止频率为________；电路的下限截止频率为________。

A. 2 MHz，0.2 MHz　　B. 1 MHz，2 MHz

C. 0.2 MHz，2 MHz　　D. 0.1 MHz，0.2 MHz

2. 放大电路电压放大倍数的频率特性的表达式为

$$\dot{A}_u=\frac{0.5f^2}{\left(1+\mathrm{j}\frac{f}{2}\right)\left(1+\mathrm{j}\frac{f}{100}\right)\left(1+\mathrm{j}\frac{f}{10^5}\right)}$$

其中频电压放大倍数 A_{um} 等于________。

A. 100　　B. 200　　C. −200　　D. −100

3. 放大电路电压放大倍数的频率特性的表达式为

$$\dot{A}_u=\frac{1\ 000\mathrm{j}\frac{f}{10}}{\left(1+\mathrm{j}\frac{f}{10}\right)\left(1+\mathrm{j}\frac{f}{10^6}\right)}$$

其上限截止频率________。

A. 10 Hz　　B. 1 Hz　　C. 1 000 Hz　　D. 1 MHz

4. 放大电路的幅频特性如图 T6.4 所示，中频电压放大倍数 $|\dot{A}_u|$ 等于________。

A. 20　　B. 40

C. 60　　D. 100

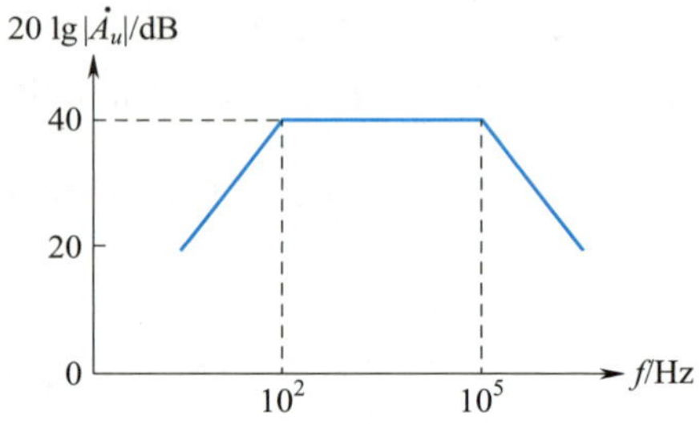

图 T6.4

5. 某一负反馈放大电路产生了自激振荡，某同学采用教材中所述的并联电容方法消除，该方法的出发点主要是________。

A. 使幅频特性曲线降低

B. 使幅频特性曲线升高

C. 使相频特性曲线降低

D. 使相频特性曲线升高

【答案】 1. A　2. D　3. D　4. D　5. A

▶▶▶ 习　题 ◀◀◀

【6-1】 填空：

1. 已知某放大电路电压放大倍数的频率特性表达式为

$$A_u=\frac{1\ 000\frac{f}{10}\mathrm{j}}{\left(1+\mathrm{j}\frac{f}{10}\right)\left(1+\mathrm{j}\frac{f}{10^6}\right)}$$

式中 f 的单位为 Hz。表明其下限频率为________；上限频率为________；中频电压增益为________ dB，输出电压与输入电压中频段的相位差为________。

2. 幅度失真和相位失真统称为________失真，它属于________失真。在出现这类失真时，若 u_i 为正弦波，则 u_o 为________；若 u_i 为非正弦波，则 u_o 与 u_i 的________相同。

【6-2】 电路如图 P6.2 所示，已知 $V_{CC}=6.7$ V，$R_b=300$ kΩ，$R_c=2$ kΩ，$\beta=100$，$r_{bb'}=300$ Ω，$U_{BE}=0.7$ V，$C_1=C_2=5$ μF，$R_L=\infty$。

（1）求电路的中频电压放大倍数 A_{um}；

（2）求电路的下限截止频率 f_L；

（3）若信号频率 $f=10$ Hz，希望放大倍数 $|A_u|$ 仍不低于 $0.7|A_{um}|$，则应更换哪个元件？其值为多少？

【6-3】 图 P6.3 为某负反馈放大电路在 $\dot{F}=-0.1$ 时的回路增益波特图。

（1）写出开环放大倍数 $\dot{A}$ 的表达式，并在幅频特性曲线上标明特性下降的斜率；

（2）判断该负反馈放大电路是否会产生自激振荡；

（3）若产生自激振荡，则求 $|\dot{F}|$ 应下降到多少才能使电路到达临界稳定状态；若不产生自激振荡，则说明有多大的相位裕度。

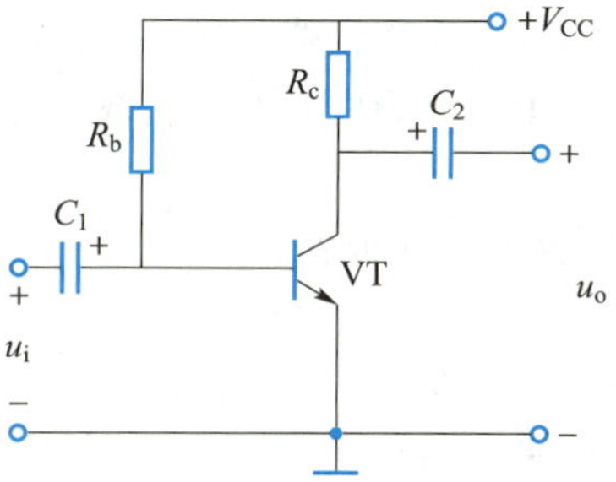

图 P6.2

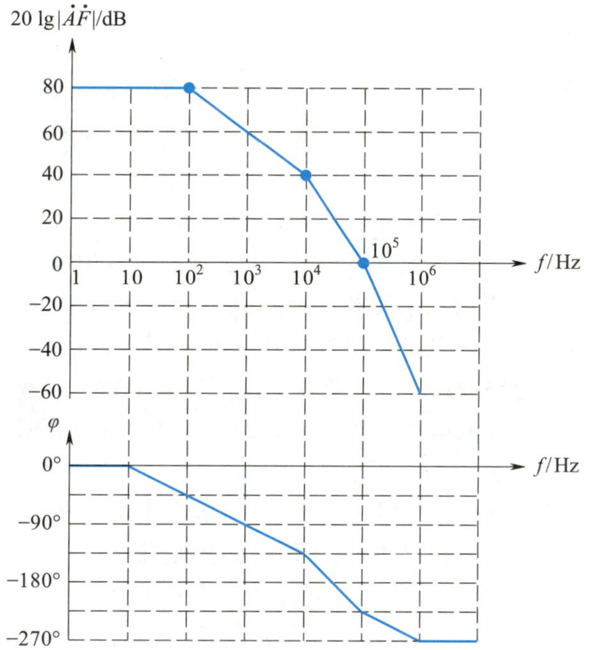

图 P6.3

【6-4】 已知某放大电路的幅频特性如图 P6.4 所示。回答下列问题：

（1）当频率为 10^4 Hz 时，$\varphi_A\approx$？

（2）若引入负反馈，反馈系数为 $\dot{F}=0.1$，该电路能否发生自激振荡？

（3）若希望引入负反馈后，电路稳定，则 $|\dot{F}|$ 的最大值约为多少？

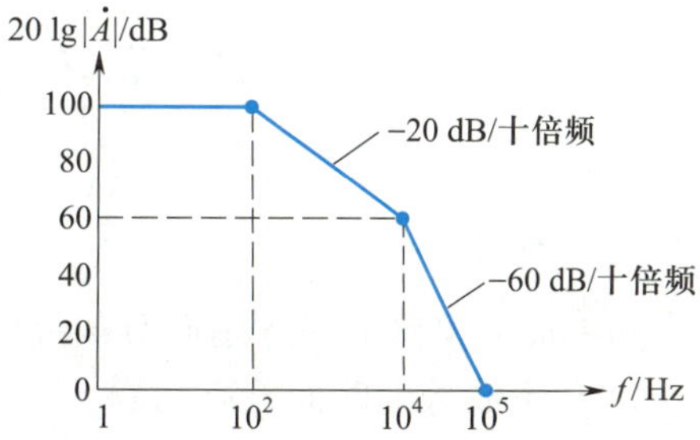

图 P6.4

第 6 章习题解答　　第 6 章电子教案

第7章　功率放大电路

7.1　引　　言

在工程应用电路中,通常要求放大电路能为负载提供较大的输出功率。能向负载提供较大输出功率的放大电路称为功率放大电路(简称功放)。从能量控制和转换的角度看,功率放大电路与前面所介绍的电压放大电路在本质上没有根本的区别,但是它们所要完成的任务是不同的。电压放大电路的任务是进行电压放大,其主要技术指标为电压放大倍数、输入电阻、输出电阻等。功率放大电路的任务是向负载提供不失真的输出功率,主要技术指标为最大输出功率、效率、非线性失真等。集成运算放大器和集成功率放大器的输出级大多采用本章介绍的互补功率放大电路。

本章主要讨论如下问题:

1. 导通角的定义是什么?如何区分甲类功放、乙类功放和甲乙类功放?
2. 功率放大电路的主要性能指标是什么?
3. 乙类互补功率放大电路的工作原理是什么?其性能指标如何估算?
4. 什么是交越失真?如何消除乙类互补功率放大电路的交越失真?
5. 晶体管的管耗最大时,电路的输出功率也最大吗?

7.2　互补功率放大电路

7.2.1　概述

功率放大电路的任务是向负载提供不失真的输出功率。

1. 功率放大电路的核心问题

(1) 要求输出功率尽可能大

为了获得尽可能大的输出功率,要求功放管的电压和电流都有足够大的输出幅度,因此器件往往在接近极限状态下工作。

(2) 高效率

由于功率放大电路的输出功率大,因此直流电源消耗的功率也大,这就需要功率放大电路有一个较高的效率。效率就是负载得到的有用信号功率和电源供给的直流功率的比值。比值越大,意味着效率越高。

(3) 功率器件的散热问题

由于通过功率放大电路的电压和电流较大，有相当大的功率消耗在管子的集电结上，使结温和管壳温度升高。为了使功率器件输出足够大的功率，必须很好地解决功率放大器件的散热问题。

(4) 非线性失真

在大信号下工作的功率放大电路不可避免地会产生非线性失真，而且功放管输出功率越大，非线性失真越严重，这就使输出功率和非线性失真成为一对主要矛盾。

功率放大电路一般处于多级放大电路或集成运算放大器的最后一级，直接驱动负载，其输入信号幅度已经较大，因此功率放大电路不再适合用微变等效电路法来分析，一般采用图解法分析功率放大电路。

2. 提高功率放大电路效率的主要途径

提高功率放大电路效率是功率放大电路的核心问题。图 7.2.1(a)所示为阻容耦合共射基本放大电路的图解分析。从图中可以看出，静态工作点 Q 基本处于交流负载线的中心，设置合理，有着较大的不失真电压输出幅度。该电路在输入信号整个周期内都有电流流过晶体管，即晶

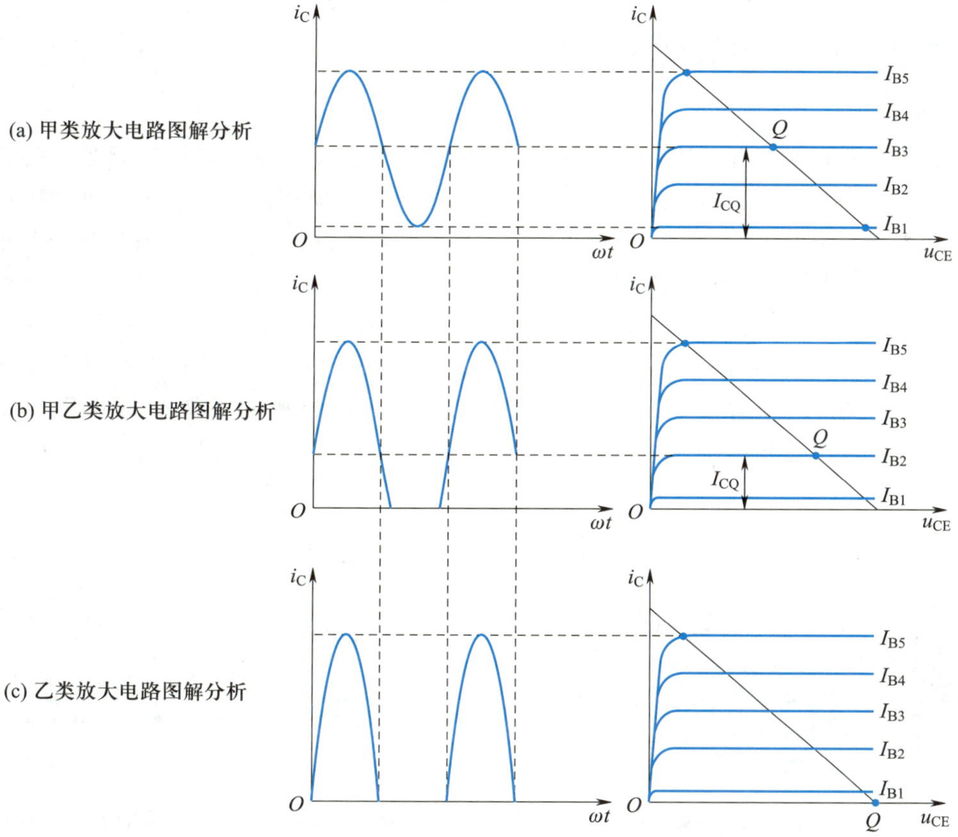

图 7.2.1　Q 点下移对放大电路工作状态的影响

体管的导通角为 360°的工作状态，称为晶体管的甲类放大状态。甲类放大电路的效率不高，在没有输入信号即 $u_I=0$ 时，晶体管的静态集电极电流为 I_{CQ}，管压降为 U_{CEQ}，管耗为 $P_V=I_{CQ}U_{CEQ}$，集电极电阻 R_c 消耗的功率为 $P_R=I_{CQ}^2R_c$，这两部分功率之和约等于直流电源提供的功率，并全部以热量的形式耗散出去；当有输入信号时，这些功率的一部分转化为有用的输出功率，这类放大电路的最大效率为 50%。

甲类放大电路的效率不高，其问题在于晶体管的静态工作点设置过高，在静态时晶体管和集电极电阻就产生了大量功耗，而这些功耗并没有变成负载所需要的交流功率，而是白白地浪费掉了。因此，降低静态工作点 I_{CQ} 可以提高放大电路的效率，降低静态工作点后，在输入信号的整个周期内，晶体管并没有始终都有电流流过，所以晶体管的导通角大于 180°而小于 360°。晶体管的这种工作状态称为甲乙类工作状态，如图 7.2.1(b)所示。静态工作点的降低又使最大不失真输出幅度降低，集电极电流 i_C 的负半周部分波形被削平了，出现了失真。如果进一步降低静态工作点 Q 使之降到横轴上，这样晶体管在输入信号的一个周期内只有一半的时间工作，即每周期导通角为 180°，这种晶体管的工作状态称为乙类工作状态，如图 7.2.1(c)所示。静态时，乙类功放工作在零偏状态，$I_{CQ}=0$，减少了静态功耗，效率较高，但是信号会出现严重失真，必须对电路进行改进，解决失真问题。

7.2.2 乙类互补功率放大电路

1. 电路组成

晶体管工作在乙类工作状态的放大电路，虽然管耗小，有利于提高效率，但是它的输出电压只有半个周期的波形，造成输出波形严重失真。如果用两个异型晶体管(NPN 和 PNP)，并且使之都工作在乙类放大状态，一个工作在输入信号的正半周期，而另一个工作在输入信号的负半周期，则在负载上可以得到一个完整的输出波形，这样就能解决效率与失真的矛盾。因而采用两个异型晶体管构成的射极输出器，组成乙类互补功率放大电路，如图 7.2.2(a)所示。VT_1(NPN)和 VT_2(PNP)是一对特性相同的互补对称晶体管。VT_1 和 VT_2 的基极和发射极分别连接在一起。信号从基极输入，从射极输出，R_L 为负载。图 7.2.2(a)电路可以看成由图 7.2.2(b)、(c)的两个射极输出器组合而成。射极输出器的特点是输出电阻小，带负载能力强，适合作功率输出级。

微视频 7-1 乙类互补功率放大电路的工作原理

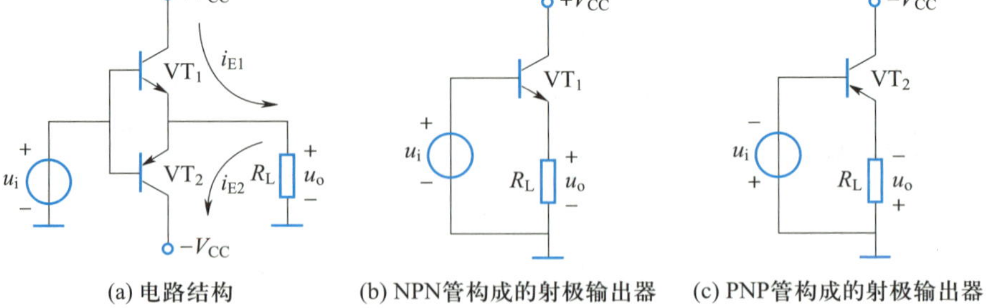

(a) 电路结构 (b) NPN管构成的射极输出器 (c) PNP管构成的射极输出器

图 7.2.2 乙类互补功率放大电路

2. 工作原理

设输入信号 u_i 为正弦波。静态时，$u_i=0$，两个晶体管的发射结处于零偏，均截止，集电极电流 $I_{C1}=I_{C2}=0$，输出电压也为零，晶体管无静态功耗。动态时，如果忽略晶体管发射结的开启电压，当输入信号 u_i 处于正半周时，VT_1 导通，有电流 i_{E1} 流过负载 R_L，方向如图 7.2.2(a)所示，与 u_o 的参考方向相同；当输入信号 u_i 处于负半周时，VT_2 导通，有电流 i_{E2} 流过负载 R_L，与 u_o 的参考方向相反。于是实现了两个晶体管在信号的正、负半周内轮流导电，从而在负载上得到一个完整的正弦信号，如图 7.2.3 所示。由于两管互补对方的不足，工作性能对称，因而该电路称为乙类互补功率放大电路。

3. 交越失真及其消除

严格地说，当输入信号很小，达不到晶体管的开启电压时，晶体管不导通。在输入信号正、负半周交替过零处，因晶体管存在开启电压而形成的非线性失真，称为**交越失真**。图 7.2.2(a)所示的乙类功放在示波器上观察到的交越失真波形如图 7.2.4 所示，上面为输入波形，下面为输出波形。

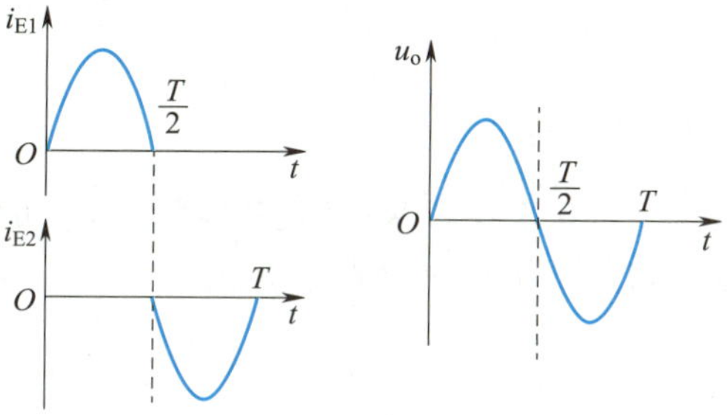

图 7.2.3　乙类互补功率放大电路波形的合成

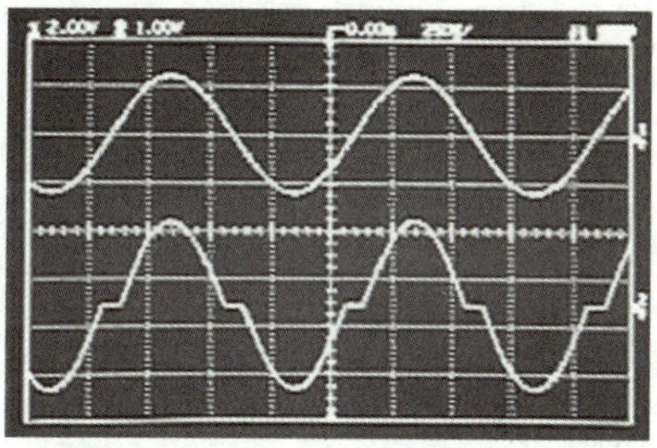

图 7.2.4　交越失真的波形

为消除交越失真，应该使两个晶体管在静态时就处于微导通状态，也就是说，静态时晶体管的静态工作点已经处于稍大于开启电压的状态，只要加入很小的动态信号，晶体管即可进入放大区，这样就可以避免出现交越失真现象。

为了使晶体管在静态时工作在微导通状态，就必须增加偏置电路，使晶体管的静态工作点设置在稍微大于开启电压处，于是在一个周期内晶体管的导通角略大于 180°，这种工作状态为甲乙类工作状态。图 7.2.5 给出了两种不同偏置方式的甲乙类互补功率放大电路。

图 7.2.5(a)中，二极管 VD_1、VD_2 的支路就是晶体管的偏置电路，二极管的导通压降刚好可以弥补两个晶体管的开启电压。为晶体管 VT_1、VT_2 提供一个较小的静态电流。由于采用正、负电源供电，VT_1、VT_2 的特性相同，两个晶体管静态电流相等、管压降相等，所以静态时负载上的输出电压和电流均为零。

微视频 7-2
甲乙类互补功率放大电路的工作原理

对交流信号，由于二极管的动态电阻很小，所以在 VD_1 和 VD_2 上的交流电压降很小，即 VT_1 和 VT_2 的基极电位对交流信号而言可以看作等电位。因此，有交流输入信号时，可以认为加到 VT_1、VT_2 管的基极信号相等。由于设置了偏置电压，在输入信号作用下，两个晶体管的导通角均略大于 180°，基本可以消除交越失真。由于甲乙类互补功率放大电路的偏置电压很小，与乙类互补功率放大电路的工作情况很相近，故仍可按乙

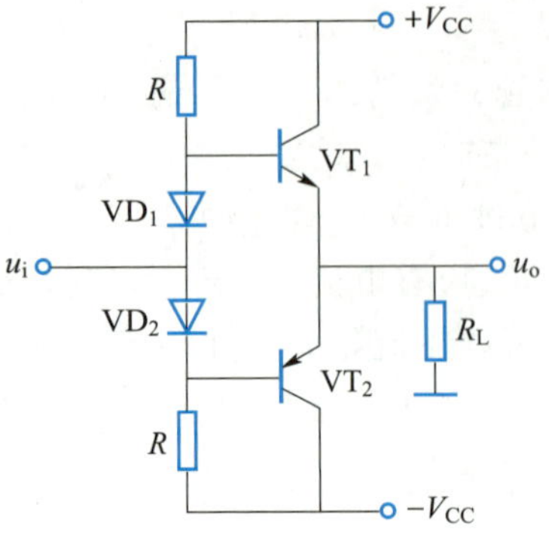

(a) 用二极管提供偏置

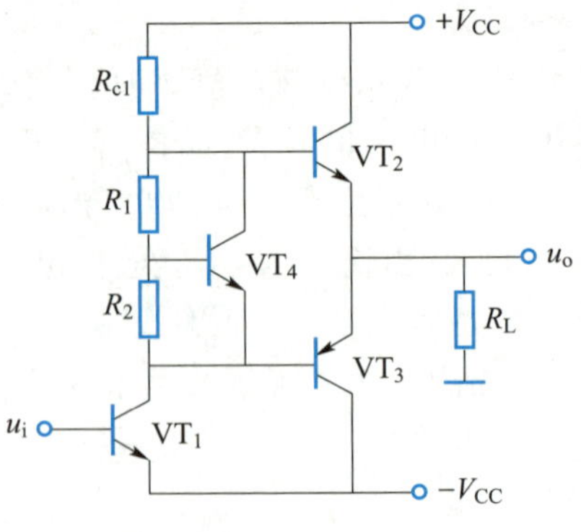

(b) 用U_{BE}倍增电路提供偏置

图 7.2.5 甲乙类互补功率放大电路

类互补功率放大电路分析计算。

图 7.2.5(b)用电压倍增电路取代两个二极管，忽略 VT_4 的基极电流，则 U_{CE4} 与 U_{BE4} 的倍增关系如下

$$U_{CE4} \approx \frac{U_{BE4}}{R_2} \times (R_1 + R_2)$$

因为晶体管 VT_4 的发射结压降 U_{BE4} 基本不变(为 0.5~0.7 V)，调整电阻 R_1、R_2 可使 U_{CE4} 增大或减小，从而满足偏置电压需要，在集成功放电路中常采用这种偏置方式。

4. 参数计算

(1) 输出功率

乙类互补功率放大电路如图 7.2.2 所示，输出波形如图 7.2.3 所示。VT_1 与 VT_2 除了一个是 NPN 管，一个是 PNP 管外，所有参数均相同，特性一致。若输入正弦波，设输出 $u_o = U_{om}\sin\omega t$ 则在负载电阻上的输出功率为

$$P_o = U_o I_o = \frac{U_{om}}{\sqrt{2}} \times \frac{I_{om}}{\sqrt{2}} = \frac{U_{om}^2}{2R_L} \tag{7.2.1}$$

式中，U_{om} 为输出电压幅值，I_{om} 为输出电流幅值。

当输出电压幅值最大时，负载上可获得最大输出功率。负载上最大输出电压幅值为 $U_{omax} = V_{CC} - U_{CES}$，此时负载上的最大不失真输出功率为

$$P_{omax} = \frac{U_{omax}^2}{2R_L} = \frac{(V_{CC} - U_{CES})^2}{2R_L} \tag{7.2.2}$$

一般晶体管的饱和压降 U_{CES} 较小，可以忽略，则有

$$P_{omax} \approx \frac{V_{CC}^2}{2R_L} \tag{7.2.3}$$

(2) 功率管的功率损耗

电源输入的直流功率，有一部分通过晶体管转换为输出功率，剩余的部分则消耗在晶体管上，产生晶体管的管耗。晶体管的管耗主要是集电结的功耗。对于乙类互补功放电路，在输出正

弦波的幅值为 U_{om} 时，输出功率可按式(7.2.1)计算，此时直流电源提供的功率

$$P_V=\frac{1}{2\pi}\int_0^{2\pi}V_{CC}i_c(t)\,d(\omega t)=\frac{1}{\pi}\int_0^{\pi}V_{CC}i_c(t)\,d(\omega t)$$
$$=\frac{V_{CC}}{\pi}\int_0^{\pi}\frac{U_{o}m}{R_L}\sin\omega t\,d(\omega t)=\frac{2V_{CC}U_{om}}{\pi R_L}\tag{7.2.4}$$

两个晶体管的功耗

$$P_T=P_{T1}+P_{T2}=P_V-P_o=\frac{2V_{CC}U_{om}}{\pi R_L}-\frac{U_{om}^2}{2R_L}\tag{7.2.5}$$

画出 P_V 和 P_o 与 U_{om}/V_{CC} 之间的关系曲线，如图 7.2.6 所示。图 7.2.6 中 P_V 与 P_o 之差即代表管耗，显然管耗与输出幅度有关，且呈非线性关系。

可以用 P_T 对 U_{om} 求导(求极值点)的办法找出管耗的最大值及此时的 U_{om} 值。经计算不难得到，P_{Tmax} 发生在 $U_{om}\approx 0.64V_{CC}$ 处，将 $U_{om}\approx0.64V_{CC}$ 代入 P_T 的表达式，整理可得最大管耗 P_{Tmax}

$$P_{Tmax}=\frac{2V_{CC}\cdot U_{om}}{\pi R_L}-\frac{U_{om}^2}{2R_L}\approx\frac{2V_{CC}\times0.64V_{CC}}{\pi R_L}-\frac{(0.64V_{CC})^2}{2R_L}=0.4P_{omax}\tag{7.2.6}$$

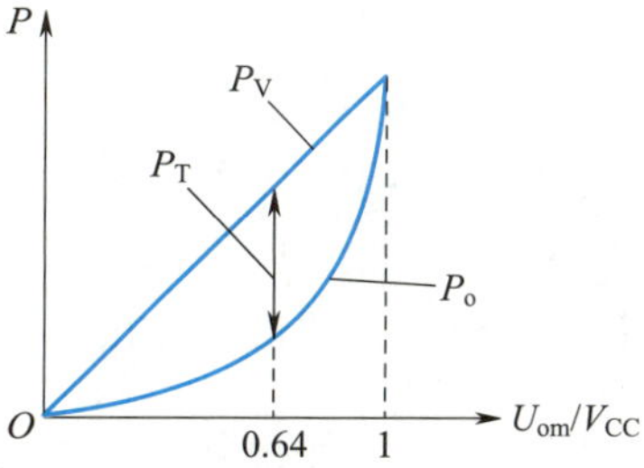

图 7.2.6　乙类互补功率放大电路晶体管的管耗

对一只晶体管则有

$$P_{T1max}=P_{T2max}\approx0.2P_{omax}\tag{7.2.7}$$

功率晶体管的功耗以发热的形式散发出来，为此必须给晶体管加一定大小的散热器，以帮助晶体管散热，否则晶体管的温度上升到超过 PN 结所能承受的最高温度时，会导致反向饱和电流急剧增加，甚至烧毁晶体管。

(3) 效率

互补功放的效率为输出功率与电源提供功率之比，即

$$\eta=\frac{P_o}{P_V}=\frac{U_{om}^2}{2R_L}\Big/\frac{2V_{CC}U_{om}}{R_L}=\frac{\pi}{4}\frac{U_{om}}{V_{CC}}\tag{7.2.8}$$

显然，当 $U_{om}=V_{CC}$ 时效率达到最高，$\eta=\pi/4=78.5\%$。但是由于晶体管饱和压降的存在，令 $U_{om}<V_{CC}$，因而乙类互补功率放大电路的实际效率值要小于 78.5%。

(4) 功率管的选择

在功率放大电路中，应根据晶体管所承受的最大反向电压、集电极最大电流和最大功耗来选择晶体管。

① 最大允许反向电压 $U_{(BR)CEO}$

分析功率放大电路的原理可知，功放管处于截止状态时将承受较大的管压降。例如，当 VT_1 饱和导通时，VT_2 管所承受最大管压降约为

$$u_{EC2max}=(V_{CC}-U_{CES})-(-V_{CC})=2V_{CC}-U_{CES}\approx2V_{CC}\tag{7.2.9}$$

同理可得，当 VT_2 饱和导通时，VT_1 管承受最大管压降，其数值也约为 $2V_{CC}$。因此，应选用 $U_{(BR)CEO}>2V_{CC}$ 的功率管。

② 集电极最大电流 I_{CM}

由电路分析可知，晶体管的发射极电流等于负载电流，负载电阻上的最大电压为 $V_{CC}-U_{CES}$，因而集电极电流的最大值

$$I_{Cmax}\approx I_{Emax}=\frac{V_{CC}-U_{CES}}{R_L}\approx\frac{V_{CC}}{R_L} \tag{7.2.10}$$

所以必须选择集电极最大电流 $I_{CM}>\frac{V_{CC}}{R_L}$的功率管。

③ 集电极最大允许功耗 P_{CM}

对于乙类互补功率放大电路，静态时输入电压为零，此时输出功率最小，晶体管的集电极电流很小，所以晶体管的损耗也很小；当输入电压最大时，输出功率最大，但是由于管压降很小，所以晶体管的损耗也很小。由式(7.2.7)可知，晶体管集电极最大功耗仅为理想时(饱和管压降为零)最大输出功率的五分之一。因此，必须选择集电极最大允许功耗 $P_{CM}>0.2P_{omax}$ 的功率管。

【例 7.2.1】 功率放大电路如图 7.2.7 所示。已知 $V_{CC}=12$ V，$R_L=4\ \Omega$。设 $U_{BE}>0$ 时，晶体管立即导通，忽略晶体管的饱和压降，则负载上可能得到的最大输出功率为多少？如何选择功率管？

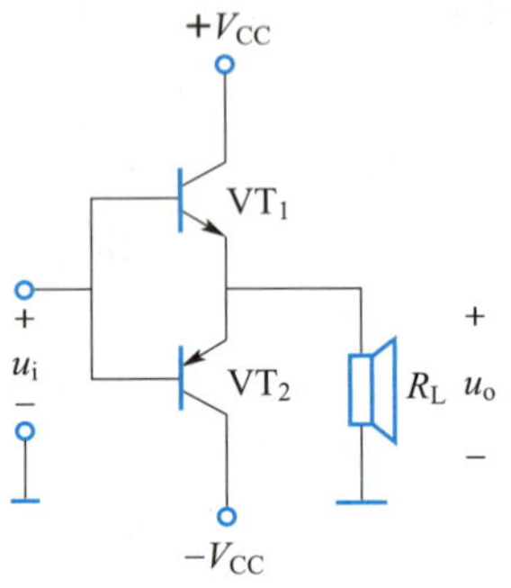

图 7.2.7 例 7.2.1 图

解 负载上能得到的最大功率为 $P_{omax}\approx\frac{V_{CC}^2}{2R_L}=18$ W

每个功率管流过的最大电流为 $I_{Cmax}=\frac{V_{CC}}{R_L}=\frac{12\ \text{V}}{4\ \Omega}=3$ A

功率管所承受的最大管压降为 $u_{CE1max}=u_{EC2max}=2V_{CC}=24$ V

功率管的最大管耗为 $P_{T1max}=P_{T2max}\approx0.2P_{omax}=3.6$ W

所以应选择 $P_{CM}>3.6$ W，$U_{(BR)CEO}>24$ V，$I_{CM}>3$ A 的功率管。

思考题

7-2-1 功率放大电路的特点是什么？与电压放大电路有何区别？

7-2-2 根据功率管导通角的不同，功率放大电路可以分为几种？

7-2-3 乙类互补对称功率放大电路的效率、输出功率如何计算，管耗最大值发生点与输出电压有何关系？

7-2-4 设计甲乙类互补对称功率放大电路时，该从哪几个方面选择功率管？

7.3 单电源互补功率放大电路

除了前面介绍的双电源互补功放外，还有一些其他类型的互补功率放大电路。下面将介绍单电源互补功率放大电路，即 OTL(output transfomerless)功放(无变压器耦合的功率放大电路)；而双电源互补功放，称为 OCL(output capacitorless)功放(无输出耦合电容的功率放大电路)。

单电源互补功率放大电路如图 7.3.1 所示，为了使负载上仅获得交流信号，将电容器串联在负载与晶体管的发射极 e 之间。设 VT_1 和 VT_2 的参数对称，静态时，电容 C 相当于开路，则两个

晶体管的发射极静态电位 U_E 等于$\frac{V_{CC}}{2}$,此时电容 C 的端电压 $U_C=U_E=\frac{V_{CC}}{2}$。由于电容 C 的电容量足够大,时间常数 R_LC 远大于输入信号的周期,因而在一个输入信号周期内,电容充电和放电的电荷变化不会引起电容端电压的明显变化,电容 C 相当于一个源电压为$\frac{V_{CC}}{2}$的恒压源。

在交流输入信号的正半周期,VT_1 导通,VT_2 截止,向负载提供电流 $i_o=i_{e1}$,即电流从$+V_{CC}$ 经 VT_1 的集电极和发射极、电容 C、负载电阻 R_L 至地。电容 C 充电,输出电压 u_o 跟随输入电压 u_i 变化;在交流输入信号的负半周期,VT_2 导通,VT_1 截止,C 放电,电流由电容 C 所存储的电荷提供,$i_o=i_{e2}$,即电流从电容 C 的"+"端经 VT_2 的发射极和集电极、地、R_L 至 C 的"−"端。输出电压 u_o 仍然跟随输入电压 u_i 变化。不难看出,OTL 电路相当于源电压分别为$\frac{V_{CC}}{2}$和$-\frac{V_{CC}}{2}$的双电源供电的乙类互补功放。有关该功放的参数可仿照 OCL 电路进行计算。

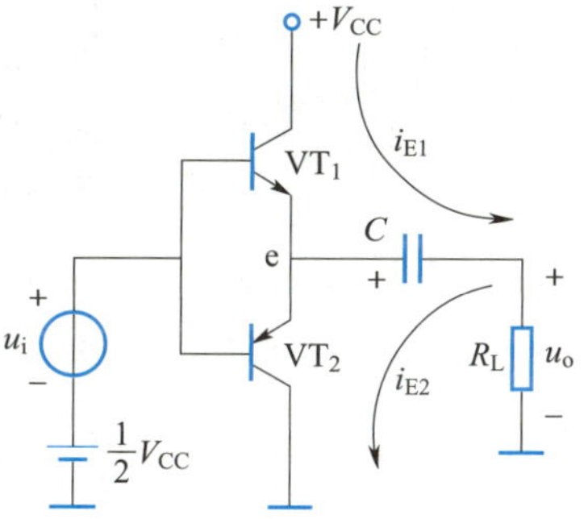

图 7.3.1 单电源互补功率放大电路(OTL)

思考题

7-3-1 试分析 OTL 电路的最大不失真输出电压、最大输出功率和效率。

7.4 复 合 管

当输出功率较大时,要求输出级功率晶体管提供较大的集电极电流 i_C,但是大功率管的 β 值一般都不大,这就要求输出级的前一级为它提供较大的基极驱动电流 i_B,即末前级也应该是一个功率放大级。为了得到高 β 的功率放大管,往往采用复合管。

7.4.1 复合管的组成

把两个晶体管按一定方式组合起来可构成复合管。组成复合管的条件是使复合起来的晶体管都处于放大状态,即满足发射结正偏、集电结反偏,前一个晶体管的电流方向和后一个晶体管的基极电流方向必须一致。复合管的具体连接方式有四种,如图 7.4.1 所示。

7.4.2 复合管的电流放大倍数和输入电阻

功放输出级采用复合管可以提高电流放大倍数。复合管由相同或不同类型的两个晶体管组成,两个晶体管复合后可以等效为一个晶体管。下面分别分析由相同类型和不同类型晶体管组成复合管的电流放大倍数 β 和输入电阻 r_{be}。

1. 由相同类型的晶体管组成的复合管

晶体管的 β 等于其 i_C 与 i_B 的变化量之比

$$\Delta i_B=\Delta i_{B1} \tag{7.4.1}$$

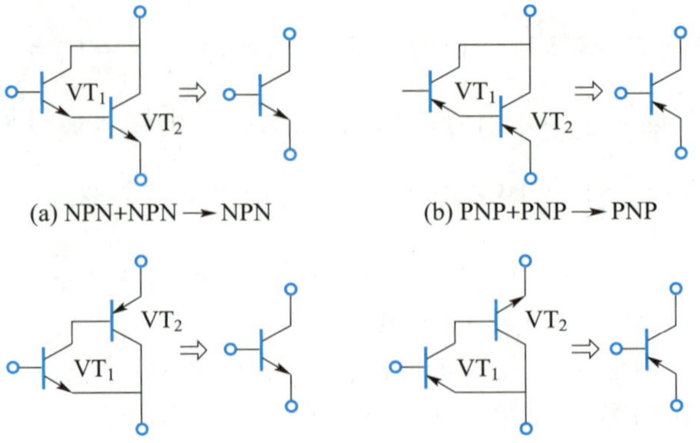

图 7.4.1 四种类型的复合管

$$\Delta i_C=\beta_1\Delta i_{B1}+\beta_2(1+\beta_1)\Delta i_{B1}=(\beta_1+\beta_2+\beta_1\beta_2)\Delta i_{B1} \tag{7.4.2}$$

$$\beta=\frac{\Delta i_C}{\Delta i_B}=\beta_1+\beta_2+\beta_1\beta_2\approx\beta_1\beta_2 \tag{7.4.3}$$

晶体管的输入电阻 r_{be} 应是 u_{BE} 与 i_B 的变化量之比。复合管的 Δu_{BE} 为

$$\Delta u_{BE}=\Delta i_{B1}r_{be1}+\Delta i_{B2}r_{be2}=\Delta i_{B1}[r_{be1}+(1+\beta_1)r_{be2}] \tag{7.4.4}$$

则复合管的输入电阻为

$$r_{be}=\frac{\Delta u_{BE}}{\Delta i_B}=r_{be1}+(1+\beta_1)r_{be2} \tag{7.4.5}$$

显然,这种复合管的共射组态电流放大系数和输入电阻均比一个晶体管提高了很多倍。

2. 由不同类型的晶体管组成的复合管

利用与前述类似的方法可以分析得到,由不同类型的晶体管所组成的复合管,其 β 和 r_{be} 分别为

$$\beta=\beta_1(1+\beta_2)\approx\beta_1\beta_2 \tag{7.4.6}$$

$$r_{be}=r_{be1} \tag{7.4.7}$$

综合以上对复合管的分析结果,可以得到如下结论:

① 由两个相同类型的晶体管组成的复合管称为达林顿管,其类型与原来相同。复合管的 $\beta=\beta_1\beta_2$,复合管的 $r_{be}=r_{be1}+(1+\beta_1)r_{be2}$。

② 由两个不同类型的晶体管组成的复合管,其类型与前级晶体管相同。复合管的 $\beta=\beta_1\beta_2$,复合管的 $r_{be}=r_{be1}$。

由此可见,VT_1 和 VT_2 功率等级不同,VT_2 为大功率管,VT_1 的功率小于 VT_2,复合管可等效为一个高 β 值的大功率管。

7.5 集成功率放大器

集成功率放大器与普通集成运放相比,优势在于可以输出更大的功率,其输出级通常由复合

管组成,能够输出较大的电流,可达几个安培以上。因而芯片的功耗大,可达 1 W 以上,在使用时需要在其外壳上加装散热片。集成功率放大器主要应用于驱动功率元件,如扬声器、电动机、无线发射模块等。因此,一般集成功放都将过流、过热以及过压等保护电路也集成在芯片内部,具有外围元件简单、调试方便、运行可靠性高的优点。表 7.5.1 给出了几种典型功率型运算放大器的性能参数。

表 7.5.1　几种典型功率型运算放大器的性能参数

型号	输出功率/W	峰值功率/W	共模抑制比/dB	转换速率/(V · μs^{-1})
LM3886	68	135	110	19
LM1875	25	30	—	8
LM12	80	100	86	—

LM3886 是美国 TI 公司生产的一款高性能音频功率放大器,在信号频率 20 Hz~20 kHz 内线性度好,失真小,还具有过电压、欠电压、过载、短路、超温保护及静噪功能。在电源电压为±28 V,负载 R_L 为 4 Ω 时,LM3886 输出功率 P_o 可达 68 W;在电源电压为±28 V,负载 R_L 为 8 Ω 时,输出功率 P_o 为 38 W;在电源电压为±35 V,负载 R_L 为 8 Ω 时,输出功率 P_o 为 50 W。

LM3886 的外形封装和引脚如图 7.5.1 所示。芯片有 11 个引脚,其中引脚 2、6 和 11 为空脚,其余引脚功能如下:

① V_+,V_-:正、负电源输入端,$|V_+|+|V_-|$电源电压范围为 20~84 V;

② u_{in+},u_{in-}:信号输入端;

③ u_o:信号输出端;

④ MUTE:静音控制端,其引脚内部电压为-2.6 V。当引脚悬空时,芯片处于静音模式;当流过该引脚电流大于 0.5 mA 时,芯片处于正常模式;

⑤ GND:接地端。

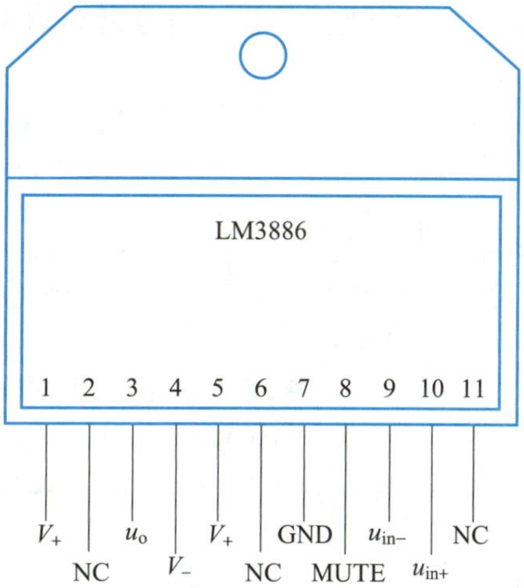

图 7.5.1　LM3886 的外形封装和引脚

LM3886 的典型接法如图 7.5.2 所示。图中 R_P 为音量电位器,R_B 为平衡电阻;C_S 为去耦电容,滤除电源的高频成分;R_M 为静音电阻,当开关 S_1 闭合时,使流出静音端的电流 I_M>0.5 mA,$R_M=(|V_-|-2.6)/I_M$;C_M 为静音电容,为静音功能的开启和关闭提供足够大的时间常数;R_i、C_i 和 R_f 构成负反馈通路,其中 C_i 具有“隔直通交”的作用,在直流应用场合可以将 C_i 短路;R 是阻尼电阻,L 为高频扼流圈,两者并联构成校正网络,避免电路产生自激振荡或出现过电压而损坏芯片。

集成功放在使用过程中应注意以下问题:

① 集成功放自带的散热片分为绝缘、非绝缘两类。绝缘类的功放采用整体塑封工艺,使用时将其自带的散热片与散热器直接固定即可;非绝缘类的功放,其散热片通常与芯片的负电源相

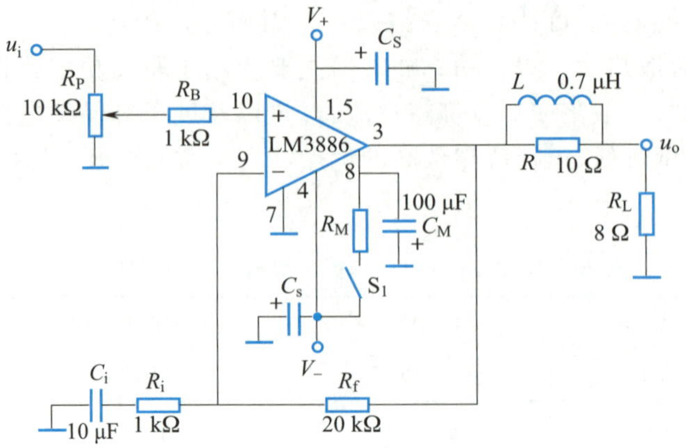

图 7.5.2　LM3886 的典型应用电路

通，使用中应避免其散热片与功放的其他部分直接接触，尤其是机壳与地线，否则会损坏集成模块，在与散热器固定时最好用云母垫片加以隔离。散热器也应有足够的散热辐射表面积，并用导热硅脂降低热阻。

② 由于集成功放的输出功率大，为避免其输出对其他小信号产生干扰，功放电路的地线设计最好采用"单点接地"方法，即输入信号的"地"与功率输出的"地"不能混合布线，并用屏蔽线传输信号，使电路的输入信号远离输出信号和电源。

7.6　功率放大电路的仿真研究

1. 研究内容

研究乙类互补功率放大电路的交越失真及其消除，测量其电压放大倍数和效率。

2. 仿真电路

在 Multisim 中，创建乙类互补功率放大电路如图 7.6.1 所示，晶体管的型号为 2SC2001 和 2SA952。2SC2001 的参数为：$I_{CM}=700$ mA，$\beta=50$，$P_T=600$ mW，$U_{(BR)CEO}=25$ V，$U_{CES}=0.2$ V；2SA952 的参数为：$I_{CM}=-700$ mA，$\beta=50$，$P_T=600$ mW，$U_{(BR)CEO}=-25$ V，$U_{CES}=-0.25$ V。

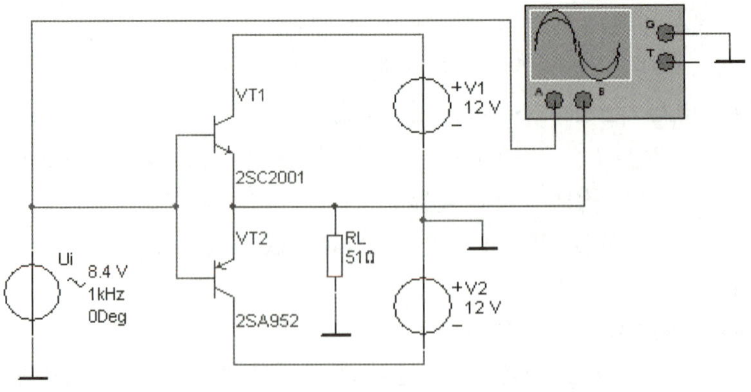

图 7.6.1　乙类互补功率放大电路

3. 仿真结果

(1) 电压放大倍数

乙类互补功率放大电路的电压放大倍数测量电路如图 7.6.2 所示,输入、输出波形测量结果如图 7.6.3 所示。通过测试可知,电压放大倍数为

$$\dot{A}_u=\frac{\dot{U}_o}{\dot{U}_i}=\frac{7.735\ \text{V}}{8.4\ \text{V}}\approx 0.92$$

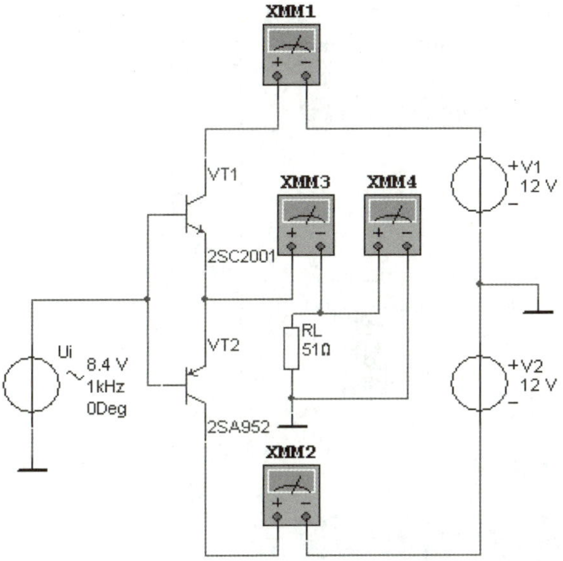

图 7.6.2 电路参数测量电路

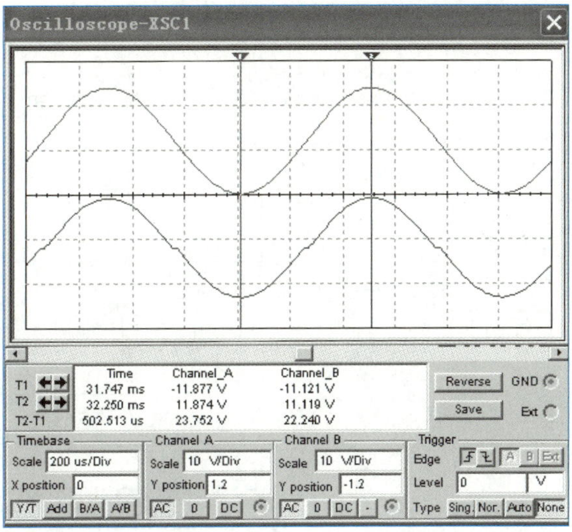

图 7.6.3 乙类互补功率放大电路输入、输出波形

(2) 效率

直流电源的电流

$$I_{CC1}=66.653\ \text{mA}$$

$$I_{CC2}=66.886\ \text{mA}$$

直流电源功率

$$\begin{aligned}P_V&=(I_{CC1}+I_{CC2})\times V_{CC}\\&=(66.635\ \text{mA}+66.886\ \text{mA})\times 12\ \text{V}=1.6\ \text{W}\end{aligned}$$

负载功率

$$P_o=U_o\times I_o=7.735\ \text{V}\times 151.662\ \text{mA}=1.17\ \text{W}$$

效率

$$\eta=\frac{P_o}{P_V}\times 100\%=73.1\%$$

(3) 交越失真及其消除

观察图 7.6.3,乙类互补功率放大电路的输出存在交越失真。为了改善乙类互补功率放大

电路的输出波形，对电路进行改进，在两个晶体管的基极之间加入两个二极管，并使之正向偏置。这样两个晶体管在静态时均处于微导通状态，成为甲乙类互补功率放大电路，如图 7.6.4 所示。观察其输入、输出波形，如图 7.6.5 所示，消除了交越失真。

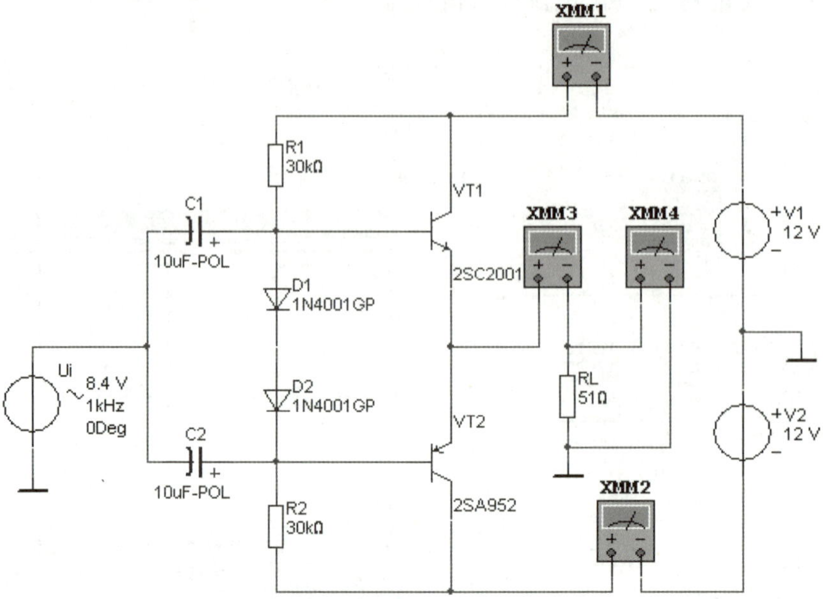

图 7.6.4 甲乙类互补功率放大电路

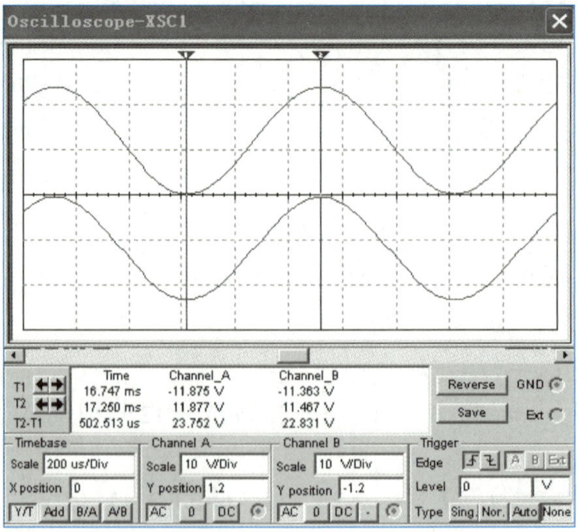

图 7.6.5 甲乙类功放输入、输出波形

通过测试可知，电压放大倍数为

$$\dot{A}_u = \frac{U_o}{U_i} = \frac{7.953\ \text{V}}{8.4\ \text{V}} \approx 0.95$$

直流电源功率

$$P_V=(I_{CC1}+I_{CC2})\times V_{CC}$$
$$=(74.042\ \text{mA}+64.999\ \text{mA})\times 12\ \text{V}\approx 1.7\ \text{W}$$

负载功率

$$P_o=U_oI_o=7.953\ \text{V}\times 155.945\ \text{mA}=1.24\ \text{W}$$

效率

$$\eta=\frac{P_o}{P_V}\times 100\%=\frac{1.24\ \text{W}}{1.7\ \text{W}}\times 100\%=72.9\%$$

4. 结论

① 通过仿真分析可知,乙类互补功率放大电路的两个晶体管均处于射随状态,电压放大倍数小于 1 但接近于 1,该电路的效率约为 73%。

② 由于乙类互补功率放大电路的两个晶体管在静态下处于零偏状态,受发射结开启电压的影响,使输出波形在过零点处出现了交越失真。将该电路改进为甲乙类互补功率放大电路之后,波形得到了改善,电路的电压放大倍数和效率均与乙类互补功率放大电路接近。

本章小结

本章首先介绍了互补功率放大电路的工作原理及分析方法,最后介绍了集成功率放大电路的应用。

1. 为使集成运算放大器有较大的动态输出范围和较强的带负载能力,其输出级通常采用双电源供电的互补功率放大电路,其实质为两个射极跟随器的组合。为提高效率,晶体管工作在乙类状态;而为减小交越失真,常为其提供很小的静态电流,构成甲乙类功率放大电路。

2. 根据供电电压的类型,可以将互补功率放大电路分为双电源互补功率放大电路(OCL 功放)和单电源互补功率放大电路(OTL 功放)。OTL 电路相当于源电压分别为$\frac{V_{CC}}{2}$和$-\frac{V_{CC}}{2}$的双电源供电的乙类互补功放。OTL 电路参数可仿照 OCL 电路进行计算。

3. 当输出功率较大时,要求输出级功率晶体管提供较大的集电极电流 i_C,为了得到高 β 的功率放大管,往往采用复合管,其 $\beta\approx\beta_1\beta_2$。

4. 集成功率放大器与普通集成运放相比,优势在于可以输出更大的功率,其输出级通常由复合管组成,能够输出较大的电流,因而芯片的功耗大,在使用时需要在其外壳上加装散热片。

自我检测

1. 功率放大电路的转换效率是指________。

A. 输出功率与晶体管所消耗的功率之比

B. 最大输出功率与电源提供的平均功率之比

C. 晶体管所消耗的功率与电源提供的平均功率之比

2. 为了克服乙类功放中的交越失真现象，可以采用________。

A. 减小输入信号幅值　　B. 加大输入信号幅值

C. 改用单电源供电　　D. 甲乙类功放

3. 图 T7.3 所示的功率放大电路是________；输出信号在过零处出现的失真是________。

A. OCL 功放，交越失真　　B. OTL 功放，饱和失真

C. 甲类功放，截止失真　　D. 甲乙类功放，频率失真

4. 功率放大电路如图 T7.3 所示，设 $V_{CC}=12$ V，$R_L=12\ \Omega$，忽略晶体管的输出饱和压降 U_{CES}。负载上可能得到的最大输出功率 $P_{omax}=$________，最高效率 $\eta_{max}=$________，每个管子的耐压 $|U_{(BR)CEO}|$ 至少应为________。

A. 12 W，78.5%，12 V　　B. 12 W，50%，24 V

C. 6 W，78.5%，24 V　　D. 6 W，50%，12 V

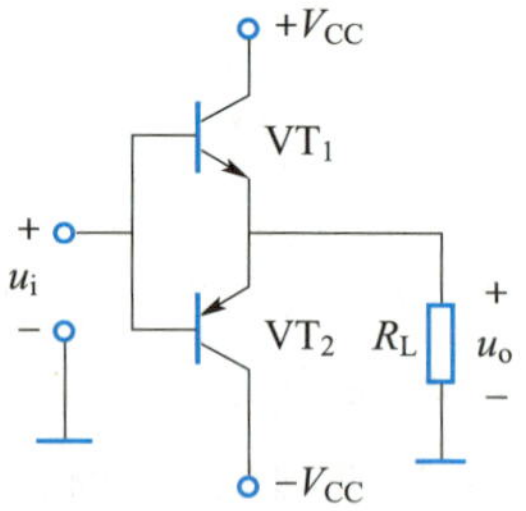

图 T7.3

5. 功率放大电路的最大输出功率是指________。

A. 晶体管上得到的最大功率　　B. 电源提供的最大功率

C. 负载上获得的最大输出功率　　D. 电源提供的功率

6. 图 T7.6 所示电路是________，如果输入为正弦信号，VT_1、VT_2 的饱和管压降可以忽略，则电路的最大不失真功率为________。

A. OTL 功率放大电路，$V_{CC}^2/4R_L$

B. 甲类功率放大电路，$V_{CC}^2/8R_L$

C. 甲乙类功率放大电路，$V_{CC}^2/2R_L$

D. 乙类功率放大电路，$V_{CC}^2/8R_L$

7. 图 T7.6 所示电路中，二极管 VD_1 和 VD_2 的作用是消除________。

A. 饱和失真　　B. 截止失真

C. 频率失真　　D. 交越失真

8. 电路参数如图 T7.8 所示，已知 u_i 为正弦信号，集成运放的最大输出电压 $\pm U_{om}$ 为 ±8 V，其最大输出电流为 ±20 mA；二极管 VD_1 和 VD_2 的正向导通压降为 0.7 V，晶体管 VT_1 和 VT_2 的发射结导通压降 $|U_{BE}|=0.7$ V，输出饱和压降 $|U_{CES}|=2$ V。负载得到的最大不失真输出功率为________；为使负载得到最大输出电流，VT_1 和 VT_2 的 β 值应该不低于________。

A. 14 W，94　　B. 4 W，50

C. 10.6 W，81　　D. 10.6 W，94

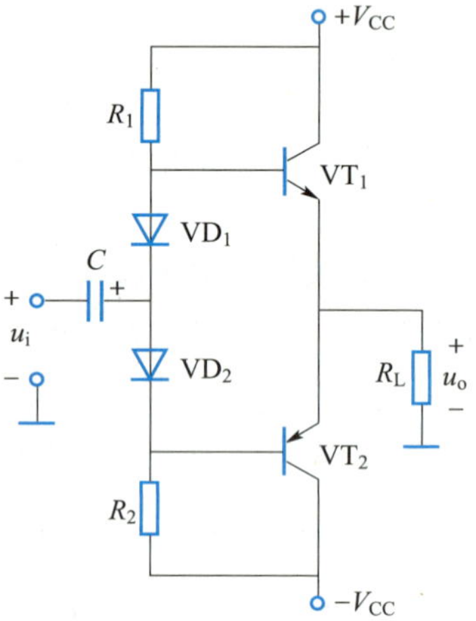

图 T7.6

9. 功率放大电路如图 T7.9 所示，电路输入为正弦波。当电阻 R_1 开路时，电路的输出电压波形为________。

A. 为正弦波　　B. 只有正半周波形

C. 只有负半周波形　　D. 以上都不对

10. 功率放大电路如图 T7.9 所示，设 $V_{CC}=10$ V，$R_L=8\ \Omega$，忽略晶体管的输出饱和压降 U_{CES}，输入 u_i 为正弦波。在输出不失真条件下，电路的最大输出功率 $P_{omax}=$________，选用晶体管时，晶体管 VT_1 的管耗至少为________。

A. 6.25 W，1.25 W；　　B. 12.5 W，2.5 W；

C. 12.5 W，5 W；　　D. 6.25 W，2.5 W。

11.（多选）在选择功放电路中的晶体管时，应当特别注意的参数有________。

A. I_{CM}　　B. I_{CBO}　　C. $U_{(BR)CEO}$

D. P_{CM}　　E. f_T

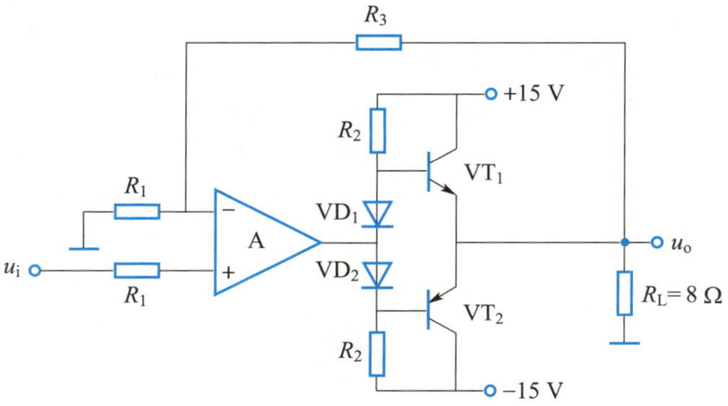

图 T7.8

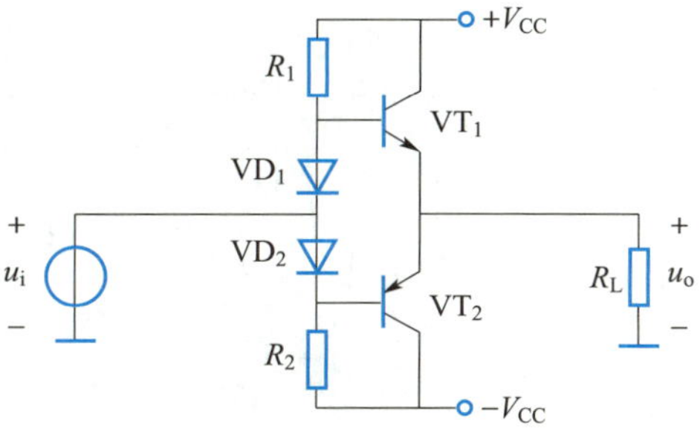

图 T7.9

【答案】1. B　2. D　3. A　4. C　5. C　6. C　7. D　8. B　9. C　10. A　11. A C D

习　题

【7-1】　填空：

(1) 功率放大电路的主要作用是＿＿＿＿＿＿＿＿＿＿＿＿＿＿＿＿。

(2) 甲类、乙类、甲乙类放大电路是依据晶体管的＿＿＿＿大小来区分的，其中甲类放大＿＿＿＿；乙类放大＿＿＿＿；甲乙类放大＿＿＿＿。

(3) 乙类功率放大电路的＿＿＿＿较高，这种电路会产生特有的失真现象称＿＿＿＿；为消除之，常采用＿＿＿＿。

(4) 乙类互补功率放大电路的供电电压为 V_{CC}，负载电阻为 R_L，输入信号为正弦波，输出信号不失真。OCL 功放的最大输出功率为＿＿＿＿W，效率为＿＿＿＿；OTL 功放的最大输出功率为＿＿＿＿W，效率为＿＿＿＿。

(5) 设计功率放大电路时，选择晶体管时应该考虑晶体管的＿＿＿＿、＿＿＿＿和＿＿＿＿。

(6) 一个输出功率为 10 W 的扩音机电路，若采用乙类互补功率放大电路，则应选管耗至少为＿＿＿＿W 的功率管＿＿＿＿个。

(7) 复合管可以提高晶体管的＿＿＿＿。

【7-2】　在图 P7.2 所示功率放大电路中，已知 $V_{CC}=12$ V，$R_L=8\ \Omega$，u_i 为正弦输入电压。

(1) 试求在 $U_{CES}=0$ 的情况下，负载上可能得到的最大输出功率。

(2) 每个管子的管耗 P_{CM} 至少应为多少？

(3) 每个管子的耐压 $|U_{(BR)CEO}|$ 至少应为多少？

【7-3】　在图 P7.3 所示功率放大电路中，已知 $V_{CC}=15$ V，$R_L=4\ \Omega$，VT_1、VT_2 的饱和管压降 $|U_{CES}|=1$ V，u_i 为正弦输入电压。

(1) 试求负载上可能得到的最大输出功率和功放电路的效率。

(2) 计算晶体管的管耗 P_{CM}。

(3) 为使输出功率达到最大，输入电压的有效值为多少？

【7-4】　单电源乙类互补 OTL 电路如图 P7.4 所示，已知 $V_{CC}=12$ V，$R_L=8\ \Omega$，u_i 为正弦输入电压。

(1) 在 $U_{CES}=0$ 的情况下，电路负载上可能得到的最大输出功率 P_{omax} 是多少？

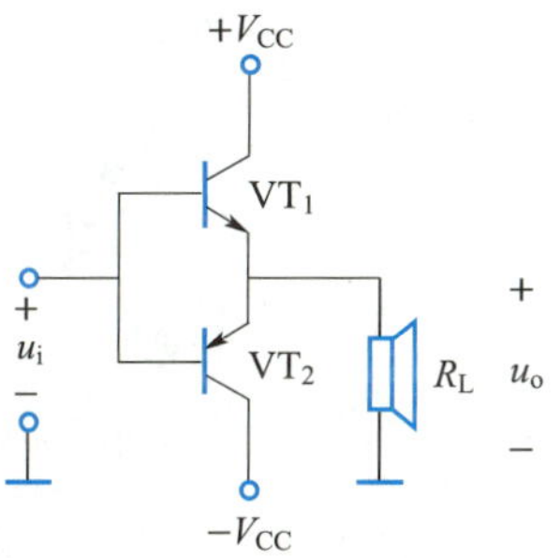

图 P7.2

(2) 如何选择图中晶体管？

(3) 在负载电阻不变的情况下，如果要求 $P_{omax}=9$ W，试问 V_{CC} 至少应该多大？

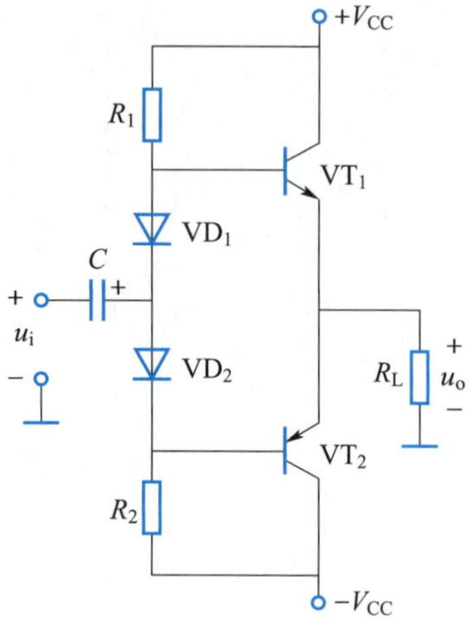

图 P7.3

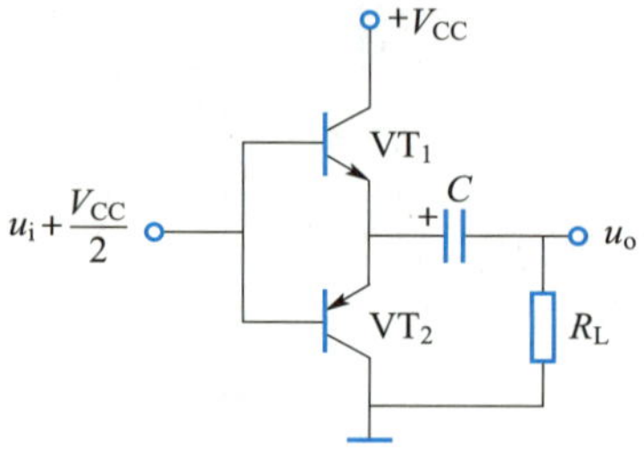

图 P7.4

微视频 7-3
习题 7-5 精解

【7-5】 OTL 互补功率放大电路如图 P7.5 所示。

(1) 该电路晶体管 VT_1、VT_2 的工作方式为哪种类型？

(2) 静态时 VT_1 管的发射极电位 U_E 是多少？负载电流 I_L 是多少？

(3) 试分析电位器 R_P 在电路中的作用。

(4) 若已知电容 C 的容值足够大，$V_{CC}=15$ V，晶体管饱和压降 $U_{CES}=1$ V，$R_L=8$ Ω，则负载 R_L 上得到的最大不失真输出功率 P_{omax} 为多大？

【7-6】 功率放大电路如图 P7.6 所示。

(1) R_1、R_2 和 VT_2 构成什么电路，在功率放大电路中起什么作用？

(2) 恒流源 I 在电路中起什么作用？

(3) 二极管 VD_1 和 VD_2 在电路中起什么作用？简要说明其工作原理。

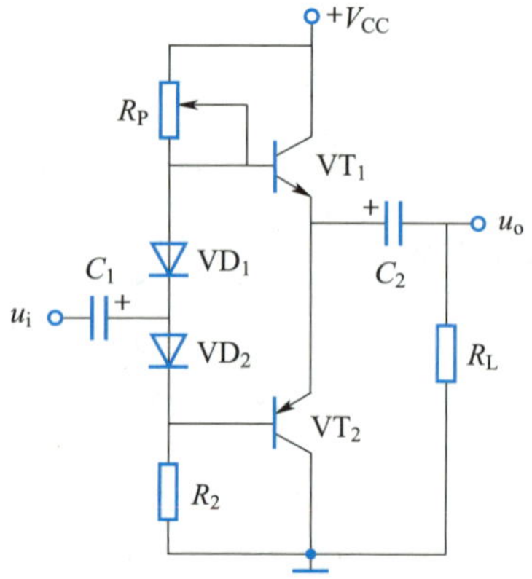

图 P7.5

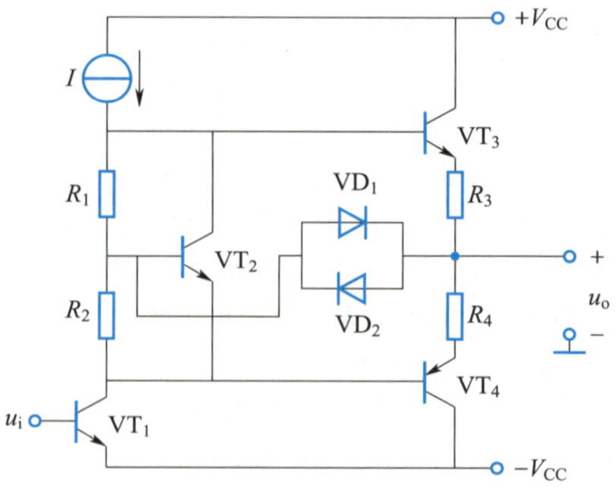

图 P7.6

【7-7】 在图 P7.7 所示电路中，已知 $V_{CC}=20$ V，$R_1=R_2=1$ kΩ，晶体管 VT_1 和 VT_2 的饱和输出压降 $|U_{CES}|=$

1 V,集成运放的最大输出电压幅值为±13 V。

(1) 若输入电压的幅值足够大,则电路的最大输出功率为多少?

(2) 为了提高电路的输入电阻,稳定输出电压 u_o,应引入哪种组态的级间反馈? 请在图中画出连线。

(3) 若 $u_i = 0.2$ V 时,$u_o = 3$ V,则反馈电阻 R_f 的取值约为多少?

【7-8】 电路如图 P7.8 所示,设晶体管的饱和输出压降可以忽略($U_{CES} \approx 0$ V)。

(1) 负载 R_L 上获得的最大输出功率是多少?

(2) 在深度负反馈条件下,估算该电路的电压放大倍数。

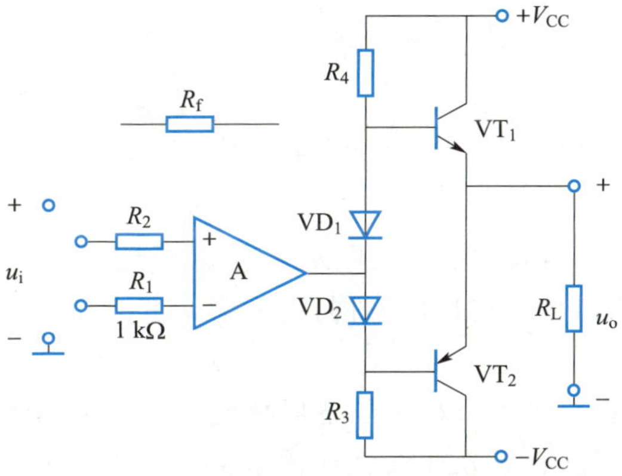

图 P7.7

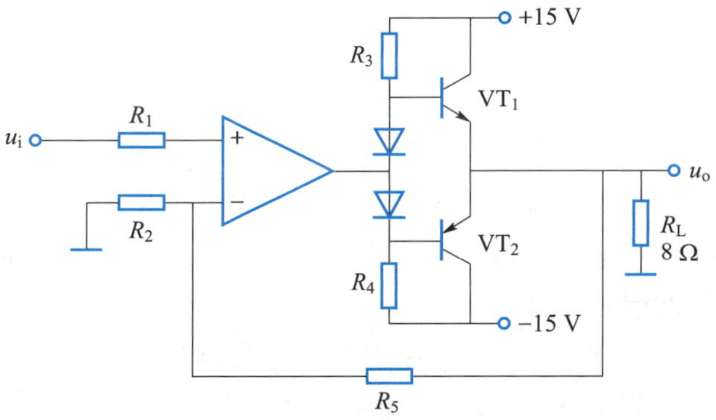

图 P7.8

第 7 章习题解答　　第 7 章电子教案

第 8 章 信号发生电路

8.1 引 言

在测量、控制和通信领域,常需要正弦波、矩形波、三角波和锯齿波作为测试和控制信号。信号发生电路能够产生这些信号。根据信号发生电路所产生的波形的不同,可分为正弦波和非正弦波信号发生电路。

本章首先介绍正弦波振荡电路,包括 *RC* 正弦波振荡电路、*LC* 正弦波振荡电路和石英晶体正弦波振荡电路;然后介绍运放工作在非线性区的条件、特点及非线性应用电路——电压比较器;最后介绍非正弦波信号发生电路,包括矩形波发生电路、三角波发生电路和锯齿波发生电路。

本章主要讨论以下问题:

1. 产生正弦波振荡的条件是什么?电路结构上应包含哪几部分?如何判断一个电路能否产生正弦波振荡?
2. 正弦波振荡电路有哪几种?各有什么优缺点?
3. 石英晶体有几个谐振频率?石英晶体正弦波振荡电路有哪几种形式?
4. 集成运算放大器工作在非线性区的条件和特点是什么?
5. 在电压比较器中,集成运放工作在什么状态?单限比较器、滞回比较器、窗口比较器的差别在哪里?
6. 如何构成矩形波、三角波和锯齿波发生电路?如何确定这些电路所产生信号的幅度和频率?

8.2 正弦波振荡电路组成及振荡条件

正弦波振荡电路是在没有外加输入信号的情况下,靠电路自激振荡而产生单一频率、固定幅值正弦波输出的电路。它与负反馈放大电路的自激振荡不同。在负反馈放大电路中,由于电路在通频带以外产生附加相移,从而使负反馈变成正反馈,因而负反馈的自激振荡具有不可操控性,是有害的,必须设法消除。正弦波振荡电路是在放大电路中引入正反馈,使之满足一定的振荡条件而产生稳定振荡的电路。

正反馈放大电路的框图如图 8.2.1 所示。由于电扰动(如合闸通电)的影响,即使外加输入

信号 $\dot{X}_i=0$,闭环放大电路也会产生微小的输出信号 $\dot{X}_o$。$\dot{X}_o$ 的频谱很宽,经过选频网络后电路只对频率为 f_0 的正弦波产生正反馈,那么经过环路多次放大,使得 $\dot{X}_o$ 的输出幅值越来越大。

由于受电路中非线性元件的限制,当输出信号 $\dot{X}_o$ 的幅值增大到一定程度时,电路的放大倍数会减小,使电路振荡幅值自动稳定下来。此时,用来维持 $\dot{X}_o$ 所需的净输入信号 $\dot{X}_i'$ 已完全由反馈信号 $\dot{X}_f$ 提供,如图 8.2.2 所示,即

$$\dot{X}_i'=\dot{X}_f=\dot{A}\dot{F}\dot{X}_i'$$

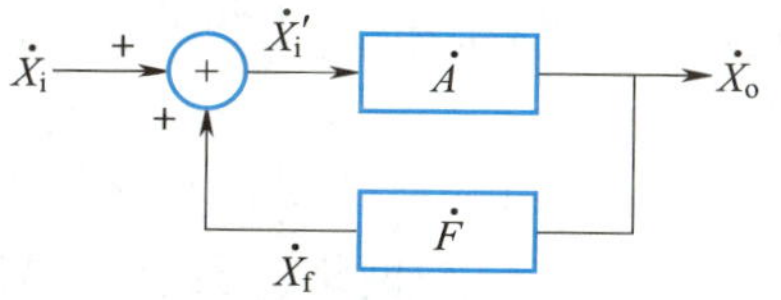

图 8.2.1 正反馈放大电路的框图

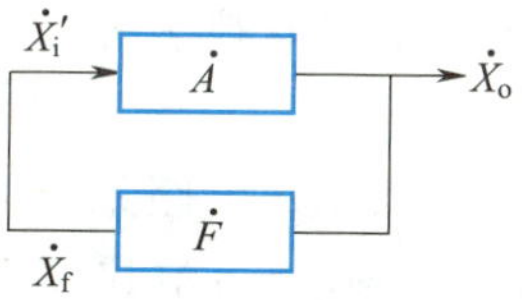

图 8.2.2 正弦波振荡电路的框图

因此,正弦波振荡的平衡条件为

$$\dot{A}\dot{F}=1 \tag{8.2.1}$$

将它写成模和相角形式为

$$\begin{cases}|\dot{A}\dot{F}|=1 & (8.2.2)\\ \varphi_A+\varphi_F=2n\pi, n\text{ 为整数} & (8.2.3)\end{cases}$$

式(8.2.2)称为**幅值平衡条件**;式(8.2.3)称为**相位平衡条件**,式中 φ_A 表示输出信号 $\dot{X}_o$ 和净输入信号 $\dot{X}_i'$ 之间的相位差,φ_F 表示反馈信号 $\dot{X}_f$ 和输出信 $\dot{X}_o$ 之间的相位差。相位平衡条件说明基本放大电路的相移与反馈网络的相移之和为 $2n\pi$。

振荡开始时,输出信号 $\dot{X}_o$ 的幅值很小,这时 $\dot{X}_i'$ 的幅值也很小,如果此时满足幅值平衡条件 $|\dot{A}\dot{F}|=1$,那么在输出端也只能维持输出信号幅度,无法达到较大的输出幅度。为了使输出信号 $\dot{X}_o$ 在振荡开始后能够从小到大直至平衡在一定幅值,电路的起振条件为

$$|\dot{A}\dot{F}|>1 \tag{8.2.4}$$

电路起振时 $|\dot{A}\dot{F}|>1$,输出信号幅值就会越来越大。当输出信号的幅值达到要求的幅值时,再使 $|\dot{A}\dot{F}|=1$。为了达到这个目的,需要加入稳幅环节使振荡幅度稳定下来。

综上所述,正弦波振荡电路应该包括放大电路、正反馈网络、选频网络和稳幅环节四部分。放大电路应该具有合适的静态工作点使其工作在放大状态,使电路获得一定的输出信号;引入的正反馈网络应该使得环路增益满足振荡幅值平衡条件和相位平衡条件;选频网络能够从众多谐波分量中选出振荡频率 f_0,使电路产生单一频率的振荡。选频网络和正反馈网络常常"合二为

一”；稳幅环节的作用是使输出信号幅值稳定。根据选频网络所用元件的不同，通常将正弦波振荡电路分为 RC 正弦波振荡电路、LC 正弦波振荡电路和石英晶体正弦波振荡电路。

思考题

8-2-1 如何理解负反馈放大电路的自激振荡和正弦波振荡？

8-2-2 电路产生正弦波振荡的条件是什么？正弦波振荡电路由哪几部分组成？

8.3 RC 正弦波振荡电路

RC 正弦波振荡电路有很多种，本节介绍最常见的 RC 文氏桥正弦波振荡电路。

1. 电路组成

RC 文氏桥正弦波振荡电路如图 8.3.1 所示。R_3、R_4 和运放构成的同相比例放大电路是振荡电路的放大环节。RC 串并联网络既是选频网络，又是正反馈网络。具有正温度系数的热敏电阻 R_4 作为稳幅环节。用 Z_1 表示 R_1、C_1，串联支路的电抗，用 Z_2 表示 R_2、C_2 并联支路的电抗，Z_1、Z_2、R_3 和 R_4 正好构成一个四臂的电桥，称为文氏桥。

2. RC 串并联网络的频率特性

RC 串并联网络如图 8.3.2 所示，RC 串并联网络的输入电压为运放的输出电压 $\dot{U}_o$，RC 串并联网络的输出电压为 $\dot{U}_f$。

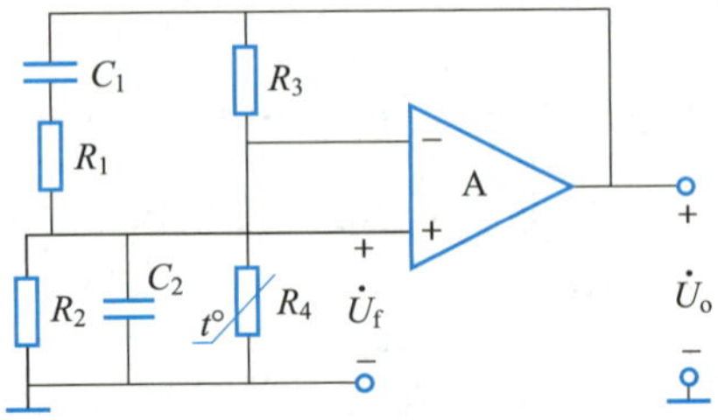

图 8.3.1 RC 文氏桥正弦波振荡电路

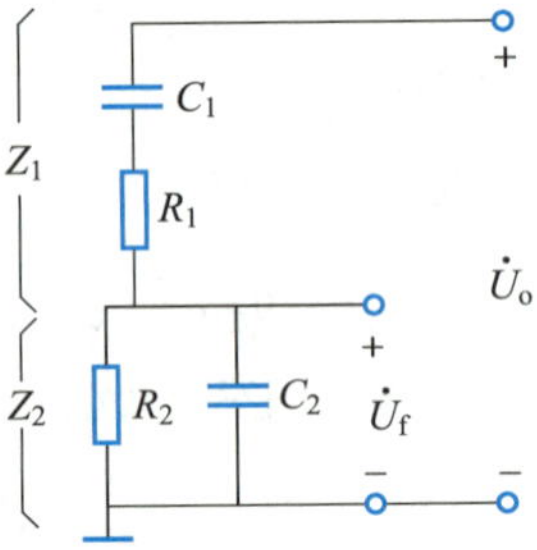

图 8.3.2 RC 串并联网络

RC 串并联网络既是选频网络，又是正反馈网络，其正反馈系数为

$$\dot{F}=\frac{\dot{U}_f}{\dot{U}_o}=\frac{Z_2}{Z_1+Z_2}=\frac{R_2//\dfrac{1}{j\omega C_2}}{R_1+\dfrac{1}{j\omega C_1}+R_2//\dfrac{1}{j\omega C_2}}$$

通常取 $R_1=R_2=R$，$C_1=C_2=C$。令 $\omega_0=\dfrac{1}{RC}$，将上式整理，得

$$\dot{F}=\frac{1}{3+j\left(\dfrac{\omega}{\omega_0}-\dfrac{\omega_0}{\omega}\right)} \tag{8.3.1}$$

由于 $f_0=\frac{\omega_0}{2\pi}=\frac{1}{2\pi RC}$、$f=\frac{\omega}{2\pi}$，则式(8.3.1)可以转化为

$$\dot{F}=\frac{1}{3+\mathrm{j}\left(\frac{f}{f_0}-\frac{f_0}{f}\right)} \tag{8.3.2}$$

反馈系数的模和相角分别为

$$|\dot{F}|=\frac{1}{\sqrt{3^2+\left(\frac{f}{f_0}-\frac{f_0}{f}\right)^2}} \tag{8.3.3}$$

$$\varphi_F=-\arctan\left(\frac{\frac{f}{f_0}-\frac{f_0}{f}}{3}\right) \tag{8.3.4}$$

根据式(8.3.3)和式(8.3.4)，绘出 $\dot{F}$ 的幅频特性与相频特性如图 8.3.3 所示。当 $f=f_0$ 时，$|\dot{F}|$最大且 $|\dot{F}|=\frac{1}{3}$，$\varphi_F=0°$，也就是说，当 $f=f_0$ 时文氏桥正弦波振荡电路的输出电压 $\dot{U}_o$ 与反馈电压 $\dot{U}_f$ 同相位，且 $\dot{U}_f=\frac{\dot{U}_o}{3}$，因而 RC 串并联网络既是选频网络，又是正反馈网络。

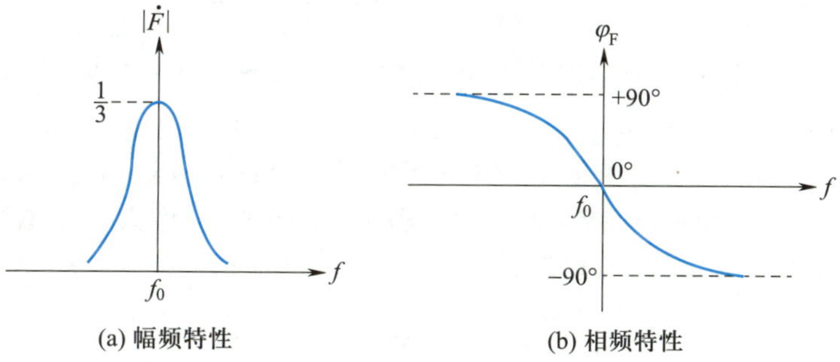

图 8.3.3 RC 串并联网络的频率特性

3. 振荡的建立与稳定

由电阻 R_3、R_4 和运放构成的同相比例运算放大电路的输出与输入同相，即 $\varphi_A=0°$。当 $f=f_0$ 时，RC 串并联网络反馈系数 $\dot{F}$ 的相角 $\varphi_F=0°$。此时在 RC 文氏桥正弦波振荡电路中 $\varphi_A+\varphi_F=0°$，满足振荡的相位平衡条件。

在由电阻 R_3、R_4 和运放构成的同相比例运算放大电路中引入了电压串联负反馈，因此可以近似认为其输入电阻无穷大、输出电阻为零，使得放大电路对选频网络的影响很小，以保证振荡频率只取决于选频网络。同相比例运算放大电路的电压放大倍数在起振时应略大于 3，在稳幅振荡时应等于 3，才能保证文氏桥正弦波振荡电路满足振荡的幅值平衡条件。同相比例放大电路的电压放大倍数为

$$\dot{A}=\frac{\dot{U}_o}{\dot{U}_f}=1+\frac{R_3}{R_4}\geqslant 3 \tag{8.3.5}$$

解式(8.3.5),得

$$R_3\geqslant 2R_4 \tag{8.3.6}$$

因此,选择 R_4 为具有正温度系数的热敏电阻。在电路起振时,由于 $\dot{U}_o$ 较小,流过 R_4 的电流也较小,R_4 上的功耗较小,R_4 的温度较低,其阻值较小,因而 $\dot{A}$ 大于 3,使得 $|\dot{A}\dot{F}|>1$,满足起振条件;起振后,随着 $\dot{U}_o$ 的增大,流过 R_4 的电流将增大,则 R_4 上的功耗增大,R_4 的温度也随之升高,导致 R_4 的阻值增大,从而使同相比例运算电路的放大倍数 $\dot{A}$ 减小,逐渐达到振荡的平衡条件 $|\dot{A}\dot{F}|=1$,使振幅稳定下来。当 $\dot{U}_o$ 因某种原因减小时,由于热敏电阻的自动调整作用,将使 $\dot{U}_o$ 回升,从而使输出电压保持稳定,因此还有一定的稳幅作用。同理,也可以选择电阻 R_3 为具有负温度系数的热敏电阻作为稳幅环节。

微视频 8-1
文氏桥正弦波振荡电路的稳幅环节

4. 稳幅电路

为了进一步稳定电路的输出幅度,还可以采用 R_3 并联两个反接的二极管实现稳幅,如图 8.3.4 所示,同相比例放大电路的电压放大倍数约为

$$\dot{A}=1+\frac{R''_P+R_3//r_D}{R'_P+R_4} \tag{8.3.7}$$

式中,R''_P是电位器上半部的电阻,R'_p是电位器下半部的电阻,r_D 是二极管的正向导通电阻。

二极管的动态电阻 r_D 随电流变化如图 8.3.5 所示。流过二极管的电流增大时,二极管的动态电阻 r_D 减小;流过二极管的电流减小时,二极管的动态电阻 r_D 增大。该电路利用二极管这一特点,采用 R_3 并联 2 个反接的二极管实现稳幅。

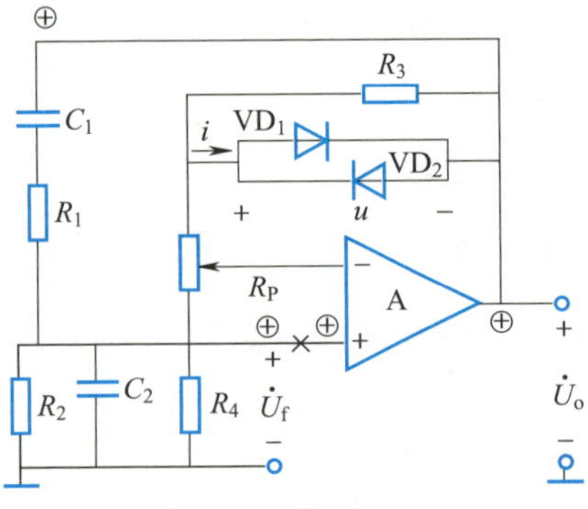

图 8.3.4　利用二极管作为稳幅环节的 RC 文氏桥正弦波振荡电路

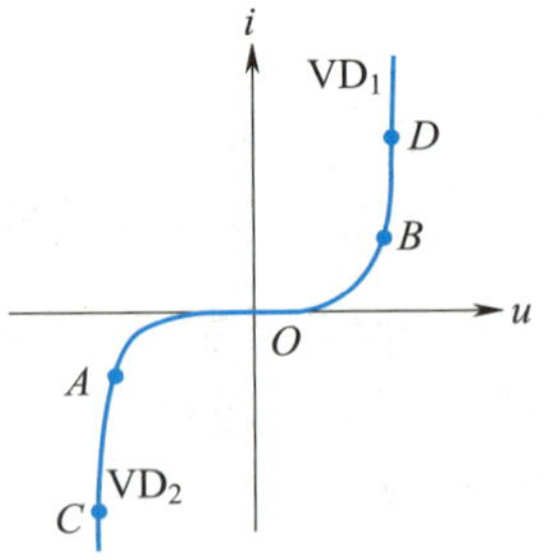

图 8.3.5　二极管正偏伏安特性曲线

当 $\dot{U}_o$ 因某种原因增大时,流过二极管的电流增大,VD_1 和 VD_2 分别工作于图中的 C 点和 D

点，二极管的动态电阻 r_D 减小，则由式(8.3.7)可知，此时电路的电压放大倍数减小，使得电路的输出电压 $\dot{U}_o$ 减小；当 $\dot{U}_o$ 因某种原因减小时，流过二极管的电流减小，VD_1 和 VD_2 分别工作于图中的 *A* 点和 *B* 点，二极管的动态电阻 r_D 增大，则电路的电压放大倍数增大，使得输出电压 $\dot{U}_o$ 增大。这样通过二极管动态电阻的调整，可以自动调节放大电路的电压放大倍数，从而使输出电压稳定。

RC 正弦波振荡电路的振荡频率与 *RC* 的乘积成反比。如果希望提高振荡频率，应减小 *R* 或 *C*。当电阻 *R* 小到一定程度时，同相比例放大电路的输出电阻将影响选频特性，并且使电路的功耗增大；当电容 *C* 小到一定程度时，晶体管的结电容和电路的分布电容将影响选频特性，所以 *RC* 正弦波振荡电路一般不用于产生振荡频率很高的正弦波信号，通常在 1 MHz 以内。如需产生更高频率的正弦波，常采用 *LC* 正弦波振荡电路。

5. 判断电路能否产生正弦波振荡的方法

结合 *RC* 正弦波振荡电路，可以总结出判断电路能否产生正弦波振荡的一般方法。

首先，看电路是否包含放大电路、正反馈网络、选频网络和稳幅环节四部分。对于如图 8.3.1 所示的 *RC* 正弦波振荡电路，放大电路是由 R_3、R_4 和集成运放构成的同相比例运算放大电路，*RC* 串并联网络将选频网络和正反馈网络合二为一，稳幅环节由热敏电阻或两个反向并联的二极管构成。

然后，看放大电路能否正常工作，即静态工作点是否合适，交流信号在传递过程中有无短路和断路现象。除去选频网络，*RC* 正弦波振荡电路的放大电路实际是电压串联负反馈电路，满足上述条件。

最后，看电路是否在 $f=f_0$ 时满足正弦波振荡的相位平衡条件和幅值平衡条件。判断电路是否满足相位平衡条件可以采用瞬时极性法。具体做法是：断开反馈网络，在断点处给放大电路输入频率为 f_0 的正弦波电压 $\dot{U}_i$，并设其瞬时极性为正。若经过环路后，使得重新回到断点处的电压 $\dot{U}_f$ 的极性也为正，说明 $\dot{U}_f$ 与 $\dot{U}_i$ 的极性相同，电路满足正弦波振荡的相位平衡条件。如果电路环路增益满足 $|\dot{A}\dot{F}|=1$，起振时 $|\dot{A}\dot{F}|>1$，则电路满足幅值平衡条件和起振条件。对于 *RC* 正弦波振荡电路，断开 *RC* 串并联网络与运放同相输入端的连线，在运放的同相输入端输入频率为 f_0 的正弦波电压 $\dot{U}_i$，设其瞬时极性为正，依次判断输出电压 $\dot{U}_o$ 和反馈电压 $\dot{U}_f$ 的极性为正，说明 $\dot{U}_f$ 与 $\dot{U}_i$ 的极性相同，满足正弦波振荡的相位平衡条件。由 R_3、R_4 和运放构成了同相比例运算放大电路，使得电路一定满足正弦波振荡的幅值平衡条件。

【例 8.3.1】 图 8.3.6 所示为文氏桥正弦波振荡电路，运放具有理想特性。试回答下列问题：

（1）电路中选频网络和负反馈网络各由哪些元件组成？

（2）计算场效应管 VT 漏-源极之间等效电阻的最大值；

（3）简述该电路稳定输出电压的过程；

微视频 8-2
例 8.3.1 精讲

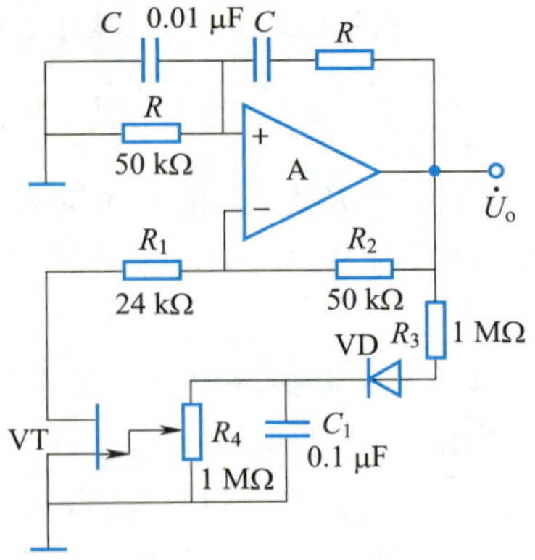

图 8.3.6 例 8.3.1 电路图

(4) 计算该电路的振荡频率。

解

(1) 两个 R 和两个 C 构成选频网络。R_1~R_4、VD、C_1 和 VT 组成负反馈网络。

(2) 根据 RC 串联网络的特点，正反馈网络的反馈系数在谐振频率时为 1/3。为满足正弦波振荡的幅值平衡条件，且考虑到起振条件，同相比例运算电路的比例系数略大于 3，即

$$\dot{A}=1+\frac{R_2}{r_{DS}+R_1}\geqslant 3$$

式中，r_{DS} 为 P 沟道结型场效应管漏-源极间的等效电阻，将数据代入，可得

$$r_{DS}\leqslant 1\ \text{k}\Omega$$

所以，场效应管 VT 漏-源极间等效电阻的最大值为 1 kΩ。

(3) 稳幅电路通过 VT 漏-源极间等效电阻的动态调整实现。运放输出正弦波电压经二极管 VD 整流、电容 C 滤波和电位器 R_4 分压，为 VT 供极性为“+”的栅源电压 U_{GS}。当输出电压 U_o（有效值）由于某种原因增大时，VT 的 U_{GS} 增大，由表 5.3.1 中 P 沟道结型场效应管的转移特性曲线可知，漏-源极间等效电阻 r_{DS} 将增大，$|\dot{A}|$将减小，致使 U_o 减小，输出电压的振幅得到稳定，简述如下：

$$U_o\uparrow\rightarrow U_{GS}\uparrow\rightarrow r_{DS}\uparrow\rightarrow|\dot{A}|\downarrow\rightarrow U_o\downarrow$$

当输出电压 U_o（有效值）由于某种原因减小时，各物理量向相反方向变化。

(4) 电路的振荡频率为

$$f_0=\frac{1}{2\pi RC}=\frac{1}{2\pi\times 50\times 10^3\times 10^{-8}}\ \text{Hz}\approx 318\ \text{Hz}$$

思考题

8-3-1 RC 串并联网络的幅频特性和相频特性有什么特点？

8-3-2 文氏桥正弦波振荡电路中电压放大倍数为什么要略大于 3？

8-3-3 正弦波振荡电路的稳幅措施有几种？

8.4 *LC* 正弦波振荡电路

LC 正弦波振荡电路采用 LC 并联谐振回路作为选频网络。LC 正弦波振荡电路的振荡频率较高，一般在几百 kHz 以上。按照正反馈引入方式的不同，将 LC 正弦波振荡电路分为变压器反馈式正弦振荡电路、三点式 LC 正弦振荡电路和石英晶体正弦振荡电路。

8.4.1 *LC* 并联谐振回路的频率特性

LC 并联谐振回路如图 8.4.1 所示，电阻 R 表示回路的等效损耗电阻。

1. 谐振频率

由图 8.4.1 可得，LC 并联谐振回路的导纳为

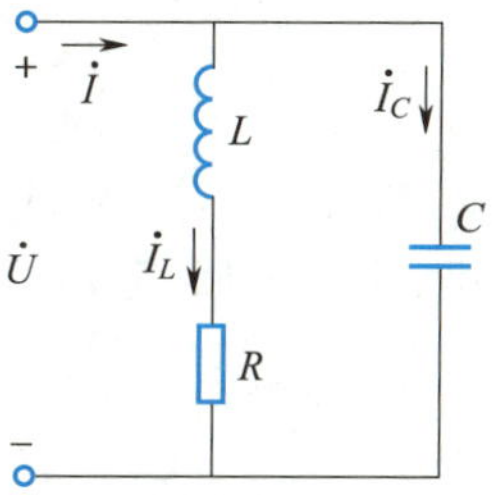

图 8.4.1 LC 并联谐振回路

$$Y=\mathrm{j}\omega C+\frac{1}{R+\mathrm{j}\omega L}$$
$$=\frac{R}{R^2+(\omega L)^2}+\mathrm{j}\left[\omega C-\frac{\omega L}{R^2+(\omega L)^2}\right] \tag{8.4.1}$$

当导纳的虚部为零时，并联谐振回路发生并联谐振。令并联谐振的角频率为 ω_0，则

$$\omega_0 C=\frac{\omega_0 L}{R^2+(\omega_0 L)^2} \tag{8.4.2}$$

将上式两边同乘以 $\omega_0 L$，再把等式右边的分子和分母同除以 $(\omega_0 L)^2$，则

$$\omega_0=\frac{1}{\sqrt{1+\left(\frac{R}{\omega_0 L}\right)^2}}\times\frac{1}{\sqrt{LC}}=\frac{1}{\sqrt{1+\frac{1}{Q^2}}}\times\frac{1}{\sqrt{LC}} \tag{8.4.3}$$

式中，Q 称为品质因数，是电路谐振时电感（电容）的无功功率与电路吸收的有功功率之比，Q 的表达式为

$$Q=\frac{\omega_0 L}{R}=\frac{1}{R\omega_0 C} \tag{8.4.4}$$

品质因数是 LC 并联谐振回路的一项重要指标。品质因数 Q 越大，选频特性越好。通常 Q 值为几十到几百，电路的谐振角频率 ω_0 和电路的谐振频率 f_0 分别为

$$\omega_0\approx\frac{1}{\sqrt{LC}} \tag{8.4.5}$$

$$f_0\approx\frac{1}{2\pi\sqrt{LC}} \tag{8.4.6}$$

2. 谐振阻抗

式(8.4.6)说明，当品质因数很高时，并联谐振频率基本取决于并联回路中的电感和电容的值。将式(8.4.5)代入式(8.4.4)，品质因数的近似值为

$$Q\approx\frac{1}{R}\sqrt{\frac{L}{C}} \tag{8.4.7}$$

由式(8.4.1)可知，LC 并联谐振回路的谐振阻抗为

$$Z_0=\frac{1}{Y_0}=\frac{R^2+(\omega_0 L)^2}{R} \tag{8.4.8}$$

由式(8.4.2)可得

$$R^2+(\omega_0 L)^2=\frac{L}{C} \tag{8.4.9}$$

将式(8.4.9)代入式(8.4.8)，得

$$Z_0=\frac{L}{RC} \tag{8.4.10}$$

由式(8.4.7)和式(8.4.10)可以看出,LC 并联回路的等效电阻 R 越小,电感 L 越大,电容 C 越小,则谐振回路的品质因数 Q 越高,谐振阻抗 Z_0 也越大。

由式(8.4.1)可以得到 LC 并联谐振回路的阻抗 $Z=\frac{1}{Y}$。阻抗 Z 是频率的函数。不同 Q 值 LC 并联谐振回路阻抗的频率特性如图 8.4.2 所示。由图 8.4.2 可以看出,Q 越大,谐振阻抗 Z_0 越大,且在 $f=f_0$ 附近幅频特性和相频特性曲线的变化率越大,选频特性越好。

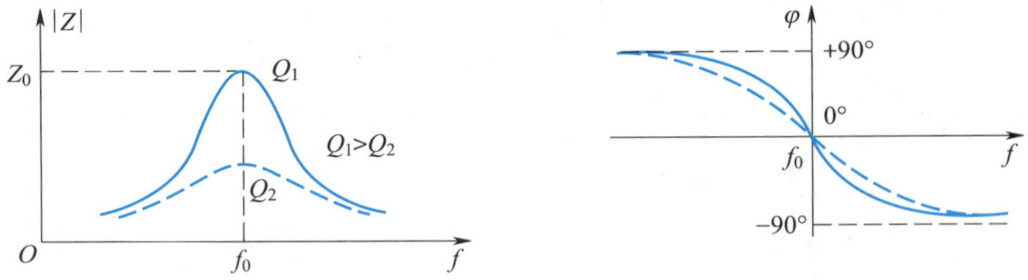

(a) 幅频特性　　(b) 相频特性

图 8.4.2　LC 并联谐振回路阻抗的频率特性

3. 输入电流和回路电流的关系

由式(8.4.4)和式(8.4.8)可将 Z_0 写成如下的形式:

$$Z_0=\frac{1}{Y_0}=\frac{R^2+(\omega_0L)^2}{R}=R+Q^2R$$

当 $Q\gg1$ 时,$Z_0\approx Q^2R\approx\frac{Q}{\omega_0C}\approx Q\omega_0L$

根据电路理论,由图 8.4.1 可知电路的端口电压

$$\dot{U}=Z_0\dot{I}=\mathrm{j}\omega_0L\dot{I}_L=\frac{\dot{I}_C}{\mathrm{j}\omega_0C}$$

即

$$\dot{I}_C=\dot{I}_L\approx\mathrm{j}Q\dot{I} \tag{8.4.11}$$

当 $Q\gg1$ 时,$|\dot{I}_C|=|\dot{I}_L|\gg|\dot{I}|$,说明谐振时 LC 并联谐振电路的回路电流比输入电流大很多,可以忽略输入电流对 LC 并联谐振回路的影响。

8.4.2　变压器反馈式正弦波振荡电路

微视频 8-3
变压器反馈式正弦波振荡电路

变压器反馈式正弦波振荡电路如图 8.4.3 所示,其包括放大电路、反馈网络、选频网络和稳幅环节。由晶体管、电阻和 LC 并联谐振回路组成共射组态基本放大电路。变压器一次侧绕组的等效电感 L_1 与电容 C 组成 LC 并联谐振回路。该回路既是选频网络,又是晶体管的集电极负载。变压器二次绕组(等效电感 L_2)是反馈网络,其两端的感应电压作为反馈电压取代输入电压加到晶体管的基极,因此该电路称为变压器反馈式正弦波振荡电路。该电路是利用晶体管的非线性特性实现稳幅作用的。

放大电路是共射组态基本放大电路,通过设置合适的静态工作点,使其工作在放大状态。耦合电容 C_b 和旁路电容 C_e 足够大,对于谐振频率 f_0 来说可视为交流短路,因此交流信号在传递过程中无短路和断路现象。

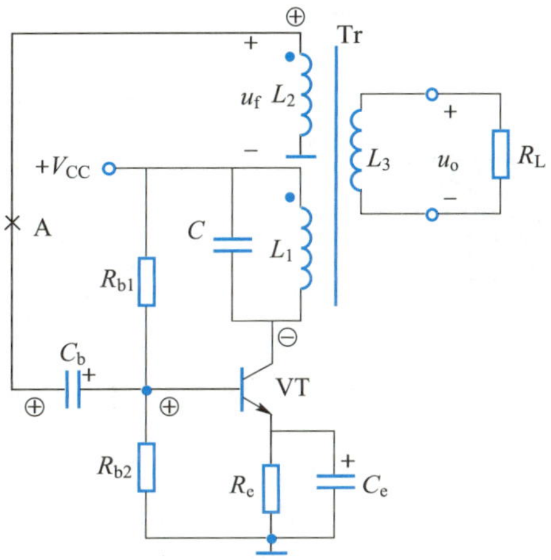

图 8.4.3 变压器反馈式正弦波振荡电路

采用瞬时极性法分析图 8.4.3 所示的电路是否满足正弦波振荡的相位平衡条件。在图示 A 点断开反馈网络,在晶体管基极输入频率为 f_0,对地瞬时极性为正的电压信号。当 $f=f_0$ 时,LC 并联谐振回路呈纯阻性,则集电极瞬时极性为负,因为 V_{CC} 在交流通路中视为"交流地",所以 L_1 上的瞬时极性为上"+"下"-"。根据**变压器同名端定义**,若一次绕组 L_1 的同名端电位高于另一端,则二次绕组 L_2 的同名端电位也高于另一端,可以判断出 L_2 的瞬时极性也为上"+"下"-",可见反馈信号的瞬时极性为正,所以满足正弦波振荡的相位平衡条件。为了满足幅值平衡条件和起振条件,一方面可以通过选取合适的变压器变比来调整反馈系数,另一方面可以通过选择晶体管放大电路的参数来确定放大倍数,从而在起振时使 $|\dot{A}\dot{F}|>1$。当振幅达到一定程度后,晶体管进入非线性区,于是 $\dot{A}$ 下降直至满足 $|\dot{A}\dot{F}|=1$。虽然晶体管的集电极电流可能会产生失真,但由于 LC 并联谐振电路具有良好的选频特性,输出电压的波形失真不大。

由上面分析可以看出,信号频率为 f_0 时才能满足正弦波振荡的相位平衡条件,所以电路的振荡频率就是 LC 并联谐振回路的谐振频率,图 8.4.3 所示振荡电路的频率为

$$f_0 \approx \frac{1}{2\pi\sqrt{L_1C}}$$

变压器反馈式 LC 正弦波振荡电路易于起振,且波形较好。但由于输出电压与反馈电压靠磁路耦合,因而耦合不够紧密,损耗比较大,并且振荡频率的稳定性不高。

8.4.3 三点式 LC 正弦波振荡电路

为了克服变压器反馈式正弦波振荡电路中磁路耦合不紧密的缺点,把 L_1、L_2 合为一个线圈,并将电感 L_2 上的电压作为反馈电压,就构成了图 8.4.4(a)所示电路。如果用 C_1 和 C_2 两个电容器分别代替图 8.4.4(a)中 LC 并联谐振回路中的电感 L_1 和 L_2,用电感 L 代替图 8.4.4(a)中的 C,并将电容 C_2 上的电压作为反馈电压,就可构成图 8.4.4(b)所示电路。图 8.4.4 所示电路中 LC 并联谐振回路的三个引出端分别与晶体管的三个电极相连,所以称为三点式 LC 正弦波振荡电路。图 8.4.4(a)所示电路称为电感三点式正弦波振荡电路;图 8.4.4(b)所示电路称为电容三点式正弦波振荡电路。

微视频 8-4
三点式电路瞬时极性判断规则

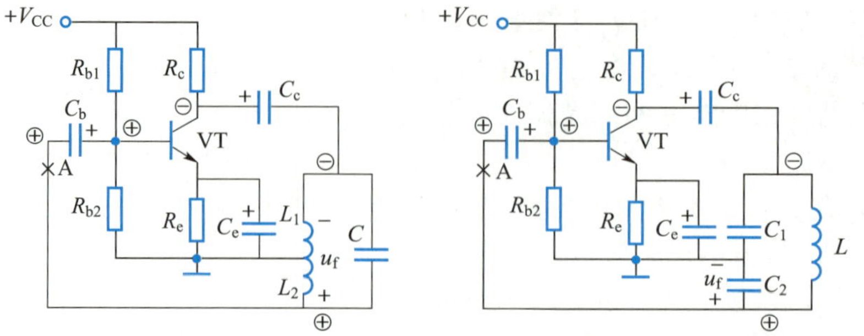

(a) 电感三点式正弦波振荡电路　(b) 电容三点式正弦波振荡电路

图 8.4.4　三点式 LC 正弦波振荡电路

1. 三点式 LC 正弦波振荡电路相位平衡条件的判断规则

(1) 晶体管的三个电极外接有三点式电抗网络，电抗网络中有一个接地的节点，若接地点与两个相同性质的电抗相连接，则其余两个节点的对地电位极性相反；

(2) 若接地点与两个性质不同的电抗相连接，则其余两个节点的对地电位极性相同。

对上述规则进行证明：电感或电容三点式选频电路的通用电路如图 8.4.5 所示，其中节点③为接地点，节点①和节点②的对地电位分别为 $\dot{U}_1$ 和 $\dot{U}_2$。

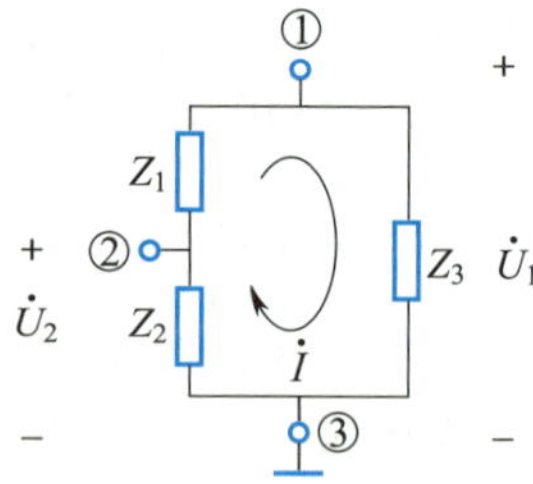

图 8.4.5　三点式 LC 正弦波振荡电路相位平衡条件的判断

由于 Z_1、Z_2、Z_3 构成的回路处于 LC 并联谐振状态，因此忽略谐振回路的外电路电流，用 $\dot{I}$ 表示回路电流，则有

$$\dot{U}_1 = \dot{I} Z_3$$

$$\dot{U}_2 = -\dot{I} Z_2$$

整理可得

$$\frac{\dot{U}_1}{\dot{U}_2} = -\frac{Z_3}{Z_2} \tag{8.4.12}$$

由此可见，若 Z_2、Z_3 的电抗性质相同（同为电感或同为电容），则 $\dot{U}_1$ 和 $\dot{U}_2$ 极性相反；若 Z_2、Z_3 的电抗性质不同（一个为电感，另一个为电容），则 $\dot{U}_1$ 和 $\dot{U}_2$ 极性相同。

2. 电感三点式正弦波振荡电路

在图 8.4.4(a) 所示电路中，晶体管的三个电极都与电感相连，所以称为电感三点式正弦波振荡电路。电感 L_2 上的电压为反馈电压 $\dot{U}_f$。在图 8.4.4(a) 中 A 点断开反馈网络，输入频率为 f_0、对地瞬时极性为正的电压信号 $\dot{U}_i$，晶体管的集电极电位的瞬时极性为负。由于三点式选频网络的接地点与两个性质相同的电抗相连接，则其余两个节点对地电位极性相反，因而电感 L_2 的下端电位瞬时极性为正，即反馈电压 $\dot{U}_f$ 与输入电压 $\dot{U}_i$ 的瞬时极性相同，满足振荡的相位平衡条件。为了满足振荡的幅值平衡条件，可以通过适当改变电感线圈的中间抽头位置，以改变 L_2 的匝数。

再举一例，电路如图 8.4.6 所示。在图中 P 点断开反馈网络，输入频率为 f_0 对地瞬时极性为正的输入电压信号 $\dot{U}_i$，运放的输出电压(节点①)对地瞬时极性为正。由于接地点③与两个性质不同的电抗相连接，则其余两个节点①和②对地电位极性相同，即运放的输出电压信号 $\dot{U}_o$ 的极性与电感 L_2 上的反馈电压信号 $\dot{U}_f$ 的极性相同，所以反馈电压信号 $\dot{U}_f$ 对地瞬时极性为正，即反馈电压 $\dot{U}_f$ 与输入电压 $\dot{U}_i$ 的瞬时极性相同，满足振荡的相位平衡条件。对于幅值条件，可以适当改变电感线圈的中间抽头位置，以改变 L_2 的匝数，或者调节电位器 R_f 的阻值来满足。

忽略互感的影响，当 Q 值很大时，电感三点式正弦波振荡电路的振荡频率可以表示为

$$f_0=\frac{1}{2\pi\sqrt{(L_1+L_2)C}} \tag{8.4.13}$$

电感三点式 LC 正弦波振荡电路的输出电压与反馈电压耦合紧密，容易起振，且振荡幅度较大。当电容 C 为可变电容时，可以获得一个较宽的频率调节范围，频率最高可达几十兆赫。由于反馈电压取自电感，对高频信号有较大的电抗，因此输出电压波形中常含有高次谐波，通常应用在波形要求不高的设备中。

3. 电容三点式正弦波振荡电路

为了改善电感三点式正弦波振荡电路输出电压波形中含有高次谐波的问题，可将图 8.4.4(a)中的电感 L_1、L_2 改换成电容 C_1 和 C_2，并将原来的电容 C 换成电感 L，如图 8.4.4(b)所示，称该电路为电容三点式正弦波振荡电路。电容三点式正弦波振荡电路的分析方法与电感三点式正弦波振荡电路相同。利用前面介绍的判断规则可以验证图 8.4.4(b)中电容三点式 LC 正弦波振荡电路满足相位平衡条件。只要电路参数设置合理，电路就可满足幅值条件和起振条件。

再举一例，电路如图 8.4.7 所示。由于接地点③与两个性质不同的电抗相连接，则其余两个节点①和②的对地电位瞬时极性相同，即运放的同相输入端与输出端的极性相同，满足振荡的相位平衡条件。对于幅值条件，可以通过适当改变电容的比值，或者调节电位器 R_f 的阻值来满足。

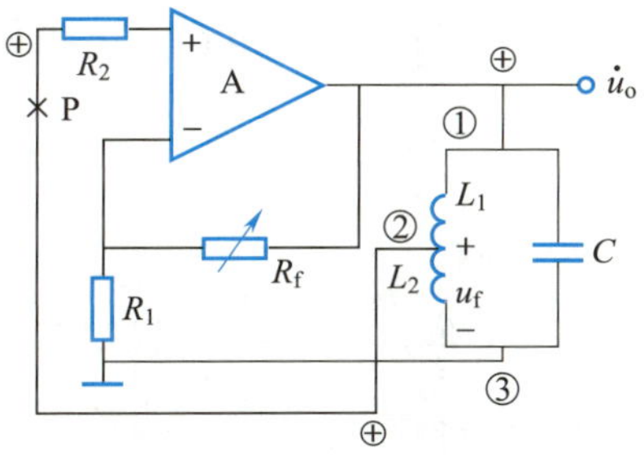

图 8.4.6 电感三点式正弦波振荡电路

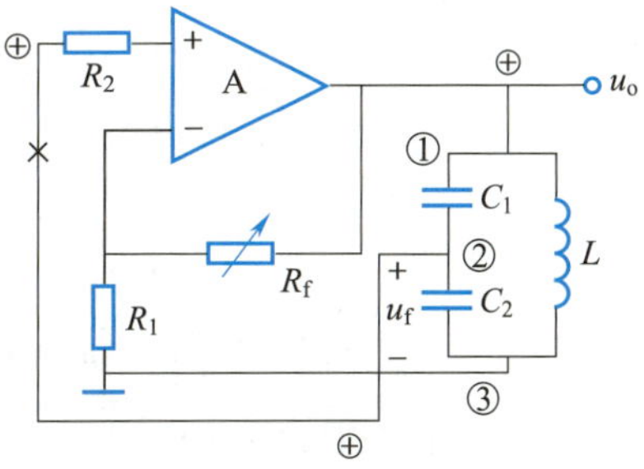

图 8.4.7 电容三点式正弦波振荡电路

电容三点式正弦波振荡电路的振荡频率可以表示为

$$f_0=\frac{1}{2\pi\sqrt{L\dfrac{C_1C_2}{C_1+C_2}}} \tag{8.4.14}$$

图 8.4.7 所示电容三点式正弦波振荡电路的反馈电压取自电容 C_2。由于电容对高次谐波的电抗很小，所以输出电压的波形比较好，并且振荡频率较高，可以达到百兆赫以上。虽然可以通过调整电容 C_1、C_2 调节振荡频率，但这样也将影响电路的起振条件，因而电容三点式正弦波振荡电路适合产生固定频率的正弦波。

【例 8.4.1】 图 8.4.8(a)和(b)所示均为电感三点式振荡电路，试判断电路是否满足相位平衡条件。

微视频 8-5
例 8.4.1 精讲

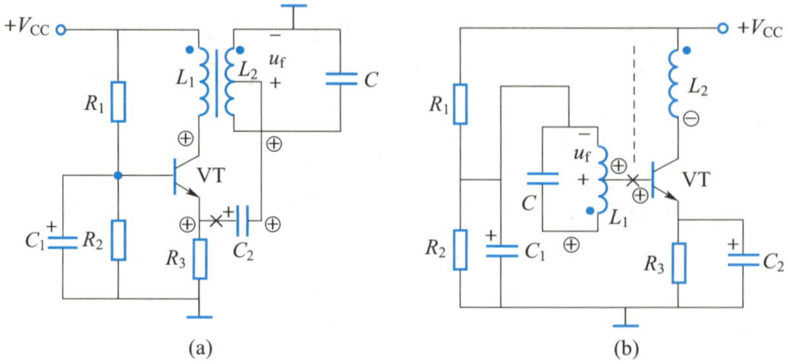

图 8.4.8　例 8.4.1 电路图

解　在图 8.4.8(a)所示电路中晶体管的发射极输入反馈信号，所以放大电路是共基组态放大电路。断开反馈网络，在晶体管的发射极输入频率为 f_0、对地瞬时极性为正的电压信号 $\dot{U}_i$，晶体管的集电极电位的瞬时极性为正，变压器一次线圈同名端电位低于集电极电位，所以二次线圈的同名端瞬时极性为负，二次线圈的下端电位为正，二次绕组与电容 C 构成电感三点式选频网络，由于接地点与两个性质不同的电抗相连接，则其余两个节点对地电位极性相同，所以二次线圈的中间抽头的瞬时极性与下端极性相同为正，即反馈电压 $\dot{U}_f$ 与输入电压 $\dot{U}_i$ 的瞬时极性相同，满足振荡的相位平衡条件。

调整变压器的匝数比即可调整反馈系数，使电路满足起振条件，并利用晶体管的非线性进行稳幅，所以该电路能够产生正弦波振荡，振荡的频率为

$$f_0=\frac{1}{2\pi\sqrt{L_2C}}$$

在图 8.4.8(b)所示电路中晶体管的基极输入反馈信号，所以放大电路是共射组态放大电路。断开反馈网络，在晶体管的基极输入频率为 f_0、对地瞬时极性为正的电压信号 $\dot{U}_i$，晶体管的集电极电位的瞬时极性为负，二次线圈的同名端瞬时极性为正，二次线圈与电容 C 构成电感三点式选频网络，交流时 C_1 对地相当于短路，因此接地点与两个性质不同的电抗相连接，其余两个节点对地电位极性相同，所以二次线圈中间抽头的瞬时极性与下端极性相同为正，即反馈电压 $\dot{U}_f$ 与输入电压 $\dot{U}_i$ 的瞬时极性相同，满足振荡的相位平衡条件。调整变压器的匝数比即可调整反馈系数，使电路满足起振条件，并利用晶体管的非线性进行稳幅，所以该电路能够产生正弦波

振荡，振荡的频率为

$$f_0=\frac{1}{2\pi\sqrt{L_1C}}$$

8.4.4 石英晶体正弦波振荡电路

频率稳定度一般用频率的相对变化量 $\Delta f/f_0$ 来表示，其中 f_0 为石英晶体振荡器的固有谐振频率，Δf 为频率偏移。由前面的分析已经知道，LC 并联谐振回路的品质因数 Q 值对振荡频率的稳定性有较大影响。Q 值越大，频率的稳定性越好。由式(8.4.7)可以看出，若想提高 Q 值，则需提高 L/C 值，并减小回路的损耗电阻 R。但一般的 LC 并联谐振回路的 Q 值最高只能达到数百，所以在对频率稳定度要求很高的场合，多采用石英晶体正弦波振荡电路。

1. 石英晶体的特性及等效电路

石英晶体的化学成分是二氧化硅(SiO_2)，石英晶体按一定方位角切下的薄片称为晶片。在晶片对应的两个表面进行抛光和涂敷银层，并作为两个电极，引出一对引脚，再加上金属或玻璃封装，就构成了石英晶体振荡器。

若在晶体的两个电极间加电场，晶体将产生机械变形；反之，若在晶体上施加机械压力，晶体将在相应方向上产生一定的电场。这种现象称为**压电效应**。石英晶体振荡器是利用石英晶体的压电效应制成的器件。若在石英晶体两个电极加上交变电压，石英晶片就会产生机械变形和机械振动；晶片的机械振动在晶片相应的方向上会产生交变电场。一般情况下，机械振动的振幅很小，但是当交变电场的频率与石英晶体的固有频率(也称谐振频率)相等时，机械振动的幅度会急剧增大，产生共振效应，这种现象称为**压电谐振**。石英晶体振荡器的符号、等效电路和电抗频率特性如图 8.4.9 所示。

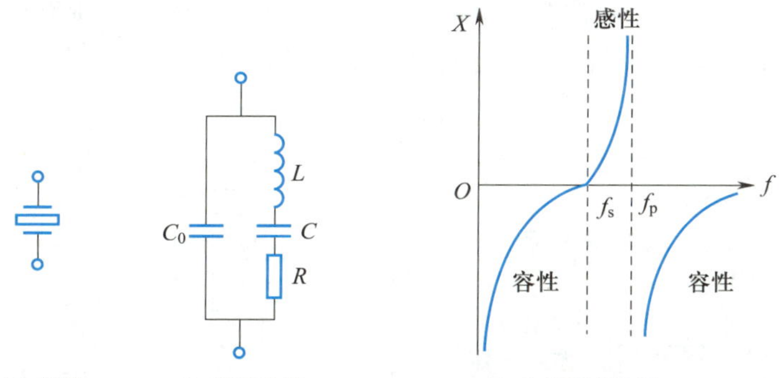

(a) 符号 (b) 等效电路 (c) 电抗频率特性

图 8.4.9 石英晶体的等效电路和电抗频率特性

C_0 表示石英晶体不振动时的静电电容，一般为几 pF 到几十 pF；L 表示晶片机械振动的惯性，其值一般为几十 mH 到几百 mH；C 表示晶片的弹性，其值仅为 $10^{-4}\sim10^{-1}$ pF；而 R 表示晶片振动时的摩擦损耗，其值为 100 Ω 左右。由于等效电路中 L 与 C 的比值很大，R 的值很小，所以品质因数 Q 很高，一般可达 $10^4\sim10^6$。又由于石英晶体的固有频率只与晶体的切割方式、几何形状和几何尺寸有关，因此石英晶体的振荡频率既稳定又精确，其频率稳定度可达 $10^{-6}\sim10^{-8}$ 数量级，甚至更高。

由石英晶体的等效电路可以看出，它有两个谐振频率。当 L、C、R 支路发生串联谐振时，该支路呈纯阻性，该谐振频率为**串联谐振频率 f_s**，即

$$f_s=\frac{1}{2\pi\sqrt{LC}}$$

此时等效电路的阻抗等于 R 与 C_0 的容抗并联，由于 C_0 的容抗远大于 R 的值，因此石英晶体的阻抗也可以近似认为呈纯阻性，大小为 R。

当频率高于 f_s 时，L、C、R 支路呈感性，可与 C_0 发生并联谐振，谐振频率为

$$f_p=\frac{1}{2\pi\sqrt{L\frac{CC_0}{C+C_0}}}=f_s\sqrt{1+\frac{C}{C_0}}$$

由于 $C\ll C_0$，因此 f_p 与 f_s 两个频率十分接近，即 $f_s\approx f_p$。

图 8.4.9(c)为忽略电路损耗电阻 R 时，石英晶体振荡器的电抗频率特性曲线。在 $f<f_s$ 和 $f>f_p$ 时石英晶体振荡器呈容性；在 $f=f_s$ 时石英晶体振荡器呈阻性，等效电阻为石英晶片的摩擦损耗电阻 R，其值约为 100 Ω。理想情况下认为 $R\approx 0$；在 $f=f_p$ 时石英晶体振荡器呈阻性；在 $f_s<f<f_p$ 时石英晶体振荡器呈感性。

2. 石英晶体正弦波振荡电路

根据石英晶体振荡器的电抗频率特性曲线，可以用它构成串联型石英晶体正弦波振荡电路和并联型石英晶体正弦波振荡电路。石英晶体正弦波振荡电路所产生正弦波的频率为石英晶体的固有谐振频率。

(1) 串联型石英晶体正弦波振荡电路

当石英晶体振荡器工作在串联谐振频率 f_s 时呈纯阻性，且很小。利用石英晶体振荡器这一特性，将其作为选频网络和正反馈网络，构成串联型石英晶体正弦波振荡电路，如图 8.4.10(a)所示。

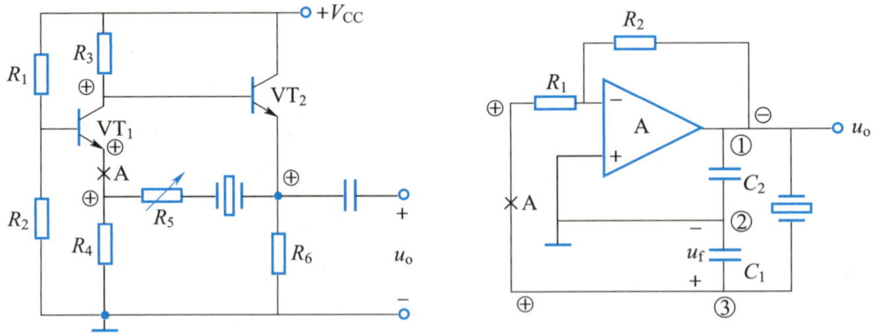

(a) 串联型　　(b) 并联型

图 8.4.10　石英晶体振荡电路

在图 8.4.10(a)中，在 A 点断开反馈网络，输入频率为 f_0、对地瞬时极性为正的电压信号 $\dot{U}_i$，晶体管 VT_1 的集电极电位的瞬时极性为正，晶体管 VT_2 的发射极电位的瞬时极性为正。只

要输入信号频率 f_0 等于石英晶体振荡器的串联谐振频率 f_s，则石英晶体振荡器呈纯阻性，且很小，则反馈电压信号 $\dot{U}_f$ 与输入电压信号 $\dot{U}_i$ 的瞬时极性均为正，满足振荡的相位平衡条件。该电路包括二级放大电路，第一级为共基组态基本放大电路，第二级为共集组态基本放大电路。只要电路参数设置合理，即可满足振荡的幅值平衡条件。

(2) 并联型石英晶体正弦波振荡电路

并联型石英晶体正弦波振荡电路如图 8.4.10(b)所示。在图 8.4.10(b)中石英晶体振荡器工作在串联谐振频率 f_s 和并联谐振频率 f_p 之间，此时石英晶体振荡器相当于一个电感，和两个外接电容 C_1 和 C_2 构成电容三点式选频网络。因此可以用前面提到的三点式 LC 正弦波振荡电路的判断规则，判断其满足正弦波振荡的相位平衡条件。由于外接电容 C_1 和 C_2 与石英晶体的静电电容 C_0 并联，所以总电容

$$C_0' = C_0 + \frac{C_1 C_2}{C_1 + C_2}$$

振荡频率为

$$f_0 \approx \frac{1}{2\pi\sqrt{L\dfrac{CC_0'}{C+C_0'}}}$$

由于 $C \ll C_0$，所以 $f_0 \approx f_s \approx f_p$。

石英晶体振荡电路具有振荡频率十分稳定的特点，利用石英晶体构成的 LC 振荡电路，广泛应用于无线电话、载波通信、广播电视、卫星通信、原子钟、数字仪表和许多民用产品之中。此外，石英晶体还可以作为温度、压力和质量方面的敏感器件使用。

【例 8.4.2】 试用相位平衡条件判断图 8.4.11 中两个电路是否可能产生振荡，如能振荡，石英晶体相当于什么性质的电抗性元件？并求图 8.4.11(b)电路满足起振的幅值条件。

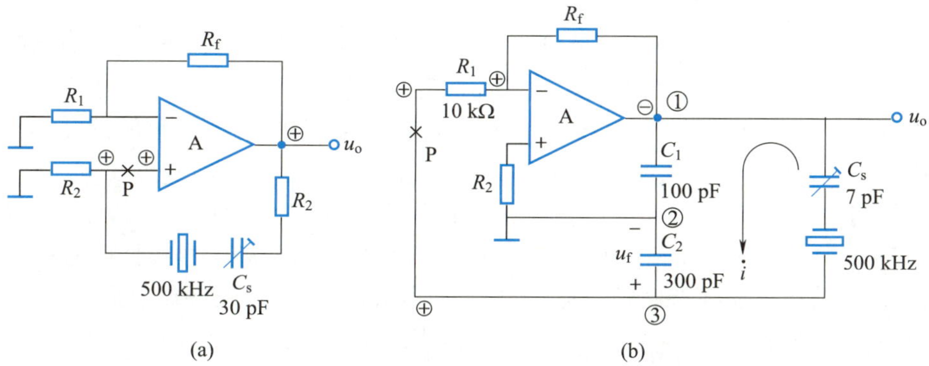

图 8.4.11 例 8.4.2 电路图

解 在图 8.4.11(a)中，在 P 点断开反馈网络，在运放的同相端输入频率为 f_0、对地瞬时极性为正的电压信号 u_i，运放输出的瞬时极性为正，只要输入信号频率 f_0 等于石英晶体振荡器的串联谐振频率 f_s，则石英晶体振荡器呈纯阻性，且很小，则反馈电压信号 u_f 与输入电压信号 u_i 的

瞬时极性均为正，满足振荡的相位平衡条件。只要电路参数设置合理，即可满足振荡的幅值平衡条件。因此，该电路产生振荡。

在图 8.4.11(b)中，在 P 点断开反馈网络，在运放的反相端输入频率为 f_0、对地瞬时极性为正的电压信号 u_i，运放输出的瞬时极性为负，如果石英晶体工作在串联谐振频率 f_s 和并联谐振频率 f_p 之间，石英晶体相当于一个电感，和两个外接电容 C_1 和 C_2 构成电容三点式正弦波振荡电路。根据三点式正弦波振荡电路相位平衡条件的判断规则可知，该电路满足相位平衡条件。只要电路参数设置合理，即可满足振荡的幅值平衡条件。因此，该电路能产生振荡。

图 8.4.11(b)电路中，C_2 的端电压为反馈电压，C_1 的端电压为输出电压，且电容分压和电容量成反比分配，所以电压反馈系数为

$$\dot{F}=\frac{\dot{U}_f}{\dot{U}_o}=\frac{-\dot{I}\cdot\dfrac{1}{j\omega C_2}}{\dot{I}\cdot\dfrac{1}{j\omega C_1}}=-\frac{C_1}{C_2}=-\frac{100\ \text{pF}}{300\ \text{pF}}=-\frac{1}{3}$$

为保证起振，即满足振荡的幅度条件，必须使 $|\dot{A}\dot{F}|\geqslant 1$，所以应保证 $|\dot{A}|\geqslant 3$。由图可知 $\dot{A}=-R_f/R_1$，以要求 $R_f\geqslant 3R_1=30\ \text{k}\Omega$。图中的 C_s 用于对石英晶体的固有谐振频率进行微调。

思考题

8-4-1　变压器反馈式正弦波振荡电路、电感三点式正弦波振荡电路、电容三点式正弦波振荡电路、石英晶体正弦波振荡电路各有什么优缺点？振荡频率如何计算？

8-4-2　石英晶体有几个谐振频率？石英晶体正弦波振荡电路有几种形式？

8.5　电压比较器

电压比较器可以用于测量和控制领域，实现信号鉴幅和比较功能；电压比较器也可以与其他电子电路组合，实现信号发生、模数转换、电源监测等功能。

电压比较器中的集成运放处于开环或引入正反馈状态，令净输入量增加，输出电压 u_o 和输入端的差值电压(u_P-u_N)不呈线性关系，集成运放工作在非线性区。运放输出 u_o 受到运放供电电源电压的限制，将达到正向饱和电压$+U_{om}$ 或负向饱和电压$-U_{om}$。此时，集成运放有两个特点：

① 当 $u_P>u_N$ 时，$u_o=+U_{om}$；当 $u_P<u_N$ 时，$u_o=-U_{om}$。也就是说，处于非线性区的理想运放受输入电压的控制，其输出电压只有两种可能，不是正向最大输出电压，就是负向最大输出电压。

② 因为 u_P-u_N 为有限值，且运放的差模输入电阻很高，所以运放的净输入电流近似为零，即 $i_P\approx i_N\approx 0$。理想运放工作在非线性区也具有“虚断”的特点。

电压比较器属于集成运放的非线性应用。将运放的同相输入端电压 u_P 与反相输入端电压 u_N 进行比较，其输出只有两种稳定状态：高电平和低电平。

$$u_O=\begin{cases}+U_{om}, & u_P>u_N\\ -U_{om}, & u_P<u_N\end{cases}\tag{8.5.1}$$

电压比较器的输出电压 u_O 与输入电压 u_I 之间的关系曲线，称为电压传输特性，而比较器的输出状态发生跃变时，所对应的输入电压称为**阈值电压**，用 U_{TH} 表示。设运放的差模输入电压 $u_{Id}=u_P-u_N$，电压比较器的输出电压 u_O 与差模输入电压 u_{Id} 之间的电压传输特性如图 8.5.1 所示。当 $u_{Id}>0$ 时，$u_O=+U_{om}$；当 $u_{Id}<0$ 时，$u_O=-U_{om}$。

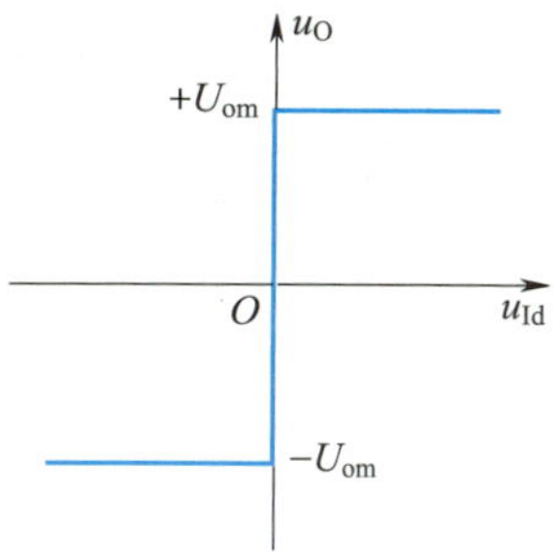

图 8.5.1 电压比较器的电压传输特性

根据电压传输特性的不同，电压比较器分为三种：单限比较器、窗口比较器和滞回比较器。

8.5.1 单限比较器

单限比较器因只有一个阈值电压而得名，如图 8.5.2(a)所示。图中运放工作于开环状态；运放输入端并联的两个二极管可以限制运放的差模输入电压 u_{Id}。设二极管导通压降为 U_D，则当比较器的输入电压 u_I 与参考电压 U_{REF} 进行比较时，u_{Id} 被限制在 $\pm U_D$，以保护运放的输入级；运放输出端的限流电阻 R 与双向稳压管 VD_Z 构成输出限幅电路。若稳压管的稳压值远大于二极管导通压降（$U_Z\gg U_D$），当运放输出 $u_O'=+U_{om}$ 时，$u_O=+(U_Z+U_D)\approx+U_Z$；反之，当 $u_O'=-U_{om}$ 时，$u_O=-(U_Z+U_D)\approx-U_Z$。

根据式(8.5.1)可知，图 8.5.2(a)所示单限比较器的输出为

$$u_O=\begin{cases}-U_Z, & u_I>U_{REF}\\ +U_Z, & u_I<U_{REF}\end{cases} \tag{8.5.2}$$

式(8.5.2)表明，此单限比较器的阈值电压 $U_{TH}=U_{REF}$，其电压传输特性如图 8.5.2(b)所示。

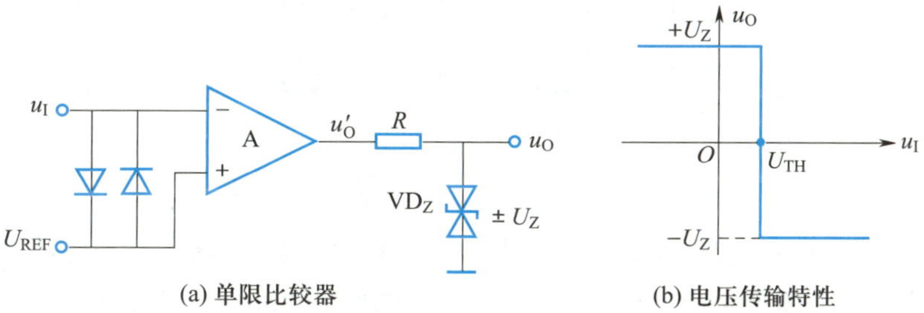

图 8.5.2 单限比较器及其电压传输特性

对单限比较器进行如下讨论：

① 当参考电压 U_{REF} 为常量时，单限比较器可以用于波形变换。设输入 u_I 为三角波，则当 $U_{REF}=0$ V 时，单限比较器的输出波形如图 8.5.3 所示。这种阈值电压为零的电压比较器也称为过零比较器。

② 当参考电压 U_{REF} 为高频三角波时，若输入 u_I 为低频正弦信号，则比较器输出为脉宽调制(pulse width modulation，PWM)波形，如图 8.5.4 所示。PWM 指通过调整脉冲的宽度或占空比改变输出电压的大小。

③ 若将单限比较器的输入端与参考电压端互换，由同相输入端接入 u_I，从反相输入端接入 U_{REF}，则此时输入 u_I 经过 U_{TH} 时，u_O 的跃变方向正好与图 8.5.2(b)相反，相应地过零比较器的

输出电压波形及单限比较器的PWM波形也与图8.5.3和图8.5.4的波形相反。

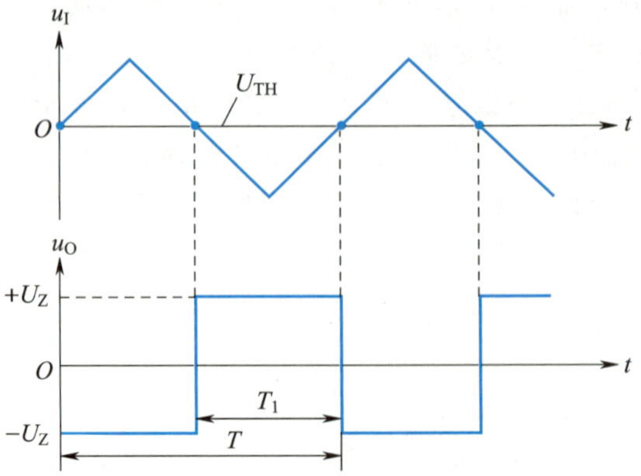

图8.5.3　过零比较器的输出电压波形

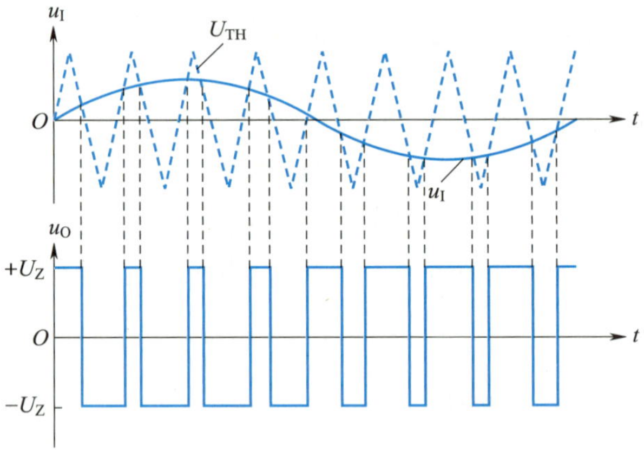

图8.5.4　单限比较器输出的PWM波形

综上所述,设计或分析电压比较器的关键是确定其电压传输特性。首先应该确定比较器的阈值电压 U_{TH},其次是明确输出 u_O 在输入 u_I 过 U_{TH} 时的跃变方向。基本方法是:

① 由于运放工作于非线性区,对输入电压的灵敏度高,因而即使运放的差模输入电压 u_{Id} 为无穷小量,输出 u_O 也能达到 $+U_{om}$ 或 $-U_{om}$。即当 u_O 发生跃变瞬间,u_P 无限趋近 u_N,因此令 $u_P \approx u_N$,此时求得的输入电压 u_I 的值为电压比较器的阈值电压 U_{TH}。

② 若 u_I 由同相输入端接入,则有

$$u_O=\begin{cases}+U_{om}, u_I>U_{TH}\\ -U_{om}, u_I<U_{TH}\end{cases} \tag{8.5.3}$$

反之,若 u_I 从反相输入端接入,可得

$$u_O=\begin{cases}-U_{om}, u_I>U_{TH}\\ +U_{om}, u_I<U_{TH}\end{cases} \tag{8.5.4}$$

单限比较器具有电路结构简单、灵敏度高等优点,但同时也有抗干扰能力差的缺点。当输入

电压 u_I 受到干扰或噪声的影响而在阈值电压附近波动时，其输出 u_O 将在高、低电平之间反复跳跃，从而使其后续电路无法正常工作。

【例 8.5.1】 设图 8.5.5(a)所示单限比较器的参考电压 $U_{REF}>0$ V，试分析其电压传输特性。

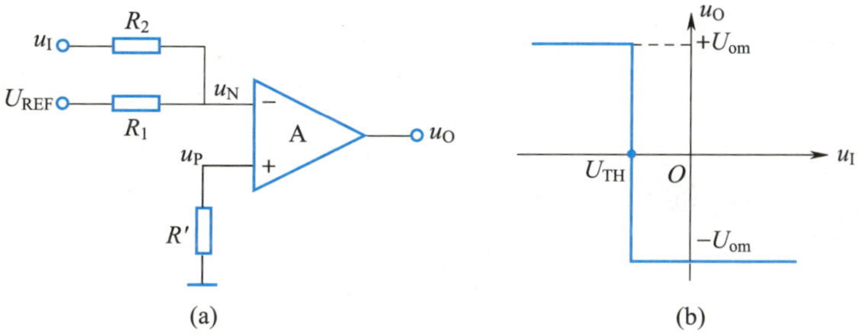

图 8.5.5 例 8.5.1 的电路图及其电压传输特性

解 根据“虚断”的概念和叠加定理，可知运放同相输入端电压 $u_P=0$；反相输入端电压为

$$u_N=\frac{R_1}{R_1+R_2}u_I+\frac{R_2}{R_1+R_2}U_{REF}$$

令 $u_P\approx u_N$，求得单限比较器的阈值电压为

$$U_{TH}=-\frac{R_2}{R_1}U_{REF}$$

u_I 从运放的反相输入端接入，根据式(8.5.4)得出电路的电压传输特性如图 8.5.5(b)所示。只要改变参考电压 U_{REF} 的极性和电阻 R_1、R_2 的比值，就可以改变阈值电压 U_{TH} 的大小和极性。

8.5.2 滞回比较器

微视频 8-6
滞回电压比较器

与单限比较器的电路结构不同，滞回比较器的输出 u_O 经过反馈电阻 R_1 被引回到运放的同相输入端，运放工作于闭环状态，如图 8.5.6(a)所示。由于引入了正反馈，运放工作于非线性区，其输出 u'_O 只有 $+U_{om}$ 或 $-U_{om}$ 两种稳定状态，经过电阻 R_4 和双向稳压管构成的限幅电路，输出 u_O 为高电平 $+U_Z$ 或低电平 $-U_Z$。

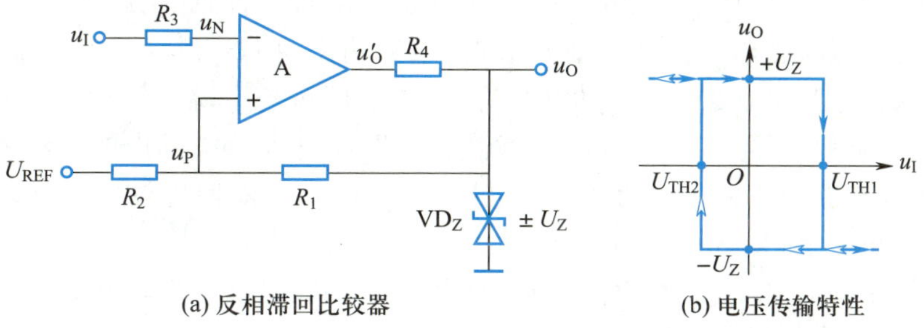

图 8.5.6 反相滞回比较器的电路图与电压传输特性

由图 8.5.6(a)可知，运放同相输入端的电压 u_P 不仅取决于参考电压 U_{REF}，同时还受输出 u_O

的影响。随着 u_O 在 $+U_Z$ 和 $-U_Z$ 之间的跃变，u_P 也随之改变。因此，滞回比较器具有两个阈值电压。根据“虚断”概念和叠加定理，可知

$$u_N = u_I$$

$$u_P = \frac{R_1}{R_1+R_2}U_{REF} + \frac{R_2}{R_1+R_2}u_O$$

令 $u_P \approx u_N$，此时求得的 u_I 即为滞回比较器的阈值电压，因此

$$U_{TH} = \frac{R_1}{R_1+R_2}U_{REF} \pm \frac{R_2}{R_1+R_2}U_Z \tag{8.5.5}$$

设当运放输出 $u'_O = +U_{om}$，输出 $u_O = +U_Z$ 时，滞回比较器的上限阈值电压 U_{TH1} 为

$$U_{TH1} = \frac{R_1}{R_1+R_2}U_{REF} + \frac{R_2}{R_1+R_2}U_Z$$

当运放输出 $u'_O = -U_{om}$，输出 $u_O = -U_Z$ 时，滞回比较器的下限阈值电压 U_{TH2} 为

$$U_{TH2} = \frac{R_1}{R_1+R_2}U_{REF} - \frac{R_2}{R_1+R_2}U_Z$$

图 8.5.6(a)所示为反相滞回比较器，输入信号从运放反相输入端接入。若输入 $u_I < U_{TH}$，则输出 $u_O = +U_Z$，此时滞回比较器的阈值电压为 U_{TH1}；因此在 u_I 增加的区间上，u_I 只有在经过 U_{TH1} 时，输出 u_O 才能从 $+U_Z$ 跃变为 $-U_Z$，如图 8.5.6(b)中实心箭头所示。若输入 $u_I < U_{TH}$，则输出 $u_O = -U_Z$，滞回比较器的阈值电压为 U_{TH2}；因此在 u_I 减小的区间上，u_I 只有在经过 U_{TH2} 时，输出 u_O 才能从 $-U_Z$ 跃变为 $+U_Z$，如图 8.5.6(b)中空心箭头所示。

综上所述，滞回比较器的电压传输特性与磁滞曲线相似，如图 8.5.6(b)所示，比较器因此得名。两个阈值电压的差值称为回差电压 ΔU，图 8.5.6 所示电路的回差电压为

$$\Delta U = U_{TH1} - U_{TH2} = \frac{2R_2}{R_1+R_2}U_Z \tag{8.5.6}$$

式(8.5.5)和式(8.5.6)表明，改变参考电压 U_{REF} 的值，可以使比较器的滞回特性曲线在水平方向上移动；而改变电阻 R_1、R_2 的比值，可以改变回差电压 ΔU。理论上调整稳压值 U_Z 也可以改变回差电压，但应注意到这种改变会使电路输出 u_O 也随之变化。

滞回比较器也可以用于波形变换，如将三角波、正弦波变换为矩形波，如图 8.5.7(a)所示。图中将三角波输入反相滞回比较器，由于初始时刻输入 $u_I > U_{TH}$，因此电路初始输出状态为 $-U_Z$，相应的阈值电压为 U_{TH2}；当输入信号经过 U_{TH2} 时，电路输出由 $-U_Z$ 跳变为 $+U_Z$，此时的阈值电压为 U_{TH1}；此后输入信号只有在经过 U_{TH1} 时才能使输出电压由 $+U_Z$ 跳变为 $-U_Z$。这种滞回特性使得滞回比较器比单限比较器具有更强的抗干扰能力，即使输入为被噪声“污染”的信号，只要根据噪声电平适当选择滞回比较器的两个阈值电压 U_{TH1} 和 U_{TH2}，滞回比较器就可以不受噪声的影响，输出“干净”的波形，如图 8.5.7(b)所示。

将图 8.5.6(a)中 u_I 和 U_{REF} 的位置互换，就构成了同相滞回比较器，其电压传输特性曲线的变化方向与反相滞回比较器正好相反。

【例 8.5.2】 设运放的最大输出电压 $\pm U_{om} = \pm 12$ V。

(1) 分析图 8.5.8(a)所示电路的电压传输特性；

（2）设电路输入电压信号如图 8.5.9(a)所示，画出电路的输出电压波形。

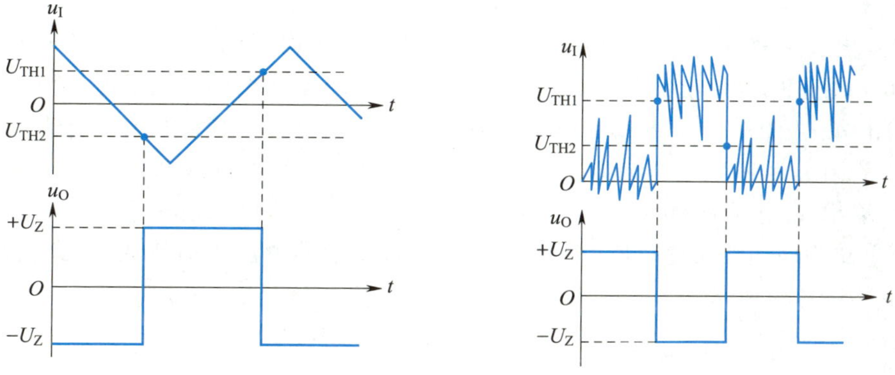

(a) 波形变换　　(b) 波形整形

图 8.5.7　反相滞回比较器的输入与输出电压波形

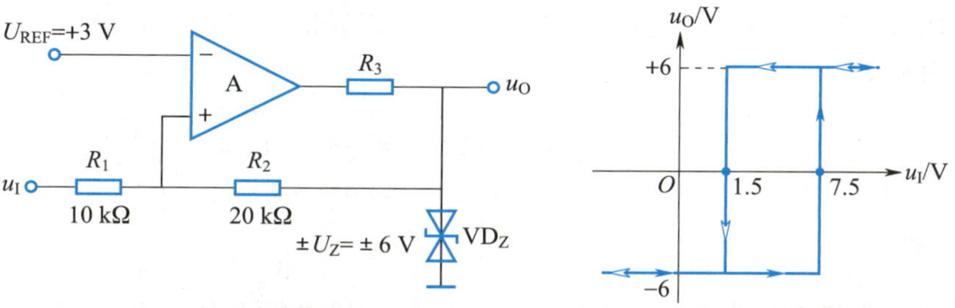

(a) 同相滞回比较器　　(b) 电压传输特性

图 8.5.8　例 8.5.2 电路图及其电压传输特性

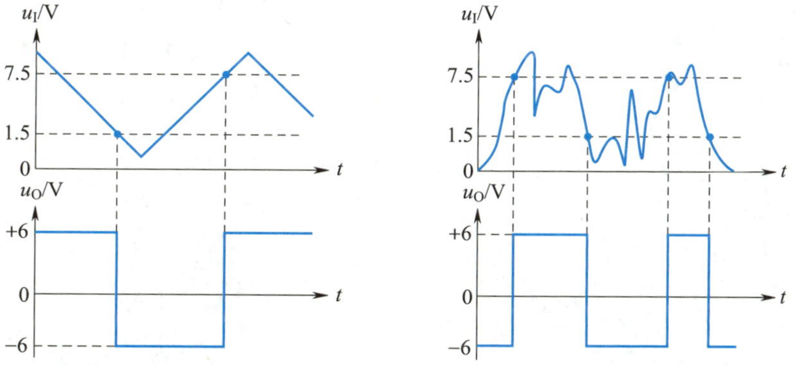

(a) 波形变换　　(b) 波形整形

图 8.5.9　例 8.5.2 的输入和输出电压波形

解　（1）由图 8.5.8(a)可知，$u_N = U_{REF} = +3$ V。根据“虚断”概念和叠加定理，求得 u_P 为

$$u_P = \frac{R_2}{R_1+R_2}U_I + \frac{R_1}{R_1+R_2}u_O$$

令 $u_P \approx u_N$，求得滞回比较器的阈值电压为

$$U_{TH}=\frac{R_1+R_2}{R_2}U_{REF}-\frac{R_1}{R_2}u_O$$

因此当输出 $u_O=+6\ \mathrm{V}$ 时，$U_{TH1}=1.5\ \mathrm{V}$；当输出 $u_O=-6\ \mathrm{V}$ 时，$U_{TH2}=7.5\ \mathrm{V}$。若输入 $u_I<U_{TH}$，则输出 $u_O=-6\ \mathrm{V}$，相应的阈值电压为 U_{TH2}；如果 u_I 从小于 1.5 V 的区间开始增加，则 u_I 只有在经过 7.5 V 时，输出 u_O 才能从−6 V 跃变为+6 V，如图 8.5.8(b)中实心箭头所示。若输入 $u_I>U_{TH}$，则输出 $u_O=+6\ \mathrm{V}$，相应的阈值电压为 U_{TH1}。如果 u_I 从大于 7.5 V 的区间开始减小，则 u_I 只有在经过 1.5 V 时，输出 u_O 才能从+6 V 跃变为−6 V，如图 8.5.8(b)中空心箭头所示。

（2）该电路为同相滞回比较器，根据图 8.5.8(b)所示的电压传输特性，得到电路的输出电压波形如图 8.5.9(b)所示。

微视频 8-7
窗口电压比较器

8.5.3 窗口比较器

窗口比较器由一对单限比较器构成，电路如图 8.5.10(a)所示，因其电压传输特性形似“窗口”而得名。窗口比较器具有两个阈值电压，由图 8.5.10(a)中电阻 R_1、R_2 与二极管 VD_1、VD_2 构成的分压支路提供。当 $R_1=R_2$ 时，阈值电压 U_L 和 U_H 分别为

$$\begin{cases}U_L=\dfrac{R_2}{R_1+R_2}(V_{CC}-2U_D)=\dfrac{1}{2}V_{CC}-U_D\\[2ex] U_H=U_L+2U_D=\dfrac{1}{2}V_{CC}+U_D\end{cases}\tag{8.5.7}$$

根据单限比较器的工作特点可知窗口比较器的电压传输特性如图 8.5.10(b)所示。当 $u_I<U_L$ 时，运放 A_2 输出高电平，$u_{O2}=+U_{om}$，VD_4 导通；此时运放 A_1，输出低电平，$u_{O1}=-U_{om}$，VD_3 截止；忽略 VD_4 的导通压降，电路输出 $u_O=u_{O2}=+U_{om}$。

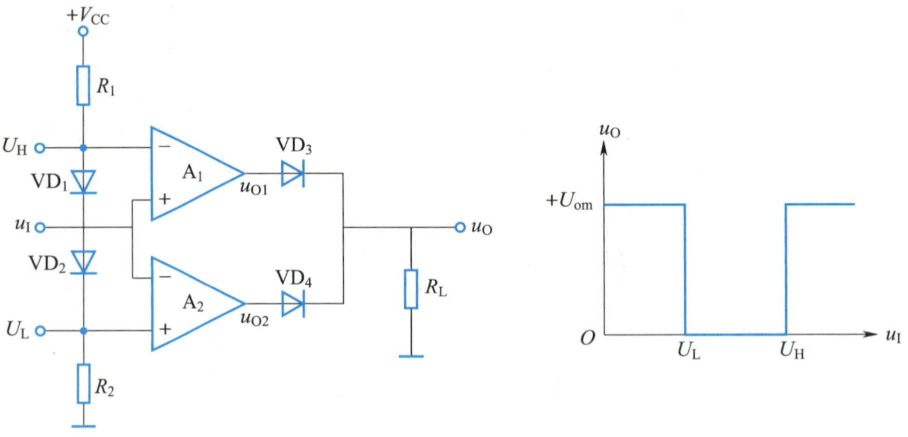

(a) 窗口比较器　　(b) 电压传输特性

图 8.5.10 窗口比较器及其电压传输特性

当 $U_L<u_I<U_H$ 时，运放 A_1、A_2 均输出低电平，$u_{O1}=u_{O2}=-U_{om}$，VD_3 和 VD_4 处于截止状态，此

时电路输出 $u_O=0$ V。

当 $u_I>U_H$ 时，运放 A_1 输出高电平，$u_{O1}=+U_{om}$，VD_3 导通；此时运放 A_2 输出低电平，$u_{O2}=-U_{om}$，VD_4 截止；忽略 VD_3 的导通压降，电路输出 $u_O=u_{O1}=+U_{om}$。

窗口比较器虽然有两个阈值电压，但是它与滞回比较器不同，其输入 u_I 在单向变化过程中，经过每一个阈值电压时，都会使输出 u_O 发生跃变，即 u_O 会跳变两次。窗口比较器的输入和输出电压波形如图 8.5.11 所示。

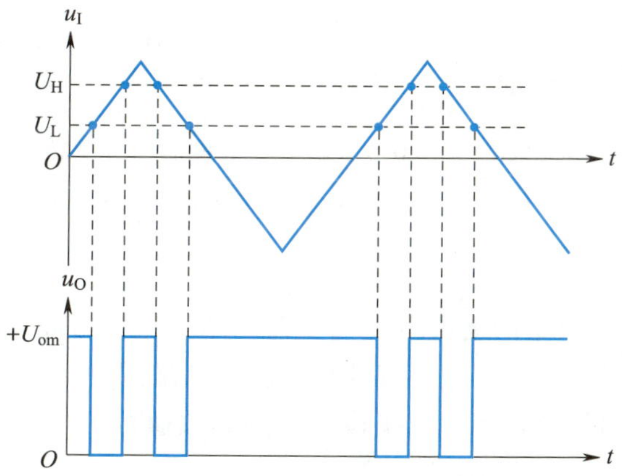

图 8.5.11 窗口比较器的输入和输出电压波形

由图 8.5.11 可知，窗口比较器可以检测出在某一特定范围内（$U_L<u_I<U_H$）的输入信号，因而常用于信号鉴幅、模数转换等电路中。

8.5.4 集成电压比较器

电压比较器可将模拟信号转换成双值信号，即只有高电平和低电平两种状态的离散信号。因此，可用电压比较器作为模拟电路和数字电路的接口电路。电压比较器既可以由通用的集成运算放大器构成，也可以采用专用的集成电压比较器。这两者之间主要有以下两点区别：

① 通用集成运算放大器主要针对线性放大的要求进行设计。它的工作速度较慢，一般为 μs 数量级；集成电压比较器的设计是针对电压门限比较的要求而设计，比较器的翻转速度快，大约在 ns 数量级。

② 通用集成运算放大器的输出级一般采用推挽电路，双极性输出，输出电平比较高。其与数字电路连接时，通常需要加限幅措施。集成电压比较器的输出级为集电极开路结构，需要接上拉电阻，输出符合 TTL/CMOS 电平，容易和数字电路连接。

集成电压比较器的种类繁多，性能各异。按一个器件上所含有电压比较器的个数，可分为单、双和四电压比较器；按功能可分为通用型、高速型、低功耗型、低电压型和高精度型电压比较器；按输出方式可分为普通、集电极（或漏极）开路输出或互补输出三种情况。表 8.5.1 列出了几种常用集成电压比较器的主要技术指标及性能特点。

下面介绍两种较为常用的集成电压比较器 LM311 和 LM339。主要介绍这两种芯片的特点和使用方法。

表 8.5.1 几种常用集成电压比较器的性能比较

型号	工作电源	输入偏置电流最大值	输入失调电流最大值	输入失调电压最大值	响应时间典型值	特点
LM311	±15 V 或+5 V	300 nA	70 nA	10 mV	165 ns	单比较器,带选通端,可单电源工作,低偏置电流
LM393	±1 V~±18 V 或 2 V~36 V	400 nA	±150 nA	9 mV	300 ns	低失调电压双比较器
LM339	±1 V~±18 V 或 2 V~36 V	400 nA	150 nA	9 mV	1.3 μs	低功耗、低失调电压四比较器
AD790	±15 V 或+5 V	6.5 μA	0.3 μA	1.0 mV	50 ns	高精度单比较器
LM360	±4.5 V~±6.5 V	15 μA	4 μA	4 mV	16 ns	高速差分单比较器

1. LM311

LM311 是一种应用较为广泛的集成电压比较器。图 8.5.12 所示为 LM311 封装为 8 脚双列直插式的引脚图。LM311 有同相和反相两个输入端,分别是引脚 2 和 3;正、负两个外接电源,分别为引脚 8 和 4。引脚 5 和 6 分别为外部平衡调节端和选通控制端。输出可接成“线与”方式。

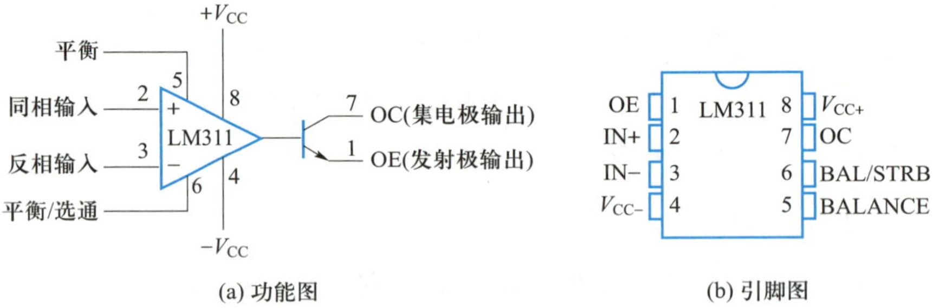

图 8.5.12 LM311 的引脚

LM311 具有输入偏流小,电压范围宽(从标准的±15 V 电源到单一的+5 V 电源均能正常工作)、响应速度快等特点。输出与 TTL 及 CMOS 电平兼容,可以直接驱动白炽灯、继电器。

图 8.5.13(a)、(b)分别为 LM311 的常用接法。电阻 R 的阻值可以根据负载电流的大小和电源电压的高低来选择,电阻 R 也可以是负载。由于 LM311 可以采用集电极(或漏极)开路输出,因此其输出电平灵活,可以输出 3.3、5、12 V 等。

2. LM339

LM339 是一种四电压比较器集成电路。LM339 集成电压比较器采用 14 脚双列直插式的封装,图 8.5.14(a)为其引脚图。LM339 集成电压比较器内部有 4 个独立的电压比较器,每个电压比较器有两个输入端和一个输出端,如图 8.5.14(b)所示。

LM339 的主要特点是:① 工作电源电压范围宽,单电源、双电源均可工作,单电源工作范围是 2~36 V,双电源工作范围是(±1~±18) V;② 输入失调电压小;③ 对信号源的内阻要求不高;④ 共模输入电压范围宽,$U_{IC}=0\sim(V_{CC}-1.5\text{ V})$;⑤ 差分输入电压范围较大,最大可以等于电源电压;⑥ 输出端电位可灵活设置。

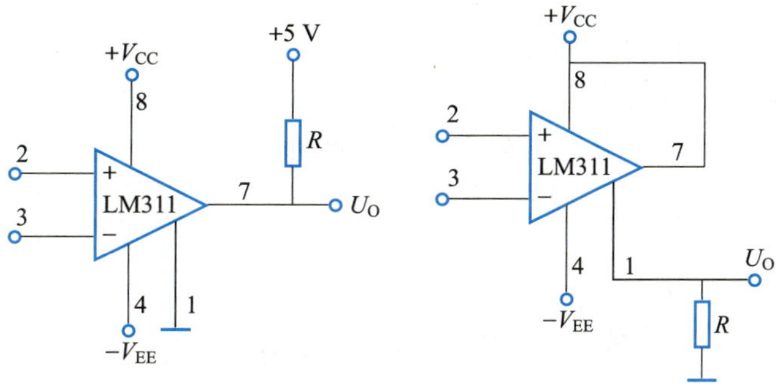

(a) 集电极输出方式　　(b) 发射极输出方式

图 8.5.13　LM311 常用接法

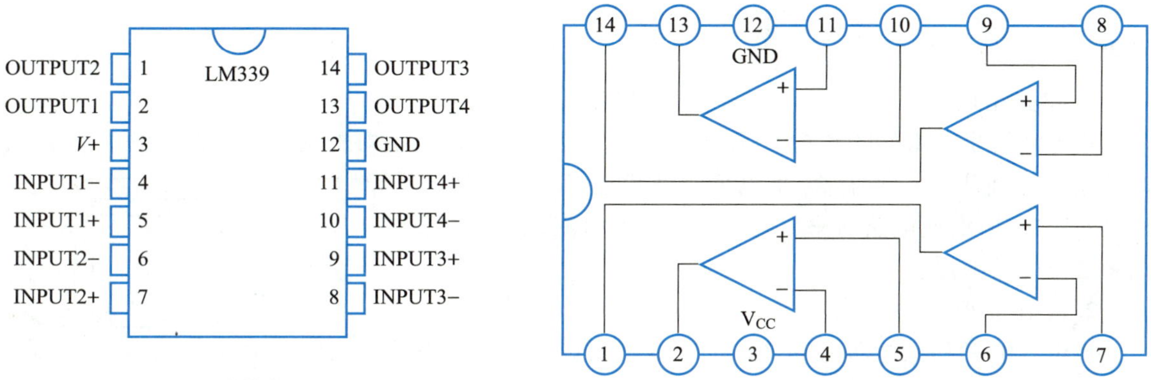

(a) 引脚图　　(b) 功能图

图 8.5.14　LM339 的引脚与功能图

图 8.5.15 为 LM339 的几种接法。用 LM339 可以方便地构成单限比较器等多种比较器，LM339 可以直接驱动 CMOS 和 TTL 门电路。

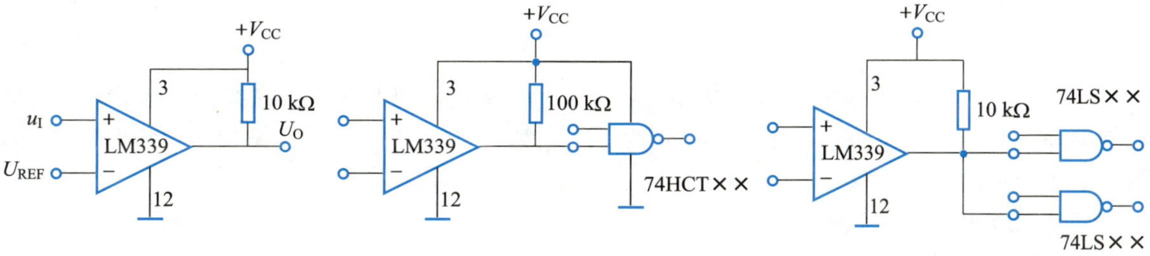

(a) LM339构成的单限比较器　　(b) LM339直接驱动CMOS电路　　(c) LM339直接驱动TTL电路

图 8.5.15　LM339 的几种接法

由于一片 LM339 中有 4 个电压比较器，实际使用时 4 个电压比较器之间有耦合，相互之间有影响。LM339 比 LM311 速度慢。

思考题

8-5-1 比较器在电路结构上有何特点？

8-5-2 如何确定比较器的电压传输特性？

8-5-3 滞回比较器有何特点？它的阈值电压如何确定？

8-5-4 在三种基本电压比较器中，哪种比较器的抗干扰能力强？哪种比较器的电压灵敏度高？

8.6 非正弦波发生电路

非正弦波信号发生电路主要包括矩形波发生电路、三角波发生电路和锯齿波发生电路等。本节主要介绍几种常用的非正弦波信号发生电路的电路组成、工作原理和主要参数。

8.6.1 矩形波发生电路

1. 电路组成

矩形波发生电路如图 8.6.1 所示，由滞回比较器和 RC 电路构成。滞回比较器引入正反馈，产生振荡，使输出电压仅有高、低电平两种状态。RC 电路起延时和负反馈作用，使电路的输出电压按一定的时间间隔在高低电平之间交替变化。

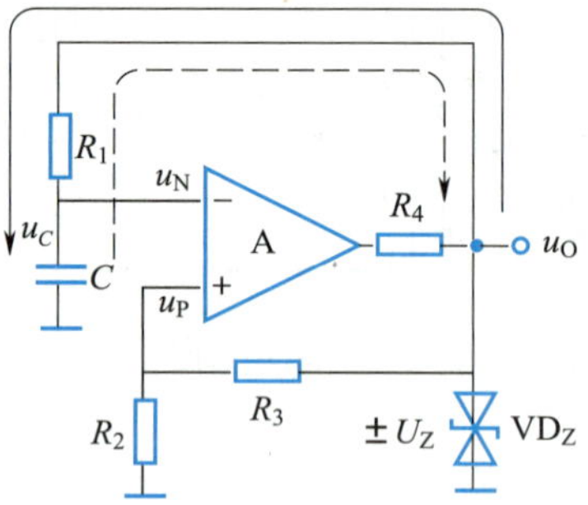

图 8.6.1 矩形波发生电路

2. 工作原理

设电容 C 的初始电压为零，即 $u_C=0$。不妨设 $u_O=+U_Z$，则运放同相端的电位为

$$U'_P=\frac{R_2U_Z}{R_2+R_3} \tag{8.6.1}$$

于是，输出 $+U_Z$ 通过 R_1 向电容 C 正向充电，路径如图 8.6.1 中实线箭头所示，u_C 按指数规律升高。当 $u_C=u_N\geqslant U'_P$ 时，u_O 跃变为 $-U_Z$，此时运放同相端的电位为

$$U''_P=-\frac{R_2U_Z}{R_2+R_3} \tag{8.6.2}$$

然后，u_O 通过 R_1 对电容 C 反向充电(也称放电)，路径如图 8.6.1 中虚线箭头所示，u_C 按指数规律降低。当 $u_C=u_N\leqslant U''_P$ 时，u_O 跃变为 $+U_Z$。如此不断循环往复，输出 u_O 为矩形波，如图 8.6.2 所示。

3. 参数分析

(1) 输出电压幅值 U_{om}

由电路的工作原理可知，输出电压 u_O 在 $+U_Z$ 和 $-U_Z$ 之间振荡，即

$$\pm U_{om}=\pm U_Z \tag{8.6.3}$$

(2) 周期 T

由于图 8.6.1 所示电路的电容正、反向充电时间常数均为 R_1C，且正、反向充电时输出电压

的幅值也相等，因而在一个周期内输出高电平与低电平的时间相等。输出信号的振荡周期 $T=2T_1$，T_1 为输出高电平时间。

根据一阶 RC 电路的三要素法：

$$u_C(t)=u_C(\infty)+[u_C(0)-u_C(\infty)]e^{-\frac{t}{\tau}} \tag{8.6.4}$$

将 $\tau=R_1C$、$u_C(0)=U''_P$、$u_C(\infty)=+U_Z$ 和 $u_C(T_1)=U'_P$ 代入式(8.6.4)，得到矩形波的周期

$$T=2T_1=2R_1C\ln\left(1+\frac{2R_2}{R_3}\right) \tag{8.6.5}$$

(3) 占空比 D

由于 $T=2T_1$，所以输出矩形波的占空比为

$$D=\frac{T_1}{T}\times100\%=50\% \tag{8.6.6}$$

即图 8.6.2 中的 u_O 为方波信号。

4. 占空比可调的矩形波发生电路

利用二极管的单向导电性，使电容的正向充电和反向充电的回路不同，改变电容器 C 的充、放电时间常数 τ_1 和 τ_2，从而改变输出矩形波的占空比。占空比可调的矩形波发生电路如图 8.6.3 所示，设 VD_1、VD_2 为理想二极管。

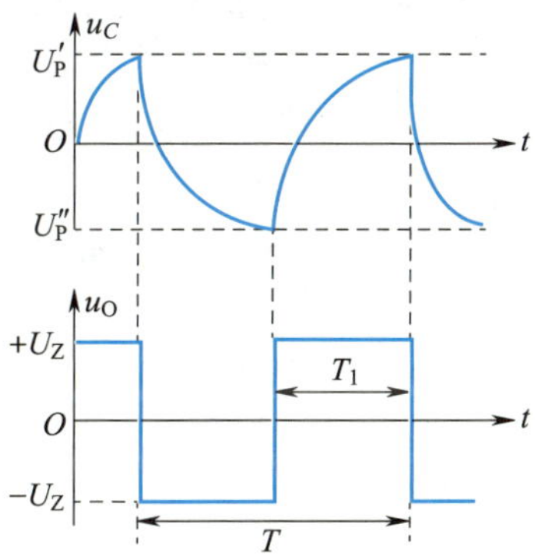

图 8.6.2 矩形波发生电路的输出电压信号波形

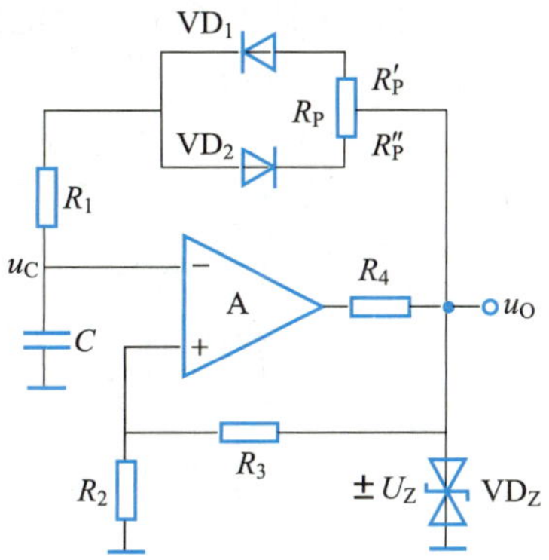

图 8.6.3 占空比可调的矩形波发生电路

当对电容 C 正向充电时，电流流经电位器 R_P 滑动端到上端的电阻 R'_P、二极管 VD_1、电阻 R_1 和电容 C；当电容 C 反向充电时，电流流经电容 C、电阻 R_1、二极管 VD_2、电位器滑动端到下端的电阻 R''_P。电容 C 正向充电的时间常数 $\tau_1=(R'_P+R_1)C$，电容 C 反向充电的时间常数 $\tau_2=(R''_P+R_1)C$。

利用一阶 RC 电路的三要素法则，可以求得

$$T_1=(R_1+R'_P)C\ln\left(1+\frac{2R_2}{R_3}\right)$$

$$T_2=(R_1+R''_P)C\ln\left(1+\frac{2R_2}{R_3}\right)$$

则矩形波的振荡周期

$$T=(2R_1+R_P)C\ln\left(1+\frac{2R_2}{R_3}\right) \tag{8.6.7}$$

矩形波的振荡频率为

$$f=\frac{1}{T}=\frac{1}{(2R_1+R_P)C\ln\left(1+\frac{2R_2}{R_3}\right)} \tag{8.6.8}$$

式中，$R_P=R'_P+R''_P$。矩形波的占空比为

$$D=\frac{T_1}{T}\times 100\%=\frac{\tau_1}{\tau_1+\tau_2}\times 100\%=\frac{R_1+R'_P}{2R_1+R_P}\times 100\% \tag{8.6.9}$$

由式(8.6.7)和式(8.6.9)可知，改变电位器 R_P 的滑动端位置，即可在不改变输出矩形波信号周期的情况下，改变其占空比。

8.6.2 三角波发生电路

1. 电路组成

在某些对三角波的线性度、电流驱动能力要求不高的场合(比如脉宽调制型开关稳压电路中的三角波发生电路)，可以用图 8.6.1 所示的矩形波发生电路中的 u_C 近似地作为三角波输出(见图 8.6.2)，也可以由图 8.6.1 所示电路输出的占空比为 50%的方波信号经过积分运算得到三角波信号，如图 8.6.4 所示。

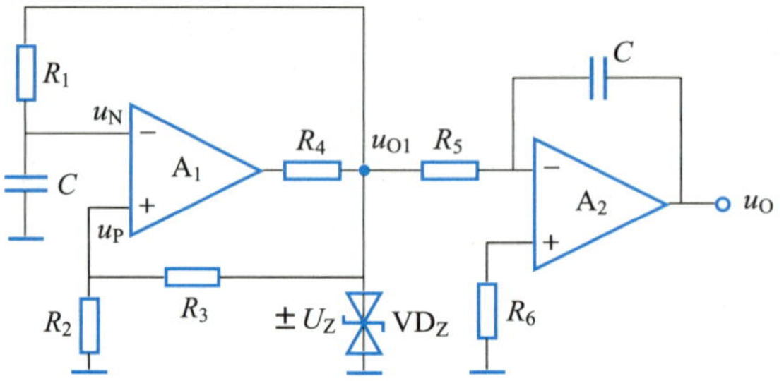

图 8.6.4 三角波发生电路

图 8.6.4 所示电路原理非常简单，但是在应用上存在如下缺陷：一方面，双向稳压管的正、反向参数很难做到完全对称；另一方面，矩形波信号 u_{O1} 的占空比也可能不是严格的 50%。这使得 u_{O1} 中存在微小的直流量，积分运算电路对输入直流量不断积分并随时间累加，势必导致输出 u_O 达到饱和，如图 8.6.5 所示。

实用的三角波发生电路如图 8.6.6 所示。电路仍由方波发生电路和积分运算电路构成，这两部分电路共用一个 RC 环节，既节约了成本，又提高了电路的可靠性。更重要的是，积分运算电路的输出 u_O 还作为矩形波发生电路中同相输入滞回比较器的输入，呈现闭环结构，从而将 u_O 的数值限制在滞回比较器的阈值之间，避免了由于 u_{O1} 输出方波在幅值和时间上不对称而产生的输出饱和现象。

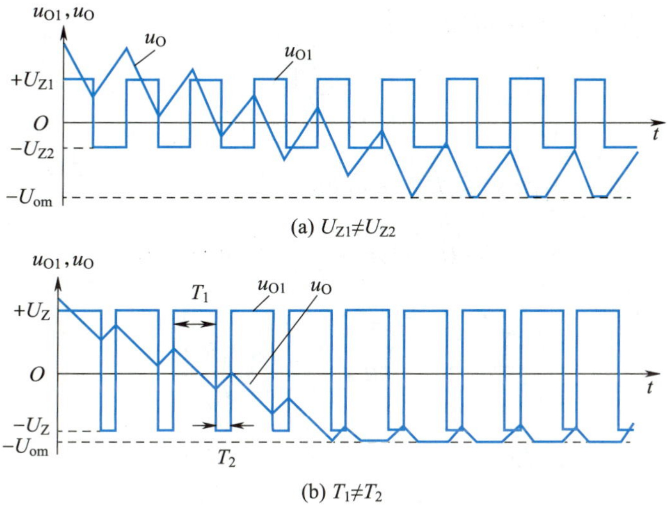

图 8.6.5 三角波发生电路的输出信号波形

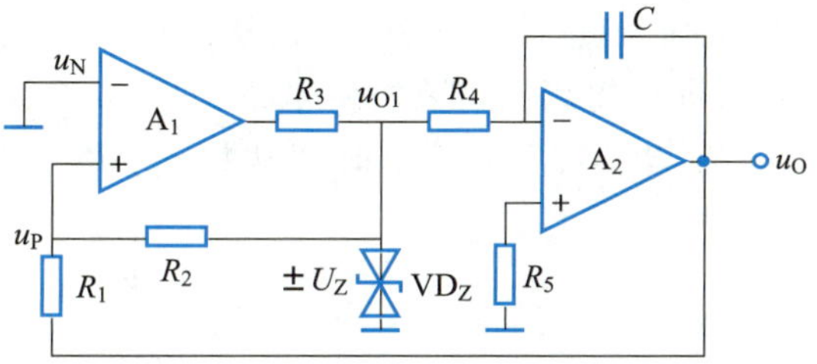

图 8.6.6 实用三角波发生电路

2. 工作原理

不妨设 $u_{O1}=+U_Z$，u_{O1} 给积分电容 C 正向充电，由于积分电流恒定，所以 u_O 按线性规律下降，拉动运放 A_1 的同相输入端电位 u_P 下降，称为负向积分过程。当运放 A_1 的同相输入端电位 u_P 略低于反相输入端电位 u_N（$=0$ V）时，u_{O1} 从 $+U_Z$ 跳变为 $-U_Z$；当 $u_{O1}=-U_Z$ 时，电容 C 开始反向充电，u_O 按线性规律上升，u_O 拉动 u_P 上升，称为正向积分过程，当运放 A_1 的 u_P 略大于 u_N（$=0$ V）时，u_{O1} 从 $-U_Z$ 跳变为 $+U_Z$，如此循环往复，积分器的输出产生三角波。三角波发生电路的输出电压信号波形如图 8.6.7 所示。

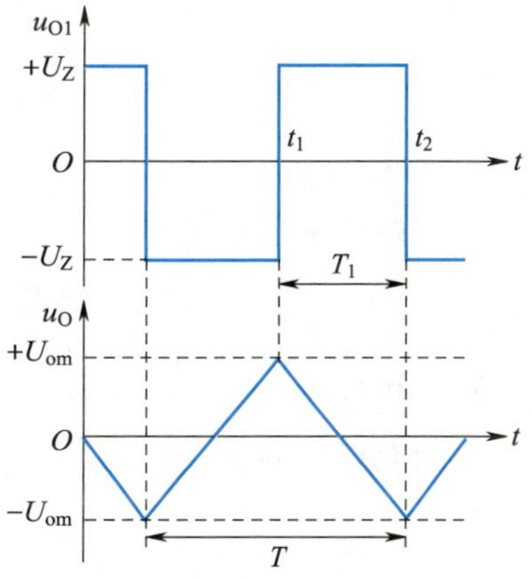

图 8.6.7 三角波发生电路的输出电压信号波形

3. 参数分析

（1）输出电压幅值 U_{om}

图 8.6.6 中滞回比较器的输出电压 $u_{O1}=\pm U_Z$。积分电路的输出电压 u_O 是滞回比较器的输入信号。根据叠加定理，运放 A_1 的同相输入端电位为

$$u_P=\frac{R_2u_O}{R_1+R_2}+\frac{R_1u_{O1}}{R_1+R_2}=\frac{R_2u_O}{R_1+R_2}\pm\frac{R_1U_Z}{R_1+R_2}$$

令 $u_P=u_N=0$，则输出电压的幅值为

$$\pm U_{om}=\pm\frac{R_1}{R_2}U_Z \tag{8.6.10}$$

（2）周期 T

若电路的振荡周期为 T，由图 8.6.7 分析可得

$$U_O(t_2)-U_O(t_1)=-\frac{1}{C}\int_{t_1}^{t_2}\frac{U_Z}{R_4}dt=-2U_{om}$$

解得电路的振荡周期为

$$T=2T_1=4R_4C\frac{U_{om}}{U_Z}=\frac{4R_1R_4C}{R_2} \tag{8.6.11}$$

8.6.3　锯齿波发生电路

微视频 8-8
锯齿波发生电路工作原理

1. 电路组成及工作原理

在三角波发生电路的基础上，考虑改变积分运算电路中电容 C 的正、反向充电路径，使其正、反向充电时间常数不同，从而使积分运算电路输出信号的上升、下降的速率不同，即可得到锯齿波发生电路，如图 8.6.8 所示。图中 VD 为理想二极管，正向充电时间常数 $\tau_1=(R//R')C$，反向充电时间常数 $\tau_2=RC$。锯齿波发生电路的输出电压波形如图 8.6.9 所示。

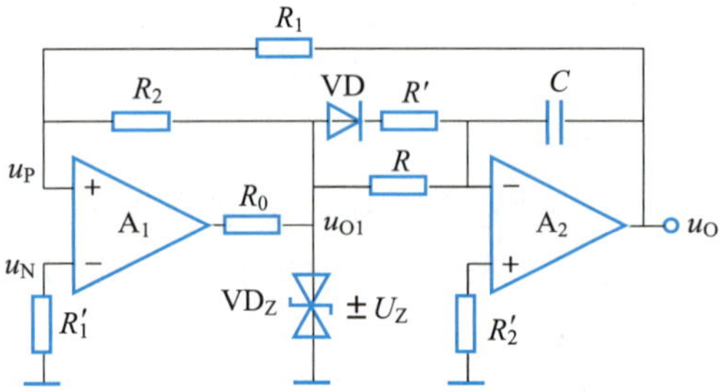

图 8.6.8　锯齿波发生电路

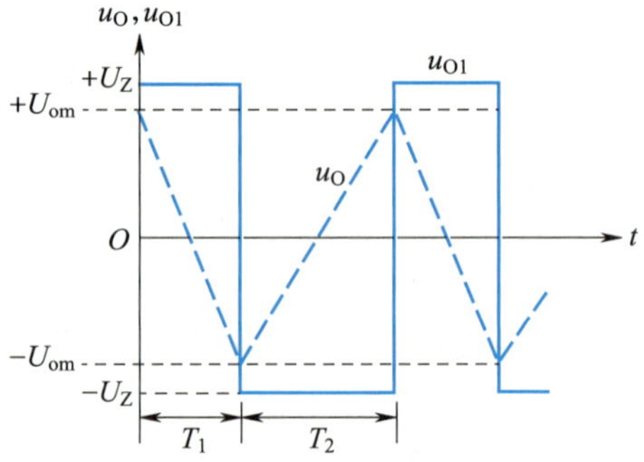

图 8.6.9　锯齿波发生电路的输出电压信号波形

2. 参数分析

（1）输出电压幅值

$$\pm U_{om}=\pm\frac{R_1}{R_2}U_Z \tag{8.6.12}$$

（2）周期 T

正向充电时间 T_1 为

$$\begin{aligned}T_1&=2(R//R')C\frac{U_{om}}{U_Z}\\&=\frac{2(R//R')R_1C}{R_2}\end{aligned} \tag{8.6.13}$$

反向充电时间 T_2 为

$$T_2=2RC\frac{U_{om}}{U_Z}=\frac{2RR_1C}{R_2} \tag{8.6.14}$$

振荡周期为

$$T=T_1+T_2=\frac{2R_1C[(R/\!/R')+R]}{R_2} \tag{8.6.15}$$

8.6.4　压控振荡器

在振荡电路中，调节选频网络或定时电路的元件参数可以改变输出电压信号的振荡频率，但这种调节方式不便实施，而且精度较低。在实际应用场合，通常要求振荡电路的输出电压信号的频率能够随控制电压的变化而变化，这种电路称为压控振荡器(voltage controlled oscillator, VCO)。能够实现压控振荡器功能的电路很多，其中一种电路就是由 8.6.3 节的锯齿波发生电路演变而来的。

1. 电路组成

在图 8.6.8 的基础上，将积分器的放电路径用一个负电压 $u_I<0$ 和一个电阻 R 来代替，如图 8.6.10 所示，并且取 R 的数值远大于 R'。以 u_I 作为输入，滞回比较器的输出 u_{O1} 作为输出，就构成了压控振荡器。习惯上，图 8.6.10 常画为图 8.6.11 的形式。

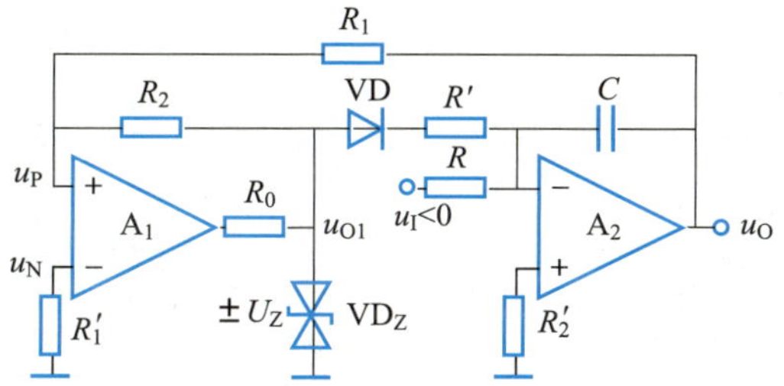

图 8.6.10　由锯齿波发生电路演变成的压控振荡器

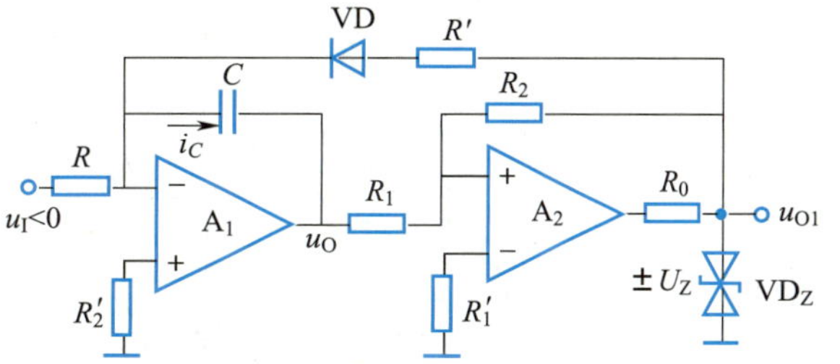

图 8.6.11　图 8.6.10 的习惯画法

2. 工作原理

当滞回比较器的输出电压 $u_{O1}=+U_Z$ 时，二极管 VD 导通。如果忽略二极管的正向导通电阻，积分运算电路的负向积分电流为

$$i_C=\frac{u_I}{R}+\frac{U_Z}{R'}\approx\frac{U_Z}{R'}\quad(R\gg R')$$

当输出电压 $u_{O1}=-U_Z$ 时，二极管 VD 截止，正向积分电流为

$$i_C=\frac{u_I}{R}$$

因为 R 远大于 R'，所以电容负向积分的电流远大于正向积分电流，负向积分的速度快，在一个周期内持续的时间非常短，u_O 和 u_{O1} 的波形如图 8.6.12 所示。根据以上分析有 $T\approx T_1$。

3. 参数分析

输出 u_{O1} 的振荡周期 T 近似等于电容的正向充电时间 T_1，积分的初始电压为 $-U_{om}$，终止电压

为 $+U_{om}$，所以

$$2U_{om} \approx -\frac{1}{C}\int_{t_1}^{t_2} \frac{u_I}{R}\mathrm{d}t$$

U_{om} 计算见式(8.6.10)，代入上式，可得

$$T \approx -\frac{2RR_1C}{R_2} \cdot \frac{U_Z}{u_I} \tag{8.6.16}$$

振荡频率为

$$f \approx -\frac{R_2}{2RR_1C} \cdot \frac{u_I}{U_Z} \tag{8.6.17}$$

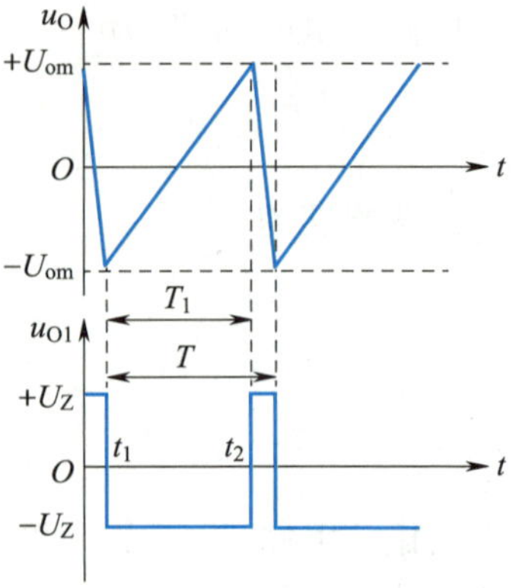

图 8.6.12　压控振荡器的输出电压信号波形

【例 8.6.1】　电路如图 8.6.13(a)所示，设 $U_R<0$，且 $U_Z>|U_R|$。试求：

(1) 若 U_R 为一个固定值，请在图 8.6.13(c)所示坐标中画出 u_{O1}、u_{O2} 的波形，并标明幅值；

微视频 8-9
例 8.6.1 精讲

(2) 计算 u_{O2} 的振荡周期 T；

(3) 若 u_R 缓慢变化，波形如图 8.6.13(d)所示，请定性画出 u_{O2} 的波形；

(4) 若要使 u_{O2} 的波形可以上下平移，请将图 8.6.13(b)所示电路接入图 8.6.13(a)所示电路中，并写出此时 u_{O2} 幅值的表达式。

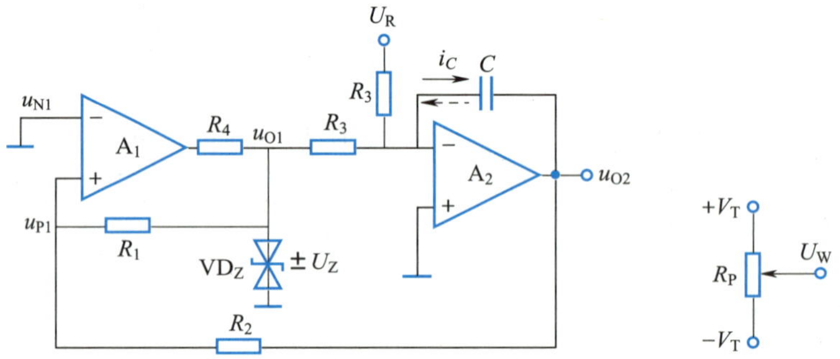

(a)　　　　　　　　(b)

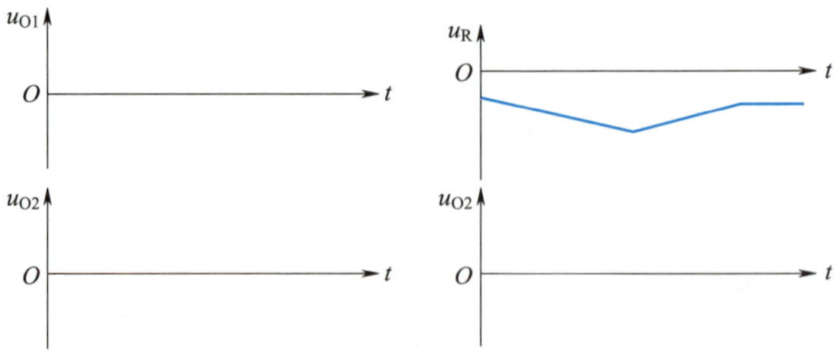

(c)　　　　　　　　(d)

图 8.6.13　例 8.6.1 图

解 (1) 根据叠加定理

$$u_{P1}=\frac{R_1}{R_1+R_2}u_{O2}+\frac{R_2}{R_1+R_2}u_{O1}=\frac{R_1}{R_1+R_2}u_{O2}\pm\frac{R_2}{R_1+R_2}U_Z$$

令 $u_{P1}=u_{N1}=0$，得到

$$\pm U_{o2m}=\pm\frac{R_2}{R_1}U_Z$$

此即为滞回比较器的阈值，也是 u_{O2} 的幅值。

当 $u_{O1}=+U_Z$ 时，由于 $U_Z>|U_R|$，i_C 给电容 C 充电（如图 8.6.13(a)中实线箭头所示），于是 u_{O2} 线性下降，当 u_{O2} 下降到 $-\frac{R_2}{R_1}U_Z$ 时，u_{O1} 变为 $-U_Z$，i_C 给电容 C 放电（如图 8.6.13(a)中虚线箭头所示），u_{O2} 线性上升，当 u_{O2} 上升到 $+\frac{R_2}{R_1}U_Z$ 时，u_{O1} 由 $-U_Z$ 变回到 $+U_Z$，如此循环反复。

因为 $U_R<0$，所以充电电流一定小于放电电流，对应 u_{O2} 在一个周期内的上升时间小于下降时间，并且 u_{O1} 的占空比大于 50%，如图 8.6.14(a)所示。

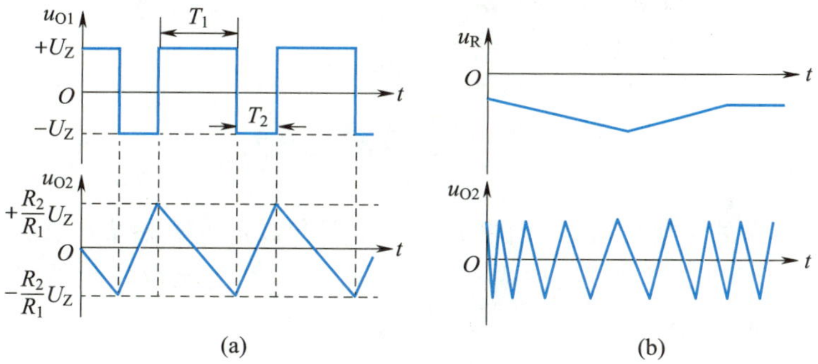

图 8.6.14 例 8.6.1 解图

(2) 对于积分运算电路，若 $t_2>t_1$，并且充电电流固定，则

$$u_O(t_2)=u_O(t_1)-\frac{1}{C}\int_{t_1}^{t_2}i_C\mathrm{d}t=u_O(t_1)-\frac{i_C(t_2-t_1)}{C}$$

所以，对于充、放电过程，分别有

$$-\frac{R_2}{R_1}U_Z=\frac{R_2}{R_1}U_Z-\frac{1}{C}\cdot\frac{U_Z+U_R}{R_3}\cdot T_1$$

$$+\frac{R_2}{R_1}U_Z=-\frac{R_2}{R_1}U_Z-\frac{1}{C}\cdot\frac{-U_Z+U_R}{R_3}\cdot T_2$$

解得

$$T_1=\frac{2R_2R_3CU_Z}{R_1(U_Z+U_R)},\qquad T_2=\frac{2R_2R_3CU_Z}{R_1(U_Z-U_R)}$$

从而

$$T=T_1+T_2=\frac{4R_2R_3CU_Z^2}{R_1(U_Z^2-U_R^2)}$$

(3) 由 T 的表达式可知,u_{O2} 的周期受 U_R^2 的控制。当 $|U_R|$ 增加时,T 变大;当 $|U_R|$ 减小时,T 变小。所以 u_{O2} 的定性波形应能体现出这一特点,如图 8.6.14(b)所示。

(4) u_{O2} 也是同相输入滞回比较器的输入,改变 u_{O2} 的幅值,也就是改变滞回比较器的阈值。因此,考虑将运放 A_1 的反相输入端与地断开,改接图 8.6.13(b)中的 U_W 端。此时,$u_{N1}=U_W$,令 $u_{P1}=u_{N1}$,解得

$$U_{o2m}=\pm\frac{R_2}{R_1}U_Z+\frac{R_1+R_2}{R_1}U_W$$

思考题

8-6-1 矩形波发生电路由哪几部分构成? 它的振荡频率如何确定?

8-6-2 简述占空比可调的矩形波发生电路的工作原理。

8-6-3 如何从矩形波发生电路演变成三角波发生电路?

8-6-4 如何获得锯齿波发生电路? 有几种方案?

8-6-5 什么是压控振荡器? 它有何特点?

8.7 函数发生器

随着集成电路技术的迅速发展,人们将波形发生器和波形变换器集成在同一硅片上,封装成组件,它可以输出若干种不同的波形,称为函数发生器。标准的函数发生器可以输出矩形波、三角波和正弦波。

8.7.1 函数发生器的构成

图 8.6.6 所示的三角波发生电路可以输出矩形波和三角波,只是缺少正弦波。显然,从三角波变换出正弦波更容易一些。因为三角波和正弦波比较,在过 0(时间轴)处差别不大,在波形的顶部差别较大。但只要将三角波的顶部分阶段限制波形变化的斜率,削去一些幅度,便可使三角波逼近正弦波。在函数发生器中产生的正弦波是将三角波通过一个非线性变换电路转换而成。图 8.7.1 是函数发生器的原理框图。

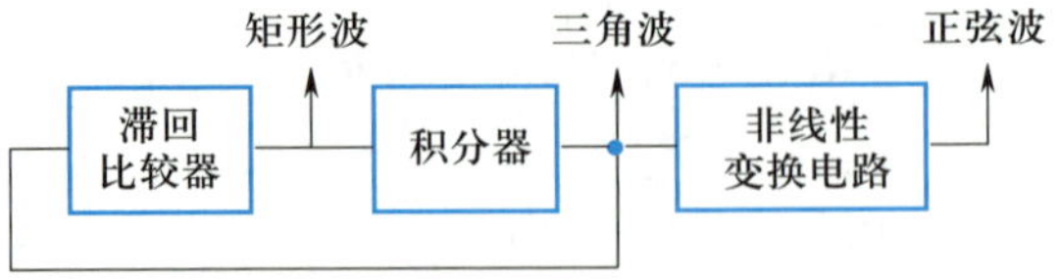

图 8.7.1 函数发生器的原理框图

8.7.2 非线性变换电路

非线性变换电路是由运算放大器、二极管和电阻构成的。图 8.7.2 是一个三段非线性变换

电路，用以说明其工作原理。实际的函数发生器中，这个非线性变换电路要更复杂，分段更多一些。图 8.7.2 的非线性变换电路是在电压跟随电路的基础上，增加三组由二极管和电阻组成的非线性变换电路而构成的。其中二极管 VD_1、VD_3、VD_5 接正电源，VD_2、VD_4、VD_6 接负电源。当输入电压 u_I 增加到不同数值时，可以使相应的二极管导通。

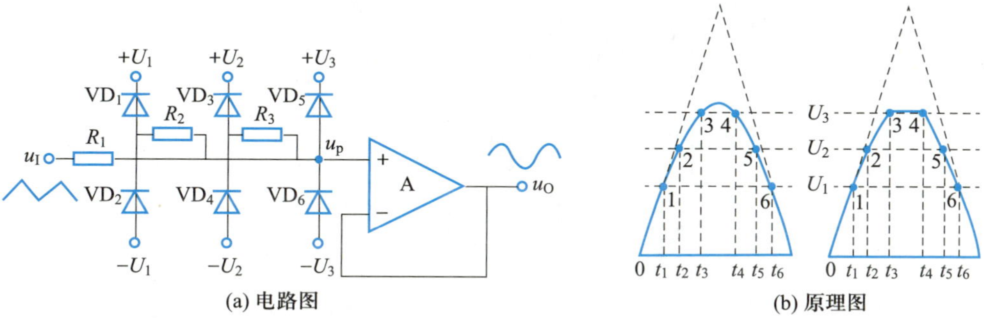

图 8.7.2 非线性变换电路

设 $U_1<U_2<U_3$，以下按正半周加以讨论：

$0\sim t_1$ 时间段，$u_I<U_1$，所有二极管均截止，$u_P=u_I$，$u_O=u_I$；

$t_1\sim t_2$ 时间段，$U_1<u_P<U_2$，二极管 VD_1 导通，u_P 将由 u_I 和 U_1 共同决定

$$u_O=u_P=\frac{R_2}{R_1+R_2}u_I+\frac{R_1}{R_1+R_2}U_1$$

$t_2\sim t_3$ 时间段，$U_2<u_P<U_3$，二极管 VD_1、VD_3 导通，u_P 将由 u_I 和 U_1、U_2 共同决定

$$u_O=u_P=\frac{R_2//R_3}{R_1+R_2//R_3}u_I+\frac{R_1//R_3}{R_2+R_1//R_3}U_1+\frac{R_1//R_2}{R_3+R_1//R_2}U_2$$

$t_3\sim t_4$ 时间段，$u_P>U_3$，二极管 VD_1、VD_3、VD_5 导通，u_P 将由 U_3 决定

$$u_O=u_P=U_3+U_D=U_3+0.7\ \text{V}$$

可以选择不同的电阻和 U_1、U_2、U_3 的数值，去控制非线性变换电路各段的斜率，就可以使非线性特性更加逼近正弦波，使输入的三角波更好地与正弦波拟合。在 $t_3\sim t_4$ 时间段，虽然 $u_O=u_P=U_3+0.7\ \text{V}$，表面看是固定值，但由于二极管的正向压降随输入的增加而稍有增大，所以该时间段的输出基本上是一条比较平的直线。

8.7.3 集成函数发生器 ICL8038

1. 电路组成及工作原理

ICL8038 是集成函数发生器，它的内部电路主要有矩形波、三角波或锯齿波发生电路和三角波-正弦波变换电路，其原理框图如图 8.7.3 所示。

在图 8.7.3 中，电压比较器 A 和 B 的阈值分别为 $2V_{CC}/3$ 和 $V_{CC}/3$，两个比较器的另一个输入端由外接电容上的电压 u_C 提供。电流源 I_1 与 I_2 的大小通过外接电阻调节，但 I_2 必须大于 I_1。当 RS 触发器输出低电平时，电流源 I_2 断开，电流源 I_1 给电容 C 正向充电，如图中实线箭头所示。当它两端的电压 u_C 随时间线性上升到 $2V_{CC}/3$，略大于 $2V_{CC}/3$ 时，电压比较器 A 的输出电压发生

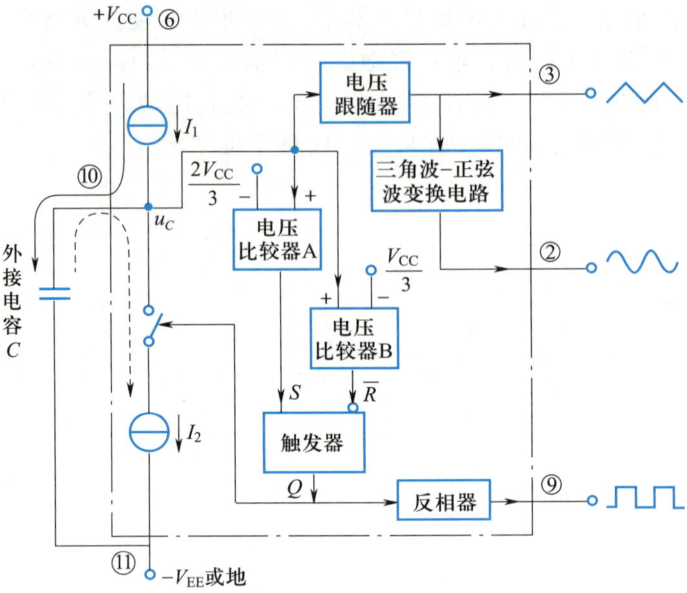

图 8.7.3 ICL8038 的原理框图

跳变，电压比较器 A 输出高电平，电压比较器 B 输出高电平，使 RS 触发器置“1”。Q 由低电平变为高电平，电流源 I_2 接通。由于 $I_2>I_1$，因此对电容 C 反向充电，如图中虚线箭头所示，u_C 随时间线性下降到 $V_{CC}/3$，略小于 $V_{CC}/3$ 时，电压比较器 A 输出低电平，电压比较器 B 输出低电平，RS 触发器置“0”，Q 由高电平跳变为低电平。电流源 I_2 断开，I_1 再给电容正向充电，u_C 又随时间线性上升，如此周而复始，产生振荡。

若 $I_2=2I_1$，则 RS 触发器的输出为占空比为 50% 的矩形波，经反相器输出到引脚 9。在 $I_2=2I_1$ 的条件下，经积分器积分，u_C 上升与下降的时间相等，u_C 为三角波，经电压跟随器由引脚 3 输出。通过非线性变换电路，三角波变换为正弦波，从引脚 2 输出。当 $I_1<I_2<2I_1$ 时，u_C 上升与下降的时间不相等，引脚 3 输出锯齿波。因此集成函数发生器 ICL8038 可输出矩形波、三角波、正弦波和锯齿波四种不同的波形。

2. 典型应用

ICL8038 的引脚如图 8.7.4 所示，其中引脚 8 为频率调节电压输入端，振荡频率与调频电压成正比，其线性度约为 0.5%。调频电压的数值是指引脚 6 与引脚 8 之间的电压，它的值应不超过 $1/3(V_{CC}+V_{EE})$。引脚 7 输出调频偏置电压，其值（指引脚 6 与 7 之间的电压）是 $1/5(V_{CC}+V_{EE})$，它可作为引脚 8 的输入电压。此外，该器件的矩形波输出级为集电极开路形式，因此一般需要在引脚 9 和正电源间接一个电阻 R，其阻值常选 10 kΩ 左右，如图 8.7.5 所示。

图中引脚 8 与 7 短接，在此条件下，电路的振荡频率用下式计算

$$f=\frac{1}{\frac{5}{3}R_AC\left(1+\frac{R_B}{2R_A-R_B}\right)} \tag{8.7.1}$$

其中 R_A 和 R_B 的阻值以在 $\frac{V_{CC}-U_8}{1\ \text{mA}} \sim \frac{V_{CC}-U_8}{10\ \mu\text{A}}$ 范围内为宜，且 R_B 应小于 $2R_A$。

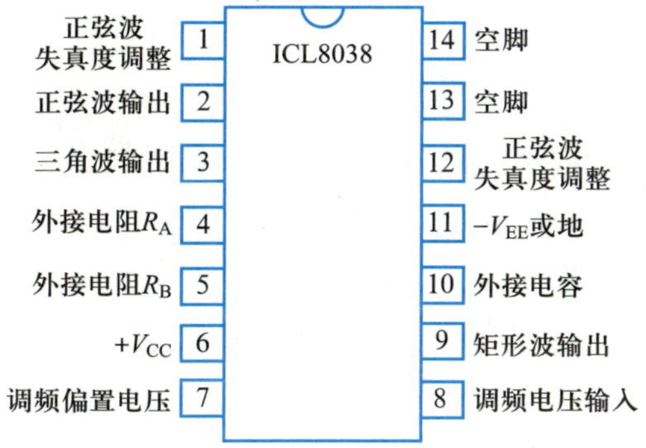

图 8.7.4 ICL8038 引脚图

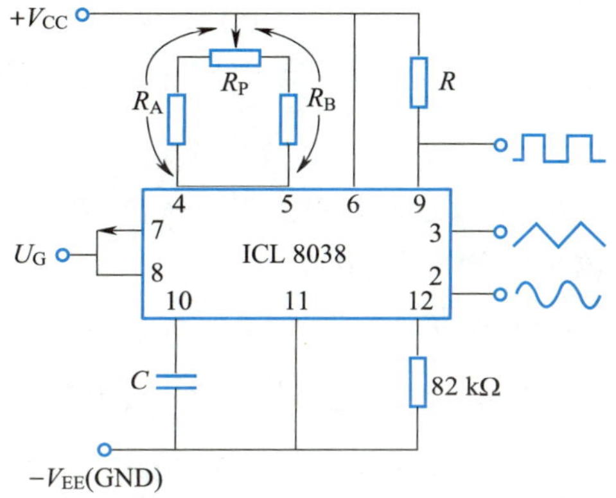

图 8.7.5 基本接法

当 $R_A=R_B$ 时，引脚 9、3 和 2 的输出分别为方波、三角波和正弦波，振荡频率为 $f=\frac{0.3}{R_A C}$。

如果希望进一步减小正弦波的失真度，可采用图 8.7.6 所示电路。调整图 8.7.6 中的两个 100 kΩ 电位器和 1 kΩ 电位器，可使正弦波的失真度减小到 0.5%左右。

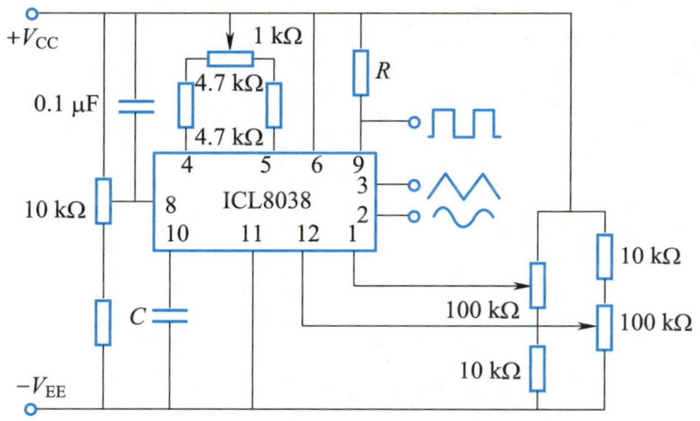

图 8.7.6 频率可调、失真小的函数发生器

调节图 8.7.6 中的 10 kΩ 电位器，正电源 V_{CC} 与引脚 8 之间的电压（即调频电压）变化，振荡频率随之变化，因此该电路可作压控振荡器使用，压控范围的最高频率与最低频率之比可达 1 000∶1。

思考题

8-7-1 函数发生器由哪几部分构成？各部分的主要功能是什么？

8-7-2 简述 ICL8038 集成函数发生器的工作原理，并用其构成函数发生器的实用电路，计算输出信号频率。

8.8 信号发生电路的仿真研究

8.8.1 *RC* 正弦波振荡电路的仿真研究

1. 研究内容

构建 *RC* 文氏桥正弦波振荡电路，观察 *RC* 文氏桥正弦波振荡电路的输出信号波形，了解电路参数对输出信号的影响。

2. 仿真电路

按图 8.8.1 所示电路构建 *RC* 文氏桥正弦波振荡电路。示波器的 A 通道测量输出电压($\dot{U}_o$)波形，B 通道测量运放同相输入端电压($\dot{U}_f$)波形。

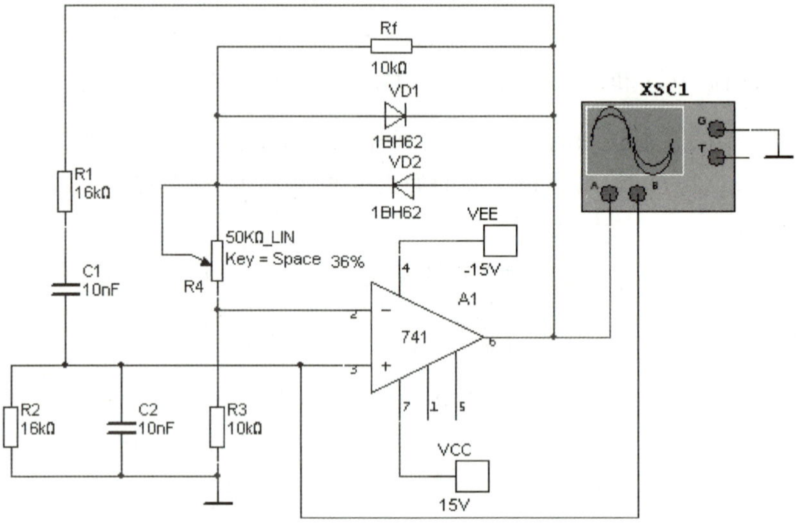

图 8.8.1 *RC* 文氏桥正弦波振荡电路

3. 仿真结果

当电位器 R_4 的下半部分百分比在 31%时，即 $1+(R_4+R_f//r_D)/R_3$ 略大于 3 时，电路起振。起振过程 $\dot{U}_o$ 和 $\dot{U}_f$ 波形如图 8.8.2 所示。这在实际实验中很难观察到，而在 Multisim 中很容易得到。由于 R_4 小，因此起振时间较长，稳态时的输出电压不大。增大电位器 R_4 的下半部分百分比至 36%，得到不失真的稳态输出电压如图 8.8.3 所示。当电位器 R_4 的下半部分百分比在 38%时，输出电压波形已发生明显失真。

根据图 8.8.3 可知，输出正弦波的周期约为 1.02 ms，因此振荡频率约为 980 Hz，理论计算振荡频率 $f_0=\dfrac{1}{2\pi RC}\approx 995\ \text{Hz}$(令 $R_1=R_2=R$，$C_1=C_2=C$)，与仿真结果相差不多。

反馈系数为反馈电压与输出电压的峰-峰值之比，得

$$\dot{F}=\frac{\dot{U}_{f}}{\dot{U}_{o}}=\frac{3.91\ \mathrm{V}}{11.635\ \mathrm{V}}\approx 0.336$$

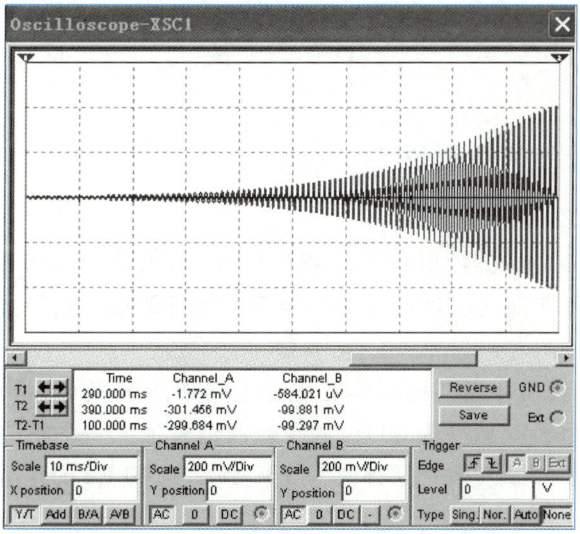

图 8.8.2　起振过程中的 $\dot{U}_{o}$ 和 $\dot{U}_{f}$ 的波形

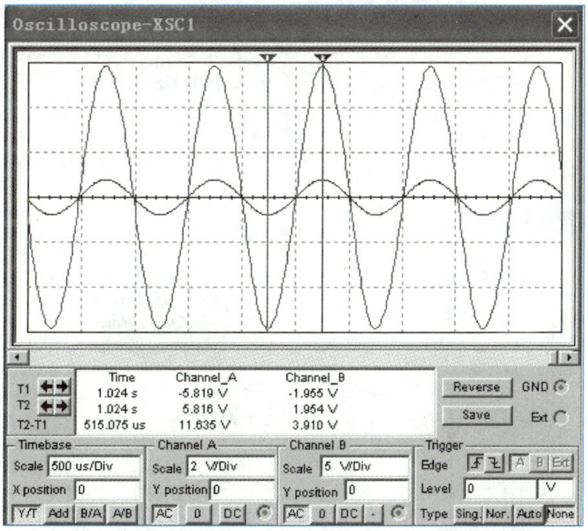

图 8.8.3　稳定状态时 $\dot{U}_{o}$ 和 $\dot{U}_{f}$ 的波形

降低电位器的下半部分百分比，输出波形的幅值降低，仍能维持振荡，输出正弦波。如果去掉二极管，为使电路产生振荡，将电位器的百分比设置在 21%，起振后波形出现失真，为此下调电位器的百分比至 20%，如果进一步下调至 19%，电路无输出波形。说明加入反向并联二极管确实能起到稳幅作用。

4. 结论

由仿真分析可知，RC 文氏桥正弦波振荡电路内包含两个反馈支路，一个是由 RC 串并联网络构成的正反馈支路；一个是由 R_4 和 R_3 构成的负反馈支路。稳定振荡时，正反馈系数为$\frac{1}{3}$，振荡频率为$f_0=\frac{1}{2\pi RC}$。

8.8.2　三种电压比较器的仿真研究

1. 研究内容

观察过零比较器、滞回比较器、窗口比较器的输入、输出信号波形及相应的传输特性曲线。观察并比较过零比较器和滞回比较器在输入信号有干扰时的输出信号波形。

2. 仿真电路

过零比较器、滞回比较器和窗口比较器的仿真电路如图 8.8.4 所示。过零比较器和滞回比较器的输入信号为幅值为 3 V、频率为 60 Hz 的正弦波信号加上一个幅值为 0.5 V、频率为 600 Hz 的干扰信号。窗口比较器的输入信号是幅值为 3 V、频率为 60 Hz 的正弦波信号。

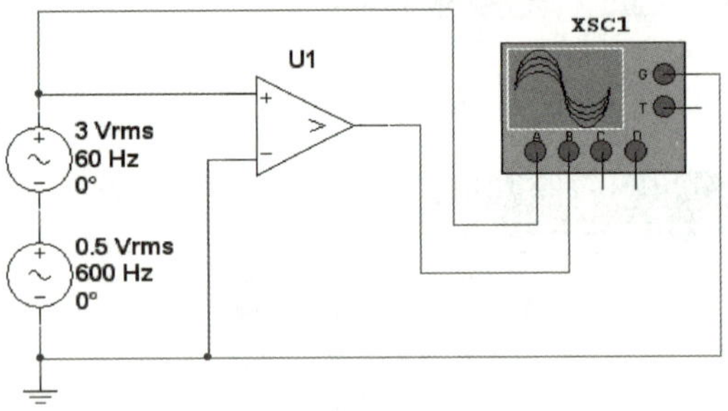

(a) 过零比较器

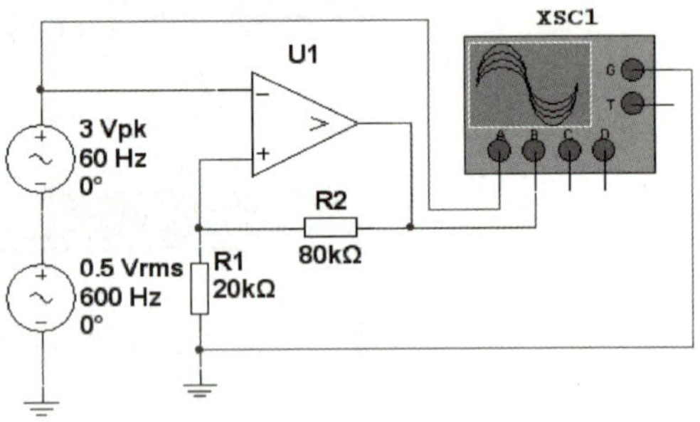

(b) 滞回比较器

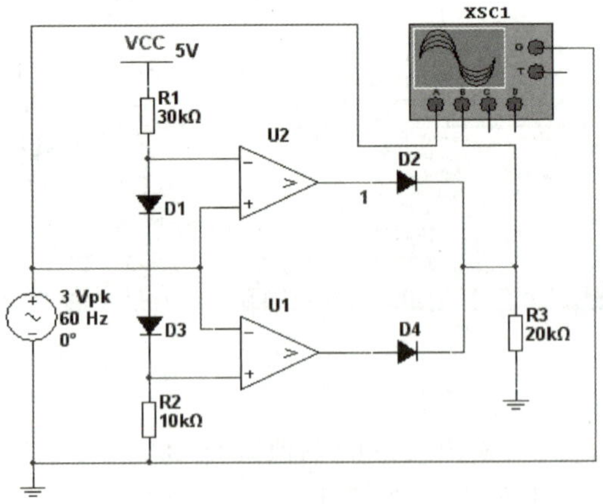

(c) 窗口比较器

图 8.8.4　三种电压比较器的仿真电路

3. 仿真结果

将示波器的工作方式设置为 A/B，可观察到如图 8.8.5 所示的三种电压比较器的传输特性曲线。

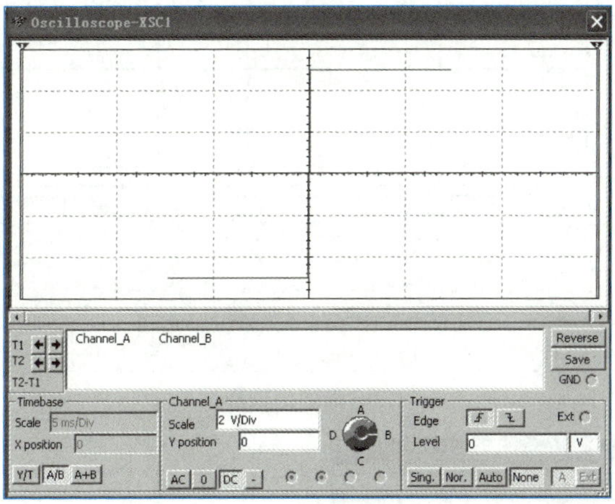

(a) 过零比较器

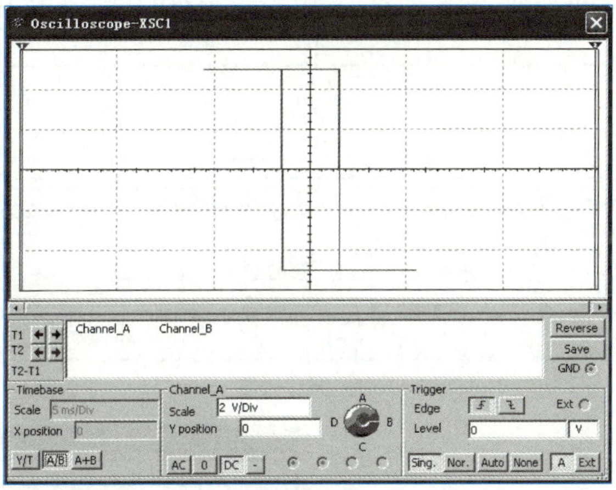

(b) 滞回比较器

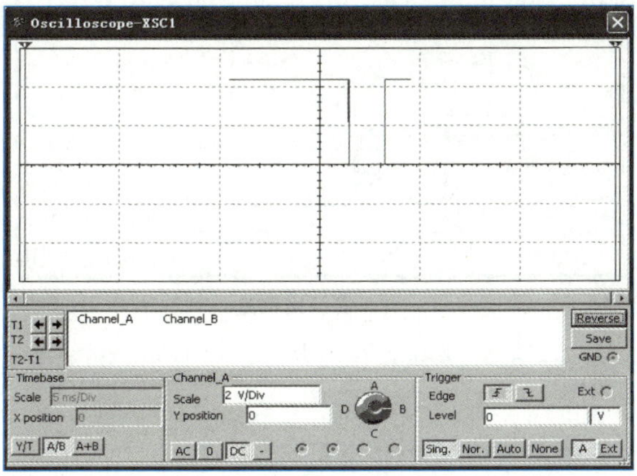

(c) 窗口比较器

图 8.8.5　三种电压比较器的传输特性曲线

由图 8.8.5 得出，过零比较器的阈值电压为 0 V，滞回比较器的阈值电压为±1 V，窗口比较器的阈值电压为 0.9 V 和 2.3 V。

将示波器的工作方式设置为 Y/T，可观察到如图 8.8.6 所示的三种电压比较器的输入、输出波形。

4. 结论

通过对三种电压比较器的仿真研究，可以得到如下结论：

① 过零比较器只有一个阈值电压；滞回比较器有两个阈值电压，具有滞回特性；窗口比较器也有两个阈值电压，其输入电压在单向变化过程中，可使输出信号跳变两次。

② 对于过零比较器，输入电压在阈值附近的任何微小变化，都会引起输出电压的跃变。因

此，过零比较器的抗干扰能力较差。滞回比较器具有滞回特性，因此抗干扰能力较强。

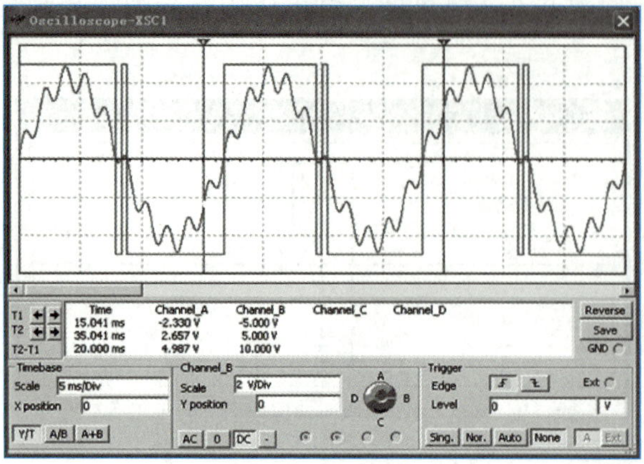

(a) 过零比较器

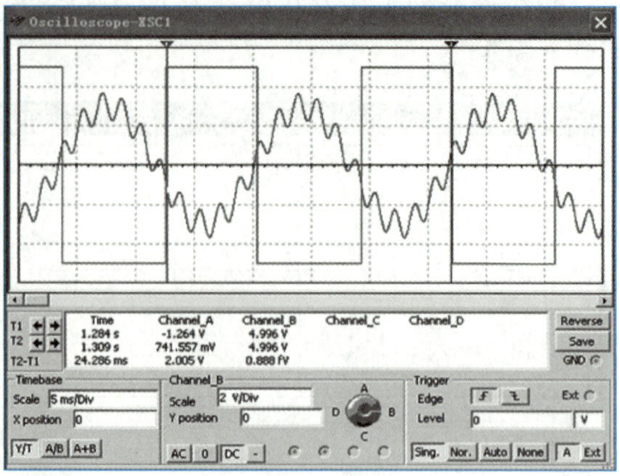

(b) 滞回比较器

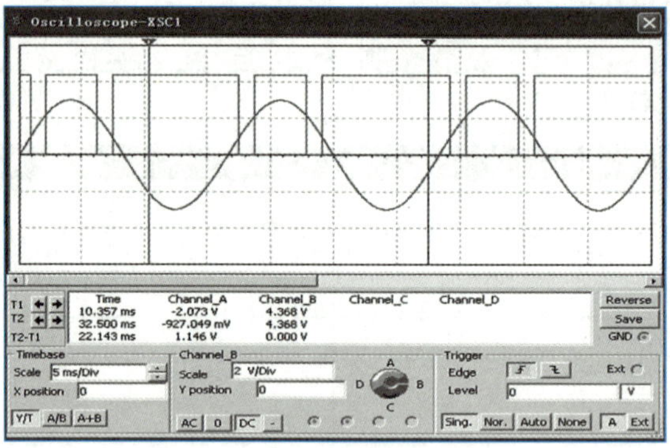

(c) 窗口比较器

图 8.8.6　三种电压比较器的输入、输出信号波形

8.8.3　矩形波和三角波发生电路的仿真研究

1. 研究内容

构建矩形波和三角波发生电路，观察仿真电路的输出电压信号波形，分析电路中各元器件的作用。

2. 仿真电路

构建占空比可调的矩形波发生电路，如图 8.8.7 所示。按图 8.8.8 搭建三角波发生电路。

3. 仿真结果

① 在占空比可调的矩形波发生电路中，当电位器 R_W 的滑动端在中间位置时，输出电压波形为正负半周对称的方波信号，电容 C_1 上的电压波形及输出波形如图 8.8.9 所示。此时矩形波的幅度 $U_{om}=5.171$ V，振荡周期 $T=1.075$ ms，振荡频率 $f_0\approx930$ Hz。

将电位器 R_W 的上半部分百分比设定为 80%时，输出矩形波如图 8.8.10 所示。矩形波的振荡周期不变，$T_1=693\ \mu s$，$T_2=382\ \mu s$，占空比为

$$D=\frac{T_1}{T_1+T_2}\times 100\% \approx 64.5\%$$

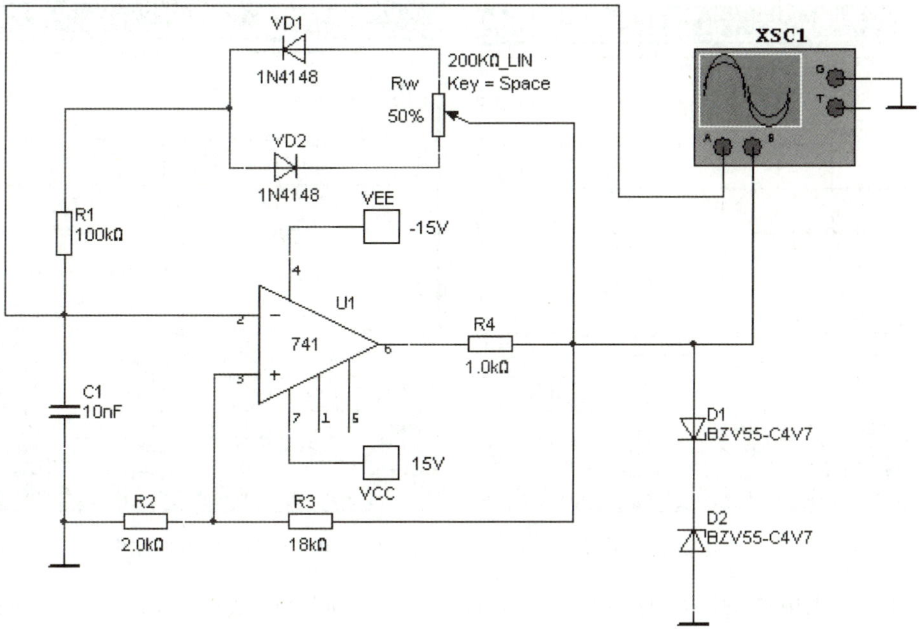

图 8.8.7 占空比可调的矩形波发生电路

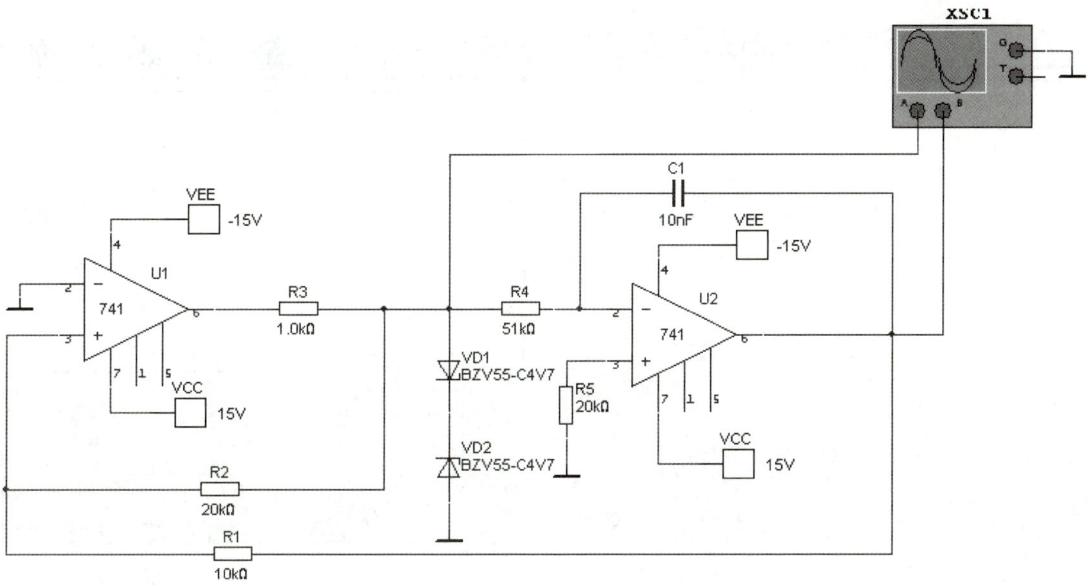

图 8.8.8 三角波发生电路

将电位器 R_W 的上半部分百分比设定为 20%时，输出矩形波如图 8.8.11 所示。矩形波的振荡周期不变，$T_1=382\ \mu s$，$T_2=693\ \mu s$，占空比为

$$D=\frac{T_1}{T_1+T_2}\times100\%\approx35.5\%$$

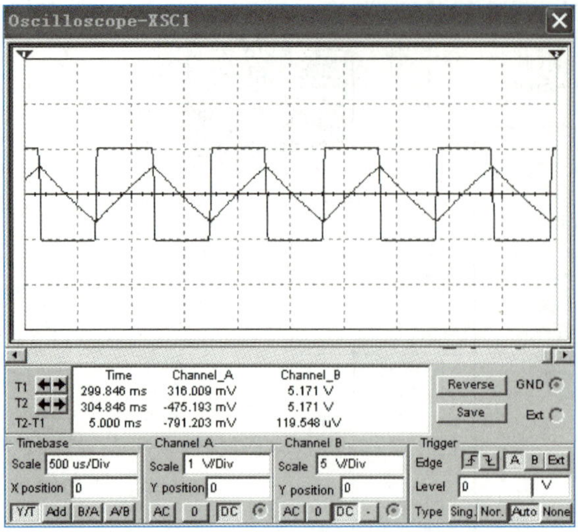

图 8.8.9 $T_1=T_2$ 时矩形波发生电路的输出波形

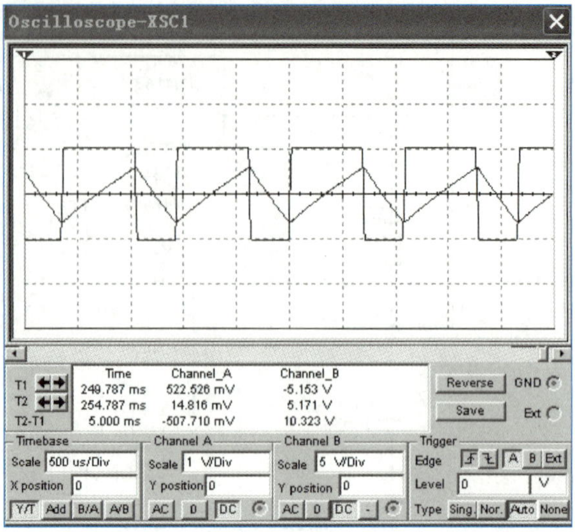

图 8.8.10 $T_1>T_2$ 时矩形波发生电路的输出波形

② 三角波发生电路的输出波形如图 8.8.12 所示。示波器的通道 A 所测量的滞回比较器的输出波形为正负半周对称的矩形波，通道 B 所测量的输出波形为正、负半周对称的三角波。三角波的输出幅度 $U_{om}=2.899\ \text{V}$，振荡周期 $T=1.166\ \text{ms}$，振荡频率 $f_0\approx858\ \text{Hz}$。

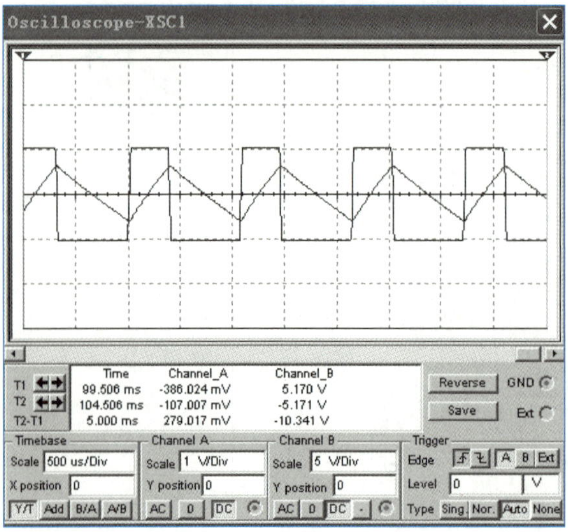

图 8.8.11 $T_1<T_2$ 矩形波发生电路的输出波形

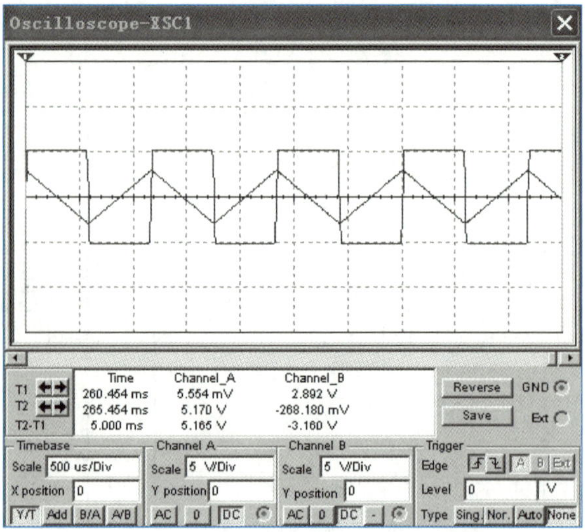

图 8.8.12 三角波发生电路的输出波形

4. 结论

由滞回比较器、RC 充放电电路、积分电路可以构成矩形波发生电路和三角波发生电路。在图 8.8.7 中，通过调整电位器 R_W，在不改变矩形波周期的情况下，能够改变矩形波的占空比。

本章小结

本章主要介绍正弦波振荡电路和非正弦波发生电路。正弦波振荡电路包括 RC 正弦波振荡电路、LC 正弦波振荡电路和石英晶体正弦波振荡电路。非正弦波信号发生电路是在集成运算放大器的基本非线性应用电路——电压比较器的基础上构成的，包括矩形波发生电路、三角波发生电路和锯齿波发生电路；最后介绍既能产生正弦波又能产生非正弦波的函数发生器。

1. 正弦波振荡电路由放大电路、正反馈回路、选频网络和稳幅环节组成。其稳幅振荡条件为 $\dot{A}\dot{F}=1$，它又分为幅值平衡条件 $|\dot{A}\dot{F}|=1$ 和相位平衡条件 $\varphi_A+\varphi_F=2n\pi$。正弦波振荡电路的起振条件为 $|\dot{A}\dot{F}|>1$。

在判断电路能否产生正弦波振荡时，首先看电路是否包含放大电路、正反馈网络、选频网络和稳幅环节四部分；接着看放大电路是否能起到放大作用，即静态工作点是否合适，交流信号是否能够通过；最后看电路是否在 $f=f_0$ 时满足振荡的相位平衡条件和幅值平衡条件。

判断电路是否满足相位平衡条件可以采用瞬时极性法，具体做法是：断开反馈网络，在断点处给放大电路输入频率为 f_0 的正弦波电压 $\dot{U}_i$，并设其极性为正。若经过环路后使得重新回到断点处的反馈电压 $\dot{U}_f$ 的极性也为正，说明 $\dot{U}_f$ 与 $\dot{U}_i$ 的极性相同，满足振荡的相位平衡条件。如果电路环路增益又满足 $|\dot{A}\dot{F}|=1$，在起振时使 $|\dot{A}\dot{F}|>1$，则电路满足幅值平衡条件和起振条件，电路一定会产生正弦波振荡。

RC 正弦波振荡电路的选频网络由 RC 构成，典型的 RC 正弦波振荡电路是文氏桥 RC 正弦波振荡电路。RC 串并联网络将正反馈网络和选频网络“合二为一”。当 $R_1=R_2=R$，$C_1=C_2=C$ 时，反馈系数 $F=\dfrac{1}{3}$，振荡频率 $f_0=\dfrac{1}{2\pi RC}$。调节 R 或 C 可改变振荡频率，此时由于反馈系数与频率无关，所以调节频率不会影响输出幅度。RC 正弦波振荡电路的振荡频率较低，最高不超过 1 MHz。

LC 正弦波振荡电路的选频网络由 LC 构成，典型的 LC 正弦波振荡电路是变压器反馈正弦波振荡电路和三点式 LC 正弦波振荡电路。它们的振荡频率由 LC 并联谐振网络决定，且品质因数 Q 值越高，振荡频率的稳定性越好。LC 正弦波振荡电路的振荡频率较高，一般在几百 kHz 以上。

石英晶体正弦波振荡电路可以获得很高的频率稳定度。在串联型石英晶体正弦波振荡电路中，石英晶体工作在串联谐振频率，用于传输信号，此时石英晶体相当于一个小电阻；在并联型石英晶体正弦波振荡电路中，石英晶体工作在并联谐振频率，石英晶体呈感性。石英晶体正弦波振荡电路的振荡频率等于石英晶体的固有谐振频率。

2. 集成运放工作在非线性区，输出只有高、低电平两种状态。单限比较器只有一个阈值电压；滞回比较器有两个阈值电压，具有滞回特性；窗口比较器有两个阈值电压，其输入电压在单向变化过程中，可使输出信号跳变两次，而一般的单限比较器或滞回比较器在输入电压单向变化过程中只跳变一次。

3. 非正弦波发生电路用于产生矩形波、三角波和锯齿波，主要参数是输出波形的幅值和振荡频率。利用滞回比较器和 RC 电路可以组成矩形波发生电路。再与积分器相结合,可产生三角波输出。在三角波发生器的基础上,增加非线性变换电路,可以将三角波变换成正弦波,由此可组成函数发生器。

自我检测

1. 正弦波振荡电路的起振条件是________。

A. $\varphi_A=\varphi_F$, $|\dot{A}\dot{F}|>1$　　B. $\varphi_A+\varphi_F=2n\pi$, $|\dot{A}\dot{F}|>1$

C. $\varphi_A+\varphi_F=2n\pi$, $|\dot{A}\dot{F}|=1$　　D. $\varphi_A=-\varphi_F$, $|\dot{A}\dot{F}|=1$

2. 从 $|\dot{A}\dot{F}|>1$ 到 $|\dot{A}\dot{F}|=1$,是振荡的建立过程。在此过程中,下面说法正确的是________。

A. $|\dot{A}|$变小, $|\dot{F}|$不变　　B. $|\dot{A}|$变小, $|\dot{F}|$变小

C. $|\dot{A}|$变小, $|\dot{F}|$变大,但 $|\dot{A}\dot{F}|$变小　　D. $|\dot{A}|$不变, $|\dot{F}|$变小

3. 电路如图 T8.3 所示。电阻 $R_1=10\ \text{k}\Omega$,为使该电路产生较好的正弦波振荡,则要求________。

A. $R_f=10\ \text{k}\Omega+4.7\ \text{k}\Omega$(可调)　　B. $R_f=47\ \text{k}\Omega+4.7\ \text{k}\Omega$(可调)

C. $R_f=18\ \text{k}\Omega+10\ \text{k}\Omega$(可调)　　D. $R_f=4.7\ \text{k}\Omega+4.7\ \text{k}\Omega$(可调)

4. 正弦波振荡电路如图 T8.3 所示,设 R_1 和 R_f 取值合适,$R=100\ \text{k}\Omega$,$C=0.01\ \mu\text{F}$,运放的最大输出电压为 ±10 V。试分析当 R_f 开路时,其输出电压的波形为________。

A. 幅值为 10 V 的正弦波

B. 幅值为 20 V 的正弦波

C. 幅值为 0 V(停振)

D. 近似为方波,其峰-峰值为 20 V

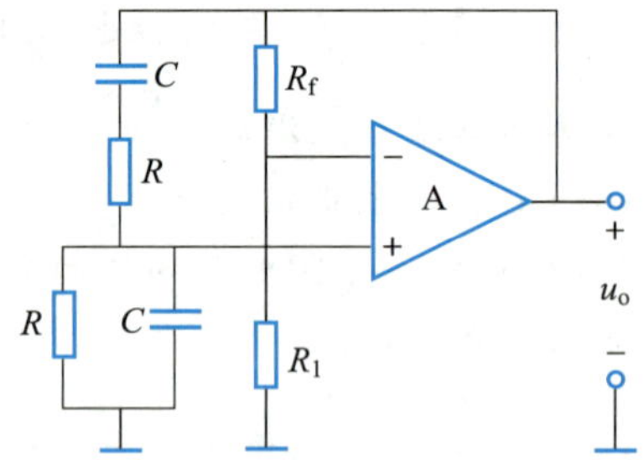

图 T8.3

5. 电路如图 T8.5 所示,运放的最大输出幅度为 ±12 V。假如流过 R_t 的电流有效值为 1 mA 时,电路为稳幅振荡,R_t 应选________温度系数的电阻;稳幅振荡时,R_t 为________;输出电压的峰-峰值 U_{opp} 为________。

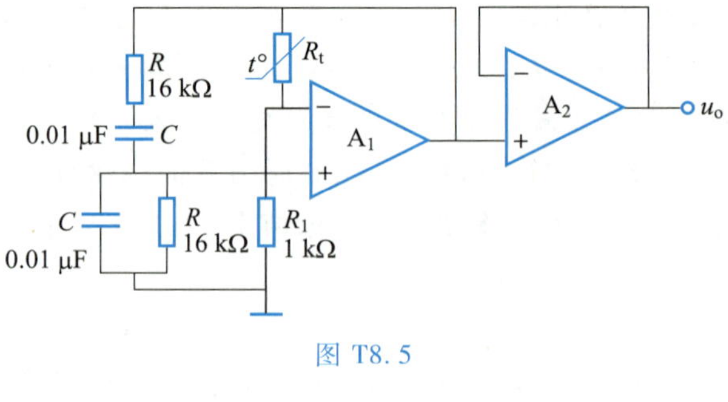

图 T8.5

A. 正;$R_t=3\ \text{k}\Omega$,$U_{opp}\approx6$ V　　B. 负;$R_t=2\ \text{k}\Omega$,$U_{opp}\approx6$ V

C. 负;$R_t=2\ \text{k}\Omega$,$U_{opp}\approx8.5$ V　　D. 正;$R_t=2\ \text{k}\Omega$,$U_{opp}\approx8.5$ V

6. 某同学按图 T8.6 所示电路安装后,电路不能振荡。你认为如何改动才能使电路振荡________。

A. 将 R_{b2} 开路　　B. 将 3 点断开，R_{b2} 下端接地

C. 将 2 点改接到晶体管的集电极　　D. 将 2 点接地，R_{b2} 下端接地

7. 图 T8.7 所示电路________振荡，f_0 的值为________。

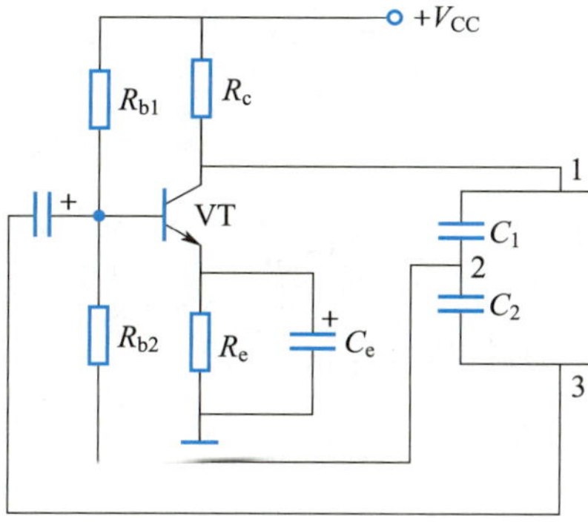

图 T8.6

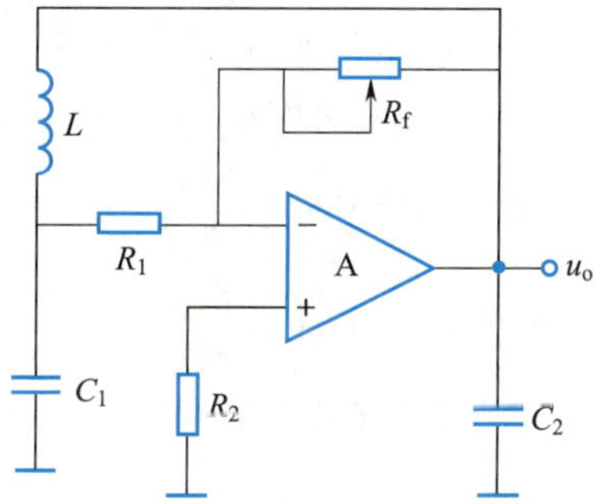

图 T8.7

A. 能，$f_0 \approx \dfrac{1}{2\pi\sqrt{LC'}}$，$C' = \dfrac{C_1C_2}{C_1+C_2}$　　B. 能，$f_0 \approx \dfrac{1}{2\pi\sqrt{LC_1}}$

C. 能，$f_0 \approx \dfrac{1}{2\pi\sqrt{L(C_1+C_2)}}$　　D. 不能，$f_o = \dfrac{1}{2\pi RC}$

8. 石英晶体振荡电路是利用石英晶体的压电效应而构成的正弦波振荡电路。f_s 为串联谐振频率，f_p 为并联谐振频率。当 $0<f<f_s$ 时，电路呈电容性；当 $f=f_s$ 时，电路发生串联谐振，串联支路呈________性；当 $f_s<f<f_p$ 时，电路呈________性；当 $f=f_p$ 时，电路发生并联谐振，回路呈________性；当 $f>f_p$ 时，电路呈________性。

A. 电阻；电感；电阻；电容　　B. 电阻；电阻；电阻；电容

C. 电阻；电容；电阻；电容　　D. 电阻；电阻；电阻；电感

9. 图 T8.9 所示电路的名称为________。

A. 过零比较器　　B. 任意电平比较器

C. 滞回比较器　　D. 窗口比较器

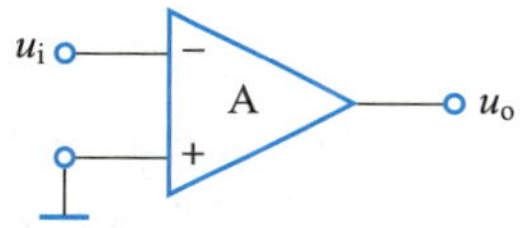

图 T8.9

10. 已知反相滞回比较器如图 T8.10 所示，A 为理想运放，输出电压的两个极限值为±5 V，VD 为理想二极管，$U_{REF}=-8$ V，阈值 $U_{TH1}-U_{TH2}$ 的值为________。

A. 3.5 V　　B. 1.5 V　　C. 0.5 V　　D. 5 V

11. 滞回比较器如图 T8.11 所示，其上限阈值电平为________，下限阈值电平为________，回差为________。

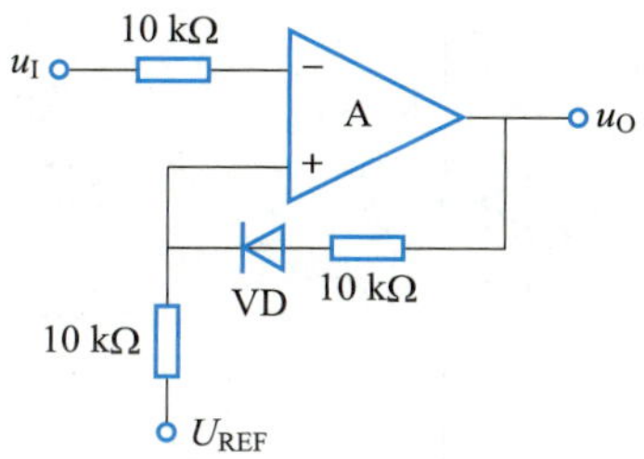

图 T8.10

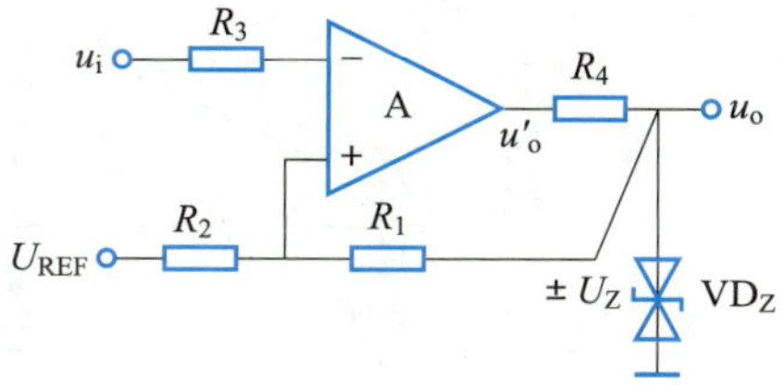

图 T8.11

A. $\dfrac{R_1}{R_1+R_2}U_{REF}+\dfrac{R_2}{R_1+R_2}U_Z$，$\dfrac{2R_2}{R_1+R_2}U_Z$，$\dfrac{R_1}{R_1+R_2}U_{REF}-\dfrac{R_2}{R_1+R_2}U_Z$

B. $\frac{R_1}{R_1+R_2}U_{\mathrm{REF}}+\frac{R_2}{R_1+R_2}U_Z, \frac{R_1}{R_1+R_2}U_{\mathrm{REF}}-\frac{R_2}{R_1+R_2}U_Z, \frac{2R_2}{R_1+R_2}U_Z$

C. $\frac{R_1}{R_1+R_2}U_{\mathrm{REF}}-\frac{R_2}{R_1+R_2}U_Z, \frac{R_1}{R_1+R_2}U_{\mathrm{REF}}+\frac{R_2}{R_1+R_2}U_Z, \frac{2R_2}{R_1+R_2}U_Z$

D. $\frac{R_1}{R_1+R_2}U_{\mathrm{REF}}+\frac{R_2}{R_1+R_2}U_Z, -\frac{R_1}{R_1+R_2}U_{\mathrm{REF}}-\frac{R_2}{R_1+R_2}U_Z, \frac{2R_2}{R_1+R_2}U_Z$

12. 图 T8.12 所示电路名称为________,输出信号周期 T 为________。

A. 三角波发生器,$2R_1C\ln\left(1+\frac{2R_2}{R_3}\right)$　　B. 矩形波发生器,$2R_1C\ln\left(1+\frac{2R_2}{R_3}\right)$

C. 矩形波发生器,$2R_1C\ln\left(1+\frac{R_2}{R_3}\right)$　　D. 锯齿波发生器,$2R_1C\ln\left(1+\frac{2R_2}{R_3}\right)$

13. 图 T8.13 所示电路名称为________,VD_1、VD_2 和 R_P 的作用是________。

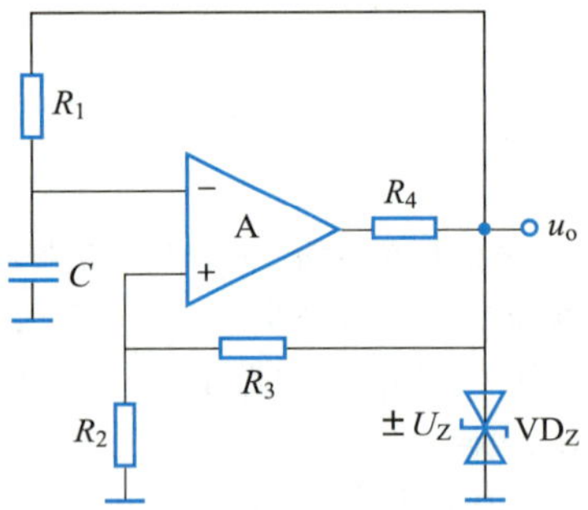

图 T8.12

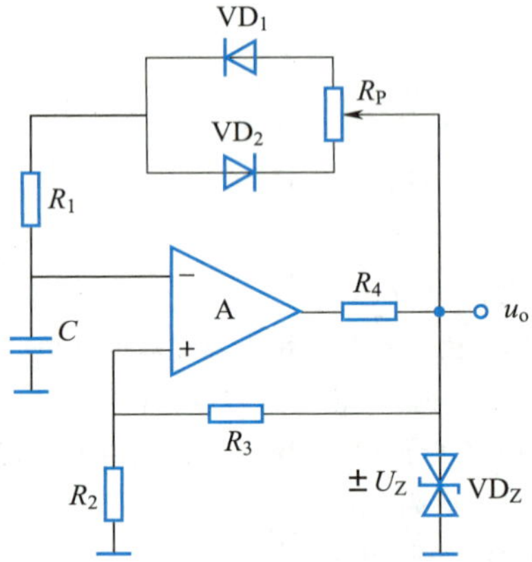

图 T8.13

A. 三角波发生器,调节占空比　　B. 正弦波发生器,稳幅

C. 矩形波发生器,调节占空比　　D. 锯齿波发生器,稳幅

14. 图 T8.14 所示运放 A_1、A_2 组成的单元电路的名称为________、________,整个电路的功能为________。

A. 矩形波发生器,积分器,三角波发生器　　B. 矩形波发生器,微分器,三角波发生器

C. 三角波发生器,积分器,锯齿波发生器　　D. 锯齿波发生器,微分器,三角波发生器

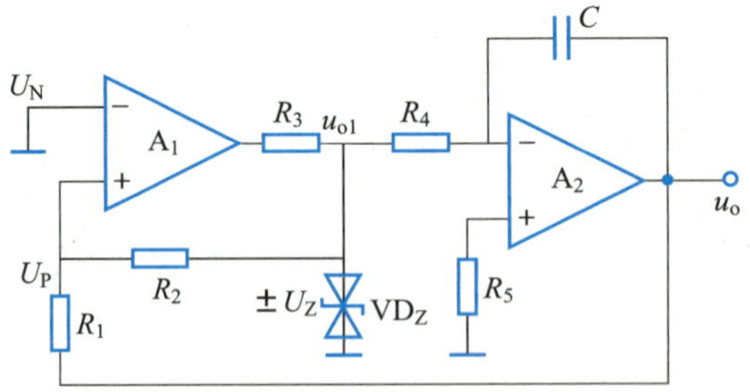

图 T8.14

15. 电路如图 T8.15 所示,设图中运放为理想运放,VD_{Z1}、VD_{Z2} 组成后的稳定电压为±6 V,且电容初始电压

$u_C(0)=0$ V,u_i 为正弦波信号,周期 $T=2$ ms,峰值 $U_{im}=1$ V,则输出电压 u_o 的峰-峰值为________。

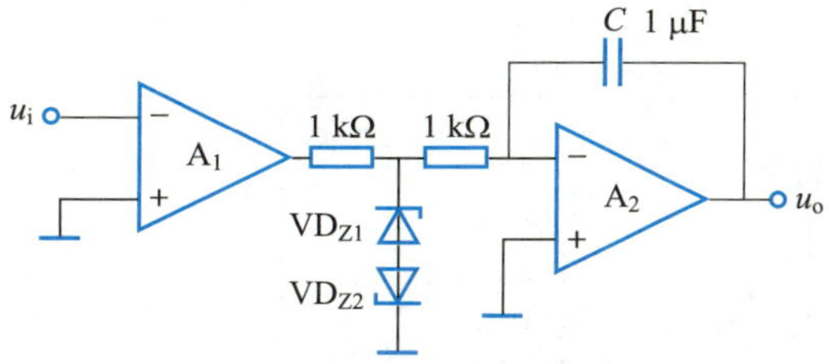

图 T8.15

A. $U_{opp}=6$ V　　B. $U_{opp}=8$ V　　C. $U_{opp}=12$ V　　D. $U_{opp}=14$ V

【答案】 1. B　2. A　3. C　4. D　5. C　6. D　7. A　8. A　9. A　10. D　11. B　12. B　13. C　14. A　15. A

习　　题

【8-1】 判断下列说法是否正确。

(1) 只要具有正反馈,电路就一定能产生振荡。(　　)

(2) 只要满足正弦波振荡电路的相位平衡条件,电路就一定振荡。(　　)

(3) 满足振荡条件的反馈放大电路一定能产生正弦波振荡。(　　)

(4) 正弦波振荡电路自行起振的幅值条件是 $|\dot{A}\dot{F}|=1$。(　　)

(5) 正弦波振荡电路维持振荡的条件是 $\dot{A}\dot{F}=-1$。(　　)

(6) 在反馈电路中,只要有 LC 谐振电路,就一定能产生正弦波振荡。(　　)。

(7) 对于 LC 正弦波振荡电路,若已满足相位平衡条件,则反馈系数越大越容易起振。(　　)

(8) 电容三点式振荡电路输出的谐波成分比电感三点式的大,因此波形较差。(　　)

【8-2】 试用相位平衡条件判断图 P8.2 所示电路是否能振荡,若能振荡,请求出振荡频率。若不能振荡,请修改成能振荡的电路,并写出振荡频率。

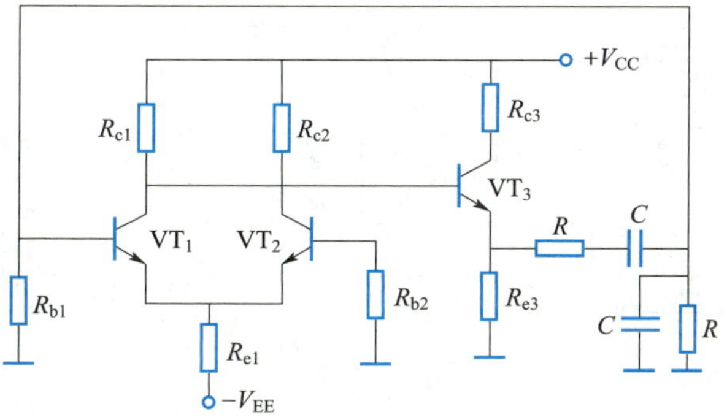

图 P8.2

【8-3】 在图 P8.3 所示的三个电路中,应如何进一步连接,才能成为正弦波振荡电路?

【8-4】 为了使图 P8.4 中各电路能够产生正弦波振荡,请将图中 g、i、j、k、m、n、p 各点正确连接。

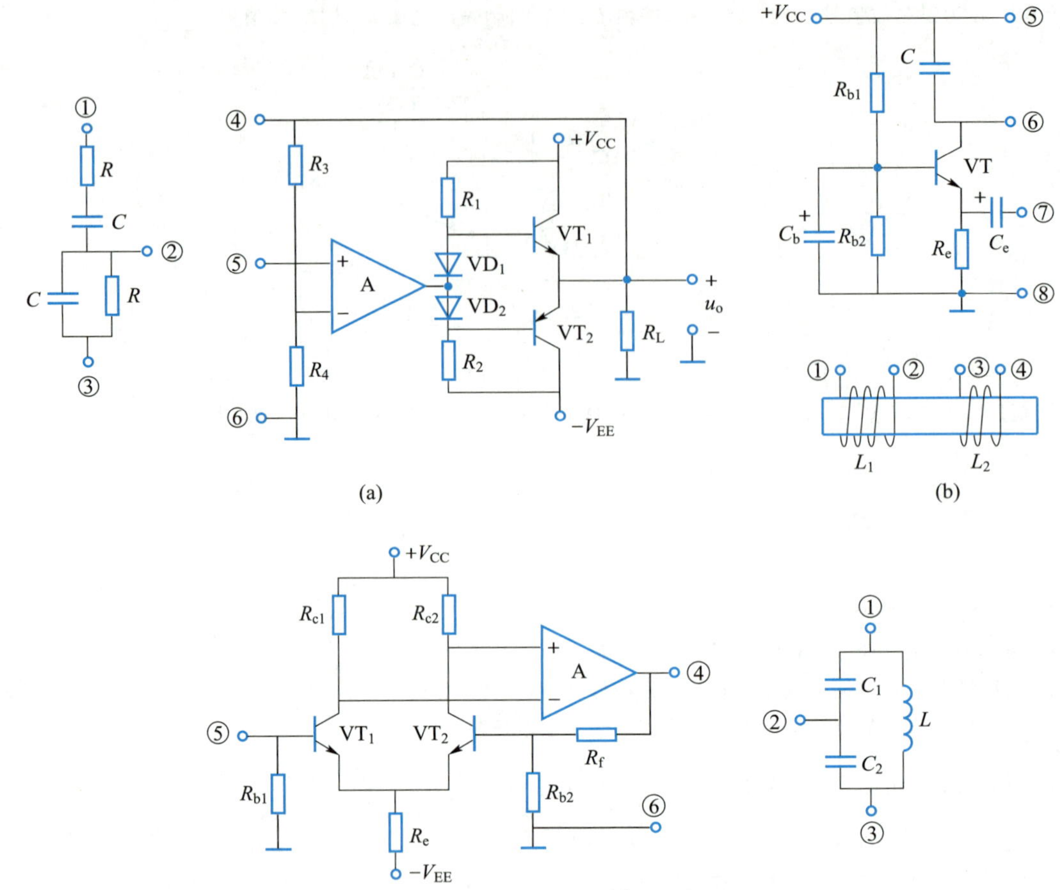

图 P8.3

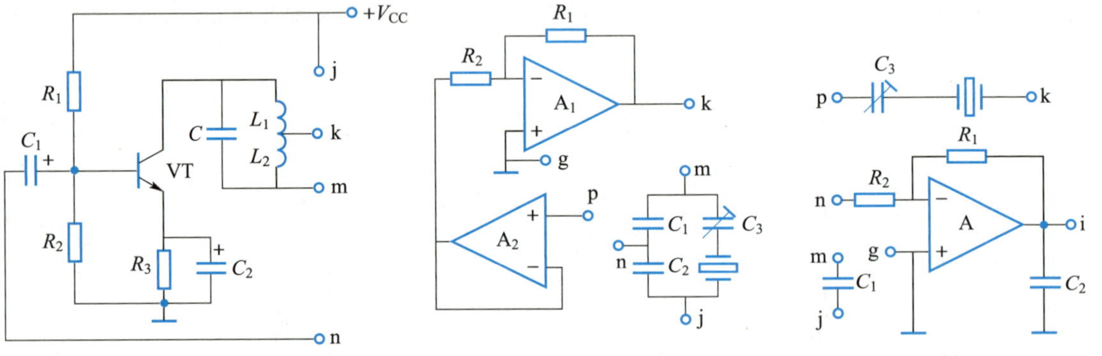

图 P8.4

【8-5】 电路如图 P8.5 所示。试用相位平衡条件判断哪些电路可能振荡，哪些电路不可能振荡，并说明理由。对于不能振荡的电路，应如何修改电路才能振荡？图中 C_e 对交流信号可认为短路。

【8-6】 在图 P8.6 所示电路中，哪些能振荡？哪些不能振荡？能振荡的说出振荡电路的类型，并写出振荡

频率的表达式。

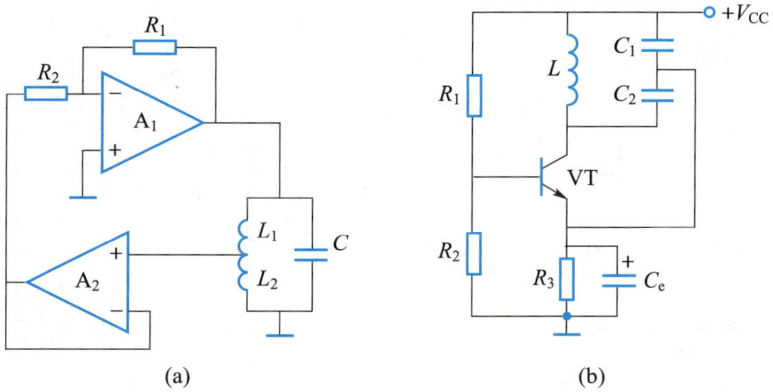

图 P8.5

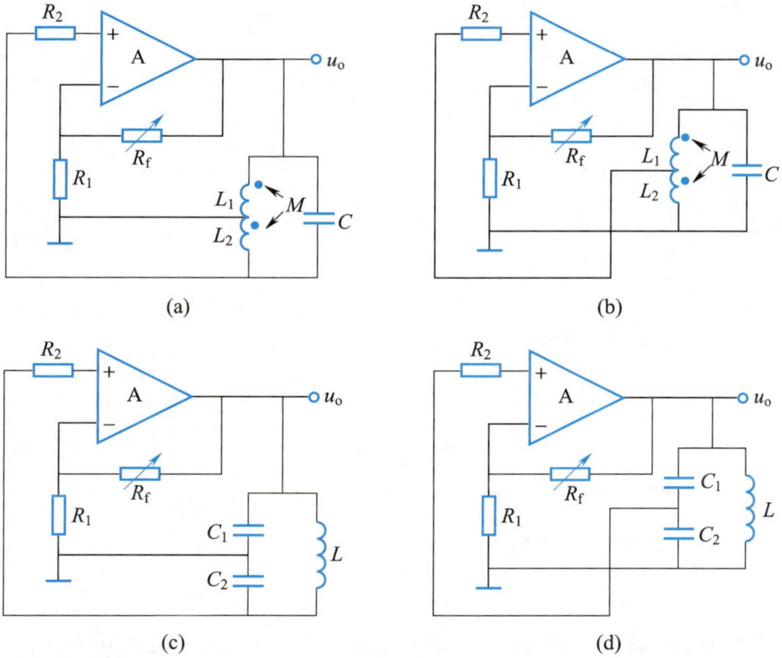

图 P8.6

【8-7】 试用相位平衡条件判断图 P8.7 中电路是否可能产生正弦波振荡，如能振荡，指出石英晶体工作在它的哪一个谐振频率。

【8-8】 电路如图 P8.8 所示，其中二极管和集成运放均具有理想特性，$U_{om}=\pm15$ V，$U_Z=6$ V。$R_1=1$ kΩ、$R_2=2$ kΩ、$R_3=2$ kΩ、$R_4=100$ kΩ。画出电路的电压传输特性。

【8-9】 已知反相滞回比较器如图 P8.9(a)所示，A 为理想运放，输出电压的两个极限值为±5 V，VD 为理想二极管，输入三角波电压 u_I 的波形如图 P8.9(b)所示，峰值为 10 V。试画出相应的输出波形。

【8-10】 方波-三角波发生电路如图 P8.10 所示，说明 R_P 的作用，定性画出 u_O 波形，求 u_O 的峰-峰值。

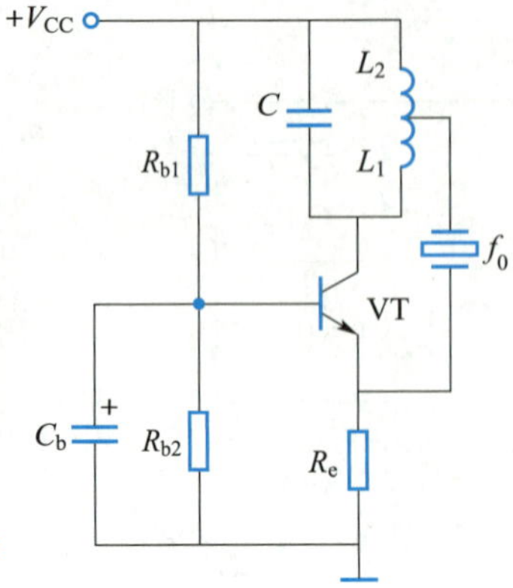

微视频 8-10
习题 8-8 精解

图 P8.7

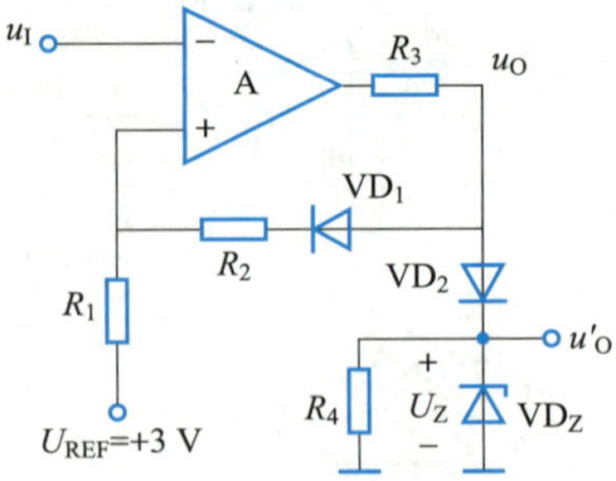

图 P8.8

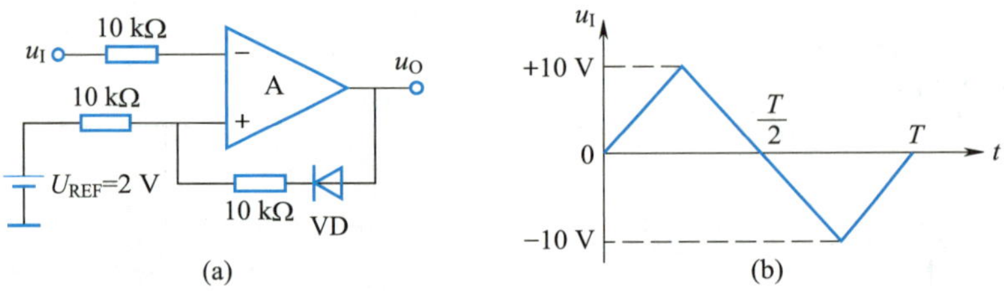

图 P8.9

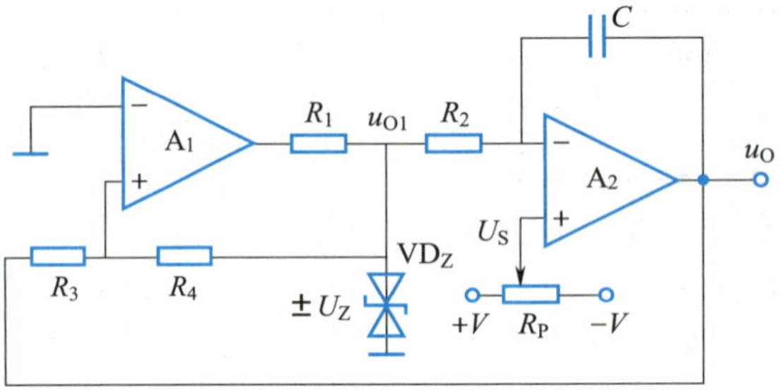

图 P8.10

【8-11】 已知压控振荡电路如图 P8.11 所示，$R_1 \ll R$，硅稳压管 VD_Z 的稳定电压为$\pm U_Z$，U_I 为负的直流控制电压，并且 $|U_I|<U_Z$。试求 u_O 的峰-峰值及电路振荡频率 f_0 的表达式，并画出 u_{O1} 及 u_O 的波形。

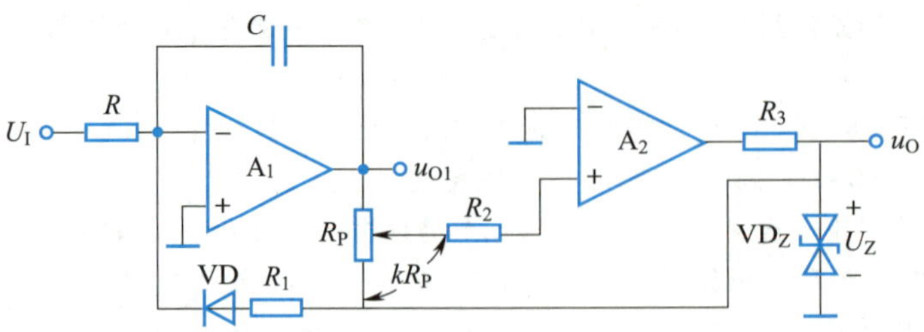

图 P8.11

【8-12】 图 P8.12 给出的是能产生方波和三角波输出的压控振荡电路，设电源电压为±15 V，VD_1、VD_2 是理想的二极管，0 V<u_I<2.4 V，双向稳压管的工作电压为±10 V，运放 A_4 的输出饱和值接近电源电压。

（1）说明电路的工作原理；

（2）推导输出信号频率与输入电压的关系式；

（3）当 u_I = 2 V、k = 0.5 时，定量画出 u_{O3} 和 u_{O4} 的波形（需明确标出幅值和时间参数的数值和单位）。

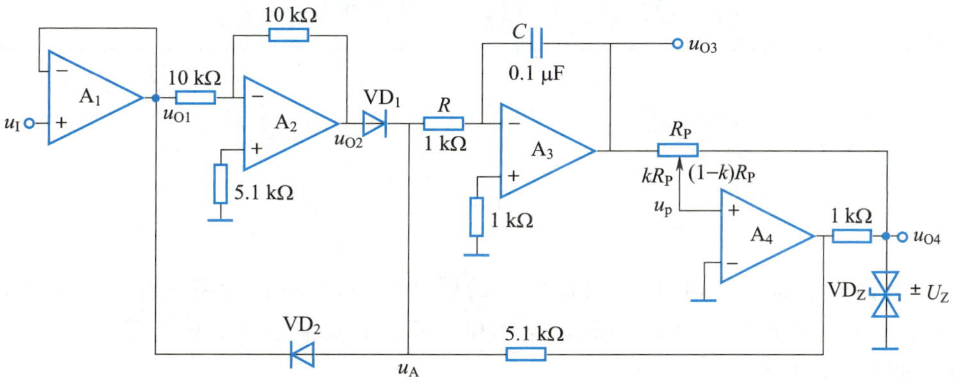

图 P8.12

第 8 章习题解答

第 8 章电子教案

第 9 章　信号处理电路

9.1 引　　言

本章以运算放大器为基础，讨论模拟信号的处理电路，重点讨论有源滤波电路和模拟乘法器，简要介绍开关电容滤波器、调制与解调电路和锁相环的基本原理及其应用。

本章主要研究的问题：

1. 有源滤波器包括哪几种？它们的滤波特性如何？
2. 如何分析与设计有源滤波器？
3. 开关电容滤波器的电路结构如何？开关电容滤波器具有什么特点？适用于什么场合？
4. 如何分析模拟乘法器所构成的运算电路？
5. 何谓调制？何谓解调？标准调幅波中有哪几种频率成分？应用哪种电路对其解调？
6. 锁相环由哪几部分组成？各部分的作用是什么？如何用锁相环实现频率合成？

9.2 有源滤波器

滤波，顾名思义，就是根据频率对信号进行筛选。滤波器的功能是使输入信号中特定范围内的频率成分通过，抑制其他频率成分的信号通过。

9.2.1 滤波器的分类与分析方法

1. 分类

滤波器按频率特性分为低通滤波器（low-pass filter，LPF）、高通滤波器（high-pass filter，HPF）、带通滤波器（band-pass filter，BPF）、带阻滤波器（band-elimination filter，BEF）和全通滤波器（all-pass filter，APF），它们的幅频特性如图 9.2.1 所示。

滤波器的通带是一个频率范围，这个范围内的信号能够以最小幅度的衰减通过滤波器；同理，阻带范围内的信号被衰减到零。设图中通带增益为 A_0，则增益 $|\dot{A}|$ 随频率变化而下降到 A_0 的 $1/\sqrt{2}$ 时所对应的频率称为滤波器的截止频率 f_P（也称 −3 dB 截止频率），在高频段称为上限截止频率 f_H，在低频段称为下限截止频率 f_L。在截止频率与阻带之间的频段定义为过渡带。值得注意的是，这一频段内的信号虽然被抑制，但是仍然能通过滤波器，因而在设计滤波器时，要求通

带之外的增益下降速度越快越好，即滤波器的过渡带越窄，电路的滤波特性越理想。

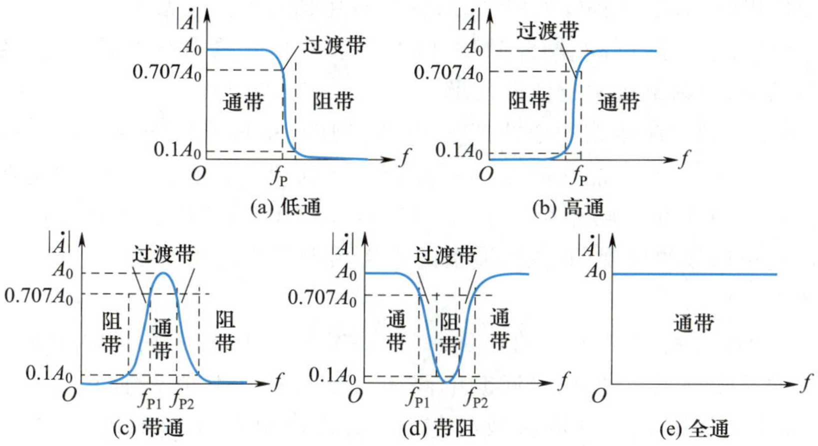

图 9.2.1 滤波器的幅频特性

根据处理信号方式的不同，滤波分为模拟滤波和数字滤波。后者是将模拟信号转化为数字信号后，用软件实现的滤波方法，属于数字信号处理的内容。模拟滤波器又分为无源和有源两种。

无源滤波器由无源元件 R、L 和 C 组成。由电感 L 和电容 C 构成的无源滤波器的选频特性好，但是电感线圈的设计较麻烦，在对低频信号进行滤波时，线圈体积增加；RC 无源滤波器的设计简单，但是电阻 R 与电感 L 不同，电阻是耗能元件，因而 RC 无源滤波器不能得到很好的选频特性。无源滤波器存在阻抗匹配问题，如图 9.2.2 所示。当滤波器接入负载后，其通带增益和截止频率都随负载而变化。根据 6.2 节所学频率响应的知识，可知图 9.2.2(a) 的通带增益 A_{LP} 和上限截止频率 f_H 为

$$A_{LP}=\frac{R_L}{R+R_L},\quad f_H=\frac{1}{2\pi(R/\!/R_L)C}$$

图 9.2.2(b) 的通带增益 A_{HP} 和下限截止频率 f_L 为

$$A_{HP}=1,\quad f_L=\frac{1}{2\pi(R/\!/R_L)C}$$

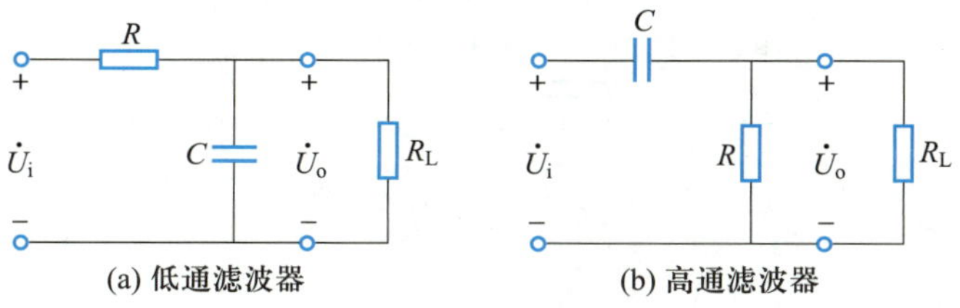

图 9.2.2 带负载的 RC 滤波器

有源滤波器由集成运放和无源元件 R、C 构成。滤波作用由 R、C 完成，而集成运放为滤波器提供一定的电压增益，并在一定程度上改善滤波器的性能。与无源滤波器相比，有源滤波器具有以下优点：

① 有源滤波器不使用电感，因而设计方便、体积小、重量轻。

② 在滤波的同时对信号具有放大作用，避免了有用信号的过度衰减。

③ 集成运放具有输入阻抗高、输出阻抗低的特点，对信号具有缓冲、隔离作用，减小了前后级电路间的负载效应，容易解决阻抗匹配问题。

必须指出，由于受到集成运放的增益带宽积、转换速率等因素的影响，有源滤波电路适用于处理几千赫以下的低频信号，不能在高频（兆赫以上）区间使用；同时受到运放电源的限制，也不能处理大功率信号。因而在大功率信号和高频信号处理中仍较多地使用无源 *LC* 滤波器。当然，随着宽频带、高速运放的出现，有源滤波器的适用频带能够进一步拓宽。

2. 分析方法

① 滤波器的传输特性可以用它的传递函数来描述，其传递函数可简单地理解为用拉氏算子“*s*”表示的增益表达式。在有源滤波电路中集成运放工作在线性区。可以根据运放的“虚短”“虚断”特性，采用节点电流法或叠加定理，列出电路在频域内的方程，求取电路的传递函数。

② 将 $s=\mathrm{j}\omega$ 代入电路的传递函数，得到频率特性方程，进而解出滤波电路的通带增益（也称通带电压放大倍数）、通带截止频率；画出滤波电路的幅频特性和相频特性。

③ 滤波器的阶数取决于电路中 *RC* 环节的个数，即由其传递函数的分母中拉氏算子“*s*”的最高幂数确定。一阶滤波器过渡带的变化速率为±20 dB/十倍频，二阶滤波器过渡带的变化速率为±40 dB/十倍频。若是 *n* 阶滤波器，则过渡带的变化速率为±20*n*dB/十倍频。

9.2.2 有源低通滤波器（LPF）

低通滤波器允许输入信号中低于截止频率的低频或直流分量通过，抑制高频分量。有源低通滤波器是以 *RC* 无源低通滤波器为基础，与集成运放连接而成。

一、一阶低通滤波器

一阶低通滤波器的电路如图 9.2.3 所示，由一阶 *RC* 低通环节和同相比例运算电路构成。

微视频 9-1
一阶低通滤波器

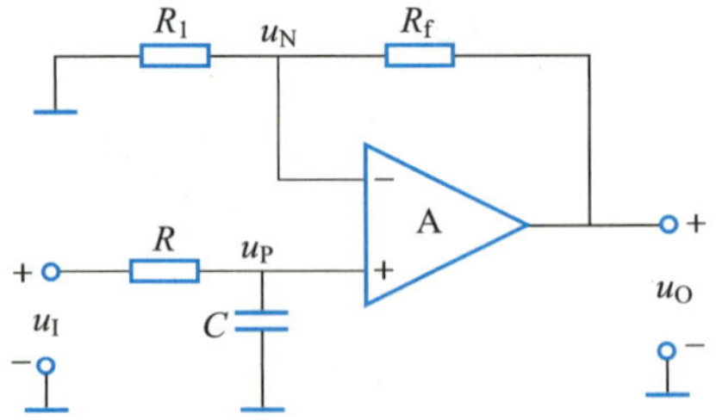

图 9.2.3 一阶 LPF

1. 传递函数

已知运放同相输入端电位 u_P 与输出电压 u_O 之间为同相比例运算关系，

$$U_o(s)=\left(1+\frac{R_f}{R_1}\right)U_p(s)$$

根据“虚断”特性，可知同相输入端电位 u_P 与输入电压 u_I 的关系为

$$U_p(s)=\frac{\frac{1}{sC}}{R+\frac{1}{sC}}U_i(s)=\frac{1}{1+sCR}U_i(s)$$

将两个方程联立，求得传递函数为

$$A_u(s)=\frac{U_o(s)}{U_i(s)}=\frac{1}{1+sCR}\left(1+\frac{R_f}{R_1}\right)=\frac{1}{1+\left(\frac{s}{\omega_H}\right)}\left(1+\frac{R_f}{R_1}\right) \tag{9.2.1}$$

式中，$\omega_H=\frac{1}{RC}=2\pi f_H$。

2. 通带电压放大倍数

将 $s=j\omega=j\cdot 2\pi f$ 代入式(9.2.1)，可得

$$\dot{A}_u=\frac{1}{1+j\frac{f}{f_H}}\left(1+\frac{R_f}{R_1}\right) \tag{9.2.2}$$

对于低通滤波器，当 $f=0$ 时，应处于通带内，此时电容 C 可视为“开路”，则通带电压放大倍数为

$$A_{up}=1+\frac{R_f}{R_1} \tag{9.2.3}$$

3. 通带截止频率 f_H

由式(9.2.2)可知，当 $f=f_H$ 时，电路的电压放大倍数 $|\dot{A}_u|$ 下降到 $|A_{up}|$ 的 $1/\sqrt{2}$，因此低通滤波器的通带截止频率（也称上限截止频率）为

$$f_H=\frac{1}{2\pi RC} \tag{9.2.4}$$

根据式(9.2.2)画出该滤波器的幅频特性如图9.2.4所示。滤波器的幅频特性（波特图）通常用折线表示，图中折线为实际幅频特性（图中虚线）的近似，二者只在截止频率附近有较大差异，最大误差出现在上限截止频率处，误差为3 dB。

二、二阶低通滤波器

为了使低通滤波器的幅频特性在高频段以更快的速率下降，改善滤波效果，在电路中再加入一阶 RC 低通滤波环节，构成二阶有源滤波电路，如图9.2.5所示。

1. 传递函数

根据“虚短”“虚断”特性，写出输出电压 u_O、同相输入端电压 u_P 和M点的电压表达式

$$U_o(s)=\left(1+\frac{R_f}{R_1}\right)U_p(s)$$

$$U_p(s)=U_m(s)\frac{1}{1+sC_2R}$$

$$U_m(s)=\frac{\frac{1}{sC_1}/\!/\left(R+\frac{1}{sC_2}\right)}{R+\left[\frac{1}{sC_1}/\!/\left(R+\frac{1}{sC_2}\right)\right]}U_i(s)$$

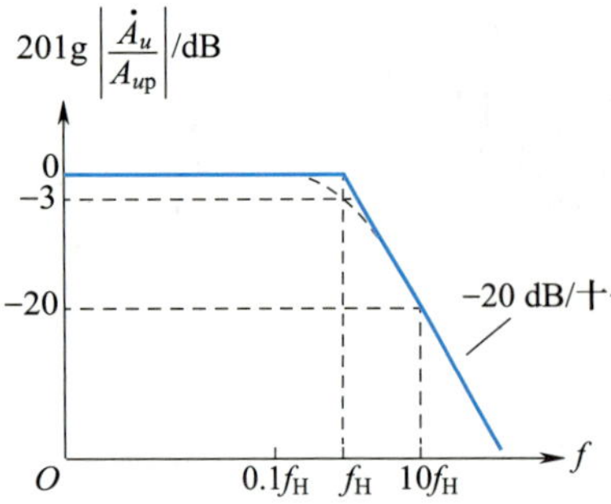

图 9.2.4 一阶 LPF 的幅频特性

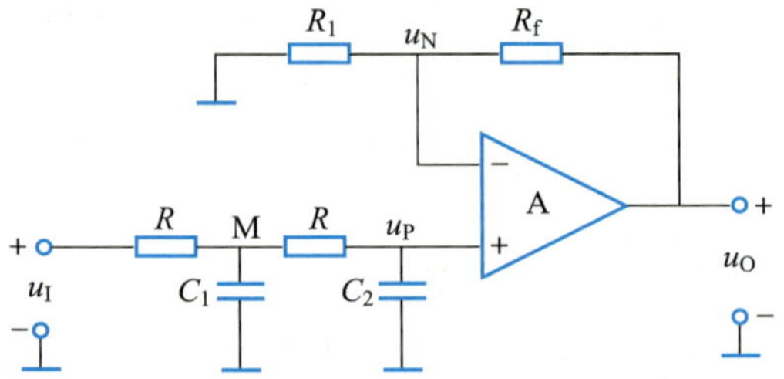

图 9.2.5 二阶 LPF

令 $C_1=C_2=C$，联立求解以上三式，可得滤波器的传递函数

$$A_u(s)=\frac{U_o(s)}{U_i(s)}=\frac{1}{1+3sCR+(sCR)^2}\left(1+\frac{R_f}{R_1}\right) \tag{9.2.5}$$

2. 通带电压放大倍数

将 s 换成 $j\omega$，令 $\omega_0=2\pi f_0=\frac{1}{RC}$，即特征频率 $f_0=\frac{1}{2\pi RC}$，则式(9.2.5)变为

$$\dot{A}_u=\frac{1}{1-\left(\frac{f}{f_0}\right)^2+j3\frac{f}{f_0}}\left(1+\frac{R_f}{R_1}\right) \tag{9.2.6}$$

当 $f=0$ 时，各电容器可视为“开路”，通带电压放大倍数为

$$A_{up}=1+\frac{R_f}{R_1}$$

3. 通带截止频率 f_H

当 $f=f_H$ 时，使式(9.2.6)分母的模等于$\sqrt{2}$，即

$$\left|1-\left(\frac{f_H}{f_0}\right)^2+j3\frac{f_H}{f_0}\right|=\sqrt{2}$$

解得该滤波器的上限截止频率为

$$f_H=\sqrt{\frac{\sqrt{53}-7}{2}}f_0=0.37f_0 \tag{9.2.7}$$

根据式(9.2.6)画出幅频特性如图 9.2.6 所示。当 $f>f_0$ 以后，该滤波器的幅频特性以-40 dB/十倍频的速率下降，比一阶 LPF 下降的速度快；但是在通带截止频率 f_H 与 f_0 之间，幅频特性下降缓慢。若在 $f=f_0$ 附近使电压增益增大，则可令 f_H 接近 f_0，进一步改善过渡带的衰减特性。根据第 2 章所述的反馈概念，合理地引入正反馈可以达到增大电压增益的目的。

三、二阶压控型低通滤波器

二阶压控型有源低通滤波器如图 9.2.7 所示。将图 9.2.5 中电容器 C_1 的接地端改接到运放的输出端，引入了正反馈。由于在通带内电容器可视为“开路”，因此 C_1 的改接不影响滤波器的通带电压放大倍数，即 $A_{up}=1+\dfrac{R_f}{R_1}$。

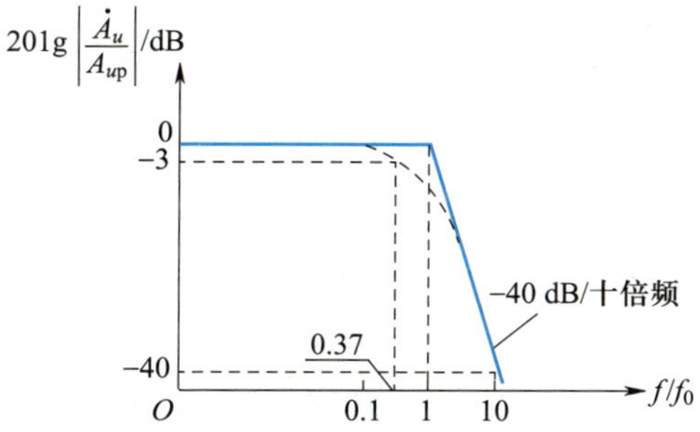

图 9.2.6 二阶 LPF 的幅频特性

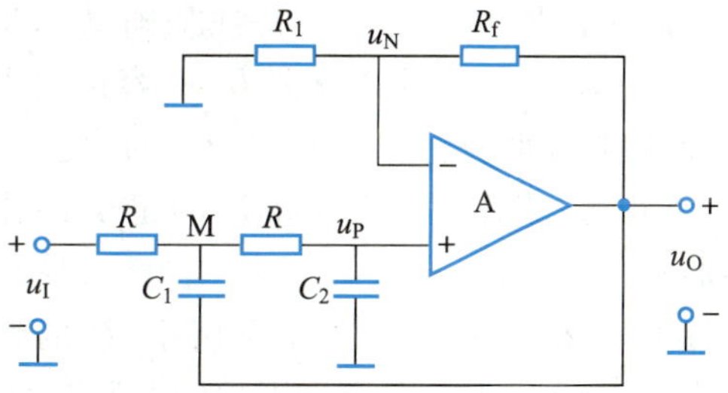

图 9.2.7 二阶压控型 LPF

1. 传递函数

为简化计算，令 $C_1=C_2=C$，根据“虚短”“虚断”特性和叠加定理，列出下列方程

$$U_o(s)=A_{up}U_p(s)$$

$$U_p(s)=U_m(s)\frac{1}{1+sCR}$$

$$\frac{U_i(s)-U_m(s)}{R}-[U_m(s)-U_o(s)]sC-\frac{U_m(s)-U_p(s)}{R}=0$$

联立以上三式，解得传递函数为

$$A_u(s)=\frac{U_o(s)}{U_i(s)}=\frac{1}{1+(3-A_{up})sCR+(sCR)^2}A_{up} \tag{9.2.8}$$

2. 频率响应

由式(9.2.8)可以写出滤波器的频率响应表达式为

$$\dot{A}_u=\frac{A_{up}}{1-\left(\dfrac{f}{f_0}\right)^2+\mathrm{j}(3-A_{up})\dfrac{f}{f_0}} \tag{9.2.9}$$

式中，特征频率 $f_0=\dfrac{1}{2\pi RC}$。

当 $f=f_0$ 时，式(9.2.9)可以化简为

$$\dot{A}_u=\frac{A_{up}}{\mathrm{j}(3-A_{up})}$$

定义有源低通滤波器的等效品质因数 Q 为 $f=f_0$ 时电压放大倍数的模与通带电压放大倍数之比，即

$$Q=\frac{|\dot{A}_u|_{(f=f_0)}}{A_{up}}=\frac{1}{3-A_{up}} \tag{9.2.10}$$

上式表明，当 $2<A_{up}<3$ 时，$Q>1$，即在 $f=f_0$ 处的电压增益将大于通带增益，幅频特性在 $f=f_0$ 处被抬高。当通带电压放大倍数 $A_{up}=3$ 时，$Q=\infty$，压控型低通滤波器因正反馈过强而产生自激，因而通常要求 $A_{up}<3$。通过选取合适的 Q 值，既可加大幅频特性在 $f>f_0$ 处的衰减速率，又可使幅频特性不抬升过快。

二阶压控型 LPF 的幅频特性如图 9.2.8 所示，与图 9.2.6 相比，二者的主要差别出现在 f_0 附近。当 $f \ll f_0$ 时，正反馈支路 C_1 的容抗远大于 R，正反馈作用很弱；当 $f \gg f_0$ 时，C_2 的容抗远小于 R，受 C_2 旁路作用的影响，C_1 的正反馈作用也很弱；只有在 f_0 附近正反馈作用最强，使该频段的闭环增益加大。在实际应用中，Q 的调节范围为 $0.5 \leqslant Q \leqslant 100$，一般选取 $Q=1$ 附近的值。

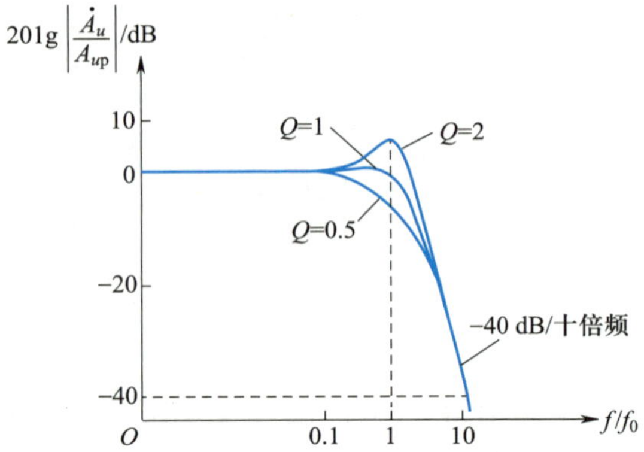

图 9.2.8 二阶压控型 LPF 的幅频特性

9.2.3 有源高通滤波器(HPF)

将 RC 低通滤波器中 R 和 C 的位置互换，就可以得到 RC 高通滤波器，两者在电路结构上存在对偶关系。因此，它们的传递函数和幅频响应也存在对偶关系，将低通滤波器传递函数中的 sRC 用 $1/sRC$ 代换，就可以得到高通滤波器的传递函数。

高通滤波器允许输入信号中高于截止频率的信号成分通过，抑制低频信号。二阶压控型有源高通滤波器如图 9.2.9 所示。在高频段，各电容器可视为"短路"，因而该滤波器的通带电压放大倍数为 $A_{up}=1+\frac{R_f}{R_1}$。

微视频 9-2
二阶压控型
高通滤波器

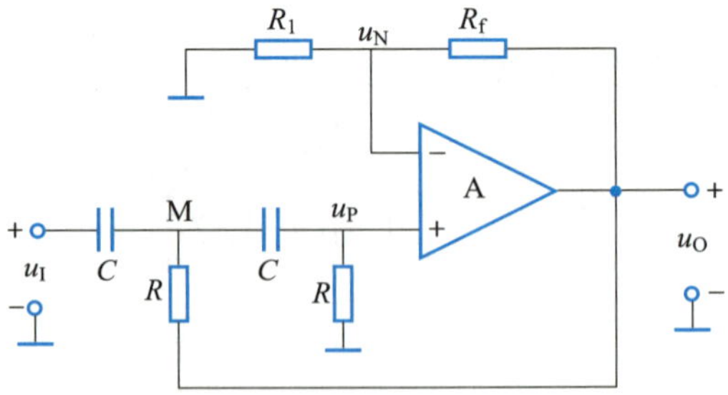

图 9.2.9 二阶压控型 HPF

1. 传递函数

依据式(9.2.8)及高通、低通滤波器的对偶关系，可以直接推导压控型高通滤波器的传递函数，也可以根据节点电流法和叠加定理列出下列方程

$$U_o(s)=A_{up}U_p(s)$$

$$U_p(s)=U_m(s)\frac{sCR}{1+sCR}$$

$$[U_i(s)-U_m(s)]sC-[U_m(s)-U_p(s)]sC-\frac{U_m(s)-U_o(s)}{R}=0$$

联立以上三式,解得传递函数为

$$A_u(s)=\frac{(sCR)^2}{1+(3-A_{up})sCR+(sCR)^2}A_{up} \tag{9.2.11}$$

2. 频率响应

令 $f_0=\frac{1}{2\pi RC}$, $Q=\frac{1}{3-A_{up}}$,则可得出二阶压控型高通滤波器的频响表达式

$$\dot{A}_u=\frac{A_{up}}{1-\left(\frac{f_0}{f}\right)^2-\mathrm{j}\frac{1}{Q}\left(\frac{f_0}{f}\right)} \tag{9.2.12}$$

与压控型低通滤波器一样,当 $A_{up}=3$ 时,电路也会发生自激振荡,因而通常要求 $A_{up}<3$。根据式(9.2.12)绘出该滤波器的幅频特性如图 9.2.10 所示。当 $f<<f_0$ 时,幅频特性的斜率为 +40 dB/十倍频。显然,高通有源滤波器和低通有源滤波器的特点和规律是一致的,只不过通带向阻带变化的方向相反而已。

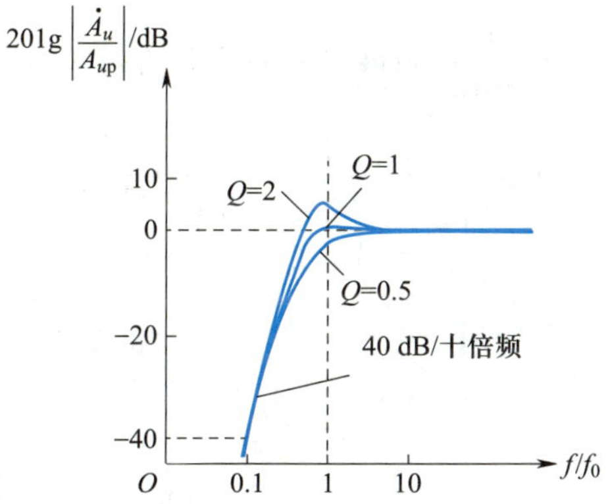

图 9.2.10 二阶压控型 HPF 的幅频特性

9.2.4 有源带通滤波器(BPF)

带通滤波器允许一定频段的信号通过,抑制低于和高于该频段的信号。将图 9.2.1(c)所示带通滤波器的幅频特性与 LPF、HPF 的幅频特性进行比较,不难发现如果 LPF 的通带上限截止频率 f_H 高于 HPF 的通带下限截止频率 f_L,那么只需将 LPF 与 HPF 相串联就可以构成 BPF。这种级联结构适用于制作宽带带通滤波器,滤波器的分析方法与 LPF、HPF 相同。

为获得较窄的通频带,实际电路中常采用由一个集成运放构成的二阶压控型 BPF。

1. 电路组成

二阶压控型带通滤波器如图 9.2.11 所示。这种滤波器结构是在二阶 LPF 的基础上,将其

中一阶 RC 电路改为高通接法，并引入正反馈而构成，电路结构简单且能够得到较窄的通频带。

2. 传递函数

根据同相比例运算关系和“虚断”特性，列出电路输出和同相输入端的电压表达式为

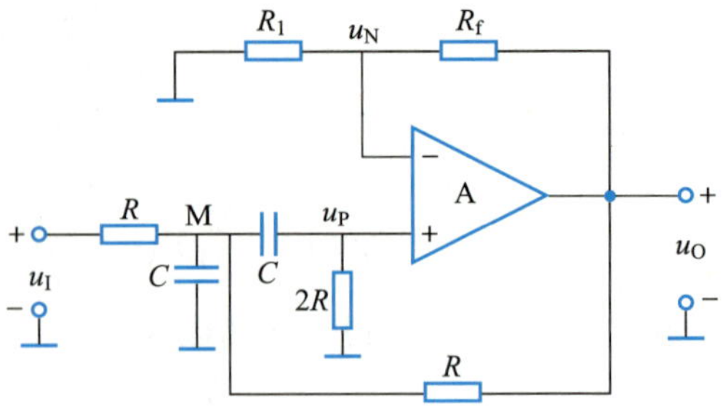

图 9.2.11 二阶压控型 BPF

$$U_o(s)=\left(1+\frac{R_f}{R_1}\right)U_p(s)$$

$$U_p(s)=\frac{2sCR}{1+2sCR}U_m(s)$$

根据节点电流法，列节点 M 的电流方程为

$$\frac{U_i(s)-U_m(s)}{R}-U_m(s)sC-[U_m(s)-U_p(s)]sC-\frac{U_m(s)-U_o(s)}{R}=0$$

联立以上三个方程，解得传递函数：

$$A_u(s)=\frac{U_o(s)}{U_i(s)}=\frac{sCR}{1+(3-A_{uf})sCR+(sCR)^2}A_{uf} \tag{9.2.13}$$

式中，$A_{uf}=1+\frac{R_f}{R_1}$。式(9.2.13)表明，A_{uf} 应小于3，否则电路不能稳定工作。

3. 通带电压放大倍数

将 s 换成 $j\omega$，令特征频率 $f_0=\frac{1}{2\pi RC}$，则可得该滤波器的频率响应表达式为

$$\dot{A}_u=\frac{1}{1+j\frac{1}{3-A_{uf}}\left(\frac{f}{f_0}-\frac{f_0}{f}\right)}\cdot\frac{A_{uf}}{3-A_{uf}} \tag{9.2.14}$$

当 $f=f_0$ 时，$\dot{A}_u$ 的值称为 BPF 的通带电压放大倍数 A_{up}，其值为

$$A_{up}=\frac{A_{uf}}{3-A_{uf}} \tag{9.2.15}$$

因而特征频率 f_0 也称为带通滤波器的中心频率。BPF 通带电压放大倍数不等于同相比例电路的电压放大倍数，这是它与 LPF、HPF 的区别之一。

4. 通带截止频率 f_p

当 $f=f_p$ 时，$|\dot{A}_u|=\frac{1}{\sqrt{2}}A_{up}$，因而通带截止频率 f_p 可由下式求出

$$\left|\frac{1}{3-A_{uf}}\left(\frac{f_p}{f_0}-\frac{f_0}{f_p}\right)\right|=1$$

解这个方程，取正根，得两个通带截止频率为

$$f_L=\frac{f_0}{2}\left[\sqrt{(3-A_{uf})^2+4}-(3-A_{uf})\right] \tag{9.2.16}$$

$$f_H=\frac{f_0}{2}\left[\sqrt{(3-A_{uf})^2+4}+(3-A_{uf})\right] \tag{9.2.17}$$

因此带通滤波器的通带宽度为

$$BW=f_H-f_L=(3-A_{uf})f_0$$

5. 频率响应

BPF 的等效品质因数 Q 定义为通带中心频率 f_0 与通带宽度 BW 的比值

$$Q=\frac{f_0}{BW}=\frac{1}{3-A_{uf}}$$

由式(9.2.14)和式(9.2.15)进一步简化,可得二阶压控型 BPF 的频率表达式为

$$\frac{\dot{A}_u}{A_{up}}=\frac{1}{1+\mathrm{j}Q\left(\frac{f}{f_0}-\frac{f_0}{f}\right)} \tag{9.2.18}$$

根据式(9.2.18)绘出对应不同 Q 值的二阶 BPF 归一化幅频特性,如图 9.2.12 所示。它说明 Q 值越高,BPF 的通带宽度越窄,滤波器的选频特性越好。一般定义 $Q\leqslant 10$ 为宽带 BPF,$Q>10$ 为窄带 BPF。

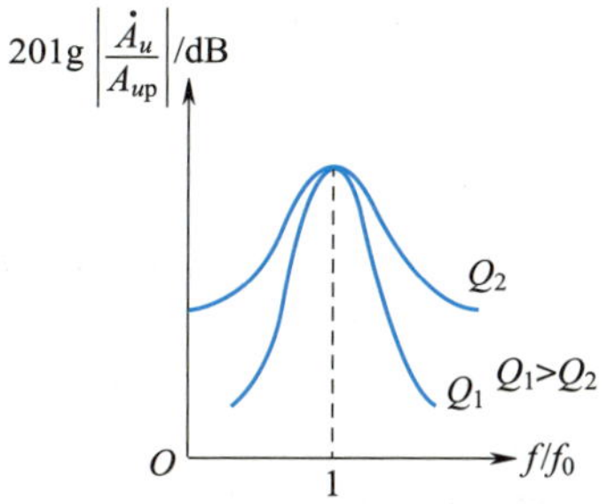

图 9.2.12 BPF 的归一化幅频特性

9.2.5 有源带阻滤波器(BEF)

带阻滤波器的作用与带通滤波器正好相反,对于特定频率范围内的信号有衰减或抑制作用,而频带以外的信号可以顺利通过,也因此带阻滤波器被称为陷波滤波器,被广泛应用于电子系统的抗干扰电路中。

较为简单的带阻滤波器 BEF 是由 LPF 和 HPF 并联构成,如图 9.2.13 所示。设低通滤波器的上限截止频率低于高通滤波器的下限截止频率,将输入信号同时作用于 LPF 和 HPF,再对两个滤波器的输出求和,就可以得到带阻滤波器的滤波特性。

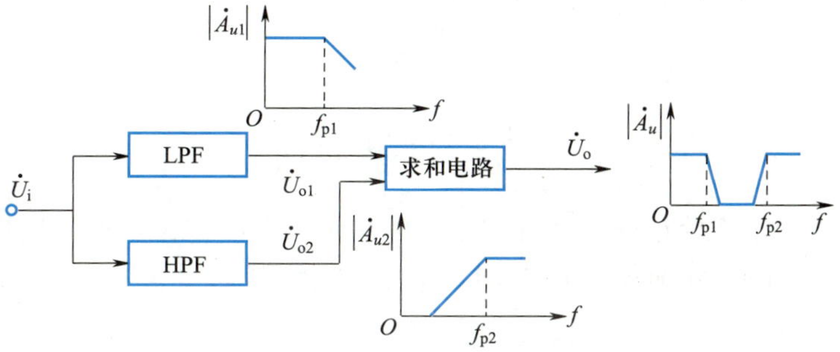

图 9.2.13 带阻滤波器的方框图

微视频 9-3 带通滤波器与带阻滤波器

1. 电路组成

常用的二阶压控型带阻滤波器如图 9.2.14 所示。这种滤波器结构是在无源双 T 带阻滤波

电路的基础上，加入同相比例运算电路，并引入正反馈而构成。

当输入高频信号时，电容的容抗值小，可近似视作“短路”，则高频信号由上方的两个电容和一个电阻所构成的 T 形网络通过；当输入低频信号时，电容的容抗值大，可近似视作“开路”，则低频信号由下方的两个电阻和一个电容所构成的 T 形网络通过；而处于低频和高频之间的频带信号无法通过双 T 网络。

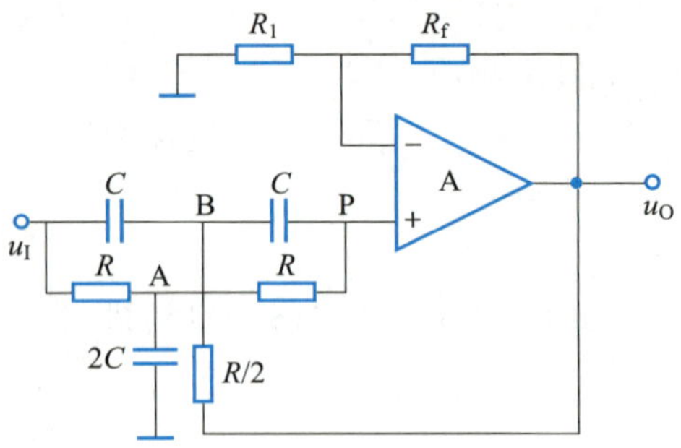

图 9.2.14　双 T 带阻滤波器

2. 传递函数

为简化计算，设双 T 网络参数如图 9.2.14 所示，已知运放输出和同相输入端的电压之间的关系表达式为

$$U_o(s)=\left(1+\frac{R_f}{R_1}\right)U_p(s)$$

根据节点电流法，分别列写节点 A、B 和 P 的电流方程

$$\frac{U_i(s)-U_a(s)}{R}+\frac{U_p(s)-U_a(s)}{R}=2U_a(s)sC$$

$$[U_i(s)-U_b(s)]sC+[U_p(s)-U_b(s)]sC=\frac{U_b(s)-U_o(s)}{R/2}$$

$$[U_p(s)-U_b(s)]sC=\frac{U_a(s)-U_p(s)}{R}$$

联立上述四个方程，解得传递函数

$$A_u(s)=\frac{1+(sCR)^2}{1+(4-2A_{uf})sCR+(sCR)^2}A_{uf}\tag{9.2.19}$$

式中 $A_{uf}=1+\dfrac{R_f}{R_1}$。式(9.2.19)表明，$A_{uf}$ 应小于 2，否则电路不能稳定工作。

3. 通带电压放大倍数

将 s 换成 $j\omega$，令特征频率 $f_0=\dfrac{1}{2\pi RC}$，则可得

$$\dot{A}_u=\frac{A_{uf}}{1+j2(2-A_{uf})\dfrac{ff_0}{f_0^2-f^2}}\tag{9.2.20}$$

由式(9.2.20)可知，当 $f=f_0$ 时，$|\dot{A}_u|=0$；当 $f=0$ 或 f 趋于无穷大时，$|\dot{A}_u|\approx A_{uf}$。因此，电路具有“带阻”特性。$f_0$ 和 A_{uf} 分别称为 BEF 的阻带中心频率和通带电压放大倍数。

4. 通带截止频率 f_p

设当 $f=f_p$ 时，$|\dot{A}_u|=\dfrac{1}{\sqrt{2}}A_{uf}$，则通带截止频率 f_p 可由下式求出

$$\left|2(2-A_{uf})\frac{f_pf_0}{f_0^2-f_p^2}\right|=1$$

解这个方程，取正根，得两个通带截止频率为

$$f_{L}=[\sqrt{(2-A_{uf})^{2}+1}-(2-A_{uf})]f_{0} \tag{9.2.21}$$

$$f_{H}=[\sqrt{(2-A_{uf})^{2}+1}+(2-A_{uf})]f_{0} \tag{9.2.22}$$

从而推导出带阻滤波器的阻带宽度为

$$BW=f_{H}-f_{L}=2(2-A_{uf})f_{0}=\frac{f_{0}}{Q}$$

式中，Q 为阻带中心频率与阻带宽度的比值，$Q=\dfrac{1}{2(2-A_{uf})}$，A_{uf} 越接近 2，则 Q 值越高。

5. 频率特性

根据式(9.2.20)绘出对应不同 Q 值的二阶 BEF 归一化幅频特性曲线，如图 9.2.15 所示。由图可知，BEF 的 Q 值越高，阻带宽度越窄，滤波器的选频特性越好。

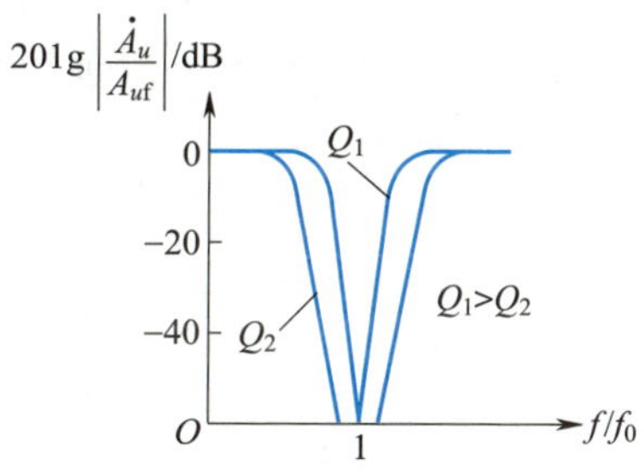

图 9.2.15 BEF 的归一化幅频特性

9.2.6 全通滤波器(APF)

全通滤波器没有阻带，其理想滤波特性是通带从零到无穷大，信号可以无衰减地通过滤波器，但是不同频率的信号将产生不同的相移。因此 APF 也被称为延时滤波器或移相器。

一阶全通滤波器如图 9.2.16 所示。这种滤波器采用双端输入方式，如图 9.2.16(a)所示，输入 u_I 既通过 RC 电路作用于运放同相输入端，又经过电阻 R_1 接入反相输入端。

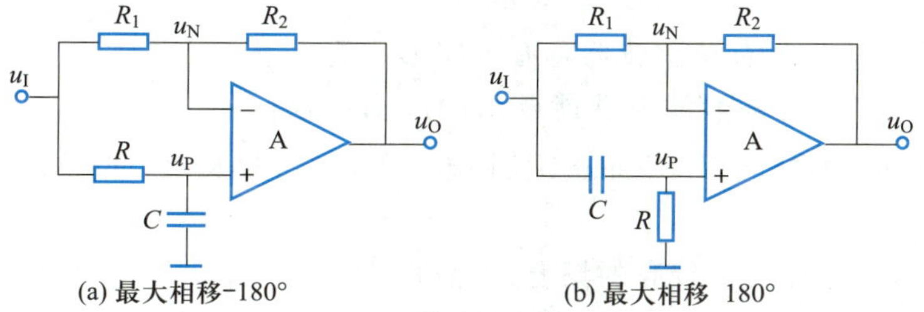

图 9.2.16 全通滤波器

1. 传递函数

运用叠加定理，求得图 9.2.16(a)所示电路的输出电压为

$$U_{o}(s)=-\frac{R_{2}}{R_{1}}U_{i}(s)+\left(1+\frac{R_{2}}{R_{1}}\right)U_{p}(s)$$

根据运放的“虚断”特性，列同相输入端的电压表达式为

$$U_{p}(s)=\frac{1}{1+sRC}U_{i}(s)$$

为简化计算，设 $R_1=R_2$，将上述两个方程联立，求得传递函数为

$$A_{u}(s)=\frac{1-sRC}{1+sRC} \tag{9.2.23}$$

2. 频率特性

将 s 换成 $j\omega$，令特征频率 $f_0=\frac{1}{2\pi RC}$，则可得

$$\dot{A}_u=\frac{1-j\omega RC}{1+j\omega RC}=\frac{1-j\frac{f}{f_0}}{1+j\frac{f}{f_0}} \tag{9.2.24}$$

列出式(9.2.24)的幅频特性和相频特性的表达式

$$\begin{cases}|\dot{A}_u|=\dfrac{\sqrt{1+(f/f_0)^2}}{\sqrt{1+(f/f_0)^2}}=1\\ \varphi=-\arctan\dfrac{f}{f_0}-\arctan\dfrac{f}{f_0}=-2\arctan\dfrac{f}{f_0}\end{cases} \tag{9.2.25}$$

式(9.2.25)表明，信号通过全通滤波器时幅度保持不变，相位随频率变化。当 $f=0$ 时，$\varphi=0°$；$f=f_0$ 时，$\varphi=-90°$；当 f 趋于无穷大时，$\varphi=-180°$。图 9.2.16(a)所示电路的相频特性如图 9.2.17 中实线所示。同理可得图 9.2.16(b)所示电路的相频特性表达式

$$\varphi=180°-2\arctan\frac{f}{f_0}$$

其相频特性如图 9.2.17 中虚线所示。

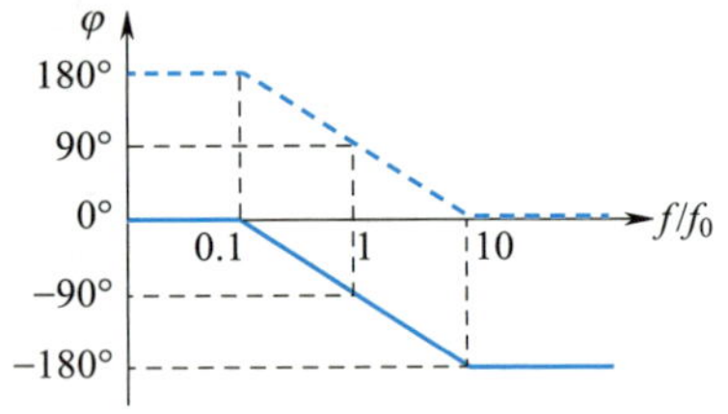

图 9.2.17 APF 的相频特性

9.2.7 状态变量型有源滤波器

由单个运放构成的二阶有源滤波器具有电路形式简单、成本低廉的特点，可以满足一般滤波性能要求的应用场合。但是这类滤波器性能参数之间相互关联，不便调整，对元件参数及运放增益的变化敏感，且 Q 值不易提高。

因此，在对滤波器性能要求较高的场合，一般将比例、积分、求和等基本运算电路组合在一起，构成可以自由设置传递函数的运算电路，并实现各种滤波功能，这种电路称为状态变量(state variable，SV)型有源滤波器，也称可变状态型滤波器。其主要优点是：

① 功能多样性，可以同时实现高通、带通和低通的滤波特性，因此也被称为通用型滤波器。

② 滤波器性能参数(A_{up}、Q、f_0)互相独立，易于调整。

③ Q 与电阻的比值有关，因而对元件值的变化的灵敏度低，易于实现高 Q 值。

本节以二阶滤波器为例讲述状态变量型有源滤波器的工作原理和电路组成。

1. 二阶有源滤波器的传递函数

由式(9.2.5)、式(9.2.8)、式(9.2.11)、式(9.2.13)和式(9.2.19)可归纳总结出二阶有源滤波器的传递函数为

$$A_u(s)=\frac{a_0+a_1s+a_2s^2}{b_0+b_1s+b_2s^2} \tag{9.2.26}$$

上式表明，合理选择 a_0、a_1、a_2 和 b_0、b_1、b_2 的数值，即可实现任意传递函数。当 $a_1=a_2=0$ 时，式(9.2.26)变为二阶低通滤波器的传递函数；当 $a_0=a_1=0$ 时，式(9.2.26)变为二阶高通滤波器的传递函数；当 $a_0=a_2=0$ 时，式(9.2.26)变为二阶带通滤波器的传递函数；当 $a_1=0$ 时，式(9.2.26)变为二阶带阻滤波器的传递函数。

因此，如果能够根据式(9.2.26)设计出相应的电路，并能方便地改变电路参数，那么就能实现各种滤波功能。

2. 同相输入的状态变量型滤波器

由两个积分电路和一个求和运算电路构成的二阶低通、高通和带通滤波器如图 9.2.18 所示。

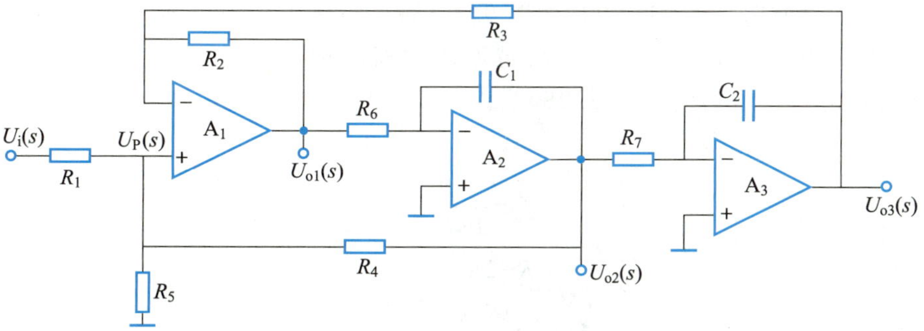

图 9.2.18　同相输入的状态变量型有源滤波器

已知运放 A_2 和 A_3 构成积分器，两个积分器的输出为

$$\begin{cases} U_{o2}(s)=-\dfrac{1}{R_6C_1s}U_{o1}(s) \\ U_{o3}(s)=-\dfrac{1}{R_7C_2s}U_{o2}(s) \end{cases}$$

运用线性叠加定理和“虚短”“虚断”概念，求得

$$\begin{cases} U_p(s)=\dfrac{R_4/\!/R_5}{R_1+R_4/\!/R_5}U_i(s)+\dfrac{R_1/\!/R_5}{R_4+R_1/\!/R_5}U_{o2}(s) \\ \dfrac{U_p(s)-U_{o1}(s)}{R_2}+\dfrac{U_p(s)-U_{o3}(s)}{R_3}=0 \end{cases}$$

将上述两个方程组联立，解得

$$A_{u1}(s)=\frac{U_{o1}(s)}{U_i(s)}=\frac{\dfrac{R_4/\!/R_5}{R_1+R_4/\!/R_5}s^2R_6R_7C_1C_2}{\dfrac{R_3}{R_2+R_3}s^2R_6R_7C_1C_2+\dfrac{R_1/\!/R_5}{R_4+R_1/\!/R_5}sR_7C_2+\dfrac{R_2}{R_2+R_3}}$$

为方便计算，设 $R_1=R_2=R_3=R_4=R$，$R_6=R_7=R_0$，$C_1=C_2=C_0$，将上述方程组化简，其传递函数为

$$A_{u1}(s)=\frac{U_{o1}(s)}{U_i(s)}=\frac{(sR_0C_0)^2}{(sR_0C_0)^2+\frac{2R_5}{R+2R_5}sR_0C_0+1}\cdot\frac{2R_5}{R+2R_5} \tag{9.2.27}$$

$$A_{u2}(s)=\frac{U_{o2}(s)}{U_i(s)}=-\frac{sR_0C_0}{(sR_0C_0)^2+\frac{2R_5}{R+2R_5}sR_0C_0+1}\cdot\frac{2R_5}{R+2R_5} \tag{9.2.28}$$

$$A_{u3}(s)=\frac{U_{o3}(s)}{U_i(s)}=\frac{1}{(sR_0C_0)^2+\frac{2R_5}{R+2R_5}sR_0C_0+1}\cdot\frac{2R_5}{R+2R_5} \tag{9.2.29}$$

将 3 个传递函数分别与式(9.2.11)、式(9.2.13)、式(9.2.8)进行比较,可以看出 $A_{u1}(s)$ 为二阶高通滤波器的传递函数;$A_{u2}(s)$ 为二阶带通滤波器的传递函数;$A_{u3}(s)$ 为二阶低通滤波器的传递函数。由式(9.2.27)、式(9.2.28)、式(9.2.29)可知,电路的特征频率 f_0 和品质因数 Q 为

$$f_0=\frac{1}{2\pi R_0C_0}$$

$$Q=\frac{R+2R_5}{2R_5}=1+\frac{R}{2R_5}$$

3 个滤波器的通带增益 A_{HP}、A_{BP}、A_{LP} 为

$$A_{u1P}=A_{HP}=\frac{2R_5}{R+2R_5}=\frac{1}{Q}$$

$$A_{u2P}=A_{BP}=-1$$

$$A_{u3P}=A_{LP}=\frac{2R_5}{R+2R_5}=\frac{1}{Q}$$

3. 反相输入的状态变量型滤波器

图 9.2.19 所示为反相输入的状态变量型滤波器。

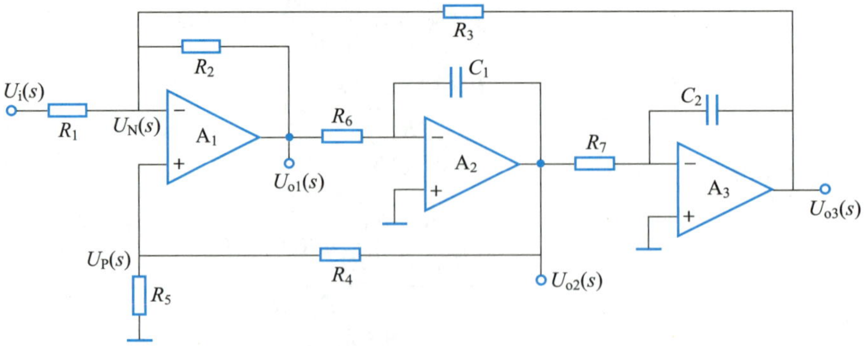

图 9.2.19 反相输入的状态变量型有源滤波器

运用线性叠加定理和“虚短”“虚断”概念,求得

$$\begin{cases} U_{\mathrm{p}}(s)=\dfrac{R_5}{R_4+R_5}U_{\mathrm{o2}}(s)=U_{\mathrm{n}}(s) \\ \dfrac{U_{\mathrm{n}}(s)-U_{\mathrm{o1}}(s)}{R_2}+\dfrac{U_{\mathrm{n}}(s)-U_{\mathrm{o3}}(s)}{R_3}=\dfrac{U_{\mathrm{i}}(s)-U_{\mathrm{n}}(s)}{R_1} \end{cases}$$

设 $R_1=R_2=R_3=R_4=R$，$R_6=R_7=R_0$，$C_1=C_2=C_0$，求得电路的 3 个传递函数为

$$A_{u1}(s)=\frac{U_{\mathrm{o1}}(s)}{U_{\mathrm{i}}(s)}=-\frac{(sR_0C_0)^2}{(sR_0C_0)^2+\dfrac{3R_5}{(R_4+R_5)}sR_0C_0+1} \tag{9.2.30}$$

$$A_{u2}(s)=\frac{U_{\mathrm{o2}}(s)}{U_{\mathrm{i}}(s)}=\frac{sR_0C_0}{(sR_0C_0)^2+\dfrac{3R_5}{(R_4+R_5)}sR_0C_0+1} \tag{9.2.31}$$

$$A_{u3}(s)=\frac{U_{\mathrm{o3}}(s)}{U_{\mathrm{i}}(s)}=-\frac{1}{(sR_0C_0)^2+\dfrac{3R_5}{(R_4+R_5)}sR_0C_0+1} \tag{9.2.32}$$

式中，$A_{u1}(s)$为二阶高通滤波器的传递函数；$A_{u2}(s)$为二阶带通滤波器的传递函数；$A_{u3}(s)$为二阶低通滤波器的传递函数。由式(9.2.30)、式(9.2.31)、式(9.2.32)可知，电路的特征频率 f_0 和品质因数 Q 为

$$f_0=\frac{1}{2\pi R_0C_0}$$

$$Q=\frac{R+R_5}{3R_5}=\frac{1}{3}\left(1+\frac{R}{R_5}\right)$$

3 个滤波器的通带增益 A_{HP}、A_{BP}、A_{LP} 为

$$A_{\mathrm{u1P}}=A_{\mathrm{HP}}=-1$$

$$A_{\mathrm{u2P}}=A_{\mathrm{BP}}=Q$$

$$A_{\mathrm{u3P}}=A_{\mathrm{LP}}=-1$$

目前已有多种集成状态变量型滤波器产品，其电路结构是在图 9.2.18、图 9.2.19 的基础上，加入第 4 个运放构成带阻和全通滤波器。

9.2.8 三种典型的滤波特性

二阶滤波器比一阶滤波器的滤波效果好，因此当进一步增加滤波器阶数，其频率响应就更能接近理想特性。但是在实际应用中，元件参数(R、C)的不同设置使得滤波器具有不同的响应特性，很难在幅频响应和相频响应两个方面同时接近理想特性。因此，滤波器的设计目标是根据不同的实际要求，实现其最佳的近似理想特性。

在各种各样的特性曲线中，较为典型的是巴特沃斯、切比雪夫和贝塞尔特性曲线。每一种滤波器(LPF、HPF、BPF、BEF)都能通过改变与时间常数有关的元件参数获得与巴特沃思、切比雪夫或贝塞尔特性曲线相对应的滤波特性。本节以低通滤波器为例简要介绍这 3 种类型的滤波特性。

一、三种频率响应函数的比较

1. 巴特沃思(Butterworth)型低通滤波器

巴特沃思型低通滤波器的幅频响应为

$$|H(\Omega)|=\frac{1}{\sqrt{1+\varepsilon^{2}\Omega^{2n}}} \tag{9.2.33}$$

式中,$\Omega=\omega/\omega_c$ 是归一化频率,ω 是给定频率,ω_c 是 -3 dB 截止频率;n 是滤波器的阶数,即滤波器包含的 RC 环节的数目;ε 是决定最大通带起伏量的常数。

由式(9.2.33)可知,$|H(\Omega)|$的 $2n-1$ 阶导数在 $\omega=0$ 处的值为零。因此,巴特沃思型低通滤波器在 $\omega=0$ 处最大平滑、无衰减,通带内的频率特征是平坦无凹凸,并且在允许条件下可得到最大带宽。因此,巴特沃思滤波器具有最大平坦特性,其阶数 n 越高,滤波响应曲线越逼近理想模型。

2. 切比雪夫(Chebyshev)型低通滤波器

切比雪夫型低通滤波器的幅频响应为

$$|H(\Omega)|=\frac{1}{\sqrt{1+\varepsilon^{2}C_n^{2}(\Omega)}} \tag{9.2.34}$$

式中,$\varepsilon^2<1$,$\Omega=\omega/\omega_c$ 是归一化频率,$C_n(\Omega)$为切比雪夫多项式。

该类型滤波器以引入通带起伏为代价,使过渡带曲线下降的速率最大。在给定过渡带截止速率的情况下,切比雪夫滤波器虽然在通带内的曲线产生了一定幅度的振荡,但是可以用低于巴特沃思滤波器的阶次来实现,从而降低了电路的复杂性和成本。

3. 贝塞尔(Bessel)型低通滤波器

贝塞尔型低通滤波器的传递函数为

$$H(s)=\frac{B_n(0)}{B_n(s)} \tag{9.2.35}$$

其中,$B_n(s)$为贝塞尔多项式

$$B_n(s)=\sum_{i=0}^{n} b_i s^i$$

式中,多项式系数为 $b_i=\dfrac{(2n-i)!}{2^{n-i}i!(n-i)!}$。

与巴特沃思型滤波器相比,贝塞尔型滤波器的频率特性稍差一些,过渡带衰减缓慢,但它在通带内产生接近线性的相位特性,因而具有良好的瞬态特性。

应该说明的是,上述三种类型的滤波器并不是拓扑结构不同的电路,实际上它们是同一电路在不同参数配置下得到的不同响应函数。以三阶压控型 LPF 为例,滤波电路如图 9.2.20 所示,为实现三种不同的滤波特性而设置的电容值列于表 9.2.1 中。经仿真得到它们的幅频特性如图 9.2.21 所示,不难看出,所得到的频率响应曲线与前述分析一致。

二、滤波器的瞬态特性

滤波器的频率响应是对于不同频率的正弦输入信号的响应,一般侧重于幅频特性。滤波器的瞬态特性表示输入非正弦波信号时的响应,与滤波器传递函数的相频特性有关。一般而言,滤波器会产生一个与频率有关的相位偏移,如果相位与频率之间是线性关系,那么滤波器仅使信号延时一个常量;反之,若相位的变化是非线性的,即不同的频率成分有不同的相移,则非正弦信号通过这种滤波器时会产生严重的相位失真。滤波器过渡带的幅频特性越陡峭,这种失真越严重。

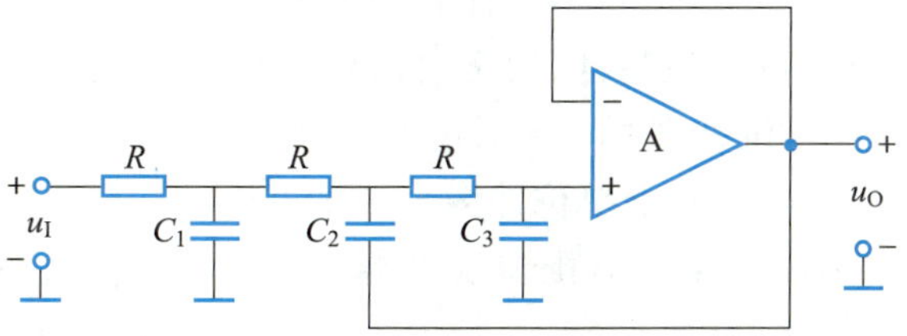

图 9.2.20 三阶压控型低通滤波器

表 9.2.1 三种滤波器电容的取值(截止频率为 1 kHz,$R=1$ kΩ,电容的单位是 μF)

滤波器类型	C_1	C_2	C_3
巴特沃思	0.139 26	0.354 68	0.020 25
切比雪夫	0.301 40	2.693 7	0.014 51
贝塞尔	0.056 47	0.081 36	0.014 51

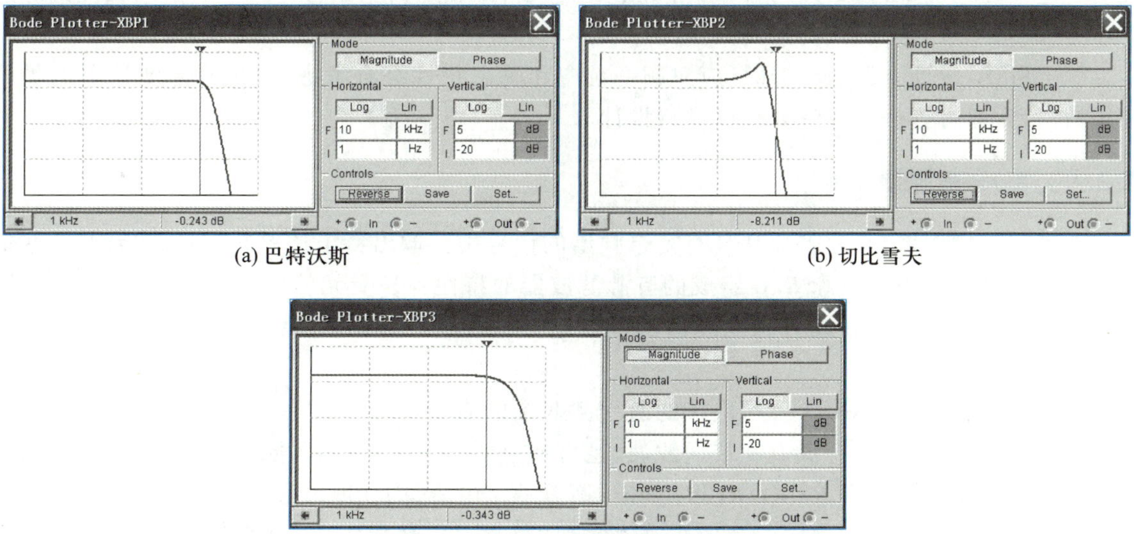

(a) 巴特沃斯

(b) 切比雪夫

(c) 贝塞尔

图 9.2.21 三种滤波器幅频特性的仿真结果

描述滤波器瞬态特性的主要参数有群延迟、阶跃响应和冲激响应。

群延迟 T_{gd} 一般定义为相移 β 对频率 ω 的导数,即

$$T_{gd}=-\frac{d\beta}{d\omega} \tag{9.2.36}$$

如果 T_{gd} 在不同频率处保持为常数,则认为该滤波器具有线性相移特性,此时包含各次谐波

的信号通过滤波器将保持原波形不变。

阶跃响应是指输入为阶跃函数时滤波器的响应。设阶跃函数为

$$u_1(t)=\begin{cases}1 & (t\geqslant 0)\\ 0 & (t<0)\end{cases} \tag{9.2.37}$$

它常用来表征滤波器对宽脉冲的响应特性，通常要求延迟小、过冲小，振荡次数少。

冲激响应是指滤波器对单位冲激脉冲(幅度无限大，宽度无限小，面积为 1)的响应。实际上单位冲激形式的输入信号是不存在的，但它常用来表征对有限幅度窄脉冲的响应。

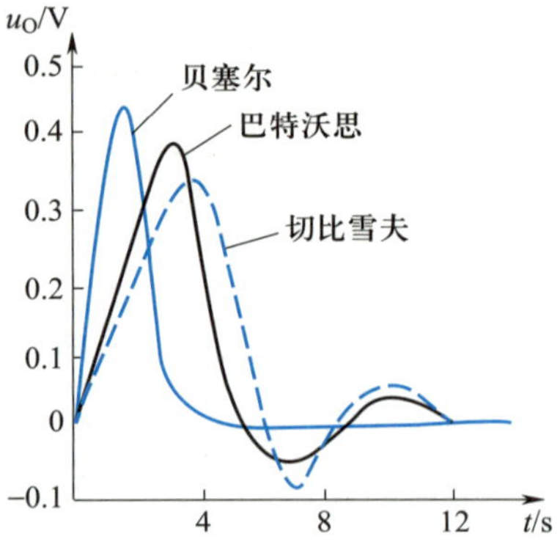

图 9.2.22 三种滤波器的冲激响应曲线

图 9.2.22 所示为巴特沃思、切比雪夫和贝塞尔的冲激响应曲线。可以看出，三种滤波器中，贝塞尔型滤波器的冲激响应上升沿陡，幅度大，持续时间短，尾部无振荡，比巴特沃思和切比雪夫滤波器的冲激响应好。

将以上三种类型滤波器在相同阶次条件下进行参数设定后进行比较，根据通带内的幅频特性(通带起伏)，从优到劣的排序为：巴特沃思、贝塞尔、切比雪夫；根据过渡带下降速率的情况，由快到慢的排序为：切比雪夫、巴特沃思、贝塞尔；按照瞬态特性，从优到劣的排序为：贝塞尔、巴特沃思、切比雪夫。

综上所述，设计有源滤波器时，应对频率响应和瞬态特性综合考虑，首先确定滤波器的类型和级数；然后通过查表法或计算软件进行设计。

9.2.9 集成有源滤波器

在工程应用领域，常常需要从具有复杂频谱的信号中提取出特定频率的信号，或者对一些信号进行变换处理。由运放和 R、C 组成的有源滤波器的特性容易受元件周围分布电容的影响，而偏离预定的工作状态。集成有源滤波器的外围电路简单，受分布电容的影响小，因而得到广泛应用。

MAX275 是美国 MAXIM 公司生产的通用型双二阶有源滤波器。芯片内含两个独立的二阶滤波单元电路，可分别进行低通和带通滤波，也可通过级联实现四阶低通或带通滤波。滤波器的性能参数由四个外部电阻 R_1、R_2、R_3、R_4 确定，不需外接电容，因而滤波性能受分布电容的影响较小。芯片通过外接电阻的不同组合形式可以实现巴特沃思、切比雪夫、贝塞尔型的低通、带通滤波器；滤波器中心频率的范围为 100 Hz～300 kHz，并且可以根据设计者的要求实现高至 100 的 Q 值。

MAX275 采用 20 脚 DIP 或 SO 封装形式，其典型应用电路如图 9.2.23 所示，片内两个独立的二阶有源滤波器分别用 A、B 表示。滤波器 A 的中心频率误差小于 0.9%，Q 值误差小于 10%；滤波器 B 的中心频率误差则小于 1.4%，Q 值误差小于 15%。芯片主要引脚的功能如下：

1. V+，V−：正、负电源输入端，接±5 V 电源；
2. INA，INB：信号输入端；

3. LPIA，LPIB：低通滤波输入端；
4. LPOA，LPOB：低通滤波输出端；
5. BPIA，BPIB：带通滤波输入端；
6. BPOA，BPOB：带通滤波输出端；
7. FCA，FCB：频率控制端。

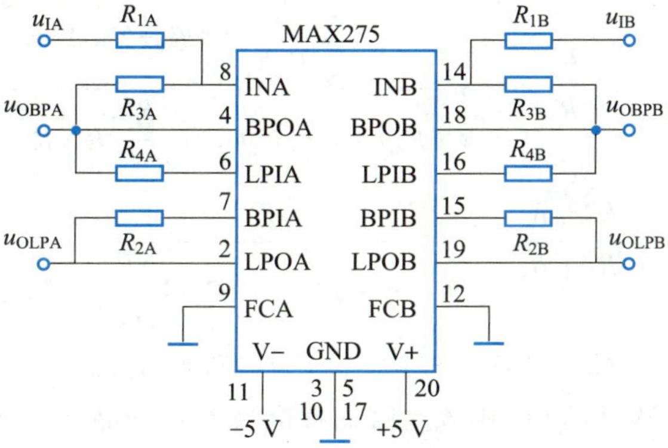

图 9.2.23 MAX275 的典型应用电路

MAX275 内部的一组二阶滤波单元结构如图 9.2.24 所示。由图可见，滤波器采用四运放设计，由运放 A_1 ~ A_4、内部电容 C_1 和 C_2 以及外接电阻 R_1、R_2、R_3、R_4 构成级联积分电路；运放 A_4 的输入端接入 5 kΩ 电阻，其作用是避免外部寄生电容对内部积分电容产生影响。这种双二阶滤波电路与状态变量滤波器不同，四个运放均工作于反相输入方式，因而电路不受共模电压限制的影响。

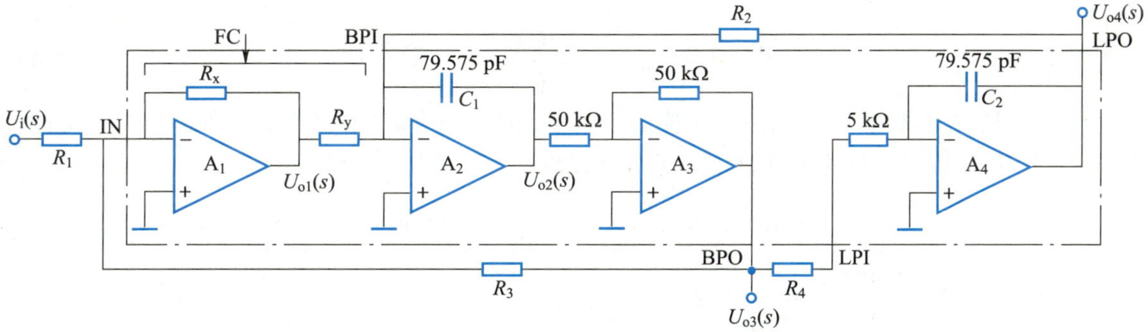

图 9.2.24 MAX275 的滤波单元结构

运用“虚短”“虚断”特性，分别在运放 A_1 和 A_2 的反相输入端列节点电流方程，

$$\begin{cases}\dfrac{U_i(s)}{R_1}+\dfrac{U_{o3}(s)}{R_3}+\dfrac{U_{o1}(s)}{R_x}=0\\[2ex]\dfrac{U_{o1}(s)}{R_y}+\dfrac{U_{o4}(s)}{R_2}+\dfrac{U_{o2}(s)}{\dfrac{1}{sC_1}}=0\end{cases}$$

由图可知，运放 A_3 构成反相器，运放 A_4 构成积分器，它们的输出电压为

$$U_{o3}(s)=-U_{o2}(s)$$

$$U_{o4}(s)=-\frac{1}{(R_4+5\ \mathrm{k\Omega})sC_2}U_{o3}(s)$$

将上述四个方程联立，求得电路的传递函数为

$$A_{u3}(s)=\frac{U_{o3}(s)}{U_i(s)}=-\frac{R_3}{R_1}\cdot\frac{s\frac{R_x}{R_3R_y}R_2(R_4+5\ \mathrm{k\Omega})C_2}{s^2R_2(R_4+5\ \mathrm{k\Omega})C_1C_2+s\frac{R_x}{R_3R_y}R_2(R_4+5\ \mathrm{k\Omega})C_2+1} \tag{9.2.38}$$

$$A_{u4}(s)=\frac{U_{o4}(s)}{U_i(s)}=\frac{R_2}{R_1}\cdot\frac{R_x}{R_y}\cdot\frac{1}{s^2R_2(R_4+5\ \mathrm{k\Omega})C_1C_2+s\frac{R_x}{R_3R_y}R_2(R_4+5\ \mathrm{k\Omega})C_2+1} \tag{9.2.39}$$

式中，$A_{u3}(s)$ 为二阶带通滤波器的传递函数；$A_{u4}(s)$ 为二阶低通滤波器的传递函数。已知芯片内部两个积分电容 $C_1=C_2=79.575\ \mathrm{pF}$，则该电路的特征频率 f_0 和品质因数 Q 为

$$f_0=\frac{1}{2\pi\sqrt{R_2(R_4+5\ \mathrm{k\Omega})C_1C_2}}=\frac{1}{\sqrt{R_2(R_4+5\ \mathrm{k\Omega})}}\times2\times10^9(\mathrm{Hz}) \tag{9.2.40}$$

$$Q=\frac{R_3R_y}{R_x\sqrt{R_2(R_4+5\ \mathrm{k\Omega})}} \tag{9.2.41}$$

两个滤波器的通带增益 A_{BP}、A_{LP} 为

$$A_{u3P}=A_{BP}=-\frac{R_3}{R_1} \tag{9.2.42}$$

$$A_{u4P}=A_{LP}=\frac{R_2}{R_1}\cdot\frac{R_x}{R_y} \tag{9.2.43}$$

式中，R_x、R_y 是滤波器内部电阻，两者比值由引脚 FC 的接法决定，如表 9.2.2 所示。为了提高滤波器中心频率和品质因数的精度，FC 应尽可能接地。

表 9.2.2　MAX275 芯片控制管脚 FC 的接法

FC 的接法	R_y/R_x(kΩ)
V+	13/52
GND	65/13
V-	325/13

式(9.2.40)~式(9.2.43)表明，滤波器的品质因数 Q、中心频率 f_0 及通带电压放大倍数均由外接电阻 R_1、R_2、R_3 和 R_4 决定。为提高滤波器的性能，一般采用金属膜电阻或者精密电阻，外围电阻的取值范围为 5 kΩ~4 MΩ。集成滤波器的生产厂家会提供滤波器的计算软件，可以根据用户设定的 f_0、Q 值及滤波器的类型自动计算滤波器的阶数和外围电阻阻值，从而简化了滤波器的设计过程。

综上所述，MAX275 组成的滤波器可同时提供低通和带通滤波输出，芯片用于低通滤波时用 LPO 作为输出，用于带通滤波时用 BPO 作为输出。MAX275 具有外接元件少，结构简单，参数调节方便等优点；与开关电容滤波器相比，使用时无须时钟电路，因此噪声更低，动态特性更好，能广泛应用于各种精密测试设备、通信设备、医疗仪器和数据采集系统。

思考题

9-2-1 有源与无源滤波器相比有何特点？它们各自适用于什么场合？

9-2-2 滤波器按幅频特性分为哪几种？分别定性画出它们的幅频特性曲线。

9-2-3 压控型低通滤波器的幅频特性为什么在 f_0 处被抬高？

9-2-4 压控型低通滤波器 Q 值的含义是什么？Q 值是否越大越好？

9-2-5 状态变量型滤波器的工作特点是什么？

9-2-6 比较贝塞尔、巴特沃思和切比雪夫三种滤波器的优缺点。

9-2-7 集成有源滤波器的优点是什么？

9.3 开关电容滤波器

上节讨论的有源 RC 滤波电路统称为连续时间滤波器，其通带电压放大倍数 A_{uP} 和品质因数 Q 通常由元件的比值确定，特征角频率 ω_0 则受控于元件乘积（时间常数 RC）。由于这类滤波器要求有较大的电容和精确的 RC 时间常数，因此在芯片上制造集成组件的难度很大。

随着 MOS 工艺的迅速发展，由 MOS 电容、模拟开关和运放组成的开关电容滤波器（switched capacitor filter，SCF）已于 1975 年实现了单片集成化。这种滤波器通过模拟开关周期性地作用于 MOS 电容来模拟电阻，其时间常数依赖于电容的比值而不是 RC 乘积。开关电容滤波器可以实现大时间常数的滤波器，而且滤波器的参数准确性和稳定性高。与数字滤波器比较，开关电容滤波器可以对模拟量的离散值直接进行处理，不需要模数转换器，从而省去了量化的过程，并因此受到广泛应用。

9.3.1 开关电容的工作原理

一、MOS 电容

开关电容滤波器中的 MOS 电容主要有两种形式，即 MOS 接地电容和 MOS 浮地电容，它们的结构如图 9.3.1 所示。MOS 接地电容相当于金属层对地有一个 PN 结电容；MOS 浮地电容相当于在上、下极板电极与衬底之间以及在上、下两个极板电极之间均有电容存在，其中以上、下两个极板电极之间的电容为主。

在集成电路中，可以通过均匀地控制硅片上氧化层的介电常数及其厚度，使电容量的比值主要取决于每个电容电极的面积，从而获得准确性很高的电容比。MOS 电容值一般为 1～40 pF，制作绝对精度一般只有 5%，而相对精度可高达 0.01%，其温度系数可小到 $(20\sim50)\times10^{-6}\,℃^{-1}$，电压系数可低到 $(10\sim100)\times10^{-6}\,V^{-1}$。MOS 电容的优异特性有利于提高开关电容滤波器的稳定性和传输特性的精度。

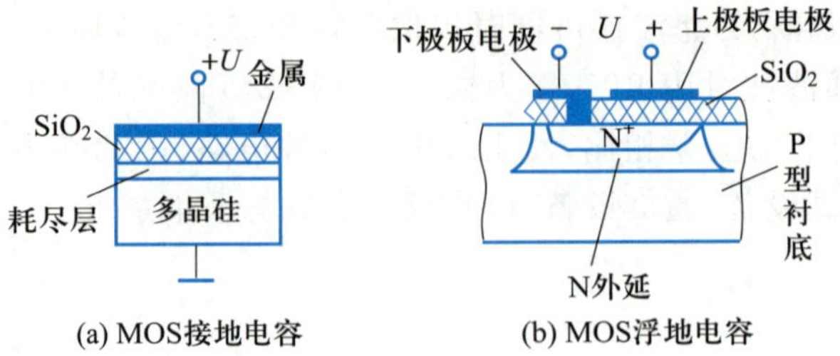

图 9.3.1 MOS 电容的结构

二、开关电容模拟电阻

开关电容模拟电阻的结构如图 9.3.2 所示。设模拟开关 SW_1、SW_2 具有理想特性，并由互不重叠的两个异相时钟信号驱动，ϕ_1、ϕ_2 的波形如图 9.3.3 所示，则两个模拟开关在一个时钟周期 T_{CP} 内交替导通。

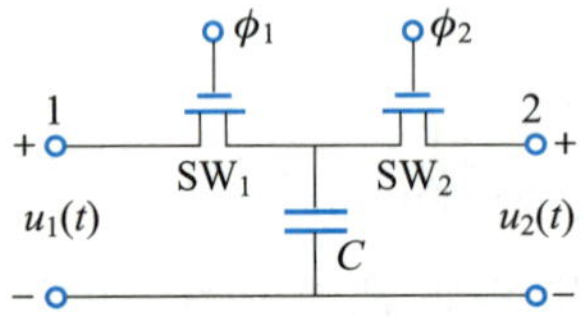

图 9.3.2 开关电容模拟电阻

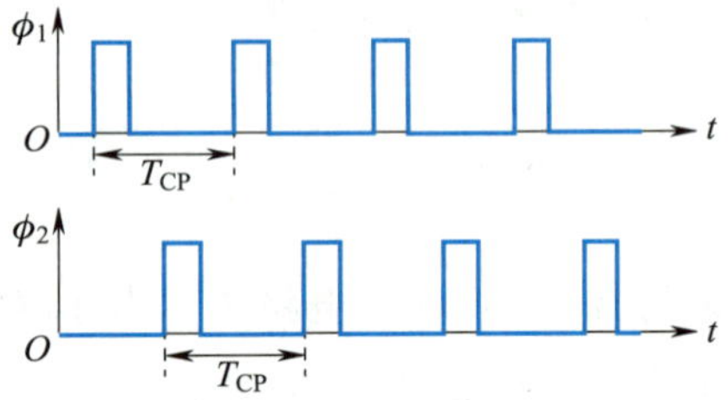

图 9.3.3 时钟驱动信号

设 $u_1(t)>u_2(t)$，在一个信号周期内电路的工作过程如下：

① 当 SW_1 闭合，SW_2 断开时，$u_1(t)$ 对 C 充电，这个过程称为 C 对 $u_1(t)$ 取样。电容 C 上存储的电荷量为

$$q_C(t)=Cu_1(t)$$

② 当 SW_1 断开，SW_2 断开时，电容 C 上存储的电荷量 $q_C(t)$ 保持不变。

③ 当 SW_1 断开，SW_2 闭合时，电容 C 放电直至 $u_2(t)$，电容 C 上存储的电荷量变为

$$q_C(t)=Cu_2(t)$$

由上述过程可知，在信号周期内从电路节点 1 传输至节点 2 的总电荷量为

$$\Delta q_C(t)=C[u_1(t)-u_2(t)]$$

采用单位时间内从节点 1 传输至节点 2 的电荷量来定义两个节点之间流过的平均电流

$$i_{av}=\frac{\Delta q_C(t)}{T_{CP}}=\frac{C[u_1(t)-u_2(t)]}{T_{CP}}$$

虽然电荷是以分批的形式进行流动的，但是如果控制模拟开关的时钟频率 f_{CP} 远大于 $u_1(t)$ 和 $u_2(t)$ 的最高频率，那么两个节点之间电荷的移动就可以近似认为是连续的，在一个时钟周期内两个端口电压 $u_1(t)$、$u_2(t)$ 基本不变，等效为一个电阻。因此，在时钟信号驱动下，图 9.3.2 所示电路节点 1 与节点 2 之间的等效电阻为

$$R_{eq}=\frac{u_1(t)-u_2(t)}{i_{av}}=\frac{T_{CP}}{C}=\frac{1}{Cf_{CP}} \tag{9.3.1}$$

设 $f_{CP}=10\ kHz$，$C=10\ pF$，并代入式(9.3.1)，则等效电阻 $R_{eq}=10\ M\Omega$，仅占用 0.01 mm^2 的芯片面积，是普通工艺的 1%。因此，用开关电容取代电阻具有工艺简单、易集成的优点，采用很小的芯片面积即可获得高阻值的电阻。

9.3.2　一阶 *RC* 低通环节

在图 9.3.2 基础上再并联一个电容，如图 9.3.4(a)所示。当模拟开关的驱动信号频率远大于输入 $u_i(t)$ 的频率时，开关电容等效为电阻 R，与电容 C_2 构成一阶 RC 低通环节，如图 9.3.4(b)所示。

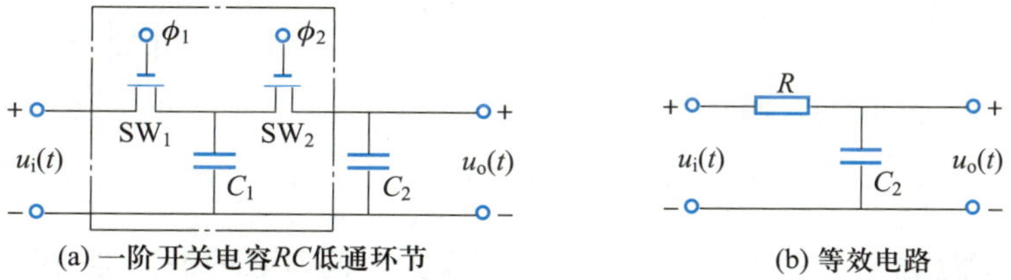

图 9.3.4　由开关电容构成的一阶 RC 低通环节

一阶开关电容 RC 低通环节的时间常数为

$$\tau=RC_2=\frac{T_{CP}}{C_1}\cdot C_2=\frac{1}{f_{CP}}\cdot\frac{C_2}{C_1} \tag{9.3.2}$$

该时间常数 τ 仅与电容比值 C_2/C_1 有关，而与 C_2 和 C_1 的绝对值无关。MOS 集成工艺能使同一硅片上的 MOS 电容比值的精度优于 0.1%，电容比值的温度系数可小于 $10^{-5}℃^{-1}$。因而开关电容容易实现准确、稳定的时间常数。

由式(9.3.2)可知，低通环节的上限截止角频率 ω_H 为

$$\omega_H=\frac{1}{\tau}=\frac{C_1}{C_2}f_{CP} \tag{9.3.3}$$

同理可知，开关电容构成的 RC 低通滤波环节的特性频率 ω_H 与 f_{CP} 呈比例关系。如果时钟脉冲可以由晶体振荡器获得，则 ω_H 具有很高的稳定性。即使在低频应用场合，只需通过合理地选择时钟频率 f_{CP} 和电容比值，就可以获得合适的大时间常数。例如，当 $f_{CP}=1\ kHz$，$C_1=1\ pF$，$C_2=15.9\ pF$ 时，由式(9.3.3)计算可得上限截止频率 $f_H=10\ Hz$；若采用一般的 RC 环节来实现相同的 f_H，则需要采用的元件参数为 $R=1.59\ M\Omega$，$C=10\ nF$，而采用集成工艺实现这种元件参数并保持时间常数 RC 值的准确性和稳定性是十分困难的。

9.3.3　一阶开关电容低通滤波器

图 9.3.5(a)为一阶开关电容低通滤波器，其等效电路如图 9.3.5(b)所示。根据式(9.3.1)、式(9.3.2)和式(9.3.3)，并设开关电容等效电阻 $R_1=T_{CP}/C_1$、$R_2=T_{CP}/C_2$，推导电路的传递函数为

$$A_u(s)=\frac{U_O(s)}{U_i(s)}=-\frac{R_2}{R_1}\cdot\frac{1}{1+sR_2C}=-\frac{C_1}{C_2}\cdot\frac{1}{1+sT_{CP}\dfrac{C}{C_2}} \tag{9.3.4}$$

式(9.3.4)表明,$A_u(s)$只取决于模拟开关的驱动周期 T_{CP}、电容比(C_1/C_2 和 C/C_2),故开关电容滤波器的精确度和稳定性明显优于一般的有源滤波器。

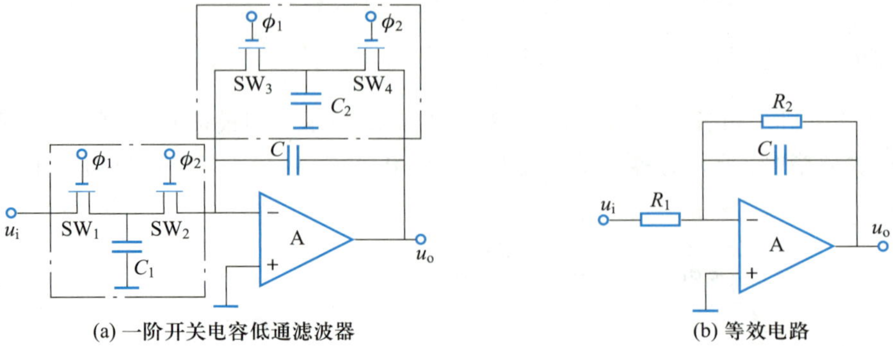

图 9.3.5　一阶开关电容低通滤波器及其等效电路

开关电容滤波器虽然有许多优点,例如可以实现大时间常数的滤波器,而且滤波器的参数准确性和稳定性高;但是开关电容滤波器也有一些使用限制。例如,受到模拟开关的质量、运放的输入偏置电流和转换速率的影响,一般开关电容滤波器 f_{CP} 允许工作的范围是 $10^2 \sim 10^6$ Hz;同时由于开关电容实际上是在离散时间工作,而不是连续时间工作,因而会引入幅值误差和相位误差,需要采取补偿措施。

9.3.4　集成开关电容滤波器

MAX260、MAX261、MAX262 是美国 MAXIM 公司生产的程控滤波器芯片。该系列芯片可以通过微处理器编程控制滤波器的传递函数,不需要外接元件即可构成低通、高通、带通、带阻、全通滤波器,简化了有源滤波器的设计过程。MAX260 的中心频率为 0.01 Hz~7.5 kHz,MAX261 的中心频率为 0.4 Hz~57 kHz,MAX262 的中心频率为 1 Hz~140 kHz。

本节以集成可编程开关电容通用滤波器 MAX260 为例,介绍其工作原理及其应用。MAX260 芯片内含两个独立的二阶开关电容滤波单元,每个滤波单元的中心频率 f_0、品质因数 Q 及工作模式均可由程序设置。通过编程可以设置 64 种 f_0、128 个 Q 值及四种工作模式。图 9.3.6 所示为 MAX260 的引脚图,芯片内部两个独立的滤波单元分别用 A、B 表示。

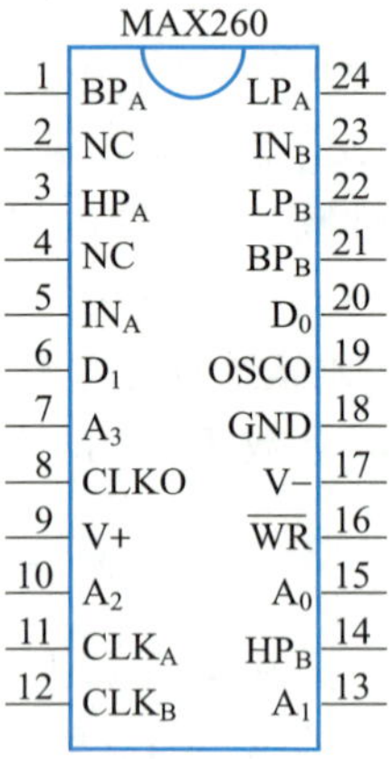

图 9.3.6　MAX260 的引脚图

芯片主要引脚的功能如下:

1. V+,V−:正、负电源输入端,供电范围为±2.37~±6.3 V。

2. IN_A,IN_B:信号输入端。

3. CLK_A,CLK_B:时钟输入端;时钟信号可以由晶体振荡器、RC 网络或时钟信号发生器产生;时钟信号在滤波器内部被二分频。

4. CLKO(CLK OUTPUT):晶体振荡器和 RC 网络的时钟输出端。

5. OSCO(OSC OUTPUT):晶振输出端,与晶体振荡器或 RC 振荡器相连,用于自同步。

6. $\overline{WR}$:写允许控制输入端;当$\overline{WR}$接 V+时,不接收输入数据;接 V-时,数据可通过逻辑接口进入编程内存中,完成滤波器的工作模式、f_0 及 Q 的设置;此外,$\overline{WR}$ 还可以接收 TTL 电平信号,并在上升沿锁存输入数据。

7. D_0,D_1:数据输入端,用来对 f_0 和 Q 的相应位进行设置。

8. A_0~A_3:地址输入端,用来完成对滤波器工作模式、f_0 和 Q 的相应设置。

9. LP_A,LP_B:低通滤波输出端。

10. BP_A,BP_B:带通滤波输出端。

11. HP_A,HP_B:高通(HP)/带阻(BE)/全通(AP)滤波输出端。

12. GND:模拟地。

13. NC(not connected):空脚,与芯片内部没有连接。

MAX260 通过滤波单元的级联,可以实现四阶滤波器。由 MAX260 构成的四阶带通滤波器如图 9.3.7 所示。

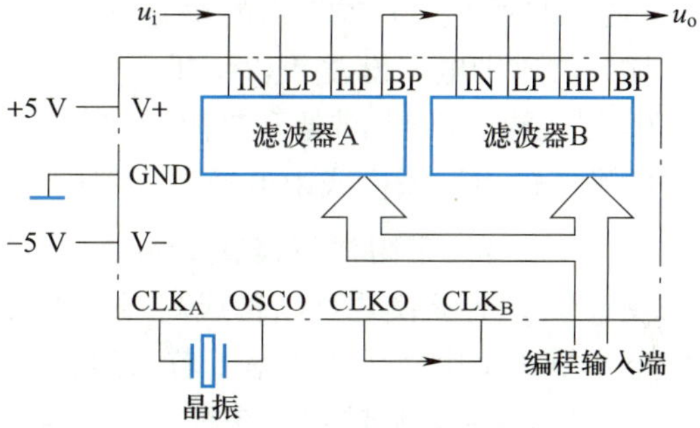

图 9.3.7 MAX260 构成的四阶带通滤波器

MAX260 内部的一组滤波单元结构如图 9.3.8 所示。滤波器单元由一个加法放大器、两个级联的积分器和四个开关电容网络(switched capacitor network,SCN)构成,片内的开关(S_1、S_2、S_3)和开关电容网络通过反馈控制每个滤波单元的 f_0 和 Q 值,它们的精确度由内部电容比决定。图中 F_0~F_5 是 f_{CLK}/f_0 的控制字 N_F,Q_0~Q_6 是 Q 值的控制字 N_Q,M_0、M_1 为工作模式控制字。2 位数据值(D_0D_1)在 4 位地址(A_0~A_3)的控制下,在

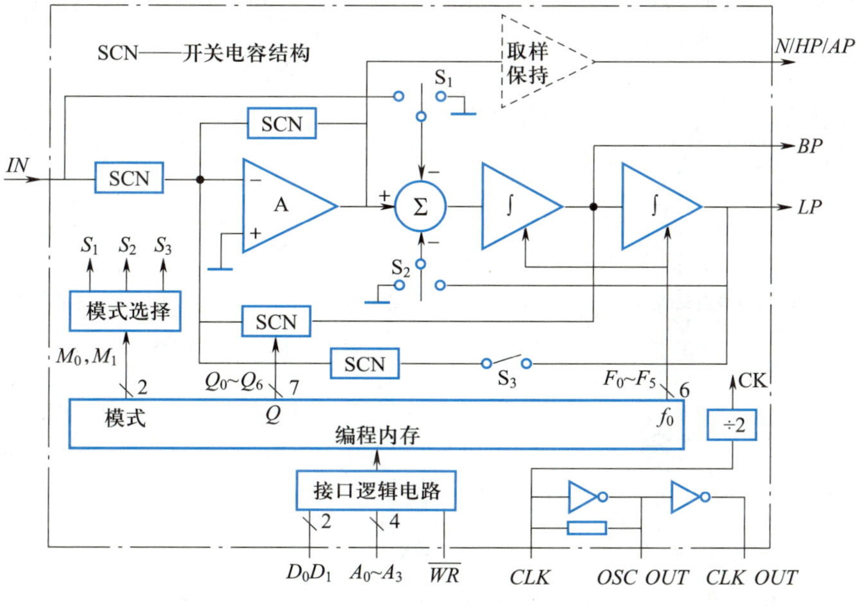

图 9.3.8 MAX260 的滤波单元结构

$\overline{WR}$ 的下降沿经逻辑接口给滤波器 A、B 中的 f_{CLK}/f_0、Q 及工作模式控制字分别赋予不同的值，从而实现各种功能的滤波。为获得理想二阶状态变量响应，应保证较大的输入时钟频率与滤波器中心频率之比(f_{CLK}/f_0)。

在 MAX260 的滤波单元中，可采用多种方式配置加法放大器和积分器，实现不同的滤波功能。该芯片通过将编程模式字写入编程内存来选择工作模式。

模式 1：构成巴特沃思、切比雪夫、贝塞尔型滤波器，实现低通和带通滤波功能，也可以构成二阶带阻滤波器；该模式与模式 4 支持高时钟频率。该模式中低通滤波器的通带电压增益 $A_{LP}=-1$；带通滤波器在中心频率点的增益 $A_{BP}=-Q$；带阻滤波器在低频处的通带电压增益 $A_{BE1}=-1$，在高频处的通带电压增益 $A_{BE2}=-1$。

模式 2：构成低通、带通和带阻滤波器。与模式 1 相比，其主要优点在于能够获得更高的 Q 值和低噪声输出。该模式中低通滤波器的通带电压增益 $A_{LP}=-0.5$；带通滤波器在中心频率点的增益 $A_{BP}=-Q/\sqrt{2}$；带阻滤波器在低频处的电压增益 $A_{BE1}=-0.5$，在高频处的电压增益 $A_{BE2}=-1$。

模式 3：只有该模式可以构成高通滤波器，也可以构成低通和带通滤波器，其最大输入时钟频率小于模式 1 中采用的频率。若采用独立的运算放大器，将模式 3 的高通输出和低通输出相加，就可以构成带阻滤波器。该模式中低通滤波器的通带电压增益 $A_{LP}=-1$；带通滤波器在中心频率点的增益 $A_{BP}=-Q$；高通滤波器的通带电压增益 $A_{HP}=-1$。

模式 4：仅有此模式提供全通滤波器输出方式，也能提供低通和带通输出。该模式为最快的工作方式，但也应当注意此模式下的 f_0 和 Q 值具有几种模式中最大的取样误差。该模式中低通滤波器的通带电压增益 $A_{LP}=-2$；带通滤波器在中心频率点的增益 $A_{BP}=-2Q$；全通滤波器的通带电压增益 $A_{HP}=-1$。

以二阶滤波器为例，首先确定滤波器的类型和滤波特性(如图 9.3.9 所示)，然后按以下公式估算滤波器的 f_0 和 Q 值。

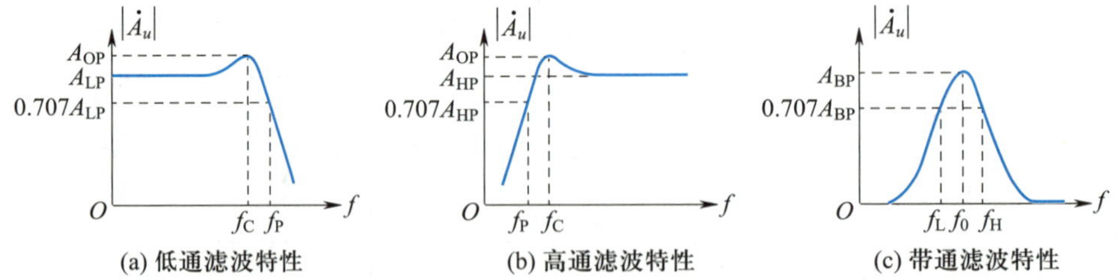

图 9.3.9　MAX260 构成的二阶有源滤波器的滤波特性

二阶低通滤波器：

$$A_{OP}=A_{LP}\times\frac{1}{\frac{1}{Q}\sqrt{1-\frac{1}{4Q^2}}}$$

$$f_P=f_0\sqrt{\left(1-\frac{1}{2Q^2}\right)+\sqrt{\left(1-\frac{1}{2Q^2}\right)^2+1}}$$

$$f_C = f_0\sqrt{1-\frac{1}{2Q^2}}$$

二阶高通滤波器：

$$A_{OP} = A_{HP}\frac{1}{\frac{1}{Q}\sqrt{1-\frac{1}{4Q^2}}}$$

$$f_P = f_0\left[\sqrt{\left(1-\frac{1}{2Q^2}\right)+\sqrt{\left(1-\frac{1}{2Q^2}\right)^2+1}}\right]^{-1}$$

$$f_C = f_0\left(\sqrt{1-\frac{1}{2Q^2}}\right)^{-1}$$

二阶带通滤波器：

$$f_0 = \sqrt{f_H f_L}$$

$$Q = \frac{f_0}{f_H - f_L}$$

$$f_H = f_0\left[\frac{1}{2Q}+\sqrt{\left(\frac{1}{2Q}\right)^2+1}\right]$$

$$f_L = f_0\left[\frac{-1}{2Q}+\sqrt{\left(\frac{1}{2Q}\right)^2+1}\right]$$

最后，根据 f_{CLK}/f_0 和 Q 值计算每个滤波单元的编程系数 N_F 和 N_Q，并通过微处理器编程写入芯片内存，其中 N_F 的取值范围为 0～63，N_Q 的取值范围为 0～127。N_F 与 f_{CLK}/f_0 之间的关系式、N_Q 与 Q 之间的关系式为

① 工作模式为模式 1、3、4 时，$\frac{f_{CLK}}{f_0}=(64+N_F)\times\frac{\pi}{2}$，$Q=\frac{64}{128-N_Q}$；

② 工作模式为模式 2 时，$\frac{f_{CLK}}{f_0}=1.110\,72\times(64+N_F)$，$Q=\frac{90.51}{128-N_Q}$。

综上所述，集成开关电容滤波器具有外围元件少、结构简单、f_0 和 Q 值可独立编程设置、滤波器的参数准确性和稳定性高等优点。与数字滤波器相比，集成开关电容滤波器的处理速度快，因此被广泛用于信号处理、自适应滤波、信号分析和锁相环等领域中。

思考题

9-3-1 开关电容滤波器与一般的有源滤波器相比有何优点？

9-3-2 说明采用开关电容模拟电阻的工作原理，其等效阻值由哪些参数决定？

9-3-3 集成开关电容滤波器的优点是什么？

9.4 模拟乘法器

模拟乘法器是通用性很强的非线性有源器件，在处理各种模拟信号及两个以上变量的非线

性函数关系时，具有电路设计简单、灵活等特点，因而广泛应用于通信、测控系统中。模拟乘法器能实现两个模拟量相乘的功能，其符号如图 9.4.1 所示。图 9.4.1 中 u_x、u_y 为两路输入，输出 u_o 为

$$u_o = K u_x u_y \tag{9.4.1}$$

式中，K 为比例因子，具有 V^{-1} 的量纲。

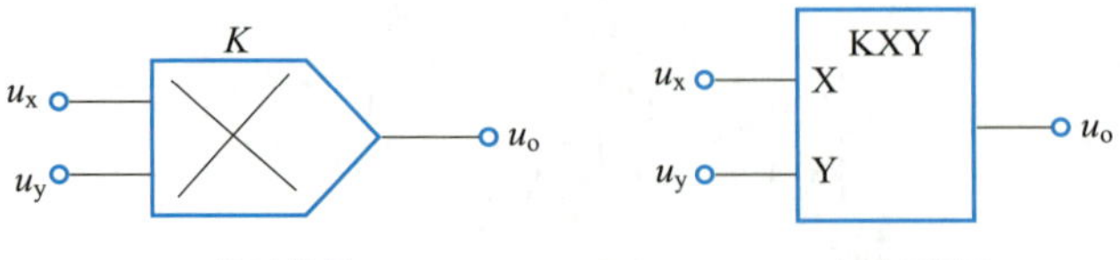

(a) 常用符号　(b) 国标符号

图 9.4.1　模拟乘法器符号

由式(9.4.1)可知，当 $u_x = u_y$ 时，乘法器实现平方运算，其输出与输入信号之间为非线性关系，其输出为

$$u_o = K u_x u_y = K u_x^2$$

当 u_x、u_y 任意一个输入直流量时，例如 $u_x = U_{REF}$，则乘法器的输出 u_o 与另一个输入 u_y 之间具有线性关系；若 U_{REF} 可调，就能实现可控增益放大器，其输出为

$$u_o = K u_x u_y = (K U_{REF}) u_y$$

根据乘法运算的代数性质以及输入 u_x、u_y 的极性，可以确定乘法器有四个工作区域，如图 9.4.2 所示。如果乘法器允许任意极性输入，并在输出端保持正确的极性关系，则称为四象限乘法器。与之相比，二象限乘法器则要求输入信号之一为单极性，单象限乘法器则要求两个输入信号都为单极性。

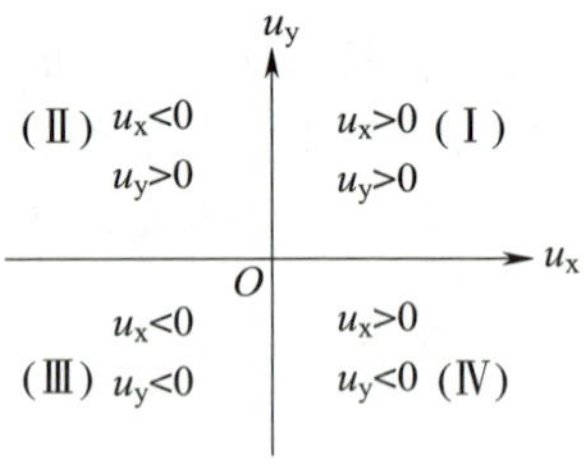

图 9.4.2　模拟乘法器的工作区域

9.4.1　模拟乘法器的基本原理

目前模拟乘法器主要有变跨导型和对数反对数型两种，本节将分别介绍它们的工作原理。

一、变跨导型模拟乘法器

变跨导型模拟乘法器是在差分放大电路的基础上演变而来的，其原理电路如图 9.4.3 所示。晶体管 VT_3 与 R_e 构成恒流源电路，设 VT_1 和 VT_2 的射极电流 $I_{E1} = I_{E2} = I_E$，则当 $u_y \gg U_{BE3}$ 时，恒流源输出的电流 I_0 为

$$I_0 = 2I_E = \frac{u_y - U_{BE3}}{R_e} \approx \frac{u_y}{R_e} \tag{9.4.2}$$

电路的差模电压放大倍数为

$$A_{ud} = \frac{u_o}{u_x} = -\frac{\beta R_c}{r_{be}}$$

已知晶体管的交流输入电阻 $r_{be} = r_{bb'} + (1+\beta)\frac{U_T}{I_E}$，一般 $(1+\beta)\frac{U_T}{I_E} \gg r_{bb'}$，因而 $r_{be} \approx (1+\beta)\frac{U_T}{I_E}$，则差分

电路的输出电压为

$$u_o \approx -\frac{I_E}{U_T} \cdot R_c \cdot u_x = -\frac{I_0}{2U_T} \cdot R_c \cdot u_x = -g_m \cdot R_c \cdot u_x \quad (9.4.3)$$

式中，$g_m = \frac{I_0}{2U_T}$称为差分放大电路的跨导。

将式(9.4.2)和式(9.4.3)联立，求得

$$u_o = -\frac{1}{2U_T} \cdot \frac{R_c}{R_e} \cdot u_x \cdot u_y = K \cdot u_x \cdot u_y \quad (9.4.4)$$

式中，$K = -\frac{1}{2U_T} \cdot \frac{R_c}{R_e}$为模拟乘法器的增益，即比例因子，单位为 V^{-1}。

式(9.4.4)表明，输出电压 u_o 与输入 u_x、u_y 的乘积成比例，实现了乘法运算。由于 u_y 控制 VT_3 的发射极电流，进而控制差分电路的跨导 g_m，因此该乘法器称为变跨导型模拟乘法器。

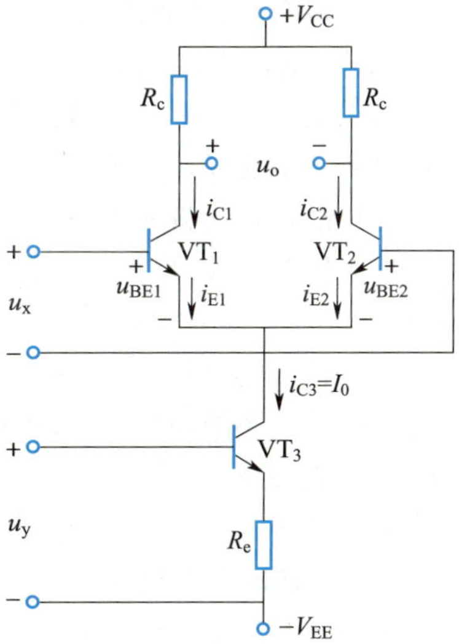

图 9.4.3 变跨导型模拟乘法器原理图

图 9.4.3 所示电路没有考虑非线性失真等因素，因而输入信号的动态范围很小。并且为了实现乘法运算而要求 u_y 为单极性输入($u_y>0$)，该电路只能作为二象限乘法器。实际的集成变跨导四象限模拟乘法器的内部电路要复杂一些。

二、对数反对数型模拟乘法器

根据两数乘积的对数等于两数对数之和的原理，可以用对数、反对数运算电路和加法运算电路来实现模拟量的相乘，其原理框图如图 9.4.4 所示。

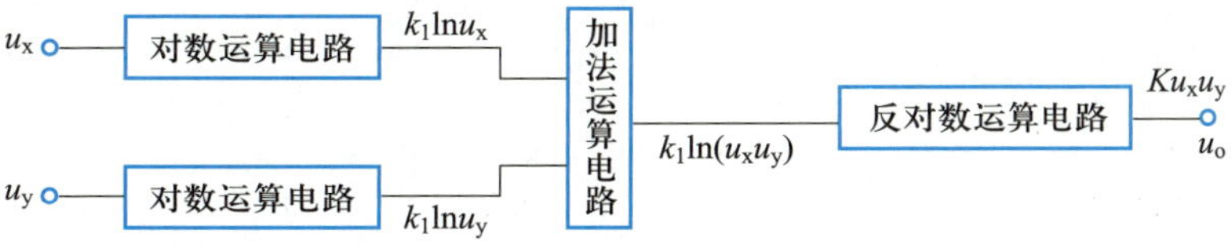

图 9.4.4 对数反对数型模拟乘法器原理框图

由框图可知，对数反对数型模拟乘法器的输出电压 $u_o = Ku_xu_y$。

9.4.2 集成模拟乘法器

一、集成模拟乘法器的主要参数

模拟乘法器的主要参数与运放有许多相似之处，其性能主要用精度和非线性来衡量，动态范围则使用小信号带宽来衡量。用于表征模拟乘法器精度和动态范围的一些主要参数如下：

1. 输出失调电压 u_0

当 $u_x = u_y = 0$ 时，$u_o \neq 0$，此时的输出电压称为输出失调电压。

2. 满量程总误差 E_{Σ}

乘法器的实际输出与按照式(9.4.1)计算的理想值之间的最大偏差称为总误差。满量程总误差是指当 $u_x=u_{xmax}$, $u_y=u_{ymax}$ 时,实际输出与理想输出的最大偏差和理想输出的百分比。

3. 馈通误差 E_F

由式(9.4.1)可知,当 $u_x=0$, $u_y\neq0$ 时,理想乘法器的输出 $u_o=0$。但是由于乘法器的输入端存在输入失调电压,从而使 $u_o\neq0$。因此,馈通误差 E_F 定义为:在模拟乘法器有一个输入端等于零,另一个输入端加规定幅值和频率的信号时的输出电压值。当 $u_x=0$, u_y 为规定值, $u_o=E_{YF}$,称为 Y 通道馈通误差;当 u_x 为规定值, $u_y=0$, $u_o=E_{XF}$,称为 X 通道馈通误差。

4. 非线性误差 E_{NL}

非线性误差是指将一个输入固定(通常固定在-10 V 或+10 V),调节另一个输入在规定范围内由最小变化至最大,模拟乘法器的实际输出与理想输出之间的最大偏差占理想输出最大幅值的百分比。

5. 小信号带宽 BW

随着信号频率的增加,乘法器的输出下降到低频时的 0.707 倍处所对应的频率。

6. 转换速率 S_R

将乘法器接成单位增益放大器,输入为大信号方波电压时,对应输出电压的最大变化速率。

二、常用集成模拟乘法器

目前已有多种集成模拟乘法器的产品,表 9.4.1 列出了几种常用的集成模拟乘法器及其性能参数。

表 9.4.1　集成模拟乘法器及其性能参数

参数 型号	满量程精度/%	温度系数/(%/℃)	满量程非线性 X/%	满量程非线性 Y/%	小信号带宽/MHz	电源电压/V	工作温度范围/℃
F1495	0.75		1	2	3	-15,32	0~70
1595	0.5		0.5	1	3	-15,32	-55~125
AD532J	2	0.04	0.8	0.3	1	±10~±18	0~70
K	1	0.03	0.5	0.2	1	±10~±18	0~70
S	1	0.04	0.5	0.2	1	±10~±18	-55~125
AD539J	2				30	±4~±16.5	0~70
K	1				30	±4~±16.5	0~70
S	1				30	±4~±16.5	-55~125
AD633J	±2		±1	±0.4	1	±8~±18	0~70
A	±2		±1	±0.4	1	±8~±18	-40~85

集成模拟乘法器在使用时,芯片外围还需要有一些元件支持。早期的模拟乘法器(F1495),使用时需接很多外围元件,调整比较困难。表 9.4.1 中所列 AD 公司的产品,使用时只需很少的外围元件,并且容易调整。

9.4.3 模拟乘法器构成的运算电路

一、乘法运算

两个模拟量的乘法运算可直接使用模拟乘法器。若两个输入信号分别为电压和电流，则乘法运算的结果为瞬时功率，因而乘法器可用于功率测量电路中。

设模拟乘法器的两个输入信号均为交流信号，$u_x=U_1\cos(\omega_1 t+\theta_1)$，$u_y=U_2\cos(\omega_2 t+\theta_2)$，则

$$u_o=\frac{KU_1U_2}{2}\{\cos[(\omega_1-\omega_2)t+(\theta_1-\theta_2)]+\cos[(\omega_1+\omega_2)t+(\theta_1+\theta_2)]\} \tag{9.4.5}$$

由式(9.4.5)可知，若两个输入信号频率相等，则乘法器的输出 u_o 包括直流分量和交流分量，直流分量代表平均值，交流分量是原信号的二倍频。在乘法器的输出端接入低通滤波器，抑制高频分量，则有

$$u_o=\frac{1}{2}KU_1U_2\cos(\theta_1-\theta_2) \tag{9.4.6}$$

上式表明，乘法器也可以作为相位检测器，用于模拟锁相环电路中。在后续章节中，将介绍乘法器在信号调制、解调以及鉴相电路中的应用。

微视频 9-4
除法运算电路

二、除法运算

除法运算电路由运算放大器和模拟乘法器组合而成，如图 9.4.5 所示。乘法器作为集成运放的反馈通路，必须引入负反馈才能实现正确的运算关系。

设乘法器的比例因子 $K>0$，运用“瞬时极性法”判断电路的反馈极性。由图可知，当输入信号的瞬时极性为正，即 $u_{i1}>0$，此时若 $u_{o1}<0$，则电路输入端的电流 $i_1=i_2$，电流能正常流动，运放处于负反馈工作状态；以此类推，当输入信号的瞬时极性为负，即 $u_{i1}<0$，则当 $u_{o1}>0$ 时才能引入负反馈。因此，不论 $u_{i1}>0$，还是 $u_{i1}<0$，为保证乘法器构成的反馈通路引入负反馈，必须使乘法器的另一路信号 u_{i2} 为正极性输入，即 $u_{i2}>0$。

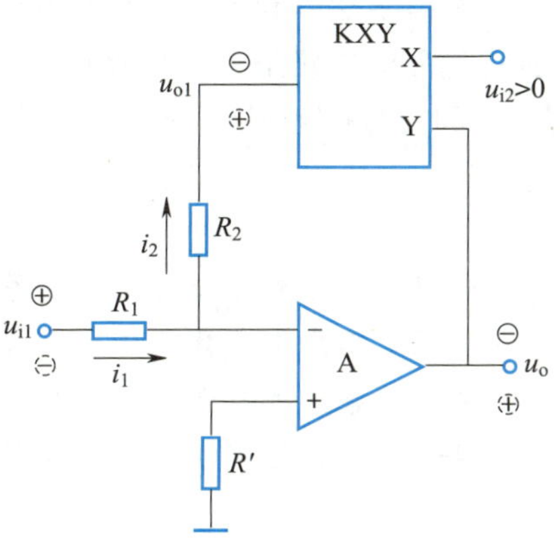

图 9.4.5 除法运算电路

根据运放的“虚短”“虚断”特性，可得

$$\frac{u_{i1}}{R_1}=-\frac{u_{o1}}{R_2}$$

而乘法器的输出为

$$u_{o1}=Ku_ou_{i2}$$

进一步整理可得

$$u_o=-\frac{R_2}{KR_1}\cdot\frac{u_{i1}}{u_{i2}} \tag{9.4.7}$$

由于 u_{i2} 的极性受乘法器比例因子 K 的限制，u_{i2} 为单极性输入，因而图 9.4.5 所示电路为二象限除法运算电路。

微视频 9-5
开方运算电路

三、开方运算电路

在除法运算电路中，使 $u_x=u_o$，即可构成开平方运算电路，如图 9.4.6 所示。设乘法器的比例因子 $K>0$，若电路引入负反馈，则运用“虚短”“虚断”特性，在运放的反相输入端列节点电流方程为

$$\frac{0-u_i}{R_1}=\frac{u_{o1}-0}{R_2}=\frac{Ku_o^2}{R_2}$$

整理可得

$$u_o=\sqrt{-\frac{R_2}{KR_1}u_i} \tag{9.4.8}$$

显然，u_o 是 $-u_i$ 的平方根，即只有当 u_i 为负值时，$-u_i$ 为正，才能实现开平方运算。实际上，通过对电路的分析可知，当输入 $u_i<0$ 时乘法器才构成负反馈通路（设 $K>0$）。图中的二极管 VD 具有保护乘法器的作用，因为当 $u_i>0$ 时，运放工作于非线性区，其输出 u_o' 接近运放的负电源电压值，从而使 VD 处于截止工作状态。若运放的输出端与乘法器的输入端直接相连，则可能超过乘法器的最大允许输入电压值。

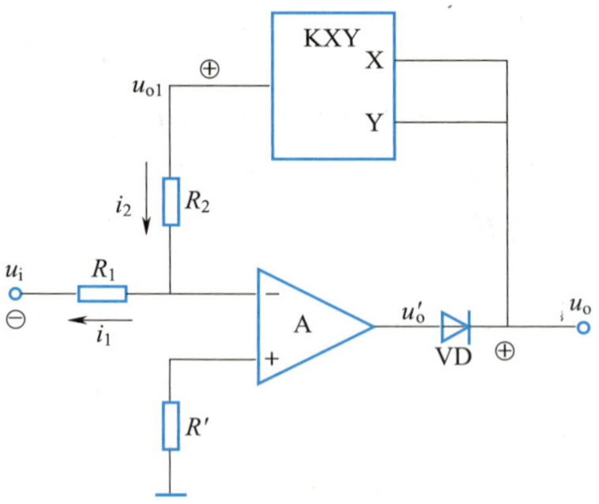

图 9.4.6　开平方运算电路

在模拟乘法器和集成运放构成的运算电路中，模拟乘法器通常接在运放的反馈回路之中，此时应首先分析电路是否为负反馈，判断电路输入端的电流能否正常流动，然后才能应用运放的“虚短”和“虚断”特性来分析电路实现的运算关系。

思考题

9-4-1　模拟乘法器有哪几种结构类型？它们的基本工作原理如何？

9-4-2　集成乘法器有哪些主要参数？各自的含义如何？

9-4-3　乘法器有哪些典型应用？并举例说明。

9-4-4　用模拟乘法器和运算放大器构成运算电路时，应遵循什么原则？

9.5　调制与解调

9.5.1　调制与解调的基本概念

调制和解调技术是在无线通信领域中逐步发展起来的。由于天线长度为发射信号波长的四分之一时，发射功率最高，因此属于低频信号的声音信号无法直接发射。为此应将声音信号加载在高频信号上，借助于高频信号发射出去。将低频信号加载到作为信息载体的高频信号上，以便传输的信号处理过程，称为调制（modulation）。通常代表信息（声音信号）的低频信号称为调制信号；作为信息载体的高频信号称为载波信号；调制后的高频信号称为已调制信号。解调（demodulation)是调制的逆过程,是指接收到空间传输的电波以后,将调制信号与载波信号分离的信号处理过程。目前,调制和解调技术不仅应用在通信、广播、电视和遥控领域中,在测量和控制等领域中也得到了广泛的应用。

将信息加载到载波信号上的方法很多,例如可以用调制信号改变载波信号的幅度、频率、相位,相应的调制方法分别称为调幅(amplitude modulation,AM)、调频(frequency modulation,FM)和调相(phase modulation,PM)。按调制信号的不同,将调制分为模拟调制和数字调制;按载波信号的不同,分为正弦调制、脉冲调制。通常调制的分类如表 9.5.1 所示。

表 9.5.1 调制的分类

<table>
<tr><th colspan="2">模拟调制</th><th colspan="2">数字调制</th></tr>
<tr><td rowspan="3">正弦波调制</td><td>幅度调制(AM)</td><td rowspan="3">基带调制</td><td>脉冲编码调制(PCM)</td></tr>
<tr><td>频率调制(FM)</td><td>增量调制(DM)</td></tr>
<tr><td>相位调制(PM)</td><td>增量脉冲编码调制</td></tr>
<tr><td rowspan="4">脉冲调制</td><td>脉幅调制(PAM)</td><td rowspan="4">频带调制</td><td rowspan="2">幅度键控(ASK)</td></tr>
<tr><td>脉宽调制(PWM)</td></tr>
<tr><td>脉位调制(PPM)</td><td>移频键控(FSK)</td></tr>
<tr><td>脉冲编码调制(PCM)</td><td>移相键控(PSK)</td></tr>
</table>

本节只对模拟调制中的幅度调制及其解调方法做简要介绍。

9.5.2 幅度调制

幅度调制是使载波的幅度与调制信号的幅度成比例变化的调制方法。本节讨论调幅波的有关特性,包括调幅波的频谱、信号功率和调幅电路等。

一、调幅波的频谱

任何信号都有时域和频域两种描述方法。时域信号反映信号随时间变化的规律,可表示为时间函数,即波形图;频域信号反映组成信号的各频率成分的幅度分布,即频谱图。幅度调制的时域波形和频谱如图 9.5.1 所示。

设图中调制信号为

$$u_{m}=U_{m}\cos\omega_{m}t=U_{m}\cos 2\pi Ft$$

载波信号为

$$u_{c}=U_{c}\cos\omega_{c}t=U_{c}\cos 2\pi f_{c}t$$

式中,U_c 为载波信号的幅度,ω_c 为载波信号的角频率;U_m 为调制信号的幅度,ω_m 为调制信号的角频率,一般 $\omega_c \gg \omega_m$,即 $f_c \gg F$。

由图可知,调幅波的包络线(图中用虚线表示,也称瞬时振幅)即代表了调制信号,可以表示为

$$U_{c}+U_{m}\cos\omega_{m}t$$

因此调幅波的表达式为

$$u_{AM}=(U_c+U_m\cos\omega_m t)\cos\omega_c t=U_c(1+m\cos\omega_m t)\cos\omega_c t \tag{9.5.1}$$

式中，m 称为幅度调制系数，是由载波幅度 U_c 和调制信号幅度 U_m 决定的比例系数

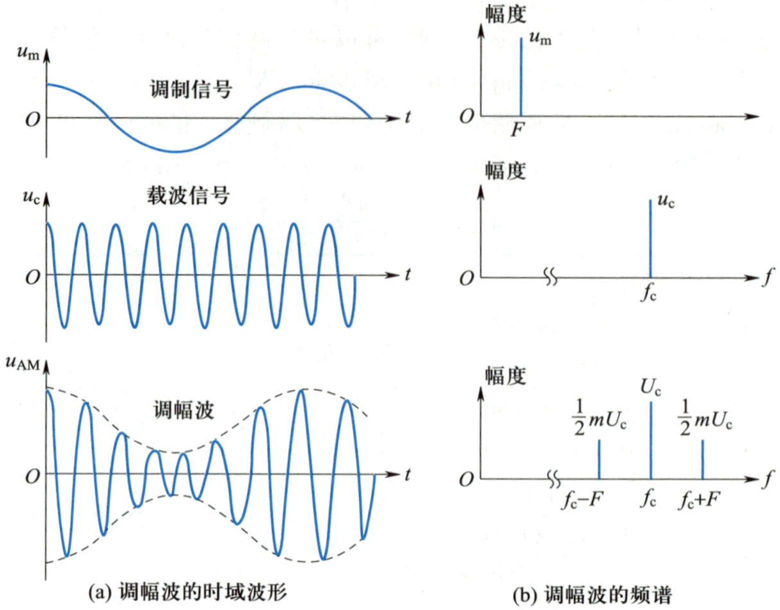

图 9.5.1 调幅波的时域波形和频谱

$$m=\frac{U_m}{U_c} \tag{9.5.2}$$

由式(9.5.2)可知，调制的深浅可以有所不同。显然 m 越大，调制越深，调幅波的包络线越向时间轴靠拢。若 $m=1$，调幅波幅度会出现 0 值；当 $m>1$ 时，调幅波产生过调制，会出现失真。因此幅度调制系数 m 的正常使用范围为 $0<m\leqslant 1$。

将式(9.5.1)用三角函数公式进行变换，得到

$$\begin{aligned}u_{AM}&=U_c\cos\omega_c t+mU_c\cos\omega_c t\cos\omega_m t\\&=U_c\cos\omega_c t+\frac{m}{2}U_c\cos(\omega_c+\omega_m)t+\frac{m}{2}U_c\cos(\omega_c-\omega_m)t\end{aligned} \tag{9.5.3}$$

上式表明，该调幅波由载波信号、载波与调制信号的乘积构成，包含 3 个频率成分，其频谱如图 9.5.1(b)所示。f_c 称为载频，f_c+F 称为上边频(也称和频)，f_c-F 称为下边频(也称差频)，调幅波的带宽为 $BW=2F$。这种调幅波称为标准调幅波。

当 u_m 不是单一频率的正弦波，而是具有频带宽度($F_1\sim F_2$)的调制信号时，调幅波的频带表示为调制信号最高频率的二倍，即 $BW=2(F_2\sim F_1)\approx 2F_2$(一般 $F_2>>F_1$)。这时下边频变为下边带，上边频变为上边带，如图 9.5.2 所示。

二、调幅信号中各分量的功率

根据图 9.5.1 所示的调制信号、载波信号和已调制信号的波形和频谱图，设调幅波的载波为单一频率、幅度固定的正弦波，将调幅波加在负载电阻 R_L 上，此时载波功率为

$$P_c=\frac{\left(\frac{U_c}{\sqrt{2}}\right)^2}{R_L}=\frac{U_c^2}{2R_L}$$

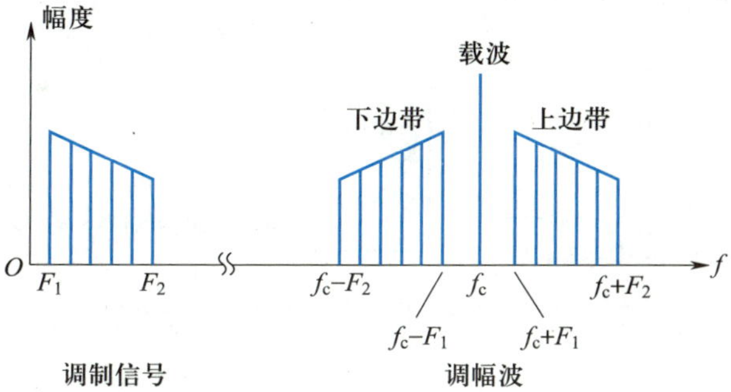

图 9.5.2 调幅波的上边带和下边带

上边频功率(P_1)、下边频功率(P_2)为

$$P_1=P_2=\frac{1}{R_L}\left(\frac{mU_c}{2\sqrt{2}}\right)^2=\frac{m^2U_c^2}{8R_L}=\frac{m^2}{4}P_c$$

由式(9.5.3)可知,调幅波的功率 P_{AM} 是调幅波在负载上的总功率,即

$$P_{AM}=P_c+P_1+P_2=P_c+2\times\frac{m^2}{4}P_c=\left(1+\frac{m^2}{2}\right)P_c \tag{9.5.4}$$

上式表明,随着调制变浅,调幅波的功率迅速减小。

当 $m=1$ 时

$$P_c=\frac{2}{3}P_{AM}\qquad P_1+P_2=\frac{1}{3}P_{AM}$$

由此可知,当 $m=1$ 时边频功率只是载波功率的一半。式(9.5.3)表明调幅波传输的信息在边带中,运载信息的是边频功率,载波只是运载工具。如果能够去除载波,就可以用较小的功率传递信息。为提高调幅波的功率利用率,可以将载波抑制掉,只发送两个边频或边带,称为双边带调制,用 DSB(double side-band modulation)表示。

DSB:

$$u_{AM}=\frac{m}{2}U_c[\cos(\omega_c+\omega_m)t+\cos(\omega_c-\omega_m)t] \tag{9.5.5}$$

或者只发送一个边带的信号,称为单边带,用 SSB(single side-band modulation)表示。

只发射上边带,SSB:

$$u_{AM}=\frac{m}{2}U_c\cos(\omega_c+\omega_m)t \tag{9.5.6}$$

只发射下边带,SSB:

$$u_{AM}=\frac{m}{2}U_c\cos(\omega_c-\omega_m)t \tag{9.5.7}$$

DSB 或 SSB 发送方式会使设备复杂化,在接收端需要有一个与发射端载波同步跟踪的信号才能解调。

三、调幅电路

实现幅度调制的电路称为调幅电路。由式(9.5.1)可以看出,调幅电路可以用乘法器来实现,如图 9.5.3 所示。

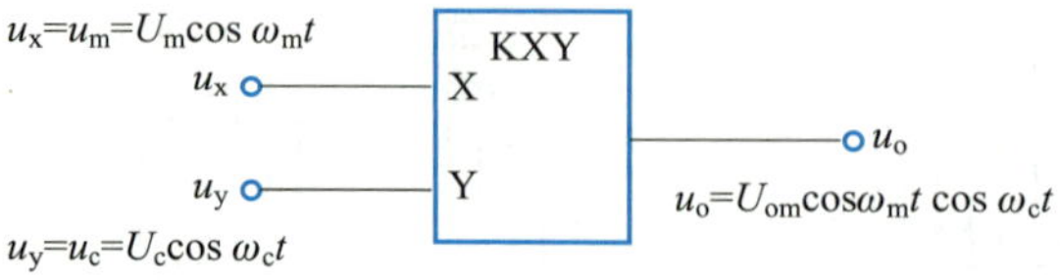

图 9.5.3　用模拟乘法器实现调幅的原理

乘法器一路输入调制信号

$$u_x=u_m=U_m\cos\omega_m t$$

另一路输入载波信号

$$u_y=u_c=U_c\cos\omega_c t$$

乘法器的输出

$$\begin{aligned}u_o&=Ku_xu_y=U_{om}\cos\omega_m t\cdot\cos\omega_c t\\&=\frac{1}{2}U_{om}[\cos(\omega_c+\omega_m)t+\cos(\omega_c-\omega_m)t]\end{aligned}\tag{9.5.8}$$

显然,该电路实现的是双边带调幅。若要得到标准调幅波,保留调幅波的全部频率成分,则需将调制信号 u_m 变换为 $1+m\cos\omega_m t$ 的形式。

9.5.3　调幅波的解调

解调是把调幅信号中的载波去掉,把调制信号提取出来。下面介绍两种解调电路:包络检波器(峰值检波器),用于标准调幅波的解调;同步检波电路,用于双边带及单边带调幅波的解调,此时需外加参考信号。

一、峰值检波器

检波是从调幅波中分离抽取出原来的低频调制信号,它与调幅过程相反。峰值检波电路如图 9.5.4(a)所示。

设输入为调幅波,如图 9.5.4(b)所示,二极管 VD 两端的电压 u_D 为 u_i 与 u_o 之差。当 $u_D>0$ 时,二极管导通,给电容 C 充电,充电时间常数为 r_DC(r_D 为二极管正向导通电阻),此时 u_o 上升;当 $u_D<0$ 时,二极管截止,电容 C 向电阻 R_L 放电,放电时间常数为 R_LC,u_o 按指数规律下降。由于 R_LC 比载波信号的周期长,因此电容 C 上的电荷尚未放完时,下一个周期的 u_i 又上升并超过 u_o,二极管 VD 又导通,C 再充电,如此周期性变化,电路输出 u_o 波形如图 9.5.4(b)所示。由图可知,输出电压波形随调幅波的包络线变化,从而实现了标准调幅波的解调。

需要注意的是,为了不失真地解调出调制信号,该电路的放电时间常数 RC 既要大于载波信号的周期 T_c,又必须小于调制信号的周期 T_m,否则该电路的输出电压将不能跟随包络线变化。

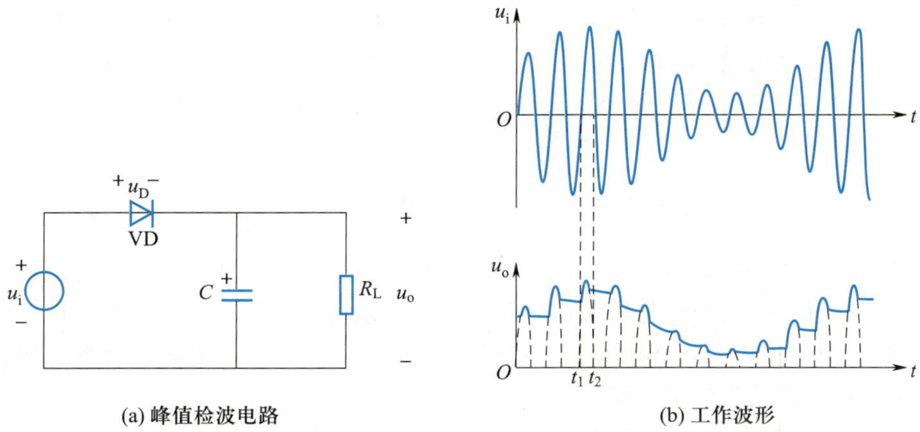

图 9.5.4 峰值检波电路及其波形图

由于 u_o 近似与 u_i 的包络一致，而 u_o 的峰值与 u_i 载波的峰值基本相等，因此该电路称为“峰值包络检波”，适用于大信号检波。

二、同步检波器

采用边带发射的调幅波（包括双边带和单边带），因缺少载波，用峰值检波器无法解调出调制信号。为此需要采用同步检波器，如图 9.5.5 所示，其中引入了一个本地参考信号 u_{REF}，它同步跟踪发射端的载波信号。

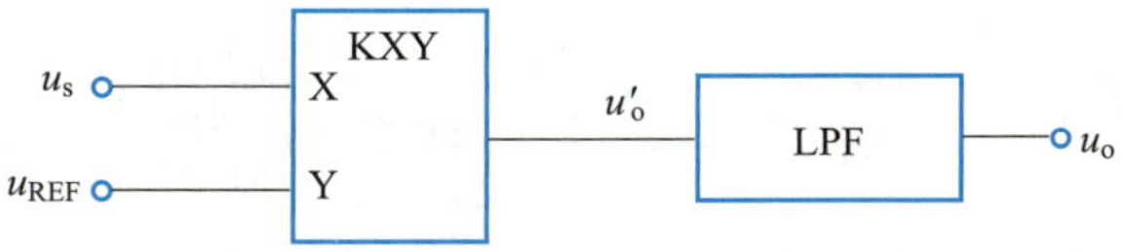

图 9.5.5 同步检波方框图

设乘法器的一端输入 u_s 为下边带调制的 SSB 信号

$$u_s = U_s \cos(\omega_s - \omega_m) t$$

另一端输入本地参考信号

$$u_{REF} = U_r \cos \omega_s t$$

则乘法器的输出为

$$u_o' = K u_s u_{REF} = \frac{1}{2} K U_r U_s \cos \omega_m t + \frac{1}{2} K U_r U_s \cos(2\omega_s - \omega_m) t \tag{9.5.9}$$

可见，在输出信号中，除了解调出的低频分量外，其余分量属于高频范围。将乘法器的输出通过低通滤波器，滤除高频分量，即可取出调制信号为

$$u_o = \frac{1}{2} K U_r U_s \cos \omega_m t \tag{9.5.10}$$

思考题

9-5-1 何谓调制？何谓解调？

9-5-2 模拟调制有哪几种？分别是什么调制？

9-5-3 标准调幅波中有哪几种频率成分？应用哪种电路对其解调？

9-5-4 对标准调幅波解调时，如果电路的时间常数太大，电路的性质将如何变化？

9-5-5 双边带调幅波中有哪几种频率成分？应用哪种电路对其解调？

9.6 锁相环

简单地说，锁相环(phase locked loop，PLL)电路是一个自动相位控制系统，在输入信号频率改变或含有噪声的情况下，产生与输入信号频率保持同步的输出信号。环路锁定时，其输出信号频率与输入信号频率相等，二者保持一个固定的相位差值。目前，锁相环在频率合成、调制与解调、信号检测等技术领域得到了广泛应用。

锁相环分为模拟和数字两大类。模拟锁相环(analog PLL，APLL)是掌握锁相技术的基础，随着数据通信技术和数字集成电路的发展，数字锁相环也在不断发展。若环路中部分电路采用数字电路(如数字鉴相器、分频器等)，就称为部分数字环。部分数字环的分析方法和模拟锁相环的分析方法基本一样。全数字锁相环(digital PLL，DPLL)处理的是数字信号，一般用软件实现。

9.6.1 模拟锁相环的基本结构

锁相环的基本框图如图9.6.1所示，由鉴相器(phase detector，PD)、环路滤波器(loop filter，LF)和压控振荡器(voltage controlled oscillator，VCO)三大部分组成，并形成带有反馈的闭环结构。

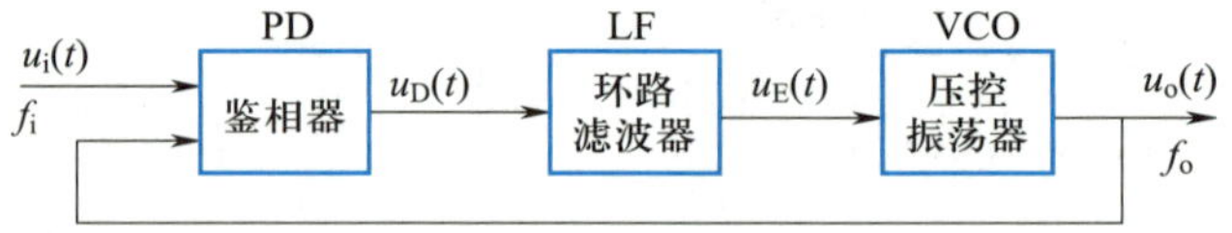

图9.6.1 锁相环的原理框图

一、鉴相器

鉴相器(PD，也称相位检测器)是一个相位比较电路，用于检测输入信号 $u_i(t)$ 和压控振荡器输出 $u_o(t)$ 的相位差。鉴相器的输出 $u_D(t)$ 是 $u_i(t)$ 和 $u_o(t)$ 之间相差的函数，实现相差-电压的变换。模拟锁相环的鉴相器一般用乘法器构成。

设输入信号为

$$u_i(t)=U_{im}\cos(\omega_i t+\theta_i) \tag{9.6.1}$$

VCO的输出为

$$u_o(t)=U_{om}\cos(\omega_o t+\theta_o) \tag{9.6.2}$$

若用乘法器设计鉴相器，其输出则包含了两种频率成分，即两个信号的和频与差频。

$$\begin{aligned} u_D(t)&=K_m u_i(t)u_o(t)\\ &=\frac{1}{2}K_m U_{im}U_{om}\{\cos[(\omega_i-\omega_o)t+\theta_i-\theta_o]+\cos[(\omega_i+\omega_o)t+\theta_i+\theta_o]\}\end{aligned} \tag{9.6.3}$$

设两个信号的相差为 $\Delta\theta=\theta_i-\theta_o$。由式(9.6.3)可知，式中第一项(差频成分)与相差 $\Delta\theta$ 有关，为低频信号分量；式中第二项(和频成分)则属于高频信号分量。

二、环路滤波器

环路滤波器(LF)一般是一个低通滤波器,主要有两种功能:一是抑制 $u_D(t)$ 中的高频分量和干扰;二是决定 PLL 电路的传输特性。因此,环路滤波器是 PLL 电路的重要设计环节,应根据实际应用场合来选择其参数。

环路滤波器的输出称为误差电压 $u_E(t)$,作为压控振荡器的控制输入信号调整 VCO 的输出频率 ω_o。为简化分析过程,将环路滤波器视作理想低通滤波器,环路滤波器的输出为

$$\begin{aligned} u_E(t) &= \frac{1}{2}K_m K_F U_{im} U_{om}\cos[(\omega_i-\omega_o)t+\theta_i-\theta_o] \\ &= K_d\cos[(\omega_i-\omega_o)t+\Delta\theta] \end{aligned} \tag{9.6.4}$$

式中,K_F 为滤波器的通带增益;$K_d=\frac{1}{2}K_m K_F U_{im} U_{om}$ 称为鉴相灵敏度,单位为 V。

式(9.6.4)表明,当 $\omega_i=\omega_o$ 时,$u_E(t)$ 为直流分量,$u_E(t)\propto\Delta\theta$。

三、压控振荡器

压控振荡器(VCO)是通过调节输入电压控制输出信号频率的振荡器,其压控特性为

$$\omega_o(t)=\omega_0+K_o u_E(t) \tag{9.6.5}$$

式中,ω_0 为 VCO 的固有频率,即 $u_E(t)=0$ 时 VCO 的输出信号频率;K_o 称为压控灵敏度,单位为 rad/V。

此式说明在控制信号的作用下,压控振荡器的输出频率在固有频率 ω_0 的基础上变化,变化的大小取决于误差电压 $u_E(t)$ 的大小和压控灵敏度。由于频率代表相位随时间的变化速率,即 $\omega=\mathrm{d}\theta/\mathrm{d}t$,因此频率的变化会引起相位角的改变。VCO 的输出作为反馈信号送入鉴相器进行相位比较,通过电路的自动调节功能,最终使 VCO 的输出稳定在一个固定的频率和相位,因而 PLL 电路采用了负反馈技术。

9.6.2 模拟锁相环的工作原理

设电路开始工作时,$\omega_o\neq\omega_i$,导致误差电压 $u_E(t)$ 的产生。由式(9.6.5)可知,$u_E(t)$ 不断地调节 VCO 的输出频率 ω_o,使 ω_o 逐渐向 ω_i 逼近,直至 $\omega_o=\omega_i$,此时在每个输入信号周期内有且仅有一个 VCO 周期,输出与输入同步,相位差恒定,称锁相环进入锁定状态。

PLL 一旦进入到锁定状态,若输入信号频率 ω_i 改变,则 $u_i(t)$ 和 $u_o(t)$ 之间的相位差增大,$u_E(t)$ 随之改变,再次调整 VCO 的输出,直至 ω_o 重新等于 ω_i 为止。反馈回路所提供的调节能力使得处于锁定状态的 PLL 能够跟踪输入频率的变化。

PLL 也能够对含有噪声的输入信号进行锁定。有噪声的输入通常会使鉴相器的输出在某一均值附近产生抖动,只要合理地设计环路滤波器的参数,抑制这种抖动,使 $u_E(t)$ 成为一个干净的信号,就会产生一个稳定的 VCO 频率和相位。利用 PLL 可以将淹没在噪声中的信号提取出来。

一、基本概念

1. 频率牵引

在 $u_E(t)$ 的控制下,输出信号频率 f_o 向输入信号频率 f_i 趋近。锁相环的这一作用称为频率牵引。

2. 捕捉过程及捕捉带

若锁相环的 $\omega_i \neq \omega_o$，并且差频高于滤波器的截止频率，那么鉴相器输出的差频与和频将一起被环路滤波器抑制，使回路无法锁定，称锁相环处于失锁状态。如果输入信号频率 ω_i 与 VCO 的固有频率 ω_o 足够接近，使差频分量接近滤波器通带的边缘，并能通过滤波器，那么 VCO 的输出 ω_o 将朝着输入 ω_i 逐渐逼近，直至进入锁定状态。这种从环路失锁到环路锁定的过程，就是捕捉过程。PLL 捕捉输入信号所需要的时间称为捕捉时间（或牵引时间），用 t_c 表示。这一时间由初始频率、$u_i(t)$ 和 $u_o(t)$ 之间的相位差以及滤波器和其他环路特性决定。

锁相环路由失锁进入锁定所允许的输入信号的最大频率失谐范围称为捕捉带或捕捉范围 f_{CR}。简单地说，捕捉带是以 ω_o 为中心的某个频率范围 $\pm\Delta\omega_c$，在该范围内环路能够获得锁定。它表明了为获得锁定，ω_i 与 ω_o 之间应有的接近程度。

3. 环路跟踪及同步带

环路锁定后，锁相环处于一个动态跟踪状态，这就使环路有能力在输入信号的频率发生变化时，在新的输入频率下使锁相环重新达到锁定状态，使输出频率始终同步跟踪输入频率，这一现象称为环路跟踪。在锁相环保持跟踪的状态下，环路所能保持锁定的输入信号频率的最大变化范围称为同步带，又称同步范围 f_{LR}。

二、锁相环的基本特性

当 PLL 处于“锁定”或“跟踪”工作状态时，其基本特性为：

1. 锁定状态无频差

当环路输入固定参考频率的信号，锁定以后 VCO 输出频率与参考频率的频差为零，只存在一个稳定的相位差，成为一个无静态误差的自动频率控制系统。这是一般频率自动反馈控制系统（automatic frequency control，AFC）不可能达到的。

2. 窄带跟踪特性（又称载波跟踪特性）

当环路的输出频率被锁定于输入频率（如载波频率）时，若载波频率发生缓慢变化（如频率斜升，多普勒移频和窄带调频时），输出中心频率能够自动跟踪输入频率的变化。这种情况下，通常将环路滤波器设计成窄带滤波器，如在几十兆赫的载频上可实现几十赫的带宽，而跟踪范围则可达几十千赫。这时，锁相环特别适用于从强噪声中检测微弱信号，例如在卫星的测速和定位系统中利用的就是这一原理。

3. 调制跟踪特性

在锁定状态，如果输入频率在一定范围内瞬时变化，如宽带调频信号，环路的输出频率也可自动跟随输入频率瞬时变化，即具有调制跟踪特性，这时环路滤波器设计成宽带，称为宽带跟踪环。宽带跟踪环通常用于对宽带已调制信号的解调。

三、锁相环用于频率合成

现代电子电路广泛使用锁相环，其应用包括锁相稳频（锁相倍频、分频、频率合成）、锁相调制、锁相解调及信号检测与滤波等。限于篇幅，下面只介绍锁相环用于频率合成的原理。

PLL 电路是将输入信号与 VCO 输出信号的相位进行比较，使 VCO 的振荡频率与输入频率同步的电路。因此，在 PLL 电路的鉴相器之前、VCO 之后以及环路内等不同位置加入分频器，就可以将基准频率变换为所需要的任意频率，这是 PLL 频率合成器的基本思想，如图 9.6.2 所示。

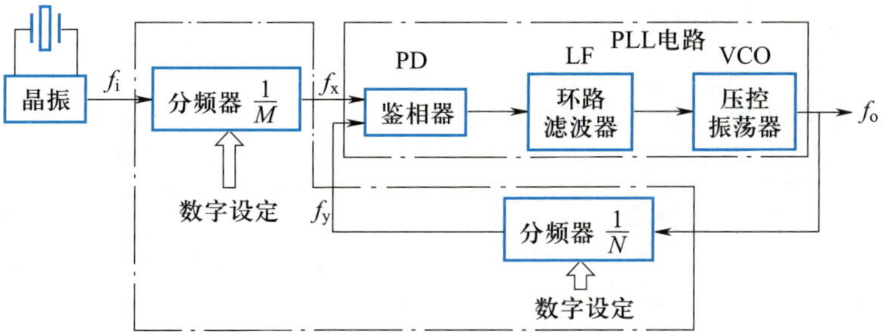

图 9.6.2　PLL 频率合成原理

这种频率合成器输出频率的精度由输入信号频率的精度决定，因而一般用晶振产生输入信号。由图可知，鉴相器的两个输入信号与晶振频率 f_i 和 VCO 输出频率 f_o 的关系为

$$f_x=\frac{1}{M}f_i \qquad f_y=\frac{1}{N}f_o$$

当 PLL 锁定后，$f_x=f_y$，由此可得

$$f_o=\frac{N}{M}f_i \tag{9.6.6}$$

当 $M=1$ 时，图 9.6.2 变为 N 倍频电路。这种频率合成器可以通过预置分频系数，由一种基准信号源产生多种频率信号，在信号产生电路中得到广泛应用。频率合成器还可以用于电机转速控制电路，精密控制电机转速。

四、集成锁相环

目前集成锁相环产品很多，模拟锁相环有 LM560 系列的 LM562（高频 PLL），LM564（超高频 PLL），LM565（低频 PLL）；数字锁相环则以 CMOS 锁相环 4046 应用最多。目前市场上除了 4000 系列的 CC4046 以外，还有 74HC/74VHC4046、74HCT9046 等多种类型的 4046 芯片，它们的内部构成、引脚配置和电源电压稍有不同，实际使用时应加以注意。

思考题

9-6-1　锁相环由哪几部分组成？各部分的作用是什么？

9-6-2　锁相环锁定时有何特点？

9-6-3　何谓频率牵引、频率捕捉、环路跟踪？

9-6-4　说明同步带和捕捉带的概念。

9-6-5　何谓频率合成？如何用锁相环实现频率合成？

9.7　状态变量型滤波器幅频特性的仿真研究

1. 研究内容

研究状态变量型滤波器的幅频特性及其主要性能参数（等效品质因数 Q、通带增益 A_{up}、特征频率 f_0）对滤波性能的影响。用仿真软件中的波特图仪（XBP1）分别测量当 $R_5=1\ \text{k}\Omega$、$10\ \text{k}\Omega$ 时的幅频特性，测量 $f=f_0$ 处的电压增益。

2. 仿真电路

反相输入的状态变量型滤波器如图 9.7.1 所示。

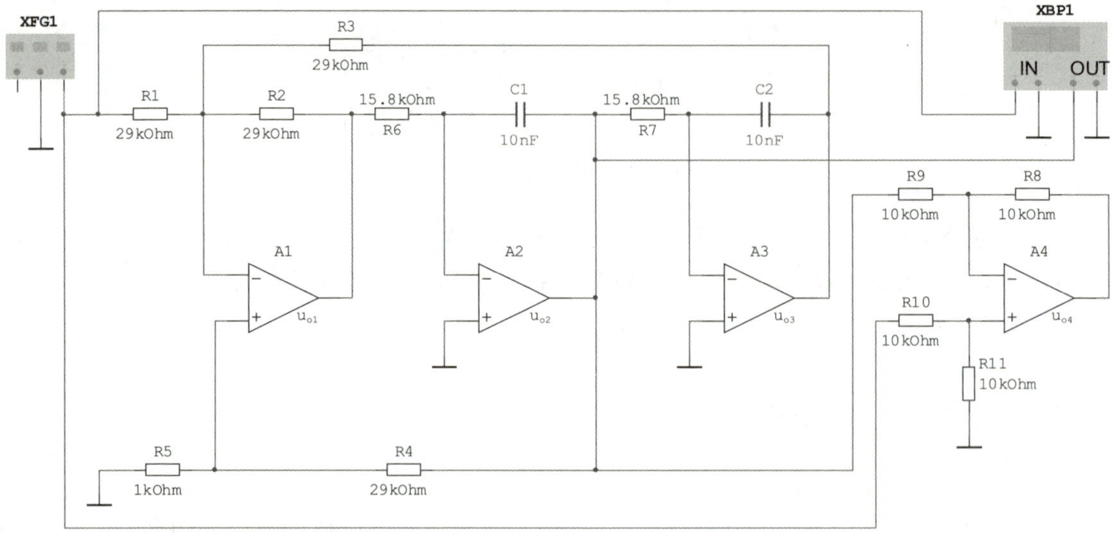

图 9.7.1 反相输入的状态变量型滤波器

3. 仿真结果

滤波器的幅频特性曲线如图 9.7.2 所示。

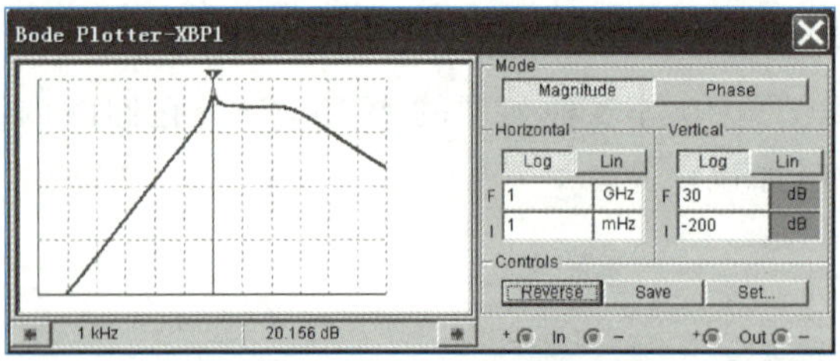

(a) u_{o1}的幅频特性(R_5=1kΩ)

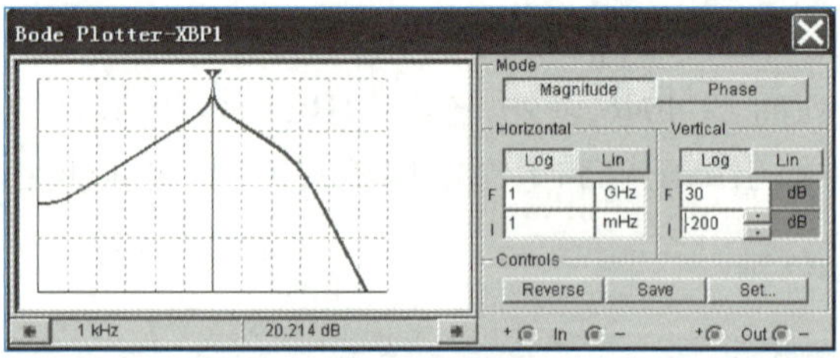

(b) u_{o2}的幅频特性(R_5=1kΩ)

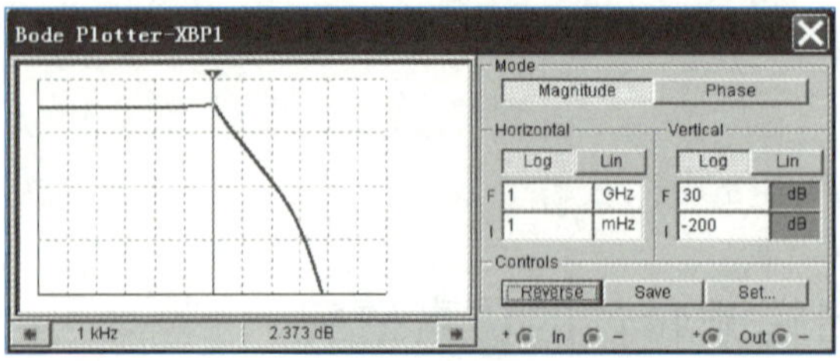

(c) u_{o3}的幅频特性(R_5=10kΩ)

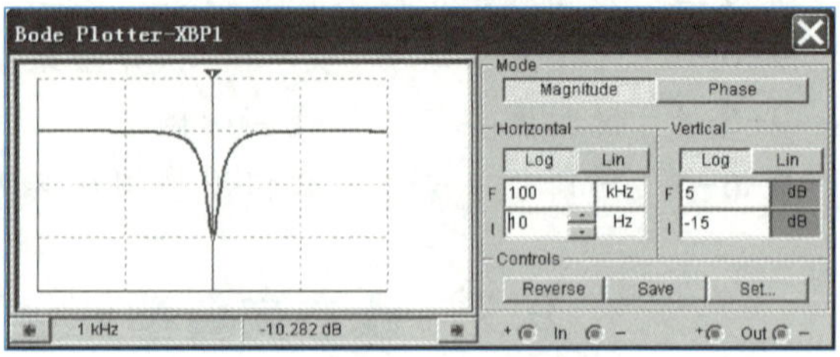

(d) u_{o4}的幅频特性(R_5=10kΩ)

图 9.7.2 状态变量型滤波器幅频特性的测试

电路的测试结果如表 9.7.1 所示。

表 9.7.1 反相输入的状态变量型滤波器的测试结果

滤波器的输出	R_5/kΩ	特征频率 f_0/Hz	通带增益 A_{up}/dB	$f=f_0$ 处的电压增益/dB	品质因数 Q
高通 u_{o1}	1	1000	0.005	20.156	10.181
带通 u_{o2}	1	1000	20.214	20.214	10.249
低通 u_{o3}	10	1000	0	2.373	1.314
带阻 u_{o4}	10	1000	0	−10.282	1.425

4. 结论

幅频特性的测试结果显示状态变量型滤波器能同时提供多种响应，其输出端 u_{o1} 为高通滤波输出，u_{o2} 为带通滤波输出，u_{o3} 为低通滤波输出，u_{o4} 为带阻滤波输出。四种响应在 $f=f_0$ 处的电压增益均与 Q 有关，增大 R_5 的阻值，则 Q 减小，但电路的通带增益和 f_0 不受 R_5 阻值变化的影响，如图 9.7.2(a)、(c)所示。当 $R_5=1$ kΩ、10 kΩ 时，计算得到 Q 值分别为 10 和 1.3，与测试结果(波特图上的指针位置所对应的测量数据)近似相等。

值得注意的是，运放 A_4 构成了差分比例放大电路，用输入 u_i 减去带通输出 u_{o2} 来实现带阻响应。建议读者修改运放 A_4 的设计，利用 u_{o1} 和 u_{o3} 的输出来实现带阻响应。综上所述，仿真结果与本章 9.2.5 节的理论分析结果一致，状态变量型滤波器的 3 个特性参数可以独立调节，互不影响。

本章小结

本章主要讨论信号的处理电路，介绍了有源滤波电路、开关电容滤波电路、模拟乘法器、调制解调和锁相环等信号处理电路的基本原理及其应用。

1. 有源滤波电路由集成运算放大器和 RC 网络构成，按幅频特性可分为低通、高通、带通和带阻滤波器，应用时根据信号和干扰所处的频段来选择合适的滤波类型。

2. 在有源滤波电路中均引入负反馈，属于运放的线性应用电路，因此对其进行分析时可用"虚短"和"虚断"等特性。通常用传递函数或频率响应函数来描述有源滤波电路输出和输入之间的关系，并通过频率特性曲线加以形象地描述。表征有源滤波电路频率响应特性的主要参数有通带增益、通带截止频率、等效品质因数、过渡带衰减速率等。

3. 压控型有源滤波电路是比较实用的一种拓扑结构，通过引入正反馈(特征频率附近)以改善滤波性能。同一种拓扑结构，通过选择不同的参数组合，可以得到不同的滤波特性，主要有巴特沃斯、切比雪夫和贝塞尔三种经典类型。

4. 状态变量型滤波器是一种多功能滤波器，可以同时实现多种滤波特性，并且滤波器的性能参数互相独立，容易设计和调整。

5. 除了有源滤波电路的频率特性以外，还应注意其瞬态特性，主要参数包括群延迟、阶跃响应和冲激响应等。设计滤波器时应对各方面因素综合考虑，首先确定其级数和类型，然后通过查表得到其参数。

6. 开关电容滤波器由 MOS 电容、模拟开关和运放组成。用 MOS 电容和模拟开关构成模拟电阻使得其占有芯片面积减小，具有更高的相对精度。开关电容滤波器更便于集成，性能指标更优。

7. 开关电容滤波电路的截止频率与模拟开关的开关频率及开关电容的比值有关。开关频率可以由石英晶体振荡器产生，而电容比值在集成工艺下可以达到很高的精度，所以开关电容滤波器的截止频率稳定且精度高。

8. 模拟乘法器是实现两个模拟量相乘的模拟集成电路，它有变跨导型和对数反对数型两种电路结构。模拟乘法器是继集成运放之后又一种重要的模拟集成电路，它不仅可以方便地实现乘、除、乘方、开方等运算关系，还可用于调制、解调、鉴相等信号处理电路中。

9. 将代表信息的信号加载到作为信息载体的高频信号上，以便传输的处理过程，称为调制。调制的种类很多，本章主要介绍了幅度调制的方法。调幅波分为标准调幅波和边带调幅波（双边带、单边带），二者的差别在于前者含有载波频率成分，而后者只有边带信号。

10. 调幅波的解调有两种方式，峰值检波电路适用于标准调幅波的解调；双边带和单边带调幅波只能用同步检波电路来解调。

11. 锁相环是一个自动相位控制系统。它使一个振荡器的频率和相位与输入信号保持确定的关系。当环路锁定时，输出信号的频率等于输入信号的频率，二者在相位上则保持一个固定的差值。

12. 锁相环由鉴相器（PD）、环路滤波器（LF）和压控振荡器（VCO）组成，具有频率牵引、环路捕捉、同步频率跟踪等功能。

13. 现代电子电路广泛使用锁相环。其应用包括锁相稳频（锁相倍频、分频、频率合成）、锁相调制、锁相解调及信号检测与滤波等。本章介绍了利用锁相环实现频率合成的基本原理和方法。

自我检测

1. 有源滤波器通常分为低通滤波器、高通滤波器、带通滤波器和带阻滤波器，其缩写符号按顺序为________、________、________和________。

A. LPF，HPF，BPF，BEF　　B. BPF，LPF，HPF，BEF

C. BEF，LPF，HPF，BPF　　D. LPF，BPF，HPF，BEF

2. 电路如图 T9.2 所示，该电路所属的滤波电路类型为________。

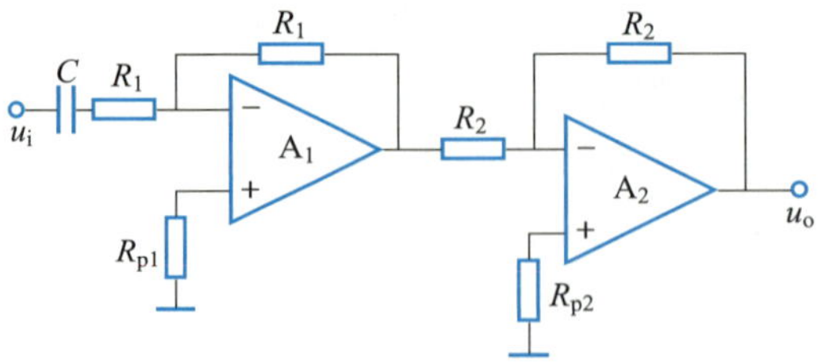

图 T9.2

A. 一阶低通滤波器　　B. 二阶低通滤波器

C. 二阶高通滤波器　　　　D. 一阶高通滤波器

3. 电路如图 T9.3 所示，输入电压 $u_i>0$，乘法器的比例因子 $K>0$，电阻 $R_3=R_4$，u_O 与 u_i 的函数关系为______。

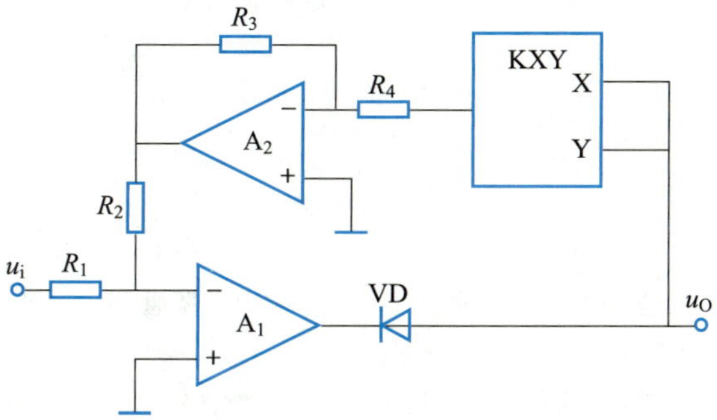

图 T9.3

A. $u_O=\dfrac{KR_2u_i^2}{R_1}$　　　　B. $u_O=-\dfrac{KR_2u_i^2}{R_1}$

C. $u_O=\sqrt{\dfrac{KR_2(-u_i)}{R_1}}$　　　　D. $u_O=-\sqrt{\dfrac{R_2u_i}{KR_1}}$

4. 电路如图 T9.4 所示，该电路是________滤波电路，截止频率 f_p 的表达式为________。

A. 一阶低通，$f_p=\dfrac{1}{2\pi R_2C}$　　　　B. 一阶低通，$f_p=\dfrac{1}{2\pi R_1C}$

C. 一阶高通，$f_p=\dfrac{1}{2\pi R_2C}$　　　　D. 一阶高通，$f_p=\dfrac{1}{2\pi R_1C}$

5. 电路如图 T9.4 所示，已知 $R_1=10\ \text{k}\Omega$，$R_2=30\ \text{k}\Omega$，$C=0.5\ \mu\text{F}$，A 为理想运放。通带增益 A_{up} 为________。

A. −3　　B. 10　　C. 100　　D. −5

6. 电路如图 T9.6 所示，设乘法器的比例因子 $K>0$，$u_2>0$，则 u_o 的表达式为________。

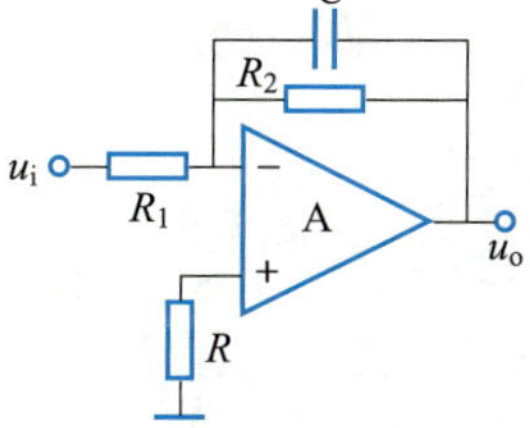

图 T9.4

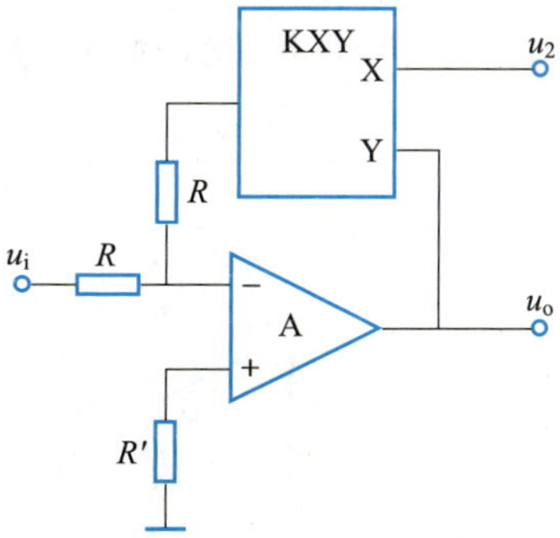

图 T9.6

A. $u_o=\dfrac{u_i}{Ku_2}$　　B. $u_o=\dfrac{u_2}{Ku_i}$　　C. $u_o=-\dfrac{u_i}{Ku_2}$　　D. $u_o=-\dfrac{u_2}{Ku_i}$

7. 在有源滤波器中，运放工作在________；在滞回比较器中，运放工作在________。

A. 截止区，非线性区　　　　B. 线性区，非线性区

C. 饱和区，线性区　　　　D. 线性区，线性区

8. 抑制 50 Hz 交流电源的干扰,应采用________滤波电路;从输入信号中取出频率低于 2 kHz 的信号,应采用________滤波电路;

A. 低通,低通　　　　B. 高通,低通

C. 带通,高通　　　　D. 带阻,低通

【答案】1. A　2. D　3. D　4. A　5. A　6. C　7. B　8. D

习　题

【9-1】 在下列各种情况下,应分别采用哪种类型(低通、高通、带通、带阻)的滤波电路?

(1) 抑制 50 Hz 交流电源的干扰;

(2) 处理具有 1 kHz 固定频率的有用信号;

(3) 从输入信号中取出低于 2 kHz 的信号;

(4) 抑制频率为 100 kHz 以上的高频干扰。

【9-2】 试说明图 P9.2 所示各电路属于哪种类型的滤波电路,是几阶滤波电路,设图(b)中 $R_2C_2<R_1C_1$。

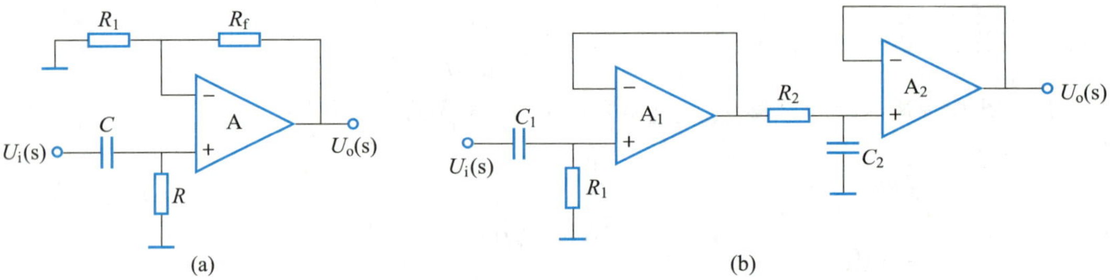

图 P9.2

【9-3】 设一阶 LPF 和二阶 HPF 的通带放大倍数均为 2,通带截止频率分别为 3 kHz 和 2 kHz,试用它们构成一个带通滤波电路,并画出频率特性。

【9-4】 推导图 P9.4 所示各电路的传递函数,并说明它们属于哪种类型的滤波电路,写出通带截止频率的表达式。

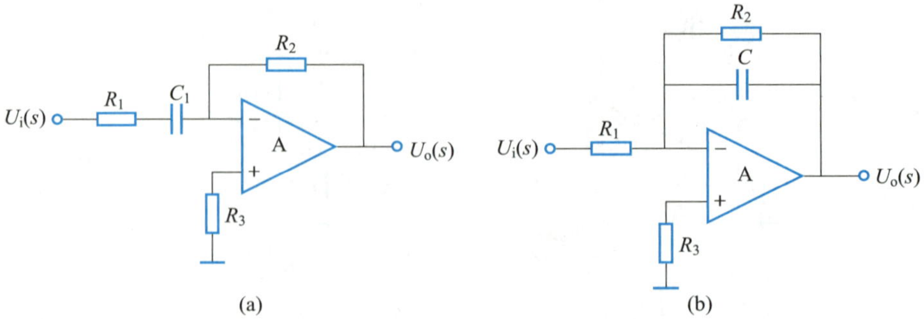

图 P9.4

【9-5】 在图 P9.5 所示电路中,已知通带电压放大倍数为 2,截止频率为 1 kHz,$C_1=C_2=1\ \mu F$。试选取电路中各电阻的阻值。

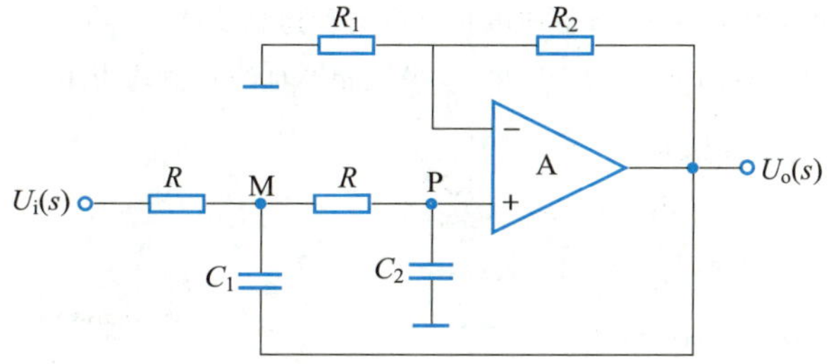

图 P9.5

【9-6】 简述开关电容滤波电路的特点。

【9-7】 什么是调制？什么是调幅、调频和调相？什么是解调？

【9-8】 电路的波形图如图 P9.8 所示，试分析哪个是调幅波。在图中标出调制信号和载波信号。

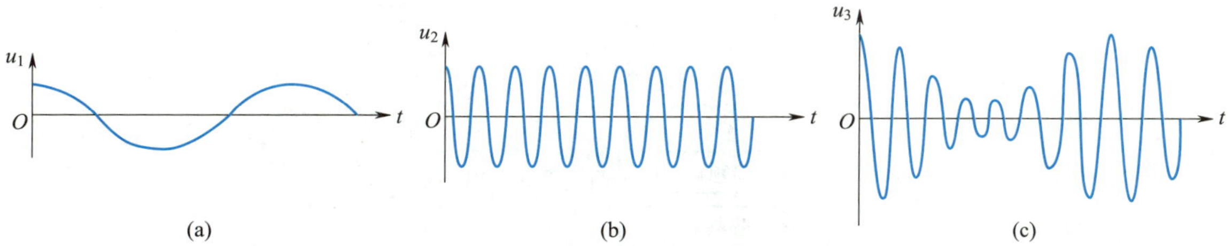

图 P9.8

【9-9】 如图 P9.9 所示，如果 F_1 和 F_2 分别表示调制信号频率的上、下限，f_C 为载波信号频率，试写出上、下边带范围。

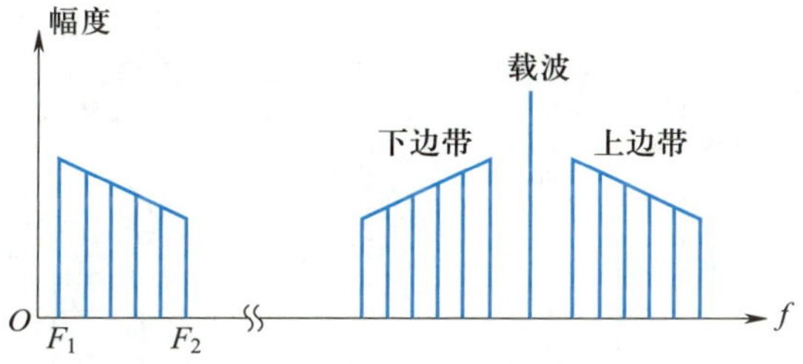

图 P9.9

【9-10】 一个调幅电路，调制信号的频率为 10～20 kHz，载波信号频率为 10 MHz，试画出该调幅波的频谱图。

【9-11】 图 P9.11(a)和(b)均为调幅波电路原理图，问同步检波器和峰值检波器分别可以对哪一种调幅波电路进行解调？为什么？

【9-12】 对于峰值检波器电路，调制信号的频率范围为 100 Hz～10 kHz，载波信号频率 1 MHz，峰值检波器的负载 $R=3\ \text{k}\Omega$，试计算电容参数并选择检波二极管的型号。

【9-13】 有一个频率合成电路如图 P9.13 所示。已知 $f_R=1\ 000$ Hz，分频系数 $M=5$，$N=10$，求输出信号频率 f_o。

【9-14】 设图 P9.14 中模拟乘法器($K>0$)和运算放大器均为理想器件。

(1) 该电路能在几个象限工作？

（2）推导 u_o 与 u_{i1}、u_{i2} 之间的关系式，指出该电路具有何种运算功能。

（3）设 $K=0.1\ V^{-1}$，$R_1=10\ k\Omega$，$R_2=1\ k\Omega$，u_{i1} 和 u_{i2} 极性相同且绝对值均为 10 V，求输出电压 u_o。

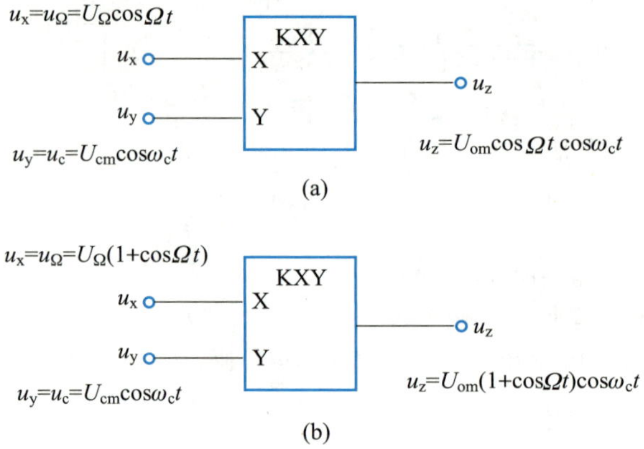

图 P9.11

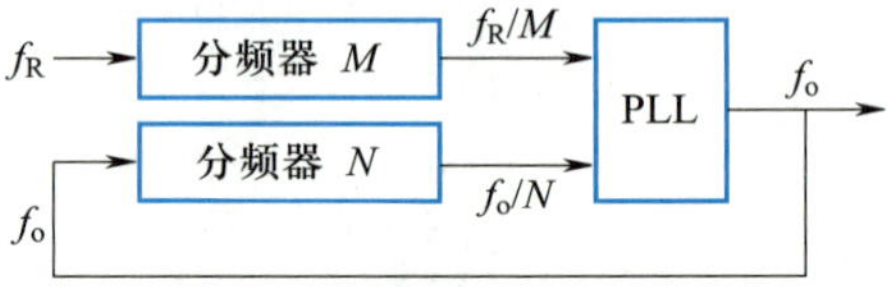

图 P9.13

【9-15】　图 P9.15 中的运算放大器和模拟乘法器都具有理想的特性，已知 $U_{REF}>0$，乘法器比例因子 $K>0$，求 u_o 的表达式。

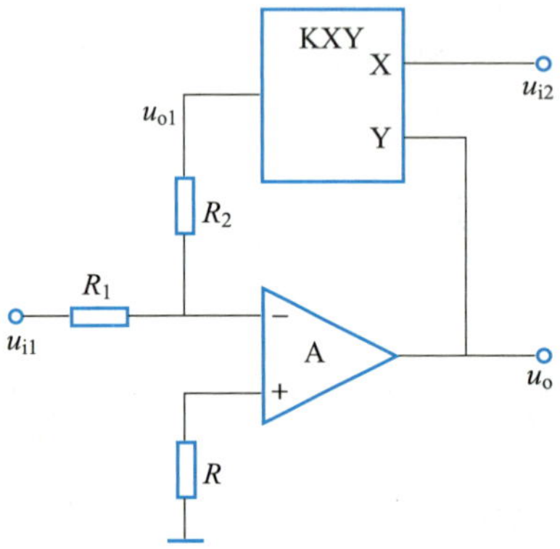

图 P9.14

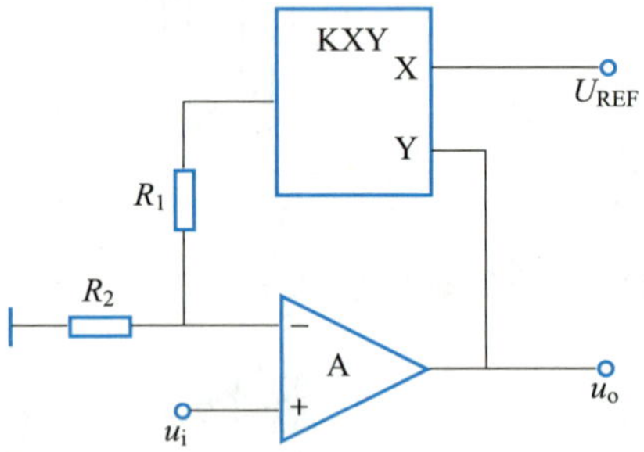

图 P9.15

【9-16】　电路如图 P9.16 所示，设图中器件均具有理想的特性，且 $u_i=5\ V$，$K=0.1\ V^{-1}$，$R_1=R_2=R_3=R_f=10\ k\Omega$，计算 u_o。

【9-17】　电路如图 P9.17 所示，设所有器件均为理想的，乘法器的 $K=0.1\ V^{-1}$，参考电压 $U_{REF}=a_0$，而 a_1、a_2、a_3 都是系数，求 u_o 的表达式。

【9-18】　用集成运放和模拟乘法器组成实现 $f(x)=a_0+a_1x+a_2x^2+a_3x^3$ 的运算电路。

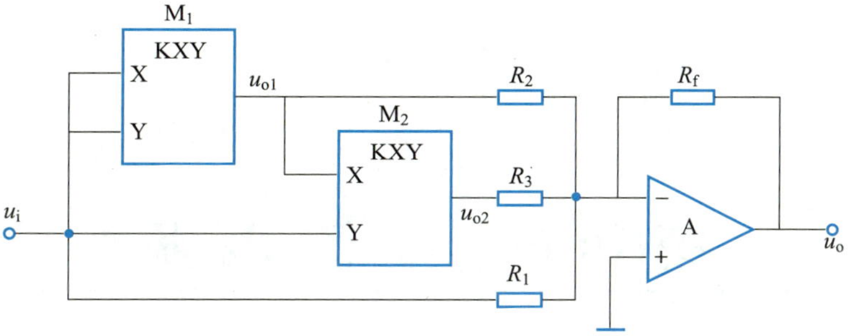

图 P9.16

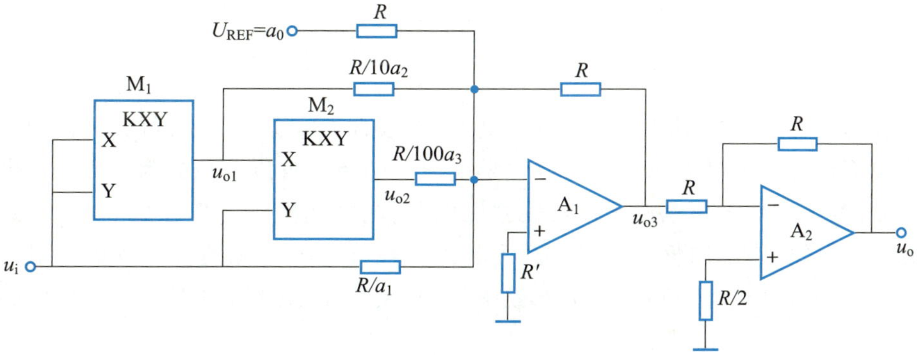

图 P9.17

【9-19】 电路如图 P9.19 所示。已知模拟乘法器 M_1、M_2 及集成运放 A_1、A_2 均为理想器件，乘法比例因子 $K>0$，电容 C 上的初始电压为零，u_i 为一交流输入电压。试说明 M_1、A_1、M_2 和 A_2 各组成什么电路，写出 u_{o1}、u_{o2} 和 u_o 的表达式，并分析该电路的功能。

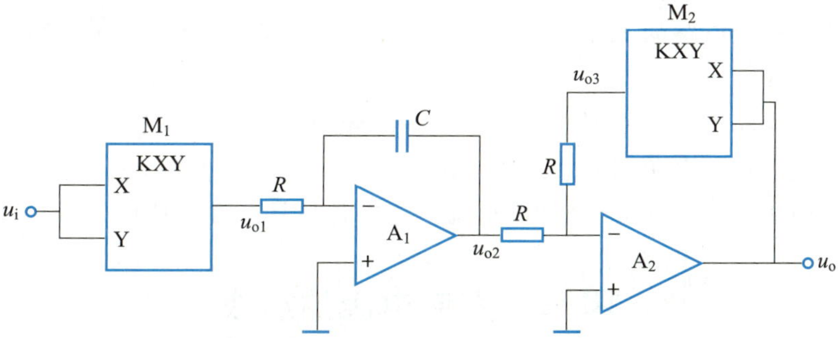

图 P9.19

第 9 章习题解答　　第 9 章电子教案

第10章　直流电源

10.1　引　言

电子系统的正常运行离不开稳定的直流电源，多数直流电源是由电网的交流电转换而来，在某些特定场合下也可以采用太阳能电池或化学电池作电源。直流电源分为线性稳压电源和开关稳压电源两类，其中线性稳压电源采用线性稳压电路，内部调整管工作在放大状态；开关稳压电源采用开关稳压电路，内部调整管工作在开关状态。线性稳压电源的输出电压稳定，纹波较小，但其输出电流较小，调整管的功耗大，电源效率低；开关稳压电源的输出电流大，电源效率高，但有较大纹波。

本章首先介绍小功率直流电源的基本构成及其各主要组成部分的功能，然后介绍整流电路、滤波电路、线性串联型稳压电路和开关型稳压电路的工作原理。本章主要讨论如下问题：

1. 直流稳压电源由哪几部分组成？说明各部分的作用。
2. 单相整流电路有几种？各自具有什么特点？
3. 电源滤波电路有几种？各自具有什么特点？
4. 线性串联型稳压电路的工作原理如何？说明各部分的作用。如何计算串联型稳压电路输出电压的调节范围？
5. 开关型稳压电路的工作原理如何？说明各部分的作用。
6. 如何设计线性稳压电源和开关稳压电源？
7. 比较线性稳压电源与开关稳压电源，说明它们各自具有哪些特点，适用于什么场合。

10.2　直流电源的组成

小功率直流电源的基本组成及各处电压波形如图 10.2.1 所示。

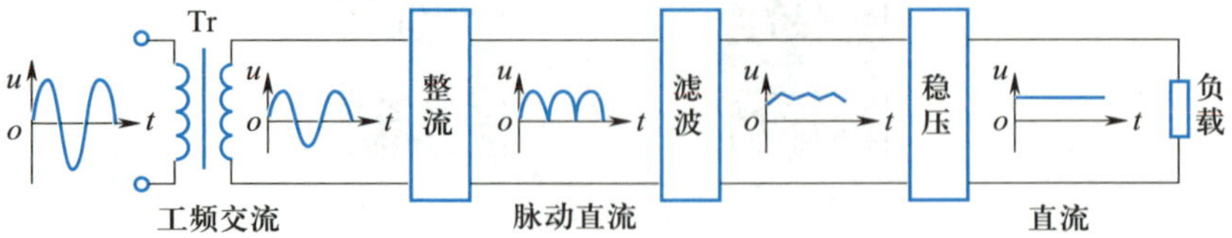

图 10.2.1　直流电源的组成及各处电压波形

图中各组成部分的功能如下：

1. 电源变压器

电源变压器将电网提供的交流电压（一般为 50 Hz，有效值为 220 V 或 380 V）变换成符合需要的交流电压值，再经过整流、滤波和稳压处理，获得电子设备所需的直流电压。由于大多数电子设备所需的直流电压都不高，因而电源变压器一般是降压变压器。

2. 整流电路

整流电路由整流二极管构成，利用二极管的单向导电性能，将方向和大小都变化的工频 50 Hz 交流电变换为单一方向但大小仍有脉动的直流电。

3. 滤波电路

滤波电路一般由储能元件（电容 C、电感 L）构成，利用电容 C 两端的电压不能突变和电感 L 中的电流不能突变的性质，滤除输出信号中的脉动成分，从而得到比较平滑的直流电。在输出小电流滤波电路中，经常使用电容滤波；在大电流滤波电路中，经常使用电感滤波。

4. 稳压电路

滤波电路容易受电网电压波动、负载电流变化或温度的影响，输出不稳定的直流电压。因此，稳压电路的作用是维持输出电压的稳定，不受上述因素影响。

10.3 整流电路

利用二极管的单向导电性组成整流电路，可将交流电压转换为单向脉动直流电压。本章为便于分析整流电路，把整流二极管当作理想二极管，即认为它的正向导通电阻为零（相当于短路），而反向电阻为无穷大（相当于开路）。但在实际应用中，应考虑到二极管有内阻，因此整流后所得波形的输出幅度会减小 0.6~1 V；当整流电路输入电压较大时，这部分压降可以忽略；如果输入电压较小，例如输入 3 V，则输出只有 2 V 多，此时需要考虑二极管正向压降的影响。

在小功率直流电源中，常见的整流电路有单相半波、全波、桥式和倍压整流电路。整流电路中既有交流量，又有直流量。对这些量经常采用不同的表述方法：输入（交流）用有效值或最大值表示；输出（直流）用平均值表示；流过整流二极管的正向电流用平均值表示；整流二极管承受的反向电压用最大值表示。

10.3.1 单相半波整流电路

单相整流电路有单相半波整流电路、单相桥式整流电路和单相全波整流电路等几种形式。在此介绍单相半波整流电路和单相桥式整流电路两种，单相全波整流电路在 10.7 节进行仿真研究。

1. 工作原理

在 2.4.5 节中作为二极管的基本应用电路曾经简单地介绍过单相半波整流电路，电路如图 10.3.1(a)所示。

利用二极管的单向导电性，在变压器二次电压 u_2 的正半周内，二极管正向偏置，处于导通状态，负载 R_L 上得到半个周期的脉动直流电压和电流；而在 u_2 的负半周内，二极管反向截止，电路

输出电流 i_O 基本上等于零。二极管的单向导电作用将变压器二次侧的交流电压变换成为负载 R_L 上的单向脉动电压，达到整流的目的，其波形如图 10.3.1(b)所示。由于这种电路只在交流电压的半个周期内有电流流过负载，因而称为单相半波整流电路。

微视频 10-1
单相半波整流电路

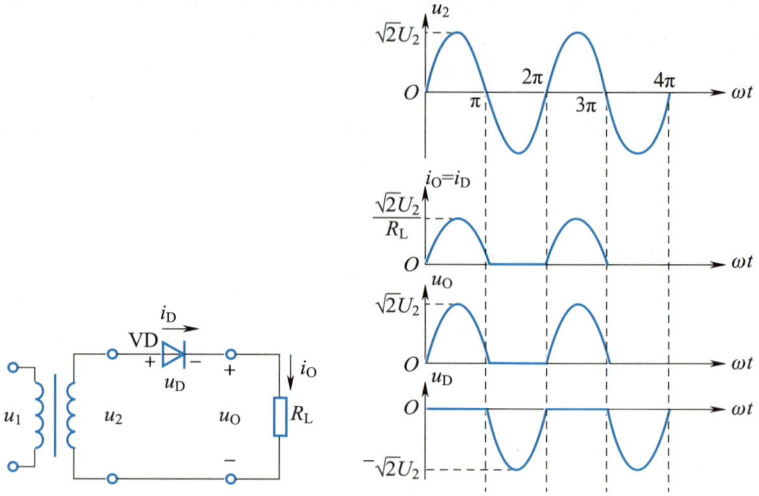

(a) 电路 (b) 工作波形

图 10.3.1 单相半波整流电路与工作波形

2. 性能参数

整流电路的性能参数包括电路参数和器件参数两部分。

(1) 电路参数

电路参数是描述整流电路性能的技术指标，用以表示整流电路将交流电转换为直流电的效果，主要包括输出电压平均值和反映输出波形脉动情况的脉动系数。

① 输出电压平均值 $U_{O(AV)}$

$U_{O(AV)}$ 定义为整流电路输出电压在一个周期内的平均值，其表达式为

$$U_{O(AV)}=\frac{1}{2\pi}\int_0^{2\pi}u_O\mathrm{d}(\omega t) \tag{10.3.1}$$

设整流电路的交流输入电压 $u_2=\sqrt{2}U_2\sin\omega t$，由图 10.3.1 可知，在输入电压的一个工频周期(20 ms)内，在负载上得到的输出电压波形只是半个正弦波。在半波整流情况下，忽略整流二极管的正向压降，则整流电路的输出电压为

$$u_O=\begin{cases}\sqrt{2}U_2\sin\omega t & (0\leqslant\omega t\leqslant\pi)\\0 & (\pi<\omega t\leqslant 2\pi)\end{cases}$$

式中，U_2 为变压器二次交流电压的有效值。

由此可以求出单相半波整流电路的输出电压平均值为

$$U_{O(AV)}=\frac{1}{2\pi}\int_0^{\pi}\sqrt{2}U_2\sin\omega t\mathrm{d}(\omega t)=\frac{\sqrt{2}}{\pi}U_2\approx 0.45U_2 \tag{10.3.2}$$

② 输出电压的脉动系数 S

脉动系数 S 可以定量地反映电路输出波形脉动的情况，S 越小，则整流效果越好。脉动系数 S 定义为整流电路输出电压中基波最大值 U_{OM1} 与输出电压平均值 $U_{O(AV)}$ 之比，其表达式为

$$S=\frac{U_{OM1}}{U_{O(AV)}} \tag{10.3.3}$$

在计算整流电路输出电压 u_O 的基波峰值 U_{OM1} 时，需要对 u_O 的波形进行傅里叶分析，u_O 的傅里叶级数表达式为

$$u_O=U_{O(AV)}+\sum_{n=1}^{\infty}(a_n\cos n\omega t+b_n\sin n\omega t)$$

其中

$$a_n=\frac{1}{\pi}\int_{-\pi}^{\pi}u_O\cos n\omega t\mathrm{d}(\omega t),\quad b_n=\frac{1}{\pi}\int_{-\pi}^{\pi}u_O\sin n\omega t\mathrm{d}(\omega t)$$

由图 10.3.1(b)所示波形可知，单相半波整流电路输出 u_O 的周期与交流输入电压 u_2 相同，所以 u_O 的基波角频率为 ω。当 $n=1$ 时，经计算可知 $a_1=0$，则 U_{OM1} 为

$$U_{OM1}=b_1=\frac{1}{\pi}\int_0^{\pi}\sqrt{2}U_2\sin\omega t\sin\omega t\mathrm{d}(\omega t)=\frac{\sqrt{2}}{2\pi}U_2(\pi-0)=\frac{U_2}{\sqrt{2}}$$

根据式(10.3.3)计算半波整流电路的脉动系数 S 为

$$S=\frac{U_{OM1}}{U_{O(AV)}}=\frac{U_2}{\sqrt{2}}\Big/\frac{\sqrt{2}}{\pi}U_2=\frac{\pi}{2}\approx1.57 \tag{10.3.4}$$

由此可见，半波整流电路的脉动系数为 157%，输出电压含有很大的脉动成分。

(2) 器件参数

器件参数是描述整流电路中二极管工作时所承受的各种技术参数，反映出整流电路对二极管的要求，可以根据器件参数选择合适的整流二极管。

① 整流二极管正向平均电流 $I_{D(AV)}$

$I_{D(AV)}$ 定义为在一个周期内通过整流二极管的电流平均值。在半波整流电路中，整流二极管与负载串联，因而整流二极管的正向平均电流 $I_{D(AV)}$ 任何时候都等于流过负载的输出平均电流 $I_{O(AV)}$。

$$I_{D(AV)}=I_{O(AV)}=\frac{U_{O(AV)}}{R_L}=\frac{\sqrt{2}U_2}{\pi R_L}=\frac{0.45U_2}{R_L} \tag{10.3.5}$$

当负载电流平均值已知时，可以根据上式来选定整流二极管的最大整流平均电流 I_F，要求 $I_F>I_{D(AV)}$。

② 整流二极管最大反向电压 U_{RM}

U_{RM} 是指整流二极管截止时，其两端所承受的最大反向电压。为安全起见，U_{RM} 一般是二极管反向击穿电压的 1/2 到 1/3。因而选管时应选择耐压值比 U_{RM} 更高的二极管，以免发生反向击穿。

由图 10.3.1(b)所示波形可知，整流二极管截止时所承受的最大反向电压就是变压器二次电压 u_2 的最大值，即

$$U_{RM}=\sqrt{2}U_2 \qquad (10.3.6)$$

半波整流电路的结构简单，但输出波形的脉动系数大，输出电压低。由于电源变压器有半个周期不导电，因而变压器的利用效率低。

10.3.2　单相桥式整流电路

单相桥式整流电路如图 10.3.2(a)所示。与单相半波整流电路相比，这种整流电路将交流电的负半周也利用起来了，从而使整流电路输出电压的平均值得到提高。

微视频 10-2
单相桥式整流电路

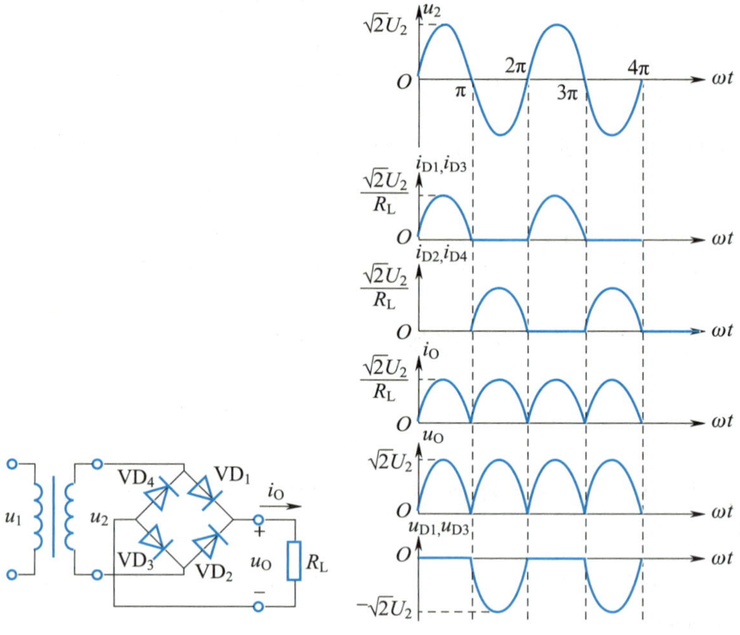

(a) 电路　　　　(b) 工作波形

图 10.3.2　单相桥式整流电路与工作波形

1. 工作原理

由图 10.3.2(a)可以看出，电路中采用四个整流二极管，互相接成桥式结构。利用二极管的电流导向作用，在交流输入电压 u_2 的正半周内，二极管 VD_1、VD_3 导通，VD_2、VD_4 截止，电流从变压器二次绕组的上端经 VD_1、R_L、VD_3 回到绕组下端，在负载 R_L 上得到“上正下负”的输出电压 u_O；在负半周内，正好相反，VD_1、VD_3 截止，VD_2、VD_4 导通，电流从变压器二次绕组的下端经 VD_2、R_L、VD_4 回到绕组上端，流过负载 R_L 的电流方向与正半周一致，此时在 R_L 两端形成与正半周同方向的电压。

因此，利用变压器的一个二次绕组和四个整流二极管，使得在交流电源的正、负半周内，整流电路的负载上都有方向不变的脉动直流电流流过，输出 u_O 为全波波形，如图 10.3.2(b)所示。忽略整流二极管的正向压降，则桥式整流电路的输出电压为

$$u_O = |\sqrt{2}U_2\sin\omega t| \quad (0\leqslant\omega t\leqslant 2\pi)$$

2. 性能参数

(1) 输出电压平均值 $U_{O(AV)}$

由图 10.3.2 可知，在变压器二次电压 u_2 相同的情况下，桥式整流电路输出电压波形的面积是半波整流的两倍，所以其输出电压平均值也是半波整流时的两倍。

$$U_{O(AV)} = \frac{2\sqrt{2}}{\pi}U_2 \approx 0.9U_2 \tag{10.3.7}$$

(2) 输出电压的脉动系数 S

用傅里叶级数对桥式整流电路的输出电压波形进行分析。由波形图可知，输出电压 u_O 为偶函数，其基波频率是交流电源频率的两倍，即 2ω。因而 u_O 的基波最大值为

$$U_{OM1} = |a_2| = \left|\frac{2}{\pi}\int_0^{\pi}\sqrt{2}U_2\sin\omega t\cos 2\omega t\mathrm{d}(\omega t)\right| = \frac{4\sqrt{2}}{3\pi}U_2$$

则脉动系数

$$S = \frac{U_{OM1}}{U_{O(AV)}} = \frac{4\sqrt{2}}{3\pi}U_2\bigg/\frac{2\sqrt{2}}{\pi}U_2 = \frac{2}{3} \approx 0.67 \tag{10.3.8}$$

由此可见桥式整流电路的输出电压波形比半波整流电路的输出平滑，但仍然有较大的脉动系数。

(3) 整流二极管正向平均电流 $I_{D(AV)}$

在桥式整流电路中，由于四个整流二极管两两轮流在交流电的正、负半周内导电，因此流过每个整流二极管的平均电流是电路输出电流平均值的一半，即

$$I_{D(AV)} = \frac{I_{O(AV)}}{2} = \frac{1}{2}\frac{U_{O(AV)}}{R_L} \approx \frac{0.9U_2}{2R_L} = \frac{0.45U_2}{R_L} \tag{10.3.9}$$

(4) 整流二极管最大反向电压 U_{RM}

桥式整流电路因其变压器只有一个二次绕组，已知在 u_2 正半周时，VD_1、VD_3 导通，VD_2、VD_4 截止，此时 VD_2、VD_4 相当于并联在变压器的二次绕组上，因而所承受的最大反向电压为 u_2 的最大值，即

$$U_{RM} = \sqrt{2}U_2 \tag{10.3.10}$$

同理，在 u_2 负半周时，VD_1、VD_3 也承受同样大小的反向电压。

与单相半波整流电路相比，单相桥式整流电路的结构较复杂，但其优势在于输出电压较高，脉动小，整流二极管所承受的最大反向电压等于二次电压的峰值，并且因为电源变压器在正、负半周内都有电流流过，所以变压器的利用率高。

目前这种整流电路在直流电源中得到广泛应用，并且已有多种不同性能指标的集成电路，称为“整流桥”。整流桥分为**全桥**和**半桥**两类，**全桥**是将连接好的桥式整流电路的四个整流二极管封装在一起；**半桥**则是将桥式整流电路的一半封装在一起，用两个半桥可组成一个桥式整流电路，用一个半桥也可以组成全波整流电路。选择整流桥时主要考虑其整流电流和工作电压。全

桥的正向电流有 0.5 A、1 A、1.5 A、2 A、2.5 A、3 A、5 A、10 A、20 A 等多种规格，其耐压值（最大反向电压）有 25 V、50 V、100 V、200 V、300 V、400 V、500 V、600 V、800 V、1 000 V 等多种规格。整流桥的简化符号和基本接法如图 10.3.3 所示。

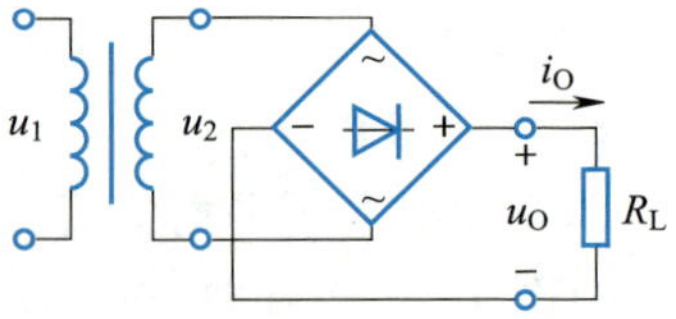

图 10.3.3 整流桥的简化符号和基本接法

思考题

10-3-1 整流电路利用二极管的什么特性？

10-3-2 整流电路最主要的功能是什么？

10-3-3 说明单相半波整流电路的工作原理。

10-3-4 推导单相半波整流电路的技术参数。

10-3-5 说明单相桥式整流电路的组成和工作原理。

10-3-6 推导单相桥式整流电路的技术参数。

10-3-7 比较单相半波和桥式整流电路的异同。

10.4 滤 波 电 路

整流电路的输出电压不是纯粹的直流，从示波器观察整流电路的输出，与直流相差很大，波形中含有较大的脉动成分。为获得比较理想的直流电压，需要利用具有储能作用的电抗性元件，如电容、电感组成的滤波电路来滤除整流电路输出电压中的脉动成分以获得较好的直流电压。由电容 C 及电感 L 所组成的滤波电路的基本形式如图 10.4.1 所示。

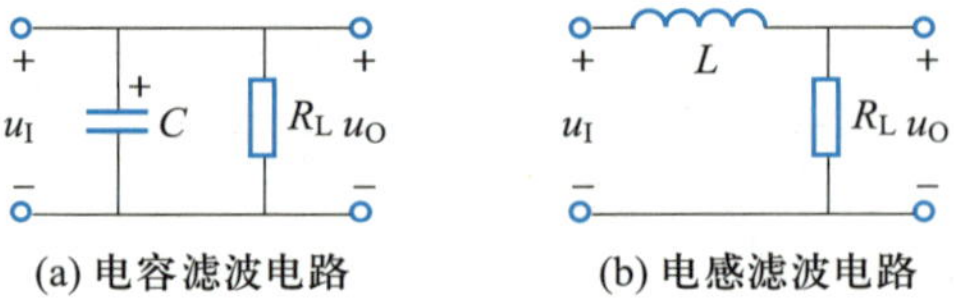

图 10.4.1 滤波电路的基本形式

因为电容 C 对直流开路，对交流阻抗小，所以电容 C 应并联在负载两端。并联的电容 C 在输入电压升高时，给电容充电，可把部分能量存储在电容中；而当输入电压降低时，电容两端电压以指数规律放电，就可以把存储的能量释放给负载；由滤波电容向负载放电，使负载上得到的输出电压比较平滑，起到了滤波作用。

电感 L 对直流阻抗小，对交流阻抗大，因此电感 L 应与负载串联。若采用电感滤波，当输入电压增高时，与负载串联的电感 L 中的电流增加，因此电感将存储部分能量；当输入电压减小时，电感又以电流的形式将能量释放出来，使负载电流变得平滑。因此，电感 L 也有滤波作用。

10.4.1 电容滤波电路

1. 滤波原理

以单相桥式整流电路采用电容滤波的情况为例，对滤波电路输出空载和带载时的工作情况分别进行分析，说明电容滤波的工作原理。

(1) 空载时的情况

空载时桥式整流电容滤波电路如图 10.4.2(a)所示，设初始时电容电压 u_C 为零。接入电源后，在 u_2 的正半周，u_2 通过 VD_1、VD_3 向电容 C 充电；当 u_2 为负半周时，u_2 通过 VD_2、VD_4 向电容 C 充电。

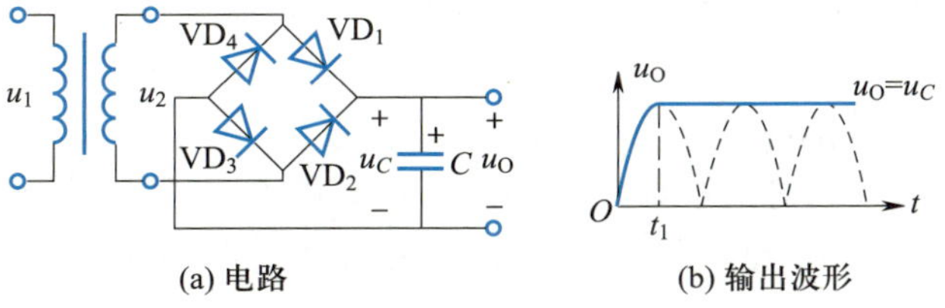

图 10.4.2 空载时桥式整流电容滤波电路

微视频 10-3
电容滤波电路

由于变压器二次绕组的直流电阻和整流二极管的正向导通电阻一般很小，电容很快就充到交流电压 u_2 的最大值$\sqrt{2}U_2$，如图 10.4.2(b)中 $t=t_1$ 的时刻。此后，u_2 开始下降，由于电路输出端没接负载，电容无放电回路，因此 u_C 保持$\sqrt{2}U_2$ 不变；此时因 $u_C>u_2$，二极管两端承受反向电压，所以处于截止状态，电路输出维持一个恒定值，$u_O=u_C=\sqrt{2}U_2$。

在实际应用中，电源总是要为负载供电，因此必须研究在有负载的情况下电容滤波电路的工作情形。

(2) 带载时的情况

图 10.4.3 给出了电容滤波电路在带电阻负载后的工作情况。接通交流电源后，二极管导通，整流电路的输出同时为电容充电和为负载提供电流。由于电容的充电时间常数小，充电速度快，因而输出电压 u_O 的波形与变压器二次绕组正弦电压 u_2 近似重合。电容的充电时间常数为

$$\tau_c=(R_L/\!/R_{int})C$$

式中，R_{int} 为二极管的导通电阻和变压器二次绕组的导线电阻之和。

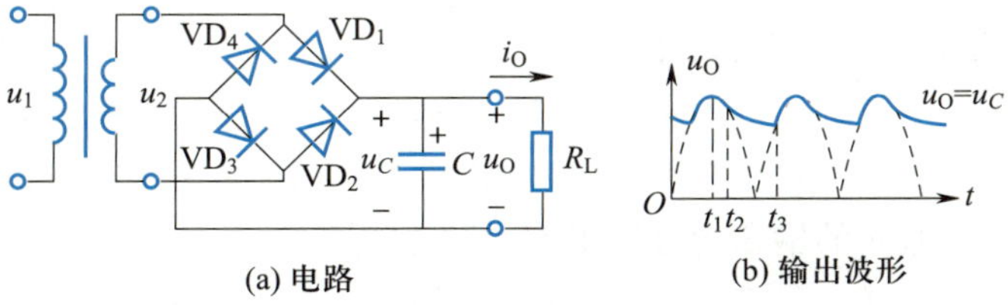

图 10.4.3 带载时桥式整流滤波电路

在 t_1 时刻，即达到 u_2 峰值时，u_2 开始以正弦规律下降，此时二极管是否关断，要取决于二极管承受的是正向电压还是反向电压。先假设达到 t_1 时刻后，二极管关断，此时滤波电容 C 以指数规律向负载放电，从而维持一定的负载电流；但是实际上在 t_1 时刻后，电容按指数规律放电，u_C 下降的速率快，而 u_2 按正弦规律下降的速率慢，因此在 t_1 时刻之后的一段时间内二极管仍然承受正向电压，处于导通状态。

随着 u_2 的下降，正弦波的下降速率越来越快，而 u_C 的下降速率则越来越慢，因此在 t_1 时刻

后的某一点,例如图 10.4.3(b)中的 t_2 时刻,二极管开始承受反向电压,处于截止状态。此后只有电容 C 以指数规律向负载放电,直至下一个半周的正弦波来到,u_2 再次超过 u_C,如图 10.4.3(b)中的 t_3 时刻,二极管重新导通,u_2 又开始为电容充电和为负载供电。电容的放电时间常数为

$$\tau_d = R_L C$$

电容滤波电路一般用于负载电流较小的场合,可以满足 $\tau_d \gg \tau_c$ 的条件,因而输出电压波形的放电段比较平缓,输出脉动系数 S 减小,输出电压平均值 $U_{O(AV)}$ 增大,具有较好的滤波特性。

2. 性能参数

(1) 输出电压平均值 $U_{O(AV)}$

滤波电路的 $U_{O(AV)}$ 与放电时间常数 $R_L C$ 有关。$R_L C$ 越大,电容放电速度越慢,则输出电压所包含的脉动成分(也称为纹波)越小,$U_{O(AV)}$ 越大。为获得平滑的输出电压,一般取放电时间常数为

$$\tau_d = R_L C \geqslant (3 \sim 5)\frac{T}{2} \tag{10.4.1}$$

式中,T 为交流电压(工频 50 Hz)u_1 的周期,T = 20 ms。

工程上也常根据上式选择滤波电容的容量。一般要考虑在负载电流最大,即负载电阻最小时,也就是对滤波效果最不利的情况下,计算滤波电容值;然后选取相近较大的标称值。值得注意的是,滤波电容的容量不是越大越好,因为电容的容量太大,不但电容体积大,而且二极管导通时的峰值电流也大,不利于二极管的选型。

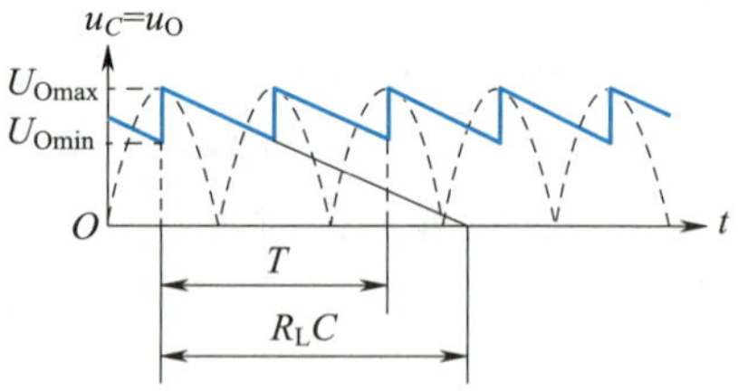

图 10.4.4 用锯齿波代替电容滤波的输出波形

电容滤波的输出电压波形很难用一个准确的解析表达式来描述,实际上经常用图 10.4.4 所示的锯齿波来近似表示输出电压的波形,这样便于求出输出电压的平均值和基波的峰值。

假设电容滤波电路中每当电容 C 充电到 u_2 的峰值,即 $U_{Omax} = \sqrt{2} U_2$ 时,电容就开始放电。根据电路理论可知,若 u_C 按初始放电的斜率直线下降,则当 $t = R_L C$ 时 u_C 下降到零。根据相似三角形的比例关系,可求得

$$\frac{U_{Omax}}{R_L C} = \frac{U_{Omax} - U_{Omin}}{T/2} \tag{10.4.2}$$

因此,桥式整流电容滤波电路的输出电压平均值 $U_{O(AV)}$ 为

$$U_{O(AV)} = \frac{U_{Omax} + U_{Omin}}{2} = U_{Omax} - \frac{U_{Omax} - U_{Omin}}{2} = U_{Omax}\left(1 - \frac{T}{4R_L C}\right) \tag{10.4.3}$$

在整流电路的内阻不大并且放电时间常数满足式(10.4.1)的关系时,将式(10.4.1)代入式(10.4.3),计算求得

$$U_{O(AV)} \approx 1.2 U_2 \tag{10.4.4}$$

一般采用上式对桥式整流电容滤波电路的输出电压平均值进行估算。

(2) 脉动系数 S

电容滤波电路的脉动系数也可以采用近似估算。图 10.4.4 中 $U_{Omax} - U_{Omin}$ 相当于基波的

峰-峰值,设基波的峰值为

$$U_{\mathrm{OM1}}=\frac{U_{\mathrm{Omax}}-U_{\mathrm{Omin}}}{2} \tag{10.4.5}$$

将上式代入式(10.4.2),由此可得

$$U_{\mathrm{OM1}}=\frac{U_{\mathrm{Omax}}-U_{\mathrm{Omin}}}{2}=\frac{T}{4R_{\mathrm{L}}C}U_{\mathrm{Omax}} \tag{10.4.6}$$

则脉动系数为

$$S=\frac{U_{\mathrm{OM1}}}{U_{\mathrm{O(AV)}}}=\frac{T}{4R_{\mathrm{L}}C-T} \tag{10.4.7}$$

由上式可知,为减小输出电压的脉动成分,采用的滤波电容的容量越大越好,交流电源的频率越高越好。频率越高,整流二极管导通的频率也提高,有利于脉动成分的降低。目前在计算机、电视机等电子设备中采用了高频整流电源,其滤波电容的电容量就比 50 Hz 工频交流电的滤波电容小得多。

(3) 整流二极管的导通角

根据电容滤波原理,只有当 $u_2>u_C$ 时,整流二极管才导通,因此定义二极管导通时的电角度为**导通角**,用 θ 表示,如图 10.4.5 所示。

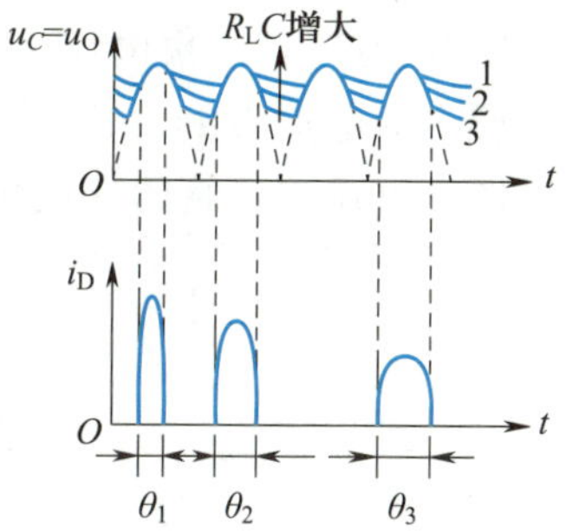

图 10.4.5 电容滤波的输出波形

由图中所示波形可以看出,电容滤波电路中 $\theta<180°$;电容放电时间常数 $R_{\mathrm{L}}C$ 越大,则电路输出电压 u_{O} 的平均值越大,即负载电流的平均值越大;与此同时整流二极管的导电角 θ 越小,则为了维持一定的平均电流,流过二极管的峰值电流必然增加。此外,在电路开始接通电源后的一段时间内,滤波电容需要有一个充电过程才能逐渐达到工作电压值。如果电容的电容值过大,则冲击电流(浪涌电流)持续时间过长,会影响整流二极管的使用寿命。因此在选择二极管的 $I_{\mathrm{D(AV)}}$ 时,通常需要比理论计算值大 2~3 倍,以保证安全;有些整流二极管给出了浪涌电流的参数,设计时可以参考。

(4) 输出特性和滤波特性

图 10.4.6(a)为电容滤波电路的输出特性,它显示了整流电路输出电压的平均值 $U_{\mathrm{O(AV)}}$ 与输出电流 I_{O} 之间的关系。由图 10.4.5 可以看出负载电阻 R_{L} 与滤波电容 C 改变时,对输出电压平均值 $U_{\mathrm{O(AV)}}$ 的影响。当 R_{L} 越小,即 I_{O} 越大时,$U_{\mathrm{O(AV)}}$ 下降越快,电路的输出特性变软,带负载能力变差。所以电容滤波电路适用于固定负载或输出电流较小、负载电流变化不大的场合。

图 10.4.6(b)为电容滤波电路的滤波特性,它表示当 R_{L} 或 C 改变时对脉动系数 S 的影响。当 R_{L} 减小,即 I_{O} 增大时,S 增大;C 减小时,则 S 增大。极限情况下 $C=0$、$S=0.67$。由此可见,增加 C 的电容量可以使 S 减小。

10.4.2 电感滤波电路

利用储能元件电感 L 中电流不能突变的特点,在整流电路的负载回路中串联一个足够大的

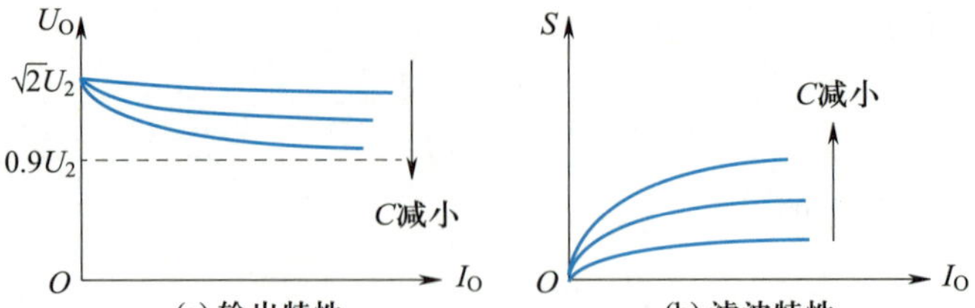

(a) 输出特性　(b) 滤波特性

图 10.4.6　电容滤波电路的输出特性和滤波特性

电感,也可以使输出电流波形较为平滑。从电感的阻抗特性可知,因为电感的直流电阻很小,而交流阻抗很大,所以整流输出电压中的脉动成分大多降落在电感上,直流成分损失较小,因此能够得到较好的滤波效果。

桥式整流电感滤波电路及其输出波形如图 10.4.7 所示。根据电感的特点,当输出电流发生变化时,电感中感应电动势的方向将阻止电流发生变化。在桥式整流电路中,在 u_2 的正半周,VD_1、VD_3 导电,电感中的电流将滞后于 u_2。当 u_2 超过 90°后开始下降,为阻止输出电流发生变化,电感将感应出一个反电势,该反电势有助于 VD_1、VD_3 继续导电。当 u_2 处于负半周时,VD_2、VD_4 导电,变压器二次电压全部加到 VD_1、VD_3 两端,致使 VD_1、VD_3 因处于反偏状态而截止,此时电感中的电流将由 u_2 经过 VD_2、VD_4 提供。由于桥式电路的对称性和电感中电流的连续性,使得四个整流二极管的导通角 θ 都是 180°,这一点与电容滤波电路不同。

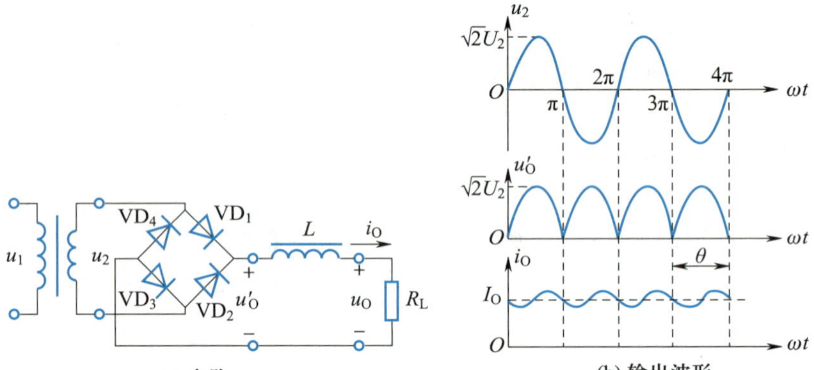

(a) 电路　(b) 输出波形

图 10.4.7　桥式整流电感滤波电路

已知带有电阻负载的桥式整流电路中,整流二极管的导通角是 180°,整流电路输出电压的平均值约为 $0.9U_2$。加入电感滤波电路后,整流管的导通角也是 180°,如图 10.4.7(b)所示。当忽略电感 L 的电阻时,负载上输出的电压平均值为 $U_{O(AV)}=0.9U_2$。如果考虑滤波电感的直流电阻 R,则电感滤波电路输出的电压平均值为

$$U_{O(AV)}=\frac{0.9U_2}{R+R_L}R_L \tag{10.4.8}$$

需要注意的是,为保持电感滤波电路中电流的连续性,要求 R_L 不能太大,即应满足 $\omega L\gg R_L$,此时 $I_{O(AV)}$ 可用下式计算

$$I_{O(AV)}=\frac{U_{O(AV)}}{R_L} \tag{10.4.9}$$

由于电感的直流电阻小，交流阻抗很大，因此直流分量经过电感后的损失很小；但是对于交流分量，经 ωL 和 R_L 的分压，使得很大一部分交流分量降落在电感上，因而降低了输出电压中的脉动成分。电感 L 越大，R_L 越小，则滤波效果越好。

与电容滤波电路相比，采用电感滤波以后，延长了整流管的导通角，从而避免了过大的冲击电流。图 10.4.8 为电感滤波电路的输出特性和滤波特性。由图中可见，随着负载电流的增加，输出电压的平均值下降较小，脉动系数 S 变小。因此电感滤波适用于大负载电流且电流变化较大的场合。

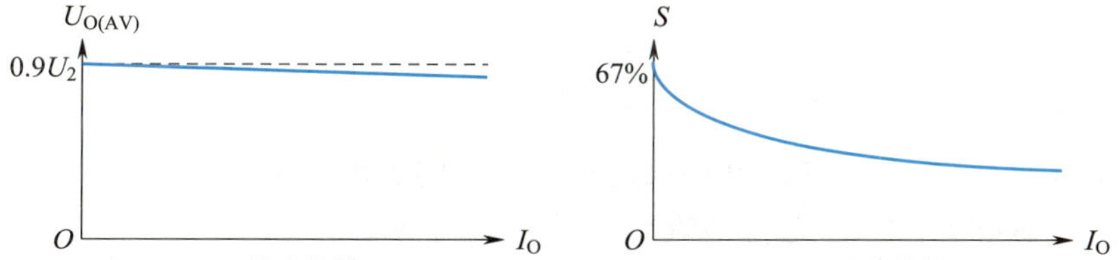

图 10.4.8　电感滤波电路的输出特性和滤波特性

思考题

10-4-1　利用 L、C 元件构成滤波电路的基本原则是什么？

10-4-2　以单相桥式整流滤波电路为例，说明电容滤波的工作原理。

10-4-3　说明决定电容滤波效果好坏的基本因素有哪些。

10-4-4　说明电容滤波电路中二极管的导通角与哪些因素有关。

10-4-5　如何理解电容滤波电路的时间常数表达式？它与哪些因素有关？

10-4-6　以单相桥式整流滤波电路为例，说明电感滤波电路的工作原理。

10-4-7　说明电感滤波的导通角为什么是 180°，要保证 180°导通角的条件是什么。

10.5　串联型稳压电路

虽然经整流和滤波后输出的直流电压含有的纹波已经比较小了，但是在一些对电源稳定度要求更高的场合，例如为有源传感器供电时，其输出仍不能满足需要。引起整流滤波后电路输出电压不稳定的因素有三种，即输入交流电压的变化、负载电流的变化和温度的变化，因而输出电压可以用如下关系式描述：

$$U_O=f(U_I,I_L,T) \tag{10.5.1}$$

在整流和滤波电路之后接入稳压电路，可以维持输出电压的稳定，不受上述因素的影响。

稳压电路按工作方式分为线性稳压电路和开关型稳压电路，其中线性稳压电路又分为串联型和并联型稳压电路。最简单的稳压电路是由稳压二极管组成的，在第 4 章已经阐述了其稳压原理。由于稳压二极管与负载并联，因而属于并联型稳压电路。本节将着重介绍串联型稳压电路的工作原理以及三端集成稳压器的应用。

10.5.1 稳压电路的主要技术指标

由式(10.5.1)可知,输出电压变化量的一般表达式为

$$\Delta U_O \approx \frac{\partial U_O}{\partial U_I}\Delta U_I + \frac{\partial U_O}{\partial I_L}\Delta I_L + \frac{\partial U_O}{\partial T}\Delta T = S_u \Delta U_I + R_O \Delta I_L + S_T \Delta T$$

式中的三个系数为稳压电路的主要技术指标。

1. 输入电压调整系数 S_u

在负载固定和温度不变时,输入电压调整系数 S_u 为稳压电路输出电压的变化量与其输入电压的变化量之比。

$$S_u = \left.\frac{\Delta U_O}{\Delta U_I}\right|_{\Delta I_L=0,\Delta T=0} \tag{10.5.2}$$

这个指标给出了在改变输入电压时,电路保持预定输出能力的一种度量,即反映了电网电压波动对直流稳压电源的影响,其中 U_I 是指整流滤波后的直流电压。

工程上常把电网电压波动±10%时所对应的直流输出电压的相对变化量的百分比作为衡量的指标,称为**电压调整率**,也用 S_u 表示。

$$S_u = \left.\frac{\Delta U_O/U_O}{\Delta U_I}\right|_{\Delta I_L=0,\Delta T=0} \times 100\% \quad (\%/\mathrm{V})$$

有时也用输出电压的相对变化量和输入电压的相对变化量之比来表示稳压性能,称为**稳压系数**。

$$S_u = \left.\frac{\Delta U_O/U_O}{\Delta U_I/U_I}\right|_{\Delta I_L=0,\Delta T=0}$$

2. 输出电阻 R_o

输出电阻 R_o 为输入电压和温度不变时,因负载变化,引起输出电压的变化量与电流变化量之比。因此输出电阻 R_o 的大小衡量了稳压电路的输出电压在 I_L 变化时的稳定情况,即反映稳压电路受负载变化影响的大小,也称为负载调整率。

$$R_o = \left.\frac{\Delta U_O}{\Delta I_L}\right|_{\Delta U_I=0,\Delta T=0} \tag{10.5.3}$$

在工程上常用输出电流 I_O 从零变化到最大额定输出值时,输出电压的相对变化量来表征这个性能,称为电流调整率,用 S_I 表示。

$$S_I = \left.\frac{\Delta U_O}{U_O}\right|_{\Delta U_I=0,\Delta T=0} \times 100\%$$

3. 输出电压的温度系数 S_T

输出电压的温度系数 S_T 是指电网电压和负载都不变时,单位温度变化所引起的输出电压的变化量。该指标用以度量在改变温度条件下,电路维持预定输出电压 U_O 的能力。

$$S_T = \left.\frac{\Delta U_O}{\Delta T}\right|_{\Delta U_I=0,\Delta I_L=0} \quad (\mathrm{mV/^\circ C}) \tag{10.5.4}$$

4. 纹波抑制比 S_{rip}

纹波抑制比 S_{rip} 定义为输入纹波电压的峰值(或有效值)与输出纹波电压的峰值(或有效值)之比的分贝数。

$$S_{rip}=20\lg\frac{u_I}{u_O}\quad(\text{dB})\qquad(10.5.5)$$

10.5.2　串联型稳压电路

1. 电路组成

所谓串联型稳压电路,就是在输入直流电压和负载之间串联一个晶体管,当 U_I 或 R_L 变化引起输出电压 U_O 变化时,U_O 的变化将反映到晶体管的发射结电压 U_{BE} 上,引起 U_{CE} 变化,从而调整 U_O,以保持输出电压的基本稳定。由于晶体管在电路中起到调节输出电压的作用,所以称之为**调整管**。由于调整管与负载是串联关系,且工作于线性放大区,所以图 10.5.1 所示电路又称为**线性串联型稳压电路**。

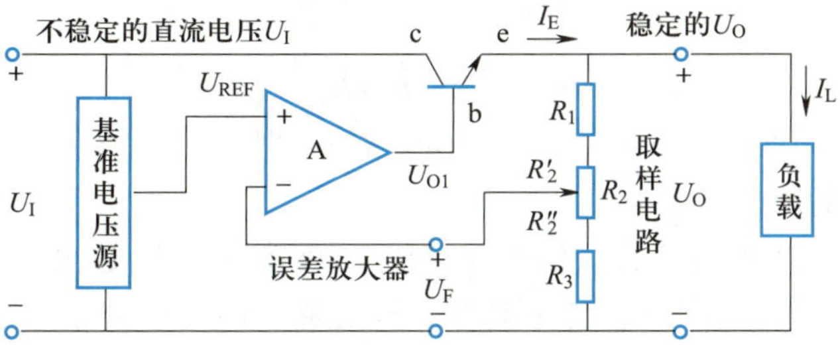

微视频 10-4
串联型稳压电路

图 10.5.1　串联型稳压电路

串联型稳压电路主要由**基准电压源**、**误差放大器**、**调整管**和**取样电路**组成。**基准电压源**一般为能隙型基准电压源,提供高精度和高稳定性的基准电压 U_{REF}。**误差放大器**可以由单管放大电路、差分放大电路、集成运算放大器等构成,用于放大误差信号($U_{REF}-U_F$),其输出用于调节调整管的管压降(U_{CE})。**调整管**可以是单个功率管或复合管,由于调整管工作于线性区,因而调整管的 I_E 与 U_{CE} 的变化方向相反,即当 I_E 增加时,U_{CE} 减小,反之亦然。根据"虚断"概念可知,**取样电路**实质上是一个分压器,取出输出电压 U_O 的一部分作为反馈电压 U_F,与基准电压 U_{REF} 比较,进而得到误差电压。

2. 稳压原理

串联型稳压电路是一种典型的电压串联负反馈调节系统。利用电压负反馈可以稳定输出电压的原理来维持电路输出电压的稳定。

(1) 设负载阻值不变,当电网电压升高,使 U_I 上升并引起输出电压 U_O 上升时,通过下述反馈过程,可使 U_O 稳定:

$$U_I\uparrow\longrightarrow U_O\uparrow\rightarrow U_F\uparrow\xrightarrow{U_{REF}\text{一定}}U_{O1}\downarrow\rightarrow U_{BE}\downarrow\rightarrow I_E\downarrow\longrightarrow U_{CE}\uparrow\longrightarrow U_O\downarrow$$

(2) 设 U_I 保持不变,当负载 R_L 变小,使 U_O 下降时,通过下述反馈过程,可使 U_O 稳定:

$$R_L\downarrow \longrightarrow U_O\downarrow \rightarrow U_F\downarrow \xrightarrow{U_{REF}\text{一定}} U_{O1}\uparrow \rightarrow U_{BE}\uparrow$$
$$U_O\uparrow \longleftarrow U_{CE}\downarrow \longleftarrow I_E\uparrow \longleftarrow$$

上述调节过程不可能将输出电压的变化百分之百地调回原数值，它是一个有差调节系统，只能减小因输入电压和输出电流变化而引起的输出电压变化的数值。为确保电路的正常运行，要求 $U_I>U_O$，使调整管输出压降 $U_{CE}>U_{CES}$，否则调整管不能处于线性区，失去调节能力。因此，线性串联型稳压电路属于**降压型**稳压电路。

3. 输出电压的调节范围

在满足深度负反馈条件下，根据运放的“虚断”和“虚短”特性可知

$$U_F\approx U_{REF}$$

$$U_O=\frac{R_1+R_2+R_3}{R''_2+R_3}U_{REF}$$

显然，当电位器 R_2 的滑动端调到最下端时，输出电压最高；反之，输出电压最小。

$$\begin{cases} U_{Omax}=\dfrac{R_1+R_2+R_3}{R_3}U_{REF} \\ U_{Omin}=\dfrac{R_1+R_2+R_3}{R_2+R_3}U_{REF} \end{cases} \tag{10.5.6}$$

4. 影响稳压性能的因素

综上所述，误差放大器的电压放大倍数 A_u 和电压反馈系数 F_u 越大越好，因为电路的环路增益大，引入深度负反馈，则较小的 U_O 变化就可获得足够大的电压 U_{O1} 去调节调整管的管压降。由式(10.5.6)可知，电路的基准电压 U_{REF} 越稳定越好，U_{REF} 和 U_F 的差值是误差信号，如果 U_{REF} 也在变化，这个差值就不可靠了。此外，误差放大器的零点漂移应越小越好，为此宜选用温度稳定性良好的元器件。

调整管是串联型稳压电路的核心器件，它的安全工作是电路正常运行的保证，因此除了要求电路的 $U_I>U_O$，使调整管工作于线性区，还应该考虑调整管的极限参数：最大集电极电流 I_{CM}、c-e 间的反向击穿电压 $U_{(BR)CEO}$ 以及集电极最大管耗 P_{CM}。若忽略取样电路的分流作用，使 $I_E\approx I_L$，则可以按下式选择调整管。

$$\begin{cases} I_{CM}>I_{Lmax} \\ U_{(BR)CEO}>U_{Imax}-U_{Omin} \\ P_{CM}>I_{Lmax}(U_{Imax}-U_{Omin}) \end{cases} \tag{10.5.7}$$

10.5.3 三端集成稳压器

集成稳压器是内部带有保护电路的稳压电路，一旦出现电流过载、二次击穿以及热过载等情况，这些保护电路将被启动以确保器件在安全界限内工作，从而降低了器件失效或电路性能下降的风险。集成稳压器连接在整流滤波电路的输出端，在输入电压变化、负载电流变化、温度变化时均有恒定电压输出。常用的集成稳压器有三个端子，输入端、输出端和公共(调节)端，三端集成稳压器因此而得名。

集成稳压电路按输出电压分类,可分为:

(1) **固定输出稳压电路** 这类电路输出电压是预先调整好的,在使用中一般不需要进行调整。

(2) **可调输出稳压电路** 这类电路可通过外接元件使输出电压在较大范围内进行调节,以适应不同需要。

1. 固定输出集成稳压器

固定电压输出集成稳压器属于串联型稳压电路,它是在图 10.5.1 的基础上又将过热、短路等保护电路集成在一起的功能电路,分为正电压输出和负电压输出两大系列,正电压输出的型号是 CW78××,负电压输出的型号是 CW79××,型号后面的两位数字表示输出电压值,即输出端与公共端之间的电压。以图 10.5.2(a)所示 CW78××为例,其输出 $U_{32}=××(V)$。

这类集成稳压器的产品封装只有输入端、输出端和公共端三个引线端。CW78××和 CW79××系列中有一种管脚编号及定义如图 10.5.2 所示,其封装形式为 TO-220 塑料封装。**请注意不同封装、不同型号的三端集成稳压器,其管脚定义不同,使用时应查阅器件手册。**由于这类产品具有使用方便、性能稳定、价格低廉等优点,目前得到广泛的应用。

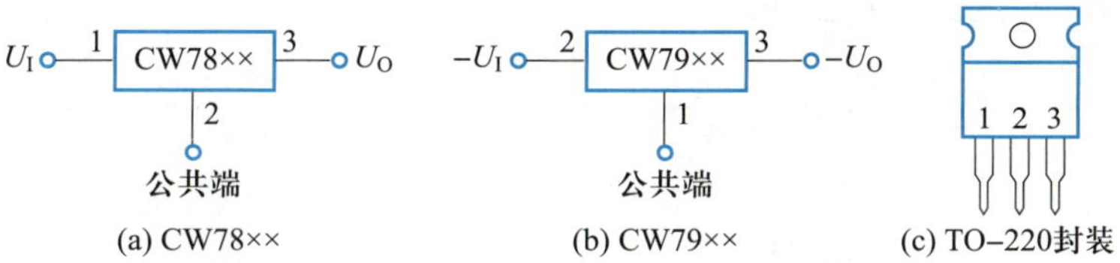

图 10.5.2 固定式三端集成稳压器的管脚编号及定义(TO-220 封装)

CW78××按输出电压分为 7 档:5 V、6 V、9 V、12 V、15 V、18 V、24 V。

CW79××按输出电压分为 7 档:-5 V、-6 V、-9 V、-12 V、-15 V、-18 V、-24 V。

CW78××和 CW79××系列的集成稳压电路依据输出电流分三个档次,产品型号为

(1) CW78××和 CW79××系列,最大输出电流为 1 A。

(2) CW78M××和 CW79M××系列,最大输出电流为 0.5 A。

(3) CW78L××和 CW79L××系列,最大输出电流为 0.1 A。

固定输出集成稳压器在使用时,只需根据查出的有关参数、外形尺寸,配上适当的散热片,就可以按芯片提供的直流电压接在电路中使用。输出为固定正电压时的接法如图 10.5.3(a)所示,输出为固定负电压的接法如图 10.5.3(b)所示。图中输入电容 C_1 用于减小输入导线上杂散电感的影响;输出电容 C_2 用于增强电路对负载电流突变的反应能力。C_1 和 C_2 应选择瓷介质电容,其高频性能良好,可以抵消分布电感的影响,减小高频阻抗,并改善稳压电路对高频信号的抑制能力。

采用带有中心抽头的电源变压器,在桥式整流电容滤波电路的输出端接入 CW78××和 CW79××集成稳压器,可以构成双极性直流稳压电源,同时输出正、负直流电压,电路如图 10.5.4 所示。

在交流输入电压 u_2 的正半周内,整流二极管 VD_1、VD_3 导通;u_2 沿着图中虚线方向经过 VD_1

整流和电容 C_1 滤波，为三端集成稳压器 CW78××提供直流输入电压 $+U_{I1}$，使稳压器输出正向直流电压 U_{O1}；同时 u_2 经过 VD_3 整流和电容 C_2 滤波，为三端集成稳压器 CW79××提供直流输入电压 $-U_{I2}$，使稳压器输出负向直流电压 U_{O2}。同理，在 u_2 的负半周，整流二极管 VD_2、VD_4 导通；u_2 经过 VD_2 整流和电容 C_1 滤波，为 CW78××提供 $+U_{I1}$；u_2 经过 VD_4 整流和电容 C_2 滤波，为 CW79××提供 $-U_{I2}$。

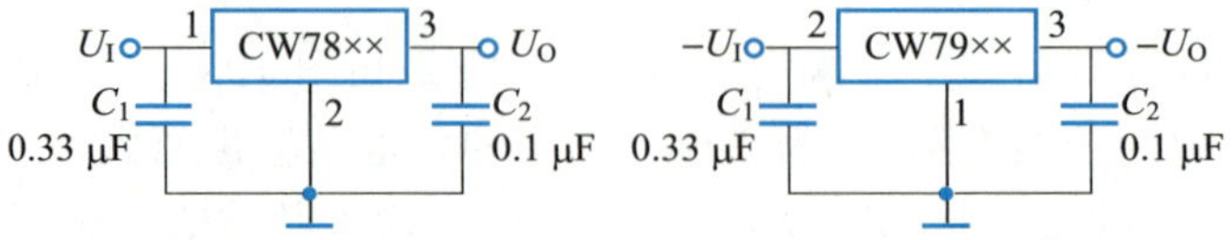

(a) CW78××系列典型应用　　(b) CW79××系列典型应用

图 10.5.3 TO-220 封装的 CW78××和 CW79××系列的典型接法电路

微视频 10-5
双路输出的直流稳压电源

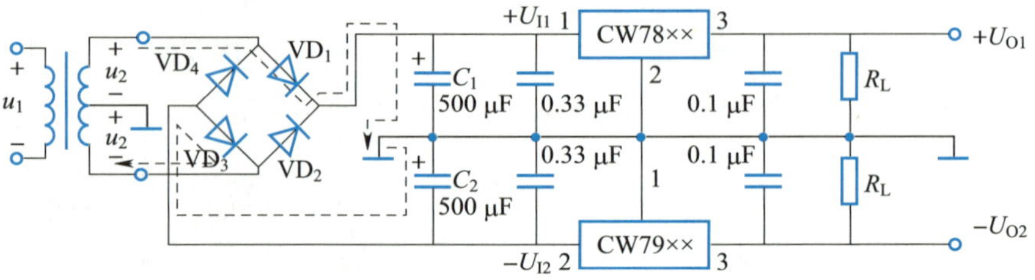

图 10.5.4 输出正、负电压的直流稳压电源电路

【例 10.5.1】 用固定输出的三端集成稳压器构成电路如图 10.5.5 所示，已知漏电流 I_W = 5 mA。

（1）写出图（a）中 I_O 的表达式，并计算 I_O 值；

（2）写出图（b）中 U_O 的表达式，并计算 $R_2 = 5\ \Omega$ 时的 U_O 值；

（3）指出这两个电路分别具有什么功能。

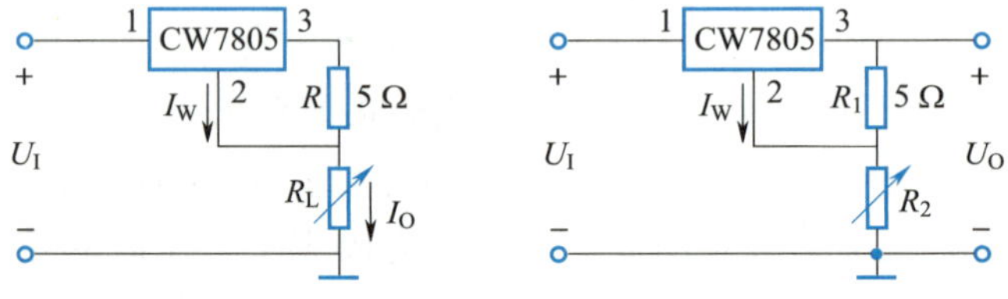

(a)　　(b)

图 10.5.5 例 10.5.1 电路图

解 已知三端集成稳压器 7805 的输出 $U_{32} = +5$ V，忽略其漏电流 I_W 的影响，则图（a）中电路的输出电流为

$$I_O = \frac{U_{32}}{R} + I_W \approx \frac{U_{32}}{R} = 1\ \text{A}$$

图（b）中电路的输出电压为

$$U_O = U_{32} + \left(\frac{U_{32}}{R_1} + I_W\right) R_2 \approx \left(1 + \frac{R_2}{R_1}\right) U_{32} = 10\ \text{V}$$

因此，图(a)电路的输出电流不受负载变化的影响，具有恒流源功能；而图(b)电路具有恒压源功能，改变 R_2 的阻值可以调节电路的输出电压。

2. 可调式三端集成稳压器

可调式三端集成稳压器分为正电压输出(例如 CW317)和负电压输出(例如 CW337)两个系列。它的三个端子分别为：输入端、输出端和调整端。按照 TO–220 外形封装的 CW317 系列和 CW337 系列的引脚编号及定义如图 10.5.6 所示。

可调式集成稳压器的输出端与调整端内部是一个标准稳压二极管，$U_{21} = U_Z = U_{REF} = 1.25\ \text{V}$。若将稳压器的调整端接地，它就是一个输出电压为 U_{REF} 的固定输出稳压器。若要调节稳压器的输出电压，按图 10.5.7 接线即可。

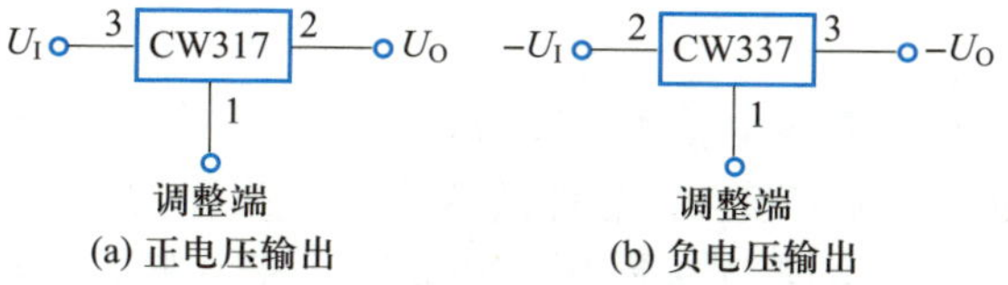

图 10.5.6　TO–220 封装的可调式三端集成稳压器的引脚定义

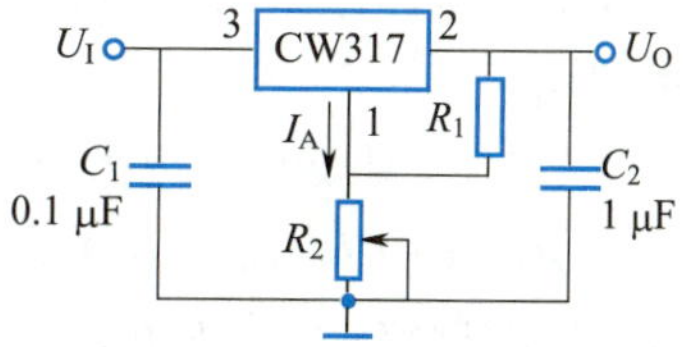

图 10.5.7　可调式三端集成稳压器的典型应用电路

在图 10.5.7 中，电路输出电压 U_O 可通过电位器 R_2 调节，输出电压为

$$U_O = U_{REF} + \left(\frac{U_{REF}}{R_1} + I_A\right) R_2 \approx 1.25 \times \left(1 + \frac{R_2}{R_1}\right) \tag{10.5.8}$$

式中，1.25 V 为稳压器的参考电压 U_{REF}。I_A 为调整端的电流，这个电流很小，一般可以忽略。

思考题

10–5–1　引起整流滤波电路的输出电压不稳定的因素有哪些？

10–5–2　描述稳压电路性能的参数有哪些？

10–5–3　说明串联型稳压电路的工作原理。

10–5–4　在串联型稳压电路中，调整管有何作用？选择调整管应注意什么？

10–5–5　说明三端集成稳压电路的构成，它是如何分类的？

10–5–6　如何使用三端集成稳压电路？

10.6　开关型稳压电路

串联型稳压电路的调整管串联于输入和负载之间，调整管工作在线性放大区，输出电压的稳定是依靠调节调整管的管压降 U_{CE} 来实现的，一般 U_{CE} 有 5~10 V 的压降。因而调整管的功耗大，稳压电源的效率低，$\eta = P_O/P_I \approx (U_O I_O)/(U_I I_I)$，一般为 40%~60%，并且只能实现降压输出，即 $U_O < U_I$。

为克服上述缺点,可采用开关型稳压电路。开关型稳压电路的调整管工作在开关状态,故也称**开关管**。开关管截止时穿透电流 I_{CEO} 很小,消耗功率很小;开关管饱和导通时,功耗为饱和压降 U_{CES} 与集电极电流 I_C 的乘积,管耗也较小。因此,开关管的管耗主要发生在其工作状态从开到关或从关到开的转换过程之中,所消耗的功率远小于在线性区工作的调整管,电源效率因而可提高到 80%~90%。

开关电路按开关管连接方式分为:串联型、并联型和脉冲变压器(高频变压器)耦合型。按电路拓扑结构分为:降压(buck)型、升压(boost)型和反相(buck-boost)型。限于篇幅,本节仅讨论串联开关型稳压电路。

10.6.1　串联开关型稳压电路

开关稳压电路是一种高效的直流转换器(DC-DC 变换器),通过开关的快速切换将不稳定直流输入转换为脉冲序列,再进行滤波处理,输出稳定的直流电压。

1. 电路组成

开关稳压电路主要由开关管、开关驱动电路和滤波电路组成。串联开关型稳压电路如图 10.6.1 所示,图中 U_I 是整流滤波电路输出的直流电压;晶体管 VT 为开关管,其工作状态受 u_B 控制,u_B 为矩形波;电感 L 和电容 C 组成滤波电路;VD 为续流二极管。开关驱动电路由取样电路(R_1、R_2)、基准电压、三角波发生器、误差放大器 A_1 和电压比较器 A_2 组成。

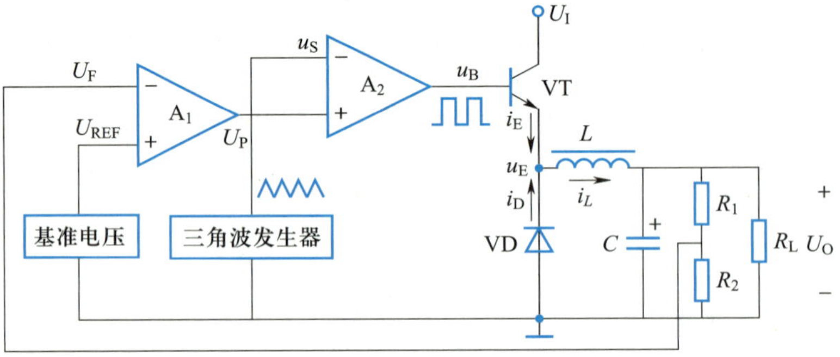

图 10.6.1　串联开关型稳压电路原理框图

2. 开关电路的工作原理

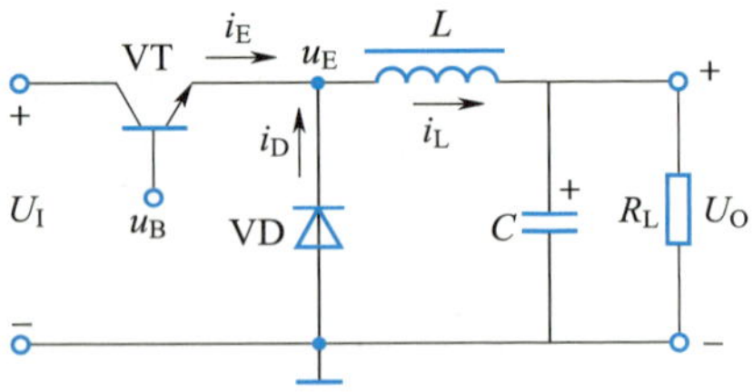

图 10.6.2　开关电路的基本原理图

由开关管 VT、续流二极管 VD、电感 L 和电容 C 构成的串联型开关电路如图 10.6.2 所示。开关管在电路中与负载电路呈串联连接,其工作状态受其基极电压 u_B 的控制。

当 u_B 为高电平时,开关管 VT 工作于饱和导通状态,而二极管 VD 因处于反偏状态而截止;电流经 VT 流向电感,电感 L 开始存储能量,电容 C 开始充电,同时有电流流过负载 R_L。此时若忽略开关管的饱和压降 U_{CES},则其发射极电位 $U_E = U_I - U_{CES} \approx U_I$。

当 u_B 为低电平时，开关管 VT 工作于截止状态，此时虽然开关管的射极电流 $i_E=0$，但是电感 L 开始以电流的形式释放能量，其感应电动势使二极管 VD 导通，为电感中的电流提供通路，所以二极管 VD 称为**续流二极管**。同时电容 C 开始放电，维持负载上的电流基本不变，此时 $U_E=-U_D\approx 0$。

当电路中 L 和 C 的取值足够大时，可以保证在开关管截止期间，电感的能量不会放尽，输出电压中含有的交流分量能被电容 C 继续滤除，此时电路的输出电压 U_O 和负载电流 I_O 均为连续的。图 10.6.3 显示了电路中各点的波形，其中 t_{on} 为开关管导通时间，t_{off} 为截止时间，T 为开关周期。

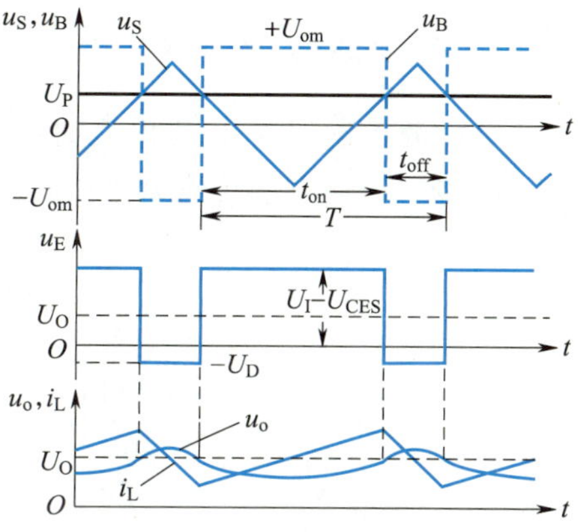

图 10.6.3 串联开关型稳压电路的工作波形

若将 u_E 视为直流分量和交流分量之和，则输出电压平均值 U_O 等于 u_E 的直流分量，即

$$U_O=\frac{(U_I-U_{CES})t_{on}+(-U_D)t_{off}}{T}\approx\frac{t_{on}}{T}U_I=DU_I \tag{10.6.1}$$

式中，D 是开关管的控制信号 u_B 的占空比。已知 $0<D<1$，因此该电路的 $U_O<U_I$，属于降压型开关电路。

3. 驱动电路的稳压原理

由式(10.6.1)可知，当电路的输入电压波动或者电路的负载发生变化而引起输出电压变化时，如果能在 U_O 增大时，减小控制信号 u_B 的占空比或在 U_O 减小时，增大 u_B 的占空比，那么输出电压就可以获得稳定。

如图 10.6.1 所示，取样电路通过 R_1、R_2 对 U_O 分压得到反馈电压 U_F，基准电压源输出稳定的电压 U_{REF}，两个信号之差($U_{REF}-U_F$)经误差放大器 A_1 放大后，作为电压比较器 A_2 的阈值电压 U_P，与三角波发生器的输出 u_S 进行比较，从而得到开关管的控制信号 u_B。

当 U_O 升高时，反馈电压 U_F 随之增大，与基准电压 U_{REF} 之间的差值减小，因而误差放大器 A_1 的输出电压 U_P 减小，经电压比较器使 u_B 的高电平变窄，占空比 D 变小，因此输出电压随之减小，调节的结果令 U_O 基本不变。其调节控制过程简述如下：

$$U_O\uparrow\longrightarrow U_F\uparrow\longrightarrow U_P\downarrow\ (U_P=A_1(U_{REF}-U_F))$$
$$U_O\downarrow\longleftarrow D\downarrow\longleftarrow$$

当 U_O 减小时，与上述变化过程相反。值得注意的是，负载电阻变化时会影响 LC 滤波电路的滤波效果，因而开关型稳压电路不适用于负载变化较大的场合。

由图 10.6.3 所示波形可知，当 $U_F<U_{REF}$ 时，$U_P>0$，此时控制信号 u_B 的占空比大于 50%；当 $U_F>U_{REF}$ 时，$U_P<0$，则 u_B 的占空比小于 50%。因此改变取样电路 R_1、R_2 的比值，可以改变输出电压 U_O 的值。

综上所述，开关型稳压电路通过调节控制信号 u_B 的占空比来改变开关管的导通时间 t_{on}，从而实现稳压的目的，但是开关管的开关周期 T 保持不变。因此这种工作模式的稳压电路也被称为**脉宽调制型**(pulse width modulation，PWM)开关稳压电路。

10.6.2 开关电源控制器

开关电源控制器在串联开关型稳压电路中的应用如图 10.6.4 所示。它实际上就是一个 PWM **控制器**,也适用于其他脉宽调制的场合。

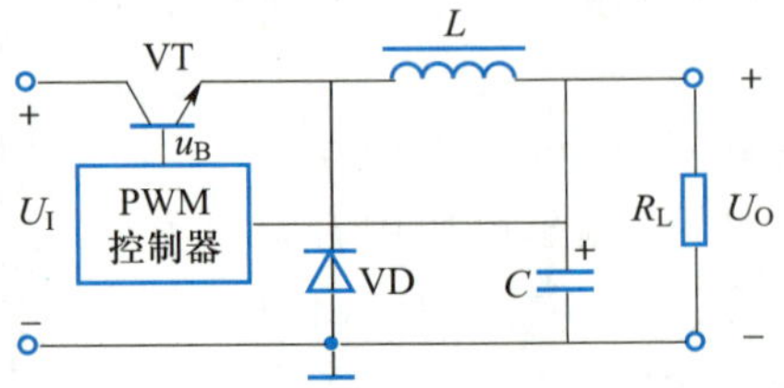

图 10.6.4 串联开关型稳压电路中 PWM 控制器的应用

开关稳压电路一般有两大类型集成产品:一类是将开关管集成在芯片内部的集成开关稳压器;另一类则不包括开关管,称为开关电源控制器。典型的集成开关稳压器和开关电源控制器见表 10.6.1。

表 10.6.1 集成开关稳压器及开关电源控制器

型号	电源范围/V	最大输出电流/A	内部参考源/V	输出级形式
TL494	7~40	0.2	5	推挽
SG3524	8~40	0.1	5	推挽
SG3525	8~35	0.5	5	推挽
LM2575	3.5~35	1	1.23	

注:表中前三个是开关电源控制器,后一个是单片开关稳压器。

用开关电源控制器可以方便地构成开关稳压电源。下面介绍开关电源控制器 SG1524/2524/3524,它们的工作原理是完全相同的,只是使用环境条件不同:SG1524 为Ⅰ类军品,适于 −55~+125 ℃环境温度;SG2524 为Ⅱ类工业品,适于−40~+85 ℃环境温度;SG3524 为Ⅲ类民品,适于 0~+70 ℃环境温度。

1. 电路组成

SG3524 是模拟-数字混合集成电路,是性能优良的开关电源控制器,其内部的结构框图如图 10.6.5 所示。它包括输出为+5 V 的电压参考源、误差放大器、限流保护环节、电压比较器、振荡器、触发器、输出逻辑控制电路和输出晶体管等环节。

2. 工作原理

参考源是一个典型的小功率线性串联型稳压器,输入电压范围为+8~+40 V,输出电压为+5 V,输出电流为 50 mA。参考源的输出不仅可以作为芯片内部其他部件的电源电压,同时也为比较器提供基准电压 U_{REF}。参考源的电压调整率 $S_u=0.01\%/V$,电流调整率 $S_I=0.4\%$。

误差放大器的输出端从 9 脚引出,在芯片 9 脚和 1 脚之间接入反馈电阻实现调节误差放大器增益的目的。为使放大器能稳定工作,可在放大器的输出端至地之间串入 RC 网络进行补偿。

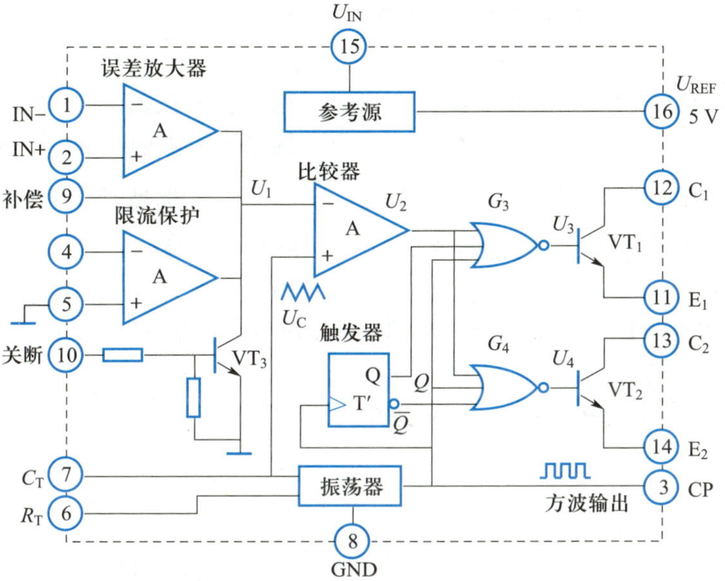

图 10.6.5 SG3524 的内部结构框图

电压比较器对误差放大器的输出 U_1 和外接电容 C_T(7 脚)上的电压进行比较,其输出 U_2 控制**或非**门 G_3、G_4 的开启,进而控制输出级晶体管 VT_1、VT_2 的工作状态。**或非**门的逻辑功能是只要有一个输入端输入高电平,其输出就为低电平;只有当所有的输入端都输入低电平时,其输出才为高电平。因此,当 C_T 上的电位 U_C 高于误差放大器的输出 U_1 时,U_2 为高电平,**或非**门被封锁,**或非**门输出始终保持低电平;反之,C_T 上的电位 U_C 低于 U_1 时,则 U_2 为低电平,**或非**门被打开,**或非**门的输出取决于来自触发器和振荡器的两路输入信号。若**或非**门输出低电平,则输出级晶体管处于截止状态;若输出高电平,则输出级晶体管处于导通状态。

限流保护电路的输出与误差放大器的输出端并联。通常将电流取样信号接在限流放大器的反相输入端(4 脚),当取样信号超过限定值(5 脚电压)时,限流放大器输出负饱和值,将误差放大器的输出钳制在低电位,则此时比较器输出 U_2 变为高电平,迫使输出级晶体管关闭,从而避免电路因过流而毁坏。

SG3524 内部还有关断电路,其输出也接在误差放大器的输出端,若关断电路的输入 10 脚外接高电平,则使晶体管 VT_3 饱和导通,可以将误差放大器的输出直接钳制在低电位,使比较器的输出 U_2 为高电平,**或非**门输出低电平,迫使输出级晶体管关断。

振荡器由参考源输出的+5 V 电压供电,其外接电阻 R_T 和电容 C_T 组成的充放电回路决定振荡频率。振荡器输出的锯齿波加到比较器的同相输入端,与误差放大器的输出 U_1 进行比较,通过其输出的矩形脉冲控制输出级晶体管的通断。振荡器输出的脉冲信号有两个用途:一是作为时钟脉冲送至内部的 T' 触发器,因为触发器的输出 Q 和 $\overline{Q}$ 的状态始终相反,所以两路输出级晶体管的开与关是交替的;二是作为死区时间控制,将它直接送至两个**或非**门,作为封锁脉冲,以保证在两个输出级晶体管的开、关交替瞬间有一段死区,不会同时导通。

SG3524 的输出部分是两个中功率的 NPN 晶体管 VT_1、VT_2,每个管子的集电极和发射极都从电路引出，其集电极和发射极电位都由芯片外围电路决定。

3. 波形分析

SG3524 电路控制过程的波形如图 10.6.6 所示。锯齿波由振荡器提供，U_1 是误差放大器的输出，它们一起加到比较器上。U_2 是比较器的输出。振荡器输出的时钟 CP 驱动 T' 触发器，CP、Q 和 U_2 的**或非**逻辑输出为 U_3，决定 VT_1 的通断。CP、$\overline{Q}$ 和 U_2 的**或非**逻辑输出为 U_4，决定 VT_2 的通断。由于 Q 和 $\overline{Q}$ 等宽，加上 U_2 的存在，所以 U_3 和 U_4 这两路信号之间有一定的死区，以保证 VT_1 和 VT_2 管在开与关的交替时不会同时导通。当 U_1 降低时，U_2 的脉冲变宽，VT_1 和 VT_2 的导通时间减小。反之，当 U_1 增加时，VT_1 和 VT_2 的导通时间增加。

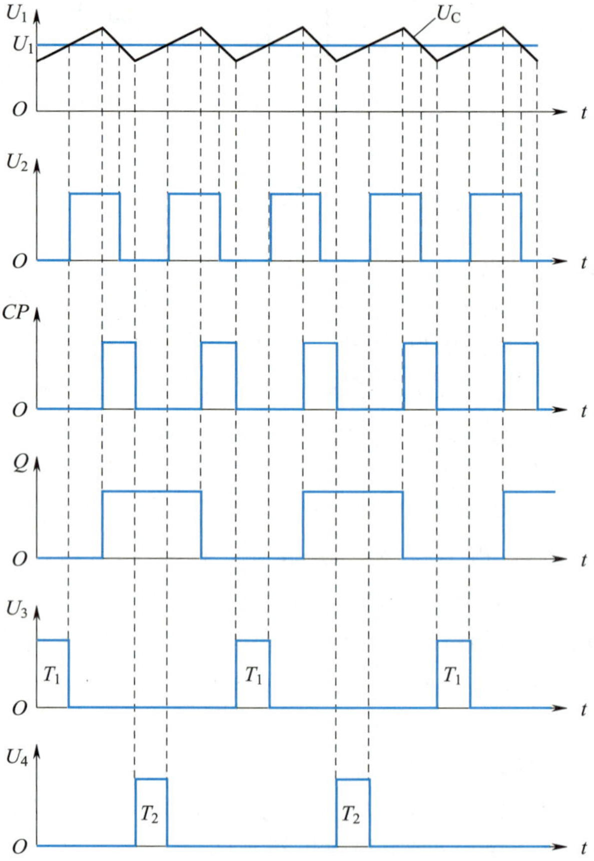

图 10.6.6 SG3524 电路控制过程的波形

4. 典型应用

SG3524 构成开关稳压电源的典型电路如图 10.6.7 所示。SG3524 分别从 11 脚和 14 脚输出在时间上互相错开的两路控制信号，其开关频率由 6 脚和 7 脚外接的 R_5 和 C_2 决定。芯片的 1 脚和 2 脚是内部误差放大器的输入端，R_1 和 R_2 为取样电路，通过对电路输出 U_O 的分压，将反馈电压 U_F 送入误差放大器的反相输入端。16 脚是基准源，由 R_3 和 R_4 通过对基准电压+5 V 的分压给误差放大器提供一个参考电压 U_{REF}。由于 SG3524 内部输出级晶体管的驱动能力较弱，因此在外围电路中增加了两个晶体管 VT_1、VT_2。

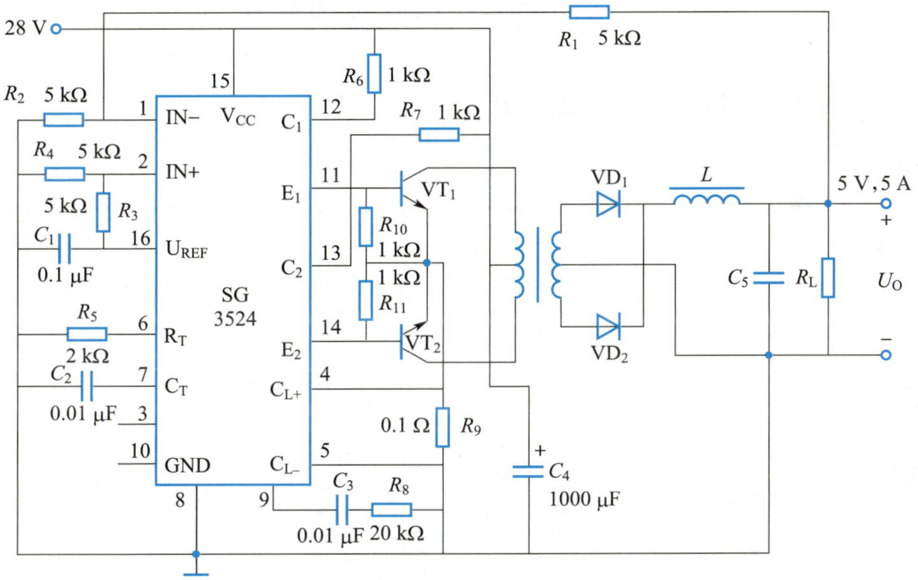

图 10.6.7 SG3524 的应用电路

由图 10.6.5 可知，U_3 和 U_4 是**或非**门的输出，只要**或非**门的输入端有高电平，它的输出即为低电平。U_3 和 U_4 的输出由电压比较器的输出 U_2、振荡器的输出 CP、T'触发器的输出 Q 或 $\overline{Q}$ 共同决定。因为触发器的输出 Q 和 $\overline{Q}$ 只能有一个是高电平，所以 SG3524 的输出管 VT_2 和 VT_1 不可能同时导通，即 VT_1 和 VT_2 只能按推挽方式工作，轮流交替导通。

SG3524 的稳压过程如下：设负载电流增大，使 U_O 减小，则反馈电压 U_F 减小，误差放大器的输出 U_1 增加，VT_1 和 VT_2 的导通时间增加，输出电压 U_O 增加；反之，当 U_O 增加时，U_F 随之增加，则 U_1 减小，VT_1 和 VT_2 的导通时间减小，输出电压 U_O 减小。

当晶体管的电流过大时，电流取样电阻 R_9 上的压降将增加，从而使限流放大器的输出为低电平，即 U_1 迅速下降，使 VT_1 和 VT_2 关断。SG3524 的 10 脚也有保护功能，当 10 脚加高电平时，可以强迫 U_1 下降，VT_1 和 VT_2 关断。10 脚与 4 脚可实现双重保护。由于 SG3524 可在较高的频率下工作，VT_1 和 VT_2 应选用高频开关管。变压器应采用高频变压器，因工作频率高，滤波电感和滤波电容都可以选用较小的数值。

思考题

10-6-1 开关稳压电源中的开关晶体管工作在什么状态？这种工作状态有何优点？

10-6-2 简述串联型开关稳压电源主电路的工作原理。

10-6-3 简述串联型开关稳压电源驱动电路的工作原理。

10-6-4 举例说明开关电源控制器的组成和工作原理。

10.7 直流稳压电源的仿真研究

10.7.1 单相全波整流电路的仿真研究

1. 研究内容

研究单相全波整流电路工作原理。观测其输出电压与整流二极管两端电压的波形。

2. 仿真电路

单相全波整流电路是在单相半波整流电路的基础上又加入一个二次绕组和整流二极管构成，电路如图 10.7.1 所示。

微视频 10-6
单相全波
整流电路

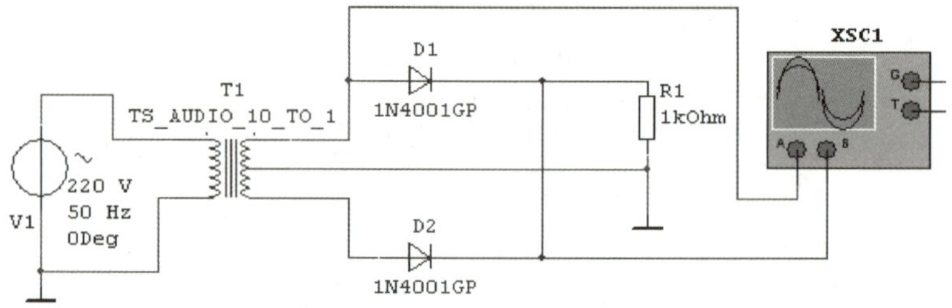

图 10.7.1 单相全波整流电路

3. 仿真结果

单相全波整流电路的输入、输出电压波形如图 10.7.2(a)所示，整流二极管两端的电压波形如图 10.7.2(b)所示；电路的测试结果如表 10.7.1 所示。

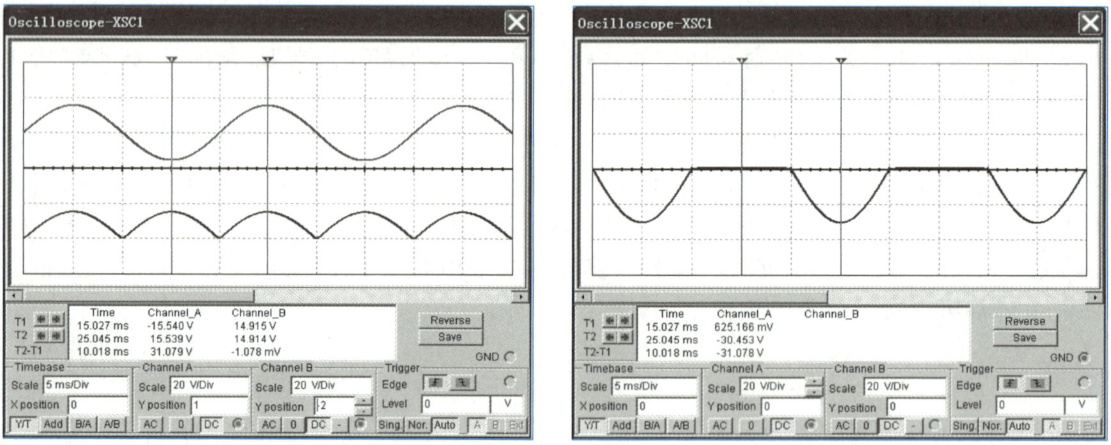

(a) 输入、输出电压波形 (b) 二极管两端电压波形

图 10.7.2 单相全波整流电路的仿真波形

4. 结论

单相全波整流电路利用整流二极管的单向导电性，使 D1、D2 在输入信号的正、负半周内轮

流导通，并使流过负载 R_1 的电流保持同一方向，从而得到全波输出电压波形。因此，单相全波整流电路的参数计算方法与桥式整流电路基本相同，值得注意的是，单相全波整流电路中二极管所承受的反向电压峰值为 $2\sqrt{2}U_2$，即变压器二次绕组输出电压峰值的两倍，而桥式整流电路中二极管所承受的反向电压峰值为$\sqrt{2}U_2$。

表 10.7.1　单相全波整流电路的测试结果

二次绕组 输出电压峰值	整流电路 输出电压峰值	整流二极管 导通压降	整流二极管承受的 反向电压峰值
14.915 V	14.914 V	0.625 V	30.453 V

10.7.2　线性串联型稳压电源的仿真研究

1. 研究内容

研究串联型稳压电源的工作原理，掌握线性稳压电源的构成和输出电压的计算方法。观测电路的输入、输出电压波形；调节电位器 R_2 的滑动端，监测输出电压的变化范围。

2. 仿真电路

串联型直流稳压电源包含四个部分：变压、整流、滤波、稳压，如图 10.7.3 所示。稳压部分由串联型稳压电路构成，基准电压源由稳压管和电阻 R 提供。

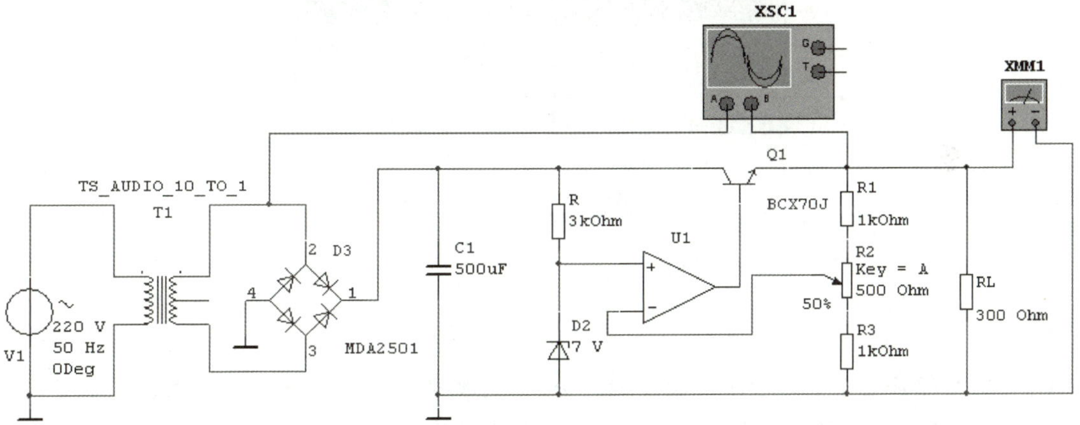

图 10.7.3　线性串联型直流稳压电源

3. 仿真结果

稳压电源的交流输入电压和直流输出电压的波形如图 10.7.4 所示。

调节电位器 R_2 的滑动端，测量稳压电源的直流输出电压 U_O 的最大值与最小值，结果如图 10.7.5 所示。

4. 结论

整流、滤波电路利用二极管的单向导电性，把交流电压变换成脉动很小的直流电压，而稳压电路使输出的直流电压在电网电压或负载发生变化时保持稳定。由测量结果可知，输出电压的调节范围与理论计算结果相符。

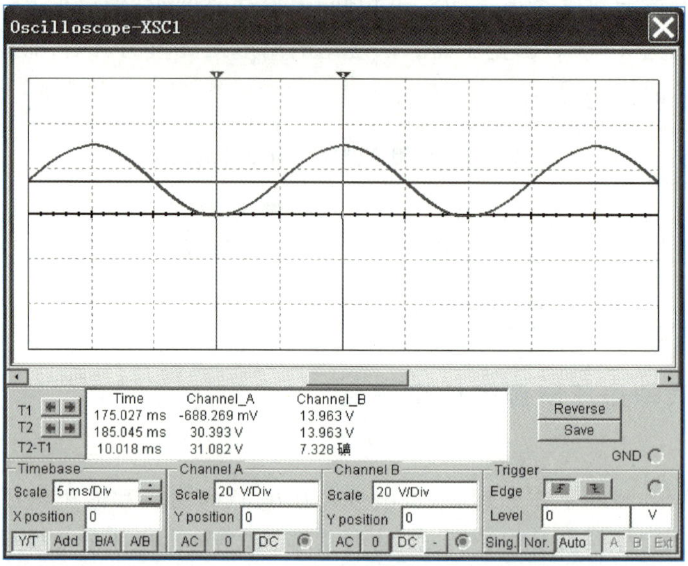

图 10.7.4　直流稳压电源的输入、输出电压波形

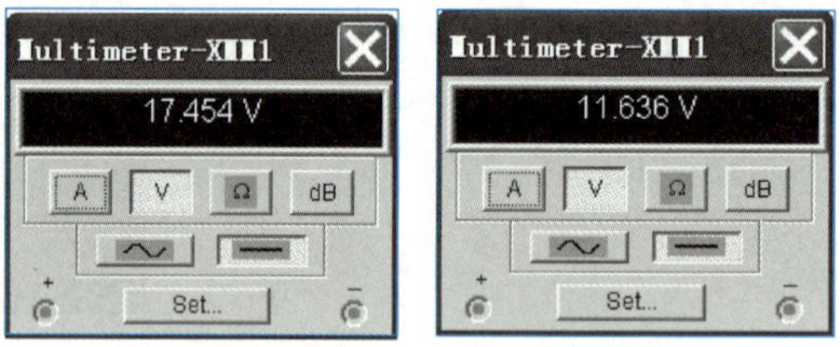

(a) U_{Omax}　　(b) U_{Omin}

图 10.7.5　直流稳压电源输出电压的调节范围

本章小结

1. 直流电源是电子电路中不可缺少的部分，如何将交流电能转换为直流电能是本章讨论的重点。直流电源包括整流、滤波和稳压三个基本组成部分。

2. 利用二极管的单向导电性，整流电路将交流电压转换为单向脉动电压。小功率整流电路有单相半波整流电路、单相全波整流电路和单相桥式整流电路等。整流电路的主要技术指标有输出电压平均值、脉动系数、整流二极管的电流平均值和二极管的最大反向电压。应熟悉这些技术指标的定义和设计方法。

3. 由于整流电路的输出有较大的纹波，在多数情况下还达不到使用要求，需要进一步提高输出电压平均值的直流成分，减少交流成分，能够实现这一功能的电路是滤波电路。滤波元件应使用电抗性元件，因为电抗性元件对直流电和交流电的阻抗不同，所以电容应与负载并联，电感应与负载串联。

4. 电容滤波电路适用于负载电流较小且变化较小的场合，广泛应用于小功率电子电路和仪器设备之中。因电容与负载并联，其充放电的结果可以较大减小输出电压中的脉动成分，并抬高直流成分，从而降低了脉动系数，改善了输出直流电的质量。电容滤波中二极管的导通角小于180°，电容滤波的效果与电路的放电时间常数有关，放电时间常数越大，电容滤波的效果越好，但二极管中电流的尖峰也越大。要注意电容滤波的效果与负载电阻和滤波电容的乘积有关，即与放电时间常数有关，不能简单地认为只与其中的一个因素有关。

5. 电感滤波电路适用于负载电流较大且变化较大的场合，广泛应用于大功率的电子电路之中。因电感与负载串联，电感可降低输出端负载的交流分压比，而不影响负载的直流分压比。所以电感滤波可以较大减小输出电压中的交流成分，降低脉动系数。在滤波电感一定时，电感滤波的效果在负载电流较大时较好，此时电感滤波中二极管的导通角等于180°。

6. 稳压电路按工作方式分为线性稳压电路和开关型稳压电路，其中线性稳压电路又分为串联型稳压电路和并联型稳压电路。将串联型稳压电路加上保护电路集成在一起，就构成了集成稳压电路。目前常用的三端集成稳压器，主要包括固定输出电压、可调输出电压两大类，每大类中又分正电压输出和负电压输出两种。

7. 开关电路按开关管连接方式分为：串联型、并联型和脉冲变压器（高频变压器）耦合型。按电路拓扑结构分为：降压（buck）型、升压（boost）型和反相（buck-boost）型。本章介绍了串联型开关稳压电路，它由开关电源控制器、功率晶体管和滤波电路组成。开关电源控制器采用脉冲宽度调制（PWM）的方式，通过控制功率晶体管导通时间来实现对输出电压平均值的调节。

8. 线性串联型稳压电路的调整管串联于输入和负载之间，调整管工作在线性放大区，输出电压的稳定是依靠调节调整管的管压降 U_{CE} 来实现的，一般 U_{CE} 有 5～10 V 的压降。因而调整管的功耗大，稳压电源的效率低，一般为 40%～60%，并且只能实现降压输出。

开关型稳压电路的调整管工作在开关状态，其管耗主要发生在开关管的工作状态从开到关或从关到开的转换过程之中，所消耗的功率远小于在线性区工作的调整管，电源效率因而可提高到 80%～90%。

9. 直流电源分线性稳压电源和开关稳压电源两大类，线性稳压电源采用线性稳压电路，因而效率较低；开关稳压电源采用开关稳压电路，电源效率较高，且可使用较高的工作频率，并且可以使用较小容量的滤波电容。

自我检测

1. 在直流电源中整流的目的是________。

A. 利用二极管的单向导电性，将交流电压变为单向脉动电压

B. 将正弦波变为方波

C. 将高频信号变为低频信号

D. 改变交流信号的输出幅度

2. 桥式整流电路在接入滤波电容后，二极管的导通角________，滤波电容容值增大，则二极管的导通角________。

A. 增大，增大　　　　B. 减少，减少

C. 不变,减少　　　　D. 增大,不变

3. 在直流电源中滤波的目的是________。

A. 将交流变直流

B. 将高频变低频

C. 滤除整流电路输出电压中的脉动成分

D. 将正弦波变化为锯齿波

4. 图 T10.4 所示电路中 $U_2=10$ V,若电容 C 脱焊,则 $U_{I(AV)}=$________。

A. 4.5 V　　　　B. 9 V

C. 2 V　　　　D. 4 V

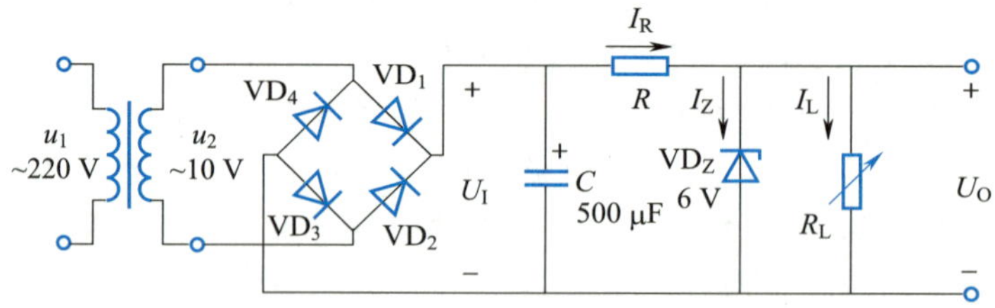

图 T10.4

5. 图 T10.4 所示电路中 $U_2=10$ V,若二极管 VD_2 接反,则________。

A. 变压器有半周被短路,会引起元器件损坏

B. 变为半波整流

C. 电容 C 将过压击穿

D. 稳压管将过流损坏

6. 图 T10.4 所示电路中 $U_2=10$ V,若二极管 VD_2 脱焊,则________。

A. 变压器有半周被短路,会引起元器件损坏

B. 变为半波整流

C. 电容 C 将过压击穿

D. 稳压管将过流损坏

7. 在桥式整流滤波电路中,已知 $R_L=50\ \Omega$, $C=1\ 000\ \mu F$,用交流电压表量得 $U_2=20$ V。有电容滤波,R_L 开路,$U_O=$________;有负载 R_L,电容 C 开路,$U_O=$________;电容 C 开路,并且整流电路中有一个二极管开路,$U_O=$________。

A. 28 V,18 V,9 V　　　　B. 18 V,28 V,9 V

C. 28 V,24 V,9 V　　　　D. 9 V,24 V,28 V

8. 图 T10.8 所示电路中,流过每个二极管的电流 I_D 为________。

A. $I_O/4$　　　　B. $I_O/2$

C. $4I_O$　　　　D. I_O

9. 整流电路如图 T10.9 所示,负载电流为 I_O,变压器二次电压有效值为 U_2,则 $I_D=$________, $U_O=$________。

A. $\frac{1}{2}I_O$, $0.9U_2$　　　　B. $\frac{1}{2}I_O$, $2U_2$

C. I_O, $0.9U_2$　　　　D. I_O, $0.45U_2$

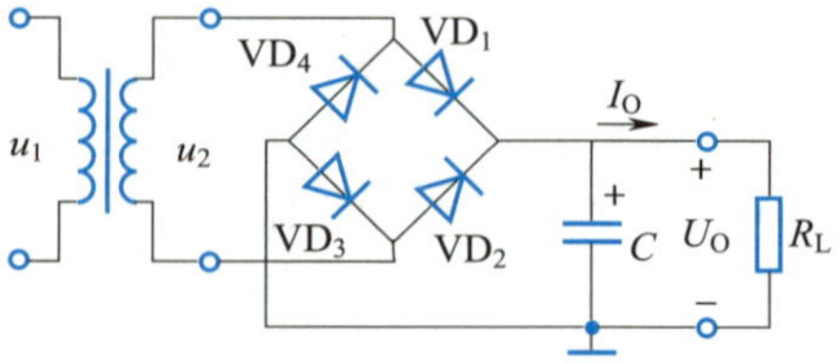

图 T10.8

10. 在直流稳压电源电路中,采用桥式整流、电容滤波,负载

为电阻。若滤波电容增加,二极管的导通角________。

A. 增加　　B. 不变

C. 不变且等于 180°　　D. 减小

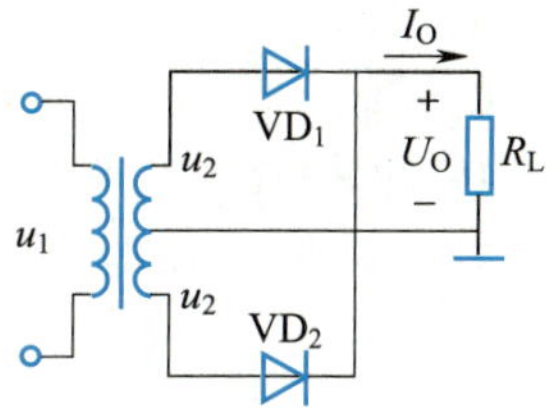

图 T10.9

11. 电路如图 T10.11 所示,$R_P \neq 0$,U_O 的表达式为________。

A. $U_O = \frac{12R_L}{R_P}$　　B. $U_O = -\frac{12R_L}{R_P}$

C. $U_O = 12$ V　　D. $U_O = -12$ V

12. 电路如图 T10.12 所示,晶体管 $\beta = 50$,$U_{BE} = 0.7$ V,稳压管 $U_Z = 8.2$ V,$U_O =$________。

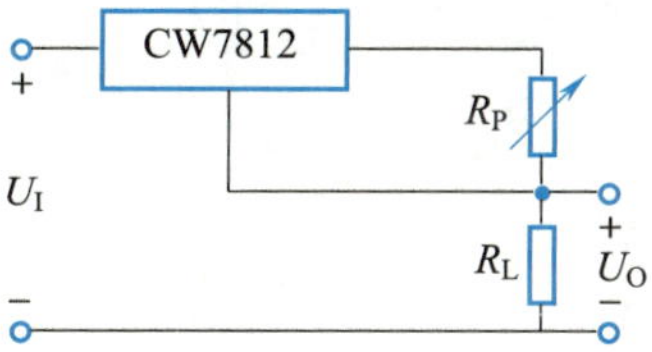

图 T10.11

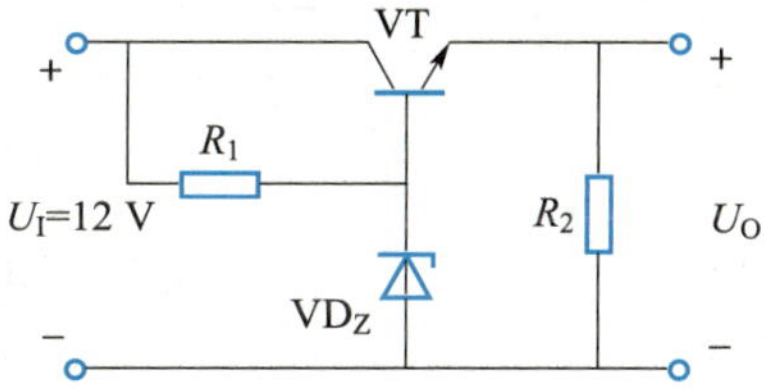

图 T10.12

A. 8.9 V　　B. 7.5 V

C. 8.2 V　　D. 都不是

13. 由三端稳压器构成的直流稳压电路如图 T10.13 所示。已知 CW7805 的输出电压为 5 V,$I_W = 8$ mA,晶体管 VT 的 $\beta = 50$,$|U_{BE}| = 0.7$ V,输入电压 $U_I = 16$ V,输出电压 $U_O \approx$________。

A. 9 V　　B. 8 V

C. 5 V　　D. 16 V

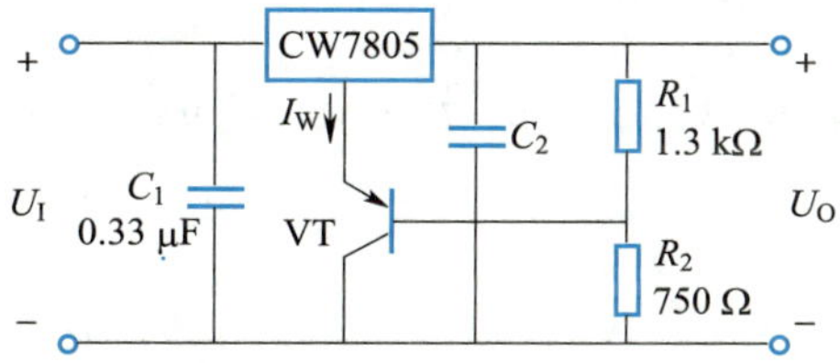

图 T10.13

14. 电路如图 T10.14 所示,U_I 满足电路工作要求,$I \approx 0$,$U_O =$________。

A. +5 V　　B. −5 V

C. +10 V　　D. −10 V

15. 电路如图 T10.15 所示,$U_O =$________。

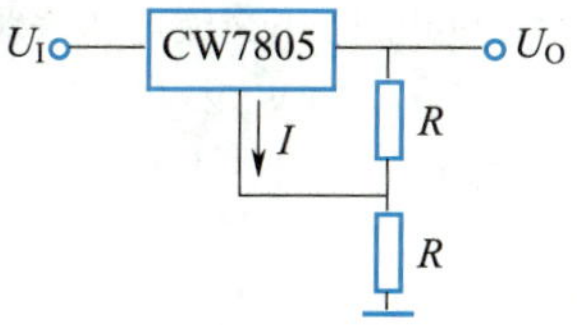

图 T10.14

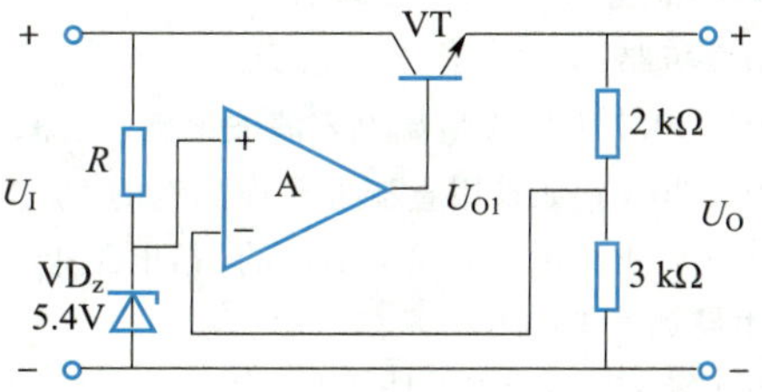

图 T10.15

A. 5.4 V　　B. 9 V

C. 6 V　　D. 10 V

16. 串联型稳压电路如图 T10.16 所示，稳压管 VD_Z 的稳定电压 $U_Z=5.3$ V，晶体管的 $U_{BE}=0.7$ V，电阻 $R_1=R_2=200\ \Omega$。当 R_P 的滑动端在最下端时，$U_O=15$ V，$R_P=$____；若 R_P 的滑动端移至最上端，$U_O=$________。

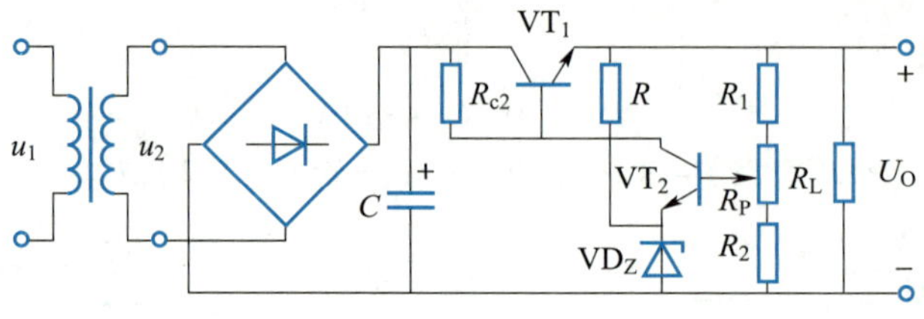

图 T10.16

A. 100 Ω，12 V　　B. 100 Ω，10 V

C. 120 Ω，13 V　　D. 120 Ω，15 V

17. 如图 T10.17 所示，在由三端集成稳压器构成的电路中，输出电压 $U_{O1}=$________；$U_{O2}=$________。

A. −15 V，−12 V　　B. −15 V，12 V

C. 15 V，−12 V　　D. 15 V，12 V

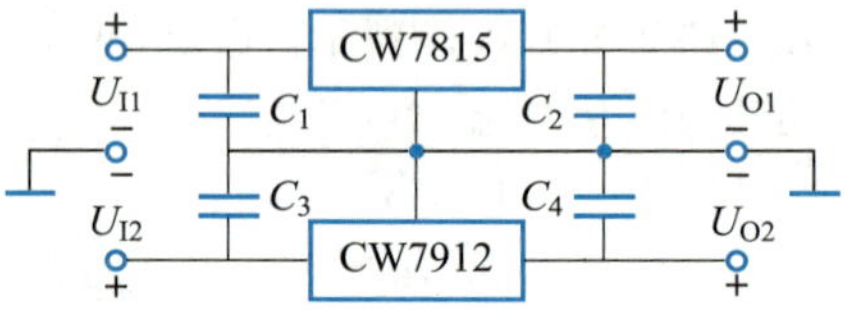

图 T10.17

【答案】1. A　2. B　3. C　4. B　5. A　6. B　7. A　8. B　9. A　10. D　11. A　12. B　13. A　14. C　15. B　16. B　17. C

▶▶▶ 习　题 ◀◀◀

【10-1】 全波整流电路如图 P10.1 所示，变压器二次绕组的中心抽头接地，且 $u_{21}=-u_{22}=\sqrt{2}U_2\sin\omega t$ 为已知，变压器绕组电阻和二极管正向压降可忽略不计。

（1）画出 i_L、u_O 及二极管反向电压 u_{DR} 的波形。

（2）求 $U_{O(AV)}$、$I_{L(AV)}$ 和二极管平均电流 $I_{D(AV)}$、反向峰值电压 U_{RM}。

（3）如果 VD_2 接反，会出现什么问题？

（4）若输出端短路，会出现什么问题？

【10-2】 图 P10.2 为桥式整流电容滤波电路。已知 $R_L=50\ \Omega$，$C=1\ 000\ \mu$F，用交流电压表量得变压器二次电压的有效值 $U_2=20$ V。如果用直流电压表测得的 $U_{O(AV)}$ 有下列几种情况：① 28 V，② 18 V，③ 24 V，④ 9 V，试分析它们是电路分别处在什么情况下引起的（指电路正常或出现某种故障）。

【10-3】 电路如图 P10.3 所示。

（1）请标出 U_{O1}、U_{O2} 的极性，求出 $U_{O1(AV)}$、$U_{O2(AV)}$ 的数值；

（2）求出每个二极管承受的最大反向电压。

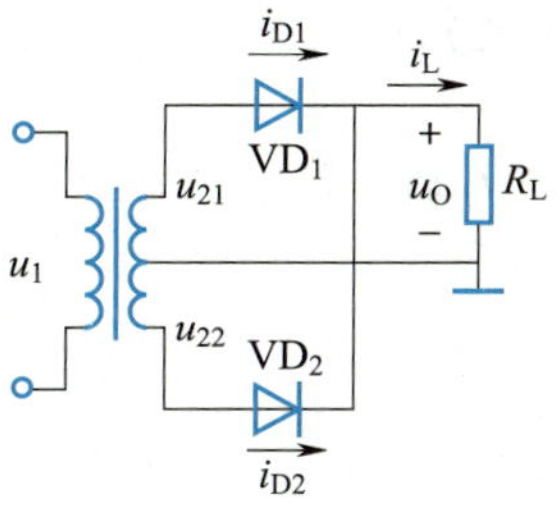

图 P10.1

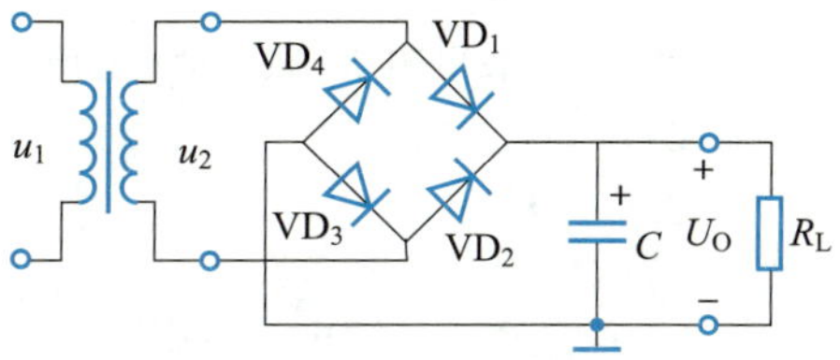

图 P10.2

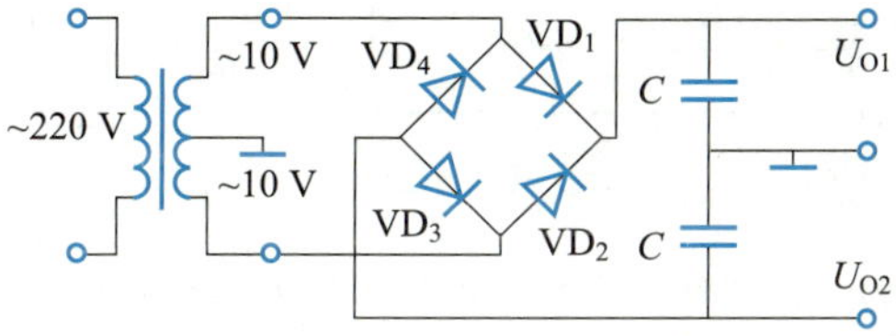

图 P10.3

【10-4】 求图 P10.4 中各电路的输出电压平均值 $U_{O(AV)}$。其中图(b)电路,满足 $R_LC\geqslant(3\sim5)\frac{T}{2}$的条件($T$ 为交流电网电压的周期),对其 $U_{O(AV)}$ 可作粗略估算。图中变压器二次电压为有效值。

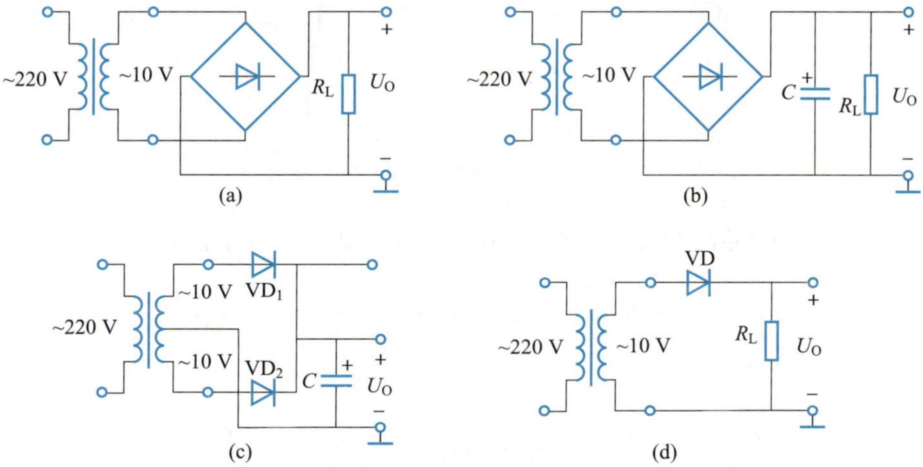

图 P10.4

【10-5】 分析图 P10.5 所示的电路,选择正确的答案填空。

(1) 设 U_2(有效值) = 10 V,则 $U_{I(AV)}$ = ________。(a. 4.5 V,b. 9 V,c. 12 V,d. 14 V);

(2) 若电容 C 脱焊,则 $U_{I(AV)}$ = ________。(a. 4.5 V,b. 9 V,c. 12 V,d. 14 V);

(3) 若二极管 VD_2 接反,则________。(a. 变压器有半周被短路,会引起元器件损坏,b. 变为半波整流,c. 电容 C 将过压击穿,d. 稳压管将过流损坏);

(4) 若二极管 VD_2 脱焊,则________。(a. 变压器有半周被短路,会引起元器件损坏,b. 变为半波整流,c. 电容 C 将过压击穿,d. 稳压管将过流损坏);

(5) 若电阻 R 短路,则________。(a. U_O 将升高,b. 变为半波整流,c. 电容 C 将击穿,d. 稳压管将损坏);

(6) 设电路正常工作,当电网电压波动而使 U_2 增大时(负载不变),则 I_Z 将________,I_R 将________。(a. 增大,b. 减小,c. 基本不变);

(7) 设电路正常工作,当负载电阻 R_L 减小时(电网电压不变),则 I_Z 将________,I_R 将________。(a. 增大,b. 减小,c. 基本不变)。

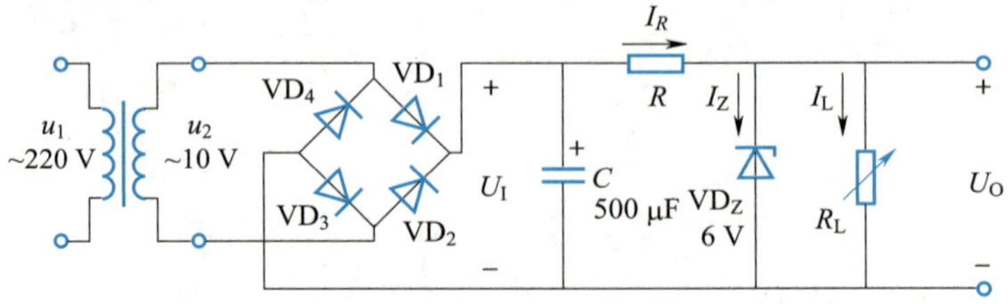

图 P10.5

【10-6】 电路如图 P10.6 所示,已知稳压管 VD_Z 的稳压值 $U_Z=6$ V,$I_{Zmin}=5$ mA,$I_{Zmax}=40$ mA,变压器二次电压有效值 $U_2=20$ V,电阻 $R=240$ Ω,电容 $C=200$ μF。

(1) 整流滤波后的直流电压 $U_{I(AV)}$ 约为多少伏?

(2) 当电网电压在±10%的范围内波动时,负载电阻 R_L 允许的变化范围有多大?

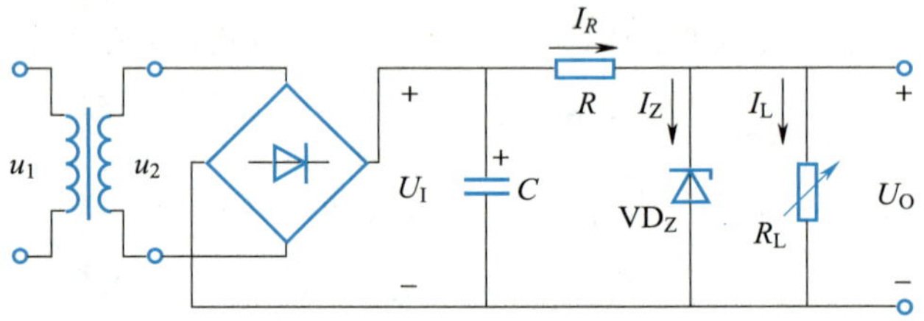

图 P10.6

【10-7】 指出图 P10.7 中的 5 V 稳压电路是否有错误。如有错误,请在原电路基础上加以改正,最多只允许加两个电阻。

【10-8】 图 P10.8 中的各个元器件应如何连接才能得到对地为±15 V 的直流稳定电压。

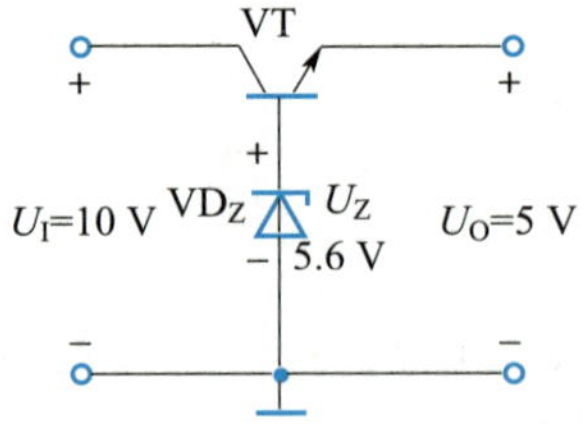

图 P10.7

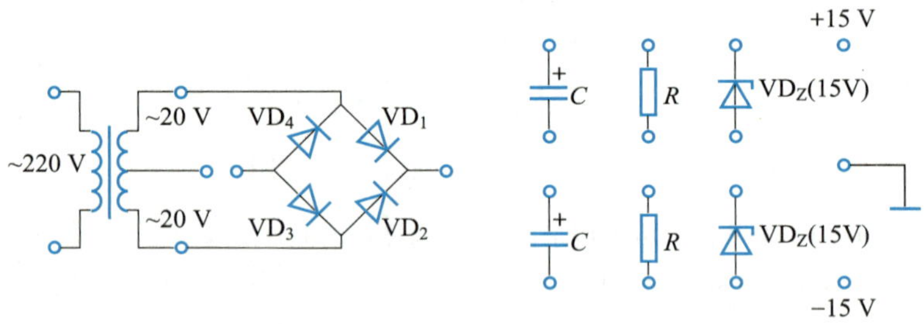

图 P10.8

【10-9】 串联型稳压电路如图 P10.9 所示,稳压管 VD_Z 的稳定电压 $U_Z=5.3$ V,晶体管的 $U_{BE}=0.7$ V,电阻 $R_1=R_2=200$ Ω。

(1) 试说明电路的如下部分分别由哪些元器件构成:a. 调整管、b. 放大环节、c. 基准电压、d. 取样环节。

(2) 当 R_P 的滑动端在最下端时,$U_O=15$ V,求 R_P 的值。

(3) 若 R_P 的滑动端移至最上端，U_O 为多少？

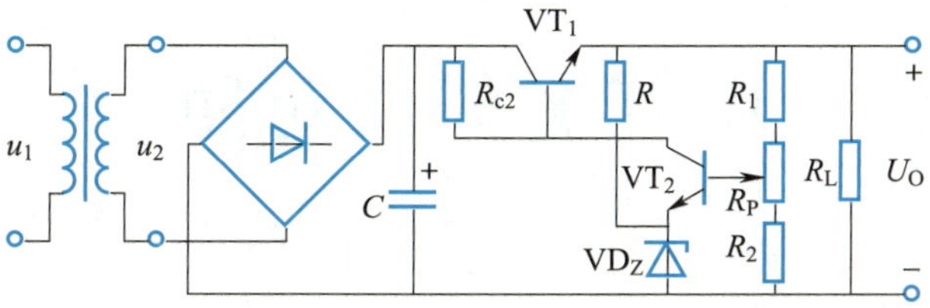

图 P10.9

【10-10】 已知可调式三端集成稳压器 CW117 的基准电压 $U_{REF}=1.25$ V，调整端电流 $I_W=50$ μA，用它组成的稳压电路如图 P10.10 所示。

(1) 为得到 5 V 的输出电压，并使 I_W 对 U_O 的影响可以忽略不计（设 $I_1=100I_W$），则电阻 R_1 和 R_2 应选择多大？

(2) 若 R_2 改用 2 kΩ 的电位器，则 U_O 的可调范围有多大？

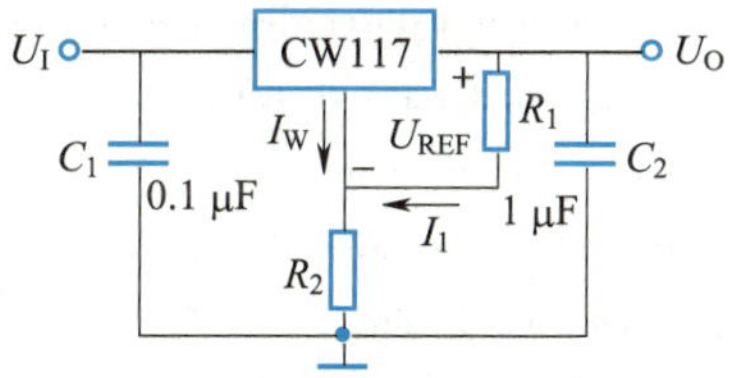

图 P10.10

【10-11】 试推导图 P10.11 电路中输出电流 I_O 的表达式。A 为理想集成运算放大器，且可以正常工作；三端集成稳压器 CW7824 的 3、2 端间的电压用 U_{REF} 表示。

【10-12】 试分析并写出图 P10.12 电路的输出电压 U_O 的表达式。

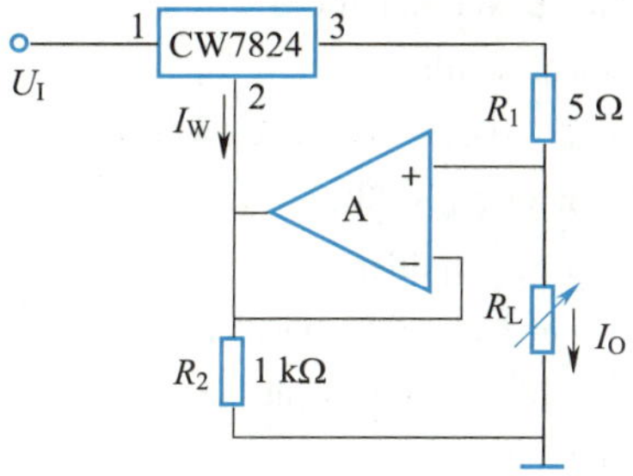

图 P10.11

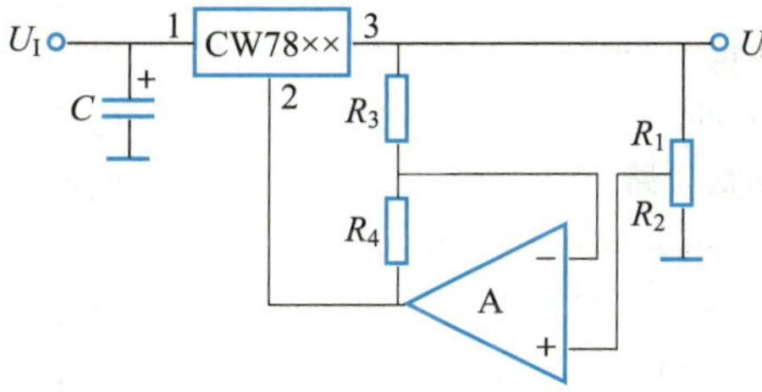

图 P10.12

微视频 10-7
习题 10-12 精解

第 10 章习题解答

第 10 章电子教案

中英文词汇对照

B

BTL 功率放大电路
balanced transformerless power amplifier
半波整流　half-wave rectifier
半导体　semiconductor
半导体二极管　semiconductor diode
保持时间　hold time
倍频器　frequency multiplier
本征半导体　intrinsic semiconductor
比例运算电路　scaling operational circuit
闭环增益　closed-loop gain
变跨导乘法器
variable transconductance multiplier
变容二极管　varactor diode
变压器反馈式正弦波振荡电路
transformer feedback sinusoidal oscillator
变压器耦合　transformer coupled
丙类放大电路　class C amplifier
波特图　Bode plot
玻尔兹曼常数　Boltzmann's constant
捕捉带　pull-in range

C

差分放大电路　differential amplifier
差模放大倍数　difference mode gain
差模信号　difference mode signal
长尾电路　long tailed pair
场效应管　field-effect-transistor (FET)
衬底　substrate
乘法运算电路　multiplication circuit
迟滞(滞回)电压比较器
comparator with hysteresis
除法电路　divide circuit
串并联(文氏桥)式振荡器
Wien-bridge oscillator
串联型稳压电路　series voltage regulator
窗口比较器　window comparator

D

带通滤波器　band-pass filter
带阻滤波器　band-elimination filter
单极型晶体管　unipolar transistor
单位增益带宽　unity gain bandwidth
低频功率放大电路
low frequency power amplifier
低通滤波器　low-pass filter
电感反馈式振荡器　Hartley feedback oscillator
电感滤波电路　inductance filter
电荷放大器　charge amplifier
电流并联反馈　current-parallel feedback
电流串联反馈　current-series feedback
电流模　current mode
电流源　current source
电流增益(电流放大系数)　current gain
电路仿真　circuit simulation
电容反馈式振荡器　Colpitts feedback oscillator
电容滤波器　capacitance filter
电压比较器　voltage comparator
电压并联反馈　voltage-parallel feedback
电压串联反馈　voltage-series feedback
电压跟随器　voltage follower
电压增益　voltage gain
电子-空穴对　electron-hole pair
动态电阻　dynamic resistance
对数运算电路　logarithmic circuit
多数载流子　majority carrier
多谐振荡器　multivibrator

F

发光二极管 light-emitting diode
发射极 emitter
发射结 emitter junction
发射区 emitter region
反馈放大电路 feedback amplifier
反馈深度 feedback desensitivity
反馈网络 feedback network
反馈系数 feedback factor
反馈信号 feedback signal
反馈组态 feedback configuration
反相输入端 inverting input terminal
反相输入求和电路 inverting adder
反向饱和电流(I_s) reverse saturation current
反向峰值(击穿)电压 peak inverse voltage
反向偏置(反偏) reverse bias
方波发生器 square wave generator
放大电路 amplifier
非线性失真 nonlinear distortion
分贝 decibel,dB
分压偏置 voltage-divider bias
峰值检波器 peak detector
伏安特性 voltage-current characteristic
浮栅隧道氧化层 MOS 管
floating-gate tunnel oxide MOSFET(Flotox)
浮栅雪崩注入 MOS 管
floating-gate avalanche-injection MOSFET(FAMOS)
幅度失真 amplitude distortion
幅频特性 amplitude frequency characteristic
幅值裕度 gain margin
负反馈 negative feedback
复合管(达林顿管)电路 Darlington circuit

G

干扰 interference
高通滤波器 high-pass filter
隔离放大器 isolated amplifier
跟踪 tracking
功率放大电路 power amplifier
功率管散热器 heat sink of power transistor
共发射极放大电路
common-emitter(CE)amplifier
共基极放大电路
common-base(CB)amplifier
共基截止频率 f_α
common-base cutoff frequency f_α
共集电极放大电路
common-collector(CC)amplifier
共价键 covalent bond
共漏极放大电路
common-drain(CD)amplifier
共漏组态 common-drain configuration
共模放大倍数 common-mode gain
共模信号
common-mode signal
共模抑制比
common-mode rejection ratio
共射截止频率 f_β
common-emitter cutoff frequency f_β
共源极放大电路
common-source(CS)amplifier
共源组态 common-source configuration
沟道 channel
光电二极管 photodiode
光电耦合器 photocoupler
光电三极管 phototriode
过零比较器 zero-crossing comparator
过流保护 current overload protection

H

h 参数模型 h-parameter model
函数发生器 function generator
耗尽型 MOS 管 depletion-mode MOSFET
恒流区 constant current region
恒流源(电流源) constant current source
恒压降模型 constant voltage drop model
环路增益 loop gain
回差 backlash
混合“π”模型 hybrid-π model

混合参数(低频小信号模型)
hybrid parameter

J

击穿电压 breakdown voltage
积分电路 integrator
激光二极管 laser diode
基极 base
基极偏置 base bias
基极体电阻 $r_{bb'}$
base-spreading resistance $r_{bb'}$
基区 base region
基准电压 voltage reference
极间电容 interelectrode capacitor
极限参数 limit parameter
集成电路 integrated circuit(IC)
集成模拟乘法器 integrated analog multiplier
集成运算放大器
integrated operational amplifier
集电极 collector
集电结 collector junction
集电区 collector region
价电子 valence electron
夹断电压 pinch off voltage
甲类放大电路 class A amplifier
甲乙类放大电路 class AB amplifier
检波 dectection
鉴相器 phase detector
交流负载线 alternating load line
交流通路 alternating current path
交越失真 crossover distortion
结电容 junction capacitance
结型场效应管 junction FET
截止频率 cutoff frequency
解调器 demodulator
金属-氧化物-半导体场效应管(MOSFET)
metal-oxide-semiconductor FET
晶体管的饱和区 saturation region of transistor
晶体管的放大区 active region of transistor
晶体管的截止区 cutoff region of transistor
静态工作点 quiescent point
镜像电流 current mirror
矩形波发生器 rectangular wave generator
锯齿波发生电路 sawtooth wave generator
绝缘栅型场效应管 isolated gate type FET

K

开关电容滤波器 switched-capacitor filter
开关式稳压器 switching voltage regulator
开环增益(开环放大倍数) open-loop gain
开启电压 threshold voltage
可变电阻区 variable resistance region
空间电荷区 space charge region
空穴 hole
跨导 transconductance
扩散 diffusion
扩散电容 diffusion capacitance

L

理想模型 ideal model
理想运算放大器 ideal operational amplifier
零点漂移 zero drift
漏极 drain
滤波电容 filtering capacitance
滤波器 filter

M

脉动系数 ripple factor
脉宽调制 pulse-width modulation(PWM)
密勒效应 Miller effect
面接触型半导体二极管 junction type diode
模拟电路 analog circuit
模拟集成电路 analog integrated circuit

N

N 沟道耗尽型 MOS 管
N-channel depletion-mode MOSFET
N 沟道增强型 MOS 管
N-channel enhancement-mode MOSFET
N 型半导体 N type semiconductor

O

OCL 电路　output capacitorless circuit
OTL 电路　output transformerless circuit
耦合电容　coupling capacitor

P

PN 结　PN junction
P 沟道耗尽型 MOS 管
　P-channel depletion-mode MOSFET
P 沟道增强型 MOS 管
　P-channel enhancement-mode MOSFET
P 型半导体　P type semiconductor
旁路电容　by-pass capacitor
偏置电流　bias current
偏置电路　biasing circuit
漂移　drift
频率合成　frequency synthesize
频率牵引　frequency pulling
频率特性　frequency characteristic
频率响应　frequency response
频谱　frequency spectrum
品质因数　quality factor
屏蔽　screen

Q

齐纳击穿　Zener breakdown
桥式整流电路　bridge rectifier circuit
求和运算电路　summing circuit
全波　full wave

R

RC 耦合(阻容耦合)　*RC* coupling
热敏电阻　thermistor
热噪声　thermal noise
热阻　thermal resistance

S

三角波发生器　triangular wave generator
栅极　gate
上限截止频率　upper cut-off frequency
少数载流子　minority carrier
射极跟随器　emitter follower
砷化镓型场效应管　GaAs FET
失调电压　offset voltage
失锁　losing lock
失真　distortion
施主原子　donor atom
石英晶体　quartz crystal
势垒电容　barrier capacitance
受主原子　acceptor atom
输出电阻　output resistance
输出功率　output power
输出特性(共射)　output characteristic (CE)
输入电阻　input resistance
输入特性(共射)　input characteristic (CE)
双极型三极管
　bipolar junction transistor, BJT
瞬态响应　transient response
锁定　lock-in
锁相环　phase-locked loop

T

特征(角)频率　characteristic angular frequency
特征频率 f_T　characteristic frequency f_T
调幅　amplitude modulation(AM)
调频　frequency modulation(FM)
调相　phase modulation(PM)
调制器　modulator
通带电压放大倍数　pass-band voltage gain
通带截止频率　cut-off frequency of pass-band
通频带　bandwidth, pass band
通用型运算放大器
　general purpose operational amplifier
同相输入端　noninverting input terminal
图解法　graphical method
图解分析　graphical analysis
推挽功率放大电路
　push-pull power amplifier

V

VMOS 管　V-gate MOS field effect transistor

W

微分电路　differentiator
温度电压当量(U_T)　thermal voltage (U_T)
温漂　temperature drift
稳定判据　stability criterion
稳定裕度　stability margin
稳压电源　regulated power supply
稳压管　Zener diode
稳压系数　coefficient of voltage stabilization

X

下限截止频率　lower cut-off frequency
限幅电路　clipping circuit
线性并联型稳压器
　　linear shunt voltage regulator
相频特性　phase-frequency characteristic
相位失真　phase distortion
相位裕度　phase margin
肖特基势垒二极管
　　Schottky barrier diode(SBD)
小信号模型　small-signal model
信噪比　signal-to-noise ratio
虚地　virtual ground
虚短　virtual short circuit
虚断　virtual open circuit
选频网络　frequency-selective network
雪崩击穿　avalanche breakdown

Y

压控振荡器
　　voltage controlled oscillator(VCO)
仪用放大器　instrumentation amplifier
乙类放大电路　class B amplifier
有源负载　active load
有源滤波电路　active filter
阈值电压　threshold voltage
源极　source

Z

杂质半导体　extrinsic semiconductor
载波　carrier signal
载波频率　carrier frequency
增益带宽积　gain-bandwidth product
占空比　duty cycle
折线化模型　piecewise model
振荡条件　criterion of oscillation
整流电路　rectifier
正反馈　positive feedback
正弦波振荡电路　sinusoidal oscillator
正向偏置(正偏)　forward bias
直接耦合　direct coupling
直流负载线　direct load line
直流通路　direct current path
指数运算电路　exponential circuit
滞回比较器　regenerative comparator
中心频率　center frequency
转换速率　slew rate
转移特性　transfer characteristic
状态变量型滤波器　state-variable filter
自动增益控制电路
　　automatic gain control circuit
阻带　stopband
阻抗变换器
　　general impedance converter,GIC
阻容耦合放大电路　*RC*coupling amplifier

参考文献

[1] Thomas L. Floyd. Fundamentals of Analog Cireuits [M]. 2nd ed. Upper Saddle Hiver:Prentice Hall Inc,2002.

[2] Sengio France. Design With Operational Amplifiers and Analog Integrated Circuits [M]. NewYork:Mc Graw-Hill Company,2002.

[3] Allan R. Hambley. Electronics [M]. 2nd ed. Upper Saddle River:Prentice Hall Inc,2000.

[4] 华成英. 模拟电子技术基础[M]. 6 版,北京:高等教育出版社,2023.

[5] 康华光,张林. 电子技术基础(模拟部分)[M]. 7 版,北京:高等教育出版社,2021.

[6] 杨素行. 模拟电子技术基础简明教程[M]. 4 版. 北京:高等教育出版社,2022.

[7] 华成英. 模拟电子技术基本教程[M]. 北京:高等教育出版社,2020.

[8] 蔡惟铮,王立欣. 基础电子技术[M]. 北京:高等教育出版社,2004.

[9] 蔡惟铮,杨春玲. 集成电子技术[M]. 北京:高等教育出版社,2004.

[10] 郑家龙. 集成电子技术基础教程(上册)[M]. 2 版. 北京:高等教育出版社,2008.

[11] 王小海. 集成电子技术基础教程(下册)[M]. 2 版,北京:高等教育出版社,2008.

[12] 赵进全,杨拴科. 模拟电子技术基础[M]. 3 版,北京:高等教育出版社,2019.

[13] 冯军,谢嘉奎. 电子线路(线性部分)[M]. 6 版. 北京:高等教育出版社,2022.

[14] 冯军,谢嘉奎. 电子线路(非线性部分)[M]. 6 版. 北京:高等教育出版社,2021.

[15] 秦曾煌,姜三勇. 电工学(下册,电子技术)[M]. 7 版. 北京:高等教育出版社,2024.

[16] 王成华. 现代模拟电子技术基础[M]. 3 版. 北京:北京航空航天大学出版社,2020.

[17] 孙肖子. 模拟电子技术基础[M]. 北京:高等教育出版社,2013.

[18] 长谷川彰. 开关稳压电源的设计与应用[M]. 何希才,译. 北京:科学出版社,2007.

[19] 张晓林,张凤言. 电子线路基础[M]. 北京:高等教育出版社,2011.

[20] Ramon Pallas-Areny,John G. Webster. 传感器和信号调节[M]. 2 版. 张伦,译. 北京:清华大学出版社,2004.

[21] 远坂俊昭. 锁相环(PLL)电路设计与应用[M]. 何希才,译. 北京:科学出版社,2006.

[22] 华成英. 帮你学模拟电子技术基础[M]. 北京:高等教育出版社,2004.

[23] 王淑娟. 模拟电子技术基础学习指导与考研指南[M]. 北京:高等教育出版社,2008.

[24] 蔡惟铮. 模拟电子技术常见题型解析及模拟题[M]. 北京:国防工业出版社,2004.

[25] 于双和. 模拟电子技术基础学习辅助系统[M]. 北京:高等教育出版社,2000.

[26] 蔡惟铮. 模拟电子技术基础教学辅助系统[M]. 北京:高等教育出版社,2000.

[27] 赵进全,杨拴科. 模拟电子技术基础(第 3 版)学习指导与解题指南[M]. 北京:高等教育出版社,2021.

[28] 马积勋. 电子技术基础考研指导与典型题解析[M]. 2 版,西安:西安交通大学出版社,2007.

[29] 谢自美. 电子线路设计 · 实验 · 测试[M]. 武汉:华中科技大学出版社,2003.

[30] 罗杰,陈大钦. 电子技术基础实验[M]. 4 版. 北京:高等教育出版社,2017.

[31] 李良荣,罗伟雄.现代电子设计技术——基于 Multisim 7 & Ultiboard 2001[M].北京:机械工业出版社,2004.
[32] 蒋卓勤,邓玉元.Multisim 2001 及其在电子设计中的应用[M].西安:西安电子科技大学出版社,2003.
[33] 熊伟,侯传教,梁青,孟涛.Multisim 7 电路设计及仿真应用[M].北京:清华大学出版社,2005.
[34] 刘贵栋.电子电路的 Multisim 仿真实践[M].哈尔滨:哈尔滨工业大学出版社,2008.

郑重声明

读者意见反馈

为收集对教材的意见建议，进一步完善教材编写并做好服务工作，读者可将对本教材的意见建议通过如下渠道反馈至我社。

咨询电话　400-810-0598

反馈邮箱　gjdzfwb@ pub. hep. cn

通信地址　北京市朝阳区惠新东街4号富盛大厦1座

　　　　　高等教育出版社总编辑办公室

邮政编码　100029

防伪查询说明

用户购书后刮开封底防伪涂层，使用手机微信等软件扫描二维码，会跳转至防伪查询网页，获得所购图书详细信息。

防伪客服电话　(010) 58582300

网络增值服务使用说明

一、注册/登录

访问 http://abook. hep. com. cn/，点击“注册”，在注册页面输入用户名、密码及常用的邮箱进行注册。已注册的用户直接输入用户名和密码登录即可进入“我的课程”页面。

二、课程绑定

点击“我的课程”页面右上方“绑定课程”，正确输入教材封底防伪标签上的20位密码，点击“确定”完成课程绑定。

三、访问课程

在“正在学习”列表中选择已绑定的课程，点击“进入课程”即可浏览或下载与本书配套的课程资源。刚绑定的课程请在“申请学习”列表中选择相应课程并点击“进入课程”。

如有账号问题，请发邮件至：abook@ hep. com. cn。